中 国 国 家 标 准 汇 编

2008 年修订-99

中国标准出版社　编

中 国 标 准 出 版 社

北　京

图书在版编目（CIP）数据

中国国家标准汇编：2008年修订.99/中国标准出版社编.—北京：中国标准出版社，2009

ISBN 978-7-5066-5591-0

Ⅰ.中… Ⅱ.中… Ⅲ.国家标准-汇编-中国-2008 Ⅳ.T-652.1

中国版本图书馆CIP数据核字（2009）第204241号

中国标准出版社出版发行
北京复兴门外三里河北街16号
邮政编码：100045

网址 www.spc.net.cn
电话：68523946 68517548
中国标准出版社秦皇岛印刷厂印刷
各地新华书店经销

*

开本 880×1230 1/16 印张 37 字数 1116千字
2009年12月第一版 2009年12月第一次印刷

*

定价 200.00 元

ISBN 978-7-5066-5591-0

出 版 说 明

1.《中国国家标准汇编》是一部大型综合性国家标准全集。自1983年起，按国家标准顺序号以精装本、平装本两种装帧形式陆续分册汇编出版。它在一定程度上反映了我国建国以来标准化事业发展的基本情况和主要成就，是各级标准化管理机构，工矿企事业单位，农林牧副渔系统，科研、设计、教学等部门必不可少的工具书。

2.《中国国家标准汇编》收入我国每年正式发布的全部国家标准，分为"制定"卷和"修订"卷两种编辑版本。

"制定"卷收入上年度我国发布的、新制定的国家标准，顺延前年度标准编号分成若干分册，封面和书脊上注明"20××年制定"字样及分册号，分册号一直连续。各分册中的标准是按照标准编号顺序连续排列的，如有标准顺序号缺号的，除特殊情况注明外，暂为空号。

"修订"卷收入上年度我国发布的、被修订的国家标准，视篇幅分设若干分册，但与"制定"卷分册号无关联，仅在封面和书脊上注明"20××年修订-1，-2，-3，……"字样。"修订"卷各分册中的标准，仍按标准编号顺序排列(但不连续)；如有遗漏的，均在当年最后一分册中补齐。需提请读者注意的是，个别非顺延前年度标准编号的新制定的国家标准没有收入在"制定"卷中，而是收入在"修订"卷中。

读者配套购买《中国国家标准汇编》"制定"卷和"修订"卷则可收齐上一年度我国制定和修订的全部国家标准。

3. 由于读者需求的变化，自1996年起，《中国国家标准汇编》仅出版精装本。

4. 2008年制修订国家标准共5946项。本分册为"2008年修订-99"，收入新制修订的国家标准25项。

中国标准出版社

2009年10月

目　　录

ICS 25.040.40
L 67

中华人民共和国国家标准

GB/T 17645.101—2008/ISO 13584-101:2003

工业自动化系统与集成　零件库 第101部分：参数化程序的几何视图交换协议

**Industrial automation systems and integration—
Parts library—
Part 101: Geometrical view exchange protocol
by parametric program**

(ISO 13584-101:2003,IDT)

2008-10-07 发布　　2009-04-01 实施

中华人民共和国国家质量监督检验检疫总局
中国国家标准化管理委员会　发布

前　言

GB/T 17645《工业自动化系统与集成　零件库》是一个由多个部分组成的标准，各部分单独出版。GB/T 17645 的所属各部分按功能分为多个子系列：概念描述、逻辑资源、实现资源、描述方法、一致性测试、视图交换协议、有关字典的标准化内容，其中：

——第 10～19 部分规定了概念描述；

——第 20～29 部分规定了逻辑资源；

——第 30～39 部分规定了实现资源；

——第 40～49 部分规定了描述方法；

——第 50～59 部分规定了一致性测试；

——第 100～199 部分规定了视图交换协议；

——第 500～599 部分规定了有关字典的标准化内容。

GB/T 17645《工业自动化系统与集成　零件库》现已发布了以下 9 个部分：

——第 1 部分：综述与基本原理；

——第 20 部分：逻辑资源：表达式的逻辑模型；

——第 24 部分：逻辑资源：供应商库的逻辑模型；

——第 25 部分：逻辑资源：带聚合值和显式内容的供应商库逻辑模型；

——第 26 部分：逻辑资源：信息供应商标识；

——第 31 部分：实现资源：几何编程接口；

——第 42 部分：描述方法：零件族构造方法学；

——第 101 部分：参数化程序的几何视图交换协议；

——第 102 部分：符合 GB/T 16656 一致性规定的视图交换协议。

本部分是 GB/T 17645 的第 101 部分。本部分等同采用 ISO 13584-101:2003《工业自动化系统与集成　零件库　第 101 部分：参数化程序的几何视图交换协议》。

本部分在技术内容和编写格式上与 ISO 13584-101:2003 保持一致，只是根据我国国家标准的编写要求，作了一些编辑性修改，主要是：

——对带下划线的用于 EXPRESS 语言描述的各黑体英文实体名，为了既维护其英文原意又便于了解其名称代表的含义，在本部分中，以英文为主。增加资料性附录 NA，收集所有黑体英文实体名，并给出中文译名。

——ISO 13584、ISO 10303 和 IEC 61360 各标准中已有若干部分被等同或等效转化为我国的国家标准，对应的国家标准编号分别是 GB/T 17645、GB/T 16656 和 GB/T 17564 中的各部分，二者在技术和使用上对等。但是考虑到与 ISO 13584、ISO 10303 和 IEC 61360 相配套的 EXPRESS 描述、以及应用软件中各模式、实体、特性、属性、函数等的表达，为使配套应用软件在实际应用时不发生因更换国际标准名称而带来的种种问题，对在本部分中所有的 EXPRESS 描述以及由 STEP 开发工具自动生成的文件和 EXPRESS-G 图中的国际标准代号保持不变，仅在本部分的标题和论述正文中，用国家标准号替换原国际标准号。

本部分的附录 A 为规范性附录，附录 NA 为资料性附录。

本部分由中国机械工业联合会提出。

本部分由全国工业自动化系统与集成技术委员会(SAC/TC 159)归口。

本部分起草单位：中国标准化研究院。

本部分主要起草人：李文武、董连续、岳高峰、詹俊峰、刘守华、王志强。

工业自动化系统与集成 零件库 第101部分：参数化程序的几何视图交换协议

1 范围

GB/T 17645的本部分规定了**basic _geometry**(基本几何)的表达类别。这种表达类别规定了零件形状的一般概念。它可以与零件库中定义的任何项关联。本部分还定义了怎样通过符合GB/T 17645.31的FORTRAN程序,在库交换语境中交换属于本表达类别的表达。

以下内容适用于本部分：

a) **basic _geometry**表达类别的定义,以及引用它的机制；

b) **basic _geometry**表达类别中用于表征特定表达的属性；

c) 用于库外部文件的交换格式,库外部文件根据GB/T 17645.31规定的应用编程接口,通过FORTRAN程序描述零件库中所描述的项类的**basic _geometry**表达；

d) 在发送者和接收者之间有各自协议的情况下,用于引用外部文件(通过GB/T 17645未规定的格式描述了零件库描述的项类的**basic _geometry**表达)的机制；

e) 支持任何实现(声明符合本部分)的实现资源；

f) 声明符合本部分的任何实现所支持的字典条目；

g) 声明符合本部分的任何实现都能识别的标准数据。

以下内容不适用于本部分：

库交付文件的结构和交换格式,包括对本部分定义的表达类别的引用,和(或)对库外部文件(规定了其交换格式)的引用。

注1：GB/T 17645逻辑资源系列的某一部分规定的库集成信息模型定义了库交付文件的结构。

注2：GB/T 17645.24的**ISO 13584 _f _m _iim _schema**是定义库交付文件结构的库集成信息模型。这种库交付文件可以包括引用本部分所定义的表达类别和(或)库外部文件的实例值。

2 规范性引用文件

下列文件中的条款通过GB/T 17645的本部分的引用而成为本部分的条款。凡是注日期的引用文件,其随后所有的修改单(不包括勘误的内容)或修订版均不适用于本部分,然而,鼓励根据本部分达成协议的各方研究使用这些文件的最新版本。凡是不注日期的引用文件,其最新版本适用于本部分。

GB/T 16262.1 信息技术 抽象语法记法一(ASN.1) 第1部分：基本记法规范(GB/T 16262.1—2006,ISO/IEC 8824-1:2002,IDT)

GB/T 16656.1 工业自动化系统与集成 产品数据表达与交换 第1部分：概述与基本原理(GB/T 16656.1—2008,ISO 10303-1:1994,MOD)

GB/T 16656.11 工业自动化系统与集成 产品数据表达与交换 第11部分：描述方法：EXPRESS 语言参考手册

GB/T 16656.31 工业自动化系统与集成 产品数据的表达与交换 第31部分：一致性测试方法论与框架：基本概念(GB/T 16656.31—1997,idt ISO 10303-31:1994)

GB/T 16656.42 工业自动化系统与集成 产品数据的表达与交换 第42部分：集成通用资源：几何与拓扑表达(GB/T 16656.42—1998,idt ISO 10303-42:1994)

GB/T 17645.1 工业自动化系统与集成 零件库 第1部分:综述与基本原理(GB/T 17645.1—2008,ISO 13584-1:2001,IDT)

GB/T 17645.24 工业自动化系统与集成 零件库 第24部分:逻辑资源:供应商库的逻辑模型(GB/T 17645.24—2003,ISO 13584-24:2002,IDT)

GB/T 17645.26 工业自动化系统与集成 零件库 第26部分:逻辑资源:信息供应商标识(GB/T 17645.26—2000,eqv ISO 13584-26:1999)

GB/T 17645.31 工业自动化系统与集成 零件库 第31部分:实现资源:几何编程接口(GB/T 17645.31—1998,idt ISO 13584-31:1997)

GB/T 17645.42 工业自动化系统与集成 零件库 第42部分:描述方法:构造零件族的方法学(GB/T 17645.42—2001,idt ISO 13584-42:1998)

ISO/IEC 8859-1:1998 信息处理 八位单字节编码图形字符集 第1部分:拉丁字母一

ISO/IEC 10646-1:2000 信息技术 通用多八位编码字符集(UCS) 第1部分:体系结构和基本多语种平面

3 术语、定义和缩略语

本部分采用下列定义。为了方便,重复了一些术语和定义,它们来自:

a) GB/T 16656.1;
b) GB/T 16656.11;
c) GB/T 16656.31;
d) GB/T 16656.42;
e) GB/T 17645.1;
f) GB/T 17645.24;
g) GB/T 17645.31;
h) GB/T 17645.42。

3.1

应用编程接口 application programming interface;API

可由某个程序触发的一组函数集合。

[GB/T 17645.24]

3.2

基本语义单元 basic semantic unit

一种实体,它提供了应用领域(例如:类、数据元素类型)特定对象的一个绝对的和唯一的标识。

[GB/T 17645.42]

3.3

联编 binding

应用于特定程序语言中激活组成应用程序接口的不同函数的具体语法的描述。

[GB/T 17645.31]

3.4

计算机辅助设计系统 computer aided design system;CAD system

生成和管理产品数据的某种计算机建模系统。

3.5

一致性类 conformance class

可规定一致性的一个标准子集。

[GB/T 17645.24]

3.6

一致性要求　conformance requirement

在一致性实现中，对所必需呈现的特征的精确文本定义。

[GB/T 16656.1]

3.7

一致性实现　conforming implementation

满足一致性要求的一种实现，该一致性要求由某标准的一个或一系列一致性类进行定义。

[GB/T 17645.24]

3.8

一致性　conformance

符合性

通过实现所有规定的要求而达到满足要求。

[GB/T 16656.31]

3.9

构造实体几何　constructive solid geometry;CSG

在几何建模类型中，实体被定义为对实体模型进行一系列规范化布尔操作的结果。

[GB/T 16656.42]

3.10

实体数据类型实例　entity data type instance

在实体定义的类中，表达信息单位的数据的指定单位。它是实体数据类型建立的域的成员。

[GB/T 16656.11]

3.11

实体　entity

通用属性定义的信息类。

[GB/T 16656.11]

3.12

实体数据类型　entity data type

实体的表达。实体数据类型建立由通用特性和约束条件定义的值域。

[GB/T 16656.11]

3.13

零件的功能模型　functional model of a part

在集成库中描述零件的表达分类的库数据。

[GB/T 17645.1]

3.14

功能视图　functional view

在产品数据中描述零件的表达分类的数据。

[GB/T 17645.1]

例：相应几何的功能视图不依赖于所表达的零件。其结构被指定为功能视图类。

3.15

实现　implementation

给定编程环境中的软件开发。

3.16

实现方法　implementation method

计算机采用的，用 EXPRESS 数据规范语言描述的数据交换技术。

[GB/T 17645.24]

3.17

实现资源 implementation resources

软件系统的能力，可用它断定一个视图交换协议或既有视图交换协议又有库集成信息模型的特殊一致性等级的一致性。

[GB/T 17645.24]

3.18

信息模型 information model

满足特定要求的事实、概念或指令的有界集合的形式化模型。

[GB/T 16656.1]

3.19

集成库 integrated library

由库管理系统及用户库组成的运行系统。

[GB/T 17645.1]

3.20

库数据供应商 library data supplier

提供 GB/T 17645 中定义的标准格式库，并负责其内容的机构。

[GB/T 17645.1]

3.21

库交付文件 library delivery file

符合库集成信息模型，根据 GB/T 16656 规定的一种实现方法所表达的 EXPRESS 实体实例全集。

[GB/T 17645.24]

注：库交付文件规定了供应商库的结构和内容。它可以引用库外部文件。

3.22

库最终用户 library end user

集成库的用户：

a) 查阅库中数据；

b) 选择一个给定的零件；

c) 请求传送从库系统中选定的零件视图。

[GB/T 17645.1]

3.23

库交换相关环境 library exchange context

一个库交付文件与零个、一个或多个库外部文件的集合，它们共同表达一个供应商库。

[GB/T 17645.24]

3.24

库外部文件 library external file

由某库交付文件引用的一个文件，它有助于供应商库的定义。

[GB/T 17645.24]

注：在引用库外部文件的库交付文件中规定库外部文件的结构和格式。

3.25

库集成信息模型 library integrated information model

从各供应商库不同的 EXPRESS 模式中集成了各资源构造的信息模型，用以实现互相交换的目的，且与一致性要求相关的一种 EXPRESS 模式。

[GB/T 17645.24]

注：在 GB/T 17645.24 中定义了三个库集成信息模型以表现不同类型的供应商。

3.26

库管理系统　library management system;LMS

使库最终用户或用户能使用集成库中数据的软件系统。

[GB/T 17645.1]

注：这种软件系统是非标准化的。

3.27

零件库　parts library

被标识的数据集和程序，它可生成零件集的信息。

[GB/T 17645.1]

3.28

参考坐标系　reference coordinate system

所有的几何图形都要参照的全局直角坐标系。

3.29

表达类别　representation category

一种抽象的概念，它用于区分关于某一零件描述的各种可能的用户需求。

[GB/T 17645.1]

注：在本标准的模型定义中，这种区分用视图逻辑名和视图控制变量形式化表示。

3.30

标准数据　standard data

通过 EXPRESS 实体(数据类型)实例化手段所定义的、关于软件系统的一种要求，假定该 EXPRESS 实体实例可被这个软件系统识别。

[GB/T 17645.24]

3.31

供应商库　supplier library

数据或程序的集合，据此可以标识供应商，并以 GB/T 17645 零件集和/或零件表达集中定义的标准格式进行描述。

[GB/T 17645.1]

3.32

用户库　user library

库管理系统从一个或多个供应商库的集成中生成的和可能是用户从随后做的修订本中得到的信息。

[GB/T 17645.1]

3.33

视图控制变量　view control variable

一个枚举类型的变量，它可以与视图逻辑名相联，以便进一步规定用户所采用的零件视图。

[GB/T 17645.1]

例：关于几何的视图控制变量的例子有：二维、线框和实体。

3.34

视图交换协议　view exchange protocol

GB/T 17645 的一部分，它描述了资源构造和表达传输接口的用法，表达传输接口满足对零件的一种表达类别交换的信息要求。

[GB/T 17645.24]

3.35

视图逻辑名 view logical name

与用户采用的零件视图相对应的表达类别标识符。

[GB/T 17645.1]

例：关于视图逻辑名的例子有：几何、惯量、运动学。

3.36 **缩略语**

本部分采用了以下缩略语：

——2D(Two Dimensional)：二维；

——3D(Three Dimensional)：三维；

——API(Application Programming Interface)：应用编程接口；

——CAD(Computer Aided Design)：计算机辅助设计；

——CSG(Constructive Solid Geometry)：构造实体几何。

4 基本几何表达的标识

4.1 概念

在选定库项目时，访问该项的形状是有帮助的。该形状是在不同的完整性和具体性层次进行描述的通用概念。库项目的这些层次可由满足每个层次的要求独立定义。

为描述此要求，本部分定义如下内容：

a) 一个特定的表达类别，称为basic_geometry，规定了库项目形状的一般概念；

b) 五个视图控制变量，用于描述概念性要求的特性，该要求旨在由与一库项目关联的每个特定的形状来满足；

c) basic_geometry 表达类别的一种交换格式，可以通过库描述引用它，由基于 GB/17645.31 标准 API 的 FORTRAN 程序组成；

d) 在发送方和接收方之间存在单独协议时使用的，且通过非标准化参数格式的方式提供该表达类别的库表述的一种通用交换机制。

4.2 标准化字典条目

basic_geometry 表达类别的信息模型应该通过由功能视图类实体数据类型实例组成的标准数据进行定义。通过functional_view_class 实体数据类型实例获取此功能视图类。

注 1：GB/T 17645.1 对零件的功能视图进行了定义。GB/T 17645.24 对 EXPRESS 实体数据类型functional_view_class 进行了定义。

示例：在 EXPRESS 中可通过属性，如几何 level 及 GB/T 16656.43 的representation 的content，定义basic_geometry 表达类别的信息模型。

此描述可能如下：

```
ENTITY basic_geometry;
    level: geometry_level-type;
    …
    content: representation;
END_ENTITY;
```

采用在 GB/T 17645.24 中定义的 EXPRESS 资源构造时，可定义并交换作为function_view_class 实体数据类型实例的相同信息模型，如下：

```
#1=FUNCTION_VIEW_CLASS(…,'basic_geometry',(#10,…),(#11));
#10=PROPERTY_BSU('level',…);/*a view control variable*/
```

#11=PROPERTY_BSU('content',…); /* a view property */
后一描述在本部分中使用,而与之相应的实例可在符合性实现字典中找到。

在 4.2.1 中采用基本语义单元方式定义了basic_geometry 功能视图类的一般标识。在 5.2.2 中定义了为功能视图类定义的视图控制变量的通用标识及其值域。functional_view_class 实例将不包括任何view_properties 。该实例的属性its_superclass 不存在,即相应的功能视图类没有超类。

注 2:view_properties 是在 GB/T 17645.24 中定义的functional_view_class 的一个属性。its_superclass 是在 GB/T 17645.42中定义的 class 的一个属性。

4.2.1 视图逻辑名

标识功能视图类的基本语义单元所包含的属性如表 1 所示,此功能视图类收集本部分所定义的表达类别。

表 1 视图逻辑名描述

class_code	class_version	supplier_code
'basic_geometry'	'001'	'01 112/1 ///1 3584_101_1'

此信息集合提供basic_geometry 表达类别的通用标识,并规定其视图逻辑名。

注:GB/T 17645.42—2001 的 D.3.3.4 和 D.3.4.1 要求 GB/T 17645.26 中规定的供应商编号用于任一 GB/T 17645数据交换。

4.2.2 视图控制变量

使用视图控制变量表征功能视图类的特性,此变量的通用标识和各自的数据类型由表 2 描述,并由图 1 说明。

4.3 basic_geometry 表达类别提供的形状的规则

本条定义了将与库项目相关的每个特定形状所满足的概念性要求。

4.3.1 geometry_level

geometry_level 值为 1:对应于用 GB/T 17645.31 API 定义的二维几何表达。该几何层次定义了一个 2D 表达形式,由点、线、曲线和轮廓组成,并可以是不透明的。

geometry_level 值为 2:对应于用 GB/T 17645.31 API 定义的三维线框表达。该几何层次定义了一个 3D 表达形式,由点、线和曲线以及边缘表达形状的曲线组成。

geometry_level 值为 3:对应于用 GB/T 17645.31API 定义的三维实体表达。该几何层次定义了由点、线、曲线和实体组成的形状表达。

表 2 basic _geometry 功能视图类的视图控制变量

编码	版本	数值	对应的标签(英文)
'geometry_level'	'001'	1 2 3	'2D' 'wireframe' 'solid'
'detail_level'	'001'	1 2 3	'simplified' 'standard' 'extended'
'side'	'001'	0 1 2 3 4 5 6	'null' 'front' 'rear' 'right' 'left' 'top' 'bottom'

表 2（续）

编码	版本	数值	对应的标签(英文)
‘variant’	‘001’	0 1 2 3…n	‘null’ ‘external_shape’ ‘section’ *reserved for future registrationdependent*
‘unreg_variant’	‘001’	n 1…n	*‘null’* *library data supplier dependent*

4.3.2 **detail_level**

detail_level 值为 1：表达至少应该包括库项目参考坐标系。

detail_level 值为 2：表达至少应该包括所有须在库项目和预期用于置入的项目的相关环境之间建立空间关系的几何表达项目。

detail_level 值为 3：表达至少应该包括所有提供用于重叠(二维)和碰撞检测(三维)的几何表达项目，且还应提供在相应项目的详细设计中可使用的表达。

4.3.3 **side**

图 1 说明视图控制变量 *side* 的含义及其与库项目geometric_representation_context 的关系。

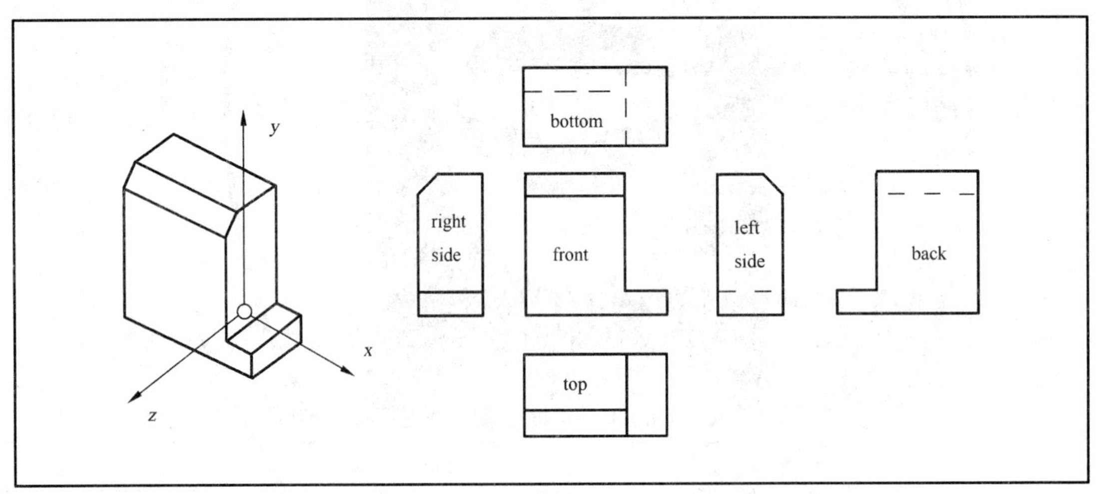

图 1 视图控制变量 side 的含义

注：当几何视图控制变量定义三维表达时，视图控制变量的一个数值应等于 0。相关视图控制变量view_control_variable_range 的约束条件由包括在 6.3.2.1 定义的 EXPRESS 模式中的ISO 13584_101_side_and_geometry_compatibility_rule 正式表示。

4.3.4 **variant**

variant 值为 0：本变体层次规定定义一个未注册的变体。

注：4.3.5 定义了未注册的变体。

variant 值为 1：本变体层次规定所表达的形状是库项目的外部形状。

variant 值为 2：本变体层次规定所表达的形状至少包括一个截面图。

variant 值为 3…n：保留这些变体层次供 GB/T 17645 本部分今后使用。

注：在本部分所定义的不同一致性类中定义一个标准化几何表达变体view_control_variable_range 时，变体 1 是必备的。在包括在由 6.3.2.1 定义的 EXPRESS 模式中的ISO 13584_101_variant_and_unregistered_variant_compatibility_rule 中正式描述了此约束条件。

4.3.5 **unreg_variant**

unreg_variant 值为 0:本未注册变体层次规定定义一个未标准化的变体。

unreg_variant 值为 1…n:这些未注册的变体层次规定库数据供应商时依赖于变体层次。

注:在本部分所定义的不同一致性类中,变体 0 与未注册的变体 0 是相互排斥的。在与view_control_variable_range 相应的层次上,在包括在由 6.3.2.2 定义的 EXPRESS 模式中的ISO 13584_101_variant_and_unregistered_variant_compatibility_rule 中正式描述了此约束条件。

5 交换格式

本章定义了符合本部分一致性类 1、2 和 3 的库外部文件的要求。应由发送方和接收方之间的单独协议定义符合一致性类 1E、2E 和 3E 的库外部文件结构和格式。此协议应规定用于表征本结构和格式特性的program_protocol 实体实例的属性数值。

5.1 FORTRAN 子程序名称

FORTRAN 程序单元应是一个 SUBROUTINE。

注:FORTRAN 程序单元不应是一个 PROGRAM 或一个 FUNCTION。

应根据如下结构建立 FORTRAN 程序单元的名称:

'F'+encoded_supplier_code+'_'+<program_name>

正如使用了编码函数的 GB/T 17645.26 所定义的,encoded_supplier_code 应是库数据供应商的供应商编码。通过对应顺序"_"的相应编码字符(后跟两个 ISO/IEC 10646-1 字符集定义的字符码),编码函数encode 将替代 FORTRAN 名称中不允许的各个字符。此外,如果即将编码的字符是"_",编码结果则为"_"。

使用如下encode 函数编码encoded_supplier_code :

EXPRESS 描述:

```
*)
FUNCTION encode(s: STRING): STRING;
LOCAL
    strtmp: STRING;
    lower_cases: LIST OF STRING:=
        ['a','b','c','d','e','f','g','h','i','j','k','l','m','n','o','p','q','r','s',
't','u','v','w','x','y','z'];
    upper_cases: LIST OF STRING:=
        ['A','B','C','D','E','F','G','H','I','J','K','L','M','N','O','P','Q',
'R','S','T','U','V','W','X','Y','Z'];
    numerals: LIST OF STRING:=
        ['0','1','2','3','4','5','6','7','8','9'];
    underscore: STRING:= '_';
    allowed_characters: LIST OF STRING:=
    lower_cases + upper_cases + numberals+ underscore;
    result: STRING:= '_';
END_LOCAL;

REPEAT i:=1 TO LENGTH(s);
```

```
    IF NOT(s[i] IN allowed_characters)
    THEN
       strtmp:=FORMAT(icode(s[i]),'02I');
       result:=result + '_'+ strtmp;
    ELSE
       IF (s[i]= '_')
       THEN
          result:=result + '_'+ s[i];
       ELSE
          result:=result + s[i];
       END_IF;
    END_IF;
END_REPEAT;

RETURN (result);
END_FUNCTION;
(*
```

注1：函数 icode 返回 ISO/IEC 10646-1:1993 字符集中一个字符的字符码，解释为一个整数值。

注2：由于 EXPRESS 语言的局限性而使得函数极长，因此在 EXPRESS 中未对函数icode 进行规定。

示例：0112/1///13584_101_1 供应商编码由 0112_2F1_2F_2F_2F13584__101__.'2F'编码，后者与 ISO/IEC 10646-1 字符集中'/'字符的字符码相对应。

库数据供应商应使用一个供应商编码，后者映射至一个长度等于或少于 31 个字符的字符串。

注3：编码程序的字符串长度可以超过用于定义 FORTRAN SUBROUTINE 名称的允许长度。因此库数据供应商有义务注册一个新的供应商编码，从而能够建立 FORTRAN SUBROUTINE 名称。

5.2 FORTRAN 限制

5.2.1 排除语句

不应使用以下 FORTRAN 语句：

a) BACKSPACE，

b) BLOCK DATA，

c) CLOSE，

d) COMMON，

e) DATA，

f) ENDFILE，

g) ENTRY，

h) EQUIVALENCE，

i) FORMAT，

j) INQUIRE，

k) OPEN，

l) PROGRAM，

m) READ，

n) REWIND，

o) SAVE，

p) STOP；

q) WRITE。

注：零件库内的 FORTRAN 程序单元将在不同环境、不同的 CAD 系统和操作技术中运行。为保证这些程序的最大限度的可移植性，禁止使用以上列举的语句。

示例：编译、链接、解释和传递是操作技术。

5.2.2 废弃的功能

FORTRAN 中已申明废弃了以下功能。因此，应在新程序中避免使用这些功能。

a) 算法 IF；

b) 循环嵌套；

c) ASSIGN；

d) 取值为 FORMAT 区分符；

e) 给 GOTO 赋值；

f) DO loop 的控制变量不是整数；

g) DO loop 没有用 CONTINUE 结束；

h) 从 IF 模块的外面产生分支到 END IF；

i) H 编辑描述符；

j) PAUSE。

注：目前这些功能还存在，但不会出现在 ISO 1539:1991 的下一版本中。

5.2.3 FORTRAN 程序单元的交换

在用来引用以建立一个库项目表达的库外部文件中应有且只能有一个 FORTRAN SUBROUTINE。不同于本 SUBROUTINE 的其他子程序可以出现在同一个库外部文件中。

5.2.4 字符编码

本库外部文件中应只使用英文字母表的上位和下位字母、10 个阿拉伯数字 0 至 9、下划线'_'和根据 ISO/IEC 8859-1 编码列举在表 3 中的专用字符。

表 3 FORTRAN 语言的特定字符

字符	名称	字符	名称
=	等号	:	冒号
+	加号		空格
−	连字符、减号	!	感叹号
*	星号	"	双引号
/	斜线分隔符号	%	百分号
(	左括号	&	和符号
)	右括号	;	分号
,	逗号	<	小于号
.	句点	>	大于号
$	美元符号	?	问号
'	撇号		

5.3 程序状态

如果对应的library 实体数据类型实例是library_in_standard_format 类型，则 FORTRAN 子程序应在源代码中。也许可能在源代码或目标代码中。

注：在 GB/T 17645.24 中定义了 library 和 library_in_standard_format。

6 一致性要求

GB/T 17645 的本部分定义了六个一致性类。

对于一致性类 1 到 3,库外部文件的格式由 5 章定义。对于一致性类 1E 到 3E,库外部文件的格式应由发送方和接受方之间的单独协议定义。

申明符合 GB/T 17645 本部分一致性类的实现必须支持第 4 章中定义的字典条目,且必须识别任何遵循由 6.3 定义的限制条件的数据。

申明符合一致性类 1、2 或 3 的实现也必须包括 6.3 中规定的实现资源,且必须能够用第 5 章处理外部文件。

申明符合一致性类 1E、2E 或 3E 的实现也必须包括 6.3 中规定的实现资源,且必须能够处理与实现申明支持的program_protocol 相关的外部文件。

注:program_protocol 在 GB/T 17645.24 中定义。

6.1 实现资源

本条对接收系统给出要求。

注 1:对于一致性类 1 到 3,文件格式是与 GB/T 17645.31 联编的 FORTRAN。对于一致性类 1E、2E 或 3E,文件格式将由发送方与接收方之间的单独协议定义。

注 2:在引用库外部文件的库交付文件中,采用external_file_protocal 实体的方式规定将用于处理库外部文件的特定接口。

实现资源的要求如下:

a) 申明符合一致性类 1 的实现应支持几何编程接口 API 1 级,如 GB/T 17645.31—1998 的 6.1.1 所定义。它与geometry_level 等于 1 的basic_geometry 表达的创建相对应。

b) 申明符合一致性类 2 的实现应支持几何编程接口 API 2 级,如 GB/T 17645.31—1998 的 6.1.1 所定义。它与geometry_level 等于 1 和 2 的basic_geometry 表达的结果创建相对应。

c) 申明符合一致性类 3 的实现应支持几何编程接口 API 3 级,如 GB/T 17645.31—1998 的 6.1.1 所定义。它与geometry_level 等于 1、2 和 3 的basic_geometry 表达的创造相对应。

d) 一致性类 1E 要求几何接口支持能够创建geometry_level 等于 1 的 basic_geometry 表达。

e) 一致性类 2E 要求几何接口支持能够创建geometry_level 等于 1 和 2 的 basic_geometry 表达。

f) 一致性类 3E 要求几何接口支持能够创建geometry_level 等于 1、2 和 3 的basic_geometry 表达。

注 3:如果定义新的 API 或与 GB/T 17645.31 中的 API 联编的新语言,则将由 GB/T 17645 本部分的补充部分定义新的一致性类。

6.2 实现方法

引用遵循 GB/T 17645 本部分的库外部文件的库交付文件的实现方法应由库交付文件引用的库集成信息模型定义。

遵循 GB/T 17645 本部分的一致性类 1,2 和 3 的库外部文件的实现方法是在第 5 章中定义的。遵循一致性类 1E,2E 和 3E 的库外部文件的实现方法由发送方和接受方之间的单独协议定义。

注:库外部文件标识和用于存储由库交付文件引用的库外部文件及库交付文件的中间媒介是由发送方和接受方之间的单独协议定义的,且超出本部分的范围。

6.3 用于引用本视图交换协议的库交付文件的约束条件

为了引用本部分定义的视图交换协议,允许库交付文件使用view_exchange_protocol_identification 实例值。

注 1:在 GB/T 17645.24 中定义了view_exchange_protocol_identification 。

在表 4 和 3 个 EXPRESS 模式中定义了允许值集合。表 4 为每个一致性类给出了view_exchange_protocol_identification. name 以及view_exchange_protocol_identification. application 的允许值。

ISO 13584_101_cc_1_or_2_or_3_schema 和ISO 13584_101_cc_1E_or_2E_or_3E_schema 两个模式

包括一个全局规则，其作用是规定须引用由 GB/T 17645 本部分定义的视图交换协议的view_exchange_protocal_indentification 的其他特性的允许值。

ISO 13584_101_vcv_range_constrains_schema 包括两个规则，本部分定义了其作用，即对任何引用视图控制协议的abstract_functional_modle_class 规定了某些约束条件。

注 2：GB/T 17645 定义了abstract_functional_modle_class 。

所有这些规则应由引用视图交换协议的任一库交付文件执行，由在本部分的任一一致性类定义此视图交换协议。

当库交付文件引用在本部分中定义的视图交换协议时，这些规则应添加至 EXPRESS 模式中，后者规定了由本库交付文件通过以下过程引用库集成信息模型的要求。

假设一个库交付文件引用了某库集成信息模型“L”，则其要求就陈述在没有名为“L_library_implicit_schema”的外部引用中，且在本部分中定义视图交换协议。

注 3：规定无任何外部引用的要求集合的 EXPRESS 模式通常被称为长格式模式。

示例 1：ISO 13584_f_m_iim_library_implicit_schema 是一个 EXPRESS 模式，它采用无任何外部引用的单一模式的方式规定了 LIM 24-2 的要求。

注 4：在 GB/T 17645.24—2003 的附录 G 中定义了ISO 13584_f_m_iim_library_implicit_schema 。本库交付文件应执行定义为如下的模式要求：

a) 对在ISO 13584_101_cc_1_or_2_or_3_schema 、ISO 13584_101_cc_1E_or_2E_or_3E_schema 和ISO 13584_101_vcv_range_constrains_schema 模式中引用的所有实体，核查其是否已存在于L-library_implicit_schema 中，否则不允许引用库集成信息模型“L”和在本部分中定义的视图交换协议。

注 5：由库集成信息模型规定库交付文件的信息模型及其可能包括的实体。视图交换协议可能只增加约束条件。

示例 2：在本部分中定义的视图交换协议引用abstract_funtional_model_class 实体。它不能用于规定 LIM 24-1 要求的ISO 13584_g_m_iim_library_implicit_schema ，且不引用用于功能模型建模的任一 EXPRESS 资源构造。

注 6：在 GB/T 17645.24—2003 的附录 C 中定义了ISO 13584_g_m_iim_library_implicit_schema 。

b) 在ISO 13584_101_cc_1_or_2_or_3_schema 和ISO 13584_101_cc_1E_or_2E_or_3E_schema 模式中，以字符串“L-library_implicit_schema”用大写字母取代字符串“ISO 13584_EXTERNAL_FILE_SCHEMA”。

c) 将在ISO 13584_101_cc_1_or_2_or_3_schema 、ISO 13584_101_cc_1E_or_2E_or_3E_schema 和ISO 13584_101_vcv_range_constrains_schema 模式中定义的所有函数和规则都添加至“L-library_implicit_schema”中。

注 7：以上过程的结果是：

1) ISO 13584_101_side_and_geometry_level_complability_rule ;

2) ISO 13584_101_variant_and_unregistered_variant_complability_rule ;

3) ISO 13584_101_allowed_reference_to_comformance_class_1_2_and_3_rule 和

4) ISO 13584_101_allowed_reference_to_comformance_class_1E_2E_and_3E_rule 规则以及要求确保这些规则都已添加至L-library_implicit_schema 中。

注 8：在本部分中定义的函数和规则的名称是用串 pl 提前设定的，以避免在同一个库交付文件引用数个视图交换协议时发生名称冲突。

注 9：库交付文件引用了库集成信息模型“L”用了后者的要求在无L-library_implicit_schema 外部引用的唯一模式中进行了陈述，且在 GB/T 17645 本部分中定义的视图交换协议也可使用在 GB/T 17645 的某部分中定义的 L-library_implicit_schema 交换，本部分规定库集成信息模型无进一步改变。当本部分中规定的要求不包括在交换模式中时，应在库交付文件交换前后对其进行核查。

ISO 13584_101_cc_1_or_2_or_3_schema 、ISO 13584_101_cc_1E_or_2E_or_3E_schema 和 ISO 13584_101_vcv_range_constrains_schema 模式的列表可在计算机可解释性表格中获取，并可在以下网址中找到。

http://www.tc184-sc4.org/EXPRESS/

如果在访问这些站点时遇到困难，请联系 ISO 中央秘书处或直接联系 ISO TC 184/SC4 秘书处：

sc4sec@cme. nist. gov。

注 10：以上 URL 的计算机解释性表格中提供的信息是规范化的。

注 11：如果在投票过程中在 EXPRESS 编码中识别了某些错误，关于这些错误的描述以及由零件编辑器推荐进行 PLIB 实现的改正都可在以下 URL 中找到：

http://www. lisi. ensma. fr/ftp/pub/PLIB_release_notes/Part101/Part101-1S/

6.3.1 一致性类规范表

表 4 规定了 view_exchange_protocol_identification. name 和 view_exchange_protocol_identification. application 的值，两者均允许用于 view_exchange_protocol_identification 中以引用本部分的每一个一致性类中定义的视图交换协议。

表 4 GB/T 17645.101 一致性类说明书

一致性类	view_exchange_protocol_identification. name 必备值	view_exchange_protocol_identification. application 必备值
1	'ISO_13584_101'	'1'
2	'ISO_13584_101'	'2'
3	'ISO_13584_101'	'3'
1E	'ISO_13584_101'	'1E'
2E	'ISO_13584_101'	'2E'
3E	'ISO_13584_101'	'3E'

6.3.2 关于库交付文件引用 basic _geometry 的约束条件

允许在库交付文件中应用以便引用本部分定义的任一一致性类的 basic_geometry 功能视图类的 view_control_variable_range 实例值应遵循以下 EXPRESS 模式中定义的约束条件：

EXPRESS 描述：

```
*)
SCHEMA ISO 13584_101_variant_1_schema;
REFERENCE FROM ISO 13584_extended_dictionary_schema(
    abstract_functional_model_class,
    view_control_variable_range);
(*
```

注：上述应用的模式可以在下列文档中找到：

ISO 13584_extended_dictionary_schema GB/T 17645.24。

6.3.2.1 ISO 13584 _101 _side _and _geometry _level _complability _rule 规则

ISO 13584_101_side_and_geometry_level_complability_rule 规则保证 abstract_functional_model_class（通过其 created_view 属性引用 basic_geometry 表达类别）应在其 v_c_v_range 中总是引用：

a） 在二维几何表达中，包括或不包括边视图控制变量值为空的情况，并且

注：一个二维正等轴测图是侧视图控制变量取空值的视图范例。

b） 在三维几何表达中，由边视图控制变量仅为空值组成的情况，并且

c） 在二维或三维中，为边视图控制变量提供允许边值以及一个空值。

示例：以下几何层次和视图方向的 view_control_variable_range 是允许的。

几何层次 view_control_variable_range	视图方向 view_control_variable_range
[1:1]	[0:6]
[1:1]	[1:6]
[1:3]	[0:6]
[2:2]	[0:0]

以下几何层次和视图方向的view_control_variable_range是不允许的。

几何层次 view_control_variable_range	视图方向 view_control_variable_range
[1:2]	[1:6]
[2:2]	[1:6]

```
EXPRESS 描述：
*)
RULE ISO 13584101_side_and _geometry_level_compatibility_rule FOR
    (abstract_functional_model_class);
LOCAL
    geometry_level_set: SET OF view_control_variable_range;
    side_set: SET OF view_control_variable_range;
    is_2D,is_2D_or_3D,is_3D: BOOLEAN;
    no_side,with_side,side_or_no_side,res: BOOLEAN;
    compatible_side_and_geometry_level: BOOLEAN:=TRUE;
END_LOCAL;

REPEAT i:=1 TO SIZEOF (abstract_functional_model_class);
    geometry_level_set:=QUERY(vcvr<*
        abstract_functional_model_class[i]. v_c_v_range |
        (vcvr. parameter_type. name_scope. code=;basic_geometry')
        AND(vcvr. parameter_type. name_scope. defined_by. code=
          '0112/1///13584_101_1'
        AND(vcvr. parameter_type. code='geometry_level'));

    side_set:= (QUERY(vcvr<*
        abstract_functional_model_class[i]. v_c_v_range |
        (vcvr. parameter_type. name_scope. code=;basic_geometry')
        AND(vcvr. parameter_type. name_scope. defined_by. code=
          '0112/1///13584_101_1'
        AND(vcvr. parameter_type. code='geometry_level'));
        is_2D:=(SIZEOF(QUERY(vcvr<* geometry_level_set |
          ((vcvr_range_lobound=1) AND (vcvr_range_hibound=1))))
          =1);
        is_2D_or_3D:=(SIZEOF(QUERY(vcvr<* geometry_level_set |
```

```
        ((vcvr_range_lobound=1) AND (vcvr_range_hibound>1))))
        =1);
    is_3D:=(SIZEOF(QUERY(vcvr<* geometry_level_set |
        ((vcvr_range_lobound>1) AND (vcvr_range_hibound>1)))=1);
    no_side:= (SIZEOF(QUERY(vcvr<* side_set |
        ((vcvr_range_lobound=0) AND (vcvr_range_hibound=0))))
        =1);
    side_or_no_side:= (SIZEOF(QUERY(vcvr<* side_set |
        ((vcvr_range_lobound=0) AND (vcvr_range_hibound>=0))))
        =1);

    IF is_2D OR ((NOT(is_2D_or_3D) OR
        side_or_no_side) AND (NOT(is_3D) OR no_side))
    THEN
        res:=TRUE;
    ELSE
        res:=FLASE;
    END_IF;
    compatible_side_and_geometry_level:=
        compatible_side_and_geometry_level AND res;
END_REPEAT;

WHERE
    WR1: compatible_side_and_geometry_level;
END_RULE;--ISO 13584101_side_and _geometry_level_compatibility_rule
(*
```

形式限制：

WR1:引用basic_geometry 表达类别的各个abstract_functional_model_class 应定义view_control_variable，规定在三维表达中几何表达边的range_lobound 和range_hibound 等于0，或在二维或三维几何表达中几何表达边的range_lobound 等于0 且range_hibound 大于或等于0。

非形式限制：

IP1:库交付文件中的任一abstract_functional_model_class 的方法，都不应建立边视图控制变量为非空值且几何层次视图控制变量为非“二维”的视图。

6.3.2.2 ISO 13584 _101 _variant _and _unregistered _variant _complability _rule 规则

ISO 13584_101_ variant_and_unregistered_variant_complability_rule 规则规定在不同variant 或unreg_variant 中提供basic_geometry 表达类别的abstract_functional_model_classe 应该总是提供：

a) 标准化形状表达和/或库数据供应商依赖性形状表达，并且

b) 在可能的标准化形状表达中，至少variant 为‘1’，即‘外部形状’，并且

c) 在可能的库数据供应商依赖性形状表达中，unreg_variant 须严格大于0。

示例：以下变体和未注册变体view_control_variable_range 是允许的：

变体 view_control_variable_range	未注册的变体 view_control_variable_range
[0:0]	[3:5]
[1:3]	[0:0]
[0:2]	[0:1]

以下变体和未注册变体 view_control_variable_ranges 是不允许的：

变体 view_control_variable_range	未注册的变体 view_control_variable_range
[0:0]	[0:0]
[0:0]	[0:2]

EXPRESS 描述：

```
*)
RULE ISO 13584101_variant_and_unregistered_variant_compatibility_rule
FOR
    (abstract_functional_model_class);
LOCAL
    variant_set: SET OF view_control_variable_range:=[];
    unreg_variant_set: SET OF view_control_variable_range:=[];
    is_variant,is_unreg_variant: BOOLEAN;
    may_be_variant,may_be_unreg_variant: BOOLEAN;
    variant_1_mandatory,unreg_variant_greater_than_0: BOOLEAN;
    res,compatible_variant_and_unreg_variant: BOOLEAN:=TRUE;
END_LOCAL;

REPEAT i:=1 TO SIZEOF (abstract_functional_model_class);
    variant_set:=QUERY(vcvr<*
        abstract_functional_model_class[i]. v_c_v_range |
            (vcvr. parameter_type. name_scope. code='basic_geometry')
        AND(vcvr. parameter_type. name_scope. defined_by. code=
            '0112/1///13584_101_1')
        AND(vcvr. parameter_type. code='variant'));
    unreg_variant_set:=QUERY(vcvr<*
        abstract_functional_model_class[i]. v_c_v_range |
            (vcvr. parameter_type. name_scope. code='basic_geometry')
        AND(vcvr. parameter_type. name_scope. defined_by. code=
            '0112/1///13584_101_1')
        AND(vcvr. parameter_type. code='unreg_variant'));

    is_unreg_variant:=(SIZEOF(QUERY(vcvr<* variant_set
        ((vcvr_range_lobound=0) AND (vcvr_range_hibound=0)))
        =1);
```

```
    may_be_unreg_variant:=(SIZEOF(QUERY(vcvr<* variant_set
        ((vcvr_range_lobound=0) AND (vcvr_range_hibound>0)))
        =1);
    variant_1_mandatory:=(SIZEOF(QUERY(vcvr<* variant_set
        ((vcvr_range_lobound=1)))=1);
    is_variant:= (SIZEOF(QUERY(vcvr<* unreg_variant_set
        ((vcvr_range_lobound=0) AND (vcvr_range_hibound=0)))
        =1);
    may_be_variant:=(SIZEOF(QUERY(vcvr<* unreg_variant_set
        ((vcvr_range_lobound=0) AND (vcvr_range_hibound>0)))
        =1);
    unreg_variant_greater_than_0:= (SIZEOF(QUERY(vcvr<*
        unreg_variant_set | vcvr_range_lobound>=1)))=1);

    IF (is_variant AND variant_1_mandatory) OR (is_unreg_variant AND
        unreg_variant_greater_than_0 ) OR (may_be_unreg_variant AND may_be_variant)
    THEN
         res:=TRUE;
    ELSE
         res:=FLASE;
    END_IF;

    compatible_variant_and_unreg_variant:=
        compatible_variant_and_unreg_variant AND res;
    variant_set:=[];
    unreg_variant_set:=[];
END_REPEAT;

WHERE
        WR1: compatible_variant_and_unreg_variant;
END_RULE;
ISO 13584101_ variant_and_unreg_variant_compatibility_rule
(*
```

形式限制:

WR1:引用basic_geometry 表达类别的各个abstract_functional_model_class 应定义两个view_control_variable ,后者分别定义一个变体和一个未注册变体,其值是兼容的:变体view_control_variable 范围限定为 0 或未注册变体view_control_variable_range 范围为非 0 值,或者未注册变体view_control_variable_range 范围为 0 而变体view_control_variable 范围为从 0 到任何值,或变体view_control_variable 和未注册变体view_control_variable_range 范围指定为从 0 到大于或等于 1 的任何值。

```
*)
END_SCHEMA;--ISO 13584101_ 101_vcv_range_constraints_schema
```

(*

6.3.3 用于引用一致性类 1,2 和 3 的库交付文件的约束条件

view_exchange_protocol_identification 实例值应该遵循在下列 EXPRESS 模式中定义的约束条件,而该实例值允许用于在库交付文件中用来引用任何一致性类 1、2 或 3 的本部分中定义的视图交换协议。

EXPRESS 描述:

```
*)
SCHEMA ISO 13584_101_cc_1_or_2_or_3_schema;
REFERENCE FROM ISO 13584_IEC61360_dictionary_schema(
        item_names);
REFERENCE FROM ISO 13584_extended_dictionary_schema(
        data_exchange_specification_identification,
        view_exchange_protocol_identification);

    REFERENCE FROM ISO 13584_external_file_schema(
        external_file_protocol,
        program_status,
        simple_program_protocol,
        standard_ simple_program_protocol);

REFERENCE FROM person_organization_schema(
        organization);
(*
```

注:上述用到的模式可以在下列文档中找到:

ISO 13584_IEC61360_dictionary_schema GB/T 17645.42 的资料性附录和 IEC 61360—2 的规范性附录

ISO 13584_extended_dictionary_schema GB/T 17645.24

ISO 13584_external_file_schema GB/T 17645.24

person_organization_schema GB/T 16656.41。

6.3.3.1 ISO 13584 _101 _allowed _reference _to _conformance _class _1 _2 _and _3 _rule 规则

ISO 13584_101_allowed_reference_to_conformance_class_1_2_and_3_rule 规则定义了用于 view_exchange_protocol_identification 的约束条件,该约束条件用来允许用于引用在本部分定义的视图交换协议的一致性类 1,2 或 3。如果下列条件成立,view_exchange_protocol_identification 允许用来引用在本部分定义的视图交换协议的一致性类 1,2 或 3:

a) view_exchange_protocol_identification 的name 属性等于'ISO_13584_101',并且

b) view_exchange_protocol_identification 的external_file_protocol 属性仅引用了一个external_file_protocol 属性,并且

c) 被引用的external_file_protocol 的level 属性应等于view_exchange_protocol_identification 的application 属性,并且

d) view_exchange_protocol_identification 的status 属性应该等于'WD',或'CD'或'DIS'或'FDIS'或'IS',并且

e) view_exchange_protocol_identification 的application 属性的值应该为'1'、'2' 或 '3',并且

f) 由view_exchange_protocol_identification 的external_file_protocols 属性引用的external_file_protocol 应该执行在 6.3.3.2 中定义的ISO 13584_101_protocol_compliant_to_cc_1_or_2_or_3

函数要求的约束条件。

EXPRESS 描述：

```
*)
RULE ISO 13584_101_allowed_reference_to_conformance_class_1_2_and_3_rule
FOR (
        view_exchange_protocol_identification);
WHERE
WR1: QUERY( vep_id <* view_exchange_protocol_identification |
        (vep_id\data_exchange_specification_identification. name
        =‘ISO_13584_101’)
        AND
        (SIZEOF(vep_id\data_exchange_specification_identification
        . external_file_protocols ) <> 1)) = [];
WR2: QUERY( vep_id <* view_exchange_protocol_identification |
        (vep_id\data_exchange_specification_id. name
        =‘ISO_13584_101’)
        AND
        (QUERY( efp <* vep_id\data_exchange_specification_identification
        . external_file_protocols |
        NOT( efp. level=vep_identification )
        ) <>[])) =[];
WR3: QUERY( vep_id <* view_exchange_protocol_identification |
            (vep_id\data_exchange_specification_identification. status
            = ‘WD’)
            OR (vep_id\data_exchange_specification_identification. status
            = ‘CD’)
            OR (vep_id\data_exchange_specification_identification. status
            = ‘DIS’)
            OR (vep_id\data_exchange_specification_identification. status
            = ‘FDIS’)
            OR (vep_id\data_exchange_specification_identification. status
            = ‘IS’))
        AND
            (vep_id\data_exchange_specification_identification. name
            =‘ISO_13584_101’)
        AND
            ((vep_id\data_exchange_specification_identification
            . application = ‘1’)
            OR (vep_id\data_exchange_specification_identification
            . application = ‘2’)
            OR (vep_id\data_exchange_specification_identification
```

```
        . application = '3'))
    AND
        (QUERY( efp <*
        vep_id\data_exchange_specification_id
        . external_file_protocols |
        NOT(ISO_13584_101_protocol_compliant_to_cc_1_or_2_or_3(efp)) ) =[] ))
            = QUERY( vep_id <* view_exchange_protocol_identification |
                    (vep_id\data_exchange_specification_identification. name
        ='ISO_13584_101')
    AND
        (vep_id\data_exchange_specification_identification
        . application LIKE '#'));
END_RULE;
ISO 13584_101_allowed_reference_to_conformance_class_1_2_and_3_rule
(*
```

形式限制：

WR1：引用在本部分中定义的视图交换协议的一致性类 1,2 或 3 的多个view_exchange_protocol_identification 时，只应引用一个external_file_protocol 协议。

WR2：被引用的standard_program_protocol 的level 属性应该等于引用在本部分定义的视图交换协议的一致性类 1,2 或 3 的数个view_exchange_protocol_identification 的 application 属性。

WR3：当引用在本部分中定义的视图交换协议时，view_exchange_protocol_identification. name 的值应该为'ISO_13584_101'，view_exchange_protocol_identification. status 应该等于'WD'，'CD' 或 'DIS' 或 'FDIS' 或 'IS'，view_exchange_protocol_identification. application 的值应该为'1'、'2'或'3'，并且view_exchange_protocol_identification. external_file_protocols 应该执行在 6.3.3.2 中定义的 ISO 13584_101_protocol_compliant_to_cc_1_or_2_or_3 函数要求的约束条件。

6.3.3.2 ISO 13584_101_protocol_compliant_to_cc_1_or_2_or_3 函数

ISO 13584_101_protocol_compliant_to_cc_1_or_2_or_3 函数核查表达本部分的一致性类 1,2 或 3 的view_exchange_protocol_identification 是否能引用external_file_protocol 。如果给定external_file_protocol 允许引用，则返回 TRUE 值；否则，返回 FALSE 值。如果下列条件成立，external_file_protocol 可以由表达本部分的一致性类 1,2 或 3 的view_exchange_protocol_identification 引用。

a) external_file_protocol 应该是一个其language 属性等于'FORTRAN'的standard_simple_program_protocol，status 属性等于'SOURCE'或者'COMPILED'，并且

b) external_file_protocol 的 organization 属性应该引用一个identification 属性等于'ISO'且name 属性等于'International Organization for Standardization'的organization 属性，并且

c) external_file_protocol 的protocol_name 属性应该等于'ISO_13584_31'，并且

d) external_file_protocol 的level 属性，如果存在，应该具有'1'，'2' 或 '3'作为它的值，并且

e) external_file_protocol 的designation 属性应该引用一个item_names ，其preferred_name 属性等于'ISO_13584_31'，并且short_name 属性等于'ISO_13584_31'。

EXPRESS 描述：

```
*)
```

```
FUNCTION ISO_13584_101_protocol_compliant_to_cc_1_or_2_or_3(
        p: external_file_protocol): BOOLEAN;

        IF (('ISO13584_EXTERNAL_FILE_SCHEMA'
+ '.STANDARD_SIMPLE_PROGRAM_PROTOCOL' IN TYPEOF(p))
        AND (ISO 13584_101_organization_compliant_to_cc_1_or_2_or_3(
            p.organization))
        AND(p.protocol_name = 'ISO_13584_31')
    AND(NOT EXISTS(p.level) OR
            ((p.level = '1')OR (p.level = '2')OR (p.level = '3')))
        AND(ISO13584_101_item_names_compliant_to_cc_1_or_2_or_3(
            p.designation))
        AND (p\simple_program_protocol.language ='FORTRAN')
        AND ((p\simple_program_protocol.status = SOURCE)
                OR (p\simple_program_protocol.status = COMPILED)))
    THEN
        RETURN (TRUE);
    ELSE
        RETURN (FALSE);

    END_IF;
    END_FUNCTION; --ISO 13584_101_protocol_compliant_to_cc_1_or_2_or_3
    (*
```

6.3.3.3 ISO 13584_101_item_names_compliant_to_cc_1_or_2_or_3 函数

ISO 13584_101_item_names_compliant_to_cc_1_or_2_or_3 函数核查表达本部分的一致性类 1,2 或 3 的引用view_exchange_protocol_identification 的external_file_protocol 是否可以引用item_names 。如果下列条件成立,表达本部分的一致性类 1,2 或 3 的view_exchange_protocol 引用的external_file_protocol 则可以引用item_names :

a) item_names 的 preferred_name 属性等于'ISO_13584_31' 并且

b) item_names 的 short_name 属性等于'ISO_13584_31'。

当给定的item_names 执行这些约束,ISO 13584_101_item_names_compliant_to_cc_1_or_2_or_3 函数返回 TRUE 值,否则,返回 FALSE 值。

EXPRESS 描述:

```
*)
FUNCTION ISO 13584_101_item_names_compliant_to_cc_1_or_2_or_3(
    name: item_names): BOOLEAN;
    IF ((name.preferred_name = 'ISO_13584_31')
        AND(name.short_name = 'ISO_13584_31'))
    THEN
        RETURN (TRUE);
        ELSE
```

```
        RETURN (FALSE);
  END_IF;
  END_FUNCTION; --ISO 13584_101_item_names_compliant_to_cc_1_or_2_or_3
  (*
```

6.3.3.4 ISO 13584_101_organization_compliant_to_cc_1_or_2_or_3 函数

ISO 13584_101_organization_compliant_to_cc_1_or_2_or_3 函数核查表达本部分的一致性类 1,2 或 3 的view_exchange_protocol 所引用的external_file_protocol 是否可以引用organization 。如果下列条件成立,表达本部分的一致性类 1,2 或 3 的view_exchange_protocol 所引用的external_file_protocol 则可以引用organization 。

a) organization 的 identification 属性等于'ISO' 并且

b) organization 的 name 属性等于'International Organization for Standardization'。

当给定的organization 执行此约束,ISO 13584_101_organization_compliant_to_cc_1_or_2_or_3 函数则返回 TRUE 值,否则,返回 FALSE 值。

EXPRESS 描述:

```
 *)
FUNCTION ISO 13584_101_organization_compliant_to_cc_1_or_2_or_3(
    org: organization): BOOLEAN;
    IF ((org.id ='ISO') AND (org.name =
        'International Organization for Standardization'))
    THEN
RETURN (TRUE);
ELSE
        RETURN (FALSE);
END_IF;
END_FUNCTION; --ISO 13584_101_organization_compliant_to_cc_1_or_2_or_3

END_SCHEMA; --ISO 13584_101_cc_1_or_2_or_3_schema
(*
```

6.3.4 用于引用一致性类 1E,2E 和 3E 的库交付文件的约束

view_exchange_protocol_identification 实例值应该遵循在下列 EXPRESS 模式中定义的约束条件,而该实例值允许用于在库交付文件中用来引用在任何一致性类 1E、2E 或 3E 的本部分中定义的视图交换协议。

EXPRESS 描述:

```
 *)
SCHEMA ISO 13584_101_cc_1E_or_2E_or_3E_schema;
REFERENCE FROM ISO 13584_extended_dictionary_schema(
    data_exchange_specification_identification,
    view_exchange_protocol_identification);

REFERENCE FROM ISO 13584_external_file_schema(
            external_file_protocol,
```

non_standard_ simple_program_protocol);

(*

注：上述用到的模式可以在下列文档中找到：

ISO 13584_extended_dictionary_schema GB/T 17645.24

ISO 13584_external_file_schema GB/T 17645.24

6.3.4.1 **ISO _101 _allowed _reference _to _conformance _class _1E _2E _and _3E _rule 规则**

ISO 13584_101_allowed_reference_to_conformance_class_1E_2E_and_3E_rule 规则定义了用于 view_exchange_protocol_identification 的约束条件，该约束条件允许用于引用在的本部分定义的视图交换协议的一致性类 1E,2E 或 3E。如果下列条件成立，view_exchange_protocol_identification 允许用于引用在本部分定义的视图交换协议的一致性类 1E,2E 或 3E：

a) view_exchange_protocol_identification 的name 属性等于'ISO_13584_101'，并且

b) view_exchange_protocol_identification 的external_file_protocols 属性仅引用一个external_file_protocol，并且

c) view_exchange_protocol_identification 的status 属性应该等于'WD'、或'CD'或'DIS'或'FDIS'或'IS'，并且

d) view_exchange_protocol_identification 的application 属性的值应该为'1'，'2' 或'3'，并且

e) 由view_exchange_protocol_identification 的external_file_protocols 属性引用的external_file_protocol 应该执行在 6.3.3.2 中定义的ISO 13584_101_protocol_compliant_to_cc_1_or_2_or_3 函数要求的约束条件。

EXPRESS 描述：

*)

```
RULE
ISO 13584_101_allowed_reference_to_conformance_class_1E_2_and_3_rule
FOR (
    view_exchange_protocol_identification);
WHERE
WR1: QUERY( vep_id <* view_exchange_protocol_identification |
    (vep_id\data_exchange_specification_identification. name
    = 'ISO_13584_101')
    AND (SIZEOF(vep_id\data_exchange_specification_identification
    . external_file_protocols ) <> 1)) =[];
WR2: QUERY( vep_id <* view_exchange_protocol_identification |(
        (vep_id\data_exchange_specification_identification. status
        = 'WD')
        OR (vep_id\data_exchange_specification_identification. status
        = 'CD')
        OR (vep_id\data_exchange_specification_identification. status
        = 'DIS')
        OR (vep_id\data_exchange_specification_identification. status
        = 'FDIS')
        OR (vep_id\data_exchange_specification_identification. status
```

```
        = 'IS'))
    AND
        (vep_id\data_exchange_specification_identification. name
        = 'ISO_13584_101')
    AND
        ((vep_id\data_exchange_specification_identification
        . application ='1E')
        OR (vep_id\data_exchange_specification_identification
        . application ='2E')
        OR (vep_id\data_exchange_specification_identification
        . application ='3E'))
    AND
        (QUERY( efp <*
        vep_id\data_exchange_specification_identification
        . external_file_protocols
NOT (ISO_13584_101_protocol_compliant_to_cc_1_or_2_or_3(efp))
        )=[] ))
    = QUERY( vep_id <* view_exchange_protocol_identification |
        (vep_id\data_exchange_specification_identification. name
        ='ISO_13584_101')
    AND
        (vep_id\data_exchange_specification_identification
        . application LIKE'#'));

END_RULE;
ISO 13584_101_allowed_reference_to_conformance_class_1E_2E_and_3E_rule
(*
```

正式命题：

WR1：在引用本部分定义的视图交换协议的一致性类 1，2 或 3 的多个view_exchange_protocol_identification 中，只应引用一个external_file_protocol 。

WR2：在引用本部分定义的视图交换协议时，view_exchange_protocol_identification. name 的值应该是'ISO_13584_101'，view_exchange_protocol_identification. status 应该等于'WD'，'CD' 或'DIS' 或 'FDIS' 或 'IS'，view_exchange_protocol_identification. application 的值应该为 '1E'，'2E' 或 '3E'，并且view_exchange_protocol_identification. external_file_protocols 应该执行在 6.3.4.2 中定义的protocol_compliant_to_cc_1E_or_2E_or_3E 函数要求的约束条件。

6.3.4.2 ISO 13584_101_protocol_compliant_to_cc_1E_or_2E_or_3E 函数

ISO 13584_101_protocol_compliant_to_cc_1E_or_2E_or_3E 函数核查表达本部分的一致性类 1E，2E 或 3E 的view_exchange_protocol_identification 是否可以引用external_file_protocol 。如果给定的external_file_protocol 允许引用，则返回 TRUE 值；否则，返回 FALSE 值。如果下列条件成立，表达本部分的一致性类 1E，2E 或 3E 的view_exchange_protocol_identification 则可以引用external_file_protocol：

external_file_protocol 应该是一个non_standard_simple_program_protocol 。

当给定的external_file_protocol 执行本约束条件时，ISO 13584_101_protocol_compliant_to_cc_1E_or_2E_or_3E 函数返回 TRUE 值，否则，返回 FALSE 值。

EXPRESS 描述：

```
*)
FUNCTION ISO_13584_101_protocol_compliant_to_cc_1E_or_2E_or_3E(
        p: external_file_protocol): BOOLEAN;
        IF (('ISO 13584_EXTERNAL_FILE_SCHEMA'
            + '.NON_STANDARD_SIMPLE_PROGRAM_PROTOCOL' IN TYPEOF(p)))
        THEN
            RETURN (TRUE);
        ELSE
            RETURN (FALSE);
        END_IF;
END_FUNCTION; --ISO 13584_101_protocol_compliant_to_cc_1E_or_2E_or_3E

END_SCHEMA; --ISO 13584_101_cc_1E_or_2E_or_3E_schema
(*
```

附 录 A
（规范性附录）
信息对象注册

A.1 文档标识

为了在开放系统中给一个信息对象提供无歧义的标识，将对象标识符

{ISO standard 13584 part (101)version(1)}

分配给本部分。此值的含义在 GB/T 16262.1 中进行定义。

附　录　NA
（资料性附录）
本部分中英文黑体词的含义

本部分中英文黑体词的含义如表 NA.1 所示。

表 NA.1　英文黑体词的含义

英文黑体词	中文含义
abstract _functional _modle _class	抽象功能模型类
basic _geometry	基本几何
class _code	类代码
class _version	类版本
content	内容
created _view	创建视图
detail _level	细节层次
encoded _supplier _code	编码供应商代码
external _file _protocol	外部文件协议
functional _view _class	功能视图类
geometry _level	几何层次
geometric _representation _context	几何表达相关语境
ISO 13584 _101 _allowed _reference _to _comformance _class _1 _2 _and _3 _rule	GB/T 17645.101 允许引用一致性类 1、2 和 3 规则
ISO 13584 _101 _allowed _reference _to _comformance _class _1E _2E _and _3E _rule	GB/T 17645.101 允许引用一致性类 1E、2E 和 E3 规则
ISO 13584 _101 _cc _1 _or _2 _or _3 _schema	GB/T 17645.101 一致性类 1 或 2 或 3 模式
ISO 13584 _101 _cc _1E _or _2E _or _3E _schema	GB/T 17645.101 一致性类 1E 或 2E 或 3E 模式
ISO 13584 _101 _organization _compliant _to _cc _1 _or _2 _or _3	GB/T 17645.101 组织符合一致性类 1 或 2 或 3
ISO 13584 _101 _protocol _compliant _to _cc _1 _or _2 _or _3	GB/T 17645.101 协议符合一致性类 1 或 2 或 3
ISO 13584 _101 _protocol _compliant _to _cc _1E _or _2E _or _3E	GB/T 17645.101 协议符合一致性类 1E 或 2E 或 3E
ISO 13584 _101 _side _and _geometry _compatibility _rule	GB/T 17645.101 视图方向和几何完整性规则
ISO 13584 _101 _side _and _geometry _level _complability _rule	GB/T 17645.101 视图方向和几何层次完整性规则

表 NA.1（续）

英文黑体词	中文含义
ISO 13584 _101 _variant _and _unregistered _variant _complability _rule	GB/T 17645.101 变体和未注册变体完整性规则
ISO 13584 _101 _vcv _range _constrains _schema	GB/T 17645.101 视图控制变量范围约束模式
ISO 13584 _f _m _iim _library _implicit _schema	GB/T 17645 功能模型的信息模型库隐式模式
item _names	项目名
its _superclass	超类
program _protocol	编程协议
representation	表达
supplier _code	供应商代码
side	视图方向
library _in _standard _format	标准格式库
level	层
L-library _implicit _schema	L 库隐式模式
range _lobound	范围下限
unreg _variant	未注册变体
variant	变体
v _c _v _range	视图控制变量范围
view _control _variable	视图控制变量
view _control _variable _range	视图控制变量范围
view _exchange _protocol	视图交换协议
view _exchange _protocol _identification	视图交换协议标识符
view _properties	视图特性

参　考　文　献

[1]　GB/T 3057—1996　信息技术　编程语言 FORTRAN(idt ISO/IEC 1539:1991)

[2]　ISO 10303-41:2000　工业自动化系统与集成　产品数据表达与交换　第41部分:集成通用资源:产品描述与支持原理

ICS 25.040.40
L 67

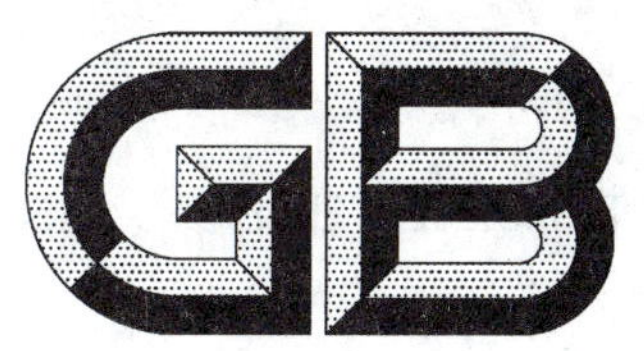

中华人民共和国国家标准

GB/T 17645.102—2008/ISO 13584-102:2006

工业自动化系统与集成　零件库 第102部分：符合GB/T 16656一致性规范的视图交换协议

Industrial automation systems and integration—Parts library—Part 102:View exchange protocol by GB/T 16656 conforming specification

(ISO 13584-102:2006,IDT)

2008-10-07 发布　　　　2009-04-01 实施

中华人民共和国国家质量监督检验检疫总局
中国国家标准化管理委员会　发布

前　言

GB/T 17645《工业自动化系统与集成　零件库》是一个由多个部分组成的标准，各部分单独出版。GB/T 17645 的所属各部分按功能分为多个子系列：概念描述、逻辑资源、实现资源、描述方法、一致性测试、视图交换协议、有关字典的标准化内容，其中：

——第 10～19 部分规定了概念描述；

——第 20～29 部分规定了逻辑资源；

——第 30～39 部分规定了实现资源；

——第 40～49 部分规定了描述方法；

——第 50～59 部分规定了一致性测试；

——第 100～199 部分规定了视图交换协议；

——第 500～599 部分规定了有关字典的标准化内容。

GB/T 17645《工业自动化系统与集成　零件库》现已发布了以下 9 个部分：

——第 1 部分：综述与基本原理；

——第 20 部分：逻辑资源：表达式的逻辑模型；

——第 24 部分：逻辑资源：供应商库的逻辑模型；

——第 25 部分：逻辑资源：带聚合值和显式内容的供应商库逻辑模型；

——第 26 部分：逻辑资源：信息供应商标识；

——第 31 部分：实现资源：几何编程接口；

——第 42 部分：描述方法：零件族构造方法学；

——第 101 部分：参数化程序的几何视图交换协议；

——第 102 部分：符合 GB/T 16656 一致性规定的视图交换协议。

本部分是 GB/T 17645 的第 102 部分。本部分等同采用 ISO 13584-102:2006《工业自动化系统与集成　零件库　第 102 部分：符合 ISO 10303 一致性规范的视图交换协议》，在技术内容和编写格式上与 ISO 13584-102:2006 保持一致，只是根据我国国家标准的编写要求，作了一些编辑性修改，主要是：

——对带下划线的用于 EXPRESS 语言描述的各黑体英文实体名，为了既维护其英文原意又便于了解其名称代表的含义，在本部分中，以英文为主。增加资料性附录 NA，收集黑体英文实体名，并给出中文译名。

——ISO 13584、ISO 10303 和 IEC 61360 各标准中已有若干部分被等同或等效转化为我国的国家标准，对应的国家标准编号分别是 GB/T 17645、GB/T 16656 和 GB/T 17564 中的各部分：二者在技术和使用上对等。但是考虑到与 ISO 13584、ISO 10303 和 IEC 61360 相配套的 EXPRESS 描述，以及应用软件中各模式、实体、特性、属性、函数等的表达，为使配套应用软件在实际应用时不发生因更换国际标准名称而带来的种种问题，对在本部分中所有的 EXPRESS 描述以及由 STEP 开发工具自动生成的文件和 EXPRESS-G 图中的国际标准代号保持不变，仅在本部分的标题和论述正文中，用国家标准号替换原国际标准号。

本部分的附录 A 为规范性附录，附录 NA 为资料性附录。

本部分由中国机械工业联合会提出。

本部分由全国工业自动化系统与集成标准化技术委员会(SAC/TC 159)归口。

本部分起草单位：中国标准化研究院。

本部分主要起草人：王志强、李文武、詹俊峰、刘守华。

工业自动化系统与集成 零件库 第102部分:符合GB/T 16656一致性规范的视图交换协议

1 范围

GB/T 17645的本部分规定了ISO 10303_rep这一表达类别。该表达类别记录的通用概念可用于描述GB/T 16656应用协议中的产品表达。该表达类别可与零件库定义的任意项关联。本部分还定义了:在库交换环境中,属于该表达类别的表达如何使用符合GB/T 16656的数据仓库进行交换。

本部分适用于:

——ISO 10303_rep表达类别的定义,及其引用机制;

——描述ISO 10303_rep表达类别中特定表达的特性;

——符合本部分的任何实现所支持的实现资源;

——符合本部分的任何实现所支持的字典条目;

——符合本部分的任何实现所识别的标准数据。

本部分不适用于:

——库传输文件的结构和交换格式;

——符合GB/T 16656应用协议的库外部文件和结构和交换格式。

注1:GB/T 17645逻辑资源部分规定的库集成信息模型定义了库传输文件的结构。

注2:GB/T 17645.24定义的ISO 13584_f_m_iim _schema是库集成信息模型,它定义了库传输文件的结构。这种库传输文件还包含了若干实例值,这些实例值则引用了本部分定义的表达类别和(或)库外部文件。

附录A给出了文档标识的信息,组成了本部分的完整标识。

2 规范性引用文件

下列文件中的条款通过GB/T 17645的本部分的引用而成为本部分的条款。凡是注日期的引用文件,其随后所有的修改单(不包括勘误的内容)或修订版均不适用于本部分,然而,鼓励根据本部分达成协议的各方研究是否可使用这些文件的最新版本。凡是不注日期的引用文件,其最新版本适用于本部分。

GB/T 16262.1 信息技术 抽象语法记法一(ASN.1)第1部分:基本记法规范(GB/T 16262.1—2006,ISO/IEC 8824-1:2002,IDT)

GB/T 16656.11 工业自动化系统与集成 产品数据的表达与交换 第11部分:描述方法:EXPRESS语言参考手册

GB/T 16656.21 工业自动化系统与集成 产品数据的表达与交换 第21部分:实现方法:交换文件结构的纯正文编码(GB/T 16656.21—2008,ISO 10303-21:1994, IDT)

GB/T 16656.41 工业自动化系统与集成产品数据表达与交换 第41部分:集成通用资源:产品描述与支持原理(GB/T 16656.41—1999,idt ISO 10303-41:1994)

GB/T 16656.43 工业自动化系统与集成 产品数据表达与交换 第43部分:集成通用资源:表达结构(GB/T 16656.43—2008,ISO 10303-43:2000,IDT)

GB/T 17645.24 工业自动化系统与集成 零件库 第24部分:逻辑资源:供应商库的逻辑模型(GB/T 17645.24—2003,ISO 13584-24:2002,IDT)

GB/T 17645.42 工业自动化系统与集成 零件库 第42部分:描述方法:构造零件族的方法学(GB/T 17645.42—2001,idt ISO 13584-42:1998)

3 术语和定义

下列术语和定义适用于GB/T 17645的本部分。为了方便,本部分重复了一些术语和定义,它们来自:

——GB/T 16656.1;

——GB/T 16656.11;

——GB/T 16656.31;

——GB/T 17645.1;

——GB/T 17645.24;

——GB/T 17645.42。

3.1

AP一致性类 AP conformance class

可规定一致性的一个应用协议的子集。

3.2

应用 application

产生或使用产品数据的一个或多个过程组。

[GB/T 16656.1]

3.3

应用相关环境 application context

在一个特定的应用中,为支持产品数据的使用而解释集成资源的环境。

[GB/T 16656.1]

3.4

应用编程接口 application programming interface;API

可由某个程序触发的一组函数集合。

[GB/T 17645.24]

3.5

应用协议 application protocol;AP

它是GB/T 16656的一部分:其为一个特定的应用规定满足范围和信息要求的应用解释模型。

[GB/T 16656.1]

3.6

基本语义单元 basic semantic unit;BSU

一种实体,它为应用领域(例如:类、数据元素类型)的特定对象提供了一个绝对的和唯一的标识。

[GB/T 17645.42]

3.7

一致性类 conformance class

可规定一致性的一个应用协议的子集。

[GB/T 17645.24]

3.8

一致性要求 conformance requirement

在一致性实现中,对所必需呈现的特征的精确文本定义。

[GB/T 16656.1]

3.9

一致性实现 conforming implementation

满足一致性要求的一种实现，该一致性要求由某标准的一个或一系列一致性类进行定义。

[GB/T 17645.24]

3.10

一致性 conformity; conformance

实现对全部规定要求。

[GB/T 16656.31]

3.11

实体(数据类型)实例 entity (data type) instance

由实体定义的该类内部，表达某信息单元的一种数据命名单元。它是实体数据类型确定的该域的一个成员。

[GB/T 16656.11]

3.12

零件的功能模型 functional model of a part

在集成库中描述零件表达分类的库数据。

[GB/T 17645.1]

3.13

功能视图 functional view

在产品数据中描述零件表达分类的数据。

[GB/T 17645.1]

注：功能视图的结构不取决于它表达的零件。

3.14

实现方法 implementation method

计算机采用的，用EXPRESS数据规范语言描述的数据交换技术。

[GB/T 17645.24]

3.15

实现资源 implementation resources

软件系统的能力，可用它断定一个视图交换协议或既有视图交换协议又有库集成信息模型的特殊一致性等级的一致性。

[GB/T 17645.24]

3.16

信息模型 information model

满足特定要求的事实、概念或指令的有界集合的形式化模型。

[GB/T 16656.1]

3.17

集成库 integrated library

由库管理系统及用户库组成的运行系统。

[GB/T 17645.1]

3.18

库 library

见零件库(3.25)，供应商库(3.31)，用户库(3.32)。

3.19

库数据供应商 library data supplier

提供GB/T 17645中定义的标准格式库，并负责其内容的机构。

[GB/T 17645.1]

3.20

库交付文件 library delivery file

符合库集成信息模型的，且根据GB/T 16656中所规定的一种实现方法所表达的EXPRESS实体实例的全体。

注：一个库交付文件规定了一个供应商库的结构和内容。它可以引用库外部文件。

3.21

库最终用户 library end-user

集成库的用户。

[GB/T 17645.1]

注：库最终用户：

——查阅库中数据；

——选择给定的零件；

——请求传送从库系统中选定的零件视图。

3.22

库交换相关环境 library exchange context

一个库传输文件与零个、一个或若干个库外部文件的集合，它们在一起表达一个供应商库。

[GB/T 17645.24]

3.23

库外部文件 library external file

由某库传输文件引用的一个文件，它有助于供应商库的定义。

[GB/T 17645.24]

注：一个库外部文件的结构和格式在引用它的库传输文件中规定。

3.24

库集成信息模型 library integrated information model;LIIM

为表达以交换为目的的各供应商库，从不同的EXPRESS模式中集成了各资源构造的，且与一致性要求相关的一种EXPRESS模式。

[GB/T 17645.24]

注：为了表达不同类型的供应商库，本部分定义了三种库集成信息模型。

3.25

零件库 parts library

被标识的数据集和程序，它可生成零件集的信息。

[GB/T 17645.1]

3.26

产品 product

由天然或人造而成的事物。

[GB/T 16656.1]

3.27

参考坐标系 reference coordinate system

所有的几何图形都要参照的全局直角坐标系。

3.28

表达类别 representation category

一种抽象的概念，它用于区分关于某一零件描述的各种可能的用户需求。

[GB/T 17645.1]

注：在本标准的模型定义中，这种区分用视图逻辑名和视图控制变量形式化表示。

3.29

标准数据 standard data

通过EXPRESS实体(数据类型)实例化手段所定义的、关于软件系统的一种要求，假定该EXPRESS实体实例可被这个软件系统识别。

[GB/T 17645.24]

3.30

产品模型数据交换标准 standard for the exchange of product model data;STEP

GB/T 16656(即ISO 10303)的简称。

3.31

供应商库 supplier library

数据或程序的集合，据此可以标识供应商，并以GB/T 17645零件集和/或零件表达集中定义的标准格式进行描述。

[GB/T 17645.1]

3.32

用户库 user library

库管理系统从一个或多个供应商库的集成中生成的，也可能是用户从随后做的修订本中得到的信息。

[GB/T 17645.1]

3.33

视图控制变量 view control variable

一个枚举类型的变量，它可以与视图逻辑名相联，以便进一步规定用户所采用的零件视图。

[GB/T 17645.1]

例：关于几何的视图控制变量的例子有：二维、线框和实体。

3.34

视图交换协议 view exchange protocol;VEP

GB/T 17645的一部分：它描述了资源构造和表达传输接口的用法，表达传输接口满足对零件的一种表达类别交换的信息需求。

3.35

视图逻辑名 view logical name

与用户采用的零件视图相对应的表达类别标识符。

[GB/T 17645.1]

例：几何、惯量、运动学等。

4 ISO 10303_rep 表达类别的标识

4.1 概念

选择某个库项时，访问该项的形状通常是有用的。这种形状是一个通用概念，它可根据完整性和细致性的各种级别获取。这些级别可以独立于库项定义，以满足各级别的需求。

为满足这种需求，本部分定义了：

——ISO 10303_rep 表达类别,它能按 GB/T 16656 定义的产品表达表示一个库项。

——五个视图控制变量,通过它们可引用 GB/T 16656 的 representation 实体。

4.2 标准字典条目

4.2.1 综述

ISO 10303_rep 表达类别的信息模型可由标准数据定义,标准数据则由视图类实体数据类型的实例组成。实体数据类型 functional_view_class 的实例描述了这种功能视图类。

注 1：GB/T 17645.1 定义了零件的功能视图。GB 17645.24 定义了 functional_view_class 的 EXPRESS 实体数据类型。

注 2：GB/T 16656.11 规定了用于定义实体数据类型的 EXPRESS 建模语言。

示例：ISO 10303_rep 表达类别的信息模型可用 EXPRESS 通过类似规定了应用协议的 step_ap 以及 GB/T 16656.43中 represention 的 content 这样的属性定义。描述如下：

```
ENTITY basic_geometry;
    step_ap: step_application_protocol_type;
    …
    content: representation;
END_ENTITY;
```

使用 GB/T 17645.24 定义的 EXPRESS 资源构造,相同的信息模型可用 GB/T 16656.21 定义的 STEP 文件格式,以 functional_view_class 实体数据类型的实例进行定义和交换。

```
#1 = FUNCTIONAL_VIEW_CLASS(…, 'ISO 10303_rep', (#10, …), (#11));
#10 = PROPERTY_BSU('step_ap',…);/* a view control variable */
#11 = PROPERTY_BSU('content',…);/* a view property */
```

以下的描述均由本部分使用,相应的实例则可在一致性实现的字典中找到。

4.2.2 按基本语义单元定义了该实例的一般性标识。4.2.3 定义了该实例的视图控制变量的一般性标识,同时也给出了这些视图控制变量的值域。ISO 10303_rep 的 functional_view_class 实例不能包含任何视图特性(view_properties)。该实例的 its_superclass 属性不存在,即相应的功能视图类没有超类。

注 3：functional_view_class 在 GB/T 17645.24 中定义,view_properties 是它的一个属性。class 在 GB/T 17645.42 中定义,its_superclass 是它的一个属性。

4.2.2 视图逻辑名

功能视图类描述了本部分定义的表达类别,基本语义单元则标识这些功能视图类。基本语义单元包括的属性如表 1 所示：

表 1 视图逻辑名描述

类代码	类版本	供应商代码
'ISO 10303_rep'	'001'	'0 1 1 2/1 ///1 3584_102_1'

这一组信息给出了 ISO 10303_rep 表达类别的一般性标识,并构成了它的视图逻辑名。

4.2.3 视图逻辑变量

视图逻辑变量用于描述功能视图类,表 2 和图 1 说明了它的一般性标识和特定数据类型。

表 2 功能视图类的视图控制变量

代码	版本	值	一致性标识(采用英语)
'step_ap'	'001'	201 …… 299	'AP 201' …… 'AP 299'

表 2（续）

代码	版本	值	一致性标识(采用英语)
‘step_cc’	‘001’	0	‘null’
		1	‘Conformance Class One’
		2	‘Conformance Class Two’
		3	‘Conformance Class Three’
		4	‘Conformance Class Four’
		…	…
		99	‘Conformance Class Ninety-nine’
‘detail _ level’	‘001’	0	‘null’
		1	‘simplified’
		2	‘standard’
		3	‘extended’
‘side’	‘001’	0	‘null’
		1	‘front’
		2	‘rear’
		3	‘right’
		4	‘left’
		5	‘top’
		6	‘bottom’
‘variant’	‘001’	0	‘null’
		1	‘external_shape’
		2	‘section’
		3	library data supplier dependent
		…	
		n	

4.3 ISO 10303_rep 表达类别的规则

4.3.1 综述

以下各条定义了概念需求，每个与库项相关的 ISO 10303_rep 表达都需要满足这些需求。

4.3.2 Step_ap

Setp_ap 的值是一个整数，它表示 GB/T 16656 应用协议部分的编号，使用它可以和库外部文件保持一致。

示例：如果与 ISO 10303-214 一致的数据仓库中表达了制动踏板的几何结构，那么 Setp_ap 的值就是“214”。

4.3.3 Step_cc

Step_cc 的值是一个数字，它表示 GB/T 16656 应用协议的一致性类，使用它可以和库外部文件保持一致。Step_cc 的值为 0(null)表示相应的 GB/T 16656 应用协议不提供任何方法来决定一致性类的词典顺序，或者表示库外部文件的一致性类未知。

示例：如果与 ISO 10303-214 一致的数据仓库中表达了制动踏板的几何结构，并且该表达的数据仓库与“用三维造型表达设计部件的一致性类(CC1)”保持一致，那么step_cc 的值就是“01”。

4.3.4 detail_level

detail_level 能表示几何细节上的差异程度。如果 STEP 一致性表达是非几何的，那么detail_level 的值为 0(null)。

示例：螺杆几何细致度因用户的需要而不同。螺杆的生产商有时需要非常精细的表达来表现螺纹和精确尺寸。进行简单装配的机械设计师有时则需要标准的表达来表现外观轮廓。用上百个螺杆进行复杂装配的机械设计师有时则需要非常简单的表达来表现最少几何细节。库存管理人员有时则需要一个螺杆的非图形视图，就像 GB/T 16656.203[3]一致性类 1 中的配置控制设计信息。

detail_level 的值为 0：表达中不包含几何信息；

detail_level 的值为 1：表达中应至少包含：库项的参考坐标系的标识；

detail_level 的值为 2：表达中应至少包含：用于建立库项和库项要嵌入环境间的特殊关系的全部几何表达项；

detail_level 的值为 3：表达中应至少包含：可提供重叠（在二维设计中）或干涉检测（在三维设计中）的全部几何表达项，以及相应项的详细设计中所用的表达。

4.3.5 side

视图控制变量side 的定义及其与库项的 geometric_representation_contex 之间的关系如图 1 所示。

该图说明了如何按照库项参考坐标系的定义规定side 。如果是三维几何表达和非几何表达，side 的值为 0(null)。

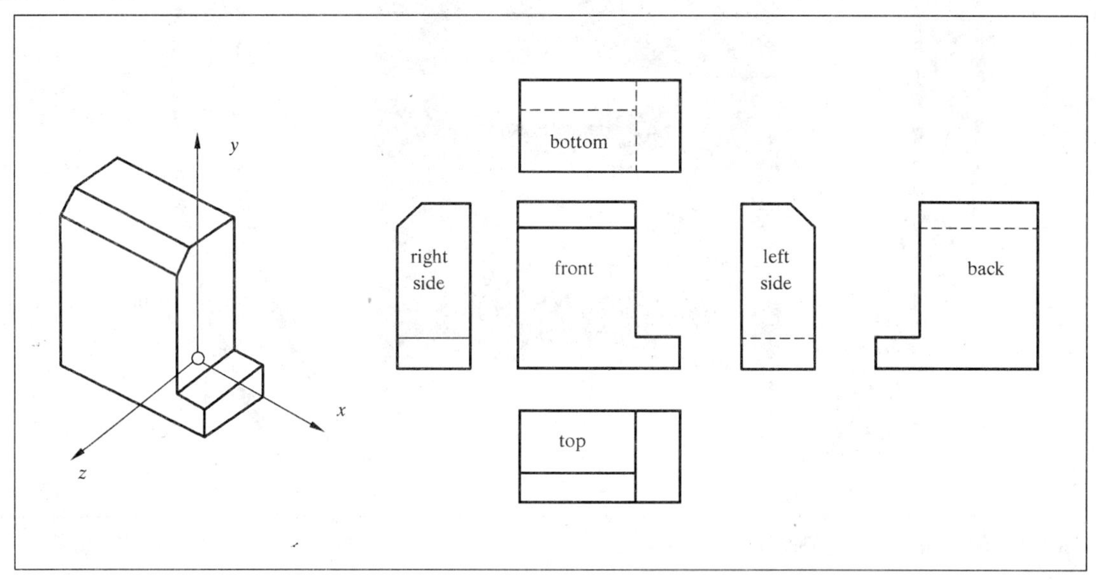

图 1 视图控制变量 side 的含义

4.3.6 variant

variant 能区分使用了不同表达方式的表达。

示例 1：复杂零件的两个二维表达，如汽车配电器，可能使用相同的step_ap，step_cc，detail-level，和side 。第一个表达说明配电器的前视图，而第二个表达则说明配电器的局部前视图。前一种情况下，视图控制变量的值如下：step_ap = 214 ('AP 214')，step_cc = 001 ('一致性类 1')，detail _level = 3 ('extended')，variant = 1 ('external _shape')；第二种情况下，视图控制变量的值则为：step_ap = 214 ('AP 214')，step_cc = 001 ('一致性类 1')，detail _level = 3 ('extended')，variant =2 ('section')；二者仅仅是variant 的值不同。

示例 2：复杂零件的两个三维表达，如球形阀，可能使用相同的step_ap，step_cc，detail-level 和side。第一个表达说明球形阀的实际尺寸，而第二个表达说明装在该阀手轮上的清洁套。第一个表达的variant 为 1('external_shape')，或者由供应商定义该值；第二个表达的variant 值则由供应商定义。由供应商定义variant 值必须大于2 。

variant 的值为0 ：该级别variant 表明视图不具备几何特性；

variant 的值为1 :该级别variant 表明表达出来的形状是库项的外部形状;

variant 的值为2 :如果该级别variant 存在,则表明表达出来的形状包括横截面;

variant 的值为3. . n :这些variant 只能由库数据供应商提供。

5 交换格式

5.1 综述

本章定义符合本部分的库外部文件的需求。只有两种经认可的方法可以从符合 GB/T 16656 数据仓库之外引用 STEP 表达。这两种方法都支持 GB/T 16656.43 中 representation_schema 定义的单一 representation 实体。

注:GB/T 16656 应用协议的格式由 GB/T 16656 的 200 系列定义。本章仅增加了一些必要的限制,以确保能明确引用 GB/T 16656 数据仓库中的零件表达。

5.2 外部引用指定

通过外部引用指定这种方法,应用协议可使用属性 assigned_name 引用实体 representation,这些应用协议定义了来自 GB/T 16656.41 的 management_resources_schema 中实体 external_referent_assignment 的实体子类型。该方法的好处是:通过它,库交换相关环境可在一个单独的 GB/T 16656 一致性数据仓库中引用多个 representation 实体。在整个交换协议中,我们称这种引用方法为方法 1。

图 2 表明了采用外部引用指定的机制,库管理系统(LMS)某些内部部件的 GB/T 17645 定义,及其他同库交换相关环境中的一些文件的关系。这仅仅是规定了 LMS 必备功能一个逻辑视图。不同的配置可实现独立的库管理系统。

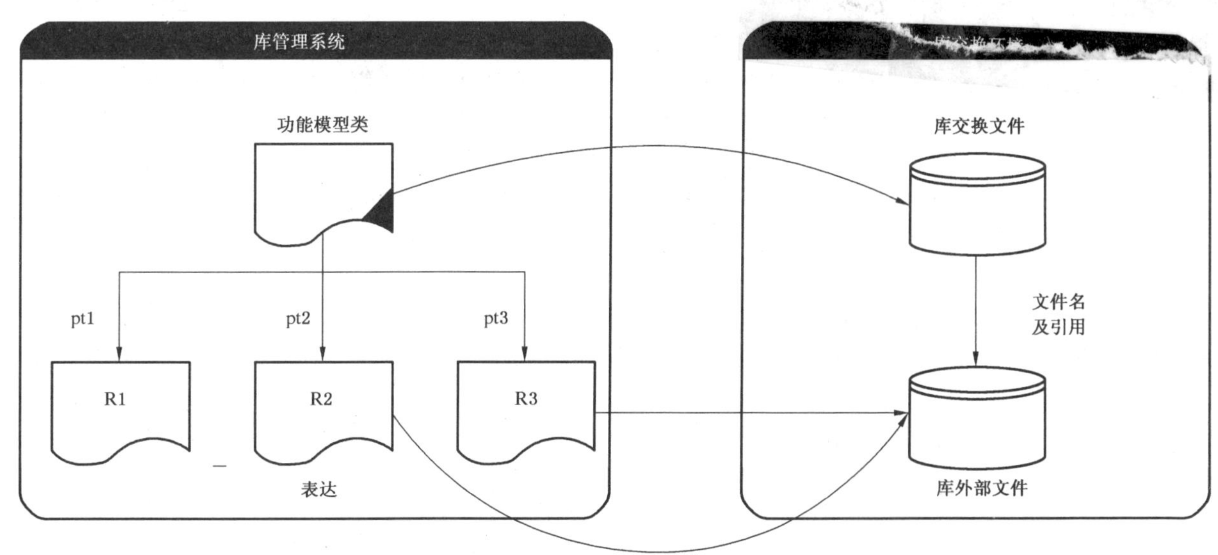

图 2 方法 1:外部引用指定

5.3 每个文件单一表达

这种方法要求 GB/T 16656 一致性数据仓库只能有一个 representation 实体。这使得对 GB/T 16656一致性数据仓库的引用和对表达的引用具有相同的意义。在整个交换协议中,我们称这种引用方法为方法 2。

图 3 表明,采用每个文件单一表达方式,库管理系统(LMS)某些内部部件的 GB/T 17645 定义,以及它同库交换相关环境中的一些文件的关系。这仅仅是规定了 LMS 必备功能一个逻辑视图。库管理系统可通过不同的配置独立实现。

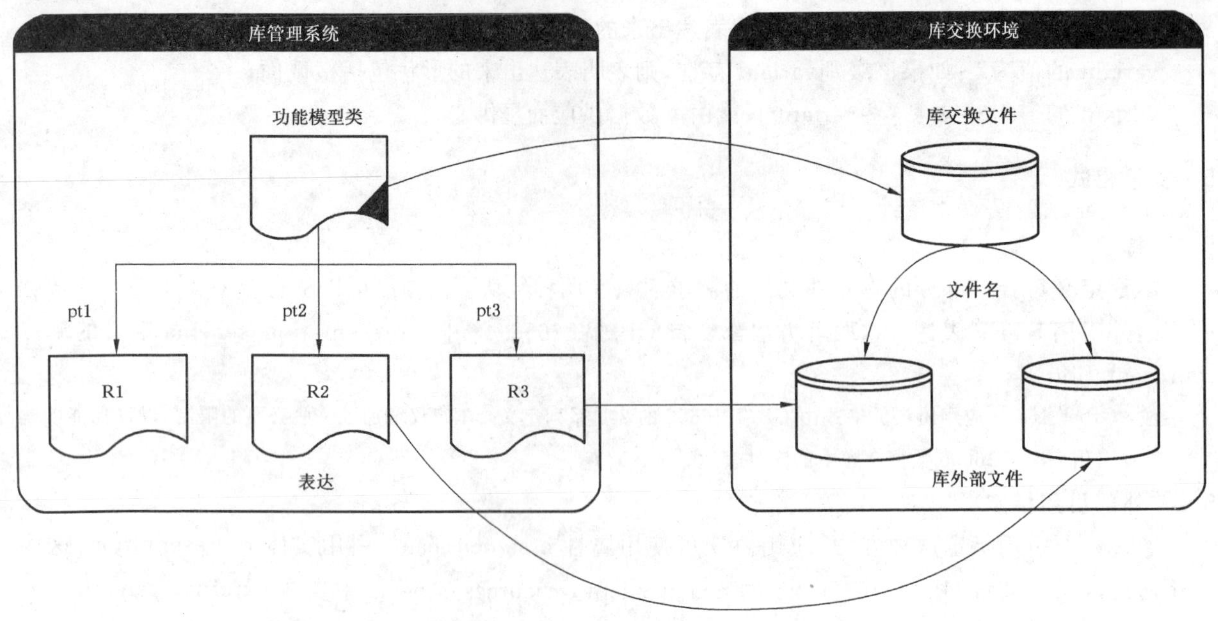

图 3　方法 2:每个文件单一表达

6　一致性要求

6.1　综述

本部分隐式定义了视图交换协议组的一致性类,它们可由实现进行选取。本部分规定的视图交换协议的一致性类基于 GB/T 16656 的应用协议(APs)和这些应用协议定义的一致性类。因为 GB/T 16656 应用协议不是静态的,故不能显式定义本视图交换协议的一致性类。

本部分为每个 GB/T 16656 的应用协议以及 representation 的两种标识方法,分别定义了视图交换协议的一致性类。representation 的标识方法 1 在 5.2 中定义,标识方法 2 在 5.3 中定义。本部分的一致性类由三种特定信息定义:GB/T 16656 应用协议编号、representation 的引用方法和应用协议用到的一致性类的词序。

示例:如果库外部文件包含与 GB/T 16656.203[3](配置控制设计)的一致性类 3(带拓扑线框模型表达的形状)一致的数据,该库外部文件被引用了本视图交换协议的库集成信息模型所引用,那么,一致性类 ISO _10303 _203-2-3 的所有需求都必须满足,这样才能说视图交换协议与之一致。视图交换协议类名按 ISO_10303_(AP)-<method>-<AP Conformance Class>命名。因为 GB/T 16656.203 并不支持实体 external _referent_assignment,所以只能采用方法 2,同时 GB/T 16656 数据仓库中能且只能含有一个 edge_based_wireframe_representation 实体或 shell_based_wireframe_representation 实体。

符合本部分一致性声明的实现应包含第 4 章定义的字典条目,应能处理与第 5 章一致的库外部文件,应包括 6.2 定义的实现资源,并且应能识别符合 6.4 所定义约束的任何库交付环境。

6.2　实现资源

本部分支持的实现至少应支持一个 GB/T 16656 一致性解释器,一致性解释器具有的应用编程接口(API)至少应支持第 5 章定义的 representation 实体标识方法的一种。

如图 2 和图 3 所示,由库管理系统管理的每个功能模型类都可与零件的一个或多个类表达关联。本部分定义了与 GB/T 16656 一致的库外部文件如何捕获图 2 和图 3 中的表达 R1、R2 和 R3。为了维持功能模型类及其表达(图 2 和图 3 所示的 pt1 到 pt3)间的联系,PLIB 解释器必须能通过某个 API 与 STEP 解释器交互。

与 GB/T 16656 一致的零件表达可使用 5.2 定义的方法 1,为对这种情况进行前处理,API 应该允许 GB/T 17645 后置处理器提交一个零件表达,以保证该表达包含在 STEP 数据仓库中。此外,这个

API 还必须返回生成式 GB/T 16656 一致性数据仓库名，以及 external_referent_assignment 实体的 assigned_name 属性的值，该 external_referent_assignment 实体引用了 GB/T 16656 一致性数据仓库中的特定 representation。

与 GB/T 16656 一致的零件表达可使用 5.3 定义的方法 2，为对这种情况进行前处理，API 应该允许 GB/T 17645 后置处理器提交一个零件表达，以保证该表达包含在 STEP 数据仓库中。此外，这个 API 还必须返回生成式 GB/T 16656 一致性数据仓库名。

与 GB/T 16656 一致的零件表达可使用 5.2 定义的方法 1，为对这种情况进行后处理，API 应该允许 GB/T 17645 后置处理器提交 GB/T 16656 一致性数据仓库名，以及 external_referent_assignment 实体的 assigned_name 属性的值，该 external_referent_assignment 实体引用了 GB/T 16656 一致性数据仓库中的特定 representation 实体。此外，API 必须返回一个对 STEP 后置处理器生成的局部表达的引用。

与 GB/T 16656 一致的零件表达可使用 5.3 定义的方法 2，为对这种情况进行后处理，API 应该允许 GB/T 17645 后置处理器提交 GB/T 16656 一致性数据仓库名。此外，API 应该返回一个对 STEP 后置处理器生成的局部表达的引用。

注：在接收系统中，包含零件表达 GB/T 16656 一致性数据仓库的处理过程可能会延迟到局部 LMS 请求某个零件表达之后，即在 GB/T 16656 一致性数据仓库中存储数据会优于接收系统中对零件的请求解释。

6.3 实现方法

库交付文件引用了与本部分一致的库外部文件，它的实现方法由引用了该库交付文件的库集成信息模型定义。

注 1：库外部文件的标识以及存储库交付文件和引用该库交付文件的库外部文件的媒质，由发送方和接收方之间的独立协议定义，这超出了本部分的范围。

external_item 的external_content 由库外部文件构成，并且通过external_file_protocol 协议，还引用了 GB/T 16656 某个应用协议，按照本部分定义的机制，这些库外部文件的实现方法由与之相应的 GB/T 16656 应用协议规定。一旦 GB/T 16656 应用协议允许了若干实现方法，那么库外部文件的实现方法应该由发送方和接收方之间的私有协议定义。

注 2：GB/T 17645.24 定义了 external_context、external_item 和 external_file_protocol。

6.4 引用本视图交换协议的库交付文件的约束

6.4.1 综述

本条定义view_exchange_protocol_identification 的实例值，引用了本部分视图交换协议的库交付文件都可以使用它们。

注 1：GB/T 17645.24 定义了view_exchange_protocol_identification。

6.4.2 用文本形式定义了一组允许值，还为每个应用协议规定了 view_exchange_protocol_identification. name、view_exchange_protocol_identification. application，view_exchange_protocol_identification. level 和 view_exchange_protocol_identification. external_file_protocols[1]. level 的允许值。规定这些值采用了包含全局规则的ISO 13584_102_cc_schema 这一 EXPRESS 模式。view_exchange_protocol_identification 和external_file_protocol 这两个实体引用了本部分定义的视图交换协议，制定这个规则是为了规定这两个实体的属性值。

当库外部文件引用本部分定义的视图交换协议时，应该把这些规则加入 EXPRESS 模式，来规定库集成信息模型引用本部分视图交换协议的需求。

假定库交付文件引用了库集成信息模型“L”，那么它的需求存在于称为L_library_implicit_schema 的无外部引用的单一模式和本部分的视图交换协议中。

注 2：长形态模式是一种规定了无外部引用需求的 EXPRESS 模式。

示例 1：ISO 13584_f_m _iim_library_implicit_schema 就是一个通过无外部引用单一模式，规定了 LIIM 24-2 需求的 EXPRESS 模式。

注 3：GB/T 17645.24—2003 的附录 G 定义了 ISO 13584_f_m_iim_library_implicit_schema。

这个库交付文件应该实现以下定义的模式的需求：

——检查ISO 13584_102_cc_schema 所引用的全部实体，是否存在于 L_library_implicit_schema 中，或者检查它们是否引用了库集成信息模型“L”和本部分定义的视图交换协议。

注 4：库集成信息模型规定了库交付文件及其包含实体的信息模型。视图交换协议仅仅加入一些约束。

示例 2：本部分定义的视图交换协议引用了abstract_functional_model_class 实体。因此，规定了 LIIM 24-1 需求的 ISO 13584_g_m_iim_library_implicit_schema 就不能使用该视图交换协议。

注 5：GB/T 17645.24—2003 的附录 C 定义了 ISO 13584_g_m_iim_library_implicit_schema。

——用字符串“L_library_implicit_schema”以各字母大写的方式替换ISO 13584_102_cc_schema 模式中的字符串“ISO 13584_EXTENDED_DICTIONARY_SCHEMA”。

示例 3：如果库集成信息模型“L”是 GB/T 17645.24 定义的 LIIM24-2，则用“ISO 13584_F_M_IIM_LIBRARY_IMPLICIT_SCHEMA”替换“ISO 13584_EXTENDED_DICTIONARY_SCHEMA”。

——将ISO 13584_102_cc_schema 定义的全部函数和规则都加到 L_library_implicit_schema 中。

注 6：以上处理的结果是：将规则 ISO 13584_102_allowed_refrence_to_conformance_class_rule 加到 L_library_implicit_schema 以及确保此规则所有函数中去。

注 7：为了避免相同库传输文件引用多于一个视图交换协议时引起的重名，用字串“ISO 13584 _102”为前缀来标识本部分定义的函数名和规则名。

注 8：库交付文件引用了库集成信息模型“L”，该模型的需求在称为 L_library_implicit_schema 的无外部引用的单一模式中声明，本部分定义的视图交换协议也能使用本部分定义的 L_library_implicit_schema 进行交换，其中 L_library_implicit_schema 规定了的库集成信息模型“L” 无需进一步修改。在这种情况下，本部分规定的需求不包含在交换模式中。它们应在库交付文件交换的前后进行检查。

ISO 13584_102_cc_schema 模式是计算机可解释的，以下 URL 给出了其列表：

http://www.tc184-sc4.org/EXPRESS/

注 9：如果访问该站点有困难，可通过 sc4sec@cme.nist.gov 联系 ISO 秘书处或者 ISO 184/SC4 秘书处。

注 10：以上 URL 提供的计算机可解释的信息都是规范性的。

注 11：如果投票阶段 EXPRESS 代码有误，那么这些错误的描述和 PLIB 实现的相应部分编者的修改建议由以下 URL 给出：http://www.lisi.ensma.fr/ftp/pub/PLIB_release_notes/Part102/PART102-IS/。

6.4.2 一致性类规范

为了引用本部分定义的视图交换协议，库交换文件应使用view_exchange_protocol_identification 实体的实例，该实体的 name 属性应为“ISO_13584_102”。

本部分标识的一致性类由以下三个值标识：

——view_exchange_protocol_identification.application 的值，它是一个 13 个字符组成的字符串，表示被引用的 GB/T 16656 应用协议对应的标准编号，其格式为：‘ISO_10303_2##’；

——view_exchange_protocol_identification.level 的值，如果采用了 5.2 定义的方法 1，那么它的值为“1”；如果采用了 5.3 定义的方法 2，那么它的值为“2”；

——view_exchange_protocol_identification.external_file_protocols[1].level 的值，它是一个 2 位数字组成的字符串，表示应用协议 view_exchange_protocol_identification.application 所用AP 一致性类的词法序数。

6.4.3 引用 ISO 10303_rep 的库传输文件的约束

6.4.3.1 综述

view_exchange_protocol_identification 的实例值，可在库传输文件中引用本部分定义的视图交换协议，不管采用何种一致件类，它们必须遵循以下 EXPRESS 模式定义的约束。

EXPRESS 描述：

```
*)
SCHEMA ISO 13584_102_cc_schema;
```

REFERENCE FROM ISO 13584_IEC61360_dictionary_schema(item_names);

REFERENCE FROM ISO 13584_extended_dictionary_schema(

data_exchange_specification_identification, view_exchange_protocol_identification);

REFERENCE FROM ISO 13584_external_file_schema(external_file_protocol, standard_data_protocol);

REFERENCE FROM person_organization_schema(organization);

*(

以上所用模式可在以下文档中找到:

ISO 13584_IEC61360_dictionary_schema	GB/T 17645.42—2001 的附录 D 和IEC 61360-2 的附录 X;
ISO 13584_extended_dictionary_schema	GB/T 17645.24;
ISO 13584_external_file_schema	GB/T 17645.24;
person_organization_schema	GB/T 16656.41。

6.4.3.2 **ISO 13584_102_protocol_compliant_to_cc 函数**

ISO 13584_102_protocol_compliant_to_cc 函数检查external_file_protocol 是否可以被view_exchange_protocol_identification 的实例引用,该实例可合法表达出符合本部分的一致性类。如果符合以下条件,那么可合法表达出符合本部分一致性类的view_exchange_protocol_identification 的实例就引用了external_file_protocol 。

——external_file_protocol 是standard_data_protocol ;

——external_file_protocol 的 organization 属性引用了 id 属性为"ISO",name 属性为"International Organization for Standardization"的 organization;

——external_file_protocol 的 country 属性不存在;

——external_file_protocol 的 protocol_name 属性形如"ISO_10303_2##";

——external_file_protocol 的 level 属性如果存在,那么其值为"00"、"01"、"02"、…、"99"。

如果给出的external_file_protocol 可被引用,那么ISO 13584_102_protocol_compliant_to_cc 函数返回 TRUE,反之则返回 FALSE。

EXPRESS 描述:

```
*)
FUNCTION ISO 13584_102_protocol_compliant_to_cc(
    p: external_file_protocol): BOOLEAN;
    IF ((‘ISO 13584_EXTENDED_DICTIONARY_SCHEMA. STANDARD_DATA_PROTOCOL’IN TYPEOF(p))
        AND (ISO 13584_102_organization_compliant_to_cc(
            p. organisation))
        AND (p. protocol_name LIKE ‘ISO_10303_2##’)
        AND (p. level LIKE ‘##’)
        AND ((0 < VALUE(p. level)) AND (VALUE(p. level) <= 99)))
    THEN
        RETURN(TRUE);
    ELSE
```

```
        RETURN(FALSE);
    END_IF;
END_FUNCTION; --ISO 13584_102_protocol_compliant_to_cc
(*
```

6.4.3.3 **ISO 13584_102_organization_compliant_to_cc 函数**

ISO 13584_102_organization _compliant_to_cc 函数检查 organization 实体是否可被view_exchange_protocol_identification 引用,该view_exchange_protocol_identification 可合法表达出符合本部分的一致性类。如果符合以下条件,那么可合法表达出符合本部分一致性类的view_exchange_protocol_identification就引用了 organization 实体。

——Organization 的 id 属性为"ISO";

——Organization 的 name 属性为"International Organization for Standardization"。

如果给定的 organization 实体满足以下约束,ISO 13584_102_organization_compliant_to_cc 函数返回 TRUE,否则返回 FALSE。

EXPRESS 描述:

```
*)
FUNCTION  ISO 13584_102_organization_compliant_to_cc(org: organization): BOOLEAN;
    IF ((org.id = 'ISO') AND
        (org.name = 'International Organization for Standardization'))
    THEN
        RETURN(TRUE);
    ELSE
        RETURN(FALSE);
    END_IF;
END _FUNCTION; --ISO 13584 _102 _organization _compliant _to _cc
(*
```

6.4.3.4 **ISO 13584_102_vep_application_is_the_protocol_name 函数**

ISO 13584_102_vep_application_is_the_protocol_name 函数检查vep_id_view_exchange_protocol_identification 的属性application 和external_file_protocol 的属性protocol_name 是否相等,该external_file_protocol 被vep_id view_exchange_protocol_identification 的属性external_file_protocol 定义的external_file_protocols 集的第一项引用。

如果满足了这个条件,并且vep_id_view_exchange_protocol_identification 的external_file_protocols 属性为空,ISO 13584_102_vep_application_is_the_protocol_name 函数返回 TRUE,如果不满足上述条件,ISO 13584_102_vep_application_is_the_protocol_name 函数返回 FALSE。

EXPRESS 描述:

```
*)
FUNCTION ISO 13584_102_vep_application_is_the_protocol_name(
      vep_id: view_exchange_protocol_identification): BOOLEAN;
    IF (vep_id\data_exchange_specification_identification. external_file_protocols = [])
    THEN
        RETURN(TRUE);
    ELSE
```

RETURN((vep_id\data_exchange_specification_identification . application=
vep_id\data_exchange_specification_identification . external_file_protocols[1]. protocol_name)); END_IF;
END_FUNCTION; --ISO 13584_102_vep_application_is_the_protocol_name
(*

6.4.3.5 ISO 13584_102_allowed_reference_to_conformance_class_rule 规则

ISO 13584_102_allowed_reference_to_conformance_class_rule 规则定义了对允许使用本部分定义的视图交换协议的view_exchange_protocol_identification 的约束。如果满足以下条件，view_exchange_protocol_identification 就能被本部分定义的视图交换协议所引用。

——view_exchange_protocol_identification 的 name 属性为"ISO_13584_102"；

——view_exchange_protocol_identification 的 external_file_protocols 属性仅引用了一个external_file_protocol；

——被引用的external_file_protocol 的 protocol_name 属性应该等于 view_exchange_protocol_identification的 application 属性；

——view_exchange_protocol_identification 的 level 属性为 1 或者 2；

——view_exchange_protocol_identification 的 status 属性为'WD'，'CD'、'DIS'、'FDIS'或者'IS'；

——view_exchange_protocol_identification 的 external_file_protocols 属性所引用的external_file_protocol应该满足 6.4.3.2 定义的ISO 13584_102_protocol_compliant_to_cc 函数的约束。

——external_file_protocol 的用于 level 属性的值应受到约束，这样该值就限定为 GB/T 16656 应用协议的 AP 一致性类词法序数或者为 0("null")，其中external_file_protocol 被view_exchange_protocol_identification 的 external_file_protocols 属性引用，GB/T 16656 应用协议被view_exchange_protocol_identification 的 application 属性标识。

最后一个条件以非形式限制方式规定。

EXPRESS 描述：

```
*)
RULE ISO 13584_102_allowed_reference_to_conformance_class_rule FOR (
  view_exchange_protocol_identification);
WHERE
  WR1: QUERY(vep_id <* view_exchange_protocol_identification |
  (vep_id\data_exchange_specification_identification. name
  = 'ISO_13584_102')
  AND
  (SIZEOF(vep_id\data_exchange_specification_identification
  . external_file_protocols) <> 1)) = [];
WR2: QUERY(vep_id <* view_exchange_protocol_identification |
  (vep_id\data_exchange_specification_identification. name =
    'ISO_13584_102')
  AND
    ((vep_id\data_exchange_specification_identification. status
    = 'WD')
    OR (vep_id\data_exchange_specification_identification. status
```

```
    = 'CD')
    OR (vep_id\data_exchange_specification_identification. status
    = 'DIS')
    OR (vep_id\data_exchange_specification_identification. status
    = 'FDIS')
    OR (vep_id\data_exchange_specification_identification. status
    = 'IS'))
  AND
    ISO 13584_102_vep_application_is_the_protocol_name(vep_id)
  AND
    ((vep_id\data_exchange_specification_identification. level
    = '1')
  OR (vep_id\data_exchange_specification_identification. level
    = '2'))
  AND
    (QUERY(efp <* vep_id\
    data_exchange_specification_identification
    . external_file_protocols | NOT(
    ISO 13584_102_protocol_compliant_to_cc(efp))) = []))
  = QUERY(vep_id <* view_exchange_protocol_identification |
  (vep_id\data_exchange_specification_identification. name =
  'ISO_13584_102'));
END_RULE; --ISO 13584_102_allowed_reference_to_conformance_class_rule
(*
```

6.4.3.6 形式限制

WR1:在引用本部分视图交换协议的view_exchange_protocol_identification中,只能有一个external_file_protocol可被引用;

WR2:view_exchange_protocol_identification实体实例引用本部分定义的视图交换协议时,view_exchange_protocol_identification. name应该等于'ISO_13584_102',view_exchange_protocol_identification. status应该等于'WD'、'CD'、'DIS'、'FDIS'或者'IS',view_exchange_protocol_identification. level应该等于1或者2,view_exchange_protocol_identification. application应该具备view_exchange_protocol_identification. external_file_protocols[1] external_file_protocol的protocol_name属性,view_exchange_protocol_identification. external_file_protocols应该满足6.4.3.2定义的ISO 13584_102_protocol_compliant_to_cc函数的约束。

6.4.3.7 非形式限制

external_file_protocol的用于level属性的值应受到约束,这样该值就限定为GB/T 16656应用协议的AP一致性类词法序数或者为0("null"),其中external_file_protocol被view_exchange_protocol_identification的external_file_protocols属性引用,GB/T 16656应用协议被view_exchange_protocol_identification的application属性标识。

```
*)
END_SCHEMA; --ISO 13584_102_cc_schema
(*
```

附 录 A
（规范性附录）
信息对象注册

A.1 文档标识

为了在开放系统中给信息提供明确的标识，将对象标识符：

{iso standard 13584 part (102) version (1)}

分配给本部分。该值的含义在GB/T 16262.1中定义。

附　录　NA
（资料性附录）
本部分英文黑体词的含义

本部分英文黑体词的含义如表 NA.1 所示。

表 NA.1　英文黑体词的含义

英文黑体词	中文含义
abstract_functional_model_class	抽象功能模型类
Detail_level	细节程度
external_file_protocol	外部文件协议
ISO 13584_102_allowed_reference_to_conformance_class_rule	ISO 13584_102 允许引用一致性类的规则
ISO 13584_102_cc_schema	ISO 13584_102 一致性类模式
ISO 13584_102_organization_compliant_to_cc	ISO 13584_102 组织与一致性类兼容函数
ISO 13584_102_protocol_compliant_to_cc	ISO 13584_102 协议与一致性类兼容函数
ISO 13584_102_vep_application_is_the_protocol_name	ISO 13584_102vep 应用是协议名函数
Side	边
standard_data_protocol	标准数据协议
Step_ap	STEP 协议号
Step_cc	STEP 一致性类号
Variant	变体
view_control_variable	视图控制变量
view_exchange_protocol	视图交换协议
view_exchange_protocol_identification	视图交换协议标识符
view_properties	视图特性

参 考 文 献

[1] GB/T 16656.1—1998 工业自动化系统和集成 产品数据表达与交换 第1部分:概述与基本原理

[2] GB/T 16656.31—1997 工业自动化系统与集成 产品数据的表达与交换 第31部分:一致性测试方法论与框架:基本概念

[3] GB/T 16656.203—1997 工业自动化系统与集成 产品数据的表达与交换 第203部分:应用协议:用于机械零件和装配件的配置控制三维设计

[4] ISO 10303-214 工业自动化系统与集成 产品数据表达与交换 第214部分:应用协议:汽车设计过程的核心数据

[5] GB/T 17645.1—2001 工业自动化系统与集成 零件库 第1部分:综述与基本原理

[6] GB/T 17645.26—2000 工业自动化系统与集成 零件库 第26部分:信息供应商标识

[7] ISO 13584-101:2003 工业自动化系统与集成 零件库 第101部分:视图交换协议 参数化程序的几何视图交换协议

[8] IEC 61360-2:2004 电气元器件标准数据元素类型和相关分类模式 第2部分:EXPRESS词典模式

ICS 01.080.10
A 22

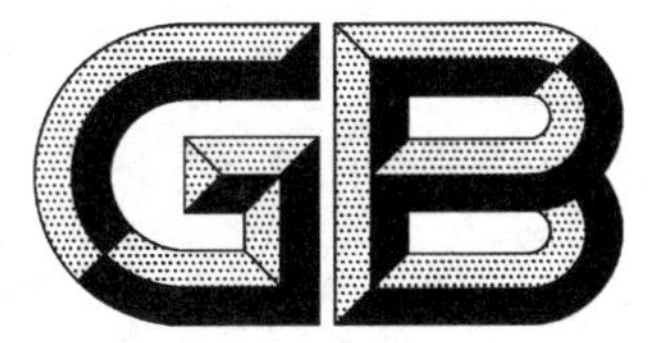

中华人民共和国国家标准

GB 17655—2008
代替 GB 17655—1999

澳门特别行政区区徽

Regional emblem of Macao special administrative region

2008-06-19 发布 2009-06-01 实施

中华人民共和国国家质量监督检验检疫总局
中国国家标准化管理委员会 发布

前　言

本标准的全部技术内容是强制性的。

本标准是对GB 17655—1999《澳门特别行政区区徽》的修订。

本标准与GB 17655—1999相比主要变化如下：

——将原标准中附录A、附录B修订为“规范性引用文件”；

——对区徽黄色色度值及色差进行了修订。

本标准的附录A是规范性附录。

本标准由国务院港澳事务办公室提出。

本标准由全国颜色标准化技术委员会归口。

本标准负责起草单位：中国科学院心理研究所、深圳海川科技有限公司。

本标准主要起草人：韩布新、孙秀如、黄端、何唯平、黄永衡。

本标准所代替标准的历次版本发布情况为：

——GB 17655—1999。

澳门特别行政区区徽

1 范围

本标准规定了用于悬挂的中华人民共和国澳门特别行政区区徽(以下简称区徽)的技术要求、试验方法、检验规则、标志和包装。

本标准适用于以纤维增强塑料或铝合金制作的区徽。以印刷等工艺制作的其他材质的平面区徽图案亦应参照本标准的相关要求执行。

2 规范性引用文件

下列文件中的条款通过本标准的引用而成为本标准的条款。凡是注日期的引用文件,其随后所有的修改单(不包括勘误的内容)或修订版均不适用于本标准,然而,鼓励根据本标准达成协议的各方研究是否可使用这些文件的最新版本。凡是不注日期的引用文件,其最新版本适用于本标准。

GB/T 1449 纤维增强塑料弯曲性能试验方法

GB/T 1720 漆膜附着力测定法

GB/T 1733 漆膜耐水性测定法(GB/T 1733—1993, neq ГОСТ 9.403:1980)

GB/T 1740 漆膜耐湿热测定法

GB/T 1766 色漆和清漆 涂层老化的评级方法

GB/T 1771 色漆和清漆 耐中性盐雾性能的测定(GB/T 1771—2007, ISO 7253:1996, IDT)

GB/T 3854 增强塑料巴柯尔硬度试验方法

GB/T 3979 物体色的测量方法

GB/T 4380—2004 圆度误差的评定 两点、三点法

GB/T 6739 色漆和清漆 铅笔法测定漆膜硬度(GB/T 6739—2006, ISO 15184:1998, IDT)

GB/T 9274 色漆和清漆 耐液体介质的测定(GB/T 9274—1998, eqv ISO 2812:1974)

GB/T 9754 色漆和清漆 不含金属颜料的色漆漆膜的 20°、60°和 85°镜面光泽的测定(GB/T 9754—2007, ISO 2813:1994, IDT)

GB/T 11186.2—1989 涂膜颜色的测量方法 第二部分:颜色测量(GB/T 11186.2—1989, eqv ISO 7724-2:1984)

GB/T 11186.3—1989 涂膜颜色的测量方法 第三部分:色差计算(GB/T 11186.3—1989, eqv ISO 7724-3:1984)

GB/T 11337—2004 平面度误差检测

GB 15093 国徽

中华人民共和国澳门特别行政区基本法

中华人民共和国澳门特别行政区区旗、区徽使用暂行办法

3 术语和定义

下列术语和定义适用于本标准。

3.1

澳门特别行政区区徽 regional emblem of Macao special administrative region

表征中华人民共和国设立的、澳门特别行政区的、中间是五星、莲花、大桥、海水且周围写有“中華人民共和國澳門特別行政區”和葡文“MACAU”(澳门)的徽。

3.2

莲花白　white color of lotus flower

区徽徽面上莲花、大桥、海水所使用的特定反射比的白色。

4　技术要求

4.1　区徽形状和图案

4.1.1　区徽形状和图案应符合《中华人民共和国澳门特别行政区基本法》中的有关规定。

4.1.2　区徽图案如图1所示。

图1　中华人民共和国澳门特别行政区区徽图案

4.2　标准区徽尺寸和允许误差

4.2.1　标准区徽各部尺寸应符合《中华人民共和国澳门特别行政区区旗、区徽使用暂行办法》中的有关规定。

4.2.2　标准区徽各部尺寸和允许误差见表1、图2和图3。

4.2.3　标准区徽制作解析图及数据见附录A。

4.2.4　需要制作非标准尺寸区徽时，应按区徽标准尺寸和允许误差成比例放大或缩小。

表1　标准区徽各部尺寸和允许误差

单位为毫米

项　目		图2中代号	标准尺寸和允许误差		
			1号	2号	3号
徽面	直径	ϕ	1 000±6	800±5	600±4
	主体厚度	T	50±4	40±3	30±2
	外边斜角		5°～8°	5°～8°	5°～8°
	不平度	E	6	5	4
	圆度		6	5	4

表 1（续）

单位为毫米

项目		图2中代号	标准尺寸和允许误差		
			1号	2号	3号
绿色环形窄边	宽度	B	20±2	16±2	12±1
	内侧厚度	T_1	10±1	8±1	6±1
中文	字高	H_3	70±3	56±2	42±2
	字中轴线夹角	α_1	360°/22		
葡文	字母高	H_4	63±2	50±2	38±2
	字母中轴线夹角	α_2	12°30′		
中、葡文字厚度		T_1	10±1	8±1	6±1
绿色内圆	直径	ϕ_1	740±3	592±2	444±2
	厚度	T_1	10±1	8±1	6±1
大五角星	外接圆直径	ϕ_2	130±5	104±4	78±3
	中心厚度	T_2	15±2	12±1	9±1
	上角尖距内圆上边	H	25±2	20±1	15±1
小五角星	外接圆直径	ϕ_3	90±4	72±3	54±1
	中心厚度	T_1	10±1	8±1	6±1
莲花	总宽	B_1	600±4	480±3	360±2
	中置莲花底尖距海水底边	H_2	247±4	198±3	148±2
	厚度	T_1	10±1	8±1	6±1
中置莲花顶尖至底尖高度		H_1	313±5	250±4	188±3
莲花底尖至白色大桥顶尖距离		H_{14}	22+2	18+2	13+1
白色大桥高度		H_{13}	28−1	22−1	17−1
海水（绿色部分）	高度一	H_5	20−2	16−2	12±1
	高度二	H_7	20−2	16−2	12−1
	高度三	H_9	15−2	12−1	9−1
	高度四	H_{11}	10−1	8−1	6−1
	厚度	T_1	10±1	8±1	6±1
海水（白色部分）	高度一	H_6	10+1	8+1	6+1
	高度二	H_8	15+2	12+1	9+1
	高度三	H_{10}	20+2	16+2	12+1
	高度四	H_{12}	25+2	20+2	15+1
徽底面不平度		E_2	5	4	3
徽背面安装螺孔		M	12×1.5	10×1.5	8×1.25
		R	由生产企业和用户协商确定		

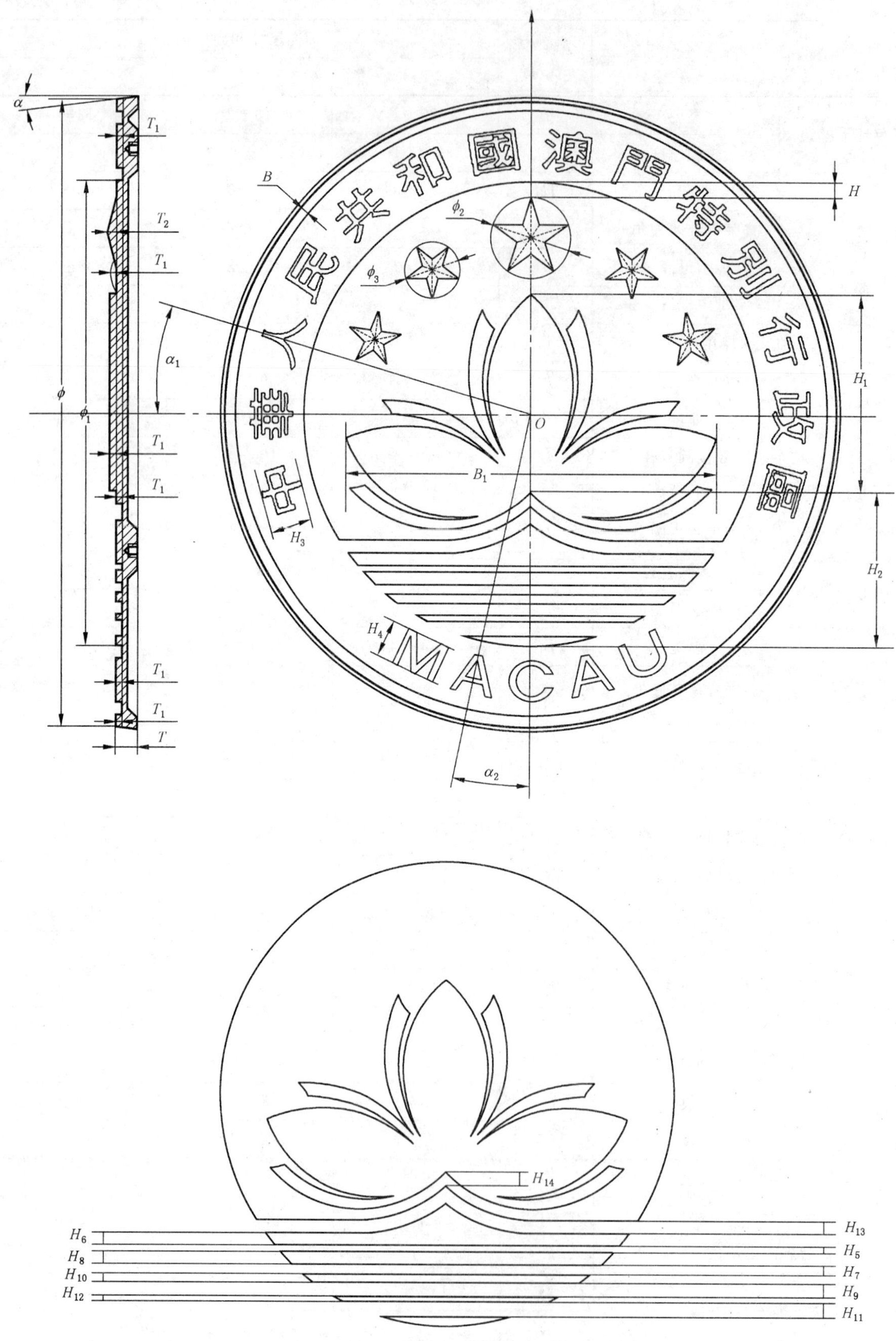

α
T_1
T_2
T_1
α_1
ϕ
ϕ_1
T_1
T_1
T_1
T_1
T
B
ϕ_2
ϕ_3
H
H_1
O
B_1
H_3
H_2
H_4
MACAU
α_2
H_{14}
H_6
H_8
H_{10}
H_{12}
H_{13}
H_5
H_7
H_9
H_{11}

图 2　标准区徽各部尺寸

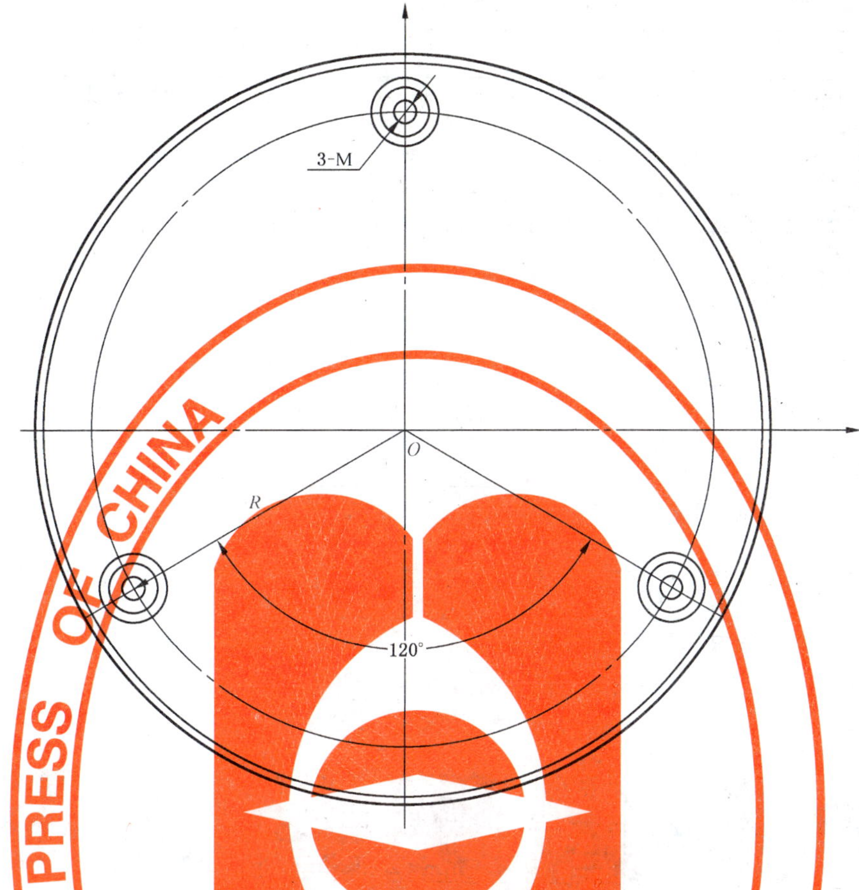

注：区徽背面安装孔直径及安装孔距徽背中心的半径由生产企业和用户协商后确定。

图 3　区徽背面安装孔示意图

4.3　区徽徽面颜色和允许误差

4.3.1　徽面中的五星黄色：纤维增强塑料、铝合金材质制作区徽的五星黄色和允许误差以 GB 15093 中五星黄色和允许误差为准，其 $Y_{10}=56.0\pm2.0$，$x_{10}=0.39\pm0.01$，$y_{10}=0.40\pm0.01$。

4.3.2　徽面绿色：纤维增强塑料、铝合金材质制作的区徽徽面绿色色度值和允许误差为 $Y_{10}=9.7\pm1.0$，$x_{10}=0.26\pm0.01$，$y_{10}=0.39\pm0.01$。

4.3.3　徽面上莲花、大桥、海水、文字区底面白色的刺激值 Y_{10} 不得低于 80。

4.3.4　其他材质的区徽五星黄色、徽面绿色、莲花、大桥、海水、文字区底面白色的色度值和允许误差应与本标准 4.3.1、4.3.2、4.3.3 的要求相一致。

4.4　色度数据计算

徽面的色度数据以 CIE 标准照明体 D_{65} 和 CIE1964 标准色度系统计算。

4.5　区徽徽面漆膜性能

徽面漆膜性能见表 2。

4.6　区徽徽体材质强度

4.6.1　弯曲强度不低于 140 MPa。

4.6.2　表面硬度(巴氏)不低于 30。

4.6.3　落球冲击强度：区徽徽体无裂纹、无损坏。

4.7　区徽徽面外观评定

徽面外观评定要求见表 3。

表 2 徽面漆膜性能要求

项　　目	指　　标
漆膜颜色和外观	颜色符合本标准 4.3 的要求，漆膜平整光亮
光泽(60°)/%	>90
附着力/级	>2
硬度(巴氏)	>2
耐气候/级	<1
耐水性(24 h)	不起泡、不脱落
耐湿热性(7 d)/级	1
耐盐雾性(7 d)/级	1

表 3 徽面外观评定要求

项　目	要　　求
徽面外观	表面图案清晰，不应有缩孔、热裂、冷裂、变形、豁边、破边，不应有明显影响外观的沙粒、杂质、气孔
徽面颜色	不应有明显的污渍、搭色、色渍等

4.8 区徽徽面上中葡文字绿色字体

4.8.1 区徽徽面上"中華人民共和國澳門特別行政區"绿色字体应符合图 4 所示区徽标准字样。

4.8.2 区徽徽面上葡文"MACAU"(澳门)绿色字体应符合图 4 所示区徽标准字样。

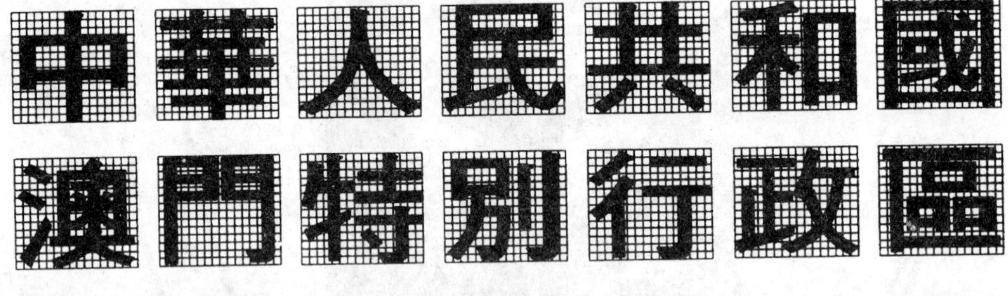

中華人民共和國
澳門特別行政區

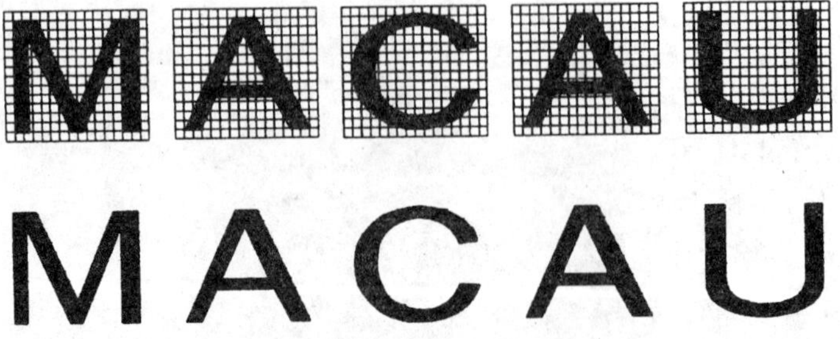

图 4 区徽徽面上中葡文标准字样

5 试验方法

5.1 标准区徽各部尺寸和允许误差的计量应使用检验合格的、准确度不低于0.5%的量具。

5.2 色度测量应按GB/T 3979、GB/T 11186.2—1989和GB/T 11186.3—1989的规定进行。

5.3 徽面漆膜性能测量应按GB/T 1720、GB/T 1733、GB/T 1740、GB/T 1766、GB/T 1771、GB/T 6739、GB/T 9274和GB/T 9754的规定进行测定。

5.4 强度试验

5.4.1 弯曲强度试验应按GB/T 1449的规定进行。

5.4.2 硬度测定应按GB/T 3854的规定进行。

5.4.3 落球冲击：将区徽样件正面向上，水平铺放在水泥地面上，在离样件上方1 m处放置一个重112 g钢球，使钢球自由坠落在徽面同一平面部位。重复三次，观察样件表面有无裂纹、变形、脱层等。

5.5 徽面和区徽底面不平度测试应按GB/T 11337—2004中4.4b的方法进行。

5.6 徽体不圆度测试应按GB/T 4380—2004中2.3两点测量的方法进行。

5.7 徽面外观质量试验：应在明亮自然光下距离徽面1 m，目视评定；灯光下评定时需采用照度不低于750 lx的日光色荧光灯。

6 检验规则

6.1 检验分类

6.1.1 出厂检验

每面区徽产品出厂时都应进行出厂检验。出厂检验内容包括区徽的形状、图案和各部尺寸及徽面外观、颜色质量评定。

出厂检验时，所有检验项目全部合格时，判定为合格品，否则为不合格品。不合格品不得出厂。

6.1.2 型式检验

当徽体材质、徽面漆配方、生产工艺发生变化时，应进行型式检验。第4章规定的所有质量要求全部合格时，判定为型式检验合格，允许正式生产。

7 标志、包装

7.1 标志

每面区徽背面应标明生产企业名称和地址、产品编号及生产日期。

7.2 包装

7.2.1 每面区徽需单独包装。包装应确保区徽质量不受损坏，便于运输、贮存。外包装外侧应注明产品名称、规格、材质、包装尺寸、重量、生产企业名称和地址、商标和执行国家标准的编号、运输标志。外包装内应附有安装时必要的配件、安装与保管说明和检验合格证。检验合格证上应标明区徽规格、材质、产品编号、出厂日期、生产企业名称及地址、商标、检验员姓名(或代号)。

7.2.2 批量区徽的包装应确保区徽质量不受损坏，便于运输。包装外表上应标明产品名称、规格、材质、数量、包装尺寸、重量、生产企业名称和地址、运输标志。

附 录 A
（规范性附录）
中华人民共和国澳门特别行政区区徽制作解析图及标准数据

A.1 以 O 点为坐标原点建立直角坐标系。以 O 点为圆心作三个辅助圆，其直径分别为 ϕ、ϕ_1、ϕ_2，其中 ϕ 为所需制作区徽的外圆直径。直径为 ϕ_2 的绿色内圆中坐标纵轴两侧图案对应绘制（图 A.1、表 A.1）。

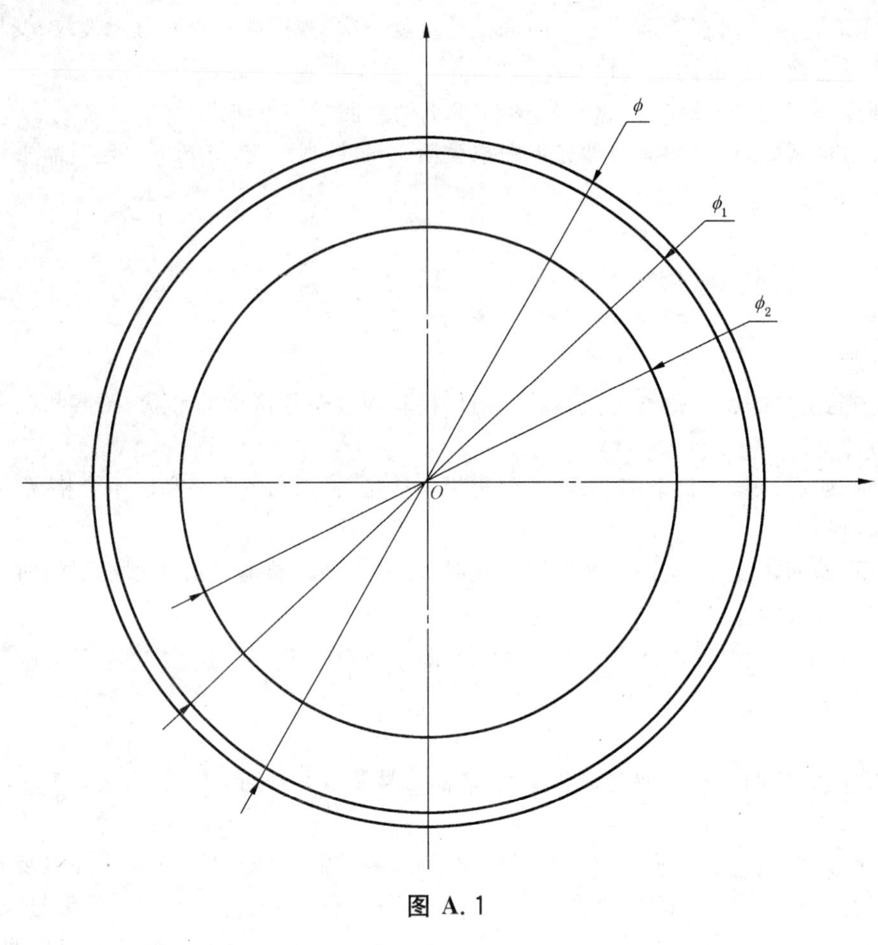

图 A.1

表 A.1　　单位为毫米

项　目	图 A.1 中的代号	规　格		
		1号	2号	3号
徽面直径	ϕ	1 000	800	600
白色环形外圆直径	ϕ_1	960	768	576
绿色内圆直径	ϕ_2	740	592	444

A.2 以 O_1、O_2、O_3 为圆心作三个直径均为 ϕ_3 的辅助圆，并以 O_4 为圆心作一个直径为 ϕ_4 的辅助圆，连接弧线构成中置莲花花瓣（图 A.2、表 A.2）。

A.3 以 O_5、O_6、O_7 为圆心作三个直径均为 ϕ_5 的辅助圆，并以 O_8、O_9、O_{10} 为圆心作三个直径均为 ϕ_6 的

辅助圆，再以 O_{11} 为圆心作一个直径为 ϕ_7 的辅助圆，连接弧线构成左侧莲花花瓣（图 A.3），再以纵轴为对称轴，作出右侧莲花花瓣图形（图 A.3、表 A.3）。

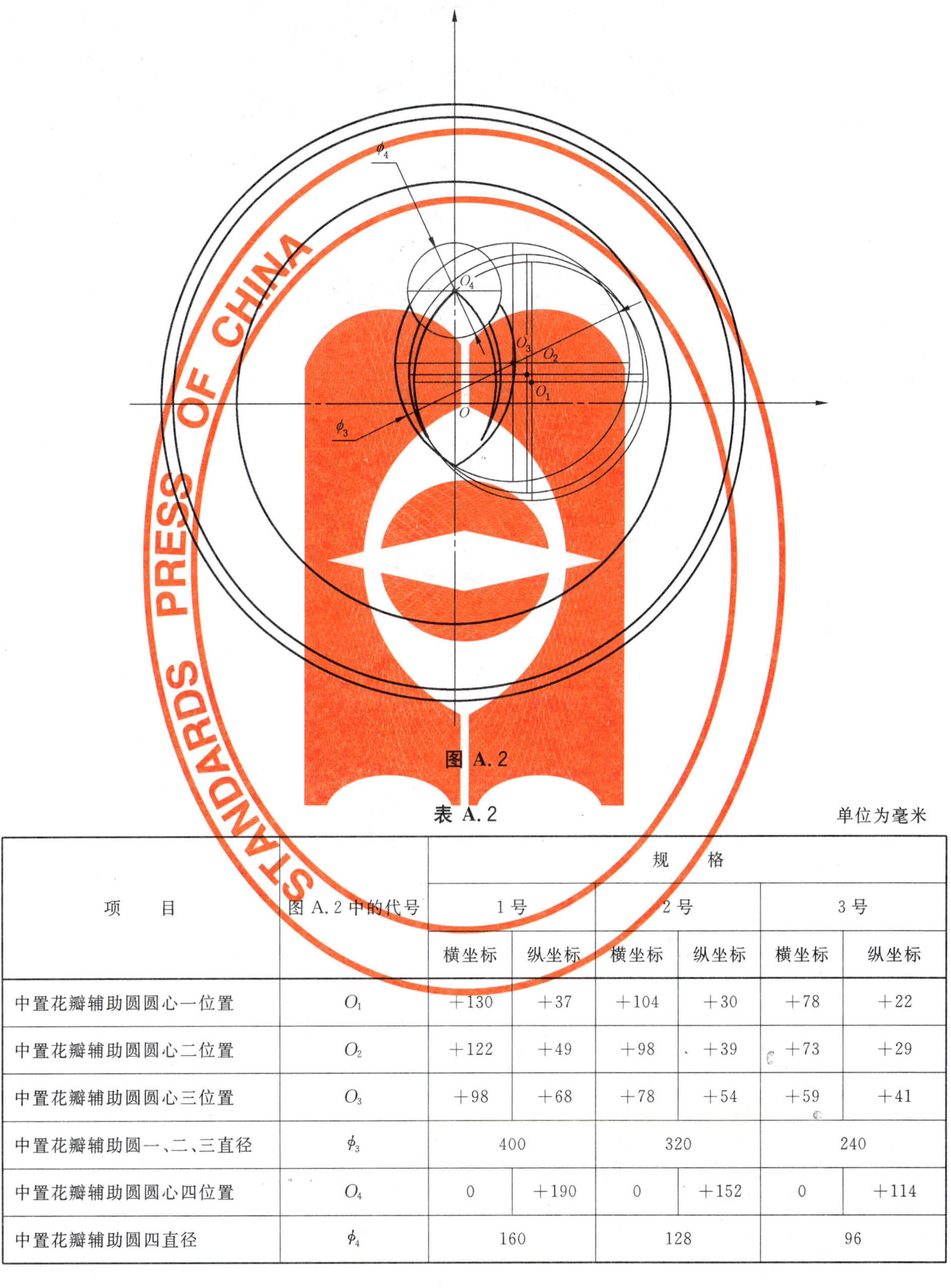

图 A.2

表 A.2

单位为毫米

项　　目	图 A.2 中的代号	规　　格					
		1 号		2 号		3 号	
		横坐标	纵坐标	横坐标	纵坐标	横坐标	纵坐标
中置花瓣辅助圆圆心一位置	O_1	+130	+37	+104	+30	+78	+22
中置花瓣辅助圆圆心二位置	O_2	+122	+49	+98	+39	+73	+29
中置花瓣辅助圆圆心三位置	O_3	+98	+68	+78	+54	+59	+41
中置花瓣辅助圆一、二、三直径	ϕ_3	400		320		240	
中置花瓣辅助圆圆心四位置	O_4	0	+190	0	+152	0	+114
中置花瓣辅助圆四直径	ϕ_4	160		128		96	

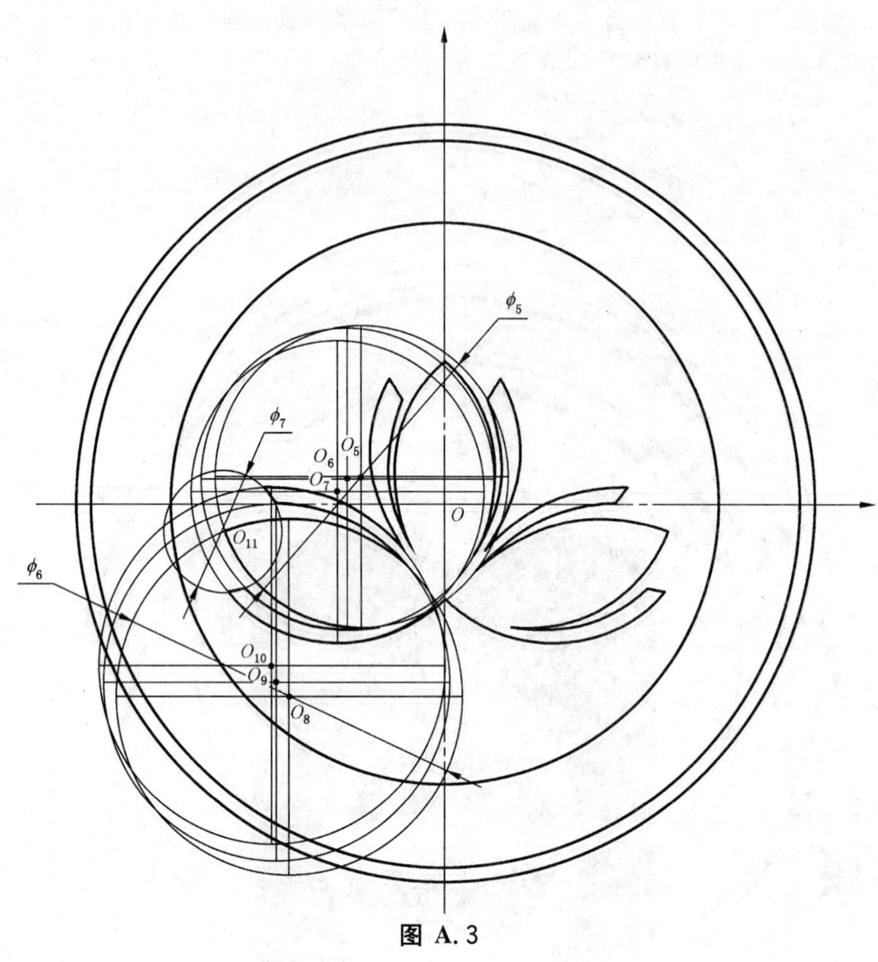

图 A.3

表 A.3

单位为毫米

项　　目	图 A.3 中的代号	规　　格					
		1号		2号		3号	
		横坐标	纵坐标	横坐标	纵坐标	横坐标	纵坐标
左侧花瓣辅助圆圆心一位置	O_5	−113	+35	−90	+28	−68	+21
左侧花瓣辅助圆圆心二位置	O_6	−132	+32	−106	+26	−79	+19
左侧花瓣辅助圆圆心三位置	O_7	−145	+15	−116	+12	−87	+12
左侧花瓣辅助圆一、二、三直径	ϕ_5	400		320		240	
左侧花瓣辅助圆圆心四位置	O_8	−210	−255	−168	+204	−168	+153
左侧花瓣辅助圆圆心五位置	O_9	−228	−235	−182	−188	−137	−141
左侧花瓣辅助圆圆心六位置	O_{10}	−234	−214	−187	−171	−140	−128
左侧花瓣辅助圆四、五、六直径	ϕ_6	470		376		282	
左侧花瓣辅助圆圆心七位置	O_{11}	−300	−37	−240	−30	−180	−22
左侧花瓣辅助圆七直径	ϕ_7	160		128		96	

A.4 以 O 点为圆心作一直径为 ϕ_8 的五角星定位辅助圆，以其与纵轴正向相交点为中心作一个外接圆直径为 ϕ_9 的正五角星，以 O 点为中心在横轴上方作四条放射线，并使 α_1 为 70°、α_2 为 130°，以放射线与五角星定位辅助圆的相交点为中心分别作四个外接圆直径均为 ϕ_{10} 的正五角星，所有五角星角尖均朝向 O 点(图 A.4、表 A.4)。

图 A.4

表 A.4 单位为毫米

项　目	图 A.4 中的代号	规　格		
		1 号	2 号	3 号
五角星定位辅助圆直径	ϕ_8	560	448	336
大五角星外接圆直径	ϕ_9	130	104	78
小五角星外接圆直径	ϕ_{10}	90	72	54
五角星定位角一	α_1	70°		
五角星定位角二	α_2	130°		

A.5 从莲花底边向下至绿色内圆外边作 11 条水平辅助带 A_1 至 A_6、B_1 至 B_5。A_1 为莲花与大桥间距，B_1 为白色大桥高度。以 O_{12}、O_{13} 为圆心作两个直径均为 ϕ_{11} 的辅助圆，将弧线与大桥辅助带 B_1 相连接构成大桥(图 A.5、表 A.5)。

图 A.5

表 A.5

单位为毫米

项目	图 A.5 中的代号	规格					
		1号		2号		3号	
		横坐标	纵坐标	横坐标	纵坐标	横坐标	纵坐标
莲花与大桥间距	A_1	15		12		9	
大桥高度	B_1	20		16		12	
海水(白色部分)条宽	B_2	10		8		6	
	B_3	15		12		9	
	B_4	20		16		12	
	B_5	25		20		15	
海水(绿色部分)条宽	A_2	20		16		12	
	A_3	20		16		12	
	A_4	15		12		9	
	A_5	10		8		6	
	A_6	15		12		9	
大桥辅助圆圆心一位置	O_{12}	−138	0	−110	0	−83	0
大桥辅助圆圆心二位置	O_{13}	−129	−20	−103	−16	−77	−12
大桥辅助圆一、二直径	ϕ_{11}	400		320		240	

A.6 作长与高之比为16比14的文字定位框，按字样放大或缩小(图A.6、表A.6)。

图 A.6

表 A.6

单位为毫米

项　　目	图A.6中的代号	规　　格		
		1号	2号	3号
文字定位框长	L	80	64	48
文字定位框高	H	70	56	42

A.7 以O点为圆心作一直径为ϕ_{12}的文字定位辅助圆，以O点为中心作14条夹角为α_3以纵坐标轴为对称轴的放射线于文字区上方，将14个繁体黑体中文字放置于辅助圆与放射线交点上，字下端朝向O点。再以O点为中心作5条夹角为α_4以纵坐标为对称轴的放射线于文字区下方，将5个葡文字母放置于文字定位辅助圆与放射线交点上，字母上端朝向O点(图A.7、表A.7)。

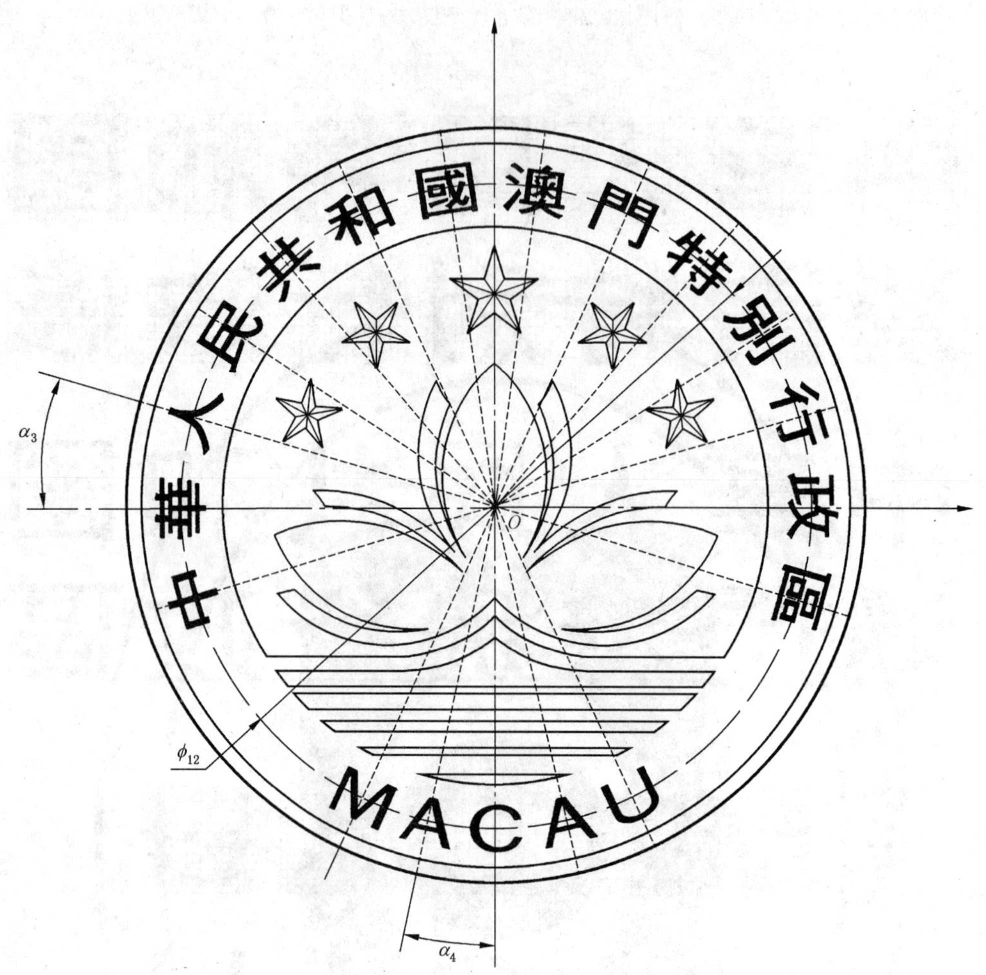

图 A.7

表 A.7

单位为毫米

项　目	图 A.7 中的代号	规　格		
		1 号	2 号	3 号
文字定位辅助圆直径	ϕ_{12}	850	680	510
中文字定位角	α_3	360°/22		
葡文字母定位角	α_4	12°30′		

A.8 取消所有辅助线，最后求得完成的区徽图案(图 A.8)。

图 A.8

ICS 79.060.10
B 70

中华人民共和国国家标准

GB/T 17656—2008
代替 GB/T 17656—1999

混凝土模板用胶合板

Plywood for concrete form

2008-09-02 发布　　　　2009-03-01 实施

中华人民共和国国家质量监督检验检疫总局
中国国家标准化管理委员会　发布

前　言

本标准是在 GB/T 17656—1999《混凝土模板用胶合板》和 LY/T 1600—2002《混凝土模板用浸渍胶膜纸贴面胶合板》的基础上整合修订而成的。

本标准代替 GB/T 17656—1999。

本标准与 GB/T 17656—1999 相比，主要变化如下：

a) 在尺寸公差方面，调整 18 mm 及 21 mm 的厚度公差、垂直度和非模数制的长宽尺寸公差。

b) 在板的结构方面，修改了板面胶纸痕的规定，增加了表板厚度的规定。

c) 在外观质量方面，调整了芯板离缝加工缺陷的限量，将优等品改为 A 等品、合格品改为 B 等品。同时，增加了树脂饰面混凝土模板用胶合板和覆膜混凝土模板用胶合板的外观质量，也分 A 等品和 B 等品。

d) 在物理力学性能方面，对静曲强度和弹性模量作了调整；增加了浸渍剥离性能和试件处理方法。

e) 增加了附录 A，给出使用条件下混凝土模板用胶合板抗弯性能修正系数。

本标准的附录 A 为规范性附录。

本标准由国家林业局提出。

本标准由全国人造板标准化技术委员会归口。

本标准负责起草单位：中国林业科学研究院木材工业研究所。

本标准参加起草单位：上海市质量监督检验技术研究院、芬兰芬欧汇川木业有限公司上海代表处、佛山市正森木业有限公司、福建省三明市林业局、三明恒晟竹木业有限公司、北京太尔化工有限公司、广州市元荣木业有限公司、太尔胶粘剂（广东）有限公司、上海木材工业研究所、山东新港企业集团有限公司。

本标准主要起草人：曹忠荣、张莺红、俞蓁、唐志晔、黄庆邦、徐剑秋、叶佑萌、冯绍园、张文生、马骥、邵惠增、魏东。

本标准于 1999 年首次发布，本次为第一次修订。

混凝土模板用胶合板

1 范围

本标准规定了混凝土模板用胶合板的要求、试验方法、检验规则以及标志、标签、包装、运输和贮存等。

本标准适用于用木材单板制成的混凝土模板用胶合板，包括：

a） 未经表面处理的混凝土模板用胶合板（简称素板）；

b） 经树脂饰面处理的混凝土模板用胶合板（简称涂胶板）；

c） 经浸渍胶膜纸贴面处理的混凝土模板用胶合板（简称覆膜板）。

2 规范性引用文件

下列文件中的条款通过本标准的引用而成为本标准的条款。凡是注日期的引用文件，其随后所有的修改单（不包括勘误的内容）或修订版均不适用于本标准，然而，鼓励根据本标准达成协议的各方研究是否可使用这些文件的最新版本。凡是不注日期的引用文件，其最新版本适用于本标准。

GB/T 9846.2—2004 胶合板 第2部分：尺寸公差

GB/T 9846.5—2004 胶合板 第5部分：普通胶合板检验规则

GB/T 9846.6—2004 胶合板 第6部分：普通胶合板标志、标签和包装

GB/T 9846.7—2004 胶合板 第7部分：试件的锯制

GB/T 17657—1999 人造板及饰面人造板理化性能试验方法

GB/T 19367.1—2003 人造板 板的厚度、宽度及长度的测定

GB/T 19367.2—2003 人造板 板的垂直度和边缘直度的测定

3 要求

3.1 尺寸和公差

3.1.1 混凝土模板用胶合板的规格尺寸应符合表1的规定。

表1 规格尺寸

单位为毫米

幅面尺寸				厚度
模数制		非模数制		
宽度	长度	宽度	长度	
—	—	915	1 830	≥12～<15 ≥15～<18 ≥18～<21 ≥21～<24
900	1 800	1 220	1 830	
1 000	2 000	915	2 135	
1 200	2 400	1 220	2 440	
—	—	1 250	2 500	
注：其他规格尺寸由供需双方协议。				

3.1.2 对于模数制的板，其长度和宽度公差为 $_{-3}^{\ 0}$ mm；对于非模数制的板，其长度和宽度公差为±2 mm。

3.1.3 板的厚度允许偏差应符合表2的规定。

表 2　厚度公差

单位为毫米

公称厚度	平均厚度与公称厚度间允许偏差	每张板内厚度最大允差
≥12～<15	±0.5	0.8
≥15～<18	±0.6	1.0
≥18～<21	±0.7	1.2
≥21～<24	±0.8	1.4

3.1.4　板的垂直度不得超过 0.8 mm/m。

3.1.5　板的四边边缘直度不得超过 1 mm/m。

3.1.6　板的翘曲度 A 等品不得超过 0.5%，B 等品不得超过 1%。

3.2　板的结构

3.2.1　相邻两层单板的木纹应互相垂直。中心层两侧对称层的单板应为同一树种或物理力学性能相似的树种和同一厚度。

3.2.2　应考虑成品结构的均匀性，组坯时表板和与表板纤维方向相同的各层单板厚度总和应不小于板坯厚度的 40%，不大于 60%。板的层数应不小于 7 层。表板厚度应不小于 1.2 mm，覆膜板表板厚度应不小于 0.8 mm。

3.2.3　同一层表板应为同一树种，表板应紧面朝外，表板和芯板不允许采用未经斜面胶接或指形拼接的端接。

3.2.4　板中不得留有影响使用的夹杂物。拼缝用的无孔胶纸带不得用于胶合板内部。如用其拼接或修补面板，除不修饰外，应除去胶纸带，并不留有明显胶纸痕。

3.3　树种

3.3.1　混凝土模板用胶合板的用材树种为马尾松、云南松、落叶松、辐射松、杨木、桦木、荷木、枫香、拟赤杨、柳安、奥克榄、克隆、阿必东等。

3.3.2　混凝土模板用胶合板的面板树种为该胶合板的树种。

3.4　胶粘剂

3.4.1　混凝土模板用胶合板的胶粘剂应采用酚醛树脂或性能相当的树脂。

3.4.2　树脂饰面处理的应采用酚醛树脂或性能相当的树脂。

3.4.3　覆膜用的树脂应采用酚醛树脂或性能相当的树脂。

3.5　等级与允许缺陷

3.5.1　一般通过目测成品板上允许缺陷来判定其等级。等级取决于允许的材质缺陷、加工缺陷以及对拼接的要求。

3.5.2　混凝土模板用胶合板（素板）按成品板上可见的材质缺陷和加工缺陷分成两个等级：A 等品和 B 等品，其允许缺陷应符合表 3 的规定。

表 3　混凝土模板用胶合板（素板）外观分等的允许缺陷

<table>
<tr><th rowspan="2">缺陷种类</th><th rowspan="2" colspan="2">检 量 项 目</th><th rowspan="2">检量单位</th><th colspan="2">面　板</th><th rowspan="2">背板</th></tr>
<tr><th>A 等品</th><th>B 等品</th></tr>
<tr><td>针节</td><td colspan="2">—</td><td>—</td><td colspan="3">允　许</td></tr>
<tr><td rowspan="3">活节、半活节、死节</td><td colspan="2">每平方米板面上总个数</td><td>—</td><td>5</td><td>不　限</td><td rowspan="3">不　限</td></tr>
<tr><td>活节</td><td>单个最大直径</td><td>mm</td><td>25</td><td>不　限</td></tr>
<tr><td>半活节、死节</td><td>单个最大直径</td><td>mm</td><td>15</td><td>30</td></tr>
<tr><td>木材异常结构</td><td colspan="2">—</td><td>—</td><td colspan="3">允　许</td></tr>
</table>

表 3（续）

缺陷种类	检量项目	检量单位	面板		背板
			A 等品	B 等品	
夹皮、树脂囊	每平方米板面上总个数	—	2	不　限	不　限
	单个最大长度	mm	30	120	
裂缝	单个最大宽度	mm	1.5	4	6
	单个最大长度占板长的百分比　不超过	%	20	30	40
	每米板宽内条数	—	2	不　限	
孔洞、虫孔、排钉孔	单个最大直径	mm	3	10	20
	每平方米板面上总个数	—	4	10（自 5mm 以下不计）	不呈筛孔状不限
变色	—	—	不允许	允　许	
腐朽	—	—	不允许		
树脂漏	—	—	允　许		
表板拼接离缝	单个最大宽度	mm	不允许	1.5	2
	单个最大长度占板长的百分比　不超过	%		20	30
	每米板宽内条数	—		2	4
表板叠层	单个最大宽度	mm	不允许	8	10
	单个最大长度占板长的百分比　不超过	%		20	40
芯板离缝	紧贴表板的芯板离缝单个最大宽度	mm	2	4	6
	上述离缝每米板宽内条数	—	2	3	4
	其他芯板离缝的最大宽度	mm	6		
芯板叠层	单个最大宽度	mm	4	12	
	每层每米板宽内条数	—	2	不　限	
长中板叠离	单个最大宽度	mm	3	8	
鼓泡、分层	—	—	不 允 许		
凹陷、压痕、鼓包	单个最大面积	mm²	不允许	3 000	不　限
	每平方米板面上总个数	—		2	
	凹凸高度　不超过	mm		1	
毛刺沟痕	占板面积的百分比　不超过	%	3	20	不　限
	深度　不超过	mm	0.5	不穿透，允许	
表面砂（刮）透	每平方米板面上的面积	mm²	不允许	1 000	2 000
表面漏砂（刮）	占板面积的百分比　不超过	%	不允许	30	40
补片、补条	每平方米板面上总个数	—	不允许	5	10
	累计面积占板面面积的百分比　不超过	%		5	不　限
	缝隙　不超过	mm		1	1.5
板边缺损	自板边测量的缺损的长度或宽度　不超过	mm	不允许	8	
其他缺陷	—	—	不允许	按最类似缺陷考虑	

3.5.3 树脂饰面混凝土模板用胶合板(涂胶板)按成品板上可见的加工缺陷分成两个等级:A 等品和 B 等品,其允许缺陷应符合表 4 的规定。基材板的外观质量应符合表 3 相应的要求。

表 4 树脂饰面混凝土模板用胶合板(涂胶板)外观分等的允许缺陷

缺陷种类	检量项目		检量单位	A 等品	B 等品
缺胶	—		—	不允许	
凹陷、压痕、鼓包	单个最大面积		mm^2	不允许	1 000
	每平方米板面上总个数		—		2
	凹凸高度	不超过	mm		1
鼓泡、分层	—		—	不允许	
色泽不均	占板面积的百分比	不超过	%	3	10
其他缺陷	—		—	不允许	按最类似缺陷考虑

3.5.4 覆膜混凝土模板用胶合板(覆膜板)按成品板上可见的加工缺陷分成两个等级:A 等品和 B 等品,其允许缺陷应符合表 5 的规定。基材板的外观质量应符合表 3 相应的要求。

表 5 覆膜混凝土模板用胶合板(覆膜板)外观分等的允许缺陷

缺陷种类	检量项目		检量单位	A 等品	B 等品
覆膜纸重叠	占板面积的百分比	不超过	%	不允许	2
缺纸	—		—	不允许	
凹陷、压痕、鼓包	单个最大面积		mm^2	不允许	1 000
	每平方米板面上总个数		—		1
	凹凸高度	不超过	mm		0.5
鼓泡、分层	—		—	不允许	
划痕	单个最大长度		mm	不允许	200
	每米板宽内条数		—		2
其他缺陷	—		—	不允许	按最类似缺陷考虑

3.5.5 限制缺陷的数量、累积尺寸或范围应按整张板面积的平均每平方米上的数量进行计算,板宽度或长度上缺陷应按最严重一端的平均每米内的数量进行计算,其结果应取最接近相邻整数中的大数值。

3.5.6 从表板上可以看到的内层单板的各种缺陷不得超过每个等级表板的允许限度。因紧贴表板的芯板孔洞使板面产生凹陷时,按各个等级所允许的凹陷计。非紧贴表板的各层单板因孔洞在板边形成的缺陷,其深度不得超过该缺陷的 1/2,超过者按离缝计。

3.5.7 混凝土模板用胶合板的节子或孔洞直径按常规系指与木纹垂直方向直径。节子或孔洞的直径按其轮廓线的切线间的垂直距离测定。

3.5.8 板的表面应进行砂光或刮光,如经供需双方协议可单面砂(刮)光或不砂(刮)光。

3.5.9 对非模数制板,公称幅面尺寸以外的各种缺陷均不计。

3.5.10 混凝土模板用胶合板的表板拼接单板条数不限,但拼接应符合表 3 中对表板拼接的规定。拼接需木色相近且纹理相似。修补应采用与制造混凝土模板用胶合板相近的胶粘剂进行胶粘,补片及补条的颜色和纹理应与四周木材适当相配。对于影响使用效果的板面允许缺陷,均需用填料填补平整。

3.5.11 树脂饰面混凝土模板用胶合板应双面涂树脂。如两面等级不同,则应有明确标示。四边要涂上防水的封边涂料。

3.5.12 覆膜混凝土模板用胶合板应双面覆膜。如两面等级不同,则应有明确标示。四边要涂上防水的封边涂料。

3.6 物理力学性能

3.6.1 各等级混凝土模板用胶合板出厂时的物理力学性能应符合表6的规定。

表6 物理力学性能指标值

<table>
<tr><th colspan="2" rowspan="2">项 目</th><th rowspan="2">单位</th><th colspan="4">厚度/mm</th></tr>
<tr><th>≥12～<15</th><th>≥15～<18</th><th>≥18～<21</th><th>≥21～<24</th></tr>
<tr><td colspan="2">含水率</td><td>%</td><td colspan="4">6～14</td></tr>
<tr><td colspan="2">胶合强度</td><td>MPa</td><td colspan="4">≥0.70</td></tr>
<tr><td rowspan="2">静曲强度</td><td>顺纹</td><td rowspan="2">MPa</td><td>≥50</td><td>≥45</td><td>≥40</td><td>≥35</td></tr>
<tr><td>横纹</td><td>≥30</td><td>≥30</td><td>≥30</td><td>≥25</td></tr>
<tr><td rowspan="2">弹性模量</td><td>顺纹</td><td rowspan="2">MPa</td><td>≥6 000</td><td>≥6 000</td><td>≥5 000</td><td>≥5 000</td></tr>
<tr><td>横纹</td><td>≥4 500</td><td>≥4 500</td><td>≥4 000</td><td>≥4 000</td></tr>
<tr><td colspan="2">浸渍剥离性能</td><td>—</td><td colspan="4">浸渍胶膜纸贴面与胶合板表层上的每一边累计剥离长度不超过25 mm</td></tr>
</table>

3.6.2 测定胶合强度全部试件的平均木材破坏率超过60%或80%时，胶合强度指标值可比表6规定的指标值分别低0.10 MPa或0.20 MPa。

3.6.3 在模板工程设计时，混凝土模板用胶合板抗弯性能修正系数见附录A。

4 试验方法

4.1 尺寸的测定

4.1.1 混凝土模板用胶合板尺寸测定用的成品样板，应从提交检查批中随机抽取。

4.1.2 混凝土模板用胶合板的厚度、长度、宽度按GB/T 19367.1—2003的规定进行；边缘直度、垂直度按GB/T 19367.2—2003的规定进行；翘曲度的测定按GB/T 9846.2—2004的规定进行。

4.2 物理力学性能的测定

4.2.1 混凝土模板用胶合板的含水率、胶合强度试件制作按GB/T 9846.7—2004的规定进行。

4.2.2 混凝土模板用胶合板含水率的测定按GB/T 17657—1999中4.3的规定进行。

4.2.3 混凝土模板用胶合板胶合强度的测定按GB/T 17657—1999中4.15的规定进行，对试件的条件处理应按4.15.4.2中条件处理a)Ⅰ类胶合板的方法进行。

4.2.4 混凝土模板用胶合板静曲强度和弹性模量的测定按GB/T 17657—1999中4.9的规定进行。每张样板按胶合强度试样分布部位截取长向与表板纤维方向平行(顺纹)或垂直(横向)的试件各3块。试件长度为板材公称厚度20倍加50 mm，宽度为75 mm。

4.2.5 覆膜混凝土模板用胶合板浸渍剥离性能的测定按GB/T 17657—1999中4.17的规定进行，方法按4.17.4.1中条件处理a）进行。每张样板按胶合强度试样分布部位截取75 mm×75 mm试件3块。

4.2.6 各项测试结果数据应与相应技术要求量值的有效位数一致。

5 检验规则

5.1 在产品出厂交货前，应由生产厂质检部门进行质量检验，检验的项目包括规格尺寸、外观等级和物理力学性能三项，通过逐张检验确定产品的等级。

5.2 对成批拨交的产品进行产品质量检验时，应按以下规定。

5.2.1 规格尺寸检验

按3.1.1～3.1.6、4.1.1～4.1.2及GB/T 9846.5—2004中表2的规定进行。

5.2.2 外观等级检验

按 3.5.1～3.5.12 及 GB/T9846.5—2004 中表 1 的规定进行。

5.2.3 物理力学性能检验

5.2.3.1 抽样

作为成品的混凝土模板用胶合板物理力学性能测定用的样板，应从拨交的板中随机抽取，抽样张数应符合表 7 的规定。

表 7 每批拨交成品中的抽样张数

拨交一批板的张数	第一次抽样张数	复检抽样张数
≤500	1	2
501～1 000	2	4
1 001～2 000	3	6
2 001～3 000	4	8
>3 000	5	10

5.2.3.2 检验方法

按 3.6.1～3.6.2 及 4.2.1～4.2.5 的规定进行。

5.2.3.3 判定原则

5.2.3.3.1 测试胶合强度结果判定如下：

凡符合胶合强度指标值要求的试件数等于或大于有效试件总数的 90%时，该批胶合板的该项性能判为合格；小于 70%时，则判为不合格。如符合胶合强度指标值要求的试件数大于或等于有效试件总数的 70%，但小于 90%时，允许重新抽样进行复检，其结果符合该项性能指标值要求的试件等于或大于有效试件总数的 90%时，判其为合格；小于 90%时，则判其为不合格。

5.2.3.3.2 测试含水率、静曲强度和弹性模量结果判定如下：

全部测试试件的算术平均含水率、算术平均静曲强度、算术平均弹性模量符合指标值要求时，判该批胶合板的含水率、静曲强度、弹性模量为合格。如某项不合格，允许重新抽样对其复检再判定其合格与否。

5.2.3.3.3 测试浸渍剥离性能结果判定如下：

全部测试试件符合指标值要求时，判其为合格；否则判其为不合格，允许重新抽样对其复检再判定其合格与否。

5.3 经规格尺寸、外观等级和物理力学性能三项检验均合格时，判定该批产品为合格；否则判定为不合格。对外观等级不合格的产品，生产厂应全部重检。

5.4 成品按立方米计算，其允许公差不得计算在内。测算单张板时，可精确到 0.000 01 m^3；计算成批板时，可精确至 0.001 m^3。

5.5 产品出厂时，生产厂应出具产品质量证书，注明产品等级、规格尺寸、物理力学性能数值以及生产批号等。

5.6 在堆放平整、不受高温及不受潮的贮存条件下，生产厂受理产品质量争议的时效为自出厂之日起一年之内。

6 标志、标签、包装、运输和贮存

混凝土模板用胶合板的标志、标签、包装以及运输和贮存应符合 GB/T 9846.6—2004 的规定。加盖号印的等级标记应与该板等级相符。

附 录 A
（规范性附录）
使用条件下混凝土模板用胶合板抗弯性能修正系数

A.1 本附录给出的抗弯性能修正系数供模板工程设计时采用。

A.2 混凝土模板用胶合板抗弯性能修正系数：

顺纹静曲强度修正系数为0.6；

横纹静曲强度修正系数为0.9；

顺纹弹性模量修正系数为0.7；

横纹弹性模量修正系数为0.7。

ICS 91.100.25
Q 21

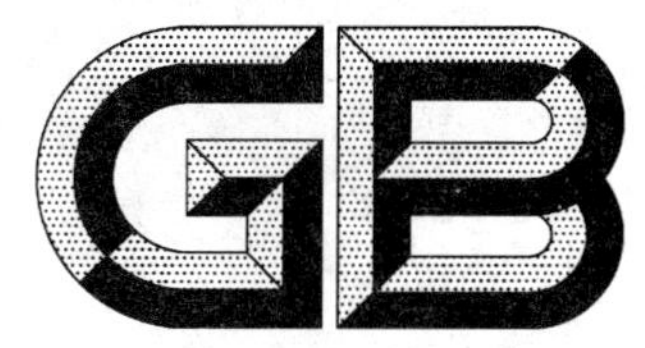

中华人民共和国国家标准

GB/T 17670—2008
代替 GB/T 17670—1999

天然石材统一编号

Unified catalogue for natural stone

2008-06-30 发布　　2009-04-01 实施

中华人民共和国国家质量监督检验检疫总局
中国国家标准化管理委员会　发布

前　言

本标准进口品种中涉及到欧洲等国出产的天然石材，参考了 EN 12440:2000《天然石材命名》标准中英文名称。

本标准代替 GB/T 17670—1999《天然石材统一编号》。

本标准与 GB/T 17670—1999 相比主要差异如下：

——范围和分类中增加了石灰石和砂岩商业石材种类；

——引用标准中取消了花岗石和大理石产品标准；

——增加了石材产地代码对照表；

——石材产地顺序代码由两位数字改为两位数字或字母组成；

——增加了石材品种的英文名称和具体产地地名；

——增加了进口石材中英文对照表。

本标准的附录 A、附录 B 是资料性附录。

本标准由中国建筑材料工业协会提出并归口。

本标准负责起草单位：中材人工晶体研究院。

本标准参加起草单位：中国石材工业协会、环球石材（东莞）有限公司、福建省凤山石材集团有限公司、云南砉红天然石材开发有限公司、福建溪石集团发展有限公司。

本标准主要起草人：周俊兴、林玉华、巢守美、高学武、丁永云。

本标准于 1999 年首次发布。

天然石材统一编号

1 范围

本标准规定了天然石材的分类与命名、编号原则、名称与编号。

本标准适用于花岗石、大理石、石灰石、板石、砂岩等商业用途的建筑装饰石材。

2 规范性引用文件

下列文件中的条款通过本标准的引用而成为本标准的条款。凡是注日期的引用文件，其随后所有的修改单(不包括勘误的内容)或修订版均不适用于本标准，然而，鼓励根据本标准达成协议的各方研究是否可使用这些文件的最新版本。凡是不注日期的引用文件，其最新版本适用本标准。

GB/T 2260—2002 中华人民共和国行政区划代码

3 分类与命名

3.1 分类

天然石材按商业用途主要分为：

a) 花岗石；

b) 大理石；

c) 石灰石；

d) 砂岩；

e) 板石。

3.2 命名

3.2.1 中文名称依据产地名称、花纹色调、石材种类等可区分的特征确定。

3.2.2 英文名称采用习惯用法或外贸名称。

4 编号原则

4.1 天然石材统一编号由一个英文字母、两位数字和两位数字或英文字母：

第一部分	第二部分	第三部分
石材种类代码	石材产地代码	产地石材顺序代码

4.2 第一部分：由一位英文字母组成，代表石材的种类。

a) 花岗石(granite)——“G”；

b) 大理石(marble)——“M”；

c) 石灰石(limestone)——“L”；

d) 砂岩(sandstone)——“Q”；

e) 板石(slate)——“S”。

4.3 第二部分：由两位数字组成，代表国产石材产地的省市名称，两位数字为 GB/T 2260—2002 规定的各省、自治区、直辖市行政区划代码，参见附录 A。

4.4 第三部分：由两位数字或英文字母组成，各省、自治区、直辖市产区所属的石材品种序号，由数字 0～9和大写英文字母 A～F 组成。

5 名称与编号

5.1 国产石材的名称与编号见表1,其中英文名称供参考。

表1 国产石材名称与编号

省、自治区、直辖市	中文名称	英文名称	统一编号	产地
北京市	房山汉白玉	Fangshan Hanbaiyu	M1101	房山高庄
	房山艾叶青	Fangshan Aiyeqing	M1102	房山石窝
	房山黄山玉	Fangshan Huangshanyu	M1103	房山
	房山白	Fangshan White	M1104	房山
	房山砖渣	Fangshan Zhuanzha	M1105	南尚乐
	房山次白玉	Fangshan Ordinary White	M1106	长沟镇
	房山桃红	Fangshan Peach Red	M1107	霞云岭
	房山螺丝转	Fangshan Luosizhuan	M1110	南尚乐
	延庆晶白玉	Yanqing Jingbaiyu	M1111	延庆
	房山芝麻白	Fangshan Sesame White	M1112	南尚乐
	霞云岭青板石	Xiayunling Dark Green Slate	S1115	霞云岭
	房山青白石	Fangshan Qingbaishi	M1116	房山石窝
	霞云岭锈板石	Xiayunling Rusty Slate	S1118	霞云岭
	房山银晶	Fangshan Yinjing	M1130	房山岳各庄
	白虎涧红	Baihujian Red	G1151	阳坊
	密云桃花	Miyun Peach Blossom	G1152	密云
	延庆青灰	Yanqing Blue-Gray	G1153	延庆
	房山灰白	Fangshan Shallow White	G1154	房山
	房山瑞雪	Fangshan Auspicious Snow	G1156	房山
河北省	平山龟板玉	Pingshan Guibanyu	G1301	平山
	平山绿	Pingshan Green	G1302	平山
	平山柏坡黄	Pingshan Baipo Yellow	G1303	平山
	易县黑	Yixian Black	G1304	邑县
	涿鹿樱花红	Zhuolu Cherry Blossom Pink	G1305	涿鹿
	承德燕山绿	Chengde Yanshan Green	G1306	承德
	青龙长城红	Qinglong Great Wall Red	G1307	青龙
	青龙红豆花	Qinglong Red bean blossom	G1308	青龙
	青龙紫罗兰	Qinglong Violet	G1309	青龙
	青龙燕山红	Qinglong Yanshan Red	G1310	青龙
	青龙玛瑙花	Qinglong Agate Blossom	G1311	青龙
	青龙都山白	Qinglong Dushan White	G1312	青龙
	青龙满江红	Qinglong River Red	G1313	青龙

表 1（续）

省、自治区、直辖市	中文名称	英文名称	统一编号	产地
河北省	青龙白麻	Qinglong White Hemp	G1314	青龙
	青龙幻彩绿	Qinglong Illusion Green	G1315	青龙
	青龙祖山青	Qinglong Zushan Blue	G1316	青龙
	太行墨玉	Taihang Dark Jade	G1318	阜平
	曲阳锈石	Quyang Rust Stone	G1319	曲阳
	青龙玉	Qinglong Jade	M1320	青龙
	唐山彩	Tangshan Color	M1321	迁西
	唐山五彩	Tangshan Five Colors	M1322	迁西
	珠峰黄	Everest Yellow	M1323	河北
	云彩	Cloud Colour	M1324	河北
	蝴蝶绿	Butterfly Green	G1330	河北
	森林绿	Forest Green	G1331	河北
	沙漠绿洲	Oasis	G1332	河北
	天然绿	Natural Green	G1333	河北
	西湖垂柳	Willow Green	G1334	河北
	蓝豹	Blue Leopard	G1335	河北
	麒麟棕	Kylin Brown	G1336	河北
	燕山兰	Yanshan Blue	G1337	河北
	黑白麻	Black-White Grain	G1338	河北
	河北黑	Hebei Black	G1339	河北
	海底红	Haidi Red	M1340	河北
	河北玛瑙红	Hebei Agate Red	G1351	河北
	燕山黄	Yanshan Yellow	G1352	河北
	翠香槟	Green Champagne	G1353	河北
	小三花	Three Fine Grain	G1354	河北
	大三花	Three Coarse Grain	G1355	河北
	沙花红	Shahua Red	G1356	河北
	康保红	Kangbao Red	G1357	河北
	燕山蓝钻	Yanshan Blue Diamond	G1358	河北
	阜平绿	Fuping Green	G1359	河北
	万年青	Evergreen	G1360	河北
	雪花梨	Snowflake Pear	G1361	河北
	芝麻黑	Sesame Black	G1362	河北
	青龙石	Dynasty Jade	G1363	张家口

表 1（续）

省、自治区、直辖市	中文名称	英文名称	统一编号	产地
河北省	月牡丹	Moon Peony	G1364	张家口
	海潮石	Sea Wave	G1365	张家口
	皇家金黄	Royal Gold	M1366	张家口
	红洞石	Red Travertine	G1367	平山
山西省	北岳黑	North Mountain Black	G1401	大同
	灵丘贵妃红	Lingqiu Guifei Red	G1402	灵丘
	恒山青	Hengshan Black	G1403	浑源
	广灵象牙黄	Guangling Ivory Yellow	G1404	大同
	灵丘太白青	Lingqiu Taibaiqing	G1405	灵丘
	灵丘山杏花	Lingqiu Apricot blossom	G1406	灵丘
	代县金梦	Daixian Jinmeng	G1407	代县
	玉钻麻	Green Diamond Hemp	G1408	宁武
	蝶彩绿	Butterfly Colored Green	G1409	宁武
	随州绿	Suizhou Green	G1410	山西
	翡翠蓝	Jade Blue	G1411	山西
	夜玫瑰	Dark Rose	G1412	代县
	牡丹白	Peony White	G1413	山西
	黑麻点	Sesame Black	G1415	山西
	应山红	Yingshan Red	G1416	应县
	金沙黑	Goldern Sand Black	G1417	应县
	黑金蓝钻	Black Diamond	G1419	广灵
	富贵红	Rich Red	M1421	山西
内蒙古自治区	蒙古黑	Mongolia Black	G1509	赤峰
	白塔沟丰镇黑	Baitagou Fengzhen Black	G1510	丰镇市
	傲包黑	Aobao Black	G1511	内蒙古
	喀旗黑金刚	Kaqi Heijingang	G1512	赤峰
	蝴蝶蓝	Butterfly Blue	G1518	凉城
	宝星兰	Blue Star	G1520	内蒙古
	墨绿青	Dark Green	G1521	内蒙古
	海洋兰	Ocean Blue	G1522	内蒙古
	蓝点玫瑰	Blue Rose	G1523	和林格尔
	蓝钻麻	Blue Diamond Grain	G1524	和林格尔
	踏雪寻梅	Blue Plum	G1525	和林格尔
	紫点玫瑰	Purple Rose	G1526	和林格尔

表 1（续）

省、自治区、直辖市	中文名称	英文名称	统一编号	产地
内蒙古自治区	冰花黑钻	Ice Flower-Black Diamond	G1527	内蒙古
	集宁黑	Jining Black	G1528	集宁
	黑猫石	Black Cat	G1529	内蒙古
	诺尔红	Nuoer Red	G1530	吉兰泰
	阴山红	Yinshan Red	G1531	巴彦淖尔
	凉城绿	Liangcheng Green	G1550	凉城
	蓝天白云	Concerto White	G1551	和林格尔
	兰晶白麻	Kyanite White Pearl	G1552	和林格尔
	紫晶蓝	Blue Amethyst Stone	G1553	和林格尔
	雪花兰	Snow Orchid	G1554	和林格尔
	兰星金麻	Yellow Blue Star	G1555	和林格尔
	兰宝	Lanbao	G1556	和林格尔
	超华石	Crossing Stone	G1557	和林格尔
	青山红	Qingshan Red	G1558	内蒙古
	东方墨玉	Easten Black	G1559	林西
	梵高黄	Vango Yellow	M1561	奈曼旗
	罗汉松木纹石	Luohansong wood	L1562	清水河
	皇家黑(金晶黑)	Black Diamond	G1563	固阳
	橙钻	Guyang Orange	G1564	固阳
	金山黄麻	Golden Sesame	G1565	固阳
	宁城红	Ningcheng Red	G1566	宁城
	乳脂玉	Milk Jade	M1570	呼伦贝尔
辽宁省	凤城杜鹃红	Fengcheng Cuckoo Red	G2101	赛马
	建平黑	Jianping Black	G2102	建平
	绥中芝麻白	Suizhong Sesame White	G2103	绥中
	绥中白	Suizhong White	G2104	绥中
	青山白	Qingshan White	G2105	绥中
	绥中浅红	Suizhong Light-Red	G2106	绥中
	绥中虎皮花	Suizhong Tiger Skin Flower	G2107	绥中
	翠玉	Emerald Jade	M2116	辽宁
	丹东绿	Dandong Green	M2117	东港市合隆
	翡翠绿	Emerald Green	M2118	辽宁
	铁岭红	Tieling Red	M2119	辽宁
	辽宁银点白麻	Liaoning Olie White	G2120	锦州

表 1（续）

省、自治区、直辖市	中文名称	英文名称	统一编号	产地
辽宁省	端绿	Duan Green	G2121	辽宁
	端青	Duan Cyan	G2122	辽宁
	银河黑玉	New Paradiso	G2123	辽宁
	茶花绿	Tea Green	G2125	辽宁
	天石翠	Tianshi Green	G2126	丹东
	锦州白麻	Jinzhou White	G2127	义县
吉林省	吉林白	Jilin White	G2201	吉林
	彩晶黄	Colored Crystal Yellow	G2202	吉林
	长白山冷玉石	Changbaishan Cold Jade	M2203	白山
	玉兰花	Blue Jade	G2204	蛟河
	荷花玉	Water Lily Jade	M2205	吉林
黑龙江省	楚山灰	Chushan Grey	G2301	楚山
	黑金洞	Black Gold Cave	G2302	宁安
	黑珍珠	Black Pearl	G2303	阿城
江苏省	宜兴咖啡	Yixing Coffee	M3252	张渚镇
	白奶油	White Cream	M 3256	张渚镇
	宜兴青奶油	Yixing Cyan Cream	M3258	张渚镇
	宜兴红奶油	Yixing Red Cream	M 3259	张渚镇
浙江省	杭灰	Hang Grey	M3301	杭州
	龙泉红	Longquan Red	G3302	龙泉
	龙川红	Longchuan Red	G3303	浙江
	温州红	Wenzhou Red	G3304	文成
	上虞菊花红	Shangyu Chrysanthemum Red	G3305	上虞
	上虞银花	Shangyu Silver Flower	G3306	上虞
	嵊州红玉	Shengzhou Red Jade	G3307	嵊州
	嵊州樱花	Shengzhou Cherry Blossom	G3308	嵊州金庭
	仕阳芝麻白	Shiyang Sesame White	G3309	泰顺县仕阳
	三门雪花	Sanmen Snow Flake	G3310	三门县中山
	磐安紫檀香	Panan Rosewood Fragrance	G3311	磐安县
	嵊州东方红	Shengzhou East Red	G3312	嵊州博济镇
	嵊州云花红	Shengzhou Yunhua Red	G3313	嵊州市博济
	嵊州墨玉	Shengzhou Dark Jade	G3314	嵊州市
	司前一品红	Siqian Yipin Red	G3315	泰顺司前镇
	仕阳青	Shiyang Cyan	G3316	泰顺仕阳镇

表 1（续）

省、自治区、直辖市	中文名称	英文名称	统一编号	产地
浙江省	安吉芙蓉花	Anji Furong Flower	G3317	安吉
	大门红	Damen Red	G3318	洞头县大门
	平阳花	Pingyang Flower	G3319	平阳县敖江
	钟山雪花青	Zhongshan Snow Gray	G3320	浙江
	安吉红	Anji Red	G3321	安吉
	黑檀木纹	Black Sandal Wood	M3322	浙江
	梦幻钻绿	Dream Green	M3323	浙江
	黑金龙	Black Gold Dragon	G3325	浙江
	沙溪红	Shaxi Red	G3328	浙江
	龙王礼花	Dragon King Firework	G3329	浙江
	长宁红	Changning Red	G3358	浙江
	瑞安竹叶青	Ruian Bamboo Green	G3360	浙江
安徽省	岳西黑	Yuexi Black	G3401	岳西
	岳西绿豹	Yuexi Green Leopard	G3402	岳西
	岳西豹眼	Yuexi Leopard Eyes	G3403	岳西
	皖西红	Wanxi Red	G3404	金寨
	金寨星彩兰	Jinzhai Bright Blue	G3405	金寨
	天堂玉	Heaven Jade	G3406	金寨
	龙舒红	Longshu Red	G3407	舒城
	硅化白玉	Silicon White Jade	M3408	安庆
	安徽白玉	Anhui White Jade	M3409	安徽
福建省	古平青	Guping Green	Q3501	福建
	晋江巴厝白	Jinjiang Bacuo White	G3503	晋江巴厝
	泉州白	Quanzhou White	G3506	南安石砻
	南安雪里梅	Nanan Xuelimei	G3508	南安罗东
	龙海黄玫瑰	Longhai Yellow Rose	G3510	龙海白水
	康美黑	Kangmei Black	G3511	南安康美镇
	漳浦青	Zhangpu Cyan	G3512	漳浦县赤湖
	珍珠灰麻	Pearl Gray	G3513	福建
	洪塘白	Hongtang White	G3514	同安洪塘
	晋江清透白	Jinjiang Pure White	G3515	晋江
	肖厝白	Xiaocuo White	G3516	泉州市肖厝
	斑砺红	Banli Red	G3517	福建
	福鼎黑	Fuding Black	G3518	福鼎市白琳

表 1（续）

省、自治区、直辖市	中文名称	英文名称	统一编号	产地
福建省	雪花青	Snowflake Blue	G3519	福鼎
	红钻麻	Red Diamond Grain	G3520	福建
	金色年华	Golden Rose	G3521	福建
	咖啡红	Coffee Red	G3522	福建
	海沧白	Haicang White	G3523	厦门市海沧
	碧绿青	Bluish Green	G3524	福建
	世纪红	Century Red	G3525	福建
	白兰晶花	Bailanjing Flower	G3526	福建
	银辉白麻	Yinhui White	G3527	福建
	武夷红	Wuyi Red	G3528	武夷山
	武夷兰冰花	Wuyi Blue Ice Flower	G3529	武夷山
	山花	Mountain Flower	G3530	福建
	深灰	Dark Gray	G3531	福建
	晋江陈山白	Jinjiang Chenshan-White	G3532	晋江
	晋江内厝白	Jinjiang Neicuo White	G3533	晋江
	安溪红	Anxi Red	G3535	安溪县
	安海白	Anhai White	G3536	晋江市安海
	虎皮白	Tiger Skin White	G3537	福建
	大洋青	Dayang Cyan	G3538	南平
	南平青	Nanping Cyan	G3539	南平市
	东石白	Dongshi White	G3540	晋江东石镇
	红晶麻	Red Crystal	G3541	福建
	白晶麻	White Crystal	G3542	福建
	帝王灰麻	Imperial Gray Grain	G3546	福建
	漳浦红	Zhangpu Red	G3548	漳浦县深土
	虎皮锈	Tiger Skin Rust	G3549	福建
	绿花白	Green Flower White	M3550	福建
	古典灰	Classic Gray	M3551	惠安
	南平黑	Nanping Black	G3553	南平
	长乐、屏南芝麻黑	Changle/Pingnan Sesame Black	G3554	长乐
	同安白	Tongan White	G3555	同安县大同
	南山青	Nanshan Black	G3556	福清龙田
	兰宝春	Sapphire Spring	G3558	福清海亮
	南平闽江红	Nanping Minjiang-Red	G3559	南平

表 1（续）

省、自治区、直辖市	中文名称	英文名称	统一编号	产地
福建省	北星黑	Beixing Black	G3560	福建
	泉州麻灰石	Quanzhou Gray	G3561	福建
	连城花	Liancheng Flower	G3562	连城
	罗源樱花红	Luoyuan Yinghua-Red	G3563	罗源
	罗源紫罗兰	Luoyuan Violet	G3564	罗源
	罗源红	Luoyuan Red	G3565	罗源
	连城红	Liancheng Red	G3566	连城
	古田桃花红	Gutian Red Peach Blossom	G3567	古田
	宁德丁香紫	Purple Lilac of Ningde	G3568	宁德
	宁德金沙黄	Ningde Jinsha Yellow	G3569	宁德
	长太黑	Changtai Black	G3572	福建
	长乐红	Changle Red	G3575	长乐
	华安九龙壁	Huaan Dragon Painting	G3576	华安
	浦城百丈青	Pucheng Baizhang Cyan	G3577	浦城
	浦城牡丹红	Pucheng Peony Red	G3578	浦城
	贻红	Yi Red	G3579	福建
	枣花红	Date Red	G3580	福建
	霞红	Rosy cloud	G3581	南安石井
	石井锈石	Shijing Rusty Stone	G3582	南安石井
	光泽红	Guangze Red	G3583	光泽
	光泽高源红	Guangze Gaoyuan-Red	G3586	光泽
	光泽铁关红	Guangze Tieguang-Red	G3587	光泽
	漳浦马头花	Zhangpu Matou-Flower	G3588	漳浦
	光泽珍珠红	Guangze Pearl-Red	G3589	光泽
	白金钻	Platinum Diamond	G3590	惠安
	金钻红	Golden Diamond-Red	G3591	惠安
	金彩麻	Golden Colored Hemp	G3592	惠安
	宝金蓝	Treasured Blue	G3593	福建
	圣诞绿	Sante Green	G3594	福建
	南极星	South Pole Star	G3595	福建
	永定红	Yongding Red	G3596	永定
	翡翠绿	Emerald Green	G3597	南平
	蓝宝石	Sapphire	G3598	建宁
	邵武青	Shaowu Dark Green	G3599	邵武

表 1（续）

省、自治区、直辖市	中文名称	英文名称	统一编号	产地
江西省	贵溪仙人红	Guixi Xianren Red	G3601	贵溪
	荷花钻	Rovera	G3602	江西
	文山白玉	Wenshan White Jade	M3603	江西
	华中璧	Huazhong Jade	M3604	江西
	冰花绿	Ice Green	G3605	江西
	江西邮政绿	Jiangxi Post Green	G3606	江西
	北大青	Beida Green	G3607	江西
	银灰	Silver Gray	G3608	江西
	珍珠白	Pearl White	G3609	宜春
	白花岗	White Granite	G3610	江西
	灵山红	Lingshan Red	G3611	江西
	夕阳红	Sunset Glow	G3612	江西
山东省	济南青	Jinan Dark Green	G3701	济南
	章丘蓝宝星	Zhangqiu Blue Star	G3703	章丘
	莱芜黑	Laiwu Black	G3708	莱芜
	莱州雪花白	Laizhou Snowflake White	M3711	莱州
	山雪	Mountain Snow	M3712	山东
	绿白花	Green-White Flower	M3713	山东
	山东黑金花	Shandong Black Flower	M3715	济南
	黄金海岸	Gold Coast	M3716	平阳
	中花白	Middle White	M3718	牟平
	莱阳绿	Laiyang Green	M3720	莱阳
	牟平白	Muping White	G3725	牟平
	章丘黑	Zhangqiu Black	G3726	章丘
	山楂红	Hawthorn Red	G3730	淄博
	长清黑	Changqing Black	G3731	长清
	紫晶绿	Purple Crystal Green	G3735	山东
	天麻红	Tianma Red	G3736	山东
	新利红	Xinli Red	G3738	山东
	雪花红	Snow Flake Red	G3739	山东
	五莲豹皮花	Wulian Leopard Skin	G3742	五莲
	沂南青	Yinan Cyan	G3746	沂南
	邹平玉樱花	Zouping Cherry Blossom Jade	G3749	邹平
	紫檀砂岩	Rose Sandstone	Q3750	莒南

表 1（续）

省、自治区、直辖市	中文名称	英文名称	统一编号	产地
山东省	柳埠红	Liubu Red	G3751	济南柳埠
	平邑将军红	Pingyi General Red	G3752	平邑
	柏林米黄	Bolin Yellow Cream	G3753	平邑
	齐鲁红	Qilu Red	G3754	蒙阴
	平度白(晶白玉)	Pingdu White	G3755	平度
	莒南红	Junan Red	G3756	莒南
	三元花	Sanyuan Blossom	G3757	莱州
	鲁冰花	Robing Flower	G3758	平邑
	文登白	Wendeng White	G3760	文登
	五莲花	Wulian Flower	G3761	五莲
	海阳红	Haiyang Red	G3763	海阳
	泽山红	Zeshan Red	G3764	平度
	莱州芝麻白	Laizhou Sesame White	G3765	莱州
	烟台红	Yantai Red	G3766	海阳
	莱州樱花红	Laizhou Cherry Blossom Red	G3767	莱州
	五莲红	Wulian Red	G3768	五莲
	山东红麻	Shandong Pearl Red	G3769	乳山
	乳山青	Rushan Dark Green	G3770	乳山
	荣成靖海红	Rongcheng Jinghai Red	G3772	荣成
	荣成海龙红	Rongcheng Hailong Red	G3773	荣成
	荣成人和红	Rongcheng Renhe Red	G3775	荣成
	蒙山花	Mengshan Blossom	G3776	蒙阴
	蒙阴海浪花	Mengyin Ocean wave Blossom	G3777	蒙阴
	蒙阴粉红花	Mengyin Pink Blossom	G3778	蒙阴
	琥珀花	Amber	G3779	蒙阴
	威海红	Weihai Red	G3781	文登
	招远珍珠花	Zhaoyuan Pearl Blossom	G3783	招远
	荣成京润红	Rongcheng Jingrun Red	G3784	荣成
	荣成佳润红	Rongcheng Jiarun Red	G3785	荣成
	石岛红	Stone Island Red	G3786	荣成
	龙须红	Dragon Beard Red	G3787	荣成
	山东锈石	Shandong Rust Stone	G3788	莱州
	万山红	Wanshan Red	G3790	泰安
	平邑孔雀绿	Pingyi Peacock Green	G3791	平邑

表 1（续）

省、自治区、直辖市	中文名称	英文名称	统一编号	产地
山东省	红砂岩	Red Sandstone	Q3795	莒南
	绿砂岩	Green Sandstone	Q3796	莒南
	徂徕灰	Culai Grey	G3799	泰安
河南省	淇县森林绿	Qixian Forest Green	G4101	安阳
	辉县金河花	Huixian Jinhehua	G4102	辉县
	林州银晶板	Linzhou Argent Crystal Slate	S4103	林州
	林州白沙岩	Linzhou White Sandstone	Q4104	林州
	汉雪	Han Snow	M4105	河南
	古典米黄	Classic Cream	M4106	河南
	珍珠米黄	Pearl Cream	M4107	河南
	雅典红玉	Red Onyx	M4108	河南
	灰姑娘	Cinderella	M4109	河南
	云雾白	Fog White	M4110	河南
	珍珠米白	Pearl White	G4111	河南
	深灰麻	Dark Grey Grain	G4112	河南
	黑石灰石	Black Limestone	L4113	河南
	芙蓉红	Lotus Red	G4114	南阳
	晚霞红	Sunset Red	G4115	南阳
	松香黄	Resin Yellow	M4116	淅川
	中原米黄	Zhongyuan Cream	M4117	河南
	木纹红	Red Wood	M4118	河南
	鲁山绿	Lushan Green	M4120	河南
	菊花石	Chrysanthemum Stone	M4121	河南
	七彩玉	Seven Colour Gem	M4122	河南
	斑马红	Zebra Red	G4123	河南
	牡丹花	Peony Flower	G4124	河南
	太行红	Taihang Red	G4125	河南
	芝麻红	Sesame Red	G4126	河南
	豫红	Henan Red	G4127	河南
	流星红	Galaxy Red	G4128	河南
	凤尾红	Phoenix Tail Red	G4129	河南
	樱桃红	Cherry Red	G4130	河南
	绿麻	Green Grain	G4131	河南
	梅花绿	Plum Green	G4132	河南

表 1（续）

省、自治区、直辖市	中文名称	英文名称	统一编号	产地
河南省	菊花绿	Chrysanthemum Green	G4133	河南
	西施黑	Xishi Black	G4134	河南
	飞云红	Cloud Red	G4135	河南
	夜里雪	Night Snow	G4136	河南
湖北省	红宝石	Ruby	G4210	湖北
	满天星	Open Herding	G4211	湖北
	映心红	Yingxin Red	G4212	湖北
	麻城彩云花	Macheng Colored Cloud	G4226	麻城
	麻城鸽血红	Macheng Gexue Red	G4227	麻城
	麻城龙衣	Macheng Dragon Cloth	G4228	麻城
	麻城平靖红	Macheng Pingjing Red	G4229	麻城
	金壁	Golden Jade	M4231	湖北
	金龙米黄	Golden Dragon Cream	M4232	湖北
	湖北啡网	Hubei Marron	M4233	通山
	金襄玉	Gold Jade	M4234	通山
	湖北孔雀绿	Hubei Peacock Green	M4235	湖北
	湖北墨玉	Hubei Black Jade	M4236	秭归
	雅伦金	Elegant Gold	M4237	湖北
	绿宝	Green Gem	M4238	枣阳
	三峡红	Sanxia Red	G4251	宜昌
	三峡绿	Sanxia Green	G4252	宜昌
	宜昌黑白花	Yichang Black-White Blossom	G4253	宜昌
	三峡墨绿	Sanxia Dark Green	G4254	湖北
	宜昌芝麻绿	Yichang Sesame Green	G4255	宜昌
	西陵红	Xiling Red	G4256	西陵
	屈原红	Quyuan Red	G4258	湖北
	彩红	Multicolour Red	G4259	湖北
	雾渡蓝星	Blue Star Wudu	G4260	湖北
	浪淘沙	Multicolour Grain	G4261	湖北
	通山红筋红	Tongshan Red Stripe	M4280	通山
	通山中米黄	Tongshan Medium Cream	M4286	通山
	通山荷花绿	Tongshan Lotus Green	M4292	通山
	通山黑白根	Tongshan Black-White Stripe	M4296	通山
	通山九宫青	Tongshan Jiugong Cyan	G4298	通山

表 1（续）

省、自治区、直辖市	中文名称	英文名称	统一编号	产地
湖南省	桃江灰	Taojiang Grey	S4301	湖南
	凤凰黑	Phoenix Black	S4306	湖南
	乐河红	Lehe Red	G4311	湖南
	慈利虎皮黄	Cili Tiger Skin Yellow	M4372	慈利
	慈利荷花红	Cili Lotus Red	M4373	湖南
	慈利荷花绿	Cili Lotus Green	M4374	慈利
	隆回山水画	Longhui Landscape	M4375	隆回
	道县玛瑙红	Daoxian Agate Red	M4376	道县
	耒阳白	Leiyang White	M4377	湖南
	芙蓉白	Lotus White	M4378	湖南
	邵阳黑	Shaoyang Black	M4379	湖南
	湘白玉	Xiang White Jade	M4380	湖南
	双峰黑	Shuangfeng Black	M4381	湖南
	衡阳黑白花	Hengyang Black-White Flower	G4385	衡阳
	怀化黑白花	Huihua Black-White Flower	G4386	湖南
	隆回大白花	Longhui White Flower	G4387	湖南
	新邵黑白花	Xinshao Black-White Flower	G4389	湖南
	郴县金钱花	Chenxian Jinqian Flower	G4391	湖南
	华容出水芙蓉	Huarong Lotus	G4392	湖南
	华容黑白花	Huarong Black-White Blossom	G4393	华容
	汨罗芝麻花	Miluo Sesame Blossom	G4394	汨罗
	望城芝麻花	Wangcheng Sesame Blossom	G4395	望城
	长沙黑白花	Changsha Black-White Flower	G4396	湖南
	桃江黑白花	Taojiang Black-White Blossom	G4397	桃江
	平江黑白花	Pingjiang Black-White Blossom	G4398	平江
	宜章莽山红	Yizhang Mangshan Red	G4399	湖南
广东省	广东啡网	Emperador Dark(T)	M4401	云浮
	冰花玉	Ice Flower Jade	M4402	清远
	古堡灰	Castle Gray	M4403	广东
	芭拉白	Bala White	M4404	汕头
	水晶白	Crystal White	M4405	广东
	冰花白	Ice Flower White	M4406	广东
	米黄玉	Cream Jade	M4407	广东
	绿宝玉	Green Jade	M4408	广东

表 1（续）

省、自治区、直辖市	中文名称	英文名称	统一编号	产地
广东省	云灰	Cloudy Grey	M4409	云浮
	信宜星云黑	Xinyi Star Cloud Black	G4416	信宜
	信宜童子黑	Xinyi Pure Black	G4417	信宜
	信宜海浪花	Xinyi Ocean Wave	G4418	信宜
	信宜细麻花	Xinyi Ximahua	G4419	信宜
	广宁墨蓝星	Guangning Dark Blue Star	G4420	广宁
	广宁红彩麻	Guangning Colored Red Hemp	G4421	广宁
	广宁东方白麻	Guangning Eastern White Hemp	G4422	广宁
	广宁红	Guangning Red	G4423	广宁
	翠玉晶麻	Emerald Crystal Hemp	G4436	清远
	普宁大白花	Puning White Coarse Grain	G4439	普宁
	巴兰花	Balan Flower	G4440	汕头
	巴利红	Bali Red	G4441	广东
	紫金麻	Purple Gold Grain	G4442	广东
	阳江白麻	Yangjiang White Grain	G4443	阳江
	金山白	Jinshan White	G4444	广东
	廉江中花	Lianjiang Medium Grain	G4445	廉江
	廉江花	Lianjiang Grain	G4446	廉江
	白珠麻	White Pearl Grain	G4447	汕头
	台山黄	Taishan Yellow	G4448	台山
	清远红	Qingyuan Red	G4449	清远
	新会红	Xinhui Red	G4450	新会
	揭阳红	Jieyang Red	G4451	揭阳
	阳江红	Yangjiang Red	G4452	阳江
	粉红晶	Pink Crystal	G4453	广东
	西丽红	Xili Red	G4454	深圳
	七星红	Rainbow Red	G4455	封开
	粉晶白麻	Powder-White Grain	G4456	汕头
	苏丹红	Sudan Red	G4456	汕头
	惠东红	Pink Diamond	G4457	惠东
	雪沙红	Xuesha Red	G4458	广东
	岭南红	Lingnan Red	G4459	广东
	金穗灰麻	Jinsui Grey Grain	G4460	佛冈
	黑金麻	Coal Grain	G4461	广东

表 1（续）

省、自治区、直辖市	中文名称	英文名称	统一编号	产地
广西壮族自治区	贺州白玉	Hezhou White Jade	M4501	贺州
	绿波金龙	Green Wave-Golden Dragon	M4502	广西
	紫霞红	Rosy Cloud	M4503	贺州
	新啡网	New Marron	M4504	广西
	灰冰花	Gray Ice	M4505	广西
	贺州白	Hezhou White	M4506	贺州
	杜鹃花	Cuckoo Flower	M4507	广西
	金钱花	Jinqian Flower	M4508	广西
	贺州夜飘雪	Hezhou Yepiaoxue	M4510	贺州
	岑溪红	Cenxi Red	G4562	岑溪
	三堡红	Sanbao Red	G4563	平乐
	桂林红	Guilin Red	G4572	平乐
	桂林浅红	Pale Red of Guilin	G4573	平乐
	浪花白	Spray White	G4575	广西
	湄海绿	Meihai Green	G4576	广西
	辉绿岩	Huilvyan	G4577	广西
	钟山绿	Zhongshan Green	G4580	贺州钟山
海南省	络冰花	Robing Flower	G4601	海南
	海南黑	Hainan Black	G4602	海南
四川省	宝兴白	Baoxing White	M5101	宝兴县
	石棉白	Shimian White	M5102	石棉县
	宝兴青花灰	Baoxing Cyan-Gray	M5103	宝兴县
	宝兴青花白	Baoxing Cyan-White	M5104	宝兴县
	宝兴波浪花	Baoxing Wave Flower	M5105	宝兴县
	宝兴银杉红	Baoxing Silver Fir Red	M5106	宝兴县
	宝兴红	Baoxing Red	M5107	宝兴县
	蜀金白	Shujin White	M5108	小金县
	丹巴白	Danba White	M5109	丹巴县
	丹巴水晶白	Danba Crystal White	M5110	丹巴县
	丹巴青花	Danba Cyan Flower	M5111	丹巴县
	宝兴大花绿	Baoxing Green	M5112	宝兴县
	彭州大花绿	Pengzhou Green	M5113	彭州
	峻东浅米黄	Jundong Light Cream	M5114	四川
	东方白	East White	M5115	四川

表 1（续）

省、自治区、直辖市	中文名称	英文名称	统一编号	产地
四川省	香格里拉	Shangrila	M5116	四川
	莲花白	Lotus White	M5117	四川
	中喜白玉	Zhongxi White Marble	M5118	甘孜
	绿花玉	Green Jade	M5119	四川
	南江山水绿	Nanjiang Landscape Green	M5120	四川
	琼纹青	Skyline Green	M5121	四川
	王子米黄	Prince Cream	M5122	北川
	羌王米黄	Qiangwang Cream	M5123	北川
	芦山樱桃红	Lushan Cherry Blossom Red	G5125	四川
	芦山珍珠红	Lushan Pearl Red	G5126	四川
	宝兴翡翠绿	Baoxing Emerald Green	G5127	四川
	天全邮政绿	Tianquan Post Green	G5128	四川
	二郎山孔雀绿	Erlangshan Peacock Green	G5129	四川
	二郎山菊花绿	Erlangshan Chrysanthemum Green	G5130	四川
	山峡绿	Nek Green	G5131	四川
	宝兴绿	Baoxing Green	G5132	四川
	宝兴墨晶	Baoxing Dark Crystals	G5133	四川
	宝兴黑冰花	Baoxing Black Ice Flower	G5134	四川
	芦山墨冰花	Lushan Dark Ice Flower	G5135	四川
	宝兴菜花黄	Baoxing Cauliflower Yellow	G5136	四川
	石棉彩石花	Shimian Colored Stone Blossom	G5137	四川
	喜德枣红	Xide Date Red	G5138	喜德
	喜德玫瑰红	Xide Rose Red of	G5139	喜德
	冕宁红	Mianning Red	G5140	冕宁
	喜德紫罗兰	Xide Violet	G5141	喜德
	攀西兰	Panxi Blue	G5142	西昌
	航天青	Spaceflight Blueness	G5143	冕宁县
	牦山黑	Maoshan Black	G5144	冕宁县
	冕宁黑冰花	Mianning Black Ice Flower	G5145	冕宁县
	夹金花	Jiajin Flower	G5146	阿坝州小金县
	甘孜樱花白	Ganzi Cherry Blossom White	G5147	康定县
	甘孜芝麻黑	Ganzi Sesame Black	G5148	康定县
	丹巴芝麻花	Danba Sesame Blossom	G5149	丹巴县
	旺苍隆丰红	Wangcang Longfeng Red	G5150	旺苍县

表 1（续）

省、自治区、直辖市	中文名称	英文名称	统一编号	产地
四川省	南江玛瑙红	Nanjiang Agate Red	G5151	南江县
	天府红	Heaven Red	G5152	洪雅县
	泸定红	Luding Red	G5153	泸定县
	泸定长征红	Luding Long March Red	G5154	泸定县
	加郡红	Jiajun Red	G5155	泸定县
	泸定五彩石	Luding Colored Stone	G5156	泸定县
	米易绿	Miyi Green	G5157	米易县
	米易豹皮花	Miyi Leopard Veins	G5158	米易县
	雪花篮麻	Snowflake Blue Hemp	G5159	四川
	新翠绿	New Green	G5160	四川
	芦山红	Lushan Red	G5161	芦山
	芦山忠华红	Lushan Zhonghua Red	G5162	芦山
	三合红	Sanhe Red	G5163	荥经
	石棉红	Shimian Red	G5164	四川
	山水蓝	Landscape Blue	G5165	四川
	天全玫瑰红	Tianquan Red Rose	G5166	天全
	汉源巨星红	Hanyuan Giant Star Red	G5167	汉源
	芦山樱花红	Lushan Cherry Blossom Red	G5168	芦山
	二郎山红	Erlangshan Red	G5169	四川
	新庙红	Xinmiao Red	G5170	四川
	荥经红	Yingjing Red	G5171	四川
	川红	Plain Red	G5172	四川
	四川红	Sichuan Red	G5173	四川
	二郎山冰花红	Erlangshan Ice Flower Red	G5174	四川
	二郎山雪花红	Erlangshan Snowflake Red	G5175	四川
	二郎山川絮红	Erlangshan Chuanxu Red	G5176	四川
	二郎山杜鹃红	Erlangshan Azalea Red	G5177	四川
	雅州红	Yazhou Red	G5178	四川
	黎州红	Lizhou Red	G5179	四川
	黎州冰花红	Lizhou Ice Flower Red	G5180	四川
	汉源三星红	Hanyuan Three star Red	G5181	四川
	石棉樱花红	Shimian Cherry Blossom Red	G5182	四川
	宝兴红	Baoxing Red	G5183	四川
	宝兴珍珠花	Baoxing Pearl Blossom	G5184	四川

表 1（续）

省、自治区、直辖市	中文名称	英文名称	统一编号	产地
四川省	四季红	Season Red	G5185	四川
	红宝珠	Red Pearl	G5186	四川
	青城绿	Qingcheng Green	G5187	四川
	冰岛兰宝	Iceland Sapphire	G5188	四川
	白砂岩	White Sandstone	Q5189	四川
	黄砂岩	Golden Sandstone	Q5190	隆昌
	黄木纹砂岩	Yellow Wood Sandstone	Q5191	四川
	米黄砂岩	Beige Sandstone	Q5192	四川
	红砂岩	Red Sandstone	Q5193	四川
	红木纹砂岩	Red Wood Sandstone	Q5194	四川
	紫木纹砂岩	Purple Wood Sandstone	Q5195	四川
	浅灰砂岩	Light Gray Sandstone	Q5196	四川
	黑砂岩	Black Sandstone	Q5197	四川
	四川砂岩	Sichuan Gritstone	Q5198	隆昌
	青板	Cyan Slate	S5199	四川
贵州省	贵阳纹酯奶油	Guiyang Wenzhi Cream	M5201	贵州
	贵阳水桃红	Guiyang Peach Red	M5202	贵州
	安顺青板石	Anshun Cyan Slate	S5211	贵州
	纳雍黑板石	Nayong Black Slate	S5212	贵州
	遵义马蹄花	Zunyi Mati Flower	M5221	贵州
	贵州木纹米黄	Guizhou Wooden Beige	M5231	安顺
	贵州平花米黄	Guizhou Flat Beige	M5232	镇宁
	贵州金丝米黄	Guizhou Golden Thread Beige	M5233	镇宁
	紫云杨柳青	Ziyun Willow Green	M5234	紫云县
	绚丽米黄	Fine Cream	M5235	贵州
	贵州金线米黄	Guizhou Golden Line Cream	M5236	贵州
	贵州白沙米黄	Guizhou White Sand Cream	M5237	贵州
	贵州金花米黄	Guizhou Golden Cream	M5238	贵州
	顺花米黄	Shunhua Cream	M5239	贵州
	贵定红	Guiding Red	M5241	贵州
	贞丰木纹石	Zhenfeng Wooden Stone	M5251	贵州
	贞丰米黄	Zhenfeng Cream	M5252	贵州
	毕节晶墨玉	Bijie Black Jade	M5261	织金、纳雍
	毕节残雪	Bijie Snow	M5262	贵州

表 1（续）

省、自治区、直辖市	中文名称	英文名称	统一编号	产地
贵州省	罗甸绿	Luodian Green	G5271	罗甸
云南省	木纹砂岩	Wooden Sandstone	Q5301	云南
	河口雪花白	Hekou Snow White	M5306	河口
	贡山白玉	Gongshan White Jade	M5322	贡山
	河口白玉	Hekou White Jade	M5323	河口
	元阳白晶玉	Yuanyang White Crystal Jade	M5324	元阳
	云南白海棠	Yunan White Begonia	M5325	云南
	云南米黄	Yunan Beige	M5326	云南
	冰花米黄	Ice Cream	M5328	云南
	波斯灰	Bosi Gray	M5330	云南
	红河绿	Honghe Green	M5331	云南
	云南啡网纹	Yunnan Feiwangwen	M5332	云南
	红河米黄	Honghe Beige	M5333	云南
	云南红线米黄	Yunnan Red line Beige	M5334	云南
	云南冰花白	Yunnan Ice Flower White	M5335	云南
	木纹黄	Wood Yellow	M5351	云南
	木鱼石（黄）	Yellow Muyushi	M5352	云南
	木鱼石（红）	Red Muyushi	M5353	云南
	东泰米黄	Dongtai Cream	M5354	云南
	黄土石	Loess	M5355	云南
	皇家金檀	Royal Sandal Wood	M5356	云南
	石林白	Shilin White	M5357	云南
	通华米黄	Tonghua Cream	M5358	云南
	绿斑豹	Green Speckle Leopard	G5360	云南
	红丽玉	Red Jade	G5361	云南
陕西省	汉中雪花白	Hanzhong Snowflake White	M6101	汉中
	陕西大花绿	Shanxi Green	M6102	陕西
	新雅士白	Xinyashi White	M6103	陕西
	易彩黑	Fantastic Black	G6104	宁陕县江口
	珍珠米	Pearl Rice	G6105	陕西
甘肃省	陇南芝麻白	Longnan Sesame White	G6201	成县
	陇南青水红	Longnan Qingshui Red	G6202	清水县
	西北白麻	North-West White Grain	G6203	甘肃
	晶玉白麻	Jingyu White Grain	G6204	甘肃

表 1（续）

省、自治区、直辖市	中文名称	英文名称	统一编号	产地
甘肃省	西域小白麻	Westen White Grain	G6205	甘肃
	柳园红	Liuyuan Red	G6206	甘肃
	西域红	Westen Red	G6207	甘肃
	晶华星云	Jinghua Nebula	G6208	甘肃
	蓝天石	Blue Sky	G6209	甘肃
	天山翠	Tianshan emerald green	G6210	甘肃
新疆维吾尔自治区	天山兰	Tianshan Blue	G6501	哈密
	哈密星星兰	Hami Star Blue	G6502	哈密
	哈密芝麻翠	Hami Sesame Green	G6503	哈密
	天山黑冰花	Tianshan Black Icy Blossom	G6504	哈密
	天山绿	Tianshan Green	G6507	哈密
	双井红	Shuangjing Red	G6508	哈密
	双井花	Shuangjing Blossom	G6513	哈密
	天山红	Tianshan Red	G6520	托里县
	新疆红	Xinjiang Red	G6521	托里县
	托里菊花黄	Tuoli Chrysanthemum Yellow	G6522	托里县
	托里雪花青	Tuoli Snowflake Blue	G6523	托里县
	托里红	Tuoli Red	G6524	托里县
	和硕红	Heshuo Red	G6530	和硕县
	天山红梅	Tianshan Red Plum	G6531	和硕县
	鄯善红	Shanshan Red	G6540	鄯善县
	丁香黄	Yellow Clover	G6550	新疆
	新疆白麻	Xinjiang White Grain	G6551	新疆
	雪莲花	Adonis Flower	G6552	新疆
	荷兰菊	Helan Chrysanthemum	G6553	新疆
	金丝黄	Golden Silk	G6554	新疆
	莎仕金麻	Golden Grain Shashi	G6555	新疆
	罗兰红	Luolan Red	G6556	新疆
	元帅红	Marshal Red	G6557	新疆
	哈密红	Hami Red	G6558	新疆
	阿纳尔红	Anaer Red	G6559	新疆
	天山兰宝	Tianshan Sapphire	G6560	新疆
	紫星云	Purple Galaxy	G6561	新疆
	咖啡钻	Coffee Diamond	G6562	新疆

表 1（续）

省、自治区、直辖市	中文名称	英文名称	统一编号	产地
新疆维吾尔自治区	银灰麻	Grey Grain	G6563	新疆
	天山雪莲	Tianshan Lotus	M6570	哈密
	天山玫瑰	Tianshan Rose	M6571	哈密
	天山大花白	Tianshan White	M6572	哈密
台湾省	台湾大花绿	Taiwan Garish Green	M7101	台湾
	和平白	Peace White	G7102	台湾

5.2 进口石材品种名称参考附录 B。

附 录 A
（资料性附录）
省、自治区、直辖市行政区划代码对照表

省、自治区、直辖市行政区划代码对照见表A.1。

表 A.1

序号	省市	代码
1	北京市	11
2	天津市	12
3	河北省	13
4	山西省	14
5	内蒙古自治区	15
6	辽宁省	21
7	吉林省	22
8	黑龙江省	23
9	上海市	31
11	江苏省	32
12	浙江省	33
13	安徽省	34
14	福建省	35
15	江西省	36
16	山东省	37
17	河南省	41
18	湖北省	42
19	湖南省	43
20	广东省	44
21	广西壮族自治区	45
22	海南省	46
23	重庆市	50
24	四川省	51
25	贵州省	52
26	云南省	53
27	西藏自治区	54
28	陕西省	61
29	甘肃省	62
30	青海省	63
31	宁夏回族自治区	64
32	新疆维吾尔自治区	65
33	台湾省	71
34	香港特别行政区	81
35	澳门特别行政区	82

附　录　B
（资料性附录）
进口石材品种名称中英文对照表

进口石材品种名称中英文对照见表 B.1。

表 B.1

国家名称	中文名称	英文名称	石材种类
美国	美国白麻	CAMELIA WHITE	G
	美国灰麻	BETHEL WHITE	G
	芝麻灰	BARRY GREY	G
	沙利士红	SALISBURY PINK	G
	太阳白麻	SOLAR WHITE	G
	红紫晶	DAKOTA MAHOGANY	G
	凯撒白	CAESA WHITE	G
巴西	金彩麻	GIALLO VENEZIANO	G
	金钻麻	GIALLO FIOPITO	G
	金鸡麻	CARIOCA GOLD	G
	紫点金麻(深色)	GIALLO CECILIA DARK	G
	紫点金麻(浅色)	GIALLO CECILIA LIGHT	G
	皇室啡	CAFE IMPERIAL	G
	维纳斯白麻	CEARA WHITE	G
	紫点黄麻	GIALLO JASMINE	G
	博多金麻	JUPARANA BORDEAUX	G
	比萨金麻	GOLDEN PERSA	G
	世贸金麻(深色)	GIALLO SF REAL(DARK)	G
	世贸金麻(浅色)	GIALLO SF REAL(LIGHT)	G
	墨绿麻	VERDE BAHIA	G
	香槟金麻	SAMOA	G
	啡珍珠	IMPERIAL BROWN	G
	加州金麻(红底)	GIALLO CALIFORNIA	G
	加州金麻(黑底)	GIALLO CALAFURIA	G
	皇室金麻	GOLDEN KING	G
	积架红	JACARANDA	G
	维纳金麻	GIALLO IMPERIAL	G
	新金山麻	ORO VENEZIANO	G
	金山麻	GIALLO SAN FRANCISCO REAL MS	G

表 B.1（续）

国家名称	中文名称	英文名称	石材种类
巴西	玫瑰白麻	WHITE ROSE	G
	黄蝴蝶	BUTTERFLY YELLOW	G
	多瑙蓝	AZUL BAHIA	G
	奥文度金	GIALLO ORNAMENTAL	G
	威尼斯金麻	NEW VENETIAN GOLD	G
	巴西紫水晶	MARRON BAHIA	G
	紫水晶	LILLAS GERAIS	G
	蝴蝶青	VERDE BUTTERFLY	G
	海洋绿	VERDE MF	G
	金芝麻	GIALLO ANTICO	G
	女皇白	REGINA WHITE	G
	啡水晶	NEW CALEDONIA	G
	幻彩绿	VERDE SANFRANCISCO	G
	银啡钻	ZETA BROWN	G
	博多金麻	JUPARANA BORDEAUX	G
	珊瑚麻	QUARCITA ROSSO	G
	红豆沙白麻	BIANCO CARDINALE	G
	细啡珠	CAFE BAHIA	G
	石英兰	AZUL MACAUBAS	G
	高蛟红	MARRON GUAIBA	G
	巴西红	ROYAL RED	G
加拿大	金松绿	PINE GREEN	G
	宝利康	POLYCHROME	G
克罗地亚	克罗地亚米黄	CROATIA BEIGE	M
埃及	金线米黄	SUNNY YELLOW	M
	埃及米黄	GALALA BEIGE	M
	金碧辉煌	GIALLO ATLANTIDE	M
	劳斯米黄	LOTUS BEIGE	M
菲律宾	橙皮红	TEA ROSE	M
	金摩卡	GOLD MOCA	L
芬兰	啡钻	BALTIC BROWN	G
	绿钻麻	BALTIC GREEN	G
	路佑红	BALMORAL RED	G
	老鹰红	EAGLE RED	G
	红钻(卡门红)	CARMEN RED	G

表 B.1(续)

国家名称	中文名称	英文名称	石材种类
法国	枫丹白露	FONTANE BLEAU	M
	法国红	ROSSO FRANCIA	M
	黑罗兰	SAINT LAURENT	M
希腊	金蜘蛛	GOLD SPIDER	M
	爵士白	VOLAKAS	M
	雅士白	ARISTON	M
	银河白	VENUS GALAXY	M
	白水晶	THASSOS WHITE	M
印度	印度红	IMPERIAL RED	G
	黑金沙	BLACK GALAXY	G
	英国棕	TAN BROWN	G
	印度绿	INDIA GREEN	G
	宝石兰	SAPHIRE BLUE	G
	幻彩红	MULTICOLOR RED	G
	金丝麻	RAW SILK	G
	克什米尔金	KASHMIR GOLD	G
	皇家白麻	IMPERIAL WHITE	G
	沙漠金	DESERT GOLD	G
	印度兰	LAVENDER BLUE	G
	纯黑麻	ABSOLUTE BLACK	G
	翡翠绿	HASSEN GREEN	G
	虎皮纹	TIGER SKIN	G
	哥仑布红	JUPARANA COLUMBO	G
	雪中红	GALAXY WHITE	G
	紫彩麻	PARADISO DARK	G
	黑珍珠	EMERALD PEARL	G
	雨林啡	RAINFOREST BROWN	M
	黑水晶	BLACK CRYSTAL	G
	彩虹砂石	RAINBOW SANDSTONE	Q
印尼	都市米黄	CREMA IVORY	M
	嘉曼米黄	MALAKA	M
	新雅米黄	CITATAH BEIGE	M
伊朗	欧典米黄	SHAYAN BEIGE	M
	黄金米黄	GLO CREAM	M
	莎安娜米黄	ROYAL BOTTICINO	M

表 B.1（续）

国家名称	中文名称	英文名称	石材种类
伊朗	米白洞石	LIGHT BEIGE TRAVERTINE	L
	啡洞石	BROWN TRAVERTINE	L
	白宫米黄	HARSIN BEIGE	M
	红洞石	RED TRAVERTINE	L
	香草米黄	VENILLA CREAM	M
	克罗地亚米黄	CREAM FLOWER	M
	橙玉	HONEY GOLD ONYX	M
	白玉	WHITE ONYX	M
	超白洞石	SUPER WHITE TRAVERTINE	L
	安娜米黄	ARYAN MARFIL	M
	金龙米黄	DRAGON BEIGE	M
	龙舌兰	SHELL BEIGE	M
	黄洞石	BEIGE TRAVERTINE	L
以色列	皇家金	GIALLO ROYAL TAFU	M
	富达玛金	GIALLO FATIMA	M
意大利	万寿红	ROSSO VERONA	L
	香槟红	PERLINO ROSATO	M
	银线米黄	PERLINO BIANCO	M
	新米黄	PERLATO SICILIA	M
	细花白	WHITE CARRARA	M
	中花白	STATAURIETTO	M
	雪花白	STATUARIO VENATO	M
	银芝麻	BEOLA GRIGIA	M
	豆腐花米黄	BOTTICINO FIORITO	M
	七彩米黄	BRECCIA AURORA CLASSICA	M
	大花绿	VERDE ALPI	M
	网纹大花白	ARABESCATO CORCHIA	M
	山水纹大花白	ARABESCATO FANIELLO	M
	黑金花	PORTORO	M
	旧米黄	BOTTICINO CLASSICO	M
	木纹石	SERPEGGIANTE	L
	木纹沙石	PIETRA DORATA	L
	爵士黄	GIALLO REALE	M
	凯悦红	BRECCIA ONICIATA	M
	鱼肚白	CALACATTA	M

表 B.1（续）

国家名称	中文名称	英文名称	石材种类
意大利	米兰玫瑰	ITALIAN ROSE	M
	象牙洞石	TRAVERTINE NAVONA	M
	红线米黄	FILETTO ROSSO	M
	金花米黄	PERLATO SVEVO	M
	柏斯高灰	FIOR DI PESCO	M
	西耶那金(圣安娜黄)	GIALLO SIENA	M
挪威	蓝珍珠(蓝花岗)	BLUE PEARL	G
	银星	SILVER PEARL	G
	绿星石	EMERALD PEARL	G
	宝金蓝	BLUE ANTIQUE	G
	挪威红	ROSA NORVEGIA	G
西班牙	白珠白麻	GRIGIO PEARL	G
	粉红麻	ROSA PORRINO	G
	梦幻兰	BLUE DREAM	G
	伯利黄	SPAINISH GOLD	M
	西班牙米黄(COTO)	CREMA MARFIL(COTO)	M
	西班牙米黄(ZARFA)	CREMA MARFIL(ZARFA)	M
	珊瑚红	ROSSO ALICANTE	M
	深啡网	EMPERADOR DARK	M
	西施红	ROSA LEVANTE	M
	黑白根	NEGRO MARQUINA	M
	奶油砂石	NIWALA YELLOW	L
	罗莎红	ROSSO VALENCIA	M
	柠檬黄	CREMA VALENCIA	M
	浅啡网纹	EMPERADOR LIGHT	M
	透光石	ALABASTER	M
	金黄天龙(金丝雀)	AMARILLO TRIANA	M
	西班牙白砂石	CALIZA CAPRI	L
阿曼	圣诞米黄	CHRISTMAS BEIGE	M
巴基斯坦	金年华	INDUS GOLD	M
	金网花	BLACK & GOLD	M
	绿玉	GREEN ONYX	M
瑞典	紫晶麻	ROYAL MAHOGANY	G
葡萄牙	玫瑰红	ROSA PORTOGALLO	M
	白沙米黄	MOCA CREME	L

表 B.1(续)

国家名称	中文名称	英文名称	石材种类
葡萄牙	树挂冰花	SAINT LOUIS	G
沙特	黄金钻	TROPICAL BROWN	G
	琥珀红	NAJRAN RED	G
	宝金石	GOLDEN LEAF	G
南非	巴拿马黑	NERO IMPALA	G
	南非红	AFRICAN RED	G
	黑罗兰	PORT LAURENT	G
	香格里拉黑	BROWN ANTIQUE	G
土耳其	紫罗红	ROSSO LEPANTO	M
	世纪米黄	BURSA BEIGE	M
	丁香米黄	SAHARA BEIGE	M
	阿曼米黄	AMASYA BEIGE	M
	帝皇金	GOLDEN IMPERIAL	M
	宝金米黄	CAPPUCINO	M
	玻丁米黄	BURDUR BEIGE	M
	金世纪米黄	GOLDEN BEIGE	M
	新丁香米黄	BEDEN BEIGE	M
	特雅米黄	ATLAS BEIGE	M
	银河米黄	ORION CREAM	M
	爵士米黄	REGAL BEIGE	M
	维纳斯米黄	MOON CREAM	M
	雅典米黄	KOMBASSON BEIGE	M
	罗马米黄(Y)	MIRACLE BEIGE	M
	罗马米黄(I)	INEGOL BEIGE	M
	粉蝶米黄	NEW MARFIL	M
	雅士米黄	BELLA BEIGE	M
	象牙米黄(I)	IVORY CREAM	M
	象牙米黄(T)	TROYA BEIGE	M
	幸福米黄	FILICITA CREAM	M
	达丽米黄	CREMA NOVITA	M
	特丽米黄	CREMA PERFETTA	M
	雅丽米黄	CREMA NOUVA ŚELECT	M
	贝丽米黄	CREMA UNICO	M
	皇室米黄	ROYAL BEIGE	M
	罗马灰(L)	BIANCO LEOPARTO	M

表 B.1（续）

国家名称	中文名称	英文名称	石材种类
土耳其	罗马灰(V)	VERDE ROSA	M
	罗马灰(S)	ROSA SILVER	M
	罗马灰(P)	ROSA PEARL	M
	浅啡网纹	LIGHT EMPERADOR	M
	安娜红	DIANA ROSE	M
	晶典米黄	SANDY BEIGE	M
	彩玉	PICASSU ONYX	M
	金黄洞石	YELLOW TRAVERTINE	L
	茶花红	ROSA TEA	M
	土耳其白砂石	LYMRA LIMESTONE	L
	如意米黄(中东米黄)	ANTICA	M
	黄窿石(黄洞石)	BEIGE TRAVERTINE	L
	美姬塔	MILITTA BEIGE	M
	莱尔塔	MB BEIGE	M
	哈密黄	LEMON YELLOW	M
	土耳其玫瑰	ROSALIA	M
	贵族米黄	TIGER BEIGE	M
津巴布韦	津巴布韦黑	NERO ZIMBABWE	G
安哥拉	安哥拉黑	ANGOLA BLACK	G

ICS 27.120.20
F 77

中华人民共和国国家标准

GB/T 17680.1—2008
代替 GB/T 17680.1—1999

核电厂应急计划与准备准则 第1部分：应急计划区的划分

Criteria for emergency planning and preparedness for nuclear power plants—Part 1：The dividing of emergency planning zone

2008-07-02 发布 2009-04-01 实施

中华人民共和国国家质量监督检验检疫总局
中国国家标准化管理委员会 发布

前　言

GB/T 17680《核电厂应急计划与准备准则》分为12个部分：

——第1部分：应急计划区的划分；

——第2部分：场外应急响应职能与组织机构；

——第3部分：场外应急设施功能与特性；

——第4部分：场外应急计划与执行程序；

——第5部分：场外应急响应能力的保持；

——第6部分：场内急响应职能与组织机构；

——第7部分：场内应急设施功能与特性；

——第8部分：场内应急计划与执行程序；

——第9部分：场内应急响应能力的保持；

——第10部分：核电厂营运单位应急野外辐射监测、取样与分析准则；

——第11部分：应急响应时的场外放射评价准则；

——第12部分：核应急练习与演习的计划、准备、实施与评估。

本部分是GB/T 17680的第1部分。

本部分采用了国际通用的确定核电厂应急计划区的一般安全准则，并参考了美国、加拿大、法国和英国等国核电厂应急计划区的划分准则。

本部分代替GB/T 17680.1—1999《核电厂应急计划与准备准则　应急计划区的划分》。此次修订主要是一些编辑性修改。

本部分与GB/T 17680.1—1999相比，主要差别是：

——前言的内容更为完备，明确了本部分所提供的是划分核电厂应急计划区的技术依据；

——引用文件修订为我国正式发布实施的国家标准GB 18871；

——删除了第4章原4.4有关确定应急计划区的范围时可以只考虑放射性物质向大气的释放而可以不考虑放射性物质向水体的释放的规定；

——在6.1.1中，增加了确定烟羽应急计划区的范围时考虑机组反应堆热功率大小的规定。

本部分由中国核工业集团公司提出。

本部分由全国核能标准化技术委员会归口。

本部分起草单位：核工业标准化研究所、广东核电合营有限公司、中国核工业集团公司安质部。

本部分的主要起草人：禚凤官。

本部分所代替标准的历次版本发布情况为：

——GB/T 17680.1—1999。

核电厂应急计划与准备准则
第1部分:应急计划区的划分

1 范围

GB/T 17680的本部分规定了核电厂应急计划区的通用划分准则,推荐了压水堆核电厂应急计划区的范围。

本部分适用于压水堆核电厂应急计划区的划分;其他堆型核电厂应急计划区的划分可参照执行。

2 规范性引用文件

下列文件中的条款通过GB/T 17680本部分的引用而成为本部分的条款。凡是注日期的引用文件,其随后所有的修改单(不包括勘误的内容)或修订版均不适用于本部分,然而,鼓励根据本部分达成协议的各方研究是否可使用这些文件的最新版本。凡是不注日期的引用文件,其最新版本适用于本部分。

GB 18871 电离辐射防护与辐射源安全基本标准

3 术语和定义

下列术语和定义适用于GB/T 17680的本部分。

3.1

应急计划区 emergency planning zone

为在核电厂发生事故时能及时有效地采取保护公众的防护行动,事先在核电厂周围建立的、制定了应急计划并做好应急准备的区域。

3.2

烟羽应急计划区 plume emergency planning zone

针对烟羽照射途径(烟羽浸没外照射、吸入内照射和地面沉积外照射)而建立的应急计划区。这种应急计划区又可以分为内、外两区,在内区做好能在紧急情况下立即采取隐蔽、服用稳定碘和紧急撤离等紧急防护行动。

3.3

食入应急计划区 ingestion emergency planning zone

针对食入照射途径(食入被污染食品和水的内照射)而建立的应急计划区。但食品和饮水控制通常不属于“紧急”防护对策,一般情况下允许根据事故释放后所进行的监测与取样分析来确定实施此类应急响应的范围,在应急计划阶段考虑食入应急计划区的范围和安排有关应急措施时应充分考虑这些因素。

3.4

设计基准事故 design basis accident

核电厂按确定的设计准则在设计中采取了针对性措施的那些事故工况。在这类事故工况下,放射性物质的释放可由适当设计的电厂设施限制在可接受限值以内。

3.5

严重事故 severe accident

严重性超过设计基准事故的核电厂状态,包括造成堆芯严重损坏的状态。在这类事故状态下,放射性物质的释放可能失去应有的控制，导致超过可接受限值的严重辐射后果。这类事故有时也称为“超设计基准事故”。

4 应考虑的事故

4.1 确定核电厂应急计划区时，既应考虑设计基准事故，也应考虑严重事故，以使在所确定的应急计划区内所做的应急准备能应对严重程度不同的事故后果。

4.2 对于发生概率极小的事故，在确定核电厂应急计划区时可以不予考虑，以免使所确定的应急计划区的范围过大而带来不合理的经济负担。

4.3 应利用国家有关审管部门认可的分析方法与程序来确定所考虑事故的源项与后果。在暂时没有合适的分析方法与程序可供利用的情况下，可参照利用同类核电厂同类事故的源项数据，但应经过论证。

4.4 确定核电厂应急计划区时所考虑的事故及其源项应经国家有关审管部门认可。

5 确定应急计划区范围的一般方法与安全准则

5.1 一般方法

确定核电厂应急计划区的范围时，应遵循下述一般方法：

a) 按照第4章的有关规定，确定应考虑的事故的类型及源项。

b) 计算事故通过烟羽照射途径使公众可能受到的预期剂量和采取特定防护行动后的可防止的剂量，并估计可能被污染的食品和饮用水的污染水平；计算中所用的环境转移模式和参数应是审管部门推荐或认可的。

c) 将所得到的剂量数据和污染水平与GB 18871所规定的相应的通用优化干预水平或行动水平进行比较，确定应急计划区的范围大小，使在所确定的应急计划区的范围之外，事故可能导致的公众剂量和食品与饮用水的污染水平分别低于相应的通用优化干预水平和行动水平。

5.2 确定烟羽应急计划区范围的安全准则

确定烟羽应急计划区的范围时，应遵循下列安全准则：

a) 在烟羽应急计划区之外，按第4章的规定所考虑的后果最严重的严重事故序列使公众个人可能受到的最大预期剂量不应超过GB 18871所规定的任何情况下预期均应进行干预的剂量水平；

b) 在烟羽应急计划区之外，对于各种设计基准事故和大多数严重事故序列，相应于特定紧急防护行动的可防止的剂量一般应不大于GB 18871所规定的相应的通用优化干预水平。

5.3 确定食入应急计划区范围的安全准则

确定食入应急计划区的范围时，应遵循下述安全准则：

在食入应急计划区之外，大多数严重事故序列所造成的食品和饮用水的污染水平不应超过GB 18871所规定的食品和饮用水的通用行动水平。

6 应急计划区的区域范围与实际边界的确定

6.1 区域范围

6.1.1 对于压水堆核电厂，在符合5.2规定的安全准则的前提下，其烟羽应急计划区的区域范围，一般应考虑反应堆热功率的大小，在以反应堆为中心、半径7 km～10 km范围内确定；烟羽应急计划区内区的区域范围，一般应考虑反应堆热功率的大小，在以反应堆为中心、半径3 km～5 km的范围内确定。

6.1.2 对于压水堆核电厂，在考虑到5.3所规定的安全准则的前提下，其食入应急计划区的区域范围，在应急计划与准备阶段可根据应急计划所考虑的事故的辐射后果的评价结果来考虑；应急响应时，可根据实际监测与取样分析的结果来确定实施有关响应行动的区域范围。

6.2 实际边界的确定

确定应急计划区(特别是烟羽应急计划区)的实际边界位置时,除了应遵循第5章所规定的安全准则以及6.1所规定的区域范围要求之外,还应考虑核电厂周围的具体环境特征(如地形、行政区划边界、人口分布、交通和通信等)社会经济状况和公众心理等因素,使最终划定的应急计划区的实际边界(不一定是圆形)符合实际,便于进行应急准备和应急响应。

6.3 多堆厂址应急计划区的范围与边界

对于多堆厂址,应确定一个统一的应急计划区。其范围应包含按照第5章以及6.1和6.2的要求针对每个反应堆机组所确定的应急计划区的范围,其边界可以是各机组应急计划区边界的包络线。

ICS 27.120.20
F 77

中华人民共和国国家标准

GB/T 17680.5—2008
代替 GB/T 17680.5—1999

核电厂应急计划与准备准则 第5部分：场外应急响应能力的保持

Criteria for emergency planning and preparedness for nuclear power plants—Part 5: Maintenance of offsite emergency response capabilities

2008-07-02 发布　　2009-04-01 实施

中华人民共和国国家质量监督检验检疫总局
中国国家标准化管理委员会　发布

前　言

GB/T 17680《核电厂应急计划与准备准则》分为12个部分：

——第1部分：应急计划区的划分；

——第2部分：场外应急响应职能与组织机构；

——第3部分：场外应急设施功能与特性；

——第4部分：场外应急计划与执行程序；

——第5部分：场外应急响应能力的保持；

——第6部分：场内应急响应职能与组织机构；

——第7部分：场内应急设施功能与特性；

——第8部分：场内应急计划与执行程序；

——第9部分：场内应急响应能力的保持；

——第10部分：核电厂应急野外辐射监测、取样与分析准则；

——第11部分：应急响应期间场外放射评价实施准则；

——第12部分：核应急练习与演习的计划、准备、实施与评估。

本部分为GB/T 17680的第5部分。本部分参考了国际原子能机构(IAEA)关于核应急计划与准备的相关要求。

本部分代替GB/T 17680.5—1999《核电厂应急计划与准备准则　场外应急响应能力的保持》。本部分与GB/T 17680.5—1999相比主要变化如下：

——增加了应急计划(预案)、监控员、评估员(见第2章)；

——增加了核能与核安全基本知识、电离辐射危害与辐射防护基本知识、核应急基本概念、公众与媒体沟通、经验及教训(见3.5.1)；

——删除了原标准4.3.2.2“演习前的情况介绍”。

本部分由中国核工业集团公司提出。

本部分由全国核能标准化技术委员会归口。

本部分起草单位：清华大学核能与新能源技术研究院。

本部分起草人：曲静原。

本部分所代替标准的历次版本发布情况为：

——GB/T 17680.5—1999。

核电厂应急计划与准备准则
第5部分：场外应急响应能力的保持

1 范围

GB/T 17680的本部分规定了核电厂所在省(自治区、直辖市)应急响应能力的保持准则，主要包括应急计划与执行程序的保持、应急资源的保持、人员培训和应急演习等活动应遵循的准则。

本部分适用于核电厂所在省(自治区、直辖市)应急响应能力的保持活动。

2 术语和定义

下列术语和定义适用于GB/T 17680的本部分。

2.1

应急 emergency

需要立即采取某些超出正常工作程序的行动以避免核电厂核事故的发生或缓解事故可能产生的后果的状态。有时也称为紧急状态。同时，也是泛指立即采取超出正常工作程序的行动。

2.2

应急计划(预案) emergency plan

经过审批的文件，它描述其编制和实施单位的应急职能、组织、设施和设备，以及和外部应急组织间的协调与相互支持关系。应急计划需通过应急执行程序来实施。

2.3

应急响应 emergency response

为控制或减轻核事故或辐射应急状态的后果而采取的紧急行动。

2.4

应急演习 emergency exercise

为检验和改进应急计划的有效性、应急准备的完善性、应急响应能力的适应性和应急人员的协同性所进行的一种模拟应急响应的实践活动。根据其涉及的内容和范围的不同，可以分为练习(单项演习)、综合演习和联合演习。

2.5

演习情景 exercise scenario

为实现演习的预定目标，以实际可能发生的事件和(或)事故情景为基础所编制的练习或演习控制文件，它对事故情景的事件、事件序列和时间进程进行适当剪裁或压缩，详细说明剪裁或压缩后事件的特征与进程，并标明相应的预期响应行动。

2.6

练习(单项演习) drill

为保持应急响应的能力，对某种具体操作技能或者对应急响应的某项实施程序的运作而进行的有组织的训练，通常也称作单项演习。

2.7

综合演习 comprehensive exercise

为提高应急响应能力、检查应急计划与程序，以及加强各应急组织的协调配合，全部或部分应急响应组织所进行的应急演习。

2.8

联合演习　joint exercise

场内以及场外应急组织，为提高应急响应能力，特别是协调配合能力，按统一的演习情景，联合组织所属应急组织的全部或部分单位进行的演习。

2.9

监控员　controller

监督和引导实施演习情景的人员。

2.10

评估员　evaluater

评估练习或演习实施情况的人员。

3　培训

3.1　培训大纲

担负应急响应任务的部门和单位应按有关条例的规定和应急计划的要求制定培训大纲。培训大纲要明确规定培训对象、培训要求、培训计划、培训内容、培训方式、培训教员、培训频度、培训考评以及培训记录等项目。

3.2　培训对象

应对在应急响应工作中可能承担任务的所有人员进行相应的培训，其中主要包括应急指挥人员、应急协调人员、通信人员、事故评价人员、辐射监测人员、医学救护人员、后勤保障人员、与传媒系统的联络人员、消防人员以及其他场外支持人员等。

3.3　培训要求

应对所有应急响应人员进行有关应急法规、应急计划及其执行程序和承担的具体应急任务相适应的培训。这些培训应严格遵循培训大纲的要求进行。要进行必要的考核，通过定期的练习和演习来检查培训的效果，使应急响应人员通过培训达到合格的水平。

3.4　培训计划

应制定好相应的培训计划。在培训计划中必须提出明确的培训目的、培训的内容、指导性的培训材料、以及培训效果的检查方法。

3.5　培训内容

3.5.1　培训内容包括共同性内容和专业性内容。所有参加应急培训的人员都应学习或了解共同性的培训内容。共同性内容主要包括：

a)　核能与核安全基本知识；

b)　电离辐射危害与辐射防护基本知识；

c)　核应急基本概念；

d)　核应急法规管理体系；

e)　核应急响应组织体系；

f)　核应急响应技术支持体系；

g)　事故后果评价的一般方法；

h)　应急计划与应急准备；

i)　公众与媒体沟通；

j)　经验及教训。

3.5.2　专业性培训主要涉及各应急专业组织完成特定的任务所需要的基本知识和技能、应急执行程序、有关应急响应人员的职责以及有关应急设备器材的使用等，主要包括：

a) 应急计划与实施程序；

b) 应急组织与职责；

c) 应急状态分级；

d) 核电厂事故与放射性释放的基本特征；

e) 事故分析与后果预测评价技术；

f) 应急对策与防护措施；

g) 应急设施、设备与辐射监测仪表的性能、使用与维护方法；

h) 应急辐射监测；

i) 放射性去污；

j) 医学救治；

k) 国际核事件通报与支援。

3.6 培训方式

3.6.1 课堂讲授

课堂讲授的应急培训内容包括共同性内容和部分有关专业性内容。

应当配备必要的培训教具，例如各种宣教资料、参考材料目录、演示设备，以及有关应急响应任务的视听材料等。

3.6.2 实习

通过实习，熟练掌握有关应急设施设备操作和应急程序执行的技能和技巧。应派合格人员对实习人员的表现进行考查或评价。

3.7 培训教员

培训教员应是相应培训内容领域内的专家或具有丰富实践经验的人员。培训前要对拟聘任的教员进行资格审查。

3.8 培训频度

应对场外所有应急响应人员进行与其所承担的应急任务相适宜的首次培训，并根据培训大纲的要求定期进行再培训。

3.9 培训考评

应在考核、测验和实习等方式的基础上，以书面形式对受训人员的培训效果进行考评。考评的内容包括受训人员在培训过程中，对培训内容的正确理解程度、执行应急指令的技能和技巧以及课堂培训和实习的结果等。

3.10 培训记录

应对应急受训人员作好有关的记录，其中包括学员姓名、职务、所在单位及应急岗位、培训日期、培训的主要内容、考评成绩以及考勤记录等。这些记录应在其从业年限或可能从事核应急工作年限内妥善保存，以便随时查阅。

3.11 培训大纲的完善

应根据应急计划或法规的变化情况以及在培训、练习和演习过程中获得的有关经验，至少每两年对培训大纲进行一次必要的修改和完善。

3.12 应急计划和执行程序的保持

应每两年对应急计划和执行程序进行一次评审。要根据国家有关应急管理规定的变化、核电厂及核电厂周围环境的变化、应急组织的变化、在应急演习中所发现的问题以及有关技术的发展等，对应急计划和执行程序的相关部分进行及时的修改。

应急计划和执行程序修改后需按原审批程序报批，并及时将修改内容通知到有关各方。

4 演习和练习

4.1 演习

4.1.1 演习计划

应制定3～5年的总体演习规划，并在此基础上结合以往的演习和应急经验等制定各年度的演习计划。

所制定的总体演习规划和年度演习计划应保证在3～5年内对有关应急组织机构的主要组成部分和应急计划中的基本功能，都能进行必要的检查。各次演习要安排在不同的时间(如夜间、节假日)和不同的天气条件下进行。

4.1.1.1 总体演习规划

总体演习规划应明确阶段性的或各年度的演习目标。在演习规划制定中，既要考虑核电厂由于电厂自身技术原因和自然事件可能导致的事故，也要适当考虑其他突发事件可能导致的应急状态。

总体演习规划应适时更新。

4.1.1.2 年度演习计划

应对每个年度的演习活动制定年度演习计划。

在制定年度演习计划时，要及时吸收以往核应急和应急演习的经验，包括国际上的有关经验和成功实践等。

4.1.2 演习方式

演习一般在不惊动公众的情况下进行。条件成熟时，可动员组织少量公众参加演习。必要时，可把演习计划的有关事项事先通知给当地的新闻媒介，视情况还可邀请当地新闻媒介观察或参加演习。

演习的方式应有利于提高核应急的实战能力。例如，进行不预先通知、不事先拟制演习脚本的应急演习。

4.1.3 演习频度

4.1.3.1 综合演习

应2～4年进行一次综合演习。

4.1.3.2 联合演习

应3～5年进行一次联合演习。

4.1.4 演习情景设计

在演习情景的设计中，应对演习的目标、事件序列以及对事件序列中假想事件的预期响应作出详细的描述。

演习情景的事件序列应能适当反映为达到演习目标而设计的有关事件的性质及其发生的时间顺序和预计的后果。所包括的事件应有足够的广度，使计划参加演习的各个应急组织能按照演习目标的要求，演练其完成相应的应急任务的能力。

应根据演习目标和事件序列，对事件序列中假想事件的预期响应，例如事件的模拟、应急决策、响应行动、公众信息的发布等，作出适当的描述。

4.1.5 演习的实施

4.1.5.1 概述

应指派必要数量的监控员和评估员。演习情景的设计人员不应作为参演人员参与演习，但可作为演习监控或评估人员。

4.1.5.2 演习的监控

4.1.5.2.1 监控员基本任务

应指派必要数量的监控员，对演习的进行过程和效果进行监控。必要时，应提供有关的信息和数据等。应在演习计划中对监控员的工作位置和任务作出明确的规定。

监控员的基本任务是负责引导演习的进行，保证演习按照预定的计划和演习情景进行，并且参加演习的评估工作。

4.1.5.2.2 错误的纠正

在演习过程中，如果监控员发现参加演习的人员在演习中出现偏离演习情景并可能影响演习重要目标的严重错误，应及时纠正这种错误，以保证达到预期的演习目标。

4.1.6 演习的评估

4.1.6.1 评估员职责

应指派必要数量的评估员，对演习的进行过程和效果进行评估，包括情景设计与准备、参演人员对情景事件响应的适宜程度、应急计划与程序的执行及其有效性和适用性，以及应急响应设施的利用及其适用性等。

应在演习计划中对评估员的工作位置和任务作出明确的规定。

评估员可由相应领域内的专家、上级主管部门人员担任。

4.1.6.2 演习评估表

应事先制定演习评估表，明确规定详细的评估项目。

评估员应在演习的过程中，按照演习评估表中的评估项目逐项进行考察和记录，并在演习后认真填写演习评估表。

4.1.6.3 评估内容与等级

4.1.6.3.1 评估内容

应对参加演习的主要应急岗位和人员的应急响应能力进行评估，包括应急指挥和应急响应行动是否恰当等。另外，还要对演习情景设计的合理性和演习是否达到预期目标等作出评估。

4.1.6.3.2 评估等级

对演习的总体表现按下述等级作出评价：

优——无差错地完成了所承担的所有应急任务；

良——达到了预期的演习目标，差错少；

中——存在明显的缺陷，但没有影响实现预期的演习目标；

差——出现了重大的错误，演习的重要目标受到严重的影响，使监控员被迫对所发射的错误进行纠正，造成应急行动的延误和资源的浪费。

4.1.6.4 演习讲评

演习的讲评工作必须在演习结束之后即进行。演习组织者、监控员和评估员以及主要演习人员应一起参加演习的讲评。

4.1.6.5 演习评估报告

监控员和评估员应在演习讲评后3天之内，向演习评估的负责人提交一份对演习的书面评价总结。每个参与演习的应急组织应在演习讲评后一个星期的时间内完成自我评估工作，向演习评估的负责人提交一份全面的演习总结报告。演习评估的负责人应在演习讲评后两个星期的时间内，完成最终的演习评估报告。

4.1.6.6 经验反馈

应在组织上和技术上采取有效的措施，保证在演习中获得的经验能够反馈到应急计划和执行程序以及以后的应急准备中，有利于应急响应能力的持续提高，包括吸收国际上和国内有关应急演习的经验和成功实践。

4.2 练习(单项演习)

应定期进行相应的练习。练习可单独进行，也可以与综合或联合演习结合起来进行。

4.2.1 练习内容和频度

4.2.1.1 通信

核电厂所在省(自治区、直辖市)应急响应组织与核电厂之间的通讯程序,应至少每三个月进行一次练习;核电厂所在省(自治区、直辖市)应急响应组织与国家核事故应急主管部门之间的通讯程序,应至少每六个月进行一次练习;核电厂所在省(自治区、直辖市)的各场外应急响应组织相互之间的通讯程序,应至少每六个月进行一次练习。

4.2.1.2 辐射监测

承担辐射监测任务的场外有关单位应按照辐射监测执行程序的要求,应至少每年进行一次辐射监测练习。辐射监测练习要包括:环境外照射水平巡测;对所有有关环境介质样品(如水、农作物、土壤和空气)的收集、分析和记录(可结合常规监测进行);对模拟较高放射性浓度的气载物和液体样品的评价和分析;以及监测结果的传递报告。

4.2.1.3 应急响应人员的辐射防护

承担有关应急响应任务的场外有关单位应按照相应执行程序的要求,应至少每年进行一次应急响应人员的辐射防护练习,或作为其他练习或演习的一部分进行。辐射防护练习主要包括有关防护器具的使用和防护措施的实施等。

4.2.1.4 辐射剂量估算

应按照有关辐射剂量估算执行程序的要求,至少每年进行一次剂量估算练习,练习的主要内容包括通信联络、有关环境数据的获取和处理以及剂量的估算。

4.2.1.5 公众防护措施建议

应至少每年进行一次提出公众应急防护措施建议的练习。练习的主要内容包括根据有关辐射监测数据和剂量估算的结果,向有关应急决策部门就公众所应采取的应急防护措施及其实施时间和范围提出建议。

4.2.1.6 医学救护

应按照医学救护执行程序的要求,对受过量照射人员、受污染人员和受到一般性伤害的人员的处理和救护进行模拟训练,包括“自救互救”能力的训练。医学救护练习可以作为演习的一部分来进行。

医学救护练习一般包括以下的内容:

a) 受照人员的初步分类;

b) 受污染人员的洗消;

c) 一般性伤害(例如烧伤等非放射性损伤)的救护;

d) 严重受伤人员向有关医院的输送。

医学救护练习可每一至两年进行一次。

4.2.1.7 治安保卫与交通管制

应按照治安保卫与交通管制执行程序的要求,定期进行治安保卫与交通管制练习。练习的主要内容包括有关区域社会秩序的维护以及进出有关区域的通道的控制等。

4.2.1.8 公众防护措施的实施

应按照公众防护措施的执行程序的要求,定期进行公众防护措施实施的练习。练习的主要内容包括有关公众防护措施(服用稳定碘片、隐蔽和撤离等)的实施程序,例如稳定碘片的分发和服用、人员的集合和交通运输以及人员在临时安置地的安置等。

5 应急资源的保持

5.1 应急设施、设备和物资

应定期对应急设施、设备进行维护,对应急物资器材进行清点和检查。所发现的问题应及时加以解决。

对通信设备要经常进行检查。对辐射监测仪器的功能每个月进行一次检查,按期进行标定。

5.2 通信联络

各有关应急组织应每六个月对本应急组织中应急人员、与其他应急组织的联系人、以及上级主管部门的联系人的姓名、职务和电话号码,进行一次检查和更新。如有必要,及时修改。要将检查和更新的结果及时通知有关各方。

5.3 人员配备和资质

对应急计划中所明确的所有应急岗位,均应配备必要数量的合格人员。

6 监查与检查

核电厂所在省(自治区、直辖市)应急组织要积极开展并配合国家核事故应急主管部门对其核应急响应能力保持情况的监督和检查工作。

6.1 监查

监察的重点是审查重要应急文件的效能状况,主要包括如下项目:

a) 应急计划是否符合国家应急管理条例和有关规定的要求;

b) 应急执行程序是否适应应急计划中的要求;

c) 培训大纲及培训效果是否符合有关的要求;

d) 公众信息工作是否满足有关要求。

6.2 检查

省级应急组织应对下属有关单位应急准备所涉及的设备和器材以及重要应急文件的状态(是否存在、是否可操作、是否能够满足实施应急响应的各项要求等)进行检查,主要包括如下内容:

a) 应急指挥中心以及所有列入应急计划的辅助设施中的通信设备;

b) 场外应急辐射监测、剂量评价和应急能力维持活动所需的设备器材和供应品;

c) 所有应急文件(包括各种应急管理制度、设施维护规程、设备操作程序或规程等)是否齐全、是否处于更新后的状态。

ICS 27.120.20
F 77

中华人民共和国国家标准

GB/T 17680.11—2008

核电厂应急计划与准备准则 第11部分：应急响应时的场外放射评价准则

Criteria for emergency planning and preparedness for nuclear power plants—
Part 11: Criteria for the conduct of offsite radiological assessment for emergency response

2008-03-24 发布　　2008-11-01 实施

中华人民共和国国家质量监督检验检疫总局
中国国家标准化管理委员会　发布

前　言

目前,GB/T 17680《核电厂应急计划与准备准则》分为以下12个部分:

——第1部分:应急计划区的划分;

——第2部分:场外应急职能与组织;

——第3部分:场外应急设施功能与特性;

——第4部分:场外应急计划与执行程序;

——第5部分:场外应急响应能力的保持;

——第6部分:场内应急响应职能与组织机构;

——第7部分:场内应急设施功能与特性;

——第8部分:场内应急计划与执行程序;

——第9部分:场内应急响应能力的保持;

——第10部分:核电厂营运单位应急野外辐射监测、取样与分析准则;

——第11部分:应急响应时的场外放射评价准则;

——第12部分:核应急练习与演习的计划、准备、实施与评估。

本部分是GB/T 17680的第11部分,对应于美国国家标准ANSI/ANS 3.8.6:1995《核电厂应急响应时的场外放射评价准则》。本部分与美国国家标准ANSI/ANS 3.8.6:1995的一致性程度为非等效。

本部分由中国核工业集团公司提出。

本部分由全国核能标准化技术委员会归口。

本部分起草单位:清华大学核能技术设计研究院。

本部分的主要起草人:刘原中。

核电厂应急计划与准备准则
第11部分：应急响应时的场外放射评价准则

1 范围

GB/T 17680 的本部分规定了核电厂发生或可能发生的放射性物质向环境释放的事故时所采用的辐射剂量评价(简称剂量评价)准则。

本部分适用于核电厂事故所致的场外辐射剂量的评价，包括预期评价和后续评价。

2 规范性引用文件

下列文件中的条款通过 GB/T 17680 的本部分的引用成为本部分的条款。凡是注日期的引用文件，其随后所有的修改单(不包括勘误的内容)或修订版均不适用于本部分。然而，鼓励根据本部分达成协议的各方研究是否可使用这些文件的最新版本。凡是不注日期的引用文件，其最新版本适用于本部分。

GB/T 4960.5 核科学技术术语 辐射防护与辐射源安全(GB/T 4960.5—1996，neq ISO/DIS 921:1992)

GB/T 17680.9 核电厂应急计划与准备准则 场内应急响应能力的保持

GB 18871 电离辐射防护与辐射源安全基本标准(GB 18871—2002，neq IAEA 安全系列)

3 术语和定义

GB/T 4960.5 确立的以及下列术语和定义适用于 GB/T 17680 的本部分。

3.1

应急 emergency

需要立即采取某些超出正常工作程序的行动，以避免事故发生或减轻事故后果的状态。同时，也是泛指立即采取超出正常工作程序的行动。

3.2

应急行动 emergency action;EA

为控制或减轻核事故或辐射应急状态的后果而采取的紧急行动。

3.3

应急行动水平 emergency action level;EAL

用作应急分类基础的一种参数或准则。

3.4

应急计划区 emergency planning zone;EPZ

为在核电厂发生事故时能及时有效地采取保护公众的防护行动，事先在核电厂周围建立的，制定有应急计划并作好应急准备的区域。

3.5

食入应急计划区 ingestion EPZ

针对食入照射途径(食入被污染食物和水的内照射)而建立的应急计划区。但食品和饮水控制通常不属于“紧急”防护对策。一般情况下允许根据事故释放后所进行的监测与取样分析来确定该区的实际范围与具体对策。在应急计划阶段考虑该区的范围和安排有关应急措施时应充分考虑这个因素。

3.6

烟羽应急计划区　plume EPZ

针对烟羽照射途径(烟羽浸没外照射、吸入内照射和地面沉积外照射)而建立的应急计划区,这种应急计划区通常又分为内、外两区:在内区应作好应急撤离和服用碘片的准备,外区则应作好应急隐蔽与服用碘片的准备。

3.7

应急环境[辐射]监测　emergency environmental (radiological) monitoring ;EEM

在应急期为了确定人员所受照射和环境污染水平,在应急计划区所进行的室外测量的环境取样分析活动。

注:也称野外监测。

3.8

扩散　diffusion

弥散的分量,该分量表征在传输过程中因湍流作用和浓度差引起的分子运动而使物质浓度在介质中沿传输路径的变化。

3.9

弥散　dispersion

物质在介质(例如大气、水体)中的传输和传输过程中该物质的扩散这二者的联合效应。

3.10

场内　onsite

具有法定边界,受核电厂营运单位有效控制的核电厂所在区域。

3.11

场外　offsite

在场内之外的区域。

3.12

防护行动　protective action;PA

在应急响应期间和过后,为避免或减少电厂工作人员和公众成员受到的照射所采取的干预行动。

3.13

防护行动建议　protective action recommendation;PAR

有关执行防护行动的建议。

3.14

干预水平　intervention level;IL

针对应急照射情况或慢性照射情况,预先制定的可防止的剂量水平,当达到或超过这一水平时,则应对公众采取相应的防护行动或补救行动。

4　剂量评价

4.1　剂量评价的作用

4.1.1　剂量评价是估计事故放射性释放对公众造成辐射剂量的方法。对于进展较快的事故,在事故的早期,可采用剂量评价来评估公众可能受到的辐射剂量,以验证基于事故时电厂损伤状态和工况参数而提出的防护行动建议的适宜性和事故早期防护行动决策的依据,以及确立受影响区域的各种环境辐射监测项目的优先次序。

4.1.2　随着事故的进展,特别在事故的中、后期,应采用辐射监测的结果验证最初的防护行动建议、修改防护行动决策,并再确定受影响区域和环境辐射监测项目的先后次序。

4.1.3　对于进展较慢的事故,可以利用剂量评价系统提出一系列的应急防护行动建议,从而为核电厂核事故应急的初始评价和贯穿于整个应急过程中的后续剂量评价提供一种方法。

4.2 对应急响应组织的要求

4.2.1 事故发生后，核电厂营运单位应急响应组织应尽可能迅速地对该事故的放射性释放作出场外辐射剂量评价，以便估计出场外人员可能受到的剂量。辐射照射可以来自于放射性烟羽和地面沉积引起的直接外照射或摄入(即吸入或食入)放射性物质引起的内照射。

4.2.2 对可能受到的辐射照射在早期评价中十分重要，地方和核电厂营运单位应急响应组织应利用剂量评价的结果对公众的防护行动做出决策。核电厂营运单位应急组织也可利用这些结果对场内工作人员的防护行动建议作出决策。

4.3 剂量评价中涉及的内容

为更好地做好剂量评价工作，评价中涉及到的内容应包括如下方面：

a) 电厂状态及相应的征兆；

b) 事故类型；

c) 事故放射性释放源项(气载释放源项和液态释放源项)；

d) 当前的和预期的气象条件；

e) 滨河或滨海厂址的水文资料；

f) 环境监测数据。

5 释放特征的描述

5.1 概述

5.1.1 对于任何剂量评价，需要输入的重要参数之一是放射性释放源项，对于事故放射性释放可分为气载放射性释放和液态放射性释放。

5.1.2 为进行剂量评价和对应急行动分级，应定量给出释放源项。多数情况下只需给出气载释放源项，但有些事故也可能需要给出液态释放源项。

气载释放源项包括：释放的放射性核素的数量和成分、释放速率、释放的启始时间和持续时间、释放高度和热量等。

液态释放源项包括：释放的放射性核素的数量和成分，释放速率、释放的启始时间和持续时间。

5.1.3 为正确地对应急状态进行分类，应把气载和液态流出物的释放大小同应急行动水平进行比较，以便正确地对应急状态进行分级，并把它应用到剂量评价过程中。

5.2 有监测的释放

5.2.1 应提供放射性流出物排放浓度的在线监测结果。对于气载释放源项，应测量流出物中惰性气体，并根据安全分析报告给出的放射性核素比例推导出碘和粒子的排放活度。

5.2.2 有关气载放射性核素混合物的成分，应在专门的文件中给出对碘和惰性气体所做的各种假设、对混合物的核素成分进行的校正，以及停堆后进行的时间修正方法。

5.3 无监测释放或预计释放

5.3.1 在核电厂最终安全分析报告中给出的假想事故释放源项数据不应作为估计真实应急期间无监测释放的源项，但是在缺乏更为精确的数据时，可以把这些基于保守假设得出的源项数值作为释放数量级的上限。

5.3.2 应建立一组根据电厂事故状态而得出的事故释放源项数据，在事故时若没有真实的释放源项监测数据，则可根据事故时的电厂状态而给出事故释放源项。

5.3.3 可以利用电厂的取样监测结果，以及工艺和场所辐射监测结果为确定事故时的释放源项提供基础资料。

5.3.4 如果不能利用电厂事故状态的参数资料来估计事故释放源项，可以利用环境监测的测量数据并结合气象和水文资料来估计事故释放源项，但此种估计应十分谨慎。

6 剂量计算模式

6.1 概述

6.1.1 应具备多种剂量评价手段，例如采用计算机进行模式计算、采用计算器进行手算、采用预先编制好的剂量图表来进行估算，或利用这几种方式的组合。

6.1.2 除了需要具备气载放射性释放的剂量评价能力之外，在某些情况下可能还需具备液体放射性释放的剂量评价能力，这取决于核电厂的位置与水体之间或与公众饮用水源之间的相对关系。

6.2 模式的要求

6.2.1 剂量评价模式和它所需要的数据库应结合厂址和核电厂的情况，以体现出该电厂厂址周围的主要气象和地形(和水文)的特征，社会特征(例人口分布、土地和水资源的利用等)以及该电厂的事故放射性释放特征。为了体现当地的特征或影响，应该对计算中用到的与环境有关的某些参数(即模式参数中的缺省值)作实地调查。

6.2.2 模式中涉及到的气象或水文部分应适合于应急时剂量评价的实时性和短期性的特征。在应急条件下，该模式所需的输入数据应该是一组能够合理地获取的自然环境参数和人文经济参数等。就气象部分而言，气象数据应能足够代表当地的弥散特性，特别是滨海厂址或位于复杂地形的厂址。

6.2.3 在发生事故应急时应根据需要选择合适的模式和评价手段，以便能满足应急评价及时、快速的要求。

6.2.4 剂量模式应能计算核事故中释放的主要放射性核素引起的剂量。

对于气载放射性释放模式，一般应具有对下列照射途径进行计算的能力：

a) 放射性烟羽引起的外照射；
b) 吸入烟羽中的放射性核素引起的内照射；
c) 地面放射性沉积物引起的外照射；
d) 吸入地面放射性沉积物再悬浮引起的内照射；
e) 食入污染的食物和饮水引起的内照射。

对于液态放射性释放，应根据核电站厂址的具体环境情况来确定各种可能的照射途径。

6.2.5 计算的剂量至少应包括：预期剂量、可防止剂量、剩余剂量。

6.2.5.1 对于预期剂量，至少应包括：有效剂量、甲状腺剂量。

6.2.5.2 对于可防止剂量，至少应包括：采取隐蔽措施下 2 d 的有效剂量，采取撤离措施下 1 周的有效剂量，以及服碘后的甲状腺剂量。

6.2.6 模式应提供各种源项特性的选择，例如，监测的读数值(总排放活度或排放浓度)、缺省的源项值。模式还应考虑到释放开始前的放射性衰变，以及输运过程中的放射性衰变的修正。

6.2.7 模式输入的基本要求。

6.2.7.1 模式的数据输入应尽可能自动化，并应保留简化的用户输入的入口，对用户的提示应十分醒目，格式要统一，有助于用户的使用。

6.2.7.2 模式的用户界面应更好地体现人－机对话特性，以便在应急响应条件下更方便、及时、有效和准确地运行该模式。

6.2.7.3 模式应设计为可直接接受用测量单位表示的输入数据，不应要求用户必须通过人工换算来准备输入数据。为了帮助用户准备输入数据和检查数据，模式应具有把数据显示在计算机监示器屏幕上的能力，以便查看该数据的正确性和合理性。

6.2.7.4 用户界面应能鉴别无效的或遗漏的数据，并为用户提供替代的输入，对那些无效的或遗漏的输入数据提供缺省值。

6.2.7.5 应该提供用户在开始计算之前可以检查和编辑输入数据的手段。

6.2.8 模式输出的基本要求。

6.2.8.1 模式的输出应格式化，以便于及时确定出应急状态、作出防护行动决策以及实施其他的应急响应功能。

6.2.8.2 输出文件中应给出评价的日期、时间和必要的特征标志，并列表给出计算的输入参数和控制变量的选取，以作为计算结果的依据。

6.2.8.3 输出文件中应保存对应急分级和防护行动决策有用的所有计算结果。

6.2.9 应该以文件的形式给出气象资料和基础资料的描述，以及剂量评价模式在使用中的限制条件。

6.2.10 应该提供在应急响应期间，如何使用这些模式的实施步骤和方法。

6.2.11 政府机构使用的模式和执行这些模式得到的结果与核电厂使用的模式和得到的结果可能有差别。作为执行应急响应过程的一部分，应该对这些模式和计算的结果进行比对，找出它们之间的差异，并对造成这些差异的原因进行分析，说明这些差异的合理性，并把它们做成相应的文件，以便在应急期间能够针对这些差异的关键问题进行协调。

6.3 大气传输和扩散评价模式

6.3.1 大气传输与扩散模式应能够根据当前的气象数据计算出气载放射性物质释放之后当前的放射性弥散情况，和根据预报的气象数据估计出预期的弥散情况。

6.3.2 应该说明模式对核电厂事故源项的释放高度(例地面释放、高架释放或混合释放)和释放特征(例气态、粒子、化学形态和反应、释放热量、气流出口速度等)的适用性范围。

6.3.3 应该说明模式对厂址的气象特征、地形特征和电站建(构)筑物的适用范围，以及这些特征可能对烟羽传输带来的影响，并针对这些影响作出的必要修正。

6.3.4 模式应可以提供有代表性的烟羽大小、位置和轨迹的估计。

6.3.5 模式应给出场区边界、烟羽应急计划区边界、食入应急计划区边界处的剂量率和时间积分剂量，也应有能够提供在应急计划区内其他感兴趣的地点(例医院、学校、重要居民点、场外应急指挥中心等)的这些数据，并应能提供最大剂量率和最大时间积分剂量点的计算。

6.3.6 剂量评价中的大气传输和扩散模式可分为两类：基本模式和提高模式。

6.3.6.1 基本模式应有能力在开始分析的 15 min 内对烟羽应急计划区内的传输和扩散作出初步的估计和预测。

典型的基本模式有直线高斯烟羽模式和分段高斯烟羽模式。

6.3.6.2 提高模式应能够预测电厂周围烟羽弥散的实际空间和时间的变化，估算和预测事故期间在烟羽应急计划区内烟羽的传输和扩散，可以利用这些估算结果来确定环境监测行动的优先次序，并可验证早期的估计值，也可为制定食入应急计划区防护行动的决策提供支持性材料。

典型的提高模式有拉格朗日烟团模式、拉格朗日粒子模式，以及三维欧拉大气输运模式等。

6.3.6.3 有许多大气传输和扩散模式都能满足基本模式和提高模式的要求。选择一个特定模式的基本要求是，它所得到的结果要能合理地代表预测区域的真实情况。

6.3.6.4 基本模式一般只适用于较简单地形厂址的大气弥散计算，而对于复杂地形厂址或海岸厂址，由于基本模式不能对该厂址的大气弥散作出合理的计算，应尽量采用提高模式。

6.3.7 模式所需要输入的气象数据应能直接读取国家或地方气象台站通过网络系统提供的数据。

6.3.8 模式应能直接读取核电厂放射性流出物监测数据。

6.3.9 为模式提供数据的数据库系统应能够贮存至少释放前 2 h 的数据、释放后 12 h 的数据(以 15 min为一个时间间隔)，以及释放后 2 周的数据(时间间隔可视具体情况而定)。

6.4 放射性液体排放的评价模式

6.4.1 放射性液体排放评价模式的主要目的是定量地确定进入公众饮水系统的放射性核素的活度。假如某核电厂排放到环境中的放射性液体有可能进入公众的饮水系统，则该核电厂应提供能够用于评价饮水系统的放射性核素浓度和对公众可能造成的辐射剂量的模式。

6.4.2 模式应能代表从排放点到受影响公众获取饮水的水处理厂(或取水点)之间的真实传输和扩散，

并应能够在鉴别出真实释放或可能释放后的15 min内，给出饮水处理厂(或取水点)水中放射性核素的浓度。

6.4.3 饮水污染虽然是一个重要的潜在照射途径，但也是十分有限的潜在照射途径，因而如果某核电厂对某一个别的照射途径特别敏感，则对这个途径也应有评价模式。

7 剂量评价在防护行动决策中的应用

7.1 核电厂营运单位的应急组织应对任何一个剂量水平可能超过GB 18871中规定的干预水平的事件给出详细的说明，并作出相应的剂量评价，以作为制定对公众防护行动建议的依据，在制定防护行动建议时要充分吸收地方有关部门的意见，以便结合当地的具体情况。

7.2 在事故应急期间，场外应急组织应对核电厂营运单位应急组织根据剂量评价结果提出的防护行动建议进行评估，并结合当时当地的具体情况决定采取适宜的防护行动。

7.3 为尽量做到防护行动建议与环境辐射监测结果的协调一致，应该利用环境辐射监测得到的监测资料来验证防护行动建议的适宜性，以及核实基于气象数据和电厂释放源项数据而预测的剂量值。环境监测数据可以用来确定或调正最初的剂量估计值，但是在利用这些监测数据时应十分小心，因为相对于烟羽中心线而言烟羽真实路径的不确定性降低了环境测量定位的精确度，另外对于剂量估计值的调整也不应基于环境监测单次的瞬时测量值。

7.4 对于严重事故最初的防护行动建议应该以电厂的系统状态为基础，可以采用堆芯损伤程度的征兆来确定出可能的放射性释放源项，通过剂量评价得出最初的剂量值，并以此作为最初防护行动建议的依据。

7.5 严重事故发生后，随着事故的进展应该利用实际的放射性释放量以及环境监测结果来修正剂量评价给出的剂量结果，并为下列应急响应行动提供支持：

a) 对于烟羽应急计划区内最初的防护行动建议是否应该扩大到附加的区域，或者最初建议中需要采取防护行动的区域是否可缩小；
b) 在最初防护行动建议中需要进行隐蔽的人群是否应该撤离或避迁，或者最初建议中需要进行撤离(或避迁)的人群是否可以不撤离(或避迁)；
c) 为比较电厂选择的应急响应措施造成的潜在后果(例如，比较安全壳的晚期失效与早期通风造成的潜在后果，以决定是否需要启动安全壳的早期通风)提供基础；
d) 为制定食入应急计划区的防护措施提供较可靠的基础资料；
e) 为事故后的后果评价中的集体剂量计算提供支持性材料。

7.6 对于一些不太严重的事故(例如废气系统和废气贮罐失效造成的非控制放射性释放，乏燃料装卸事故引起的放射性释放，堆芯没有损伤情况下的蒸汽发生器传热管破裂事故引起的放射性释放等)，当预先制定的应急行动水平和根据电厂状态提出的防护行动建议不适用的情况下，可以利用剂量评价结果作为相应事故情况下防护行动建议的基础。

8 与场外应急组织的协调

8.1 核电厂营运单位与场外应急响应组织得出的剂量评价结果可能存在差异。为协调这个差异，除应进行结果比对外，还应制定出核电厂与场外应急组织交换场外剂量评价资料的协议书，一旦发生核事故应急时便于快速、准确地交换资料。

8.2 交换协议书中至少应包括交换的方法、文件格式、计算中的假设，以及测量结果和单位等。

9 剂量评价小组及人员培训

9.1 剂量评价小组

9.1.1 核电厂营运单位应有剂量评价小组，该小组应具备有多名合格的评价人员，核电厂运行时每班至少应有一名合格的人员值班。

评价小组人员应包括:负责人、剂量评价人员和支持人员。

9.1.2 当应急响应组织启动之后,应该有足够的合格人员执行辐射剂量评价工作,以便为公众防护行动建议提供可靠的依据。

9.2 人员培训

9.2.1 核电厂营运单位应按照 GB/T 17680.9 的要求对辐射剂量评价人员进行培训,以便使他们有能力完成核事故应急的剂量评价工作,能够正确熟练地使用评价模式,以及对模式的计算结果作出合理的解释。

9.2.2 对辐射剂量评价人员最低要求的培训的内容有:计算模式的数学物理概念,数据库的使用,模式使用的限制条件以及计算结果的不确定性等。

9.2.3 人员培训最好在核电厂现场进行,因为在这里评价人员将会真实地熟悉该核电厂的设备和整体布局,以及当地的自然环境情况。

ICS 27.120.20
F 77

中华人民共和国国家标准

GB/T 17680.12—2008

核电厂应急计划与准备准则 第12部分:核应急练习与演习的计划、准备、实施与评估

Criteria for emergency planning and preparedness for nuclear power plants—Part 12: Planning, development, conduct and evaluation of nuclear emergency drills and exercises

2008-03-24 发布　　2008-11-01 实施

中华人民共和国国家质量监督检验检疫总局
中国国家标准化管理委员会　发布

前　言

目前,GB/T 17680《核电厂应急计划与准备准则》分为以下12个部分:

——第1部分:应急计划区的划分;

——第2部分:场外应急职能与组织;

——第3部分:场外应急设施功能与特性;

——第4部分:场外应急计划与执行程序;

——第5部分:场外应急响应能力的保持;

——第6部分:场内应急响应职能与组织机构;

——第7部分:场内应急设施功能与特性;

——第8部分:场内应急计划与执行程序;

——第9部分:场内应急响应能力的保持;

——第10部分:核电厂营运单位应急野外辐射监测、取样与分析准则;

——第11部分:应急响应时的场外放射评价准则;

——第12部分:核应急练习与演习的计划、准备、实施与评估。

本部分是GB/T 17680的第12部分,对应于美国国家标准ANSI/ANS-3.8.7:1998《核应急准备中练习与演习的计划、准备、实施与评价准则》。本部分与美国国家标准ANSI/ANS-3.8.7:1998的一致性程度为非等效。

本部分对核电厂核应急练习与演习的计划、准备、实施和评估规定了详细的技术准则,是对国家有关法规、规章以及国家标准GB/T 17680.5《核电厂应急计划与准备准则　场外应急响应能力的保持》和GB/T 17680.9《核电厂应急计划与准备准则　场内应急响应能力的保持》在技术上的补充。

本部分由中国核工业集团公司提出。

本部分由全国核能标准化技术委员会归口。

本部分起草单位:核工业标准化研究所。

本部分主要起草人:禚凤官、陈竹舟。

核电厂应急计划与准备准则
第12部分:核应急练习与演习的
计划、准备、实施与评估

1 范围

GB/T 17680的本部分规定了核电厂核事故应急练习与演习的计划、准备、实施与评估准则;除特别说明者以外,本部分所规定的各项准则同时适用于演习与练习。

本部分适用于核电厂营运单位核应急组织(以下简称场内应急组织)的应急练习与演习;核电厂所在地的省级核应急组织(以下简称场外应急组织)的应急练习与演习可参照执行。

2 规范性引用文件

下列文件中的条款通过GB/T 17680的本部分的引用而成为本部分的条款。凡是注日期的引用文件,其随后所有的修改单(不包括勘误的内容)或修订版均不适用于本部分,然而,鼓励根据本部分达成协议的各方研究是否可使用这些文件的最新版本。凡是不注日期的引用文件,其最新版本适用于本部分。

GB/T 17680.5—1999 核电厂应急计划与准备准则 场外应急响应能力的保持

GB/T 17680.9—2003 核电厂应急计划与准备准则 场内应急响应能力的保持

3 术语和定义

下列术语和定义适用于GB/T 17680的本部分。

3.1

练习 drill

为保持或评价应急响应人员执行某一特定应急响应功能的技能与能力而进行的有组织的训练或操作。练习通常分为培训性练习和评价性练习(也称为单项演习)两类。

3.2

演习 exercise

为检验应急计划的有效性、应急准备的完善性、应急响应能力的适应性和应急人员的协同性所进行的一种模拟应急响应的实践活动;根据其涉及的内容和范围的不同,可分为单项演习(评价性练习)、综合演习和联合演习;本部分中的“演习”主要指综合演习和联合演习。

3.3

综合演习 comprehensive exercise

场内或者场外应急组织的全部或部分组成部门或单位按照预定的演习情景协同进行的演习,以检验、评价应急组织的综合响应能力。

3.4

联合演习 joint exercise

场内和场外应急组织按照统一的演习情景,联合组织其全部或部分组成部门或单位所进行的演习,

以检验、评价场内、场外应急组织的整体与协调配合响应能力。

3.5

情景　scenario

为实现演习的预定目标，以实际可能发生的事件和(或)事故情景为基础所编制的练习或演习控制文件，它对事故情景的事件、事件序列和时间进程进行适当剪裁或压缩，详细说明剪裁或压缩后事件的特征与进程，并标明相应的预期响应行动。

3.6

参演人员　players

练习或演习期间在应急组织中担任规定的应急响应角色的人员。

3.7

参演态度　drillsmanship

参演人员对情景事件当作真实事件进行主动响应，并将那些监控员可能尚未注意到的行动告知监控员和评估员。

3.8

监控员　controllers

监督和引导实施演习情景的人员。

3.9

评估员　evaluators

评估练习或演习实施情况的人员，评估的范围包括情景设计与准备、参演人员对情景事件响应的适宜程度、应急计划与程序的执行及其有效性和适用性，以及应急响应设施的利用及其适用性等。

3.10

观察员　observers

允许进入演练区、在练习或演习中没有响应任务但可以向监控员或评估员报告观察结果的人员。

3.11

应急计划　emergency plan

一种经过审批的文件，它描述其编制与实施单位的全部应急职能、组织、设施和设备，以及和外部应急组织间的协调与相互支持关系。

注：应急计划需通过特定的应急执行程序来实施。

3.12

场区　onsite

具有法定的边界、核电厂许可证持有者有权管理全部活动(包括人员与财产的进出控制)的核电厂所在区域。

3.13

场外　offsite

场区边界以外的所有区域。

4　计划

4.1　一般要求

4.1.1　应急响应的效能决定于场内、场外应急组织的各组成部门或单位执行各种相互有关功能的能力。应当对这些应急响应能力定期进行评估，以确保一旦需要时能够采取适当的纠正、缓解、补救和防护行动，使工作人员和公众的健康与安全风险减至最小。

4.1.2　应当进行应急响应练习，以提高、保持和评估应急响应人员执行某一特定应急响应功能的技能与能力。宜利用练习来评估那些演习中未涉及到的方面。宜按照本部分的规定，将准备、实施和评估演习的一般原则应用于练习，应用的程度应当与练习的范围相适应。

4.1.3　应当进行应急响应演习来证明应急组织的整体响应能力。演习大纲应当为实现演习的目标提供可能。演习应当涵盖应急组织的通知与动员、应急响应设施的启动、通信系统的利用、向政府机构的通知、应急执行程序的应用等。具有多机组的核电基地，某机组许可证持有者举行的演习，有关的应急机构应当参与协调或组织。

4.1.4　为保证练习和演习的真实性，提高应急组织的"实战"能力，应当保持练习和演习情景的机密性。在进行练习和演习前，不应将情景内容公开。在事件结束前，不应允许参演人员接触情景。

4.2　演习的分类

4.2.1　综合演习

综合演习的参加者应当包括场内或者场外应急组织的所有或主要组成部门或单位，以检验、评估应急组织的综合响应能力和应急组织各组成部门或单位间响应行动的协调配合程度（见GB/T 17680.5—1999 的 2.5 和 GB/T 17680.9—2003 的 2.6）。

4.2.2　联合演习

联合演习的参加者应当包括场内应急组织和场外应急组织的全部或者它们的主要组成部门或单位，有时也包括国家有关核应急机构。此类演习的目的是检验、评估场内和场外应急组织的整体响应能力和二者的协调配合程度（见 GB/T 17680.5—1999 的 2.6 和 GB/T 17680.9—2003 的 2.7）。

4.2.3　不通知的演习

宜通过不通知的演习来验证应急组织的动员和应急响应设施的启动。在这种演习中，参演人员事先不知道演习的日期、开始时间或者持续时间。

4.2.4　非工作时间演习

非工作时间演习的发起应当使应急组织的动员发生在工作日的下午 6:00 至次日凌晨 6:00 之间或者节假日，以验证在非工作时间应急组织的动员和应急响应设施的启动。

4.3　演习的频度

4.3.1　场内和场外应急组织的演习计划安排和各类演习的频度，应当保证其应急计划中描述的各项应急功能在 3～5 年的周期内都能被检验和评估一次。

4.3.2　场内、场外应急组织的综合演习、联合演习以及核电厂首次装料前的演习宜按下列规定安排：

a）场外应急组织的综合演习，一般每 2～4 年举行一次；

b）场内应急组织的综合演习，每 1～2 年举行一次；

c）核电厂首次装载核燃料前，场内和场外应急组织进行一次场内、场外应急演习；

d）联合演习，由场内、场外应急组织协商安排。

4.3.3　场内应急组织宜每 6 年左右举行一次不通知的综合演习。

4.3.4　场内应急组织宜每 6 年左右举行一次非工作时综合演习。

4.4　练习

4.4.1　评价性练习的目的在于评估应急组织执行某一特定应急功能的能力，应当按照表 1 规定的频度实施各种评价性练习。在计划安排该表所指出的练习时，宜考虑表中所列出的那些要素（见 GB/T 17680.9—2003 附录 A）。

4.4.2　一项练习是一项独立的活动，并可以是综合演习或联合演习的一部分；一次练习可以涵盖一个以上的练习类型。

表 1　练习的计划要求

练习类型	练习频度	需要考虑的要素
辐射防护	半年1次	人员防护
		厂内取样与评价
		去污
		通信
		厂内辐射监测与剂量测定
		放射剂量计算
		放射化学
保安/清点	场内1年1次， 场外与综合或联合演习同时进行	人员保护
		通信
		撤离
		清点
		保安
医疗救治	1年1次	急救
		搜寻与营救
		通信
		运送
		医疗能力
		污染控制
通知/通信	场内1季度1次， 场外半年1次	及时性
		准确性
		设备利用
		所传送信息的有用性
		冗余
		有关政府部门
		非工作时间
		应急组织
公众信息	1年1次	公众信息中心
		通信
		谣言控制
		场内、场外公众信息活动的协调
辐射监测	半年1次	人员防护
		环境取样与评价
		通信
		辐射监测与剂量测定
		去污
		设备利用

表 1（续）

练习类型	练习频度	需要考虑的要素
剂量评价	半年1次	通信
		与监测组的协调
		防护行动建议或决策的提出
		环境数据的采集与评价
		场内、场外的协调
		源项确定
		剂量计算
气象信息	1年1次	实时气象信息的获取
		气象预报信息的获取
		通信
		场内、场外的协调
交通控制	1～2年1次	控制点的确定
		控制命令的发布
		实施控制人员的到位
		通信
		场内、场外的协调
消防/消防支援	场内:1年1次,	消防设施的启动
		针对火灾性质不同消防手段的运用
		通信
		场内、场外的协调
		人员防护

5 准备

5.1 演习的管理

5.1.1 演习负责人

应当指定一名演习负责人，负责：

a) 演习的情景设计、时间安排和目标的确定，并负责演习计划的审评、审批申请和上报工作；
b) 其他组织或机构参加演习的协调；
c) 监控员和评估员的培训或培训协调；
d) 确定情景的基本规则和指令；
e) 情景分发的管理；
f) 偏离和终止情景的批准；
g) 演习的实施；
h) 评判和评估活动的协调；
i) 活动文件与说明文件的编制；
j) 评判意见的发布和纠正措施的确认。

应当为演习负责人配备工作人员，组成演习领导小组，以履行上述职能。

5.1.2 情景设计组

应当建立一个情景设计组。应当指定一名情景组负责人，以保证所设计的情景能够用以验证演习的目标。情景组的负责人可以是演习负责人。

情景设计组应当包括核电厂各方面有经验的人员。为保证演习准备工作的成功，宜有下列各方面的专业人员参加情景设计组：

a) 运行；

b) 维修；

c) 辐射防护（源项确定、辐射监测、剂量评价）；

d) 人员保护（消防、保安、医疗）；

e) 应急计划；

f) 其他（公共事务、电厂工程、化学、培训等）。

5.1.3 监控组

应当建立一个监控组，该组应由不担任参演角色的人员组成。监控组应当负责演习的具体实施。监控组应当由演习负责人指挥。对于演习中涉及的每一个主要响应地点或设施，均应当设一名主监控员。在核电厂内活动的各位监控员应当具有无陪伴进出权。主监控员应当熟知设施的各项规定的活动。宜将情景设计小组的成员指定为他们的专业领域的监控员。培训性练习的监控员应当负责纠正不正确的操作。

5.1.4 评估组

应当建立一个评估组，该组应由不担任参演角色的人员组成。该组负责对演习进行评估，评估的范围包括情景的设计、演习的准备、应急计划与执行程序的执行，以及应急响应设施与设备的适宜程度等。评估组应当向演习负责人报告工作。评估员可以兼任监控员的职务，并且可以是情景设计小组的成员。

5.2 监控员与评估员的培训要求

5.2.1 监控员

应对监控员进行培训，使他们掌握控制演习情景但不向参演人员进行操作提示的技能与方法。培训内容应当包括情景的目标和细节，以便控制事件顺序和预计参演人员的行动；并应当强调核电厂和有关人员的安全。还应当对监控员进行文件编制要求方面的培训。

5.2.2 评估员

应当对评估员进行目标评估技术和文件编制要求方面的培训。应当向评估员简要说明演习的目标和情景事件，以便为评估参演人员的表现提供基础。应强调核电厂和有关人员的安全。

5.3 时间安排与协调

5.3.1 时间安排

宜提前12个月安排演习日期。应当在演习前6个月确定演习准备的时间安排。应当提前4个月明确演习的具体目标。

确定演习的日期时，宜考虑可能影响演习的准备与实施的各种因素，例如有关参演单位的时间安排、假期长短、核电厂的停运安排、模拟机是否可用，以及有关政府部门的时间安排等。

应当提前确定练习的时间安排与目标。

确定演习准备的时间安排时，应当考虑下列因素：

a) 演习具体目标的确定；

b) 情景的设计；

c) 演习计划（包括演习的具体目标与情景）的审评与审批；

d) 监控员与评估员的培训；

e) 参演单位之间的沟通。

5.3.2 协调

在演习的时间安排与计划中，宜全面考虑参加练习或演习的外部组织或机构，协调好外部组织或机构的参演目标。

5.4 资源的确定

5.4.1 练习或演习的组织者应当确保各种所需资源可供使用，以支持练习或者演习大纲的实施。需要考虑的事项宜包括：

a) 对情景设计的支持；

b) 有关工作人员参加练习或者演习的可能性；

c) 模拟机的使用；

d) 进行非工作时间练习与演习时加班时间的安排；

e) 合同单位的支持(需要时)；

f) 后勤保障(饮食、交通、打印、模型、消耗品等)。

5.4.2 应当配备好情景设计人员、演习的监控与评估人员，并配备好练习和演习的参演人员。应当在应急组织中选择参演人员。应急组织的每一位成员应在2年的时间内至少一次作为参演人员参加演习或练习。

5.5 情景

5.5.1 目标

目标是一种表明拟加以验证的应急响应行动的书面陈述。所确定的演习目标，应当使得应急组织能够证明其响应紧急情况和保护工作人员和公众健康与安全的能力。宜将参演人员对情景事件的预期响应加以明确，以保证演习目标的实现。练习大纲的目标可以是独立的和范围有限的，以集中验证一个或者少数几个特定支持功能与任务。

5.5.2 时间进程与事件序列

应当设计情景的时间进程和编制情景的说明摘要。时间进程是事件与时间关系的一种表示。说明摘要是对时间进程中各种活动的简要描述。所设计的事件序列应当包括说明性信息和参演人员的预期行动。事件序列还应当对事件级别、目标、放射性释放和防护行动建议等加以规定。宜为事件的发生分配足够的时间，包括必要时发出偶然事件信息和实现目标所需要的时间。

事件发生所需要的时间可能会大于情景给定的时间，在这种情况下，可以采用时间跳跃方法，跨过可能出现的时间间隙。当采用时间跳跃来压缩演习实施周期时，应当在时间进程和对应的事件序列中清楚地注明。应当在情景中对时间跳跃附加一个简要的注释。情景设计中宜避免频繁采用时间跳跃，以减少混淆和保持真实性。

当场内、场外应急组织的组成单位参加演习以验证实施有关防护措施的各种能力时，场内和场外的情景应当相互协调。

5.5.3 真实性

应当假设一些事件，以引导参演人员实施预期的响应。宜利用实际已经发生过的那些异常和事件，以使情景保持高度的真实性。可以从许可证持有者的事件报告或者培训用模拟机的输出中提取此类信息。

所假设的事件或故障宜具有高度的合理性。除了与练习或演习的目标直接有关的情况以外，不宜过多地采用多重独立故障，以免影响总体真实性。为了满足情景的多目标需要，常采用超过核电厂设计基准的低概率事件序列，但应特别注意避免使用可能进一步影响情景真实性的极低概率事件序列。

保持情景真实性的方法宜包括：

a) 参演人员做出适当努力后，状况终止或缓解。若缓解努力不成功，故障序列延续，但不脱离情景目标。

b) 利用真实事件、工程研究结果或工业经验。

c) 监控员利用根据参演人员的行为所“获得”的信息引导参演人员;宜将偶然事件信息的使用减至最少。

d) 在保持人员或核电厂安全的前提下,利用模拟的和真实的场景。

e) 可能时使用模型。

f) 用视觉辅助工具模拟应急状态下可能出现的复杂情形,例如,使用深色眼镜、用凡士林涂抹自备呼吸设备的面板或将蜡纸敷贴在测量仪器表盘上等来模拟烟雾。

g) 使用真实的医疗支持。

h) 使用模拟的蒸汽泄漏。

i) 用彩色标记或者实物模型模拟浮动的贮槽液位。

j) 用彩色标记、实物模型或照片等模拟飘忽不定的模糊指示。

5.5.4 数据

情景数据应包括支持目标所需要的所有必要信息,例如运行、辐射、气象和化学等方面的信息。

5.5.4.1 初始条件

初始条件以核电厂的下述信息为基础建立:运行数据、运行时间、燃料负荷、气象条件、保安事件、假设的燃料损伤、放射性物质释放、电力配置、辅助设备停役以及其他类型的运行、维修或工程等数据。初始条件宜是协调一致的,以保持事件序列的合理性和真实性。初始条件宜包括:

a) 辐射状况指示;

b) 反应堆冷却剂泄漏或管道破口大小和流率;

c) 燃料元件破损百分数;

d) 反应堆功率历程;

e) 燃料在堆内的时间;

f) 气象数据和气象预报(真实的和模拟的)。

5.5.4.2 情景数据的表示

情景中数据的表述应当与已批准的核电厂程序、表格、数据单和报告相一致。测量单位应当和核电厂仪表与程序中使用的单位相一致。

应当产生用来解释核电厂数据不能描述的那些事件的信息。这类信息可能包括保安、医疗和火灾事件信息。在这些信息中,宜包括足以使参演人员有机会采取行动来验证情景目标的信息。

情景中的公众信息部分宜包含涉及假设事件、谣言、推测及技术疑问等问题。宜把这些问题纳入谣言控制过程,并用于信息发布。

视觉辅助工具的产物或指示的格式宜与安全参数显示系统或剂量评价程序所用的格式相同。宜将已批准程序中的格式、工厂布置和报告单用于视觉辅助工具。

此外,提示卡(例如偶然事件信息卡)宜具有不同的颜色或具有检索标识,以便于监控员查找它们,避免出错。

5.5.4.3 数据来源

5.5.4.3.1 模拟机

宜使用核电厂专用模拟机来准备运行数据。某些模拟机可用于驱动应急响应设施的数据终端。如果用模拟机驱动这些终端,则应采取措施来确认用作情景信息的数据。

5.5.4.3.2 以往的演习或事件

准备数据时为减少准备时间,可以应用本厂实际发生过的或以往练习和演习中的事件,供不同于原来的参演人员进行事件响应,并使那些以前未曾遇到过此类事件的参演人员有机会进行事件响应。

对于一个厂址而言,本年度演习所使用过的整套情景,三年内不应再重复用作年度演习的情景。如果前一年度演习中有的目标未被验证,则其相应部分的情景可以用于准备本年度的演习情景。

5.5.4.3.3 计算

对情景所完成的计算宜和用于形成相同数据的核电厂程序相一致。可以应用工程研究结果来提供附加的情景数据。

5.5.4.3.4 计算机化的瞬态模式

可以应用计算机化的瞬态模式来产生情景信息。也可以将概率风险评价模式化的事件转化为练习和演习的情景。

5.5.4.3.5 其他数据来源

如果得不到核电厂专用程序，则可采用手算、通用模式和专门程序来形成数据，前提是所形成的数据与核电厂特征相一致。

5.5.4.4 情景数据的核实

宜使用核电厂专用模拟机，以保证所设计的情景是可行的，并保证可以得到足够的信息用于准备所需要的结果。宜将核电厂专用模拟机用于数据的收集、排序、定时和预判预期的结果。如果在模拟机上进行测试时发现情景有矛盾之处，则应加以解决，或者建立补救办法并纳入情景中。

应当使用为分析真实事件所建立的剂量评价程序来核实放射性物质释放数据。所使用的气象数据宜与实施演习的季节和时间相一致。

5.6 练习或演习手册

应编写练习或演习手册。手册应为监控员和评估员有效地实施和评估演习提供足够的信息。每个练习或演习均应具有一个为满足练习或演习目标而专门设计的情景。对于相继进行的每一练习或演习，其情景应是不同的。练习或演习手册的编写宜遵循下面给出的格式与内容要求。

5.6.1 格式和内容

手册应明确界定演习的范围、目的、目标、操演程度、初始和预期条件，以及对事件的预期响应。制定手册时，应与参加演习的组织在必需的范围内进行协调，以保证时间进程和数据关联的一致性。

手册的格式宜有助于特定信息的及时提取，其内容应包括：

a) 引言：日期、时间长短、演习活动地点、参加组织和演习范围；
b) 目标：列出要验证的具体目标；
c) 时间安排和后勤：演习简介、评判、与评估员和监控员的协调、日期、时间和地点；
d) 参演人员指南：对参演人员的一般指导，包括操演程度、安全注意事项、与监控员的联络、数据表示格式、以及参演态度；
e) 监控员指南：监控组织、通信网络、操演程度、允许的模拟、注意事项、安全考虑，以及经验教训；
f) 情景：时间进程、说明摘要、事件序列、假设数据、信息和偶然事件信息；
g) 评估：评估组织、评估准则、与事件序列相联系的参演人员的预期行动、操演的程度、允许的模拟、不足和缺陷。

5.6.2 分发

情景的分发应限制在需要知道的人员范围内。练习或演习监控组织和其他非参演人员可以根据演习负责人的意见接触情景。在进行演习前，不应让参演人员知道或者接触情景。可将演习的目标告诉参演人员，但不应因此形成对参演人员的提示。

6 实施

6.1 演习简介

应当在演习前完成向监控员、评估员、参演人员和观察员的演习简介。

演习简介的内容应当包括：

a) 参演态度；
b) 监控员、评估员、参演人员、观察员和其他人员之间的接口关系；

c) 核电厂程序的遵守(保安、辐射照射控制);

d) 外部组织的参与;

e) 通信;

f) 安全注意事项;

g) 人为条件(提前到位、监控卡、干预参演人员响应的条件等);

h) 提问与答疑。

对监控员和评估员进行的演习简介还应包括:

a) 练习或演习的目标;

b) 预期的参演人员响应;

c) 时间进程和初始条件;

d) 监控组织(报告顺序);

e) 评判。

6.2 提前到位

提前到位是指参演人员在计划的特定功能启动之前到达其响应岗位。应当对提前到位加以限制,只有因情景时间的限制,不允许参演人员有足够的时间进行响应和恰当地验证其职责的那些地方,可以允许提前到位。应对提前到位进行评估,以保证和演习目标一致。

应将到位时间与地点以及开始行动所必需的所有相关信息通知需提前到位的人员。应将提前到位人员的参与通知其他响应设施的有关人员,以解决任何时间上的冲突可能造成的混乱。

6.3 数据的提供

在演习期间,可以使用核电厂专用模拟机。如果使用模拟机,运行班组宜如他们在控制室那样对计划的情景进行响应。由模拟机所接收到的信息和数据宜具有通常在控制室所见到的格式。

在实施练习或演习情景时,宜使用由模拟机驱动的实时数据系统,如安全参数显示系统,因为这类系统能反映真实的事件。如果切实可行,宜利用模拟机驱动安全参数显示系统;但在此种情况下,应当采取措施来确认作为情景信息的数据。

可以使用安全参数显示系统的显示,它们能够重显以前的事件。可将计算机产生的屏幕数据(用它们来模拟核电厂数据,否则可由核电厂运行终端获得这类数据)作为模拟的"实况"数据,并用服从演习目标的串接格式提供。

在练习或演习期间,宜利用在真实事件情况下所用的剂量评价程序,以保证正确使用为练习或演习所产生的数据结果。气象学数据可以是实况的,也可以是模拟的(录制的)。宜小心选择实况气象数据,因为它们可能并不满足特定响应功能演习的需要。此外,所获得的气象数据的不稳定性,也可能并不适合特定的练习目标。

6.4 练习和演习的监控

应由监控组织对练习或演习加以控制和引导,以保证安全地模拟和严格地遵守情景时间进程。

6.4.1 监控职权

应指定足够多的监控员,以保证在每一个参加演习的主要活动地点或设施均严格遵守情景事件和事件的时间进程。监控员应有权向参演人员发布情景指令。应为演习负责人提供与主监控员进行联络的手段与权力。演习负责人应有权终止演习或练习。

6.4.2 干预

监控员一般不宜直接干预演习或练习的进程,但当其断定演习或练习已经或可能偏离目标或进程或者可能产生某种危险时,则应进行干预或引导。监控员可在演习过程中调整或改变个别情景指令,以达到预期的演习目标。

6.4.3 中断

在演习或练习过程中,可能实际发生核电厂运行异常或场外事件。应授权监控员在其断定演习或练习活动可能使参演人员或核电厂设备遭遇不安全条件或情况时，可以中断演习操作或中止特定的行动。监控员和演习负责人或核电厂运行经理应当根据当时的状况评估继续进行演习是否适宜。

6.4.4 标识

为了避免演习或练习期间的混乱，演习负责人宜建立识别演习参加者及所用交通工具的方法。可以采用诸如彩色的编码胸章、衬衫、帽子或袖标等各种标识方法，以便识别参演人员、监控员、评估员和观察员。对所用的交通工具，也应标以醒目的彩色标志。

6.4.5 提示

在演习进行期间，除了为保持情景的完整性或人员的安全外，监控员不应进行演习操作提示。应将所发出的任何提示予以确认和记录，并应作为评判的一部分加以考虑。

6.4.6 预期行动的模拟

宜将模拟减至最少。如果人员行动和设备操作可能对人员的安全和核电厂设备或系统的安全运行带来危险，则应对这些人员行动或者设备操作进行模拟。模拟时，宜利用为安全完成这些活动所需的模型设备、备用设备或步骤的口头叙述。

6.4.7 用餐

用餐期间，演习或练习活动应继续进行。宜提前准备好食物供应，或按照应急计划的规定提供。

6.4.8 偶然事件信息

可在演习情景中给出偶然事件信息，以引导参演人员越过未成功演示的活动，或者继续合理地遵守情景时间进程。

6.4.9 终止

应将演习或练习的终止通知所有参加者。宜按照演习或练习的全部目标是否完成来决定演习或者练习的终止，而不过多考虑所确定的时间进程要求。可根据演习负责人的意见在任何时间宣布演习或练习的终止。

7 评估

7.1 一般要求

7.1.1 应当进行评估，以确定练习或演习的目标是否达到，并确定应急响应组织对给定情景进行响应的能力。应根据对每一目标所建立的准则对演习进行评估。评估应当确定每一项目标是达到，没有达到，或者没有被验证。还应根据应急组织和参演人员在演习中的表现评估其应急响应能力。

7.1.2 若某个目标的评估准则已被令人满意地验证，则该目标应被确定为“达到”。若评估准则的实质部分没有得到恰当的验证，则该目标应当被确定为“没有达到”。如果情景不能为参演人员提供机会来验证他们的能力是否满足目标要求时，该目标应被确定为“没有被验证”。

7.1.3 对于应急响应能力，可按优、良、中、差四级进行评估。“优”指能在规定时间内正确进行所要求的响应，无差错地完成应急响应任务；“良”指能在规定时间内较好地进行所要求的响应，达到了预期的目标，差错较少；“中”指存在明显缺陷，但没有严重影响目标的实现；“差”指存在重大错误，严重影响了演习目标的实现。

7.1.4 应当编制评估报告，并应提出需进行的纠正行动。“没有达到”的目标应当在将来的演习中重复，以证实有满意的行动。“没有被验证”的目标应在将来的演习中加以验证。

7.2 评估准则的制定

应当针对每一情景目标制定评估准则。应当将这些准则用于确定每一目标的成功或失败。这些准则应是具体的、定量的和可以观测的。

7.3 提问与讨论

评估员对参演人员的提问应在练习或演习终止后 24 h 内进行。提问宜由演习负责人主持，并且宜包括对演习情景的通盘检查。应解释和记录提出的主要的问题。应当使参演人员有机会辨别练习或演习的长处和短处。进行讨论的事项宜包括：

a) 目标的验证；

b) 程序、设备和设施的有效性；

c) 通信的有效性；

d) 情景的有效性；

e) 响应行动的适宜性和响应能力。

7.4 文件的收集

主监控员应收集所有文件，包括按照计划所形成的通信表格与记录、演习或练习期间的适用程序，以及来自参演人员的书面评注。宜使这些文件可供评判期间使用。宜将记录应用于改善对情景的响应。

7.5 评判与评估报告

评估负责人应召开全体评估员以及演习负责人和主监控员参加的评估会议。应评估、确定每一目标是“达到”、“没有达到”或“没有被验证”；并应对应急组织、程序、设施和设备的响应情况及适宜程度加以评议，还应对参演人员、设施和组织或政府部门之间的通信加以评估。

评估会议应形成评估结果，并于而后形成评估报告。

7.6 总结报告

演习负责人应当确保完成练习或演习总结报告。该报告应当指出练习或演习的目标的实现程度，并宜列出演习或者练习的优点和重要不足(即使目标已经达到)。应按有关规定将该报告提交有关部门。

7.7 纠正行动

应当确认纠正行动，并应当针对报告中确认的没有达到的目标和其他不足加以解决。应对这些纠正行动进行跟踪，直到问题解决为止。应当对不足的原因进行分析。

ICS 77.120.99
H 68

中华人民共和国国家标准

GB/T 17684—2008
代替 GB/T 17684—1999

贵金属及其合金术语

Terminology for precious metals and their alloys

2008-03-31 发布 2008-09-01 实施

中华人民共和国国家质量监督检验检疫总局
中国国家标准化管理委员会 发布

前　言

本标准代替 GB/T 17684—1999《贵金属及其合金术语》。

本标准与 GB/T 17684—1999 相比，主要有如下变动：

——增加了贵金属电接触材料专项术语；

——增加了贵金属形状记忆合金、贵金属感光材料、贵金属纳米粉、贵金属钎料、贵金属合金膏状钎料、贵金属绕组材料、贵金属导电环材料、固化型贵金属浆料、烧结型贵金属浆料等术语；

——将原标准中钯银电阻浆料等术语去除；

——将原标准中测温材料进一步细化，原标准只针对贵金属测温材料进行术语解释，而本标准在解释此术语的基础上把贵金属测温材料分为贵金属热电偶和铂电阻温度计两类；

——将原标准中的术语贵金属焊料改为贵金属钎料且将贵金属钎料分为贵金属电真空钎料和贵金属合金膏状钎料；

——与原标准结构上有变动。

本标准由中国有色金属工业协会提出。

本标准由全国有色金属标准化技术委员会归口。

本标准由贵研铂业股份有限公司、有研亿金新材料股份有限公司负责起草

本标准主要起草人：申丽琴、王健、庄滇湘、周世平、蒋传贵、马云秋、吕保国、熊晓东、冯景苏。

本标准所代替标准的历次版本发布情况为：

——GB/T 17684—1999。

贵金属及其合金术语

1 范围

本标准规定了贵金属及其合金的常用术语。

本标准适用于贵金属及其合金生产、应用、检验、流通、科研和教学等领域,作为统一技术用语的依据。

2 一般术语

2.1

贵金属 precious metals

金、银和铂族金属的统称。

2.1.1

轻贵金属 light precious metals

银、钌、铑、钯的统称。密度在 10 g/cm^3～ 12 g/cm^3 之间。

2.1.2

重贵金属 heavy precious metals

金、锇、铱、铂的统称。密度在 19 g/cm^3～ 22 g/cm^3 之间。

2.2

铂族金属 platinum group metals

金属元素钌、铑、钯、锇、铱、铂的统称。

2.3

纯贵金属 pure precious metals

由一种贵金属元素组成,质量分数大于或等于 99.9%。

2.3.1

纯金 pure gold

纯度为 99.9%～99.99%的金。

2.3.2

纯银 pure silver

纯度为 99.9%～99.99%的银。

2.3.3

纯铂 pure platinum

纯度为 99.9%～99.999%的铂。

2.3.4

纯钯 pure palladium

纯度为 99.9%～99.995%的钯。

2.3.5

纯铑 pure rhodium

纯度为 99.9%～99.99%的铑。

2.3.6

纯铱 pure iridium

纯度为 99.9%～99.99%的铱。

2.3.7

纯锇 pure osmium

纯度为99.9%～99.99%的锇。

2.3.8

纯钌 pure ruthenium

纯度为99.9%～99.99%的钌。

2.3.9

高纯贵金属 high-purity precious metals

纯度超出一定技术标准的纯贵金属。其技术标准随使用领域的不同而异,也随技术的发展而不断变化。如光谱分析用的贵金属"基体"。

2.3.10

光谱标准分析用贵金属基体 precious metal basis as spectrometric analytical standard

原子发射光谱分析纯贵金属中杂质元素时,制备标准样品所用高纯贵金属。基体中杂质元素含量一般低于分析下限5～10倍或更低。

2.4

贵金属合金 precious metal alloys

由贵金属与其他元素组成的合金。

2.4.1

金合金 gold alloys

金与其他元素组成的合金,合金中金的质量分数最大。

2.4.2

银合金 silver alloys

银与其他元素组成的合金,合金中银的质量分数最大。

2.4.3

铂合金 platinum alloys

铂与其他元素组成的合金,合金中铂的质量分数最大。

2.4.4

钯合金 palladium alloys

钯与其他元素组成的合金,合金中钯的质量分数最大。

2.4.5

铑合金 rhodium alloys

铑与其他元素组成的合金,合金中铑的质量分数最大。

2.4.6

铱合金 iridium alloys

铱与其他元素组成的合金,合金中铱的质量分数最大。

2.4.7

贵金属磁性材料 precious metal magnetic materials

具有铁磁性或亚铁磁性的含贵金属的材料。

2.4.8

非晶态贵金属合金 precious metals amorphous alloys

通过快速冷却(例如大于10^6℃/s)方法,抑止液固结晶过程,获得的贵金属合金。

2.4.9

准晶态贵金属合金 quasicrystalline precious metal alloys

熔体快速冷却后,保留其在高温时存在的结构状态的贵金属合金。

2.4.10

贵金属透氢材料　precious metal hydrogen permeability materials

在一定的温度和氢压力差的条件下，只让氢气透过的贵金属材料。又称氢净化材料。

2.4.11

贵金属形状记忆合金　precious metal shape memory alloys

将具有一定形状的贵金属急冷，在马氏相变临界温度之下经塑性变形改变形状，再将其加热到马氏体逆相变终结温度以上，金属自发地恢复它原始的形状。具有这种效应的贵金属合金称为贵金属形状记忆合金。

2.4.12

铂钴磁体　platinum-cobalt magnets

以等原子比组成的铂钴合金，具有特别高的矫顽力及剩磁，其属于有序硬化型可变形永磁体。

2.5

海绵状贵金属　sponge precious metals

一种疏松多孔、类似于海绵状的贵金属。

2.6

泡沫贵金属　foamed precious metals

具有一定强度和刚度的多孔贵金属。

2.7

贵金属铸锭　precious metal ingots

经熔炼和铸造得到的贵金属及其合金铸锭。

2.8

贵金属粉末　precious metal powders

呈粉末状的贵金属。

2.8.1

贵金属粉碎粉　comminuted precious metal powders

机械粉碎固态贵金属制成的贵金属粉末。

2.8.2

贵金属雾化粉　atomized precious metal powders

用高速气流或液流将熔融金属或合金制成的贵金属粉末。

2.8.3

羰基贵金属粉末　carbonyl precious metal powders

热分解贵金属羰基化合物而制成的贵金属粉末。

2.8.4

贵金属还原粉末　reduced precious metal powders

用化学还原法还原贵金属化合物而制成的贵金属粉末。

2.8.5

贵金属超细粉末　ultrafine precious metal powders

粒度小于 1 μm 的粉末一般称为超细粉末。通常保存在惰性气体或真空气氛中。

2.8.6

贵金属纳米粉　precious metal nanometer powders

粒度小于 100 nm 的粉末一般称为纳米粉。

2.8.7

非晶态贵金属合金粉末　precious metal amorphous alloy powders

用快冷雾化贵金属合金液滴所制得的贵金属合金非晶态粉末。

2.9

板材 plates

厚度均匀且大于 0.5 mm 的扁平轧制品。

2.10

片材 sheets

厚度均匀且在 0.05 mm～0.5 mm 范围内的扁平轧制品，通常纵向剪边，长度小于 1 m。

2.11

带材 strips

厚度均不小于 0.05 mm 的扁平轧制品，通常纵向裁边，长度大于 1 m，且长宽比例大于等于 10。

2.12

箔材 foils

厚度均不大于 0.05 mm 的扁平轧制品。

2.13

管材 tubes

沿整个长度方向上具有均匀的横截面和壁厚，且只有一个封闭通孔的空心加工产品，横截面的形状分别为圆形、椭圆形或其他形状。

2.13.1

毛细管 capillary tubes

指外径比较细小，其内径一般小于 1 mm，外径小于 3 mm 的管材。

2.14

棒材 rods(bars)

沿整个长度方向具有均匀的横截面，且为实心加工产品，直径一般不小于 3 mm，横截面的形状分别为圆形、矩形和正多边形等。

2.15

线材 threads(filigrees)

沿整个长度方向具有均匀横截面的实心加工产品，横截面的形状分别为圆形和椭圆形。直径一般为 0.3 mm～3 mm。

2.16

丝材 wires

沿整个长度方向具有均匀的横截面的实心加工产品，横截面的形状分别为圆形和椭圆形。直径一般为不大于 0.3 mm。

2.16.1

键合金丝 gold bonding wires

用于半导体封装连接芯片和引线框架键的金丝。

2.16.2

高纯铂丝 high-purity platinum wires

电阻比 W(100℃)大于或等于 1.392 5 的铂丝。

2.17

贵金属复合材料 precious metal composite materials

由两种或两种以上(至少一种是贵金属)不同性能的材料在宏观尺度上组成的一类固体材料。

2.17.1

贵金属基复合材料 precious metal matrix composites

以贵金属或其合金为基体，并以颗粒、晶须、纤维(连续的或短切的)、为增强体复合而成的材料。

2.17.1.1

连续纤维增强贵金属基复合材料 fiber reinforced precious metal matrix composites

贵金属或其合金为基体用连续长纤维或金属丝增强的复合材料。

2.17.1.2

短纤维增强贵金属基复合材料 chopped fibre reinforced precious metal matrix composites

贵金属或其合金为基体用短纤维或金属丝增强的复合材料。

2.17.1.3

颗粒增强贵金属基复合材料 particle reinforced precious metal matrix composites

以碳化物、氮化物、石墨等颗粒增强贵金属或其合金基体的复合材料。

2.17.1.4

晶须增强贵金属基复合材料 whisker reinforced precious metal matrix composites

以贵金属或其合金为基体,以各种晶须增强的复合材料。

2.17.2

金属丝增强贵金属基复合材料 metal filament reinforced precious metal matrix composites

以贵金属为基体,以相应金属合金丝增强的复合材料。

2.17.3

定向凝固共晶贵金属基复合材料 directionally solidified eutectic reinforced precious metal matrix composites

通过共晶合金的单向凝固,在基体中形成定向排列纤维或细片增强体的原位生长复合材料。

2.17.4

晶板增强贵金属基复合材料 platelet reinforced precious metal matrix composites

以新型增强体——晶板来增强贵金属或其合金基体的复合材料。

2.17.5

原位生长贵金属基复合材料 in-situ growth precious metal matrix composites

在贵金属或其合金中通过元素与化学物之间放热反应生成增强的复合材料。

2.17.6

层压贵金属基复合材料 laminated precious metal matrix composites

由两层或多层不同金属材料(至少一层含贵金属),通过加热、加压轧合、挤压、爆炸焊合等方式使之紧密结合在一起而组成的复合材料。

2.17.7

贵金属嵌镶面复合材料 precious metal inlay composites

在贱金属(如铜或铜合金)基体材料表面局部嵌镶上贵金属及其合金覆层经过压轧合成的复合材料。

2.17.8

贵金属复合线材 precious metal composite wires

基体金属材料与另一种不同的金属、合金丝材(基体和丝材至少一种含贵金属),经有关工艺处理最终拉拔而成的线材。

2.18

贵金属制品 precious metal product

采用贵金属制成的用具。

2.18.1

坩埚 crucibles

用于高温灼烧的容量较小的贵金属器具,其形状一般是上大下小,呈截锥形。

2.18.1.1

银坩埚　silver crucibles

用银制成的坩埚。

2.18.1.2

铂坩埚　platinum crucibles

用铂制成的坩埚。

2.18.1.3

铱坩埚　iridium crucibles

用铱制成的坩埚。

2.18.1.4

贵金属合金坩埚　precious metal alloy crucibles

用贵金属合金制成的坩埚。

2.18.2

杯　cups

2.18.3

舟　boats

2.18.4

铲　shovels

2.19

对铂热电势　thermal electromotive force versus platinum

材料与标准铂丝组成热电偶，当两端处于恒定的指定温度（如 100℃，0℃）时，该电偶的热电动势即称为此材料的对铂热电势。

2.20

热电均匀性　thermoelectric homogeneity

一卷丝材上任意两段材料分别与标准铂丝组成热电偶，当两端头处于恒定的指定温度（1 000℃，0℃）时，两对热电偶的热电动值之差。

2.21

铂电阻比　resistance ratio of platinum

纯铂在 t℃时的电阻值与在 0℃时电阻值之比。用 $W(t$℃$)$来表示。

2.22

铂纯度标志量　signs volume of platinum purity

高纯铂的电阻比 $W(t$℃$)$能够有效地表征其纯度的高低，将它称之为铂纯度标志量。

2.23

贵金属饰品材料　precious metal ornamental materials

用来制作装饰品的贵金属材料。

2.24

贵金属电极材料　precious metal electrode materials

在化学和电化学中用作电极的贵金属材料。

2.25

贵金属催化剂　precious metal catalysts

能够提高化学反应速率，加快化学反应达到化学平衡的贵金属材料。

2.26

贵金属感光材料　precious metal photosensitive materials

感光材料是以银的卤化物作为光敏物质，以其微晶形式分散于明胶介质中形成乳剂并将其涂布透明片基或不透明纸基支持体上经物理或化学综合处理而形成的精细化工产品。

2.27

贵金属弹性材料　precious metal elastic materials

利用金属或合金所具有的高化学稳定性和热稳定性，制成的具有高弹性的贵金属材料。

3　贵金属电接触材料

3.1

贵金属触点材料　precious metal contact materials

用于制备接触器、开关、电位器、继电器、连接器、马达等电器设备和仪器仪表等电转换装置中起接通断开电路或传导电流等作用的电器元件的贵金属材料。

3.1.1

贵金属断开触点材料　precious metal make-break contact materials

断开触点又称为开闭触点，用来间歇地接通、传导和切断电源。

3.1.2

贵金属滑动触点材料　precious metal sliding contact materials

接触部分彼此相互滑动而不断开的触点材料。

3.1.3

贵金属变形合金触点材料　precious metal deforming alloy contact materials

主要采用合金化的方法在 Ag 基、Au 基、Pt 基或 Pd 基中添加其他元素或合金可以提高其某些性能的变形合金复合材料。

3.1.4

贵金属复合触点材料　precious metal composite contact materials

以贵金属及其合金为工作层的层状复合材料，以及以贵金属及其合金为基体，金属或难熔金属氧化物、碳化微粒或纤维等为增强相的其他形式的贵金属复合，用于电触点的复合材料。

3.1.4.1

贵金属层状复合触点材料　precious metal layered composite contact materials

主要是以铜、青铜、黄铜、白铜、镍、蒙乃尔合金等铜、镍及其合金为基体，金、银、铂、钯及其合金为工作层构成的层状复合、用于电触点的复合材料。

3.1.4.2

贵金属纤维复合触点材料　precious metal fibre composite contact materials

主要以银、钯及其合金为基体，镍、钼、石墨、钢或铜纤维为增强相或以 Al_2O_3、Si_3N_4 晶须为增强相合成的纤维复合、用于电触点的复合材料。

3.1.4.3

颗粒增强贵金属触点材料　particle reinforced precious metal contact materials

主要以银为基体，以镍、钨、钼、铼、钛、铬等金属或金属碳化物、氧化物、硫化物、硼化物或氧化物，以及石墨为增强相合成的复合、用于电触点的复合材料。

3.1.4.4

弥散强化贵金属触点材料　dispersion-strengthened precious metal contact materials

主要以贵金属或其合金为基体，添加少量镉、锡、锌、镁、镍、镧，铟等金属熔炼成合金，经内氧化后上述金属以氧化物的形式弥散于银中或通过热处理析出硬化得到的用于电触点的复合材料。

3.1.4.5

连续滚焊复合贵金属触点材料　continuous roll-welding composite precious metal contact materials

以铜、镍及其合金为基体，银、金、铂、钯及其合金为工作层、采用滚焊技术连续制备。

3.1.4.6

贵金属复合铆钉触点　precious metal composite rivet contacts

贵金属复合铆钉触点以贵金属及其合金为工作层，以铜及其合金为铆钉头部的底衬和铆钉柄，采用高焊…墩制或冷墩…扩散、退火等工艺制作。

3.1.4.7

贵金属电镀触点材料　precious metal electroplate contact materials

以非贵金属材料为基体，用电镀的方法在基体表面作电触点的部位沉积贵金属及其合金层而得到电镀触点材料。

3.2

贵金属电刷材料　precious metal electric brush materials

用于制作电机换向器或在集电环上传导电流的滑动接触件的贵金属材料。

3.3

贵金属绕组材料　precious metal winding materials

贵金属绕组材料是指利用贵金属的电阻特性，制作在电位器、电阻器等上的绕线电阻材料。

3.4

贵金属导电环材料　precious metal conductive ring materials

是指利用某些贵金属具有高导电率、导热率和低熔点、低硬度等特点，制成的接触电阻稳定的导电滑环。

3.5

贵金属电接触材料　precious metal electric contact materials

用于制备接触器、开关、电位器、继电器、连接器等电器设备和电子仪器系统中起传递电讯号和电能以及接通或切断各种电路等作用的电器元件的贵金属材料。

4　贵金属测温材料

4.1

贵金属测温材料　precious metal thermometric materials

用来准确测控温度的贵金属材料。

4.2

贵金属热电偶　precious metal thermocouples

利用贵金属及其合金的热电效应制成的测温元件叫热电偶。

4.3

铂电阻温度计　platinum resistance thermometers

利用铂的电阻与温度存在一定关系等特点制作成的温度计。

5　贵金属电阻材料

5.1

贵金属电阻材料　precious metal resistance materials

利用贵金属的电阻特性(如电阻率、电阻温度系数等)制造不同功能元器件的贵金属材料。

5.2

贵金属精密电阻材料　precious metal precision resistance materials

一种电阻率很高，电阻温度系数很低，用于制造各种电阻元件的贵金属材料。其主要特点是能在大气或其他氧化性气氛下直接使用。

5.3

贵金属应变电阻材料　precious metal strain resistance materials

具有高电阻率,低电阻温度系数,性能稳定,电阻与温度成线性关系、大的应变灵敏系数且不随温度而变化,用于应力应变传感元件的贵金属材料。

5.4

贵金属热敏电阻材料　precious metal thermistor resistance materials

有大的电阻温度系数,电阻值与温度成线性关系,电阻值稳定,用于温度传感元件的一种贵金属材料。

5.5

贵金属电热材料　precious metal electrical heating materials

用于制造各种电阻加热器件中发热元件的贵金属材料。其主要特点是能在高温、大气或其他氧化性气氛下直接使用。

6　贵金属钎料

6.1

贵金属钎料　precious metal brazing materials

贵金属钎料就是用来填充连接处间隙使工件牢固结合的贵金属填充材料。

6.2

贵金属电真空钎料　electric vacuum brazing materials of precious metals

用于电真空器件中钎接用的贵金属钎料。

6.3

贵金属合金膏状钎料　precious metal alloy soldering pastes

由贵金属粉末、钎剂和载体配制成的膏状混合物。

7　贵金属牙科材料

7.1

贵金属牙科材料　dental precious metal materials

用于牙科的贵金属材料,具有优异的化学稳定性、抗腐性、耐晦暗性、良好的生物相容性、相宜的物理性能和力学性能。

7.2

牙科烤瓷合金　dental ceramic alloys

用于制作牙科烤瓷修复体(烤瓷冠)的贵金属合金。

7.3

牙科焊接合金　dental soldering alloys

在牙科修复体工艺中用于焊接相关金属材料的贵金属合金。

7.4

牙科金焊料合金　dental gold soldering alloys

用于牙科焊接其他金属或合金的金合金,其基本组成与铸造金合金相似。

7.5

牙科银焊合金　dental silver soldering alloys

主要由银、铜、锌组成,其熔化温度范围为 740℃～820℃。

7.6

牙科银汞齐合金粉　dental silver amalgam alloy powders

银与汞发生汞齐反应形成银汞合金的合金粉末,临床应用时与汞调和分别形成低铜银汞合金。

7.7

牙科银汞齐合金　dental silver amalgam alloys

由银、锡和铜为主要成分的合金粉与汞发生汞齐反应形成的合金。

7.8

牙科贵金属铸造合金　dental casting alloys

采用失蜡铸造法制作牙科固定修复体(如铸造冠、桥、嵌体等)的贵金属合金。

8　贵金属浆料

8.1

贵金属浆料　precious metal pastes

由贵金属或其化合物组成的一种适用于印刷特性或涂敷的膏状物。

8.2

贵金属电极浆料　precious metal electrode pastes

用于片式电阻器、电容器的内、外电极等的贵金属浆料。

8.3

贵金属电阻浆料　precious metal resistance pastes

作电阻使用的贵金属浆料。

8.4

贵金属粘接浆料　precious metal bonding pastes

用于粘接,形成欧姆接触的贵金属浆料。

8.5

贵金属焊接浆料　precious metal welding pastes

用于印刷电路板、厚膜电路、混合集成电路等中微型片状元器件高密度组装用的贵金属浆料。

8.6

烧结型贵金属浆料　sintering pastes of precious metals

由贵金属或其化合物的超细粉末,添加物和有机载体组成的一种适用于印刷特性或涂敷的浆状物或膏状物。能在一定温度下与基板烧结形成无机功能相。

8.7

固化型贵金属浆料　curable pastes of precious metals

由贵金属或其化合物的超细粉末、片状粉末、无机添加物、有机溶剂组成的一种适用于印刷特性或涂敷的浆状物或膏状物。能在一定温度、光或射线照射下固化与基板附着形成功能相。

8.8

贵金属导体浆料　precious metal conductive pastes

作导体使用的贵金属浆料。

中 文 索 引

英 文 索 引

A

B

C

D

E

F

G

H

I

L

M

P

Q

R

S

T

U

W

ICS 59.060.10
W 10

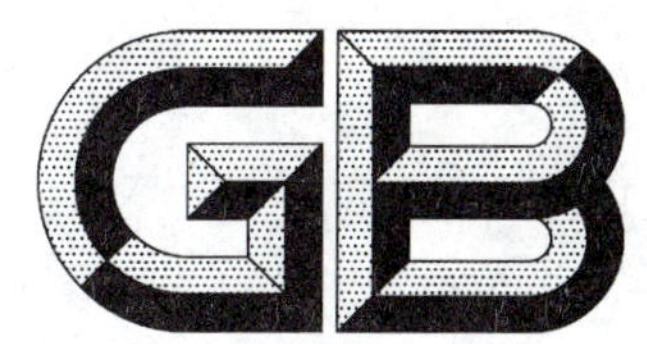

中华人民共和国国家标准

GB/T 17686—2008
代替 GB/T 17686—1999

棉纤维 线密度试验方法 排列法

Cotton fibre—Determination of linear density—Array method

2008-06-17 发布 2008-09-01 实施

中华人民共和国国家质量监督检验检疫总局
中国国家标准化管理委员会 发布

前　言

本标准代替 GB/T 17686—1999《棉纤维　线密度试验方法　排列法》。

本标准与 GB/T 17686—1999 相比，修改的主要内容如下：

——将原来标准平衡回潮率改为公定回潮率(1999 版的 6.1；本版的 6.1)；

——在原来试验用标准大气中，增加了用温带二级标准大气(1999 版的 6.3；本版的 6.3)规定；

——增加了试验试样的抽取和制备(见第 7 章)；

——将原来试验步骤中 7.1 的内容调整至本版的 7.2 中；

——修改了试验报告(1999 版的第 10 章，本版的第 11 章)。

本标准的附录 A 为资料性附录。

本标准由中国纤维检验局提出并归口。

本标准由上海纤维检验所负责起草。

本标准主要起草人：眭华明、李颖。

本标准于 1999 年首次发布，本次是第一次修订。

棉纤维　线密度试验方法
排列法

1　范围

本标准规定了用排列法测定棉纤维平均线密度的方法。

本标准适用于原棉、棉卷、棉条等线密度的测定，也适用于试样内各长度组的线密度测定。

2　规范性引用文件

下列文件中的条款通过本标准的引用而成为本标准的条款。凡是注日期的引用文件，其随后所有的修改单(不包括勘误的内容)或修订版均不适用于本标准，然而，鼓励根据本标准达成协议的各方研究是否可使用这些文件的最新版本。凡是不注日期的引用文件，其最新版本适用于本标准。

GB/T 6097　棉纤维试验取样方法

GB 6529　纺织品的调湿和试验用标准大气

GB/T 8170　数值修约规则

GB/T 13779　棉纤维长度试验方法　梳片法

3　术语和定义

下列术语和定义适用于本标准。

3.1

线密度　linear density

纤维或纱线单位长度的质量。

3.2

特克斯　tex

表示线密度的一种单位，为每千米纱线或纤维所具有的质量克数。

4　原理

将预先分成一些已知长度组的束纤维称重，然后排列在载玻片上并计点其根数，从而计算出各长度组的棉纤维线密度和棉纤维线密度的平均值。

5　设备

5.1　Y121 梳片式长度仪。

5.2　显微镜或投影仪：放大倍数为 150 倍～200 倍。

5.3　天平：

a)　分度值≤0.05 mg；

b)　分度值≤0.01 mg。

5.4　载玻片、镊子、挑针、甘油或水等。

5.5　计数器。

6　试验用标准大气

6.1　对于回潮率大于公定回潮率的试验试样应放入 45℃～50℃烘箱中进行预调湿处理，时间为 0.5 h。

6.2 如果测试线密度分组排列棉束按 GB/T 13779 方法进行试验，并一直放置在标准大气中，可直接用于测试。

6.3 调湿和试验用标准大气按 GB 6529 中温带标准大气二级标准，即：温度为(20±2)℃，相对湿度为(65±3)%。

7 试验试样的抽取和制备

7.1 试验试样的抽取按 GB/T 6097 执行。

7.2 按 GB/T 13779 中的规定制备各长度组试验试样，称重并在试验记录单(参见附录 A)中记录各组的质量(m_i)，丢弃组中值为 5.5 mm 及以下长度组和质量少于 1 mg 的长度组。

8 试验步骤

8.1 从最长一组开始，分别从各长度组棉束中纵向分离出一束 100 根左右的纤维，将各纤维束称重，准确至 0.01 mg，并记录。

8.2 夹持棉束的一端，然后用镊子从另一端每次夹出若干根纤维，依次移置于涂有薄层甘油或水的载玻片上，纤维排列要均匀平直，排完后用另一片载玻片盖上，并标明各长度组。

8.3 每一长度组制备一片载玻片。

8.4 从最长组开始，将各块载玻片依次放在显微镜或投影仪下计数，并在试验记录单中记录根数。

8.5 每根试验棉条试验两次。两次试验结果的差值应符合本试验方法第 10 章精密度的规定。

9 试验结果的计算

9.1 长度组线密度

第 i 长度组的线密度按式(1)计算：

$$T_i = \frac{m_{1i}}{N_i \cdot L_i} \times 10^6 \qquad \cdots\cdots(1)$$

式中：

T_i——第 i 排列长度组的线密度，单位为毫特克斯(mtex)；

m_{1i}——第 i 排列长度组中取得的纤维质量，单位为毫克(mg)；

N_i——第 i 排列长度组中取得的纤维根数，单位为根；

L_i——第 i 排列长度组中的长度(组中值)，单位为毫米(mm)。

9.2 平均线密度

平均线密度按式(2)计算：

$$T = \frac{\sum_{i=1}^{n} m_i}{\sum_{i=1}^{n}\left(\frac{L_i \cdot m_i \cdot N_i}{m_{1i}}\right)} \times 10^6 = \frac{\sum_{i=1}^{n} m_i}{\sum_{i=1}^{n} \frac{m_i}{T_i}} \qquad \cdots\cdots(2)$$

式中：

T——平均线密度，单位为毫特克斯(mtex)；

m_i——第 i 排列长度组纤维的质量，单位为毫克(mg)；

n——组数。

9.3 数值修约

按 GB/T 8170 的规定进行，某长度组线密度的计算结果修约至一位小数，平均线密度的计算结果修约至整数。

10 精密度

10.1 重复性

用本标准的试验方法，对同一试验室样品，在相同条件下(同一试验室、同一操作者、同一设备和在短时间间隔内)所完成的两个完整单次试验，线密度结果之间差值的绝对值，在95%概率水平下，应小于重复性 r 值。r 值等于18.6 mtex。

10.2 再现性

用本标准的试验方法，对同一试验室样品，在不同的条件下(不同试验室、不同操作者和不同设备)各完成一个完整的单次试验，线密度结果之间差值的绝对值，在95%概率水平下，应小于再现性 R 值。R 值等于32.1 mtex。

11 试验报告

试验报告应包括检验依据，试验用标准大气的温湿度条件，样品的种类，批样来源及编号，设备型号和编号，测试结果，测试人员和测试日期等内容。

附 录 A
（资料性附录）
计 算 实 例

表 A.1 棉纤维线密度试验排列法记录单

样品编号				批样来源		
天平型号/编号				仪器型号/编号		
显微镜型号/编号				检验依据		
温度 ℃				相对湿度 %		
组序	长度 L_i/mm	排列长度组质量 m_i/mg	取出纤维根数 N_i/根	取出纤维质量 m_{1i}/mg	$L_i \cdot m_i \cdot N_i / m_{1i}$	各长度组线密度 T_i/mtex
12	41.5					
11	38.5					
10	35.5					
9	32.5	1.97	100	0.62	10 327	190.8
8	29.5	6.35	92	0.58	29 714	213.7
7	26.5	8.23	99	0.54	39 984	205.8
6	23.5	10.25	106	0.50	51 066	200.7
5	20.5	8.51	102	0.46	38 684	220.0
4	17.5	3.79	108	0.40	17 908	211.6
3	14.5	3.29	103	0.33	14 890	221.0
2	11.5	1.93	122	0.28	9 671	199.6
1	8.5	2.74	96	0.16	13 974	196.1
总和		47.06	—		226 218	—
平均线密度/mtex						208

复核： 试验： 日期：

ICS 83.140.10
G 33

中华人民共和国国家标准

GB/T 17689—2008
代替 GB/T 17689—1999

土工合成材料　塑料土工格栅

Geosynthetics—Plastic geogrids

2008-03-24 发布　　2008-10-01 实施

中华人民共和国国家质量监督检验检疫总局
中国国家标准化管理委员会　发布

前　言

本标准是土工合成材料系列产品标准之一，是对 GB/T 17689—1999《土工合成材料　塑料土工格栅》的修订。

本标准代替 GB/T 17689—1999，本标准与 GB/T 17689—1999 的主要变化如下：

——增加了引言部分；

——在适用范围中，明确规定了“本标准不适用于以塑料加筋带焊接和化学纤维或玻璃纤维材料经编而成的土工格栅”；

——取消了“单位面积质量”和“宽度规格”的要求；

——增加了炭黑含量的要求；

——增加了蠕变性能的要求；

——增加了多肋法的试验方法；

——力学性能试验中增加了预拉力的要求；

——增加了标称伸长率项目；

——在试验方法中，对 2%、5%伸长时的拉力及标称伸长率和标称强度测试方法作了修改，拉伸速度由 50 mm/min 改为以试样夹具间距离的 20%每分钟作为拉伸速度(mm/min)；

——删除了每延米拉伸屈服力、屈服伸长率的表示方法。

本标准由中国轻工业联合会提出。

本标准由全国塑料制品标准化技术委员会归口。

本标准由重庆庆兰实业有限公司、青岛旭域土工材料股份有限公司、湖北力特土工材料有限公司、山东泰峰塑料土工材料有限公司、坦萨土工合成材料(武汉)有限公司、南昌天高工程材料有限公司、泰安经纬塑料有限公司负责起草。

本标准主要起草人：张裕宁、李先华、刘伟、郭元生、李彬、何波、何迪春、毛显中。

本标准所代替标准的历次版本发布情况为：

——GB/T 17689—1999。

引　　言

本标准在我国岩土工程建设中起到了重要作用;是土工合成材料系列产品标准之一,为塑料土工格栅产品生产、供货和工程建设提供技术依据。

塑料土工格栅产品,主要用于工程建设中的土体加筋或加固材料。一般分为单向拉伸塑料土工格栅和双向拉伸塑料土工格栅。

单向拉伸塑料土工格栅适用于挡墙、陡坡、路堤、桥台以及塌方修复等工程的加筋材料。

双向拉伸塑料土工格栅适用于公路、铁路、机场、码头等的软基处理和边坡、堤坝、护岸、道路拓宽、公路路面、机场道面等工程的加固材料。

土工合成材料　塑料土工格栅

1　范围

本标准规定了塑料土工格栅的术语和定义、产品分类命名及规格、要求、试验方法、检验规则和产品标志、运输、贮存。

本标准适用于以高密度聚乙烯(HDPE)或聚丙烯(PP)为主要原料，经塑化挤出、冲孔、拉伸而成的平面网状结构的塑料土工格栅。

本标准不适用于以塑料加筋带焊接和化学纤维或玻璃纤维材料经编而成的土工格栅。

2　规范性引用文件

下列文件中的条款通过本标准的引用而成为本标准的条款。凡是注日期的引用文件，其随后所有的修改单(不包括勘误的内容)或修订版均不适用于本标准，然而，鼓励根据本标准达成协议的各方研究是否可使用这些文件的最新版本。凡是不注日期的引用文件，其最新版本适用于本标准。

GB/T 13021—1991　聚乙烯管材和管件炭黑含量的测定(热失重法)(neq ISO 6964:1986)

GB/T 17637—1998　土工布及其有关产品　拉伸蠕变和拉伸蠕变断裂性能的测定(eqv ISO/FDIS 13431:1998)

QB/T 2854—2007　塑料土工格栅蠕变试验和评价方法

3　术语和定义

下列术语和定义适用于本标准。

3.1

拉伸强度　tensile strength

在规定的试验方法和条件下，塑料土工格栅试样在外力作用下出现第一个峰值时的拉力，折算成单位宽度上的拉力，以 kN/m 表示。

3.2

标称拉伸强度　norminal tensile strength

相应规格产品要求的最小强度值。

3.3

标称伸长率　norminal elongation

拉伸应力达到标称强度时的应变。

3.4

蠕变　creep

在应力(负荷)的作用下，材料应变(变形)随时间而变化的现象。

4　产品分类命名及规格

4.1　分类

4.1.1　单向拉伸塑料土工格栅(简称单拉塑料格栅)，代号为 TGDG，见图 1。

4.1.2　双向拉伸塑料土工格栅(简称双拉塑料格栅)，代号为 TGSG，见图 2。

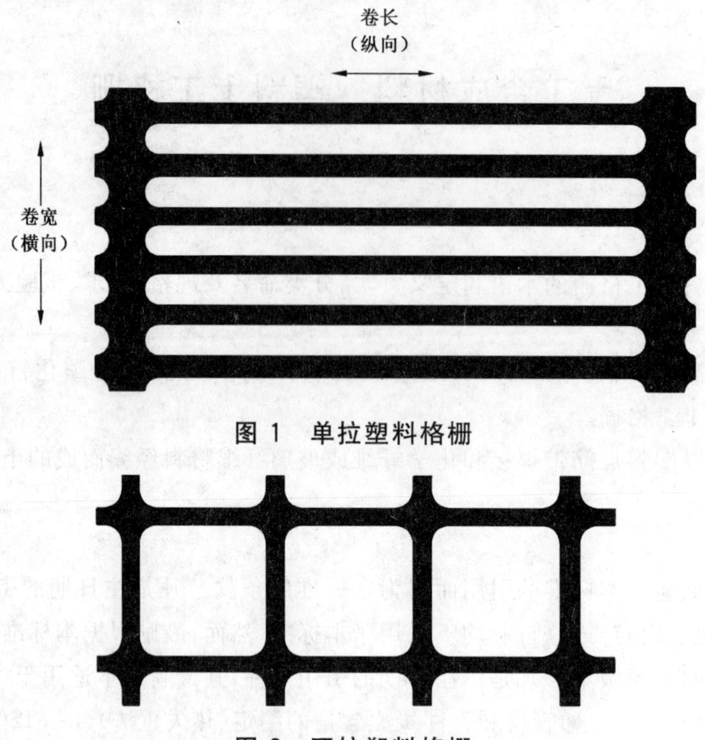

图 1 单拉塑料格栅

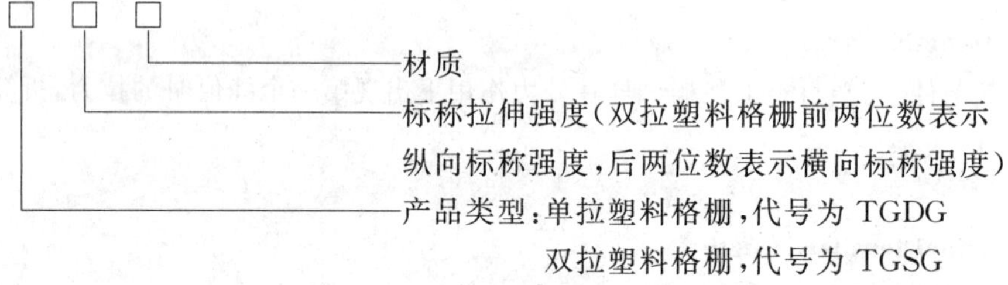

图 2 双拉塑料格栅

4.2 规格

4.2.1 单拉塑料格栅产品规格：TGDG35、TGDG50、TGDG80、TGDG120、TGDG160 等。

4.2.2 双拉塑料格栅产品规格：TGSG1515、TGSG2020、TGSG2525、TGSG3030、TGSG3535、TGSG4040、TGSG4545、TGSG5050 等。

4.2.3 其他规格可由供需双方商定。

4.3 命名

□ □ □

- 第三个□——材质
- 第二个□——标称拉伸强度（双拉塑料格栅前两位数表示纵向标称强度，后两位数表示横向标称强度）
- 第一个□——产品类型：单拉塑料格栅，代号为 TGDG；双拉塑料格栅，代号为 TGSG

产品命名示例：

标称拉伸强度为 120 kN/m 的高密度聚乙烯单拉塑料格栅，表示为：TGDG120HDPE。

标称拉伸强度纵、横向为 30 kN/m 的聚丙烯双拉塑料格栅，表示为：TGSG3030PP。

5 要求

5.1 尺寸偏差

宽度偏差不应有负偏差。

5.2 颜色及外观

5.2.1 颜色为黑色，色泽应均匀。

5.2.2 外观应无损伤、无破裂。网孔大小形状应均匀。

5.3 炭黑含量

炭黑含量≥2.0%。

5.4 力学性能

应符合表1、表2和表3的规定。其他规格的指标，可用相邻两个规格指标以线性内插。

表1 聚丙烯单拉塑料格栅

产品规格	拉伸强度/(kN/m)	2%伸长率时的拉伸强度/(kN/m)	5%伸长率时的拉伸强度/(kN/m)	标称伸长率/%
TGDG35	≥35.0	≥10.0	≥22.0	≤10.0
TGDG50	≥50.0	≥12.0	≥28.0	
TGDG80	≥80.0	≥26.0	≥48.0	
TGDG120	≥120.0	≥36.0	≥72.0	
TGDG160	≥160.0	≥45.0	≥90.0	
TGDG200	≥200.0	≥56.0	≥112.0	

表2 高密度聚乙烯单拉塑料格栅

产品规格	拉伸强度/(kN/m)	2%伸长率时的拉伸强度/(kN/m)	5%伸长率时的拉伸强度/(kN/m)	标称伸长率/%
TGDG35	≥35.0	≥7.5	≥21.5	≤11.5
TGDG50	≥50.0	≥12.0	≥23.0	
TGDG80	≥80.0	≥21.0	≥40.0	
TGDG120	≥120.0	≥33.0	≥65.0	
TGDG160	≥160.0	≥47.0	≥93.0	

表3 聚丙烯双拉塑料格栅

产品规格	纵/横向拉伸强度/(kN/m)	纵/横 2%伸长率时的拉伸强度/(kN/m)	纵/横 5%伸长率时的拉伸强度/(kN/m)	纵/横标称伸长率/%
TGSG1515	≥15.0	≥5.0	≥7.0	≤15.0/13.0
TGSG2020	≥20.0	≥7.0	≥14.0	
TGSG2525	≥25.0	≥9.0	≥17.0	
TGSG3030	≥30.0	≥10.5	≥21.0	
TGSG3535	≥35.0	≥12.0	≥24.0	
TGSG4040	≥40.0	≥14.0	≥28.0	
TGSG4545	≥45.0	≥16.0	≥32.0	
TGSG5050	≥50.0	≥17.5	≥35.0	

5.5 蠕变性能

蠕变折算系数 RFcr 应满足工程设计年限要求。

6 试验方法

6.1 取样

在同批塑料土工格栅产品中，随机抽取1卷，截取全幅宽1 m长为样品。

6.2 尺寸偏差

将整卷塑料土工格栅展平测量宽度计算偏差。

6.3 颜色及外观

在自然光线下距产品0.5 m目测。

6.4 炭黑含量

按 GB/T 13021—1991 规定进行。

6.5 力学性能

6.5.1 试样状态调节与试验的标准环境

样品应在温度(20±2)℃环境下放置至少 24 h,并在该环境下进行试验。

6.5.2 拉力试验机

拉力试验机精度为 1%,量程使用范围为 10%～90%。

6.5.3 试样的制备

6.5.3.1 单拉塑料格栅采用单肋法测试时,裁取试样时将样品两侧面去掉两个肋后,在宽度方向均匀裁取 10 个试样。试样应沿纵向方向保留 3 个节点,试样沿横方向取 3 个肋,剪断两侧的 2 肋,试样形状见图 3。

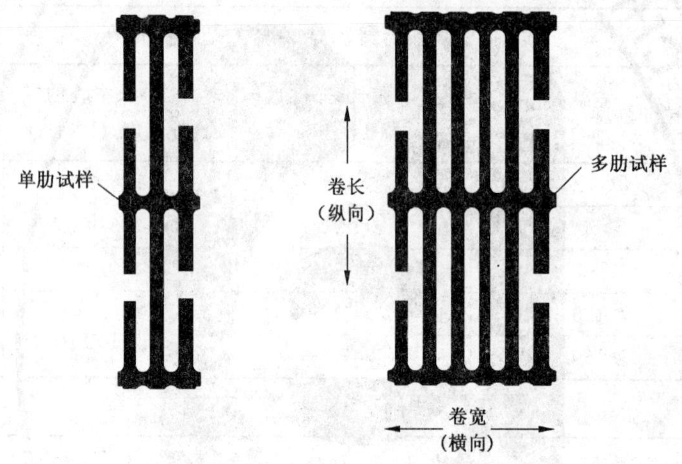

图 3 单拉塑料格栅

6.5.3.2 采取多肋法测试时,均匀裁取 5 个试样,试样应沿着纵向方向保留 3 个节点,在横向两侧剪断 2 肋,试样有效宽度不小于 200 mm,试样形状见图 3。

6.5.3.3 双拉塑料格栅采用单肋法测试时,均匀地从样品纵、横方向上各取 10 个试样,试样长度至少包括两个完整单元,且试样长度不小于 100 mm,试样形状见图 4。

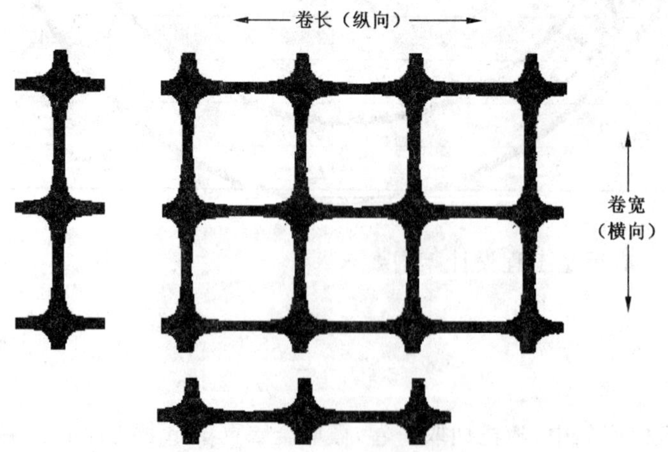

图 4 双向塑料土工格栅

6.5.3.4 采用多肋法测试时,均匀在纵、横两个方向上各裁取 5 个试样,试样有效宽度不小于200 mm,长度至少包括两个完整单元,且长度不小于 100 mm。试样形状见图 4。

6.5.3.5 仲裁试验采用多肋法。

6.5.4 **拉伸速度**

以试样夹具间距离的 20%每分钟作为拉伸速度(mm/min)。

6.5.5 **试验步骤**

用夹具夹住试样两端的节点,应施加该试样标称强度 1%预拉力后,开始拉伸试验,测量 2%、5%伸长时和第一峰值时的拉力,以及标称伸长率。以算术平均值作为试验结果。

6.5.6 **试验结果**

6.5.6.1 拉伸强度按式(1)计算:

$$F = \frac{f \times N}{n \cdot L} \qquad \cdots\cdots(1)$$

式中:

F——拉伸强度,单位为千牛顿每米(kN/m);

f——试样的拉力值,单位为千牛顿(kN);

N——样品宽度上的肋数;

n——试样的肋数;

L——样品宽度,单位为米(m)。

6.5.6.2 标称伸长率按式(2)计算:

$$\varepsilon = \frac{\Delta G}{G_0} \times 100\% \qquad \cdots\cdots(2)$$

式中:

ε——标称伸长率,用%表示;

ΔG——达到标称强度时夹具的行程,单位为毫米(mm);

G_0——试样在预拉力状态下,夹齿点间距离,单位为毫米(mm)。

6.5.6.3 伸长率 2%、5%时的拉伸强度按式(3)计算:

$$F_{2\%,5\%} = \frac{f_{2\%,5\%} \times N}{n \cdot L} \qquad \cdots\cdots(3)$$

式中:

$F_{2\%,5\%}$——对应 2%、5%伸长率时拉伸强度,单位为千牛顿每米(kN/m);

$f_{2\%,5\%}$——对应 2%、5%伸长率时试样的拉力值,单位为千牛顿(kN);

N——样品宽度上的肋数;

n——试样的肋数;

L——样品宽度,单位为米(m)。

6.6 **蠕变性能**

按 GB/T 17637—1998 和 QB/T 2854—2007 规定的方法进行。

7 检验规则

7.1 **检验分类**

检验分为出厂检验、型式检验和定型检验。

7.1.1 出厂检验项目为 5.1、5.2、5.4。

7.1.2 型式检验项目为 5.1、5.2、5.3、5.4。

型式检验在正常情况下每年至少进行一次,有下列情况之一时应进行型式检验:

a) 产品的配方、原料或工艺有重大改变时;

b) 产品长期停产(超过 6 个月)后恢复生产时;

c) 出厂检验结果与上次型式检验结果有较大差异时。

7.1.3 定型检验项为第 5 章全部项目。产品在定型时应作定型检验。

7.2 组批

同一原料、同一配方和相同工艺情况下生产同一规格塑料土工格栅为一批，每批数量不得超过 500 卷，生产 7 d 尚不足 500 卷则以 7 d 产量为一批。

7.3 抽样

在该批产品中随机抽取 3 卷，进行宽度和外观检查。在上述检查合格的样品中任取一卷，去掉外层长度 500 mm 后，截取全幅宽产品 1 m 作为力学性能检验样品；截取全幅宽产品 5 m 作为定型检验样品。

7.4 判定规则

7.4.1 出厂判定

7.4.1.1 5.1、5.2、5.4 均合格时，则判定该批为合格。

7.4.1.2 5.1、5.2、5.4 中有不合格项时，则应在该批产品中重新抽取双倍样品制作试样，对 5.1、5.2、5.4 中不合格项进行复检，复检合格后则判定为合格；复检项目仍不合格，则判定该批为不合格。

7.4.2 型式判定

7.4.2.1 5.1、5.2、5.3、5.4 均合格时，则判为合格。

7.4.2.2 5.1、5.2、5.3、5.4 中有不合格项时，则应在该批产品中重新抽取双倍样品制作试样，对 5.1、5.2、5.3、5.4 中不合格项进行复检，复检合格后则判定为合格；复检项目仍不合格，则判定该批为不合格批，复检结果作为最终判定依据。

8 标志、运输、贮存

8.1 标志

产品出厂时，每卷产品应附有合格证，并标明：产品名称、产品规格、产品标准、商标；生产企业名称、地址；生产日期、批号和每件数量；检验员章。

8.2 运输

产品在装卸运输过程中，不得抛摔，避免与尖锐物品混装运输，避免剧烈冲击。

8.3 贮存

产品存放应避免日光长期照射，并远离热源。

ICS 01.040.03
A 14

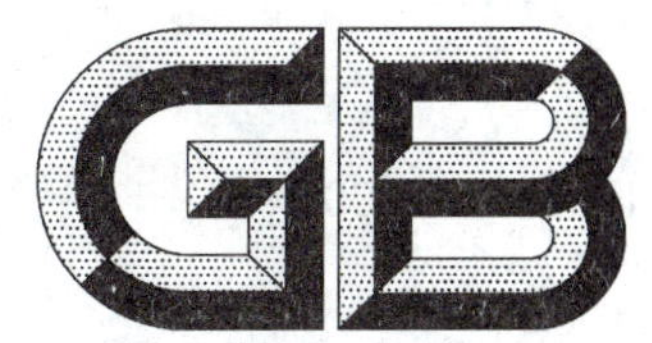

中华人民共和国国家标准

GB/T 17693.1—2008
代替 GB/T 17693.1—1999

外语地名汉字译写导则 英语

Transformation guidelines of geographical names from foreign languages into Chinese—English

2008-11-25 发布 2009-04-01 实施

中华人民共和国国家质量监督检验检疫总局
中国国家标准化管理委员会 发布

前　言

GB/T 17693《外语地名汉字译写导则》分为以下几部分：

——第1部分：英语

——第2部分：法语

——第3部分：德语

——第4部分：俄语

——第5部分：西班牙语

——第6部分：阿拉伯语

——第7部分：葡萄牙语

——第8部分：蒙古语

……

本部分是GB/T 17693的第1部分。

GB/T 17693的本部分代替原GB/T 17693.1—1999《外语地名汉字译写导则　英语》。

本部分与原GB/T 17693.1—1999相比主要变化如下：

——原第4章细则部分所有示例以表格形式出现；

——删除原第4章，将其内容并入表1中。

本部分的附录A、附录B、附录C为规范性附录。

本部分由中华人民共和国民政部提出。

本部分由全国地名标准化技术委员会归口。

本部分由民政部地名研究所负责起草，国家测绘局地名研究所、中国地图出版社、新华社《参考消息》报社参加起草。

本部分主要起草人：许启大、王淑萍、钟琳娜、庞森权、钟军、胡洋、刘静、田硕。

本部分所代替标准的历次版本发布情况为：

——GB/T 17693.1—1999。

外语地名汉字译写导则　英语

1　范围

GB/T 17693 的本部分规定了英语地名汉字译写的规则。

本部分适用于以汉字译写英语地名。

2　术语和定义

下列术语和定义适用于本部分。

2.1

地名　geographical names

人们对各个地理实体赋予的专有名称。

2.2

地名专名　specific terms

地名中用来区分各个地理实体的词。

2.3

地名通名　generic terms

地名中用来区分地理实体类别的词。

2.4

专名化的通名　generic terms used as specific terms

转化为专名组成部分的通名。

2.5

地名的汉字译写　transformation of geographical names from foreign languages into Chinese

用汉字译写其他语言的地名。

3　总则

3.1　地名专名音译。

3.2　地名通名意译。

3.3　惯用汉字译名和以常用人名命名的地名仍旧沿用，其派生的地名同名同译。

3.4　地名译写应采用该国的国家标准和官方最新出版的地图、地名录、地名词典、地名志等文献中的标准地名。

3.5　译写英语地名使用的汉字，见表 1 英汉音译表。

表 1　英汉音译表

韦氏音标			b	p	d	t	g	k	v	w	f	z	ts	s th	zh	sh	j	ch	h	m	n	l	r	y	gw	kw	hw
国际音标			b	p	d	t	g	k	v	w	f	z dz	ts	s ð θ	ʒ	ʃ	ʤ	ʧ	h	m	n	l	r	j	gw	kw	hw
韦氏音标	国际音标	汉字	布	普	德	特	格	克	夫 （弗）	夫 （弗）	夫 （弗）	兹	茨	斯 （丝）	日	什	季	奇	赫	姆	恩	尔	尔	伊			
ä ŭ ă	α: ʌ æ	阿	巴	帕	达	塔	加	卡	瓦	瓦	法	扎	察	萨		沙 （莎）	贾	查	哈	马 （玛）	纳 （娜）	拉	拉	亚 （娅）	瓜	夸	华
ĕ / ā	e / ei	埃	贝	佩	德/代 （黛）	特/ 泰	盖	凯	韦	韦	费	泽	采	塞		谢	杰	切	赫/黑	梅	内	莱	雷	耶	圭	奎	惠
ûr û ĕr ȧ ŭ	ə: ə	厄	伯	珀	德	特	格	克	弗	沃	弗	泽	策	瑟	热	舍	哲	彻	赫	默	纳 （娜）	勒	勒	耶	果	阔	霍
ē ĕ ĭ y̆	i: i (j)	伊	比	皮	迪	蒂	吉	基	维	威	菲	齐	齐	西 （锡）		希	吉	奇	希	米	尼 （妮）	利 （莉）	里 （丽）	伊	圭	奎	惠
ô ôr ŏ/ō ŏ	ɔ ɔ: /ou o əu	奥/ 欧	博	波	多	托	戈	科	沃	沃	福	佐	措	索	若	肖	乔	乔	霍	莫	诺	洛	罗	约	果	阔	霍
o͞o o͝o	u: u	乌	布	普	杜	图	古	库	武	伍	富	祖	楚	苏	茹	舒	朱	楚	胡	穆	努	卢	鲁	尤		库	
ū Ü	ju: ju	尤	比尤	皮尤	迪尤	蒂尤	久	丘	维尤	威尤	菲尤	久	丘	休		休	久	丘	休	缪	纽	柳	留				
ī	ai	艾	拜	派	代 （黛）	泰	盖	凯	韦	怀	法	宰	蔡	赛		夏	贾	柴	海 （亥）	迈	奈	莱	赖	耶	瓜伊	夸	怀
ou	au	奥	包	保	道	陶	高	考	沃	沃	福	藻	曹	绍		绍	焦	乔	豪	毛	瑙	劳	劳	尧		阔	
ăn ăng ŭn	æn ʌn an æŋ	安	班	潘	丹	坦	甘	坎	万	万	凡	赞	灿	桑		尚	詹	钱	汉	曼	南 （楠）	兰	兰	扬	关	宽	环
än oun ŭng ôn ŏn ŏng	α:n aun ʌŋ ɔ:n ɔn ɔŋ	昂	邦	庞	当	唐	冈	康	旺	旺	方	藏	仓	桑		尚	章	昌	杭	芒	南 （楠）	朗	朗	扬	光	匡	黄

表 1（续）

韦氏音标			b	p	d	t	g	k	v	w	f	z	ts	s th	zh	sh	j	ch	h	m	n	l	r	y	gw	kw	hw
国际音标			b	p	d	t	g	k	v	w	f	z dz	ts	s ð θ	ʒ	ʃ	ʤ	ʧ	h	m	n	l	r	j	gw	kw	hw
韦氏音标	国际音标	汉字	布	普	德	特	格	克	夫（弗）	夫（弗）	夫（弗）	兹	茨	斯（丝）	日	什	季	奇	赫	姆	恩	尔	尔	伊			
ěn ěng ûn ǔn ǔng	en eŋ ɔ:n ən əŋ	恩	本	彭	登	滕	根	肯	文	文	芬	曾	岑	森	任	申	真（珍）	琴	亨	门	嫩	伦	伦	因	古恩	昆	
ēn ĭn yǔn ērn	i:n in iən jən	因	宾	平	丁	廷	金	金	温	温	芬	津	钦	辛		欣	金	钦	欣	明	宁	林（琳）	林（琳）		古因	昆	
ĭng	iŋ	英	宾	平	丁	廷	京	金	温	温	芬	京	青	辛		兴	京	青	兴	明	宁	灵	灵	英	古英		
ŏon ŏon ōn	u:n un oun	温	本	蓬	敦	通	贡	昆	文	文	丰	尊	聪	孙		顺	准	春	洪	蒙	嫩	伦	伦	云			
ŏong	uŋ	翁	邦	蓬	东（栋）	通	贡	孔	翁	翁	丰	宗	聪	松		雄	琼	琼	洪	蒙	农	隆	龙	永			洪

注 1：汉字读音以普通话读音为准。

注 2：汉字书写以国家语言文字工作委员会公布的简化汉字为准。

注 3：辅音竖行与元音横行交叉点上的汉字即为该辅音与元音拼读的音译汉字。元音自成音节时，用表 1 中的元音零行汉字译写；而[n][ŋ]以外的辅音单独发音时，用表 1 中的辅音零行汉字译写。

注 4：汉字译名若产生望文生义现象时，应用该音节的同音异字译写。“东”、“南”、“西”出现在地名开头时，用“栋”、“楠”、“锡”译写；“海”出现在地名结尾时，用“亥”译写。

注 5：“娅”、“玛”、“娜”、“莉”、“丽”、“琳”、“妮”、“珍”、“丝”、“莎”、“黛”等汉字用于以女性人名命名的地名。

注 6：“弗”用于译名的词首；“夫”用于译名的词中和词尾。

4 细则

4.1 地名专名的汉字译写

地名专名的汉字译写示例见表2。

表2 地名专名译写示例表

序 号	英 语	汉 语
4.1.1	Glenfield	格伦菲尔德
	Snow Hill	斯诺希尔
	Great Island	格雷特岛
	North	诺斯
	Bishop's Stortford [ˈbiʃəps ˈstɔːfəd]	毕晓普斯托福德
4.1.2	Barton in the Clay	巴顿因瑟克利
	The Binns	宾斯
4.1.3.1	Path of Condie [pɑːθ əv ˈkɔndi]	帕瑟夫康迪
	Isle of Palms [ail əv pɑːmz]	艾勒夫帕姆斯
4.1.3.2	Huyton with Roby	海顿-罗比
4.1.3.3	Shoreham-by-Sea	滨海肖勒姆
	Higham on the Hill	山上海厄姆
	Draycott in the Moors	沼泽地区德雷科特
4.1.3.4	Hastings-on-Hudson	哈得孙河畔黑斯廷斯
	Kyle of Lochalsh	洛哈尔什教区凯尔
4.1.4.1	Matley and Denny	马特利-丹尼
	Sharpness and Gloucester Canal	夏普内斯-格洛斯特运河
4.1.4.2	Truth or Consequences	特鲁斯(康西昆西斯)
4.1.5	Red Sea	红海
	Three Sisters Mountains	三姊妹山
4.1.6.1	Fort Benjamin Harrison	本杰明·哈里森堡
	Francis E. Warren Air Force Base	弗朗西斯·沃伦空军基地
	J. Percy Priest Reservoir	珀西·普里斯特水库
4.1.6.2	King George Islands	乔治王群岛
	Queen Elizabeth Islands	伊丽莎白女王群岛
4.1.6.3	St. Mary's Bay	圣玛丽湾
4.1.7	Great Smoky Mountains National Park	大雾山国家公园
	International Falls	国际瀑布城
4.1.8	Fourteen Mile Point	十四英里角
	Fourth of July Ridge	7月4日岭
	One Hundred and Two River	一〇二河
	River Seven	塞文河
4.1.9	East Linton	东林顿
	Little Sand Lake	小桑德湖
	Old Deer	旧迪尔

表 2（续）

序　号	英　语	汉　语
4.1.10	Northern Province Northwest Territories North Island Western Reef Southeast Point	北部省 西北地区 北岛 西礁 东南角
4.1.11.1	Shaw[ʃɔː]	肖村
4.1.11.2	Fay[fei]	费伊
4.1.11.3	Parr[pɑː]	帕尔
4.1.12	Clontivrim Bridge Lostock Hall Fold	克朗蒂夫里姆-布里奇 洛斯托克-霍尔福尔德

4.1.1　专名(含专名化的通名)一般音译。两词间相邻的同音辅音按一个辅音译写。

4.1.2　专名中的冠词音译,但位于词首时省译。

4.1.3　专名中的介词

4.1.3.1　介词音译,但前一词词尾的辅音与后一词词首的元音拼译。

4.1.3.2　介词 with 用连接号“-”(占半个字长度)表示。

4.1.3.3　介词短语以河、湖、海、山、沼泽、森林等自然地理实体通名说明该地名的地理位置时意译。

4.1.3.4　介词短语以河、湖、海、山、沼泽、森林、地区、教区等专名说明该地名的地理位置时,专名音译并加相应通名。

4.1.4　专名中的连词

4.1.4.1　连词 and 用连接号“-”(占半个字长度)表示。

4.1.4.2　连词 or 后面一词的译写用圆括号括注。

4.1.5　明显反映地理实体特征的专名一般意译。

4.1.6　以人名命名的专名(见附录 A)

4.1.6.1　以人名命名的专名,姓、名各部分之间加间隔号“·”;单字母缩写省译。

4.1.6.2　以冠有衔称的人名命名的专名,衔称意译。

4.1.6.3　位于通名前表示所属关系的 's 省译。

4.1.7　具有一定意义或音译过长的专名一般意译。

4.1.8　以数词或日期命名的专名意译,仅以一个数词做专名时音译。

4.1.9　对专名起修饰作用的形容词(如表示方位、大小、新旧等)意译;常用词汇的译写(见附录 B)。

4.1.10　对行政区域和自然地理实体通名(省、地区、岛、礁、角等)起修饰作用的方位词意译。

4.1.11　单音节词地名

4.1.11.1　由单音节词构成的地名,汉字译写时加相应的通名。

4.1.11.2　由复合元音构成的单音节词地名按两个单元音译写。

4.1.11.3　以字母 r 结尾的单音节词地名,汉字译写时加“尔”字。

4.1.12　由两个词(或两个词以上)构成的专名,其音译译名超过 8 个字时,第一个词后加连接号“-”(占半个字长度)。

4.2　地名通名的汉字译写

地名通名的汉字译写示例见表 3。

4.2.1　通名一般意译(见附录 B)。

4.2.2　仅有专名的自然地理实体名称,汉字译写时加相应的通名。

4.2.3　当通名为一词多义时,汉字译写时应视通名所指的地理实体类别译写。

表 3 地名通名译写示例表

序 号	英 语	汉 语
4.2.1	Lander County Indian Peak Lake Talquin Bay of Firth	兰德县 印第安峰 塔尔昆湖 弗斯湾
4.2.2	Hebrides The Lizard	赫布里底群岛 利泽德半岛
4.2.3	Allan Water March Water Norton Sound Falkland Sound	阿伦河 马奇湾 诺顿湾 福克兰海峡

4.3 部分字母及读音译写规定

部分字母及读音译写规定示例见表 4。

4.3.1 元音字母 a,e,i,o,u

4.3.1.1 元音字母 a,e,i,o,u 的读音较为复杂,无论在重读音节还是在非重读音节中,一般按其读音的音标译写。

4.3.1.2 字母 a 在词首音节和词尾音节发[ə]音时,按表 1[a:]行汉字译写;字母 e,o 在词首音节发[ə]音时,分别按表 1[e] [ɔ]行汉字译写。

4.3.1.3 字母 o 在 go,ko,mo,no 四个音节发[ə]音时,按"戈"、"科"、"莫"、"诺"译写;o 在词首时,一般按"奥"译写。

4.3.2 字母组合 ai,ay 在词首发[ɛ]或[ei]时,按表 1[ai]行汉字译写。

4.3.3 字母组合 ia 在词尾时,按表 1[i]行汉字加"亚"译写。

4.3.4 辅音字母 m 在 b 和 P 前按[n]译写,但当 m 后面的 b 不发音时,按[m]译写。

4.3.5 以辅音字母 r 或 re 结尾的音节,音标为[ɔə][iə][aiə][auə][juə][uə]时,[ə] 按 "尔"译写;音标为[ɛə]时,按表 1[e]行汉字加"尔"译写。

4.3.6 辅音字母 s,无论发[s]或[z]音,均按表 1[s]行汉字译写。

4.3.7 读音为[ain][ein][ju:n]时,分别按表 1[ai][ei][ju:]行汉字加"恩"译写。

4.3.8 读音为[ɔi]时,按表 1[ɔ]行汉字加"伊"译写。

4.3.9 [l][m][n]与其前面的辅音构成"成音节"时,分别按[l][m][n]与其前面的辅音之间加[ə]译写。

4.3.10 读音为[tr][dr]时,分别按表 1[t][d]加[r]行汉字译写。

4.3.11 专名中常用构词成分的译写见附录 C。

表 4 部分字母及读音译写示例表

序 号	英 语	汉 语
4.3.1.1	Avoca[ə'vəukə] Lapel[lə'pel] Perutz [pə'ruts] Glacier Possession[pə'zeʃən]	阿沃卡 拉佩尔 佩鲁茨冰川 波塞申
4.3.1.2	Ingot['iŋgət] Kokomo['kəukəməu] Antimony['æntiməni] Panorama['pænə'rɑ:mə] Otis['əutis]	英戈特 科科莫 安蒂莫尼 帕诺拉马 奥蒂斯

表 4（续）

序　　号	英　　语	汉　　语
4.3.2	Aid[eid] Ayr[ɛə]	艾德 艾尔
4.3.3	Virginia[vəˈdʒinjə] Amelia[əˈmiljə]	弗吉尼亚 阿米利亚
4.3.4	Hampton[ˈhæmptən] Lambert[ˈlæmbət] Lamb[læm] County	汉普顿 兰伯特 拉姆县
4.3.5	Pioneer[ˈpaiəˈniə] Livermore[ˈlivə mɔə] Clare[klɛə]	派厄尼尔 利弗莫尔 克莱尔
4.3.6	Cooks[kuks] Flores[ˈflɔ:riz] Lisburn [ˈlizbə:n]	库克斯 弗洛里斯 利斯本
4.3.7	Kineton[ˈkaintən] Blain[blein] Newnes[nju:nz]	凯恩顿 布莱恩 纽恩斯
4.3.8	Floyd[flɔid] Hoylake[ˈhɔileik]	弗洛伊德 霍伊莱克
4.3.9	Ouzel[ˈu:zl] Listen[ˈlisn]	乌泽尔 利森
4.3.10	Tracy[ˈtreisi] Dromore[ˈdrəumɔə]	特雷西 德罗莫尔

附　录　A
（规范性附录）
英语地名中常用人名译写表

表 A.1　英语地名中常用人名译写表

英　　语	汉　　语	英　　语	汉　　语
Abraham	亚伯拉罕	Hazel	黑泽尔
Albert	艾伯特	Helena	海伦娜
Alexander	亚历山大	Henderson	亨德森
Alexandria	亚历山德里亚	Henry	亨利
Anna	安娜	Howard	霍华德
Anne	安妮	lrvine	欧文
Annetta	安妮塔	lrwin	欧文
Annette	安妮特	lsabella	伊莎贝拉
Anton	安东	Jack	杰克
Augusta	奥古斯塔	Jackson	杰克逊
Bishop	毕晓普	James	詹姆斯
Boston	波士顿	Janet	珍妮特
Bowman	鲍曼	Jansen	詹森
Broughton	布劳顿	Jasper	贾斯珀
Brown	布朗	Jefferson	杰斐逊
Charles	查尔斯	Jenner	詹纳
Christian	克里斯琴	John	约翰
Davis	戴维斯	Johnson	约翰逊
Dickens	狄更斯	Jones	琼斯
Donna	唐娜	Katherine	凯瑟琳
Douglas	道格拉斯	Katrine	卡特琳
Dupont	杜邦	Lafayette	拉斐特
Edinburg	爱丁堡	Lawrence	劳伦斯
Edison	爱迪生	Lewis	刘易斯
Edward	爱德华	Lincoln	林肯
Elizabeth	伊丽莎白	Louis	路易斯
Erwin	欧文	Louisa	路易莎
Fayette	费耶特	Louise	路易丝
Francis	弗朗西斯	Madison	麦迪逊
Franklin	富兰克林	Martin	马丁
George	乔治	Mary	玛丽
Grant	格兰特	McDonald	麦克唐纳
Hamilton	哈密尔顿	Michel	米歇尔
Harris	哈里斯	Monroe	门罗
Hastings	黑斯廷斯	Morgan	摩根

表 A.1（续）

英　　语	汉　　语	英　　语	汉　　语
Nelson	纳尔逊	Rosalia	罗萨莉娅
Newton	牛顿	Russell	拉塞尔
Nicolas	尼古拉斯	Smith	史密斯
Nina	尼娜	Somerset	萨默塞特
Nottingham	诺丁汉	Taft	塔夫脱
Orange	奥兰治	Taylor	泰勒
Owen	欧文	Thomas	托马斯
Paul	保罗	Thompson	汤普森
Peter	彼得	Thomson	汤姆森
Polk	波克	Tom	汤姆
Powell	鲍威尔	Toms	汤姆斯
Powers	鲍尔斯	Victoria	维多利亚
Quincy	昆西	Washington	华盛顿
Richard	理查德	William	威廉
Richardson	理查森	Williams	威廉斯
Richmond	里士满	Wilson	威尔逊
Roberts	罗伯茨	Yale	耶鲁
Robinson	鲁滨逊	Yates	耶茨
Roosevelt	罗斯福		

附 录 B
(规范性附录)
英语地名常用通名和常用词汇译写表

表 B.1 英语地名常用通名和常用词汇译写表

英 语	意 译	英 语	意 译
abbey	教堂	cascade	瀑布
airfield	机场	castle	堡
airport	机场	cataract	瀑布
anchorage	锚地	cave	洞、溶洞
aqueduct	沟、渠	cay	礁、岛
archipelago	群岛	cemetery	墓地
arm	湾、河、支流	center	中
atoll	环礁	central	中
bank(s)	浅滩	channel	水道、海峡、深海水道
bar	沙洲	church	教堂
barrow	山	city	城、市
basin	盆地、海盆	cliff	陡崖
bay	湾	clough	峡谷
bayou	湖、长沼	coast	海岸
beach	滩	college	学院
beacon	灯塔	cone	丘、深海锥
bench	阶地、海底阶地	cordillera	山脉、海底山脉
big	大	county	县、郡
bight	湾	cove	湾
bill	角、岬	crag	岩
bluff	陡崖	crater	火山口
bog	沼泽	creek	溪、河
borough	区、市	dam	坝
bourn(e)	溪	deep	海渊
branch	支流	delta	三角洲
bridge	桥	department	省、州
broad	湖沼	depression	洼地、海洼
brook	河	depth	海渊
burrow	洞穴	desert	沙漠、荒漠
butte	峰、山	district	区
cairn	岩、山	ditch	沟、渠
camp	营	divide	分水岭
canal	运河、渠	down	丘
canyon	峡谷、海底峡谷	drain	排水渠
canyon delta	深海三角洲	dry valley	干谷
cape	角	dune(s)	沙丘

表 B.1（续）

英　　语	意　　译	英　　语	意　　译
dyke	堤、沟	headland	角
east	东	heath	荒地
eastern	东、东部	height	高地
end	角	highland	高地
entrance	入口	hill	山
escarpment	陡崖、海崖	hillock	丘
estuary	河口湾	hills	丘陵
fall(s)	瀑布	hole	洞、湾、海穴
fan	深海扇	hollow	洼地
farm(s)	农场	holm	岛
fell	丘、沼泽	hook	沙嘴、河湾
fen	沼泽	horn	角、峰、支流
ferry	渡口	iceberg	冰山
firth	湾	icefalls	冰瀑
flat	沙滩、海底平滩	ice field	冰原
flume	峡谷	ice shelf	冰架
ford	浅滩、渡口	ice tongue	冰舌
foreland	海角	Indian reservation	印第安人保留地/居留地
forest	森林、林地	inlet	湾
fork	支流、河	insular shelf	岛架
fort	堡	island	岛
fracture zone	破裂带、断裂带	islands	群岛
gap	山口、海岭裂口、海沟	isle	岛
garden	花园	isles	群岛
glacier	冰川	islet	岛
glade	湿地、沼泽	isthmus	地峡
glen	河谷、谷地	key	礁、岛
gorge	峡谷	knob	圆丘、山
grand	大	knoll	圆丘、海穹
grass	草地、牧场	knolls	圆丘、海穹群
grassland	草地、牧场	knoll group	海穹群
great	大	lagoon	潟湖
greater	大	lake	湖
green	草地	lakes	湖群
gulf	湾	land	地
gully	冲沟	ledge	暗礁
guyot	平顶海山	levee	深海堤
harbo(u)r	港	lighthouse	灯塔
haven	港	little	小
head	角、峰	loch	湖、湾

表 B.1（续）

英　语	意　译	英　语	意　译
long	长	peak	峰、海峰
low	下	peninsula	半岛
lower	下	piedmont	山麓
lowland	低地	pier	码头
manor	庄园	pike(s)	山、峰
mare	海	pinnacle	峰、尖礁
market	市场	pit	坑、盆地
marsh	沼泽	plain	平原、深海平原
massif	山	plateau	高原、深海高原
meadow	草地、牧场	platform	台地、海台
middle	中	point	角
moat	海壕	pond	池
monument	纪念地	pool	池
moor	荒地、沼泽	port	港
moss	沼泽	post	站
mound	丘	prairie	草原
mount	山、峰	promontory	角
mountain	山	province	省
mountains	山、山脉	quarter	区
mouth	河口	quay	码头
mull	角	range	岭
narrow	海峡	ranges	岭、山脉
national park	国家公园	rapid(s)	急流
neck	岬、角	ravine	沟谷
ness	角、海角	reef	礁
new	新	reefs	群礁
north	北	refuge	保护区
northern	北、北部	region	区、地区
nose	角	reservation	居留地、保留地
oasis	绿洲	reservoir	水库
ocean	洋	ridge	岭
old	旧	riding	区
outer	外	rift	裂谷
outfall	河口	rise	丘、海隆
parish	教区	river	河
park	公园	road	路
pass	山口、水道、海山口	rock	岩
passage	水道、海峡	ruin(s)	遗迹、遗址
patc	点礁	run	河

表 B.1（续）

英　语	意　译	英　语	意　译
saddle	山口	summit	峰
saint	圣	swamp	沼泽
saltmarsh	盐沼	swell	海隆
sandbank	滩	tableland	台地
sands	沙滩	terrace	阶地、海底阶地
scar	岩	territory	地区
sea	海	threshold	海槛
seamount	海山	tongue	海舌
seamount group	海山群	top	峰、山
seamount range	海底山脉	tor	山、岩
seashore	海岸、海滨	tower	塔、堡
settlement	村、定居点	town	镇、城
shelf	陆架	trench	海沟
shire	郡	trough	海槽
shoal(s)	浅滩	tunnel	隧道
skerry	礁	upland	高地
slope	坡、陆坡	upper	上
slough	沼泽、河湾	vale	谷
sound	湾、海峡	valley	谷
south	南	village	村
southern	南、南部	volcano	火山
spit	沙嘴	ward	区
spring	泉	wash	洼地、沼泽
spur	山嘴、海山嘴	water	河、湾、海峡
square	广场	waterfall	瀑布
stack	岩	waterway	水道
state	州	well	井
station	站	west	西
step	阶地	western	西、西部
strait	海峡、水道	wharf	码头
strath	谷、河谷	wold	山地
stream	河、溪	wood	林地
street	街		
suburb	郊区		

附 录 C
（规范性附录）
英语地名常用构词成分译写表

表 C.1 英语地名常用构词成分译写表

构词成分	音译	构词成分	音译
bau-	鲍	-cham	彻姆
-baum	鲍姆	-chapel	查珀尔
baw-	鲍	-chard	查德
-berg	伯格	-chester	切斯特
-berger	伯格	-child	柴尔德
-berry	伯里	-church	彻奇
-bert	伯特	-cius	修斯
-bluff	布拉夫	-comb(e)	科姆
-bone	伯恩	-corner	科纳
-borg	堡	-cough	克夫
-born(e)	本	-cour	库尔
-boro	伯勒	cow-,-cow	考
-borough	伯勒	-croft	克罗夫特
-bourn(e)	本	cur-	柯
bow-	鲍	-dale	代尔
-brandt	布兰特	-dall	德尔
-bridge	布里奇	-dam	丹
-bright	布赖特	daw-	道
-brook(e)	布鲁克	-deau	多
-brough	伯勒	-dell	德尔
bur-	伯	-den	登
-burg	堡	-deus	迪厄斯
-burger	伯格	-dge	奇
-burgh	堡	-dham	德姆
-burn(e)	本	-dius	迪厄斯
-burrough	伯勒	-don	登
-burton	伯顿	-dorf	多夫
-bury	伯里	-dow	道
-by	比	down-	唐
-caster	克斯特	-down(e)	当
cau-,-cau	考	-ds	兹
caw-,-caw	考	dun-	邓

表 C.1(续)

构词成分	音　　译	构词成分	音　　译
-dz	兹	-ledge	利奇
-feld	费尔德	-leigh	利
-felt	费尔特	-lein	莱恩
-field	菲尔德	-ler	勒
-ford	福德	-less	利斯
-fort	福特	-lett(e)	利特
-forth	福斯	-ley	利
-fus	弗斯	llan-	兰
-gan	根	-lock	洛克
-gate	盖特	long-	朗
gau-	高	-ly	利
-ge	奇	-main	梅恩
-gham	厄姆(英)	-man(n)	曼
	汉(美)	-mayer	迈耶
-grave	格雷夫	-meier	迈耶
-grove	格罗夫	-men	门
-haus	豪斯	-mer	默
-hausen	豪森	-mere	米尔
-haven	黑文	-meyer	迈耶
-head	黑德	-mont	蒙特
-horn	霍恩	-more	莫尔
-house	豪斯	-mount	芒特
-hull	赫尔	-mouth	茅斯
hun-	亨	-nall	纳尔
-hurst	赫斯特	-nan	南
-kall	科尔	-nel	内尔
-kamp	坎普	-nen	嫩
-key	基	-ner	纳
kir-	柯	-ness	内斯
kirk-	柯克	-nette	内特
-lain	莱恩	-ney	尼
-land	兰	-night	奈特
-lander	兰德	-nius	尼厄斯
lang-	兰	-non	嫩
lau-, -lau	劳	-nutt	纳特
law-, -law	劳	-paugh	波
-lay	利	-pert	珀特

表 C.1（续）

构词成分	音译	构词成分	音译
-plain	普莱恩	-stine	斯坦
-pool	浦	-stone	斯通
-port	波特	-stowe	斯托
-que	克	-strong	斯特朗
-quist	奎斯特	-sure	热
-rain	雷恩	-table	泰布尔
-ral	勒尔	-tain	廷
-rand	兰德	-tall	托尔
-ridge	里奇	-tch	奇
-rol	勒尔	-ten	滕
-sad	塞德	-teus	蒂厄斯
-sall	索尔	-tham	瑟姆
-say	赛	-then	森
-schmidt	施米特	-thian	西恩
-sen	森	-thorn	索恩
-sett	西特	-thorp(e)	索普
-sette	塞特	-thur	瑟
-sey	西	-tian	琴
-shall	歇尔	-tion	申
-sham	舍姆	-tius	修斯
-shaw	肖	-ton	顿
-shell	谢尔	-tone	通
-ship	希普	-tow	托
-shire	希尔	-town	敦
-side	赛德	-ts	茨
-sion	申	-tz	茨
-sius	修斯	-vale	韦尔
-smith	史密斯	-ville	维尔
-son	森	-vin	文
-spring	斯普林	-waite	韦特
-springs	斯普林斯	-wale	韦尔
-stadt	施塔特	-wall	沃尔
-stair	斯泰尔	-ward	沃德
-stan(e)	斯坦	-water	沃特
-stead	斯特德	-way	韦
-sted	斯特德	-weil	韦尔
-stedt	施泰特	-well	韦尔

表 C.1（续）

构词成分	音译	构词成分	音译
-wen	温	-worth	沃思
-white	怀特	-worthy	沃西
-wick	威克	-wright	赖特
-will	威尔	-xius	修斯
-win	温	-yard	亚德
-wirth	沃思	-yer	耶
-witz	威茨	-zen	曾
-wood	伍德	-zer	泽

ICS 01.040.03
A 14

中华人民共和国国家标准

GB/T 17693.6—2008
代替 GB/T 17693.6—1999

外语地名汉字译写导则 阿拉伯语

Transformation guidelines of geographical names from foreign languages into Chinese—Arabic

2008-11-25 发布 2009-04-01 实施

中华人民共和国国家质量监督检验检疫总局
中国国家标准化管理委员会 发布

前 言

GB/T 17693《外语地名汉字译写导则》分为以下几部分：

——第1部分：英语

——第2部分：法语

——第3部分：德语

——第4部分：俄语

——第5部分：西班牙语

——第6部分：阿拉伯语

——第7部分：葡萄牙语

——第8部分：蒙古语

……

本部分是 GB/T 17693 的第6部分。

GB/T 17693 的本部分代替原 GB/T 17693.6—1999《外语地名汉字译写导则　阿拉伯语》。

本部分与原 GB/T 17693.6—1999 相比主要变化如下：

——增加第2章规范性引用文件，原第2章及以下章节序号顺延；

——原第3章总则“3.1　地名专名一般音译；地名通名一般意译”更改为“4.1　地名专名音译”和“4.2　地名通名意译”；

——原第3章总则“地名译写使用的汉字以表1阿(拉伯)汉音译表选用的汉字为准”更改为“译写阿拉伯语地名使用的汉字，见表1《阿拉伯语汉语音译表》”；

——原第4章细则部分所有示例以表格形式出现；

——取消原第5章，将其内容并入表1中；

——附录A、附录B在原以罗马字母排序的基础分别增加以阿拉伯语排序部分。

本部分的附录A、附录B为规范性附录，附录C为资料性附录。

本部分由中华人民共和国民政部提出。

本部分由全国地名标准化技术委员会归口。

本部分由民政部地名研究所负责起草，国家测绘局地名研究所、中国地图出版社、新华社《参考消息》报社参加起草。

本部分主要起草人：商伟凡、邢维琳、钟琳娜、庞森权、钟军、胡洋、刘静、田硕。

本部分所代替标准的历次版本发布情况为：

——GB/T 17693.6—1999。

外语地名汉字译写导则　阿拉伯语

1　范围

GB/T 17693的本部分规定了阿拉伯语地名汉字译写的规则。

本部分适用于以汉字译写阿拉伯语地名。

2　规范性引用文件

下列文件中的条款通过GB/T 17693的本部分的引用而成为本部分的条款。凡是注日期的引用文件，其随后所有的修改单(不包括勘误的内容)或修订版均不适用于本部分，然而，鼓励根据本部分达成协议的各方研究是否可使用这些文件的最新版本。凡是不注日期的引用文件，其最新版本适用于本部分。

GB/T 17693.1　外语地名译写导则　英语

3　术语和定义

GB/T 17693.1确定的术语和定义适用于本部分。

3.1

地名　geographical names

人们对各个地理实体赋予的专有名称。

3.2

地名专名　specific terms

地名中用来区分各个地理实体的词。

3.3

地名通名　generic terms

地名中用来区分地理实体类别的词。

3.4

专名化的通名　generic terms used as specific terms

转化为专名组成部分的通名。

3.5

地名的汉字译写　transformation of geographical names from foreign languages into Chinese

用汉字书写其他语言的地名。

4　总则

4.1　地名专名音译。

4.2　地名通名意译。

4.3　惯用汉字译名和以常用人名命名的地名仍旧沿用，其派生的地名同名同译。

4.4　地名译写应采用该国的国家标准和官方最新出版的地图、地名录、地名词典、地名志等文献中的标准地名。

4.5　译写阿拉伯语地名使用的汉字，见表1阿拉伯语汉语音译表。

表 1　阿拉伯语汉语音译表

阿拉伯语辅音字母			أ	ع	ب	ط ت	ص س ث	ج	ح خ ه	ض د ذ	ظ ز ذ	ر	ل	ش	ف	ق غ	ك	م	ن	و	ى	پ[c]	چ[c]	گ[c]
罗马字母转写			ʼ	ʽ	b	t ṭ[a,b] ţ	th s ṣ[a,b] ş	j dj[a] g[b]	ḥ[a,b] kh h ḩ	d ḍ[a,b] ḑ	dh z ẓ[a,b] ẕ	r	l	sh ch[a]	f	gh q rh[a] k[a]	k qu[a]	m	n	w	y	p	ch	g
阿拉伯语元音符号	罗马字母转写	国际音标	ʔ	ʕ	b	t ṭ	θ s ṣ	dʒ	ħ x h	d ḍ	ð z ð̣		l	ʃ	f	ɣ q	k	m	n	w	j	p	tʃ	g
ـْ			厄	阿	卜	特	斯	季	赫	德	兹	尔	勒	什	夫(弗)	格	克	姆	恩	乌	伊	普	奇	格
ـَ	a e é è ê	E ε e	艾	阿	拜	泰	塞	杰	哈/海(亥)	代	宰	拉	莱	舍	弗	盖	凯	迈	奈	沃	耶	派	切	盖
ـَا ـَى آ	ā â á	aː	阿	阿	巴	塔	萨	贾	哈	达	扎	拉	拉	沙(莎)	法	加	卡	马(玛)	纳(娜)	瓦	亚(娅)	帕	恰	加
ـِي	î īy iy i	iː i	伊	伊	比	提(蒂)	西/绥(锡)	吉	希	迪	济	里(丽)	利(莉)	希	菲	吉	基	米	尼(妮)	维	伊	皮	奇	吉
ـُو	û ù oû ou u	uː u	乌	欧	布	图	苏	朱	侯/胡	杜	祖	鲁	卢	舒	富	古	库	穆	努	武	尤	普	丘	古
ـَيْ ـَي	ai ei ay ey eï	ai	艾	艾	拜	泰	赛	杰	海(亥)	代	宰	赖	莱	谢	费	盖	凯	迈	奈	韦	耶	派	柴	盖
ـَو ـَاو	āou āu âoû âw/aw aou au av	aːu au	奥	奥	包	陶	萨乌/索	焦	豪	达乌/道	扎乌/藻	劳	劳	绍	福	高	考	毛	瑙	沃	尧	保	乔	高
ـُن ـَن ـَان	ân āne ān/ann an en ene enn	aːn an	安	安	班	唐/坦	桑	坚	汉	丹	赞	兰	兰	尚	凡	甘	坎	曼	南(楠)	旺/万	扬/延	潘	钱	甘
ـِن ـِين	în ïn/in inn ine	iːn in	因	因	宾	廷	辛	金	欣	丁	津	林	林	欣	芬	根	肯	敏	宁	温	因	平	钦	根
ـُن ـُون	ûn un/on oun un (une)	uːn un	温	温	本	通	松/孙	均	洪	敦	尊	龙/伦	隆/伦	顺	丰	贡	昆	蒙	嫩	文	云	蓬	春	贡

注 1：汉字读音以普通话读音为准。
注 2：汉字书写以国家语言文字工作委员会公布的简化汉字为准。
注 3：罗马字母转写收录了国际上通用的三种罗马字母转写系统：埃及转写系统；美英转写系统；法语转写系统。具体转写方案见附录 C。
注 4：辅音竖行与元音横行交叉点上的汉字即为该辅音与元音拼读的音译汉字。元音自成音节时，用表中的元音零行汉字译写；而ن以外的辅音单独发音时，用音译表中的辅音零行汉字译写。
注 5：汉字译名若产生望文生义现象时，应用该音节的同音异字译写。如："东"、"南"、"西"出现在地名开头时，用"栋"、"楠"、"锡"译写；"海"出现在地名结尾时，用"亥"译写。
注 6："娅"、"玛"、"娜"、"莉"、"丽"、"莎"、"蒂"、"妮"等汉字用于以女性姓名命名的地名。
注 7："弗"用于译名的词首；"夫"用于译名的词中和词尾。

[a] 法语转写系统。
[b] 埃及转写系统。
[c] 辅音字母为波斯语字母。

5 细则

5.1 地名专名的汉字译写

地名专名的汉字译写示例见表 2。

表 2 地名专名译写示例表

序 号	阿拉伯语	罗马字母转写	汉 语
5.1.1	أبو عشر أم قرين بئر أحمد جبل ناعف وادى حلفا	Abu'Ushar Umm Qurayn Bi'r Aḥmad Jabal Nā'if Wādī Ḥalfā	阿布欧舍尔 乌姆古赖因 比尔艾哈迈德 杰贝勒纳伊夫 瓦迪哈勒法
	注 1：بئر Bi'r(井)、جبل Jabal(山)、وادى Wādī(干河)均为专名化的通名。		
	قصر العزوج سوق الاثنين بور سودان	Ksar el 'Azoudj Sūq al Ithnayni Būr Sūdān	阿祖季堡 星期一集市 苏丹港
5.1.2	الجبل الأخضر البحيرة المرة الصغرى العرق	Al Jabal al Akhḍar El Buḩeirat el Murrat el Ṣughrá Al 'Irq	绿山 小苦湖 沙漠城
5.1.3	محافظة التحرير قصر الجمهورية	Muḩâfaẓat el Taḩrīr Qaṣr el Gumhuriya	解放省 共和国宫
5.1.4	الشلال الخامس سوق الخميس مدينة العاشر من رمضان	Ash Shallāl al Khāmis Sūq al Khamīs Madīnat al 'Āshar min Ramaḍān	第五瀑布 星期四集市 斋月十日城
5.1.5	النيل الأزرق الخرطوم البحري الزاب الكبير مصر الجديدة الحمادة الحمراء	An Nīl al Azraq Al Khurţūm al Baḩrī Az Zāb al Kabīr Misr el Gedîda AlḤamādahalḤamrā'	青尼罗河 北喀土穆 大扎卜河 新开罗 哈姆拉石漠
	注 2：حمراء Ḥamrā'（红）。		
5.1.6	محافظة الشمال صحراء الشرقية جزيرة الغرب	Muḩāfaẓat ash Shamāl Ṣaḩrâ' esh Sharqiya Jazīrat al Gharb	北部省 东部沙漠 西岛
5.1.7	شارع محمد على سنسي أولاد موسى	Shara Mohamed Alī Senussi Aulad Mūsā	穆罕默德・阿里・赛努西大街 奥拉德・穆萨村
	خلوة سيدي ابراهيم قصة أبو سعيد	khaloua Sīdī Brahīm Qass Abu Sa'īd	海勒沃-西迪・易布拉欣 盖斯-阿布・赛伊德
5.1.8	برذونة الأشراف زاوية عبد المنعم	Birdhawnet al 'Ashrāf Zāwiyet Abd el Mun'im	比尔藻奈特-艾什拉夫 扎维耶-阿卜杜勒・蒙伊姆
5.1.9	السو اللي الشين	Al Sau Al Lay El Shîn	萨乌 拉伊 申村
5.1.10	البيضاء أم الحمام قرارة الناقة	El Beiḍā' Umm al Ḥamām Qarārat an Nāqah	贝达 乌姆哈马姆 纳盖洼地

5.1.1 专名(含专名化的通名)一般音译(见附录 A)。具有堡قصر(Ksar,Kasar)、集市سوق(Souk,Sūq)、港بور(Būr)等含义的专名化通名与专名分写时意译。

5.1.2 对专名起修饰作用的形容词(如表示方位、大小、新旧、颜色等)意译。

5.1.3 对行政区域和自然地理实体通名(省、地区、岛、礁、角等)起修饰作用的方位词意译。

5.1.4 明显反映地理实体特征的专名,一般意译。

5.1.5 具有一定意义或音译过长的专名,一般意译。

5.1.6 以数词或日期命名的专名意译。

5.1.7 由2个以上的词(含2个)构成的专名,其音译名称超过8个汉字(含8个汉字)时,第一个词后加连接号"-"(占半个字长度)。

5.1.8 以人名命名的地名(见附录B),人名各部分之间用间隔号表示,并加相应通名;以普通名词和人名共同构成的地名,普通名词和人名之间用连接号"-"(占半个字长度)表示。

5.1.9 由单音节词构成的专名,用2个汉字对译。

5.1.10 专名中的冠词省译。

5.2 地名通名的汉字译写

地名通名的汉字译写示例见表3。

表3 地名通名译写示例表

序　号	阿拉伯语	罗马字母转写	汉　语
5.2.1	رأس محمّد بحر التمساح	Ra's Muḥammad Baḥr el Timsâḥ	穆罕默德角 提姆萨赫湖
5.2.2	البحر الأحمر بحر البرلس وادي النطرون وادي أبو هاد	Al Baḥr al Aḥmar Baḥr el Burullus Wādī el Naṭrūn Wādī Abū Had	红海 布鲁卢斯湖 奈特龙洼地 阿布哈德干河
5.2.3	الريف الكفرة	El Rîf Al Kufrah	里夫山 库夫拉绿洲

5.2.1 通名意译。

5.2.2 当通名一词多义时,应视其所指的地理实体类别意译。

5.2.3 仅有专名的自然地理实体名称,汉字译写时应视地理实体所属类别加注相应的通名。

5.3 部分字母的译写规定

部分字母译写示例见表4。

表4 部分字母译写示例表

序　号	阿拉伯语	罗马字母转写	汉　语
5.3.1.1	معروف معدان رأس	Ma 'rūf Ma'dān Ra's	马鲁夫 马丹 拉斯
5.3.1.2	اسبع بركة السبع	Isba' Birkat al Sab'	伊斯拜阿 比尔凯特塞卜阿
5.3.1.3	هواء شجاع	Hawā' Shajā'a	海瓦 舍加

表 4（续）

序　号	阿拉伯语	罗马字母转写	汉　语
5.3.2.1	مديرية دولة بحرة حفرة النحاس	Mudīriyah Daulah Baḩrat Ḩufrat an Naḩās	穆迪里耶 道莱 拜赫拉 侯夫赖特奈哈斯
5.3.2.2	قريات	Quraiyāt	古莱亚特
5.3.3	ريح مفتاح	Rīḩ Miftāḩ	里赫 米夫塔赫
5.3.4	قرن ابن	Qarn Ibn	盖伦 伊本

5.3.1　字母ا和ع的译写原则

5.3.1.1　字母ا(ʼ)或ع(ʻ)在词中不跟元音动符时省译，其前面的短元音按长元音译。

5.3.1.2　字母ع(ʻ)在词尾而其前面相邻的字母是短元音或读静符时，ع应译出。

5.3.1.3　字母ا(ʼ)或ع(ʻ)在词尾，其前面的字母是长元音时省译。

5.3.2　字母ت(t)的译写原则

5.3.2.1　阿拉伯语的名词阳性和阴性。字母ت(t)在名词结尾表示阴性单数时书写为ة，罗马化为“h”或“t”。其读音弱化并省译；但当以ة结尾的阴性名词后面跟着其他词时，ة发音并译出。

5.3.2.2　字母ت(t)在名词词尾表示阴性复数时，即ت(t)前面是长元音时译出。

5.3.3　字母ح(ḩ)在词尾时译出。

5.3.4　下列辅音字母组合按括号中的汉字译写：سن sn（森）、شن shn（申）、رن rn（伦）、ين yn（因）、ون wn（温）、تن tn（坦）、بن bn（本）。

附　录　A
（规范性附录）
阿拉伯语地名常用通名和常用词汇译写表

表 A.1　阿拉伯语地名常用通名和常用词汇译写表（以阿拉伯字母为序）

阿拉伯语	罗马字母转写	音　译	意　译
أب	abu	阿布	父亲
آبار	ābār	阿巴尔	井（复数）
ابن	ibn	伊本	儿子
أبيض	abyaḍ	艾卜耶德	白色的
الاثنين	Ithnaini，Al	伊斯奈尼	星期一
الأحد	Aḥad，Al	艾哈德	星期日
أحمر	aḥmar	艾赫迈尔	红的
أخضر	akhḍar	艾赫代尔	绿色的
الأربعاء	Arbi ‘ā’，Al	艾尔比阿	星期三
أرض	arḍ	艾尔德	土地
أزرق	azraq	艾兹赖格	蓝色的、青色的
استوائية	istiwā’ya	伊斯提瓦伊耶	赤道的
أسد	asad	艾塞德	狮子
اسلام	islām	伊斯兰	伊斯兰教
أسود	asouad，aswad	艾斯沃德	黑色的
أصفر	aṣfar	艾斯费尔	黄色的
أعلى	a’lá	阿拉	上面的、最高的
اقليم	iqlîm	伊格利姆	省（县）、区
أم	oum，umm	乌姆	母亲
أم	umm	乌姆	母亲
امام	imām	伊玛目	教长
أمير	amīr	埃米尔	王子、亲王、首领
أولاد	awlād	奥拉德	子女、子孙
أولاد	oulad，awlād	奥拉德	孩子
بئر	bir，bîr，bi’r，bīr	比尔	井、泉
باب	bāb	巴卜	门、水闸
بادية	bādiya	巴迪耶	沙漠
باطن	bāṭin，baṭn	拜廷	洼地
بحر	baḥr	拜赫尔	海、湖
بحرة	baḥrat	拜赫拉	池、塘、潭
بحرى	baḥrī	拜赫里	海的、大海的
حيرة	buḥairah	布海拉	湖
بدر	badr	拜德尔	圆月

表 A.1（续）

阿拉伯语	罗马字母转写	音 译	意 译
برج	bordj	布尔季	堡
برزخ	berzekh	拜尔宰赫	角、地峡
بركة	birkat，birkah	比尔凯	池、湖
بستان	bustān	布斯坦	花园
بعيد	ba'īd	拜伊德	远的
بلد	balad	拜莱德	地区、国家
بلدة	baldat	拜勒代	市、镇、城市
بن (ابن)	ben	本	儿子
بنت	bint	宾特	女儿、女孩
بندر	Bandar	班代尔	港、湾、码头
بور	būr	布尔	港
بياض	bayāḍ	拜亚德	白色
بيت	bait，bayt	拜特	房子、住宅
بيت	beit	拜特	房子、家
تربة	turbah	图尔拜	墓
ترع	tur'a	图尔阿	沟、渠、运河
تل	tall	泰勒	岗、小丘
تلول	tulūl	图卢勒	丘陵、山岗
تمساح	Timsâḥ	提姆萨赫	鳄鱼
الثلاثاء	Thulāthā'，Ath	苏拉萨	星期二
ثمد	thamad	塞迈德	池、小水塘
جامع	djāmi'a	加米阿	清真寺、礼拜寺
جاموس	jāmūs	贾穆斯	水牛
جبال	djibâl，djibāl，jibāl	吉巴勒	山、山脉
جبل	djebel，jabal，jebel	杰贝勒	山
جديد	gedîda，jadīd	杰迪德	新的
جزائر	djezâ'ir	杰扎伊尔	群岛
جزائر	jazā'ir	杰扎伊尔	群岛
جزيرة	djezîret	杰济拉	岛
جزيرة	jezîra	杰济拉	岛屿
جماع	djemā'a	杰马阿	教区
جمال	jamāl	杰马勒	漂亮、美丽
الجمعة	Jum'at，Al	朱马	星期五
جميل	jamīl	杰米勒	漂亮的、美丽的
جنة	janna	坚奈	花园、天堂、天园
جنوب	janūb	杰努卜	南、南部
جنوبي	janūbī	杰努比	南部的
حاج	ḥādj	哈吉	朝觐者

表 A.1（续）

阿拉伯语	罗马字母转写	音　译	意　译
حارس	ḫāris	哈里斯	卫兵、哨兵
حاسي	ḥāsī，ḫāsy	哈西	井、泉
حبيب	ḫabīb	哈比卜	爱人、亲爱的
حجر	ḫajar	哈杰尔	石头
حد	ḫadd	哈德	界限、边界
حديد	ḥadīd	哈迪德	铁、尖锐的
حرة	ḫarra	哈拉	熔岩
حسن	ḥasan	哈桑	美好的、善良的
حسن	ḫusn	侯森	善、美
حصار	ḥiṣār	希萨尔	城堡、要塞
حكمة	ḥikma	希克迈	智慧、聪明
حكيم	ḫakīm	哈基姆	英明的、聪明的
حماد	ḥamād	哈马德	石漠
حمار	ḫimār	希马尔	驴
حمرة	ḫumra	侯姆拉	红色
حمراء	hamrā'	哈姆拉	红色的
حنطة	ḥinṭa	欣泰	小麦
حوض	ḫawḍ，ḫaudh	豪德	池塘、池
حي	ḫay	哈伊	区
خضرة	khuḍrat，khudhra	胡德拉	绿色
خفيف	khafīf	海菲夫	轻的
خليج	khalīj	海利季	湾
الخميس	Khamīs，Al	海米斯	星期四
خير	khair，khayr	海尔	善良的、好的
دار	dār	达尔	房子、地方、馆
دلتا	daltā	代勒塔	三角洲
دوحة	dauḫat，dawḫat	道哈	湾
دولة	daulah	道莱	国家
دير	dair，dayr	代尔	修道院
رئيس	ra'īs	赖伊斯	首领
رأس	rās，râs，ra's	拉斯	角、头
رصيف	raṣīf	赖西夫	码头
رملة	ramla	赖姆莱	沙子、砂地
زاوية	zâwiyet，zāwiyat	扎维耶	角落、小清真寺
زرقة	zurqa	祖尔盖	青色、蓝色
زهر	zahr	宰赫尔	花
ساحل	sâḫil	萨希勒	海岸、海滨、沿海地带
سانية	sāniyat	萨尼耶	井、水车

表 A.1（续）

阿拉伯语	罗马字母转写	音 译	意 译
السبت	Sabt，As	塞卜特	星期六
سبخة	sabkhat	塞卜海	盐沼
سد	sadd	塞德	堤、坝
سرير	sarīr	塞里尔	砾漠
سعيد	sa'īd	赛伊德	幸福的、快乐的
سفينة	safina	塞菲奈	船
سلام	salām	塞拉姆	和平、平安
سلطان	sulṭān	素丹(惯用)	君主、统治者
سماء	samā'	塞马	天空
سهل	sahl	塞赫勒	平地、平原、广场
سواد	sawād	萨瓦德	黑色
سوق	souk	苏格	集市、市场
سوق	sūq	苏格	市场、集市
سيدي	sīdī	西迪	主人、先生
شارع	shāri '	沙里阿	街道
شاطئ	shāṭī'	沙提	河岸
شاه	shāh	沙赫	国王
شبه جزيرة	shibh jazīrat	希卜赫杰济拉	半岛
شبين	shibīn	希宾	村庄、居民点
شجاعة	shajā'at	舍贾阿	勇敢
شجر	shajar	舍杰尔	树木、树
شديد	shadīd	舍迪德	厉害的、强的
شرق(شرقي)	sharq，sharqī	舍尔格(舍尔吉)	东部(东部的)
شرقي	charqî	舍尔吉	东部的
شرم	sharm	舍尔姆	港、港湾
شريف	sharīf	谢里夫	贵族、高贵的
شعب	sha'b	舍阿卜	民族、人民
شعير	sha'īr	舍伊尔	大麦
شلال	shallāl	舍拉勒	瀑布
شمال(شمالي)	shimāl，shimālī	希马勒(希马利)	北(北部的)
شمس	shams	舍姆斯	太阳
شيخ	cheikh, sheikh	谢赫(惯用)	族长、酋长、部落首领
صحراء	ṣaḥrā'	撒哈拉	沙漠
صدر	ṣadr	塞德尔	胸
صراط	ṣirāṭ	锡拉特	过道、走廊、公路
صغير	ṣaghīr，ṣarhīr	塞吉尔	小的
صفرة	ṣufra	苏夫拉	黄色

表 A.1（续）

阿拉伯语	罗马字母转写	音　译	意　译
صلح	ṣulḥ	苏勒赫	和平
صنوبر	ṣanawbar	塞瑙拜尔	松树
طريق	ṭarīq	泰里格	路
طويل	ṭawīl	泰维勒	长的、高的
عاصمة	'āṣimah	阿西迈	首都
عبد	'abd	阿卜德	奴隶、仆人
عرق	erg	伊尔格	沙漠
عرق	'irq	伊尔格	沙漠
عريض	'arīḍ	阿里德	宽的
عزيز	'azīz	阿齐兹	珍贵的、亲爱的
عسكر	'askar	阿斯凯尔	军队、部队
عظيم	'aẓīm	阿济姆	光荣的、伟大的
عقلة	'uqlat	欧格莱	井、泉、水洞
عنق	'unuq	欧努格	颈
عين	'aĭn，'ayn	艾因	泉、井
عين	'ein，'ayn	艾因	泉、井
غار	rhâr	加尔	洞穴、岩洞
غرب	gharb	盖尔卜	西部
غربي (غربيّة)	gharbī，gharbīyah	盖尔比	西部的
غني	ghaniy	盖尼	富人、富的
فقير	faqĭr	费吉尔	贫穷的
فم	fam	费姆	口、河口
قافلة	qāfila	加菲莱	商队
قديم	qadīm	盖迪姆	旧的、古老的
قرارة	qarārat	盖拉莱	洼地
قرن	qarn	盖伦	角
قرى	qurá	古拉	村庄、村落
قرية	qaryat	盖尔耶	村、乡、镇
قصبة	qaṣbah	盖斯拜	京城、首都、都会
قصر	qaṣr	盖斯尔	城堡、宫殿、公馆
قلعة	qala'ah	盖莱阿	圆石、硬石
قلعة	qal'ah	盖勒阿	城堡、要塞
قمّة	kimma，qimmah	吉迈	山顶、峰
قناة	qanāt	盖纳	运河、渠道、水沟
قنطرة	qanṭarah	甘泰赖	拱桥
كبرى	kubrī	库卜里	桥
كبير	kabīr	凯比尔	大的
كتف	katif	凯提夫	肩
كثير	kathīr	凯西尔	许多的、多的
كريم	karīm	凯里姆	高尚的、慷慨的

表 A.1(续)

阿拉伯语	罗马字母转写	音　译	意　译
كفر	kafr	凯夫尔	小村庄
ماعز	mā'iz	马伊兹	小山羊
متوسط	mutawassiṭ	穆泰沃西特	中间的
محل	maḥalla	迈海莱	地方、商店
مدخل	madkhal	迈德海勒	入口
مديرية	mudīriyat	穆迪里耶	省、区
مدينة	madīnat	迈迪奈	城市
مر	mur、murr	穆尔	苦的
مرسى	marsá	迈尔萨	港
مرعى	mer'á	迈尔阿	牧场
مسجد	masjid	迈斯吉德	清真寺
مشرع	mashra'	迈什赖阿	港口、码头
مصب	maṣabb	迈塞卜	河口
معدن	ma'dan	马丹	矿井、矿山
مقاطعة	muqāṭa'at	蒙海费德	洼地、低地
ملك	malik	迈利克	国王、私有者
ملكة	malika	迈利凯	王后、女王
ممر	mamarr	迈迈尔	过道、走廊、隘口、小路
منارة	manārah	迈纳赖	灯塔、清真寺的尖塔
منخفض	munkhafaḍ	穆加泰阿	省、自治区
منزل	manzil	曼济勒	房屋、宅第
منطقة	minṭaqat	敏泰盖	区、自治区
مهجر	mehdjer、mahjar	迈赫杰尔	移民地
مولى	maulay、moulay	毛拉	首领、主人
ميدان	maydān	迈丹	广场
ميناء	mīnā'	米纳	港口
نار	nār	纳尔	火
نافورة	nāfūra	纳富拉	喷泉、喷水池
نجد	najd	奈季德	高原、高地
نجع	nag', naj'	奈季阿	小村庄
نخلة	nakhla	奈赫莱	枣椰树
نظيف	naẓīf	奈济夫	干净的
نهار	nahār	奈哈尔	白天
نهر	nahr	奈赫尔	河、运河
نور	nūr	努尔	光明、光亮
هضبة	haḍba, haḍabat	海德拜	高原、高地
واحة	wāḥat	瓦哈	绿洲
وادي	ouâdî	瓦迪	干河、山谷、流域

表 A.1（续）

阿拉伯语	罗马字母转写	音 译	意 译
وادي	wādī	瓦迪	干河、干谷
وارث	wārith	瓦里斯	继承人
واسع	wāsi’	瓦西阿	宽敞的
وزير	wazīr	沃济尔	部长、大臣、阁员
ولد	walad	沃莱德	小孩
ولي	waliy	沃利	统治者、圣徒

表 A.2 阿拉伯语地名常用通名和常用词汇译写表(以罗马字母为序)

罗马字母转写	阿拉伯语	音 译	意 译
ābār	آبار	阿巴尔	井(复数)
'abd	عبد	阿卜德	奴隶、仆人
abu	أب	阿布	父亲
abyaḍ	أبيض	艾卜耶德	白色的
Aḥad, Al	الأحد	艾哈德	星期日
aḥmar	أحمر	艾赫迈尔	红的
'aĭn	عين	艾因	泉、井
akhḍar	أخضر	艾赫代尔	绿色的
a'lá	أعلى	阿拉	上面的、最高的
amīr	أمير	埃米尔	王子、亲王、首领
Arbi 'ā', Al	الأربعاء	艾尔比阿	星期三
arḍ	أرض	艾尔德	土地
'arīḍ	عريض	阿里德	宽的
asad	أسد	艾塞德	狮子
aṣfar	أصفر	艾斯费尔	黄色的
'āṣimah	عاصمة	阿西迈	首都
'askar	عسكر	阿斯凯尔	军队、部队
asouad	أسود	艾斯沃德	黑色的
aswad	أسود	艾斯沃德	黑色的
awlād	أولاد	奥拉德	子女、子孙
'ayn	عين	艾因	泉、井
'aẓīm	عظيم	阿济姆	光荣的、伟大的
'azīz	عزيز	阿齐兹	珍贵的、亲爱的
azraq	أزرق	艾兹赖格	蓝色的、青色的
bāb	باب	巴卜	门、水闸
bābiya	بادية	巴迪耶	沙漠
badr	بدر	拜德尔	圆月
baḥr	بحر	拜赫尔	海、湖
baḥrat	بحرة	拜赫拉	池、塘、潭
baḥrī	بحرى	拜赫里	海的、大海的
ba'īd	بعيد	拜伊德	远的
bait	بيت	拜特	房子、住宅
balad	بلد	拜莱德	地区、国家
baldat	بلدة	拜勒代	市、镇、城市
Bandar	بندر	班代尔	港、湾、码头
bārid	بارد	巴里德	冷的
bāṭin	باطن	巴廷	洼地
baṭn	اطن	巴廷	洼地

表 A.2（续）

罗马字母转写	阿拉伯语	音 译	意 译
bayāḍ	بياض	拜亚德	白色
bayt	بيت	拜特	房子、住宅
beit	بيت	拜特	房子、家
ben	بن (ابن)	本	儿子
berzekh	برزخ	拜尔宰赫	角、地峡
bint	بنت	宾特	女儿、女孩
bir	بئر	比尔	井、泉
bîr	بئر	比尔	井、泉
bi'r	بئر	比尔	井、泉
bīr	بئر	比尔	井、泉
birkat	بركة	比尔凯	池、湖
birkah	بركة	比尔凯	池、湖
bordj	برج	布尔季	堡
buḥairah	بحيرة	布海拉	湖
būr	بور	布尔	港
bustān	بستان	布斯坦	花园
charqî	شرقي	舍尔吉	东部的
cheikh	شيخ	谢赫	族长、酋长
dair	دير	代尔	修道院
daltā	دلتا	代勒塔	三角洲
dār	دار	达尔	房子、地方、馆
dauḥat	دوحة	道哈	湾
daulah	دولة	道莱	国家
dawḥat	دوح	道哈	湾
dayr	دير	代尔	修道院
djāmi'a	جامع	加米阿	清真寺、礼拜寺
djebel	جبل	杰贝勒	山
djemā'a	جماع	杰马阿	教区
djezâ'ir	جزائر	杰扎伊尔	群岛
djezîret	جزيرة	杰济拉	岛
djibāl	جبال	吉巴勒	山、山脉
djibâl	جبال	吉巴勒	山、山脉
'ein	عين	艾因	泉、井
erg	عرق	伊尔格	沙漠
fam	فم	费姆	口、河口
faqïr	فقير	费吉尔	贫穷的
gedîda	جديد	杰迪德	新的
ghaniy	غني	盖尼	富人、富的
gharb	غرب	盖尔卜	西部
gharbī	غربي (غربيّة)	盖尔比	西部的

表 A.2（续）

罗马字母转写	阿拉伯语	音　译	意　译
gharbīyah	غربي (غربيّة)	盖尔比	西部的
ḩabīb	حبيب	哈比卜	爱人、亲爱的
haḑba	هضبة	海德拜	高原、高地
haḑabat	هضبة	海德拜	高原、高地
ḩadd	حد	哈德	界限、边界
ḩadīd	حديد	哈迪德	铁、尖锐的
ḩādj	حاج	哈吉	朝觐者
ḩajar	حجر	哈杰尔	石头
ḩakīm	حكيم	哈基姆	英明的、聪明的
ḩamād	حماد	哈马德	石漠
ḩāris	حارس	哈里斯	卫兵、哨兵
ḩaudh	حوض	豪德	池塘、池
ḩawḑ	حوض	豪德	池塘、池
ḩay	حي	哈伊	区
ḩikma	حكمة	希克迈	智慧、聪明
ḩimār	حمار	希马尔	驴
ḩinţa	حنطة	欣泰	小麦
ḩişār	حصار	希萨尔	城堡、要塞
ḩumra	حمرة	侯姆拉	红色
ḩusn	حسن	侯森	善、美
ibn	ابن	伊本	儿子
imām	امام	伊玛目	教长
iqlîm	اقليم	伊格利姆	省(县)、区
'irq	عرق	伊尔格	沙漠
islām	اسلام	伊斯兰	伊斯兰教
istiwā'ya	استوائية	伊斯提瓦伊耶	赤道的
Ithnaini，Al	الاثنين	伊斯奈尼	星期一
jabal	جبل	杰贝勒	山
jebel	جبل	杰贝勒	山
jadīd	جديد	杰迪德	新的
jamāl	جمال	杰马勒	漂亮、美丽
jamīl	جميل	杰米勒	漂亮的、美丽的
jāmūs	جاموس	贾穆斯	水牛
janna	جنة	坚奈	花园、天堂、天园
janūb	جنوب	杰努卜	南、南部
janūbī	جنوبي	杰努比	南部的
jazā'ir	جزائر	杰扎伊尔	群岛
jebel	جبل	杰贝勒	山
jezîra	جزيرة	杰济拉	岛屿
jibāl	جبال	吉巴勒	山、山脉

表 A.2（续）

罗马字母转写	阿拉伯语	音 译	意 译
Jum'at, Al	الجمعة	朱马	星期五
kabīr	كبير	凯比尔	大的
kafr	كفر	凯夫尔	小村庄
karīm	كريم	凯里姆	高尚的、慷慨的
kathīr	كثير	凯西尔	许多的、多的
katif	كتف	凯提夫	肩
khafīf	خفيف	海菲夫	轻的
khair	خير	海尔	善良的、好的
khayr	خير	海尔	善良的、好的
khalīj	خليج	海利季	湾
Khamīs, Al	الخميس	海米斯	星期四
khudhra	خضرة	胡德拉	绿色
khuḑrat	خضرة	胡德拉	绿色
kimma	قمة	吉迈	山顶、峰
kubrī	كبرى	库卜里	桥
ma'dan	معدن	马丹	矿井、矿山
madīnat	مدينة	迈迪奈	城市
madkhal	مدخل	迈德海勒	入口
maḩalla	محل	迈海莱	地方、商店
malik	ملك	迈利克	国王
malika	ملكة	迈利凯	王后、女王
mamarr	ممر	迈迈尔	过道、走廊、隘口、小路
manārah	منارة	迈纳赖	灯塔、清真寺的尖塔
manzil	منزل	曼济勒	房屋、宅第
marsá	مرسى	迈尔萨	港
maşabb	مصب	迈塞卜	河口
mashra'	مشرع	迈什赖阿	港口、码头
masjid	مسجد	迈斯吉德	清真寺
maulay	مولى	毛拉	首领、主人
moulay	مولى	毛拉	首领、主人
maydān	ميدان	迈丹	广场
mehdjer	مهجر	迈赫杰尔	移民地
mahjar	مهجر	迈赫杰尔	移民地
mer'á	مرعى	迈尔阿	牧场
mīnā'	ميناء	米纳	港口
minţaqat	منطقة	敏泰盖	区、自治区
mir'ā	مرآة	米尔阿	镜子
mudīriyat	مديرية	穆迪里耶	省、区
muqāţa'at	مقاطعة	穆加泰阿	省、自治区

表 A.2（续）

罗马字母转写	阿拉伯语	音译	意译
munkhafaḍ	منخفض	蒙海费德	洼地、低地
mur	مر	穆尔	苦的
murr	مر	穆尔	苦的
mutawassiṭ	متوسط	穆泰沃西特	中间的
nāfūra	نافورة	纳富拉	喷泉、喷水池
nag’	نجع	奈季阿	小村庄
naj’	نجع	奈季阿	小村庄
nahār	نهار	奈哈尔	白天
nahr	نهر	奈赫尔	河、运河
najd	نجد	奈季德	高原、高地
nakhla	نخلة	奈赫莱	枣椰树
nār	نار	纳尔	火
naẓīf	نظيف	奈济夫	干净的
nūr	نور	努	光明、光亮
ouâdî	وادي	瓦迪	干河、山谷、流域
oulad	أولاد	奥拉德	孩子
oum	أم	乌姆	母亲
qadīm	قديم	盖迪姆	旧的、古老的
qāfila	قافلة	加菲莱	商队
qala’ah	قلعة	盖莱阿	圆石、硬石
qal’ah	قلعة	盖勒阿	城堡、要塞
qanāt	قناة	盖纳	运河、渠道、水沟
qanṭarah	قنطرة	甘泰赖	拱桥
qarārat	قرارة	盖拉莱	洼地
qarn	قرن	盖伦	角
qaryat	قرية	盖尔耶	村、乡、镇
qaṣbah	قصبة	盖斯拜	京城、首都、都会
qaṣr	قصر	盖斯尔	城堡、宫殿、公馆
qurá	قرى	古拉	村庄、村落
ra’īs	رئيس	赖伊斯	首领
ramla	رملة	赖姆莱	沙子、砂地
rās	رأس	拉斯	角、头
râs	رأس	拉斯	角、头
ra’s	رأس	拉斯	角、头
raṣīf	رصيف	赖西夫	码头
rhâr	غار	加尔	洞穴、岩洞
sabkhat	سبخة	塞卜海	盐沼

表 A.2（续）

罗马字母转写	阿拉伯语	音　译	意　译
Sabt，As	السبت	塞卜特	星期六
sadd	سد	塞德	堤、坝
ṣadr	صدر	塞德尔	胸
safina	سفينة	塞菲奈	船
ṣaghīr	صغير	塞吉尔	小的
sâḥil	ساحل	萨希勒	海岸、海滨、沿海地带
sahl	سهل	塞赫勒	平地、平原、广场
ṣaḥrā'	صحراء	撒哈拉	沙漠
sa'īd	سعيد	赛伊德	幸福的、快乐的
salām	سلام	塞拉姆	和平、平安
samā'	سماء	塞马	天空
ṣanawbar	صنوبر	塞瑙拜尔	松树
sāniyat	سانية	萨尼耶	井、水车
ṣarhīr	صغير	塞吉尔	小的
sarīr	سرير	塞里尔	砾漠
sawād	سواد	萨瓦德	黑色
sha'b	شعب	舍阿卜	民族、人民
shadīd	شديد	舍迪德	厉害的、强的
shāh	شاه	沙赫	国王
shaikh	شيخ	谢赫(惯用)	部落首领、头衔
sha'īr	شعير	舍伊尔	大麦
shajā'at	شجاعة	舍贾阿	勇敢
shajar	شجر	舍杰尔	树木、树
shallāl	شلال	舍拉勒	瀑布
shams	شمس	舍姆斯	太阳
shāri '	شارع	沙里阿	街道
sharīf	شريف	谢里夫	贵族、高贵的
sharm	شرم	舍尔姆	港、港湾
sharq	شرق	舍尔格	东部
sharqī	شرقي	舍尔吉	东部的
shāṭī'	شاطئ	沙提	河岸
shibh jazīrat	شبه جزيرة	希卜赫杰济拉	半岛
shibīn	شبين	希宾	村庄、居民点
shimāl	شمال	希马勒	北
shimālī	شمالي	希马利	北部的
sīdī	سيدي	西迪	主人、先生
ṣirāṭ	صراط	锡拉特	过道、走廊、公路
souk	سوق	苏格	集市、市场
ṣufra	صفرة	苏夫拉	黄色的

表 A.2（续）

罗马字母转写	阿拉伯语	音译	意译
sulṭān	سلطان	素丹(惯用)	君主、统治者
sūq	سوق	苏格	市场、集市
tall	تل	泰勒	岗、小丘
ṭarīq	طريق	泰里格	路
ṭawīl	طويل	泰维勒	长的、高的
thamad	ثمد	塞迈德	池、小水塘
Thulāthā' ,Ath	الثلاثاء	苏拉萨	星期二
Timsâḥ	تمساح	提姆萨赫	鳄鱼
tulūl	تلول	图卢勒	丘陵、山岗
tur'a	ترع	图尔阿	沟、渠、运河
turbah	تربة	图尔拜	墓
umm	أم	乌姆	母亲
'unuq	عنق	欧努格	颈
Wādī	وادي	瓦迪	干河、干谷
wāḥat	واحة	瓦哈	绿洲
walad	ولد	沃莱德	小孩
waliy	ولي	沃利	统治者、圣徒
wārith	وارث	瓦里斯	继承人
wāsi'	واسع	瓦西阿	宽敞的
wazīr	وزير	沃济尔	部长、大臣、阁员
zahr	زهر	宰赫尔	花
zâwiyet	زاوية	扎维耶	角落、小清真寺
zāwiyat	زاوية	扎维耶	角落、小清真寺
zurqa	زرقة	祖尔盖	青色、蓝色

附 录 B
（规范性附录）
阿拉伯语地名中常用人名译写表

表 B.1 阿拉伯语地名中常用人名译写表(以阿拉伯字母为序)

阿拉伯语	罗马字母转写	译 名
أبو	Abū	阿布
أبو بكر	Abū Bakr	阿布巴克尔
أحمد	Aḩmad	艾哈迈德
ادريس	Idrīs	伊德里斯
أسد	Asad	阿萨德
اسماعيل	Ismā ‘īl	伊斯梅尔
اندرابا	Indrābā	因德拉巴
توفيق	Taufīq	陶菲克
جابر	Jābir	贾比尔
جمال	Jamāl	杰马勒
حاجّ ابراهيم	Ḥāji Ebrāhīm	哈吉·易卜拉欣
حاجّ محسن	Ḥājji Muḩsin	哈吉·穆赫辛
حداد	Ḥadād	哈达德
حسن	Ḥasan，Hassen	哈桑
حسين	Ḥusayn	侯赛因
حميد	Ḥamīd	哈米德
حنا ابراهيم	Ḥannā Ibrāhīm	汉纳·易卜拉欣
خالد	Khālid	哈立德
خليفة	Khalīfah	哈里发
داؤود	Dā’ ūd	达乌德
رحمن	Raḩman	拉赫曼
رشيد	Rashīd	拉希德
سالم	Sālim	萨利姆
سعاد	Su ‘ād	苏阿德
سعيد	Sa ‘īd	赛伊德
سليمان	Sulaimān, Sulaymān	苏莱曼
سيد	Saïd, Sayyid	赛义德
شاكر	Shākir	沙基尔
شاهين	Shāhīn	沙欣
شريف	Cherîf	谢里夫
شريف	Sharīf	谢里夫
صالح	Ṣāliḩ	萨利赫
صباح	Ṣabāḩ	萨巴赫
صفير	Ṣufair	苏费尔

表 B.1（续）

阿拉伯语	罗马字母转写	译　名
عابد	‘Ābid	阿比德
عباس	‘Abbās	阿巴斯
عبد	‘Abd	阿卜德
عبد الرحمان	‘Abd ar Raḫmān	阿卜杜·拉赫曼
عبد الله	‘Abd Allāh	阿卜杜拉
عبد الله اليافي	‘Abd Allah al Yāfī	阿卜杜拉·雅菲
عبد الملك	‘Abd el Malik	阿卜杜勒·迈利克
عبرى	‘Abrī	阿卜里
عتية	‘Atīyah	阿提耶
عثمان	‘Uthmān	奥斯曼
عدنان	‘Adnān	阿德南
عريد	‘Arīd	阿里德
عريعر	‘Uray ‘ir	欧赖伊尔
عزيز	‘Azīz	阿齐兹
عصام	‘Işām	伊萨姆
علي	‘Alī	阿里
عمر	‘Umar	欧迈尔
عيسى	‘Īsá	伊萨
فاطمة	Fāţimah	法蒂玛
فيصر	Faişar	费萨尔
قادر	Qādir	加迪尔
قاسم	Qāsim	加西姆
كمال	Kamāl	凯马勒
مالك	Mālik	马立克
مبارك	Mubārak	穆巴拉克
متنبي	Mutanabī	穆泰奈比
محمد	Muḫammad	穆罕默德
محمود	Maḫmūd	马哈茂德
مسعود	Mas ‘ūd	迈斯欧德
منصور	Manşūr	曼苏尔
موسى	Mûsá	穆萨
ناصر	Nāḫir	纳赛尔
هاشم	Hāshim	哈希姆
يحيى	Yaḫyá	叶海亚
يعقوب	Ya ‘qūb, Yaqoub	雅各布
يوسف	Yūsuf	优素福

表 B.2 阿拉伯语地名中常用人名译写表(以罗马字母为序)

罗马字母转写	阿拉伯语	译 名
‘Abbās	عباس	阿巴斯
‘Abd	عبد	阿卜德
‘Abd Allāh	عبد الله	阿卜杜拉
‘Abd Allah al Yāfī	عبد الله اليافي	阿卜杜拉·雅菲
‘Abd ar Raḫmān	عبد الرحمان	阿卜杜·拉赫曼
‘Abd el Malik	عبد الملك	阿卜杜勒·迈利克
‘Ābid	عابد	阿比德
‘Abrī	عبرى	阿卜里
Abū	أبو	阿布
Abū Bakr	أبو بكر	阿布巴克尔
‘Adnān	عدنان	阿德南
Aḫmad	أحمد	艾哈迈德
‘Alī	علي	阿里
‘Arīd	عريد	阿里德
Asad	أسد	阿萨德
‘Atīyah	عتية	阿提耶
‘Azīz	عزيز	阿齐兹
Cherîf	شريف	谢里夫
Dā’ ūd	داؤود	达乌德
Faişar	فيصر	费萨尔
Fāţimah	فاطمة	法蒂玛
Ḥadād	حداد	哈达德
Ḥāji Ebrāhīm	حاجّ ابراهيم	哈吉·易卜拉欣
Ḥājji Muḫsin	حاجّ محسن	哈吉·穆赫辛
Ḥamīd	حميد	哈米德
Ḥannā Ibrāhīm	حنا ابراهيم	汉纳·易卜拉欣
Ḥasan, Hassen	حسن	哈桑
Hāshim	هاشم	哈希姆
Ḥusayn	حسين	侯赛因
Idrīs	ادريس	伊德里斯
Indrābā	اندرابا	因德拉巴
‘Isá	عيسى	伊萨
‘Işām	عصام	伊萨姆
Ismā ‘īl	اسماعيل	伊斯梅尔
Jābir	جابر	贾比尔
Jamāl	جمال	杰马勒
Kamāl	كمال	凯马勒

表 B.2（续）

罗马字母转写	阿拉伯语	译 名
Khālid	خالد	哈立德
Khalīfah	خليفة	哈里发
Maḥmūd	محمود	马哈茂德
Mālik	مالك	马立克
Manşūr	منصور	曼苏尔
Mas ʻūd	مسعود	迈斯欧德
Mubārak	مبارك	穆巴拉克
Muḥammad	محمد	穆罕默德
Mûsá	موسى	穆萨
Mutanabī	متنبي	穆泰奈比
Nāşir	ناصر	纳赛尔
Qādir	قادر	加迪尔
Qāsim	قاسم	加西姆
Raḥman	رحمن	拉赫曼
Rashīd	رشيد	拉希德
Ṣabāḥ	صباح	萨巴赫
Sa ʻīd	سعيد	赛伊德
Saïd, Sayyid	سيد	赛义德
Ṣāliḥ	صالح	萨利赫
Sālim	سالم	萨利姆
Shāhīn	شاهين	沙欣
Shākir	شاكر	沙基尔
Sharīf	شريف	谢里夫
Su ʻād	سعاد	苏阿德
Ṣufair	صفير	苏费尔
Sulaimān, Sulaymān	سليمان	苏莱曼
Taufīq	توفيق	陶菲克
ʻUmar	عمر	欧迈尔
ʻUray ʻir	عريعر	欧赖伊尔
ʻUthmān	عثمان	奥斯曼
Yaḥyá	يحيى	叶海亚
Ya ʻqūb, Yaqoub	يعقوب	雅各布
Yūsuf	يوسف	优素福

附　录　C
（资料性附录）
阿拉伯语字母与罗马字母转写对照表

表 C.1　阿拉伯语字母与罗马字母转写对照表

阿拉伯语字母	字母名称	罗马字母			阿拉伯语字母	字母名称	罗马字母		
		埃及	美英	法语			埃及	美英	法语
أ	alif	’	’	’	ض	ḑād	ḍ	ḑ	ḍ
ب	bā’	b	b	b	ط	tā’	ṭ	ţ	ṭ
ت	tā	t	t	t	ظ	z̧ā’	ẓ	z̧	ẓ
ث	thā’	th	th	th	ع	‘ayn	‘	‘	‘
ج	jīm	g	j	dj	غ	ghayn	gh	gh	rh
ح	ḥā’	ḥ	ḩ	ḥ	ف	fā’	f	f	f
خ	khā’	kh	kh	kh	ق	qāf	q	q	k
د	dāl	d	d	d	ك	kāf	k	k	k,qu
ذ	dhāl	dh	dh	dh	ل	lām	l	l	l
ر	rā’	r	r	r	م	mīm	m	m	m
ز	zāy	z	z	z	ن	nūn	n	n	n
س	sīn	s	s	s	ه	hā’	h	h	h
ش	shīn	sh	sh	sh	و	wāw	w	w	w
ص	sād	ṣ	ş	ṣ	ى	yā’	y	y	y

ICS 01.040.03
A 14

中华人民共和国国家标准

GB/T 17693.8—2008

外语地名汉字译写导则　蒙古语

Transformation guidelines of geographical names from foreign languages into Chinese—Mongolian

2008-11-25 发布　　2009-04-01 实施

中华人民共和国国家质量监督检验检疫总局
中国国家标准化管理委员会　发布

前　言

GB/T 17693《外语地名汉字译写导则》分为以下几部分：

——第1部分：英语

——第2部分：法语

——第3部分：德语

——第4部分：俄语

——第5部分：西班牙语

——第6部分：阿拉伯语

——第7部分：葡萄牙语

——第8部分：蒙古语

……

本部分是GB/T 17693的第8部分。

本部分的附录A、附录B都是规范性附录，附录C是资料性附录。

本部分由中华人民共和国民政部提出。

本部分由全国地名标准化技术委员会归口。

本部分由民政部地名研究所负责起草，国家测绘局地名研究所、中国地图出版社、新华社《参考消息》报社参加起草。

本部分主要起草人：许启大、姚克成、钟琳娜、李崇岭、庞森权、钟军、胡洋、刘静、田硕。

外语地名汉字译写导则　蒙古语

1　范围

GB/T 17693 的本部分规定了蒙古语地名汉字译写的规则。

本部分适用于以汉字译写蒙古国的蒙古语地名。

2　规范性引用文件

下列文件中的条款通过 GB/T 17693 的本部分的引用而成为本部分的条款。凡是注日期的引用文件，其随后所有的修改单(不包括勘误的内容)或修订版均不适用于本部分，然而，鼓励根据本标准达成协议的各方研究是否可使用这些文件的最新版本。凡是不注日期的引用文件，其最新版本适用于本部分。

GB/T 17693.1　外语地名汉字译写导则　英语

3　术语和定义

GB/T 17693.1 确立的术语和定义适用于本部分。

3.1

地名　geographical names

人们对各个地理实体赋予的专有名称。

3.2

地名专名　specific terms

地名中用来区分各个地理实体的词。

3.3

地名通名　generic terms

地名中用来区分地理实体类别的词。

3.4

专名化的通名　generic terms used as specific terms

转化为专名组成部分的通名。

3.5

地名的汉字译写　transformation of geographical names from foreign languages into Chinese

用汉字书写其他语言的地名。

4　总则

4.1　地名专名音译。

4.2　地名通名意译。

4.3　惯用汉字译名和以常用人名命名的地名仍旧沿用，其派生的地名同名同译。

4.4　地名译写应采用该国的国家标准和官方最新出版的地图、地名录、地名词典、地名志等文献中的标准地名。

4.5　译写蒙古语地名使用的汉字，见表 1 蒙汉音译表。

表1　蒙汉音译表

辅音字母			Б	В	Г	Д	Ж	З	К	л	М	Н	П	Р	С	Т	Ф	Х	Ц	Ч	Ш
罗马字母转写			B	V W	g	d	J	dz	k	l	m	n	p	r	S	t	f	h kh	ts	ch	sh
元音字母	罗马字母转写	汉字	布	布	格	德	吉	兹	克	勒	木	恩	普	尔	斯	特	夫（弗）	赫	茨	其	希
A aa	a aa	阿	巴	瓦	嘎	达	扎	扎	卡	拉	马（玛）	纳（娜）	帕	拉	萨	塔	法	哈	察	恰	沙
E	ie	耶	别	韦	格	迭	杰	泽	凯	列	梅	涅	佩	列	谢	铁	费		切	切	谢
Ë	Io yo	尧	标	维奥	吉奥					廖	苗			廖	肖						
И ий Ь	i ĭii iy	伊	比	维	吉	迪	吉	济	基	利（莉）	米	尼	皮	里（丽）	西（锡）	提	菲	黑	齐	其	希
O oo	o oo	敖（奥）	包	沃	高	道	焦	昭	考	劳	毛	瑙	泡	劳	绍	陶	福	浩	朝	乔	绍
Θ өө	Ö ÖÖ	额	伯	沃	格	德	哲	泽	克	勒	莫	讷	珀	勒	色	特	弗	赫	策	策	舍
У уу Y YY	u uu ü üü	乌	布	武	古	杜	珠	珠	库	鲁	木	努	普	鲁	苏	图	富	呼	楚	楚	舒
Э ээ/эй	E ee/ei ey	埃	贝	韦	格/盖	德/代	杰	泽	克/凯	莱	梅	内	佩	雷	塞	特/泰	费	海（亥）	车	切	谢
Ю	yu yü	尤	比尤		久					柳	苗	纽		留	休			休		丘	休
Я	ya	亚（雅）	比亚		贾	迪亚	贾			利亚	米亚	尼亚		里亚	夏					恰	夏
Ай/ой	ai/oi	艾	拜	瓦伊	盖	代		宰	凯	莱	迈	奈	派	赖	赛	泰		海	蔡	柴	谢
Ан аан ань	ап аап	安	班	万	干	丹	占	赞	坎	兰	曼	南（楠）	潘	兰	桑	坦	凡	汗	灿	钱	善
Ан	an	昂	邦	旺	冈	当	江（姜）	章	康	朗	芒	南（楠）	庞	朗	桑	唐	方	杭	仓	昌	尚

表 1(续)

辅音字母			Б	В	Г	Д	Ж	З	К	л	М	Н	П	Р	С	Т	Ф	Х	Ц	Ч	Ш
罗马字母转写			B	V W	g	d	J	dz	k	l	m	n	p	r	S	t	f	h kh	ts	ch	sh
元音字母	罗马字母转写	汉字	布	布	格	德	吉	兹	克	勒	木	恩	普	尔	斯	特	夫(弗)	赫	茨	其	希
Ин ийн ын	In iin yn iyn	音	宾	温	根	丁	金	津	肯	林	敏	宁	平	林	辛	廷	芬	欣	钦	钦	辛
Үй үй	ui üi uy	维	贝	维	贵	兑	锥	锥	奎	雷	梅	内	佩	雷	绥				崔	崔	绥
Өн өөн ен эн ээн	ön öön en een	恩	本	温	根	登	真	曾	肯	楞	门	嫩	彭	伦	森	腾	芬	亨	臣	成	申
Ун үн он/ уун үүн оон	un ün on/ uun üün oon	温	本	翁	贡	敦	准	宗	昆	伦/隆	蒙	嫩	蓬	伦	松	吞		浑/洪	聪	春	顺
Ян	yan	彦	边			甸	姜			连	缅	年	片		先						
Ён	lon yon iun	云																			
Уа	ua	瓦		瓦																	
辅音字母	Б		В	Г	Д	Ж	З	К	л	М	Н	П	Р	С	Т	Ф	Х	Ц	Ч		Ш

注 1:汉字读音以国家语言文字工作委员会公布的普通话读音为准。

注 2:汉字字形以国家语言文字工作委员会公布的规范汉字为准。

注 3:辅音竖行与元音横行交叉点上的汉字即为该辅音与元音拼读的音译汉字。元音自成音节时,用表 1 中的元音零行汉字译写;而 H(n)以外的辅音单独发音时,用表 1 中的辅音零行汉字译写。

注 4:汉字译名若产生望文生义现象时,应用该音节的同音异字译写。如“南”、“西”出现在地名开头时,用“楠”、“锡”译写。“江”、“海”出现在地名结尾时,用“姜”、“亥”译写。

注 5:“娅”、“莉”、“娜”、“玛”、“雅”、“丽”等汉字用于以女姓人名命名的地名;“奥”用于人名命名的地名。

注 6:“弗”用于译名的词首;“夫”用于译名的词中和词尾。

5 细则

5.1 地名专名的汉字译写

地名专名的汉字译写示例见表2。

表2 地名专名译写示例表

序号	蒙古语	罗马字母转写	汉 语
5.1.1	Улаанхус Дархан-Уул Баянгол Цагааннуур сум	Ulaanhus Darhan-Uul Bayangol Tsagaannuur sum	乌兰呼斯 达尔汗乌拉 巴彦高勒 查干诺尔县
	注：以上地名中的 уул (山)、гол（河）、нуур（湖）等均为专名化的通名。		
5.1.2	Баруун булаг Зүүн нуур Дорнод аймаг	Baruun bulag Dzüün nuur Dornod aymag	西泉 东湖 东方省
5.1.3	Их Хөвсгөл уул Бага Буурал уул Хойд Тамирын гол Шинэжинст сум Зүүн Богд уул Баруунтуруунсум Өмнөговь аймаг Архангай аймаг	Ih Hövsgöl uul Baga Buural uul Hoyd Tamirïn gol Shinejinst sum Dzüün Bogd uul Baruunturuun sum Ömnögovi aymag Arhangay aymag	大库斯古尔山 小布拉勒山 北塔米尔河 新金斯特县 东包格德山 西图伦县 南戈壁省 后杭爱省
5.1.4	Улаан Толгойн худаг Таацын гол Хөх Усны нуур Их Хашаатайн худаг	Ulaan Tolgoyn hudag Taatsïn gol Höh Usnï nuur Ih Hashaatayn Hudag	乌兰陶勒盖井 塔茨河 呼和乌苏湖 大哈沙泰井
5.1.5	Аргалантын Эхэн Өндөр уул Мөстийн Цагаан Овоот уул Хүрэн Хөтөлийн Орой уул	Argalantyn Ehen öndör uul Möstin Tsagaan Ovoot uul Hüren Hötölin Oroy uul	阿尔嘎朗廷-埃亨-温都尔山 莫斯廷-查干-敖包特山 呼伦-赫特林-敖劳伊山
5.1.6	Лүн	Lün	隆县

5.1.1 专名(含专名化的通名)一般音译。

5.1.2 专名由一个词构成,方位词(东、南、西、北)意译。

5.1.3 对专名起修饰作用的词(大、小、新、旧、东、南、西、北、前、后)意译。

5.1.4 自然地理实体名称中,以属格结尾的专名,应恢复其主格形式再译写。

5.1.5 由2个或2个以上词组成的专名,当其译名为8个或8个以上汉字时,可按词用连接号“-”(占半个字长度)连接。

5.1.6 单音节的地名,汉字译写时视其指代的地理实体所属类别加相应的通名。

5.2 地名通名的汉字译写

地名通名的汉字译写示例见表3。

表 3　地名通名译写示例表

序　号	蒙古语	罗马字母转写	汉　语
5.2.1	Цагаан　уул Сэлэнгэ мөрөн Булган сум	Tsagaan uul Selenge mörön Bulgan sum	查干山 色楞格河 布尔干县
5.2.2	Идэр Загал	Ider Dzagal	伊德尔河 扎嘎勒山

5.2.1　通名一般意译(见附录 A)。

5.2.2　未标注通名的自然地理实体名称,汉字译写时应视地理实体所属类别加注相应的通名。

5.3　部分字母译写规定

部分字母译写示例见表 4。

表 4　部分字母译写示例表

序　号	蒙古语	罗马字母转写	汉　语
5.3.1	Заамар Баян-Овоо Доод Цагаан нуур Дэлгэрхаан Улаан-Үзүүр Бөөрөгт Цээл Аюул Ярмаг Ётуу	Dzaamar Bayan-Ovoo Dood Tsagaan nuur Delgerhaan Ulaan-üdzüür Böörögt Tseel Ayuul Yaarmag yootuu	扎马尔 巴彦敖包 下查干湖 德勒格尔汗 乌兰乌珠尔 伯勒格特 车勒 阿尤勒 亚尔马格 尧图
5.3.2	Сайнцагаан Дордгойн хүрээ Өлөнтэйндуган	Sayntsagaan Dordgoyn hüree ölönteyn dugang	赛音查干 道尔德高音呼雷 额楞泰音都冈
5.3.3	Болын дуган Тарианы　Жиса	Bolïn dugang Tarianï Jisa	包林都冈 塔里亚尼吉萨
5.3.4	Мандалговь Сантмаргац Булган Баянжаргалан Аршаант Сарын дуган Дархан	Mandalgovi Santmargats Bulgan Bayanjargalang Arshaant Sarïn dugang Darhan	曼达勒戈壁 桑特马尔嘎茨 布勒干 巴彦扎尔嘎朗 阿尔善特 萨林都冈 达尔汗
5.3.5	Өвөр Шавагт Шивэр Ховор	övör Shavagt Shiver Hovor	额沃尔 沙瓦格特 希韦尔 浩沃尔

表 4（续）

序 号	蒙古语	罗马字母转写	汉 语
5.3.5	Хавчиг Завхан Хөв	Havchig Dzavhan Höv	哈布其格 扎布汗 赫布
5.3.6	Дамбадаржаа Думбатайн дуган Дэмбэрэл Домбилийн худаг Бямбасүрэн Сампил	Dambadarjaa Dumbatain dugang Demberel Dombiliyn hudag Byabasuren Sampil	丹巴达尔扎 敦巴泰音都冈 登布雷勒 敦比林呼达格 边巴苏伦 桑皮勒

5.3.1 长元音 аа、ээ、оо、уу、өө、үү、яа、ёо、юу、юү (aa、ee、oo、uu、öö、üü、yaa、yoo、yuu、yüü) 按相对应的短元音译写。

5.3.2 音节айн (ain)、эйн (ein)、ойн (oin)分别按表 1 中ай（ai）、эй(ei)、о(o)行汉字加“音”字译写。

5.3.3 元音“ы (ï) ”按表 1“и(i)”行的对应汉字译写。

5.3.4 音节“ан”(an)在表 1 中列出了舌尖鼻音“an”(安)和舌根鼻音“ang”(昂)两种发音,译写时根据发音规律选择对应的汉字。

5.3.5 辅音字母“в (v)”位于音节首时按表 1“в (v)”列的对应汉字译写,位于音节末或者词尾时用“布”字译写。

5.3.6 辅音字母м (m)在б（b)和п（p)前按н (n)译写。

附 录 A
（规范性附录）
蒙古语地名常用通名和常用词汇译写表

表 A.1 蒙古语地名常用通名和常用词汇译写表

蒙古语	罗马字母转写	音 译	意 译
авто заМ	avto dzam	阿布陶扎木	公路
агуй	aguy	阿贵	山洞、地洞
аймаг	aymag	艾玛克	省、盟
ам	am	阿木	谷、干河、山口
ар	ar	阿尔	后、北
арав	arav	阿拉布	十、十个
арал	aral	阿拉勒	岛
баг	bag	巴格	乡
бага	baga	巴嘎	小
байшин(г)	bayshing	拜兴	房屋
баруун	baruun	巴伦	西、右
баян	bayan	巴彦	富饶、丰富
богд	bogd	包格德	圣、圣人
булаг	bulag	布拉格	泉
бунхан	bunhan	本汗	陵、墓
бэйл	beyl	贝勒	贝勒（清朝爵名）
бэйс	beys	贝子	贝子（清朝爵名）
бэлчээр	belcheer	贝勒切尔	牧场、草地
ван хүрээ	van hüree	旺呼雷	王府
газар	gadzar	嘎扎尔	土地、地
гурав	gurav	古拉布	三、三个
гурван	gurvan	古尔班	三、三个
говь	govĭ, gov’	戈壁	戈壁、沙漠
гол	gol	高勒	河
гэр	ger	格尔	蒙古包、房屋
даваа(н)	davaa	达坂	山口
далай	dalay	达来	海
далан(г)	dalang	达朗	堤、坝
доод	dood	道德	下、下面
дорно	dorno	道尔瑙	东、东方的
дорнод	dornod	道尔瑙德	东、东方的
дөрөв	döröv	德勒布	四、四个
дөрвөн	dörvön	德尔温	四、四个
дунд	dund	敦德	中、中间
дээд	deed	德德	上、上面
дугаН(г)	dugang	都冈	庙堂、寺庙
ер	yer	耶尔	九十
ерэн	yeren	耶伦	九十

表 A.1（续）

蒙古语	罗马字母转写	音 译	意 译
ес	yös	耶斯	九
есөн	yösön	耶森	九
ёл	yol	尧勒	狗头雕
ёроол	yorool	尧劳勒	底、根部
жалга	jalga	扎勒嘎	山谷、山沟
заМ	dzam	扎木	道路
зүүн	dzüün	宗	东、左
задгай ус	dzadgay us	扎德盖乌苏	蓄水池
их	ih	伊赫	大
лам	lam	喇嘛	喇嘛
манх (ан)	manh(an)	芒赫	沙地、沙丘
мод	mod	毛德	树木
мөрөн	mörön	莫伦	江、河
мөсөн гол	mösön gol	莫森高勒	冰川
муж	muj	木吉	省
намаг	namag	纳马格	沼泽地、泥泞地
нуруу	nuruu	努鲁	山、山脉
нуур	nuur	诺尔	湖
овоо	ovoo,oboo	敖包	敖包
ой мод	oy mod	敖伊毛德	森林
олом	olom	敖劳木	渡口、浅滩
оргил	orgil	敖尔吉勒	丘陵、峰
орой	oroy	敖劳伊	峰、山顶
өвөр	övör, öbör	额沃尔	前、南、内
өмнө	ömnö	额木讷	南、南方
өндөр	öndör	温都尔	高地
өндөрлөг	öndörlög	温都尔勒格	高地
өртөө	örtöö	额尔特	驿站
рашаан	rashaan	阿尔善	温泉、矿泉
салаа	salaa	萨拉	河、支流
сарьдаг	sarĭdag	萨里达格	雪山
суваг	suvag	苏瓦格	渠、沟
сум	suma,sum	苏木	县
сүм	süme,süm	苏木	庙、寺
тав	tav	塔布	五、五个
таван	tavan	塔万	五、五个
тавилан(г)	tavilang	塔维朗	码头、渡口
тавь	tavi	塔维	五十
тавин	tavin	塔温	五十
тал	tal	塔拉	平原、草原
тойром	toyrom	陶伊劳木	池塘、沼泽地
толгой	tolgoy	陶勒盖	山、山头
тосгон	tosgon	陶斯贡	村、村庄

表 A.1（续）

蒙古语	罗马字母转写	音 译	意 译
тохой	tohoy	陶亥	湾、河湾
төмөр зам	tömör dzam	铁木尔扎木	铁路
улаан	ulaan	乌兰	红、红色
урд	urd	乌尔德	南、南方
ус	us	乌苏	水
уурхай	uurhay	乌尔亥	矿山、矿井
уул	uul,uula	乌拉	山
ухаа	uhaa	乌哈	丘陵、高地
үзүүр	Üdzüür	乌珠尔	丘陵
хангай	hangay,hangai	杭爱（杭盖）	茂林地带、宽广的
хар	har(a),khara	哈尔	黑、黑色
хийд	hiyd,hiid	黑德	庙、寺院
хойно	hoyno	浩伊瑙	北、后
хойт	hoyt	浩伊特	北、后
Хөндий	höndiy	亨迪	河谷地、山谷平原
хоолой	hooloy	浩莱	水道、河川
хот	hot	浩特	城、城市
хотгор	hotgor	浩特高尔	洼地
Хөтөл	hötöl	赫特勒	丘陵、山口
Хөх	höh	呼和	蓝色、青色
худаг	hudag (khuduk)	呼达格（呼都格）	井
хуучин	huuchin	呼钦	老、旧
хүрээ	hüree, hüryee	呼雷	院子
хурал	hural	呼拉勒（呼拉尔）	道场、小寺院
цагаан	tsagaan	查干	白、白色
цайдаМ	tsaydam	柴达木	盐碱地
чулуу	chuluu	楚鲁	石、石头
чулуун	chuluun	楚伦	石、石头
шар	shar(a)	沙尔	黄、黄的
шаалба	shaalba	沙勒巴	水塘、沼泽
шил	shil	希勒	丘陵、山、高原
шиНэ	shine	新	新
шугуй	shuguy	舒贵	丛林
элс	els	埃勒斯	沙漠
ямаа	yamaa	亚玛	山羊
яс	yas	亚斯	骨头

注：括号中的汉字译写供参考。

附　录　B
（规范性附录）
蒙古语地名中常用人名译写表

表 B.1　蒙古语地名中常用人名译写表

蒙古语	罗马字母转写	汉　语
Алимаа	Alimaa	阿莉玛
Алтантуяа	Altantuyaa	阿勒坦图雅
Амар	Amar	阿玛尔
Амарсайхан	Amarsayhan	阿玛尔赛汗
Арслан	Arslan	阿尔斯兰
Аюурзана	Ayuurdzana	阿尤尔扎纳
Аюуш	Ayuush	阿尤希
Баасан	Baasang	巴桑
Баасанжав	Baasangjav	巴桑扎布
Баатар	Baatar	巴特尔
Бадрах	Badrah	巴德拉赫
Бат	Bat	巴特
Батбаяр	Batbayar	巴特巴亚尔
Баян	Bayan	巴彦
Баянмөнх	Bayanmönh	巴彦蒙赫
Баян-Өлзий	Bayan-öldziy	巴彦乌力吉
Баянцогт	Bayantsogt	巴彦朝格特
Баяр	Bayar	巴亚尔
Баярмаа	Bayarmaa	巴亚尔玛
Болд	Bold	包勒德
Ванган	Vangan	旺干
Ванчиг	Vangchig	旺其格
Галсан	Galsang	嘎勒桑
Гарди	Gardi	嘎尔迪
Гомбо	Gombo	贡布
Готов	Gotov	高陶布
Гэрэл	Gerel	格日勒
Даваа	Davaa	达瓦
Далай	Dalay	达莱
Дамба	Damba	丹巴
Дамбадаржаа	Dambadarjaa	丹巴达尔扎
Дархан	Darhan	达尔汗
Даш	Dash	达希
Дашдондов	Dashdondov	达希敦道布
Дорж	Dorj	道尔吉
Дэлгэр	Delger	德勒格尔
Ембүү	yömbüü	云布

表 B.1（续）

蒙古语	罗马字母转写	汉 语
Ерөөл	yörööl	耶热勒
Ёнхор	yonhor	云浩尔
Ёст	yost	尧斯特
Жаргал	Jargal	扎尔嘎勒
Жаргалан	Jargalang	扎尔嘎朗
Замба	Dzamba	赞巴
Зандраа	Sandraa	赞德拉
Заяа	Dzayaa	扎雅
Зориг	Dzorig	昭里格
Идэр	Ider	伊德尔
Итгэл	Itgel	伊特格勒
Ичин	Ichin	伊钦
Лочин	Lochin	劳钦
Лувсан	Luvsang	鲁布桑
Лхагва	Lhagva	勒哈格瓦
Майдар	Maydar	迈达尔
Мандал	Mandal	曼达勒
Mандах	Mandah	曼达赫
Мөнх	Mönh	蒙赫
Мөрөн	Mörön	莫伦
Мэргэн	Mergen	梅尔根
Наран	Naran	纳兰
Од	Od	奥德
Одонтуяа	Odontuyaa	奥敦图雅
Отгон	Otgon	奥特冈（敖特根）
Очир	Ochir	奥其尔
Оюун	Oyuun	奥云
Өлзий	Öldziy	乌力吉
Өнөр	Önör	额讷尔
Пунцаг	Puntsag	彭察格
Пүрэв	Pürev	普雷布（普日布）
Равдан	Ravdan	拉布丹
Рагчаа	Ragchaa	拉格察
Ринчин	Rinchin	林钦（仁钦）
Ринчинсамбуу	Rinchinsambuu	林钦桑布
Сайн	Sayn	赛音
Самбуу	Sambuu	桑布
Тангад	Tangad	唐嘎德
Тогоо	Togoo	陶高
Тогтох	Togtoh	陶格陶赫
Төмөр	Tömör	特莫尔
Тунгалаг	Tungalag	通嘎拉格
Түмэн	Tümen	图门

表 B.1（续）

蒙古语	罗马字母转写	汉　语
Түмэн-Өлзий	Tümen-öldziy	图门乌力吉
Удвал	Udval	乌德瓦勒
Улаанбаатар	Ulaanbaatar	乌兰巴特尔
Урт	Urt	乌尔特
Үнэн	ünen	乌嫩
Үүрд	üürd	乌尔德
Хатанбаатар	Hatanbaatar	哈坦巴特尔
Хатуу	Hatuu	哈图
Хорлоо	Horloo	浩尔劳
ЦагааН	Tsagaan	查干
Цогт	Tsogt	朝格特
Цэцэг	Tsetseg	策策格
Чандмань	Chandmanĭ	钱德曼
Чимид	Chimid	其米德
Чимэг	Chimeg	其梅格
Чингис Хаан	Genghis Khan(Chinggis Khaan)	成吉思汗
Чулуу	Chuluu	楚鲁
Шагдар	Shagdar	沙格达尔
Шагж	Shagj	沙格吉
Шатар	Shatar	沙塔尔
Элбэг	Elbeg	埃勒贝格
Энх	Enh	恩赫
Эрдэм	Erdem	埃尔德木
Эрдэнэ	Erdene	额尔德尼
Юндэн	Yündeng	云登
Ялалт	Yalalt	亚拉勒特
Ямандаг	Yamandag	亚曼达格
注：括号中的汉字译名供参考。		

附　录　C
（资料性附录）
西里尔蒙古文字母的罗马字母转写对照表

表 C.1　西里尔蒙古文字母的罗马字母转写对照表

西里尔蒙古文字母	罗马字母	西里尔蒙古文字母	罗马字母
а	a	р	r
Б	b	с	s
в	v	т	t
г	g	у	u
д	d	Ү	ü
е	yö	ф	f
ё	yo	х	h, kh
ж	j	ц	ts
з	dz	ч	ch
и	i	ш	sh
й	y	щ	shch
к	k	ъ	’
л	l	ы	ï
м	m	ь	ĭ
н	n	э	e
о	o	ю	yu,yü
θ	ö	я	ya
п	p		
注：本表为美国地名委员会/英国地名常设委员会1964年制定并使用。			

参 考 文 献

[1] 中国地名委员会.蒙(古)汉译音表(试用稿).1981.
[2] 国家测绘局和总参谋部测绘局.蒙古语地名译音规则.北京:测绘出版社,1986.

ICS 35.240.60
A 24

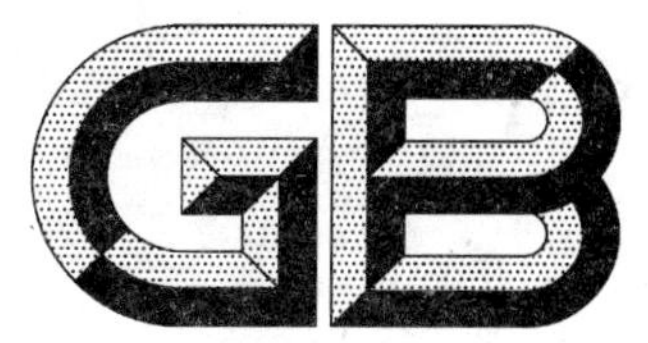

中华人民共和国国家标准

GB/T 17699—2008
代替 GB/T 17699—1999

行政、商业和运输业电子数据交换 数据元目录

Electronic data interchange for administration, commerce and transport (EDIFACT)—Data element directory

2008-06-18 发布　　2008-11-01 实施

中华人民共和国国家质量监督检验检疫总局
中国国家标准化管理委员会　发布

前　言

本标准等同采用联合国行政、商业和运输业电子数据交换(UN/EDIFACT)D.06B数据元目录。

本标准代替GB/T 17699—1999。

本标准与GB/T 17699—1999相比,主要变化如下:

——本标准对上一版GB/T 17699—1999的第1章、第2章、第3章的内容进行了综合、补充和完善,本标准第4章、第5章的内容与标准原文(UN/EDIFACT D.06B)完全一致;

——根据UN/EDIFACT的发展和变化以及实际应用的需要,将标准名称作了调整,由上一版的《用于行政、商业和运输业电子数据交换的数据元目录》变更为本版的《行政、商业和运输业电子数据交换　数据元目录》;

——数据元的数量从547个增至645个,其中新增104个数据元,删除6个数据元,变更460个数据元,变更针对的是GB/T 17699—1999,而不是(UN/EDIFACT D.06B)。

本标准由中国标准化研究院提出。

本标准由全国电子业务标准化技术委员会归口。

本标准起草单位:中国标准化研究院。

本标准主要起草人:曹新九、胡涵景、刘颖、任冠华、马胜男。

本标准所代替标准的历次版本发布情况为:

——GB/T 17699—1999。

行政、商业和运输业电子数据交换
数据元目录

1 范围

本标准规定了行政、商业、运输业电子数据交换(EDIFACT)中使用的数据元的标记、名称、说明、表示和适用范围。

本标准适用于行政、商业、运输业电子数据交换(EDIFACT)中的数据传输。

2 规范性引用文件

下列文件中的条款通过本标准的引用而成为本标准的条款。凡是注日期的引用文件,其随后所有的修改单(不包括勘误的内容)或修订版均不适用于本标准,然而,鼓励根据本标准达成协议的各方研究是否可使用这些文件的最新版本。凡是不注日期的引用文件,其最新版本适用于本标准。

GB/T 1836 集装箱代码、识别和标记(GB/T 1836—1997,idt ISO 6346:1995)

GB/T 2261.1 个人基本信息分类与代码 第1部分:人的性别代码

GB/T 2659—2000 世界各国和地区名称代码(eqv ISO 3166-1:1997)

GB/T 4880.1 语种名称代码 第1部分:2字母代码(GB/T 4880.1—2005,ISO 639-1:2002,MOD)

GB/T 4880.2 语种名称代码 第2部分:3字母代码(GB/T 4880.2—2005,ISO 639-2:2002,MOD)

GB/T 6512 运输方式代码(GB/T 6512—1998,eqv UN/ECE/TRADE/138:1995)

GB/T 12406 表示货币和资金的代码(GB/T 12406—1996,idt ISO 4217:1990)

GB/T 15191—1997 贸易数据元目录 标准数据元(idt ISO 7372:1993)

GB/T 15634—2008 行政、商业和运输业电子数据交换 段目录

GB/T 15635—2008 行政、商业和运输业电子数据交换 复合数据元目录

GB/T 16472 货物类型、包装类型和包装材料类型代码(GB/T 16472—1996,eqv UN/ECE 21)

GB/T 17152 运费代码(FCC)运费和其他费用的统一描述(GB/T 17152—1997,eqv UN/ECE Rec. NO. 23:1990)

GB/T 17295 国际贸易用计量单位代码(GB/T 17295—1998,mod UN/ECE/TRADE/R. 888/Rev. 4)

GB/T 18126—2000 国际贸易付款条款的缩略语——PAYTERMS(eqv UN/ECE/TRADE/142)

UN/ECE 第16号推荐标准:口岸及有关地点代码

3 数据元表示的有关说明

3.1 数据元的适用范围

本标准使用下列指示符说明数据元的适用范围:

[B]=仅用于批式报文

[I]=仅用于交互式报文

[C]=在批式和交互式报文中通用

3.2 数据元标记

数据元前的符号表示数据元的变更情况，其含义是：

+——新增加

#——名称、说明、注或表示变更

3.3 数据元字符类型的定义

数据元字符类型的定义见 GB/T 15191—1997 中的 4.1.2。

4 数据元目录

4.1 概述

数据元是构成 EDIFACT 报文的最小单位也称为简单数据元，它等效于一个语句中的一个字或一个词。它由唯一的四位数字标记、数据元名称、数据元描述及表示方式来标识。EDIFACT 报文中所使用的全部数据元均收入本标准中，并有其相应的维护规程，根据 EDIFACT 报文的需要进行相应的增加、修改和删除。采用 EDIFACT 用户应首先从本标准中选用数据元来设计所需要的 EDIFACT 报文。由简单数据元组成的复合数据元等效于一个词组。复合数据元由唯一的四位字母数字标记来标识，并收入 GB/T 15635—2008 中。段目录中的段是 EDIFACT 报文中的中间信息单位，它等效于一个句子。它是由预先定义的、功能上相关的数据元集合即复合数据元组成，这些数据元由其在集合中序列位置来定义。每个段都由三个字母段标记标识，并收入 GB/T 15634—2008 中。

4.2 数据元目录

#1000 单证名称 Document name [B]

说明： 单证的名称。

表示： an..35

#1001 单证名称代码 Document name code [C]

说明： 规定单证名称的代码。

表示： an..3

+1003 报文类型代码 Message type code [B]

说明： 规定报文类型的代码。

表示： an..6

#1004 单证标识符 Document identifier [C]

说明： 单证的标识。

表示： an..35

#1049 报文节代码 Message section code [B]

说明： 规定报文节的代码。

表示： an..3

#1050 顺序位置标识符 Sequence position identifier [C]

说明： 顺序指示位置的标识。

表示： an..10

#1052　报文项标识符　Message item identifier　[B]
说明：　报文中的项的标识。
表示：　an..35

#1054　报文分项标识符　Message sub-item identifier　[B]
说明：　报文中的分项的标识。
表示：　n..6

#1056　版本标识符　Version identifier　[B]
说明：　版本的标识。
表示：　an..9

#1058　发布标识符　Release identifier　[B]
说明：　发布的标识。
表示：　an..9

#1060　修订标识符　Revision identifier　[B]
说明：　修订的标识。
表示：　an..6

#1073　单证行行为代码　Document line action code　[B]
说明：　指示与单证行相关的行为代码。
表示：　an..3

#1082　行项标识符　Line item identifier　[C]
说明：　行项的标识。
表示：　an..6

#1131　代码表标识代码　Code list identification code　[C]
说明：　标识用户或代码表维护机构的代码。
表示：　an..3
注：　数据元 3055 中定义的代码表负责机构所提供的该条数据元代码。

#1145　旅客参考标识符　Traveller reference identifier　[I]
说明：　旅客参考的标识。
表示：　an..35

1146　账户名称　Account name　[B]
说明：　账户的名称。
表示：　an..35

#1147　账户标识符　Account identifier　[B]
说明：　账户的标识。
表示：　an..35

1148　账户缩略名称　Account abbreviated name　[B]
说明：　账户的缩略名称。
表示：　an..17

#1153　参考代码限定符　Reference code qualifier　[C]
说明：　限定一个参考的代码。
表示：　an..3

#1154　参考标识符　Reference identifier　[C]
说明：　参考的标识。
表示：　an..70

#1156　单证行标识符　Document line identifier　[C]
说明：　单证行的标识。
表示：　an..6

#1159　顺序标识符来源代码　Sequence identifier source code　[B]
说明：　说明顺序标识符来源的代码。
表示：　an..3

+1170　会计分类账名称　Accounting journal name　[B]
说明：　会计分类账的名称。
表示：　an..35

+1171　会计分类账标识符　Accounting journal identifier　[B]
说明：　会计分类账的标识。
表示：　an..17

1218　所需正本单证的份数　Document originals required quantity　[B]
说明：　所需单证正本份数。
表示：　n..2

1220　所需副本单证的份数　Document copies required quantity　[B]
说明：　所需单证副本份数。
表示：　n..2

#1222　配置等级号　Configuration level number　[B]
说明：　配置等级的说明。
表示：　n..2

#1225　报文功能代码　Message function code　[C]
说明：　指示报文功能的代码。
表示：　an..3

#1227　计算顺序代码　Calculation sequence code　[B]
说明：说明计算顺序的代码。
表示：an..3

#1228　行为描述　Action description　[B]
说明：行为的自由格式描述。
表示：an..35

#1229　行为代码　Action code　[C]
说明：规定已经或将要采取的行为的代码。
表示：an..3

#1230　折让或费用标识符　Allowance or charge identifier　[B]
说明：折让或费用的标识。
表示：an..35

#1312　托运物装载顺序标识符　Consignment load sequence identifier　[B]
说明：托运物装载顺序或托运的标识。
表示：n..4

#1366　单证出处描述　Document source description　[B]
说明：单证出处的自由格式描述。
表示：an..70

#1373　单证状态代码　Document status code　[B]
说明：说明单证状态的代码。
表示：an..3

#1476　管理机构标识符　Controlling agency identifier　[B]
说明：管理机构的标识。
表示：an..2

1490　拼装货物项号　Consolidation item number　[B]
说明：说明拼装货物中的序号。
表示：n..5

1496　货物项号　Goods item number　[B]
说明：说明托运物中货物的序号。
表示：n..5

#1501　计算机环境细目代码限定符　Computer environment details code qualifier　[B]
说明：限定计算机环境细目的代码。
表示：an..3

#1502 数据格式描述 Data format description [B]
说明： 数据格式的自由格式描述。
表示： an..35

#1503 数据格式描述代码 Data format description code [B]
说明： 说明数据格式的代码。
表示： an..3

#1505 量值表类型代码 Value list type code [B]
说明： 说明值表类型的代码。
表示： an..3

#1507 指示符分类代码 Designated class code [B]
说明： 说明一个指定分类的代码。
表示： an..3

1508 文件名称 File name [B]
说明： 文件的名称。
表示： an..35

#1510 计算机环境名称 Computer environment name [B]
说明： 计算机环境的名称。
表示： an..35

#1511 计算机环境名称代码 Computer environment name code [C]
说明： 说明计算机环境的代码。
表示： an..3

1514 值表名称 Value list name [B]
说明： 代码型或非代码型值表的名称。
表示： an..70

#1516 文件格式名称 File format name [B]
说明： 文件格式的名称。
表示： an..17

1518 值表标识符 Value list identifier [B]
说明： 代码型或非代码型量值表的标识符。
表示： an..35

1520 数据集标识符 Data set identifier [B]
说明： 一个数据集的标识。
表示： an..35

#1523　报文实施标识代码　Message implementation identification code　[B]
说明：　标识报文实施的代码。
表示：　an..6

2000　日期　Date　[I]
说明：　说明日期。
表示：　an..14

2002　时间　Time　[I]
说明：　说明时间。
表示：　n4

2005　日期/时间/期限功能代码限定符　Date or time or period function code qualifier　[B]
说明：　限定日期、时间或期限功能的代码。
表示：　an..3

#2009　条款时间关系代码　Terms time relation code　[B]
说明：　条款与引用日期、时间或期限关联的代码。
表示：　an..3

#2013　频度代码　Frequency code　[B]
说明：　说明发生的频率的代码。
表示：　an..3

#2015　发送方式代码　Despatch pattern code　[B]
说明：　说明发送方式的代码。
表示：　an..3

#2017　发送方式时间代码　Despatch pattern timing code　[B]
说明：　说明发送方式中日期/时间集的代码。
表示：　an..3

2018　年龄　Age　[I]
说明：　说明人或事物的生命或生存的时间长度。
表示：　n..3

+2023　期限类型代码限定符　Period type code qualifier　[B]
说明：　限定期限类型的代码。
表示：　an..3

+2029　时区标识符　Time zone identifier　[I]
说明：　时区的标识。
表示：　an..3

+2031　时间变化量　Time variation quantity　[I]
说明：　说明时间的变化。
表示：　n..3

+2116　时差　Time zone difference quantity　[I]
说明：　两个已定义的时区之间差异。
表示：　n..4

+2118　期限细目描述　Period detail description　[B]
说明：　期限细目的自由格式描述。
表示：　an..35

+2119　期限细目描述代码　Period detail description code　[B]
说明：　说明期限细目的代码。
表示：　an..3

#2148　日期变化数　Date variation number　[I]
说明：　指示两个日期之间变化数。
表示：　n..5

#2151　期限类型代码　Period type code　[B]
说明：　说明期限类型的代码。
表示：　an..3

2152　期限数量　Period count quantity　[C]
说明：　期限数量的计算值。
表示：　n..3

#2155　费用期限类型代码　Charge period type code　[I]
说明：　说明计算费用期限的类型的代码。
表示：　an..3

#2156　登记时间　Check-in time　[I]
说明：　说明登记的日期和时间。
表示：　an..10

#2160　一周中每天的标识符　Days of week set identifier　[I]
说明：　用数字串表示一周中的星期几(星期一用1表示)。
表示：　an..7

#2162　行程期间　Journey leg duration quantity　[I]
说明：　行程开始至抵达所用的时间。
表示：　an..6

2164 毫秒时间 Millisecond time [I]
说明: 说明包括毫秒的时间值。
表示: n9

2379 日期/时间/期限格式代码 Date or time or period format code [B]
说明: 日期、时间、期限表示说明的代码。
表示: an..3

#2380 日期/时间/期限文本 Date or time or period text [C]
说明: 以特定表示法说明日期、日期和时间、时间或期限的值。
表示: an..35

#2475 事件时间参考代码 Event time reference code [B]
说明: 说明参考可能或也发生的事件时间的代码。
表示: an..3

+3005 维护操作方代码 Maintenance operation operator code [B]
说明: 标识对维护操作负责的操作方类型的代码。
表示: an..3

3009 维护操作支付方代码 Maintenance operation payer code [B]
说明: 标识维护操作支付方的代码。
表示: an..3
注: 见数据元 3035 的代码表。

#3035 参与方功能代码限定符 Party function code qualifier [C]
说明: 给参与方特定含义的代码。
表示: an..3

3036 参与方名称 Party name [C]
说明: 参与方的名称。
表示: an..35

3039 参与方标识符 Party identifier [C]
说明: 说明参与方身份的代码。
表示: an..35

3042 街道名称和门牌号码/邮政信箱标识符 Street and number/P. O. Box identifier [B]
说明: 街道名称和门牌号码/邮政信箱的标识。
表示: an..35

#3045 参与方名称格式代码 Party name format code [B]
说明： 规定参与方名称表示的代码。
表示： an..3

#3055 代码表负责机构代码 Code list responsible agency code [C]
说明： 规定代码表维护机构的代码。
表示： an..3

#3077 测试媒体代码 Test medium code [B]
说明： 规定在测试中已使用或将要使用媒体的代码。
表示： an..3

#3079 组织分类代码 Organisation classification code [B]
说明： 规定一个组织分类的代码。
表示： an..3

#3082 组织类别名称 Organisational class name [B]
说明： 规定一个组织的类别名称。
表示： an..70

#3083 组织类别名称代码 Organisational class name code [B]
说明： 规定一个组织类别名称的代码。
表示： an..17

#3124 名称和地址描述 Name and address description [B]
说明： 名称和地址的自由格式描述。
表示： an..35

3126 承运人名称 Carrier name [B]
说明： 承运人的名称。
表示： an..35

3127 承运人标识符 Carrier identifier [B]
说明： 承运人的标识。
表示： an..17

#3131 地址类型代码 Address type code [C]
说明： 规定地址类型的代码。
表示： an..3

#3139 联系功能代码 Contact function code [B]
说明： 规定联系(例如部门或人员)的功能的代码。
表示： an..3

#3148 通信地址标识符 Communication address identifier [C]
说明： 通信地址的标识。
表示： an..512

#3153 通信媒体类型代码 Communication medium type code [B]
说明： 规定所用通信媒体类型的代码。
表示： an..3

#3155 通信工具类型代码 Communication means type code [C]
说明： 规定所用通信工具类型的代码。
表示： an..3

3164 城市名称 City name [C]
说明： 城市的名称。
表示： an..35

3192 账户持有人名称 Account holder name [B]
说明： 账户持有人的名称。
表示： an..35

3194 账户持有人标识符 Account holder identifier [B]
说明： 账户持有人的标识。
表示： an..35

3197 代理人标识符 Agent identifier [I]
说明： 代理人的标识。
表示： an..9

3207 国家(地区)标识符 Country identifier [C]
说明： ISO 3166(GB/T 2659)和 UN/ECE 第三号推荐标准中规定的国家或地区的名称的标识。
表示： an..3
注： 见 GB/T 2659 二字母国家代码。

3222 第一相关地点名称 First related location name [B]
说明： 第一相关地点的名称。
表示： an..70

3223 第一相关地点标识符 First related location identifier [C]
说明： 第一相关地点的标识。
表示： an..25
注： 使用 UN/ECE 第 16 号推荐标准：UNLOCODE。如果不适用，则使用 1131/3055 联用的相应代码集。

3224　地点名称　Location name　[C]
说明：　地点的名称。
表示：　an..256

3225　地点标识符　Location identifier　[C]
说明：　地点的标识。
表示：　an..35
注：　使用 UN/ECE 第 16 号推荐标准：UNLOCODE。如果不适用，则使用 1131/3055 联用的相应代码集。

3227　地点功能代码限定符　Location function code qualifier　[C]
说明：　标识地点功能的代码。
表示：　an..3

3228　国家行政区划名称　Country subdivision name　[C]
说明：　国家行政区划的名称，如国家、省、县、镇。
表示：　an..70

3229　国家行政区划标识符　Country subdivision identifier　[C]
说明：　国家行政区划的标识，如国家、省、县、镇。
表示：　an..9
注：　使用 ISO 3166-2 推荐标准。如果不适用，则使用由相应的国家机构规定的代码。

3232　第二相关地点名称　Second related location name　[B]
说明：　第二相关地点的名称。
表示：　an..70

3233　第二相关地点标识符　Second related location identifier　[C]
说明：　第二相关地点的标识。
表示：　an..35
注：　使用 UN/ECE 第 16 号推荐标准：UNLOCODE。如果不适用，则使用 1131/3055 联用的相应代码集。

3236　取样位置描述　Sample location description　[B]
说明：　取样位置的自由格式描述。
表示：　an..35

#3237　取样位置描述代码　Sample location description code　[B]
说明：　规定在样本中采样位置的代码。
表示：　an..3

#3239　原产地国(地区)标识符　Country of origin identifier　[B]
说明：　根据税则标准、数量限制标准或任何其他与贸易有关措施，生产或制造货物的国家(地区)的标识。
表示：　an..3
注：　见 GB/T 2659 中的二字母国家代码(代码表 3207)。

#3251　邮政标识代码　Postal identification code　[C]

说明：　规定邮政区域或地址的代码。

表示：　an..17

注：　使用由相应的国家机构定义的代码。

#3279　地理区域代码　Geographic area code　[B]

说明：　规定地理区域的代码。

表示：　an..3

#3285　指示接收方标识符　Instruction receiving party identifier　[B]

说明：　规定接收指示一方的代码。

表示：　an..35

#3286　地址成分描述　Address component description　[C]

说明：　地址成分的自由格式说明。

表示：　an..70

#3289　个人特征代码限定符　Person characteristic code qualifier　[B]

说明：　限定个人的特征类型的代码。

表示：　an..3

#3292　国籍名称　Nationality name　[B]

说明：　国籍的名称。

表示：　an..35

#3293　国籍名称代码　Nationality name code　[B]

说明：　规定国籍名称的代码。

表示：　an..3

#3295　姓名原字母代码　Name original alphabet code　[C]

说明：　规定用于表示姓名的原字母的代码。

表示：　an..3

#3299　地址用途代码　Address purpose code　[C]

说明：　规定地址用途的代码。

表示：　an..3

#3301　指示制定方标识符　Enacting party identifier　[B]

说明：　负责制定指示的一方的标识。

表示：　an..35

#3310　继承特征描述　Inherited characteristic description　[B]

说明：　继承特征的自由文本描述。

表示：　an..70

#3311　继承特征描述代码　Inherited characteristic description code　[B]
说明：　规定继承特征的代码。
表示：　an..8

#3397　姓名状态代码　Name status code　[C]
说明：　规定姓名的状态的代码。
表示：　an..3

#3398　姓名成分描述　Name component description　[C]
说明：　名称成分的自由格式描述。
表示：　an..256

#3401　姓名成分用法代码　Name component usage code　[C]
说明：　规定姓名成分用法的代码。
表示：　an..3

#3403　姓名类型代码　Name type code　[C]
说明：　规定姓名类型的代码。
表示：　an..3

#3405　姓名成分类型代码限定符　Name component type code qualifier　[C]
说明：　限定姓名成分类型的代码。
表示：　an..3

#3412　联系人名称　Contact name　[B]
说明：　联系人的名称，如部门或雇员。
表示：　an..256

#3413　联系人标识符　Contact identifier　[C]
说明：　联系人的标识，如部门或雇员。
表示：　an..17

3432　机构名称　Institution name　[B]
说明：　机构的名称。
表示：　an..70

#3433　机构名称代码　Institution name code　[B]
说明：　规定机构名称的代码。
表示：　an..11

#3434　分支机构标识符　Institution branch identifier　[B]
说明：　分支机构的标识。
表示：　an..17

#3436　分支机构地点名称　Institution branch location name　[B]
说明：　分支机构所在地的名称。
表示：　an..70

#3446　参与方税收标识符　Party tax identifier　[B]
说明：　税务管理机构为参与方指定的编号标识。
表示：　an..20

#3449　银行标识符　Bank identifier　[I]
说明：　标识一个银行。
表示：　an..17

#3452　语言名称　Language name　[B]
说明：　语言的名称。
表示：　an..35

#3453　语言名称代码　Language name code　[C]
说明：　说明语言名称的代码。
表示：　an..3
注：　使用 GB/T 4880。

#3455　语言代码限定符　Language code qualifier　[B]
说明：　限定语言的代码。
表示：　an..3

#3457　发起方类型代码　Originator type code　[I]
说明：　规定发起方类型的代码。
表示：　an..3

#3459　常旅客标识符　Frequent traveller identifier　[I]
说明：　经常旅行者的标识。
表示：　an..25

3460　名字　Given name　[I]
说明：　个人的名字。
表示：　an..70

3463　通道标识符　Gate identifier　[I]
说明：　通道的标识。
表示：　an..6

3465　内部标识符　In-house identifier　[I]
说明：　本地分配的唯一标识。
表示：　an..9

#3475　地址状态代码　Address status code　[C]
说明：　规定地址状态的代码。
表示：　an..3

#3477　地址格式代码　Address format code　[C]
说明：　说明地址格式的代码。
表示：　an..3

#3478　婚姻状况描述　Marital status description　[B]
说明：　个人婚姻状况的自由格式描述。
表示：　an..35

#3479　婚姻状况描述代码　Marital status description code　[B]
说明：　规定个人婚姻状况的代码。
表示：　an..3

+3480　个人职位　Person job title　[B]
说明：　职位的名称：如工作人员的级别、等级等。
表示：　an..35

#3482　宗教信仰名称　Religion name　[B]
说明：　宗教信仰的名称。
表示：　an..35

#3483　宗教信仰名称代码　Religion name code　[B]
说明：　规定宗教信仰的代码。
表示：　an..3

#3493　国籍代码限定符　Nationality code qualifier　[B]
说明：　限定国籍的代码。
表示：　an..3

#3494　职称描述　Job title description　[B]
说明：　职称的自由格式描述。
表示：　an..35
注：　本条数据元将在D.09A目录中删除。

3496　销售渠道标识符　Sales channel identifier　[B]
说明：　销售渠道的标识。
表示：　an..17

#3499　性别代码　Gender code　[C]
说明：　给出人、动物或植物性别的代码。
表示：　an..3
注：　使用 GB/T 2261 表示人的性别。

3500　姓　Family name　[I]
说明：　家族的名称。(同义词 surname)
表示：　an..70

#3503　访问授权标识符　Access authorisation identifier　[I]
说明：　访问授权的标识。
表示：　an..9

#3504　职务描述　Given name title description　[I]
说明：　职务的自由格式描述。
表示：　an..9

+3507　保险金受益人组成代码　Benefit coverage constituents code　[I]
说明：　用来标识保险金受益人的代码。
表示：　an..3

#4000　参考版本标识符　Reference version identifier　[B]
说明：　参考版本的标识。
表示：　an..35
注：　本条数据元将在 D.09A 目录中删除。

#4009　选项代码　Option code　[I]
说明：　规定选项的代码。
表示：　an..3

#4017　交货计划执行等级代码　Delivery plan commitment level code　[B]
说明：　规定交货计划执行等级的代码。
表示：　an..3

#4018　相关信息描述　Related information description　[I]
说明：　相关信息的自由格式描述。
表示：　an..35

4022　业务描述　Business description　[B]
说明：　业务的自由格式描述。
表示：　an..70

#4025　业务功能代码　Business function code　[C]
说明：　描述特定业务功能的代码。
表示：　an..3

#4027　业务功能类型代码限定符　Business function type code qualifier　[B]
说明：　限定业务功能类型的代码。
表示：　an..3

#4035　优先级类型代码限定符　Priority type code qualifier　[B]
说明：　限定优先级类型的代码。
表示：　an..3

#4036　优先级描述　Priority description　[B]
说明：　优先级的自由格式描述。
表示：　an..35

#4037　优先级描述代码　Priority description code　[B]
说明：　规定优先级的代码。
表示：　an..3

#4038　附加安全信息描述　Additional safety information description　[B]
说明：　与附加安全相关信息的自由文本描述。
表示：　an..35

#4039　附加安全信息描述代码　Additional safety information description code　[B]
说明：　规定附加安全信息的代码。
表示：　an..3

#4043　贸易分类代码　Trade class code　[B]
说明：　标识贸易分类的代码。
表示：　an..3

4044　安全节名称　Safety section name　[B]
说明：　标识安全节的名称。
表示：　an..70

4046　安全节编号　Safety section number　[B]
说明：　标识安全节的编号。
表示：　n..2

#4048　确定性描述　Certainty description　[B]
说明：　确定性的自由格式描述。
表示：　an..35

#4049　确定性描述代码　Certainty description code　[B]
说明：　规定确定性的代码。
表示：　an..3

＃4051	特征关系代码　Characteristic relevance code	[B]
说明：	规定特征关系的代码。	
表示：	an..3	

＃4052	交货或运输条款描述　Delivery or transport terms description	[B]
说明：	交货或运输条款的自由格式描述。	
表示：	an..70	

＃4053	交货或运输条款描述代码　Delivery or transport terms description code	[B]
说明：	规定交货或运输条款描述的代码。	
表示：	an..3	
注：	使用 UN/ECE 第 5 号令。当与 1131/3055 联用时，使用适当的代码集。	

＃4055	交货或运输条款的功能代码　Delivery or transport terms function code	[B]
说明：	规定交货或运输条款的功能的代码。	
表示：	an..3	

＋4056	问题描述　Question description	[B]
说明：	问题的自由格式描述。	
表示：	an..256	

＋4057	问题描述代码　Question description code	[B]
说明：	规定问题的代码。	
表示：	an..3	

＋4059	条款代码限定符　Clause code qualifier	[B]
说明：	限定条款种类的代码。	
表示：	an..3	

＃4065	合同和运输条件代码　Contract and carriage condition code	[B]
说明：	标识合同及运输条件的代码。	
表示：	an..3	

＋4068	条款名称　Clause name	[B]
说明：	条款的名称。	
表示：	an..70	

＋4069	条款名称代码　Clause name code	[B]
说明：	标识条款的代码。	
表示：	an..17	

＋4071	附加条款代码限定符　Proviso code qualifier	[B]
说明：	限定附加条款的代码。	
表示：	an..3	

+4072　附加条款类型描述　Proviso type description　[B]
说明：　附加条款类型的自由格式描述。
表示：　an..35

+4073　附加条款类型描述代码　Proviso type description code　[B]
说明：　规定附加条款类型的代码。
表示：　an..3

+4074　附加条款计算描述　Proviso calculation description　[B]
说明：　附加条款计算的自由格式描述。
表示：　an..35

+4075　附加条款计算描述代码　Proviso calculation description code　[B]
说明：　规定附加条款计算的代码。
表示：　an..3

#4078　装卸说明描述　Handling instruction description　[B]
说明：　装卸说明的自由格式描述。
表示：　an..512

#4079　装卸说明描述代码　Handling instruction description code　[B]
说明：　规定装卸说明的代码。
表示：　an..3

#4183　特定条件代码　Special condition code　[C]
说明：　规定特定条件的代码。
表示：　an..3

#4184　特殊需求描述　Special requirement description　[I]
说明：　特殊需求的自由格式描述。
表示：　an..17

#4187　特殊需求类型代码　Special requirement type code　[I]
说明：　规定特殊服务需求类型的代码。
表示：　an..4

#4215　运费支付方式代码　Transport charges payment method code　[B]
说明：　规定运输费用支付方式的代码。
表示：　an..3

#4219　运输服务优先级代码　Transport service priority code　[B]
说明：　规定运输服务优先级的代码。
表示：　an..3

#4221　单货不符自然标识代码　Discrepancy nature identification code　[B]
说明：　规定交易或分项中订货量与发票量不符或装货量与发票量不符的代码。
表示：　an..3

#4233　标志说明代码　Marking instructions code　[B]
说明：　规定标志说明的代码。
表示：　an..3

#4237　付款安排代码　Payment arrangement code　[B]
说明：　规定付款安排的代码。
表示：　an..3

#4276　付款条款描述　Payment terms description　[B]
说明：　交易双方的付款条件的自由格式描述。
表示：　an..35

#4277　付款条款描述标识符　Payment terms description identifier　[B]
说明：　交易双方的付款条款(通用术语)的标识。
表示：　an..17
注：　使用GB/T 18126—2000。

#4279　付款条款类型代码限定符　Payment terms type code qualifier　[B]
说明：　限定付款条款类型的代码。
表示：　an..3

#4294　变更原因描述　Change reason description　[B]
说明：　变更原因的自由格式描述。
表示：　an..35

#4295　变更原因描述代码　Change reason description code　[B]
说明：　规定变更原因的代码。
表示：　an..3

#4343　应答类型代码　Response type code　[C]
说明：　规定所请求或传输的确认类型的代码。
表示：　an..3

+4344　应答描述　Response description　[B]
说明：　应答自由格式的描述。
表示：　an..256

+4345　应答描述代码　Response description code　[B]
说明：　规定应答的代码。
表示：　an..3

#4347 产品标识代码限定符 Product identifier code qualifier [B]
说明： 限定产品标识符的代码。
表示： an..3

#4383 银行业务代码 Bank operation code [B]
说明： 规定银行业务的代码。
表示： an..3

#4400 指示描述 Instruction description [B]
说明： 指示的自由格式描述。
表示： an..35

#4401 指示描述代码 Instruction description code [B]
说明： 规定指示的代码。
表示： an..3

#4403 指示类型代码限定符 Instruction type code qualifier [B]
说明： 限定指示类型的代码。
表示： an..3

+4404 状态描述 Status description [B]
说明： 状态的自由格式描述。
表示： an..35

#4405 状态描述代码 Status description code [C]
说明： 规定状态的代码。
表示： an..3
注： 使用UN/ECE24号令的运输状态代码。

#4407 样本处理步骤代码 Sample process step code [B]
说明： 规定样本处理步骤的代码。
表示： an..3

#4415 测试方式标识符 Test method identifier [B]
说明： 测试方式的标识。
表示： an..17

4416 测试描述 Test description [B]
说明： 测试的自由格式描述。
表示： an..70

#4419　测试执行方式代码　Test administration method code　[B]
说明：　规定测试执行方式的代码。
表示：　an..3

4424　测试原因名称　Test reason name　[B]
说明：　执行一个测试原因的名称。
表示：　an..35

#4425　测试原因名称代码　Test reason name code　[B]
说明：　规定执行测试原因名称的代码。
表示：　an..17

#4431　付款担保工具代码　Payment guarantee means code　[B]
说明：　规定担保工具的代码。
表示：　an..3

#4435　付款途径代码　Payment channel code　[B]
说明：　规定付款途径的代码。
表示：　an..3

#4437　账户类型代码限定符　Account type code qualifier　[B]
说明：　限定账户类型的代码。
表示：　an..3

#4439　付款条件代码　Payment conditions code　[C]
说明：　规定付款条件的代码。
表示：　an..3

4440　自由文本　Free text　[C]
说明：　自由格式的文本。
表示：　an..512

#4441　自由文本描述代码　Free text description code　[C]
说明：　规定自由格式文本的代码。
表示：　an..17

+4447　自由文本格式代码　Free text format code　[B]
说明：　规定自由文本格式的代码。
表示：　an..3

#4451　文本主题代码限定符　Text subject code qualifier　[C]
说明：　限定自由文本主题的代码。
表示：　an..3

#4453　自由文本功能代码　Free text function code　[B]
说明：　规定自由文本功能的代码。
表示：　an..3

#4455　延期交货安排类型代码　Back order arrangement type code　[B]
说明：　规定延期交货协议的代码。
表示：　an..3

#4457　替代条件代码　Substitution condition code　[B]
说明：　规定替代发生条件的代码。
表示：　an..3

#4461　支付工具代码　Payment means code　[B]
说明：　标识支付工具的代码。
表示：　an..3

#4463　公司内部付款指示代码　Intra-company payment indicator code　[B]
说明：　指示公司内部付款的代码。
表示：　an..3

#4465　调整原因描述代码　Adjustment reason description code　[C]
说明：　规定调整原因的代码。
表示：　an..3

#4467　支付方式代码　Payment method code　[I]
说明：　规定支付方式的代码。
表示：　an..4

#4469　付款用途代码　Payment purpose code　[I]
说明：　规定付款用途的代码。
表示：　an..4

#4471　结算方式代码　Settlement means code　[B]
说明：　规定结算方式的代码。
表示：　an..3

+4472　信息类型　Information type　[B]
说明：　信息类型的文本表达。
表示：　an..35

#4473　信息类型代码　Information type code　[I]
说明：　规定信息类型的代码。
表示：　an..4

+4474　会计分录类型名称　Accounting entry type name　[B]
说明：　会计分录类型的名称。
表示：　an..35

+4475　会计分录类型名称代码　Accounting entry type name code　[B]
说明：　规定会计分录类型的代码。
表示：　an..17

#4487　金融交易类型代码　Financial transaction type code　[B]
说明：　规定金融交易类型的代码。
表示：　an..3

#4493　交货指示代码　Delivery instruction code　[B]
说明：　规定交货指示的代码。
表示：　an..3

#4494　保险责任描述　Insurance cover description　[B]
说明：　保险责任的自由格式描述。
表示：　an..35

#4495　保险责任描述代码　Insurance cover description code　[B]
说明：　规定保险责任的代码。
表示：　an..17

#4497　保险责任类型代码　Insurance cover type code　[B]
说明：　规定保险责任含义的代码。
表示：　an..3

#4499　库存动态原因代码　Inventory movement reason code　[B]
说明：　规定库存动态原因的代码。
表示：　an..3

#4501　库存动态说明代码　Inventory movement direction code　[B]
说明：　规定库存动态说明的代码。
表示：　an..3

#4503　库存平衡方法代码　Inventory balance method code　[B]
说明：　规定用于建立库存平衡的方法的代码。
表示：　an..3

#4505　保证金请求类型代码　Credit cover request type code　[B]
说明：　规定请求保证金的类型的代码。
表示：　an..3

#4507 保证金回复类型代码 Credit cover response type code [B]
说明： 规定对保证金请求的回复的类型的代码。
表示： an..3

#4509 保证金回复原因代码 Credit cover response reason code [B]
说明： 规定对保证金请求回复的原因的代码。
表示： an..3

#4510 请求信息描述 Requested information description [C]
说明： 规定所请求应答信息的自由格式描述。
表示： an..35

#4511 请求信息描述代码 Requested information description code [B]
说明： 规定所请求应答信息的代码。
表示： an..3

#4513 维护操作代码 Maintenance operation code [C]
说明： 规定操作维护的代码。
表示： an..3

#4517 加封条件代码 Seal condition code [B]
说明： 规定加封条件的代码。
表示： an..3

+4519 定义标识符 Definition identifier [B]
说明： 定义的标识。
表示： an..35

+4521 保费计算成分标识符 Premium calculation component identifier [B]
说明： 保费计算的组成部分的标识。
表示： an..17

+4522 保费计算成分值种类标识符 Premium calculation component value category identifier [B]
说明： 保费计算成分值种类的标识。
表示： an..35

5004 货币金额 Monetary amount [C]
说明： 规定货币的金额。
表示： n..35

+5006　货币金额功能描述　Monetary amount function description　[B]
说明：　货币金额功能的自由格式描述。
表示：　an..70

#5007　货币金额功能描述代码　Monetary amount function description code　[B]
说明：　规定相关货币金额的功能的代码。
表示：　an..3

#5013　指标代码限定符　Index code qualifier　[B]
说明：　限定指标的代码。
表示：　an..3

5025　货币金额类型代码限定符　Monetary amount type code qualifier　[C]
说明：　限定货币金额类型的代码。
表示：　an..3

#5027　指标类型标识符　Index type identifier　[B]
说明：　指标类型的标识。
表示：　an..3

#5030　指标文本　Index text　[B]
说明：　规定指标的值。
表示：　an..35

#5039　指标表示代码　Index representation code　[B]
说明：　规定指标值表示的代码。
表示：　an..3

#5047　分配额代码限定符　Contribution code qualifier　[B]
说明：　限定分配额的代码。
表示：　an..3

#5048　分配额类型描述　Contribution type description　[B]
说明：　分配额方案类型的自由格式描述。
表示：　an..35

#5049　分配额类型描述代码　Contribution type description code　[B]
说明：　规定分配额方案类型的代码。
表示：　an..3

+5104　货币金额功能细目描述　Monetary amount function detail description　[B]
说明：　货币金额功能细目的自由格式描述。
表示：　an..70

+5105　货币金额功能细目描述代码　Monetary amount function detail description code　[B]
说明：　规定货币金额功能细目描述的代码。
表示：　an..17

5118　价格　Price amount　[B]
说明：　价格说明。
表示：　n..15

5125　价格代码限定符　Price code qualifier　[B]
说明：　限定价格的代码。
表示：　an..3

5152　关税/税/费类型名称　Duty or tax or fee type name　[B]
说明：　关税/税/费类型的名称。
表示：　an..35

#5153　关税/税/费类型名称代码　Duty or tax or fee type name code　[B]
说明：　规定关税/税/费类型名称的代码。
表示：　an..3

5160　货币总金额　Total monetary amount　[I]
说明：　货币总金额的说明。
表示：　n..20

#5189　折让/费用标识代码　Allowance or charge identification code　[B]
说明：　规定折让或费用标识的代码。
表示：　an..3

#5213　分行项价格变更操作代码　Sub-line item price change operation code　[B]
说明：　规定分行项价格变更操作的代码。
表示：　an..3

#5237　费用种类代码　Charge category code　[B]
说明：　规定费用种类的代码。
表示：　an..3

#5242　费率/价目等级描述　Rate or tariff class description　[B]
说明：　费率/价目等级的自由格式描述。
表示：　an..35

#5243　费率/价目等级描述代码　Rate or tariff class description code　[C]
说明：　规定费率/价目等级的代码。
表示：　an..9

#5245	百分比类型代码限定符　Percentage type code qualifier	[B]
说明：	限定百分比类型的代码。	
表示：	an..3	

#5249	百分比基准标识代码　Percentage basis identification code	[B]
说明：	规定计算百分比的基准的代码。	
表示：	an..3	

#5261	费用单位代码　Charge unit code	[I]
说明：	规定费用单位的代码。	
表示：	an..3	

5263	费率类型标识符　Rate type identifier	[I]
说明：	费率类型的标识。	
表示：	an..20	

#5267	服务类型代码　Service type code	[I]
说明：	规定服务类型的代码。	
表示：	an..3	

#5273	关税/税/费率基准代码　Duty or tax or fee rate basis code	[B]
说明：	规定关税/税/费率基准的代码。	
表示：	an..12	

#5275	附加费率/价目代码　Supplementary rate or tariff code	[B]
说明：	规定附加费率/价目的代码。	
表示：	an..6	

5278	关税/税/费率　Duty or tax or fee rate	[B]
说明：	关税/税/费的税率。	
表示：	an..17	

#5279	关税/税/费率代码　Duty or tax or fee rate code	[B]
说明：	规定关税/税/费的税率的代码。	
表示：	an..7	

#5283	关税/税/费功能代码限定符　Duty or tax or fee function code qualifier	[B]
说明：	限定关税/税/费功能的代码。	
表示：	an..3	

#5284	单价基准量　Unit price basis quantity	[B]
说明：	规定单价的基准。	
表示：	n..9	

#5286　关税/税/费估算基准量　Duty or tax or fee assessment basis quantity　[B]
说明：　规定估算关税/税/费的价值或量。
表示：　an..15

#5289　关税/税/费账户代码　Duty or tax or fee account code　[B]
说明：　规定关税、税或费账户的代码。
表示：　an..6

#5305　关税/税/费种类代码　Duty or tax or fee category code　[B]
说明：　标识关税/税/费种类的代码。
表示：　an..3

#5314　酬金类型名称　Remuneration type name　[B]
说明：　酬金类型的名称。
表示：　an..35

#5315　酬金类型名称代码　Remuneration type name code　[B]
说明：　规定酬金类型名称的代码。
表示：　an..3

#5375　价格类型代码　Price type code　[B]
说明：　规定价格类型的代码。
表示：　an..3

#5377　价格变更类型代码　Price change type code　[C]
说明：　规定价格变更类型的代码。
表示：　an..3

#5379　产品组类型代码　Product group type code　[B]
说明：　规定产品组的类型的代码。
表示：　an..3

5387　价格类型限定符　Price type qualifier　[B]
说明：　标识价格类型的代码。
表示：　an..3

#5388　产品组名称　Procduct group name　[B]
说明：　产品代码的名称。
表示：　an..35

#5389　产品组名称代码　Product group name code　[B]
说明：　规定产品组名称的代码。
表示：　an..3

#5393　价格乘数类型代码限定符　Price multiplier type code qualifier　[B]
说明：　限定价格乘数类型的代码。
表示：　an..3

#5394　价格乘数率　Price multiplier rate　[B]
说明：　规定乘以价格的费率。
表示：　n..12

5402　汇率　Currency exchange rate　[C]
说明：　规定以一种指定货币表示另一种指定货币的兑换率。
表示：　n..12

#5419　费率类型代码限定符　Rate type code qualifier　[B]
说明：　限定费率类型的代码。
表示：　an..3

5420　单位基准费率　Unit price basis rate　[B]
说明：　以单位价格基准来说明每个规定的单位。
表示：　n..15

#5463　折让或费用代码限定符　Allowance or charge code qualifier　[B]
说明：　限定折让或费用的代码。
表示：　an..3

#5479　关系代码　Relation code　[C]
说明：　规定一个关系的代码。
表示：　an..3

5482　百分比　Percentage　[C]
说明：　规定一个百分比。
表示：　n..10

#5495　分行指示符代码　Sub-line indicator code　[B]
说明：　指示分行项的代码。
表示：　an..3

#5501　费率计划代码　Rate plan code　[I]
说明：　规定费率计划的代码。
表示：　an..3

+6000　纬度　Latitude degree　[C]
说明：　以角度来度量和用度、分、秒来表示的赤道南半球或北半球的距离。
表示：　an..10

+6002　经度　Longitude degree　[C]
说明：　以角度来度量和用度、分、秒来表示的地球东、西半球的地球表面坐标值，角度指的是经线平面与本初子午线平面间的夹角。
表示：　an..11

6008　高度　Height measure　[C]
说明：　规定高度的值。
表示：　n..15

6029　地理位置代码限定符　Geographical position code qualifier　[B]
说明：　标识地理位置类型的代码。
表示：　an..3

6060　数量　Quantity　[C]
说明：　数量的字母数字表示。
表示：　n..15

#6063　数量类型代码限定符　Quantity type code qualifier　[C]
说明：　限定数量类型的代码。
表示：　an..3

#6064　数量差异　Variance quantity　[B]
说明：　规定数量差异的值。
表示：　n..15

#6066　控制总数量　Control total quantity　[B]
说明：　规定控制总数量的值。
表示：　n..18

#6069　控制总数量类型代码限定符　Control total type code qualifier　[B]
说明：　规定控制总数量类型的代码。
表示：　an..3

#6071　频度代码限定符　Frequency code qualifier　[B]
说明：　限定频度的代码。
表示：　an..3

6072　频率　Frequency rate　[B]
说明：　在给定时间内重复出现的数量。
表示：　n..9

#6074　置信百分比　Confidence percent　[B]
说明：　描述实际值落在特定置信区间内的置信度的百分比值。
表示：　n..6

#6077　结果表示代码　Result representation code　[B]
说明：　规定结果表示的代码。
表示：　an..3

#6079　结果正常代码　Result normalcy code　[B]
说明：　规定与标准值的一致程度的代码。
表示：　an..3

#6082　剂量描述　Dosage description　[B]
说明：　剂量的自由格式描述。
表示：　an..70

#6083　剂量描述标识符　Dosage description identifier　[B]
说明：　标识剂量的代码。
表示：　an..8

#6085　剂量管理代码限定符　Dosage administration code qualifier　[B]
说明：　限定剂量管理的代码。
表示：　an..3

#6087　结果值类型代码限定符　Result value type code qualifier　[B]
说明：　限定结果值的类型的代码。
表示：　an..3

+6096　海拔　Altitude　[B]
说明：　物体距离地球海平面的高度。
表示：　n..18

6140　宽度　Width measure　[C]
说明：　规定宽度的值。
表示：　n..15

#6145　尺码类型代码限定符　Dimension type code qualifier　[B]
说明：　限定尺码类型的代码。
表示：　an..3

#6152　最大数量范围　Range maximum quantity　[C]
说明：　范围的最大值的说明。
表示：　n..18

#6154　非离散计量名称　Non-discrete measurement name　[B]
说明：　规定非离散的计量名称。
表示：　an..70

#6155　非离散计量名称代码　Non-discrete measurement name code　[B]
说明：　规定非离散的计量名称的代码。
表示：　an..17

#6162　最小数量范围　Range minimum quantity　[C]
说明：　范围的最小值的说明。
表示：　n..18

#6167　范围类型代码限定符　Range type code qualifier　[B]
说明：　限定范围类型的代码。
表示：　an..3

6168　长度　Length measure　[C]
说明：　长度值的说明。
表示：　n..15

#6173　尺寸类型代码限定符　Size type code qualifier　[B]
说明：　限定尺寸类型的代码。
表示：　an..3

#6174　尺寸测量　Size measure　[B]
说明：　说明尺寸的量。
表示：　n..15

6176　最大出现次数　Occurrences maximum number　[B]
说明：　规定最大出现次数。
表示：　n..7

+6178　编辑域长度　Edit field length measure　[B]
说明：　规定可编辑域的长度。
表示：　n..3

#6245　温度类型代码限定符　Temperature type code qualifier　[B]
说明：　限定温度类型的代码。
表示：　an..3

#6246　温度　Temperature degree　[B]
说明：　温度值的说明。
表示：　n..15

#6311　计量目的代码限定符　Measurement purpose code qualifier　[B]
说明：　限定计量目的的代码。
表示：　an..3

#6313　计量属性代码　Measured attribute code　[B]
说明：　规定计量属性的代码。
表示：　an..3

#6314　测量　Measure　[C]
说明：　规定计量的值。
表示：　n..18

#6321　计量意义代码　Measurement significance code　[B]
说明：　规定计量意义的代码。
表示：　an..3

#6331　统计类型代码限定符　Statistic type code qualifier　[B]
说明：　限定统计类型的代码。
表示：　an..3

#6341　外汇交易市场标识符　Exchange rate currency market identifier　[C]
说明：　标识汇率所基于的市场。
表示：　an..3

#6343　货币类型代码限定符　Currency type code qualifier　[C]
说明：　限定货币类型的代码。
表示：　an..3

#6345　货币标识代码　Currency identification code　[C]
说明：　规定货币单位的代码。
表示：　an..3
注：　使用 GB/T 12406 三字母代码。

#6347　货币使用代码限定符　Currency usage code qualifier　[C]
说明：　规定货币使用的代码。
表示：　an..3

#6348　通货汇率　Currency rate　[C]
说明：　用一种货币表示另一种货币的价格乘数。
表示：　n..4

#6350　单位数量　Units quantity　[C]
说明：　某种单位的数目。
表示：　n..15

#6353　单位类型代码限定符　Unit type code qualifier　[C]
说明：　规定单位类型的代码。
表示：　an..3

+6410　计量单位名称　Measurement unit name　[B]
说明：　一种计量单位的名称。
表示：　an..35

#6411　计量单位代码　Measurement unit code　[C]
说明：　规定计量单位的代码。
表示：　an..3
注：　见 GB/T 17295。

#6412　临床信息描述　Clinical information description　[B]
说明：　临床信息的自由格式描述。
表示：　an..70

#6413　临床信息描述标识符　Clinical information description identifier　[B]
说明：　标识临床信息项的代码。
表示：　an..17

#6415　临床信息类型代码限定符　Clinical information type code qualifier　[B]
说明：　限定临床信息类型的代码。
表示：　an..3

#6426　过程阶段数量　Process stages quantity　[B]
说明：　过程阶段的数量计算。
表示：　n..2

#6428　过程阶段实际数量　Process stages actual quantity　[B]
说明：　过程阶段中实际数目的计算。
表示：　n..2

#6432　有效位数　Significant digits quantity　[B]
说明：　规定有效数字的计算。
表示：　n..2

6434　统计概念标识符　Statistical concept identifier　[B]
说明：　统计概念的自由格式标识。
表示：　an..35

#7001　物理或逻辑状态类型代码限定符　Physical or logical state type code qualifier　[B]
说明：　限定物理或逻辑状态类型的代码。
表示：　an..3

#7006　物理或逻辑状态描述　Physical or logical state description　[B]
说明：物理或逻辑状态的自由格式描述。
表示：an..35

#7007　物理或逻辑状态描述代码　Physical or logical state description code　[B]
说明：规定物理或逻辑状态的代码。
表示：an..3

7008　项目描述　Item description　[C]
说明：项目的自由格式描述。
表示：an..35

7009　项目描述代码　Item description code　[C]
说明：说明一个项目的代码。
表示：an..17

#7011　物品可用性代码　Item availability code　[B]
说明：规定物品可用性的代码。
表示：an..3

#7036　特征描述　Characteristic description　[B]
说明：特征的自由格式描述。
表示：an..35

#7037　特征描述代码　Characteristic description code　[C]
说明：规定特征的代码。
表示：an..17

#7039　取样方式代码　Sample selection method code　[B]
说明：规定选择测试样品方式的代码。
表示：an..3

#7045　样品状态代码　Sample state code　[B]
说明：规定样品状态的代码。
表示：an..3

#7047　取样方位代码　Sample direction code　[B]
说明：规定取样方位的代码。
表示：an..3

#7059　　类类型代码　Class type code　　[B]
说明：　规定类的类型的代码。
表示：　an..3

7064　　包装类型　Type of packages　　[B]
说明：　货物所呈现的外观形式的描述。
表示：　an..35

#7065　　包装类型描述代码　Package type description code　　[B]
说明：　规定包装类型的代码。
表示：　an..17
注：　见 GB/T 16472。可与 1131/3055 联用。

#7073　　包装条款和条件代码　Packaging terms and conditions code　　[B]
说明：　规定包装条款和条件的代码。
表示：　an..3

#7075　　包装等级代码　Packaging level code　　[B]
说明：　规定包装等级的代码。
表示：　an..3

#7077　　描述格式代码　Description format code　　[B]
说明：　规定描述格式的代码。
表示：　an..3

#7081　　项目特征代码　Item characteristic code　　[B]
说明：　规定项目特征的代码。
表示：　an..3

#7083　　配置操作代码　Configuration operation code　　[B]
说明：　规定配置操作的代码。
表示：　an..3

#7085　　货物类型分类代码　Cargo type classification code　　[B]
说明：　规定货物类型分类的代码。
表示：　an..3

#7088　　危险品闪点描述　Dangerous goods flashpoint description　　[B]
说明：　描述危险品的闪点。
表示：　an..8

#7102　　运输标志描述　Shipping marks description　　[B]
说明：　运输标志的自由格式描述。
表示：　an..35

7106　装运闪点　Shipment flashpoint degree　[B]
说明：　规定装运闪点的值。
表示：　n3

#7110　特征值描述　Characteristic value description　[B]
说明：　特征值的自由格式描述。
表示：　an..35

#7111　特征值描述代码　Characteristic value description code　[C]
说明：　规定特征值的代码。
表示：　an..3

7124　联合国危险品(UNDG)标识符　UNDG identifier　[B]
说明：　联合国对运输中常见危险货物清单中所列物质和物品指定的唯一的序号。
表示：　n4

#7130　客户装运授权标识符　Customer shipment authorisation identifier　[B]
说明：　客户所授权运输的标识。
表示：　an..17

#7133　产品细目类型代码限定符　Product details type code qualifier　[I]
说明：　限定产品细目类型的代码。
表示：　an..3

#7135　产品标识符　Product identifier　[I]
说明：　标识一个产品。
表示：　an..35

#7139　产品特征标识代码　Product characteristic identification code　[I]
说明：　规定产品特征标识的代码。
表示：　an..3

#7140　项标识符　Item identifier　[C]
说明：　标识一个项。
表示：　an..35

#7143　项类型标识代码　Item type identification code　[C]
说明：　标识项类型的代码。
表示：　an..3

#7160　特殊服务描述　Special service description　[B]
说明：　特殊服务的自由格式描述。
表示：　an..35

#7161　特殊服务描述代码　Special service description code　[C]
说明：　规定特殊服务的代码。
表示：　an..3

#7164　层次结构层标识符　Hierarchical structure level identifier　[C]
说明：　标识层次结构中的一个层。
表示：　an..35

#7166　层次结构父标识符　Hierarchical structure parent identifier　[B]
说明：　在层次结构中标识较高的层。
表示：　an..12

#7168　层号　Level number　[B]
说明：　标识一个层的号。
表示：　n1

#7171　层次结构关系代码　Hierarchical structure relationship code　[B]
说明：　规定层次对象和标识对象之间的关系的代码。
表示：　an..3

#7173　层次中对象代码限定符　Hierarchy object code qualifier　[B]
说明：　限定给定层次中对象的代码。
表示：　an..3

#7175　规则部分标识符　Rule part identifier　[B]
说明：　规则特定部分的标识。
表示：　an..7

+7176　风险对象子类描述　Risk object sub-type description　[B]
说明：　风险对象子类的自由格式描述。
表示：　an..70

+7177　风险对象子类描述标识符　Risk object sub-type description identifier　[B]
说明：　标识风险对象子类的代码。
表示：　an..17

+7179　风险对象类型标识符　Risk object type identifier　[B]
说明：　标识风险对象类型的代码。
表示：　an..17

#7186　过程类型描述　Process type description　[B]
说明：　过程的自由格式描述。
表示：　an..35

#7187　过程类型描述代码　Process type description code　[B]
说明：　规定过程类型的代码。
表示：　an..17

#7188　测试方式修订标识符　Test method revision identifier　[B]
说明：　对测试方式修订的标识。
表示：　an..30

#7190　过程描述　Process description　[B]
说明：　过程的自由格式描述。
表示：　an..70

#7191　过程描述代码　Process description code　[B]
说明：　规定过程的代码。
表示：　an..17

#7224　包装数量　Package quantity　[B]
说明：　规定包装的件数。
表示：　n..8

#7233　与包装相关的描述代码　Packaging related description code　[B]
说明：　规定与包装有关信息的代码。
表示：　an..3

#7240　项目总数量　Item total quantity　[B]
说明：　项的总数量计算。
表示：　n..15

#7273　服务需求代码　Service requirement code　[C]
说明：　规定服务需求的代码。
表示：　an..3

#7293　行业标识代码限定符　Sector area identification code qualifier　[B]
说明：　限定主领域的标识代码。
表示：　an..3

#7294　需求/条件描述　Requirement or condition description　[B]
说明：　需求或条件的自然格式描述。
表示：　an..35

#7295　需求/条件描述标识符　Requirement or condition description identifier　[B]
说明：　规定需求或条件的代码。
表示：　an..17

#7297　放置类型代码限定符　Set type code qualifier　[B]
说明：　限定放置类型的代码。
表示：　an..3

#7299　需求制定方代码　Requirement designator code　[B]
说明：　规定需求制定方的代码。
表示：　an..3

#7357　商品标识代码　Commodity identification code　[B]
说明：　标识海关、运输或统计货物的代码(通用术语)。
表示：　an..18

#7361　海关监管货物标识符　Customs goods identifier　[B]
说明：　标识海关监管的货物的代码。
表示：　an..18

+7364　处理指示符描述　Processing indicator description　[B]
说明：　处理指示符的自由格式描述。
表示：　an..35

#7365　处理指示符描述代码　Processing indicator description code　[C]
说明：　规定处理指示符的代码。
表示：　an..3

#7383　表面/内层代码　Surface or layer code　[B]
说明：　规定对象的表面或内层的代码。
表示：　an..3

#7402　对象标识符　Object identifier　[C]
说明：　规定对象的唯一标识的代码。
表示：　an..35

#7405　对象标识代码限定符　Object identification code qualifier　[C]
说明：　限定对象标识的代码。
表示：　an..3

#7418　危险物质种类名称　Hazardous material category name　[B]
说明：　一种危险物质的种类名称。
表示：　an..35

#7419　危险物质种类名称代码　Hazardous material category name code　[B]
说明：　规定物质危险类别的代码。
表示：　an..4

7429　索引结构代码限定符　Indexing structure code qualifier　[B]
说明：　限定索引结构的代码。
表示：　an..3

#7431　协议类型代码限定符　Agreement type code qualifier　[B]
说明：　限定协议的类型的代码。
表示：　an..3

#7433　协议类型描述代码　Agreement type description code　[B]
说明：　规定协议的类型的代码。
表示：　an..3

7434　协议类型描述　Agreement type description　[B]
说明：　协议类型的自由格式描述。
表示：　an..70

7436　第一层标识　Level one id.　[B]
说明：　用于确定项目在索引结构中的位置的顺序机制的第一部分。
表示：　an..17

7438　第二层标识　Level two id.　[B]
说明：　用于确定项目在索引结构中的位置的顺序机制的第二部分。
表示：　an..17

7440　第三层标识　Level three id.　[B]
说明：　用于确定项目在索引结构中的位置的顺序机制的第三部分。
表示：　an..17

7442　第四层标识　Level four id.　[B]
说明：　用于确定项目在索引结构中的位置的顺序机制的第四部分。
表示：　an..17

7444　第五层标识　Level five id.　[B]
说明：　用于确定项目在索引结构中的位置的顺序机制的第五部分。
表示：　an..17

7446　第六层标识　Level six id.　[B]
说明：　用于确定项目在索引结构中的位置的顺序机制的第六部分。
表示：　an..17

#7449　成员类型代码限定符　Membership type code qualifier　[B]
说明：　限定成员类型的代码。
表示：　an..3

#7450 成员种类描述 Membership category description [B]
说明: 成员种类的自由格式描述。
表示: an..35

#7451 成员种类描述代码 Membership category description code [B]
说明: 规定成员种类的代码。
表示: an..4

#7452 成员状况描述 Membership status description [B]
说明: 成员状况的自由格式描述。
表示: an..35

#7453 成员状况描述代码 Membership status description code [B]
说明: 规定成员状况的代码。
表示: an..3

#7455 成员等级代码限定符 Membership level code qualifier [B]
说明: 限定成员等级的代码。
表示: an..3

#7456 成员等级描述 Membership level description [B]
说明: 成员等级的自由格式描述。
表示: an..35

#7457 成员等级描述代码 Membership level description code [B]
说明: 规定成员等级的代码。
表示: an..9

#7458 护理员种类描述 Attendee category description [B]
说明: 护理员种类的自由格式描述。
表示: an..35

#7459 护理员种类描述代码 Attendee category description code [B]
说明: 规定护理员种类的代码。
表示: an..3

#7491 库存类型代码 Inventory type code [B]
说明: 规定库存类型的代码。
表示: an..3

#7493 残损细目代码限定符 Damage details code qualifier [B]
说明: 限定残损细目的代码。
表示: an..3

#7495 对象类型代码限定符 Object type code qualifier [B]
说明: 限定对象类型的代码。
表示: an..3

#7497 结构成分功能代码限定符 Structure component function code qualifier [B]
说明: 限定结构成分功能的代码。
表示: an..3

#7500 残损类型描述 Damage type description [B]
说明: 对象残损类型的自由格式描述。
表示: an..35

#7501 残损类型描述代码 Damage type description code [B]
说明: 规定对象残损类型的代码。
表示: an..3

#7502 残损部位描述 Damage area description [B]
说明: 对象残损部位的自由格式描述。
表示: an..35

#7503 残损部位描述代码 Damage area description code [B]
说明: 规定对象残损部位的代码。
表示: an..4

#7504 单元/部件类型描述 Unit or component type description [B]
说明: 单元/部件类型的自由格式描述。
表示: an..35

#7505 单元/部件类型描述代码 Unit or component type description code [B]
说明: 规定单元/部件类型的代码。
表示: an..3

#7506 部件材料描述 Component material description [B]
说明: 部件材料的自由格式描述。
表示: an..35

#7507 部件材料描述代码 Component material description code [B]
说明: 规定部件材料的代码。
表示: an..3

#7508 残损程度描述 Damage severity description [B]
说明: 残损程度的自由格式描述。
表示: an..35

#7509　残损程度描述代码　Damage severity description code　[B]
说明：　规定残损程度的代码。
表示：　an..3

#7511　标志类型代码　Marking type code　[B]
说明：　规定标志类型的代码。
表示：　an..3

7512　结构成分标识符　Structure component identifier　[B]
说明：　结构成分的标识。
表示：　an..35

+7515　结构类型代码　Structure type code　[B]
说明：　规定结构类型的代码。
表示：　an..3

+7517　保险费和保险项目代码　Benefit and coverage code　[I]
说明：　标识保险费和保险项目的代码。
表示：　an..3

#8015　交通限制代码　Traffic restriction code　[I]
说明：　规定交通限制的代码。
表示：　an..3

#8017　交通限制应用代码　Traffic restriction application code　[I]
说明：　规定交通限制应用的代码。
表示：　an..3

#8022　运费和其他费用描述　Freight and other charges description　[B]
说明：　运费和其他费用的自由格式描述。
表示：　an..26

#8023　运费和其他费用描述标识符　Freight and other charges description identifier　[B]
说明：　标识运费和其他费用的代码。
表示：　an..17
注：　见 GB/T 17152。如果不适用，则使用 1131/3055 联用的相应代码。

#8024　运输工具停靠目的描述　Conveyance call purpose description　[B]
说明：　运输工具停靠目的的自由格式描述。
表示：　an..35

#8025　运输工具停靠目的描述代码　Conveyance call purpose description code　[B]
说明：　规定运输工具停靠目的的代码。
表示：　an..3

＃8028 运输工具行程标识符 Means of transport journey identifier [B]
说明： 标识运输工具的行程。
表示： an..17

＃8035 交通限制类型代码限定符 Traffic restriction type code qualifier [I]
说明： 限定交通限制类型的代码。
表示： an..3

＃8051 运输阶段代码限定符 Transport stage code qualifier [B]
说明： 限定特定的运输阶段的代码。
表示： an..3

＃8053 设备类型代码限定符 Equipment type code qualifier [C]
说明： 限定设备类型的代码。
表示： an..3

＃8066 运输方式名称 Transport mode name [B]
说明： 运输方式的名称。
表示： an..17

＃8067 运输方式名称代码 Transport mode name code [B]
说明： 规定运输方式名称的代码。
表示： an..3
注： 见 GB/T 6512 。

＃8077 设备提供方代码 Equipment supplier code [B]
说明： 规定设备提供方的代码。
表示： an..3

＃8078 附加危险品分类标识符 Additional hazard classification identifier [B]
说明： 附加危险品分类的标识。
表示： an..7

＃8092 危险品代码版本标识符 Hazard code version identifier [B]
说明： 标识危险品代码的版本号。
表示： an..10

＃8101 运送方向指示符代码 Transit direction indicator code [B]
说明： 规定运输方向的代码。
表示： an..3

#8126　运输紧急卡标识符　Transport emergency card identifier　[B]

说明：　运输紧急卡的标识。

表示：　an..10

#8154　设备规格和类型描述　Equipment size and type description　[C]

说明：　设备规格和类型的自由格式描述。

表示：　an..35

#8155　设备规格和类型描述代码　Equipment size and type description code　[B]

说明：　规定设备规格和类型的代码。

表示：　an..4

注：　用户或协会定义的代码。可与 1131/3055 联用。见 GB/T 1836。

#8158　橙色危险品上位标识符　Orange hazard placard upper part identifier　[B]

说明：　要求以橙色醒目标识在运输工具偏上部位的标识号。

表示：　an..4

#8169　满/空指示符代码　Full or empty indicator code　[B]

说明：　指示设备满或空的程度的代码。

表示：　an..3

#8178　运输工具描述　Transport means description　[B]

说明：　运输工具的自由格式描述。

表示：　an..17

#8179　运输工具描述代码　Transport means description code　[C]

说明：　规定运输工具的代码。

表示：　an..8

注：　见 UN/ECE 第 28 号推荐标准。

#8186　橙色危险品下位标识符　Orange hazard placard lower part identifier　[B]

说明：　要求以橙色醒目标识在运输工具偏下部位的标识号。

表示：　an4

#8211　危险品运输许可代码　Hazardous cargo transport authorisation code　[B]

说明：　规定危险品运输许可的代码。

表示：　an..3

#8212　运输工具标识名称　Transport means identification name　[B]

说明：　运输工具名称的标识。

表示：　an..70

#8213 运输工具标识名称标识符 Transport means identification name identifier [B]
说明： 运输工具名称的标识。
表示： an..35

#8215 运输工具变更指示符代码 Transport means change indicator code [I]
说明： 指示运输工具变更的代码。
表示： an1

#8216 行程站数 Journey stops quantity [I]
说明： 规定行程中的站数。
表示： n..3

#8219 旅客携带婴儿指示符代码 Traveller accompanied by infant indicator code [I]
说明： 指示旅客是否携带婴儿的代码。
表示： an1

#8246 危险品标记标识符 Dangerous goods marking identifier [B]
说明： 危险品标记的标识。
表示： an..4

#8249 设备状况代码 Equipment status code [B]
说明： 规定设备状况的代码。
表示： an..3

#8255 包装说明类型代码 Packing instruction type code [B]
说明： 规定包装说明类型的代码。
表示： an..3

#8260 设备标识符 Equipment identifier [B]
说明： 设备的标识。
表示： an..17

#8273 危险品规则代码 Dangerous goods regulations code [B]
说明： 规定危险品规则的代码。
表示： an..3

#8275 集装箱/包装内容指示符代码 Container or package contents indicator code [B]
说明： 指示集装箱或包装内容的代码。
表示： an..3

#8281 运输工具所有权指示符代码 Transport means ownership indicator code [B]
说明： 指示运输所有权的代码。
表示： an..3

#8323 运输动态代码 Transport movement code [B]
说明： 规定运输动态的代码。
表示： an..3

#8325 危险品运输工具种类代码 Hazardous means of transport category code [B]
说明： 规定运输危险品工具种类的代码。
表示： an..3
注： 本条数据元将在目录 D.09A 中删除。

#8332 设备计划描述 Equipment plan description [B]
说明： 设备计划的自由格式描述。
表示： an..26

#8334 搬移类型描述 Movement type description [B]
说明： 搬移类型的自由格式描述。
表示： an..35

#8335 搬移类型描述代码 Movement type description code [B]
说明： 规定搬移类型的代码。
表示： an..3

#8339 包装危险等级代码 Packaging danger level code [B]
说明： 规定包装危险等级的代码。
表示： an..3

#8341 搬运安排代码 Haulage arrangements code [B]
说明： 规定设备搬运安排的代码。
表示： an..3

8351 危险品标识代码 Hazard identification code [B]
说明： 标识危险品的代码。
表示： an..7

8364 船舶载运危险货物应急措施（EMS)标识符 EMS identifier [B]
说明： 为运送危险品的船舶而定的应急措施。
同义词： EMS 号
表示： an..6

#8393 可退换包装内装物代码 Returnable package load contents code [B]
说明： 规定装在可退换包装内货物的代码。
表示： an..3

#8395　可退换包装运送付款责任代码　Returnable package freight payment responsibility code　[B]
说明：　规定可退换包装的退回运费付款责任的代码。
表示：　an..3

8410　危险货物事故医疗急救指南标识符(MFAG)　MFAG identifier　[B]
说明：　标识立即医疗援助指南。
表示：　an..4

8453　运输工具国籍代码　Transport means nationality code　[B]
说明：　规定运输工具登记国的国家(地区)名称的代码。
表示：　an..3
注：　使 GB/T 2659 二字母国家代码。

#8457　额外运输原因代码　Excess transportation reason code　[B]
说明：　规定额外运输原因的代码。
表示：　an..3

#8459　额外运输责任代码　Excess transportation responsibility code　[B]
说明：　规定额外运输责任的代码。
表示：　an..3

#9003　雇员细目代码限定符　Employment details code qualifier　[B]
说明：　规定雇员细目的代码。
表示：　an..3

#9004　雇员种类描述　Employment category description　[B]
说明：　雇员种类的自由格式描述。
表示：　an..35

#9005　雇员种类描述代码　Employment category description code　[B]
说明：　规定雇员种类的代码。
表示：　an..3

#9006　资格分类描述　Qualification classification description　[B]
说明：　资格分类的自由格式描述。
表示：　an..35

#9007　资格分类描述代码　Qualification classification description code　[B]
说明：　规定资格分类的代码。
表示：　an..3

#9008　职业描述　Occupation description　[B]
说明：　一种职业的自由格式描述。
表示：　an...35

#9009　职业描述代码　Occupation description code　[B]
说明：　规定一种职业的代码。
表示：　an..3

#9012　状态原因描述　Status reason description　[B]
说明：　状态原因的自由格式描述。
表示：　an..256

#9013　状态原因描述代码　Status reason description code　[B]
说明：　规定状态原因的代码。
表示：　an..3

#9015　状态种类代码　Status category code　[B]
说明：　规定状态种类的代码。
表示：　an..3

#9017　属性功能代码限定符　Attribute function code qualifier　[B]
说明：　限定属性功能的代码。
表示：　an..3

#9018　属性描述　Attribute description　[C]
说明：　实体属性的自由格式描述。
表示：　an..256

#9019　属性描述代码　Attribute description code　[B]
说明：　规定一个属性的代码。
表示：　an..3

+9020　属性类型描述　Attribute type description　[B]
说明：　属性类型的自由格式描述。
表示：　an..70

#9021　属性类型描述代码　Attribute type description code　[C]
说明：　规定一个属性类型的代码。
表示：　an..3

+9023　定义功能代码　Definition function code　[B]
说明：　规定定义功能的代码。
表示：　an..3

+9025　定义范围代码　Definition extent code　[B]
说明：　规定定义范围的代码。
表示：　an..3

+9026　编辑掩码格式标识符　Edit mask format identifier　[B]
说明：　编辑掩码格式的标识。
表示：　an..35

+9029　值定义代码限定符　Value definition code qualifier　[B]
说明：　限定值定义的代码。
表示：　an..3

+9031　编辑掩码表示代码　Edit mask representation code　[B]
说明：　规定编辑掩码表示的代码。
表示：　an..3

#9035　资格应用领域代码　Qualification application area code　[B]
说明：　规定资格应用领域的代码。
表示：　an..3

#9037　资格类型代码限定符　Qualification type code qualifier　[B]
说明：　限定资格类型的代码。
表示：　an..3

#9038　设施类型描述　Facility type description　[I]
说明：　设施类型的自由格式描述。
表示：　an..70

#9039　设施类型描述代码　Facility type description code　[I]
说明：　规定设施类型的代码。
表示：　an..3

#9040　预订标识符　Reservation identifier　[I]
说明：　预订的标识。
表示：　an..20

#9043　预订标识符代码限定符　Reservation identifier code qualifier　[I]
说明：　给预订控制号特定含义的代码。
表示：　an..3

+9045　基础代码限定符　Basis code qualifier　[B]
说明：　限定基础的代码。
表示：　an..3

+9046　基础类型描述　Basis type description　[B]
说明：　基础类型的自由格式描述。
表示：　an..35

+9047　基础类型描述代码　Basis type description code　[B]
说明：　规定基础类型的代码。
表示：　an..3

+9048　适应性类型描述　Applicability type description　[B]
说明：　适应性类型的自由格式描述。
表示：　an..35

+9049　适应性类型描述代码　Applicability type description code　[B]
说明：　规定适应性类型的代码。
表示：　an..3

+9051　适应性代码限定符 Applicability code qualifier　[B]
说明：　限定适应性的代码。
表示：　an..3

#9141　关系类型代码限定符　Relationship type code qualifier　[B]
说明：　限定关系类型的代码。
表示：　an..3

#9142　关系描述　Relationship description　[B]
说明：　关系的自由格式描述。
表示：　an..35

#9143　关系描述代码　Relationship description code　[C]
说明：　规定关系的代码。
表示：　an..3

#9146　复合数据元标记标识符　Composite data element tag identifier　[B]
说明：　复合数据元标记的标识。
表示：　an..4

#9148　目录状态标识符　Directory status identifier　[B]
说明：　目录集状态的标识。
表示：　an..3

#9150　简单数据元标记标识符　Simple data element tag identifier　[B]
说明：　简单数据元标记的标识。
表示：　an..4

#9153　简单数据元字符表示代码　Simple data element character representation code　[B]
说明：　规定简单数据元字符表示的代码。
表示：　an..3

#9155　长度类型代码　Length type code　[B]
说明：　规定长度类型的代码。
表示：　an..3

#9156　简单数据元最大长度　Simple data element maximum length measure　[B]
说明：　规定简单数据元的最大长度值。
表示：　n..3

#9158　简单数据元最小长度　Simple data element minimum length measure　[B]
说明：　规定简单数据元的最小长度值。
表示：　n..3

#9161　代码集指示符代码　Code set indicator code　[B]
说明：　指示数据元是否有相关代码集的代码。
表示：　an..3

#9162　数据元标记标识符　Data element tag identifier　[B]
说明：　数据元标记的标识。
表示：　an..4

#9164　组标识符　Group identifier　[B]
说明：　组的标识。
表示：　an..4

#9166　段标记标识符　Segment tag identifier　[B]
说明：　标识段的标记。
表示：　an..3

+9169　数据表示类型代码　Data representation type code　[B]
说明：　规定一个数据表示类型的代码。
表示：　an..3

+9170　事件类型描述　Event type description　[B]
说明：　事件类型的自由格式描述。
表示：　an..70

+9171　事件类型描述代码　Event type description code　[B]
说明：　规定事件类型的代码。
表示：　an..3

+9172　事件　Event　[B]
说明：　事件的自由格式描述。
表示：　an..256

+9173　事件描述代码　Event description code　[B]
说明：　规定事件的代码。
表示：　an..35

+9175　数据元应用类型代码　Data element usage type code　[B]
说明：　规定一个数据元应用类型的代码。
表示：　an..3

#9213　税制类型代码　Duty regime type code　[B]
说明：　规定税制类型的代码。
表示：　an..3

#9280　验证结果文本　Validation result text　[B]
说明：　规定验证结果的值。
表示：　an..35

#9282　验证密钥标识符　Validation key identifier　[B]
说明：　标识用于计算验证结果的加密密钥。
表示：　an..35

+9285　验证规则代码　Validation criteria code　[B]
说明：　规定将要验证规则应用的代码。
表示：　an..3

#9302　封志方名称　Sealing party name　[B]
说明：　封志方的名称。
表示：　an..35

#9303　封志方名称代码　Sealing party name code　[B]
说明：　规定封志方名称的代码。
表示：　an..3

#9308　运输单元封志标识符　Transport unit seal identifier　[B]
说明：　标识附加在运输单元上的封志号。
表示：　an..35

#9321　应用错误代码　Application error code　[C]
说明：　规定一个应用错误的代码。
表示：　an..8

#9353 政府手续代码 Government procedure code [B]
说明： 规定政府手续的代码。
表示： an..3

#9411 政府参与代码 Government involvement code [B]
说明： 指示政府参与需要和状态的代码。
表示： an..3

#9415 政府机构标识代码 Government agency identification code [B]
说明： 标识政府机构的代码。
表示： an..3

#9417 政府行为代码 Government action code [B]
说明： 规定政府行为类型的代码，如检查、扣留、消毒、保护。
表示： an..3

#9419 服务层代码 Service layer code [B]
说明： 说明服务层的代码。
表示： an..3

#9421 过程阶段代码限定符 Process stage code qualifier [B]
说明： 限定过程中阶段的代码。
表示： an..3

+9422 文本值 Value text [B]
说明： 规定一个值。
表示： an..512

#9424 数组单元数据描述 Array cell data description [B]
说明： 数组中单元数据的自由格式描述。
表示： an..35

#9426 代码值文本 Code value text [B]
说明： 规定代码的值。
表示： an..35

9428 数组单元结构标识符 Array cell structure identifier [B]
说明： 数组单元结构的标识。
表示： an..35

9430 注释集标识符 Footnote set identifier [B]
说明： 注释集的标识。
表示： an..35

9432　注释标识符　Footnote identifier　[B]
说明：　注释的标识。
表示：　an..35

9434　代码名称　Code name　[B]
说明：　代码的名称。
表示：　an..70

#9436　临床干预描述　Clinical intervention description　[B]
说明：　临床干预的自由格式说明。
表示：　an..70

#9437　临床干预描述代码　Clinical intervention description code　[B]
说明：　规定临床干预的代码。
表示：　an..17

#9441　临床干预类型代码限定符　Clinical intervention type code qualifier　[B]
说明：　限定临床干预类型的代码。
表示：　an..3

#9443　护理类型代码限定符　Attendance type code qualifier　[B]
说明：　限定护理类型的代码。
表示：　an..3

#9444　允许类型描述　Admission type description　[B]
说明：　允许类型的自由格式说明。
表示：　an..35

#9445　允许类型描述代码　Admission type description code　[B]
说明：　规定允许类型的代码。
表示：　an..3

#9446　解除类型描述　Discharge type description　[B]
说明：　解除类型的自由格式描述。
表示：　an..35

#9447　解除类型描述代码　Discharge type description code　[B]
说明：　规定解除类型的代码。
表示：　an..3

+9448　文件生成命令名称　File generation command name　[B]
说明：　文件生成命令的名称。
表示：　an..35

+9450　文件压缩技术名称　File compression technique name　[B]
说明：　一种文件压缩技术的名称。
表示：　an..35

+9453　代码值来源代码　Code value source code　[B]
说明：　规定代码值来源的代码。
表示：　an..3

+9501　公式类型代码限定符　Formula type code qualifier　[B]
说明：　限定公式类型的代码。
表示：　an..3

+9502　公式名称　Formula name　[B]
说明：　标识公式的名称。
表示：　an..35

+9505　公式复杂性代码　Formula complexity code　[B]
说明：　规定公式复杂性的代码。
表示：　an..3

+9507　公式顺序代码限定符　Formula sequence code qualifier　[B]
说明：　给公式序列特定含义的代码。
表示：　an..3

+9509　公式顺序操作代码　Formula sequence operand code　[B]
说明：　在公式序列内，说明操作特定类型的代码。
表示：　an..17

+9510　公式顺序名称　Formula sequence name　[B]
说明：　标识公式序列的名称。
表示：　an..35

+9601　信息种类代码　Information category code　[I]
说明：　规定信息种类的代码。
表示：　an..3

+9605　数据代码限定符　Data code qualifier　[I]
说明：　限定数据的代码。
表示：　an..3

+9607　是或否指示符代码　Yes or no indicator code　[I]
说明：　规定是或否的代码。
表示：　an..3

+9608 产品名称 Product name [I]
说明： 标识产品的名称。
表示： an..35

9612 信息类型描述 Information type description [B]
说明： 信息类型的自由格式描述。
表示： an..70
注： 本条数据元将在目录 D.09A 中删除。

9613 信息类型描述代码 Information type description code [B]
说明： 规定信息类型的代码。
表示： an..3
注： 本条数据元将在目录 D.09A 中删除。

+9614 信息种类描述 Information category description [B]
说明： 信息种类的自由格式描述。
表示： an..70

+9615 信息种类描述代码 Information category description code [B]
说明： 规定信息种类的代码。
表示： an..3

+9616 信息细目描述 Information detail description [B]
说明： 信息细目的自由格式描述。
表示： an..256

+9617 信息细目描述代码 Information detail description code [B]
说明： 规定信息细目的代码。
表示： an..17

+9619 调整种类代码 Adjustment category code [I]
说明： 规定调整种类的代码。
表示： an..3

+9620 政策限制标识符 Policy limitation identifier [I]
说明： 规定政策限制的代码。
表示： an..10

+9623 诊断类型代码 Diagnosis type code [I]
说明： 规定诊断类型的代码。
表示： an..3

+9625　相关原因代码　Related cause code　[I]
说明：　规定相关原因的代码。
表示：　an..3

+9627　允许来源代码　Admission source code　[I]
说明：　规定允许来源的代码。
表示：　an..3

+9629　程序修改代码　Procedure modification code　[I]
说明：　规定程序修改的代码。
表示：　an..3

+9631　发票类型代码　Invoice type code　[I]
说明：　规定发票类型的代码。
表示：　an..3

+9633　信息细目代码限定符　Information details code qualifier　[B]
说明：　限定信息细目的代码。
表示：　an..3

+9635　事件细目代码限定符　Event details code qualifier　[B]
说明：　限定事件细目的代码。
表示：　an..3

+9636　事件种类描述　Event category description　[B]
说明：　事件种类的自由格式描述。
表示：　an..70

+9637　事件种类描述代码　Event category description code　[B]
说明：　规定事件种类的代码。
表示：　an..3

+9639　诊断种类代码　Diagnosis category code　[I]
说明：　规定诊断种类的代码。
表示：　an..3

+9641　服务基础代码限定符　Service basis code qualifier　[I]
说明：　限定服务执行基础的代码。
表示：　an..3

+9643　支持证据类型代码限定符　Supporting evidence type code qualifier　[I]
说明：　限定支持证据类型的代码。
表示：　an..3

+9645　支付方责任等级代码　Payer responsibility level code　[I]
说明：　规定支付方责任等级的代码。
表示：　an..3

+9647　腔区代码　Cavity zone code　[I]
说明：　规定腔区的代码。
表示：　an..3

+9649　处理信息代码限定符　Processing information code qualifier　[B]
说明：　限定处理信息的代码。
表示：　an..3

5　按数据元英文名称顺序的索引

Adjustment category code	9619	调整种类代码	[I]
Adjustment reason description code	4465	调整原因描述代码	[C]
Admission source code	9627	允许来源代码	[I]
Admission type description	9444	允许类型描述	[B]
Admission type description code	9445	允许类型描述代码	[B]
Age	2018	年龄	[I]
Agent identifier	3197	代理人标识符	[I]
Agreement type code qualifier	7431	协议类型代码限定符	[B]
Agreement type description	7434	协议类型描述	[B]
Agreement type description code	7433	协议类型描述代码	[B]
Allowance or charge code qualifier	5463	折让或费用代码限定符	[B]
Allowance or charge identification code	5189	折让/费用标识代码	[B]
Allowance or charge identifier	1230	折让或费用标识符	[B]
Altitude	6096	海拔	[B]
Applicability code qualifier	9051	适应性代码限定符	[B]
Applicability type description	9048	适应性类型描述	[B]
Applicability type description code	9049	适应性类型描述代码	[B]
Application error code	9321	应用错误代码	[C]
Array cell data description	9424	数组单元数据描述	[B]
Array cell structure identifier	9428	数组单元结构标识符	[B]
Attendance type code qualifier	9443	护理类型代码限定符	[B]
Attendee category description	7458	护理员种类描述	[B]
Attendee category description code	7459	护理员种类描述代码	[B]
Attribute description	9018	属性描述	[C]
Attribute description code	9019	属性描述代码	[B]
Attribute function code qualifier	9017	属性功能代码限定符	[B]
Attribute type description	9020	属性类型描述	[B]
Attribute type description code	9021	属性类型描述代码	[C]

[B]

Back order arrangement type code	4455	延期交货安排类型代码	[B]
Bank identifier	3449	银行标识符	[I]
Bank operation code	4383	银行业务代码	[B]
Basis code qualifier	9045	基础代码限定符	[B]
Basis type description	9046	基础类型描述	[B]
Basis type description code	9047	基础类型描述代码	[B]
Benefit and coverage code	7517	保险费和保险项目代码	[I]

Benefit coverage constituents code	3507	保险金受益人组成代码	[I]
Business description	4022	业务描述	[B]
Business function code	4025	业务功能代码	[C]
Business function type code qualifier [C]	4027	业务功能类型代码限定符	[B]
Calculation sequence code	1227	计算顺序代码	[B]
Cargo type classification code	7085	货物类型分类代码	[B]
Carrier identifier	3127	承运人标识符	[B]
Carrier name	3126	承运人名称	[B]
Cavity zone code	9647	腔区代码	[I]
Certainty description	4048	确定性描述	[B]
Certainty description code	4049	确定性描述代码	[B]
Change reason description	4294	变更原因描述	[B]
Change reason description code	4295	变更原因描述代码	[B]
Characteristic description	7036	特征描述	[B]
Characteristic description code	7037	特征描述代码	[C]
Characteristic relevance code	4051	特征关系代码	[B]
Characteristic value description	7110	特征值描述	[B]
Characteristic value description code	7111	特征值描述代码	[C]
Charge category code	5237	费用种类代码	[B]
Charge period type code	2155	费用期限类型代码	[I]
Charge unit code	5261	费用单位代码	[I]
Check-in time	2156	登记时间	[I]
City name	3164	城市名称	[C]
Class type code	7059	类类型代码	[B]
Clause code qualifier	4059	条款代码限定符	[B]
Clause name	4068	条款名称	[B]
Clause name code	4069	条款名称代码	[B]
Clinical information description	6412	临床信息描述	[B]
Clinical information description identifier	6413	临床信息描述标识符	[B]
Clinical information type code qualifier	6415	临床信息类型代码限定符	[B]
Clinical intervention description	9436	临床干预描述	[B]
Clinical intervention description code	9437	临床干预描述代码	[B]
Clinical intervention type code qualifier	9441	临床干预类型代码限定符	[B]
Code list identification code	1131	代码表标识代码	[C]
Code list responsible agency code	3055	代码表负责机构代码	[C]

Code name	9434	代码名称	[B]
Code set indicator code	9161	代码集指示符代码	[B]
Code value source code	9453	代码值来源代码	[B]
Code value text	9426	代码值文本	[B]
Commodity identification code	7357	商品标识代码	[B]
Communication address identifier	3148	通信地址标识符	[C]
Communication means type code	3155	通信工具类型代码	[C]
Communication medium type code	3153	通信媒体类型代码	[B]
Component material description	7506	部件材料描述	[B]
Component material description code	7507	部件材料描述代码	[B]
Composite data element tag identifier	9146	复合数据元标记标识符	[B]
Computer environment details code qualifier	1501	计算机环境细目代码限定符	[B]
Computer environment name	1510	计算机环境名称	[B]
Computer environment name code	1511	计算机环境名称代码	[C]
Confidence percent	6074	置信百分比	[B]
Configuration level number	1222	配置等级号	[B]
Configuration operation code	7083	配置操作代码	[B]
Consignment load sequence identifier	1312	托运物装载顺序标识符	[B]
Consolidation item number	1490	拼装货物项号	[B]
Contact function code	3139	联系功能代码	[B]
Contact identifier	3413	联系人标识符	[C]
Contact name	3412	联系人名称	[B]
Container or package contents indicator code	8275	集装箱/包装内容指示代码	[B]
Contract and carriage condition code	4065	合同和运输条件代码	[B]
Contribution code qualifier	5047	分配额代码限定符	[B]
Contribution type description	5048	分配额类型描述	[B]
Contribution type description code	5049	分配额类型描述代码	[B]
Control total quantity	6066	控制总数量	[B]
Control total type code qualifier	6069	控制总数量类型代码限定符	[B]
Controlling agency identifier	1476	管理机构标识符	[B]
Conveyance call purpose description	8024	运输工具停靠目的描述	[B]
Conveyance call purpose description code	8025	运输工具停靠目的描述代码	[B]
Country identifier	3207	国家(地区)标识符	[C]
Country of origin identifier	3239	原产地国(地区)标识符	[B]
Country subdivision identifier	3229	国家行政区划标识符	[C]
Country subdivision name	3228	国家行政区划名称	[C]

Credit cover request type code	4505	保证金请求类型代码	[B]
Credit cover response reason code	4509	保证金回复原因代码	[B]
Credit cover response type code	4507	保证金回复类型代码	[B]
Currency exchange rate	5402	汇率	[C]
Currency identification code	6345	货币标识代码	[C]
Currency rate	6348	通货汇率	[C]
Currency type code qualifier	6343	货币类型代码限定符	[C]
Currency usage code qualifier	6347	货币使用代码限定符	[C]
Customer shipment authorisation identifier	7130	客户装运授权标识符	[B]
Customs goods identifier	7361	海关监管货物标识符	[B]
[D]			
Damage area description	7502	残损部位描述	[B]
Damage area description code	7503	残损部位描述代码	[B]
Damage details code qualifier	7493	残损细目代码限定符	[B]
Damage severity description	7508	残损程度描述	[B]
Damage severity description code	7509	残损程度描述代码	[B]
Damage type description	7500	残损类型描述	[B]
Damage type description code	7501	残损类型描述代码	[B]
Dangerous goods flashpoint description	7088	危险品闪点描述	[B]
Dangerous goods marking identifier	8246	危险品标记标识符	[B]
Dangerous goods regulations code	8273	危险品规则代码	[B]
Data code qualifier	9605	数据代码限定符	[I]
Data element tag identifier	9162	数据元标记标识符	[B]
Data element usage type code	9175	数据元应用类型代码	[B]
Data format description	1502	数据格式描述	[B]
Data format description code	1503	数据格式描述代码	[B]
Data representation type code	9169	数据表示类型代码	[B]
Data set identifier	1520	数据集标识符	[B]
Date	2000	日期	[I]
Date or time or period format code	2379	日期/时间/期限格式代码	[B]
Date or time or period function code qualifier	2005	日期/时间/期限功能代码限定符	[B]
Date or time or period text	2380	日期/时间/期限文本	[C]
Date variation number	2148	日期变化数	[I]
Days of week set identifier	2160	一周中每天的标识符	[I]
Definition extent code	9025	定义范围代码	[B]
Definition function code	9023	定义功能代码	[B]

Definition identifier	4519	定义标识符	[B]
Delivery instruction code	4493	交货指示代码	[B]
Delivery or transport terms description	4052	交货或运输条款描述	[B]
Delivery or transport terms description code	4053	交货或运输条款描述代码	[B]
Delivery or transport terms function code	4055	交货或运输条款的功能代码	[B]
Delivery plan commitment level code	4017	交货计划执行等级代码	[B]
Description format code	7077	描述格式代码	[B]
Designated class code	1507	指示符分类代码	[B]
Despatch pattern code	2015	发送方式代码	[B]
Despatch pattern timing code	2017	发送方式时间代码	[B]
Diagnosis category code	9639	诊断种类代码	[I]
Diagnosis type code	9623	诊断类型代码	[I]
Dimension type code qualifier	6145	尺码类型代码限定符	[B]
Directory status identifier	9148	目录状态标识符	[B]
Discharge type description	9446	解除类型描述	[B]
Discharge type description code	9447	解除类型描述代码	[B]
Discrepancy nature identification code	4221	单货不符自然标识代码	[B]
Document copies required quantity	1220	所需副本单证的份数	[B]
Document identifier	1004	单证标识符	[C]
Document line action code	1073	单证行行为代码	[B]
Document line identifier	1156	单证行标识符	[C]
Document name	1000	单证名称	[B]
Document name code	1001	单证名称代码	[C]
Document originals required quantity	1218	所需正本单证的份数	[B]
Document source description	1366	单证出处描述	[B]
Document status code	1373	单证状态代码	[B]
Dosage administration code qualifier	6085	剂量管理代码限定符	[B]
Dosage description	6082	剂量描述	[B]
Dosage description identifier	6083	剂量描述标识符	[B]
Duty or tax or fee account code	5289	关税/税/费账户代码	[B]
Duty or tax or fee assessment basis quantity	5286	关税/税/费估算基准量	[B]
Duty or tax or fee category code	5305	关税/税/费种类代码	[B]
Duty or tax or fee function code qualifier	5283	关税/税/费功能代码限定符	[B]
Duty or tax or fee rate	5278	关税/税/费率	[B]
Duty or tax or fee rate basis code	5273	关税/税/费率基准代码	[B]
Duty or tax or fee rate code	5279	关税/税/费率代码	[B]

Duty or tax or fee type name	5152	关税/税/费类型名称	[B]
Duty or tax or fee type name code	5153	关税/税/费类型名称代码	[B]
Duty regime type code	9213	税制类型代码	[B]
[E]			
Edit field length measure	6178	编辑域长度	[B]
Edit mask format identifier	9026	编辑掩码格式标识符	[B]
Edit mask representation code	9031	编辑掩码表示代码	[B]
Employment category description	9004	雇员种类描述	[B]
Employment category description code	9005	雇员种类描述代码	[B]
Employment details code qualifier	9003	雇员细目代码限定符	[B]
EMS identifier	8364	船舶载运危险货物应急措施(EMS)标识符	[B]
Enacting party identifier	3301	指示制定方标识符	[B]
Equipment identifier	8260	设备标识符	[B]
Equipment plan description	8332	设备计划描述	[B]
Equipment size and type description	8154	设备规格和类型描述	[C]
Equipment size and type description code	8155	设备规格和类型描述代码	[B]
Equipment status code	8249	设备状况代码	[B]
Equipment supplier code	8077	设备提供方代码	[B]
Equipment type code qualifier	8053	设备类型代码限定符	[C]
Event	9172	事件	[B]
Event category description	9636	事件种类描述	[B]
Event category description code	9637	事件种类描述代码	[B]
Event description code	9173	事件描述代码	[B]
Event details code qualifier	9635	事件细目代码限定符	[B]
Event time reference code	2475	事件时间参考代码	[B]
Event type description	9170	事件类型描述	[B]
Event type description code	9171	事件类型描述代码	[B]
Excess transportation reason code	8457	额外运输原因代码	[B]
Excess transportation responsibility code	8459	额外运输责任代码	[B]
Exchange rate currency market identifier	6341	外汇交易市场标识符	[C]
[F]			
Facility type description	9038	设施类型描述	[I]
Facility type description code	9039	设施类型描述代码	[I]
Family name	3500	姓	[I]
File compression technique name	9450	文件压缩技术名称	[B]

File format name	1516	文件格式名称	[B]
File generation command name	9448	文件生成命令名称	[B]
File name	1508	文件名称	[B]
Financial transaction type code	4487	金融交易类型代码	[B]
First related location identifier	3223	第一相关地点标识符	[C]
First related location name	3222	第一相关地点名称	[B]
Footnote identifier	9432	注释标识符	[B]
Footnote set identifier	9430	注释集标识符	[B]
Formula complexity code	9505	公式复杂性代码	[B]
Formula name	9502	公式名称	[B]
Formula sequence code qualifier	9507	公式顺序代码限定符	[B]
Formula sequence name	9510	公式顺序名称	[B]
Formula sequence operand code	9509	公式顺序操作代码	[B]
Formula type code qualifier	9501	公式类型代码限定符	[B]
Free text	4440	自由文本	[C]
Free text description code	4441	自由文本描述代码	[C]
Free text format code	4447	自由文本格式代码	[B]
Free text function code	4453	自由文本功能代码	[B]
Freight and other charges description	8022	运费和其他费用描述	[B]
Freight and other charges description identifier	8023	运费和其他费用描述标识符	[B]
Frequency code	2013	频度代码	[B]
Frequency code qualifier	6071	频度代码限定符	[B]
Frequency rate	6072	频率	[B]
Frequent traveller identifier	3459	常旅客标识符	[I]
Full or empty indicator code	8169	满/空指示符代码	[B]
[G]			
Gate identifier	3463	通道标识符	[I]
Gender code	3499	性别代码	[C]
Geographic area code	3279	地理区域代码	[B]
Geographical position code qualifier	6029	地理位置代码限定符	[B]
Given name	3460	名字	[I]
Given name title description	3504	职务描述	[I]
Goods item number	1496	货物项号	[B]
Government action code	9417	政府行为代码	[B]
Government agency identification code	9415	政府机构标识代码	[B]
Government involvement code	9411	政府参与代码	[B]

Government procedure code	9353	政府手续代码	[B]
Group identifier	9164	组标识符	[B]
[H]			
Handling instruction description	4078	装卸说明描述	[B]
Handling instruction description code	4079	装卸说明描述代码	[B]
Haulage arrangements code	8341	搬运安排代码	[B]
Hazard code version identifier	8092	危险品代码版本标识符	[B]
Hazard identification code	8351	危险品标识代码	[B]
Hazardous cargo transport authorisation code	8211	危险品运输许可代码	[B]
Hazardous material category name	7418	危险物质种类名称	[B]
Hazardous material category name code	7419	危险物质种类名称代码	[B]
Hazardous means of transport category code	8325	危险品运输工具种类代码	[B]
Height measure	6008	高度	[C]
Hierarchical structure level identifier	7164	层次结构层标识符	[C]
Hierarchical structure parent identifier	7166	层次结构父标识符	[B]
Hierarchical structure relationship code	7171	层次结构关系代码	[B]
Hierarchy object code qualifier	7173	层次中对象代码限定符	[B]
[I]			
Index code qualifier	5013	指标代码限定符	[B]
Index representation code	5039	指标表示代码	[B]
Index text	5030	指标文本	[B]
Index type identifier	5027	指标类型标识符	[B]
Indexing structure code qualifier	7429	索引结构代码限定符	[B]
Information category code	9601	信息种类代码	[I]
Information category description	9614	信息种类描述	[B]
Information category description code	9615	信息种类描述代码	[B]
Information detail description	9616	信息细目描述	[B]
Information detail description code	9617	信息细目描述代码	[B]
Information details code qualifier	9633	信息细目代码限定符	[B]
Information type	4472	信息类型	[B]
Information type code	4473	信息类型代码	[I]
Information type description	9612	信息类型描述	[B]
Information type description code	9613	信息类型描述代码	[B]
Inherited characteristic description	3310	继承特征描述	[B]
Inherited characteristic description code	3311	继承特征描述代码	[B]

In-house identifier	3465	内部标识符	[I]
Institution branch identifier	3434	分支机构标识符	[B]
Institution branch location name	3436	分支机构地点名称	[B]
Institution name	3432	机构名称	[B]
Institution name code	3433	机构名称代码	[B]
Instruction description	4400	指示描述	[B]
Instruction description code	4401	指示描述代码	[B]
Instruction receiving party identifier	3285	指示接收方标识符	[B]
Instruction type code qualifier	4403	指示类型代码限定符	[B]
Insurance cover description	4494	保险责任描述	[B]
Insurance cover description code	4495	保险责任描述代码	[B]
Insurance cover type code	4497	保险责任类型代码	[B]
Intra-company payment indicator code	4463	公司内部付款指示代码	[B]
Inventory balance method code	4503	库存平衡方法代码	[B]
Inventory movement direction code	4501	库存动态说明代码	[B]
Inventory movement reason code	4499	库存动态原因代码	[B]
Inventory type code	7491	库存类型代码	[B]
Invoice type code	9631	发票类型代码	[I]
Item availability code	7011	物品可用性代码	[B]
Item characteristic code	7081	项目特征代码	[B]
Item description	7008	项目描述	[C]
Item description code	7009	项目描述代码	[C]
Item identifier	7140	项标识符	[C]
Item total quantity	7240	项目总数量	[B]
Item type identification code	7143	项类型标识代码	[C]
[J]			
Job title description	3494	职称描述	[B]
Journey leg duration quantity	2162	行程期间	[I]
Journey stops quantity	8216	行程站数	[I]
[L]			
Language code qualifier	3455	语言代码限定符	[B]
Language name	3452	语言名称	[B]
Language name code	3453	语言名称代码	[C]
Latitude degree	6000	纬度	[C]
Length measure	6168	长度	[C]
Length type code	9155	长度类型代码	[B]

Level five id.	7444	第五层标识	[B]
Level four id.	7442	第四层标识	[B]
Level number	7168	层号	[B]
Level one id.	7436	第一层标识	[B]
Level six id.	7446	第六层标识	[B]
Level three id.	7440	第三层标识	[B]
Level two id.	7438	第二层标识	[B]
Line item identifier	1082	行项标识符	[C]
Location function code qualifier	3227	地点功能代码限定符	[C]
Location identifier	3225	地点标识符	[C]
Location name	3224	地点名称	[C]
Longitude degree	6002	经度	[C]
[M]			
Maintenance operation code	4513	维护操作代码	[C]
Maintenance operation operator code	3005	维护操作方代码	[B]
Maintenance operation payer code	3009	维护操作付款方代码	[B]
Marital status description	3478	婚姻状况描述	[B]
Marital status description code	3479	婚姻状况描述代码	[B]
Marking instructions code	4233	标志说明代码	[B]
Marking type code	7511	标志类型代码	[B]
Means of transport journey identifier	8028	运输工具行程标识符	[B]
Measure	6314	测量	[C]
Measured attribute code	6313	计量属性代码	[B]
Measurement purpose code qualifier	6311	计量目的代码限定符	[B]
Measurement significance code	6321	计量意义代码	[B]
Measurement unit code	6411	计量单位代码	[C]
Measurement unit name	6410	计量单位名称	[B]
Membership category description	7450	成员种类描述	[B]
Membership category description code	7451	成员种类描述代码	[B]
Membership level code qualifier	7455	成员等级代码限定符	[B]
Membership level description	7456	成员等级描述	[B]
Membership level description code	7457	成员等级描述代码	[B]
Membership status description	7452	成员状况描述	[B]
Membership status description code	7453	成员状况描述代码	[B]
Membership type code qualifier	7449	成员类型代码限定符	[B]

Message function code	1225	报文功能代码	[C]
Message implementation identification code	1523	报文实施标识代码	[B]
Message item identifier	1052	报文项标识符	[B]
Message section code	1049	报文节代码	[B]
Message sub-item identifier	1054	报文分项标识符	[B]
Message type code	1003	报文类型代码	[B]
MFAG identifier	8410	危险货物事故医疗急救指南(MFAG)标识符	[B]
Millisecond time	2164	毫秒时间	[I]
Monetary amount	5004	货币金额	[C]
Monetary amount function description	5006	货币金额功能描述	[B]
Monetary amount function description code	5007	货币金额功能描述代码	[B]
Monetary amount function detail description	5104	货币金额功能细目描述	[B]
Monetary amount function detail description code	5105	货币金额功能细目描述代码	[B]
Monetary amount type code qualifier	5025	货币金额类型代码限定符	[C]
Movement type description	8334	搬移类型描述	[B]
Movement type description code	8335	搬移类型描述代码	[B]
[N]			
Name and address description	3124	名称和地址描述	[B]
Name component description	3398	姓名成分描述	[C]
Name component type code qualifier	3405	姓名成分类型代码限定符	[C]
Name component usage code	3401	姓名成分用法代码	[C]
Name original alphabet code	3295	姓名原字母代码	[C]
Name status code	3397	姓名状态代码	[C]
Name type code	3403	姓名类型代码	[C]
Nationality code qualifier	3493	国籍代码限定符	[B]
Nationality name	3292	国籍名称	[B]
Nationality name code	3293	国籍名称代码	[B]
Non-discrete measurement name	6154	非离散计量名称	[B]
Non-discrete measurement name code	6155	非离散计量名称代码	[B]
[O]			
Object identification code qualifier	7405	对象标识代码限定符	[C]
Object identifier	7402	对象标识符	[C]
Object type code qualifier	7495	对象类型代码限定符	[B]
Occupation description	9008	职业描述	[B]

Occupation description code	9009	职业描述代码	[B]
Occurrences maximum number	6176	最大出现次数	[B]
Option code	4009	选项代码	[I]
Orange hazard placard lower part identifier	8186	橙色危险品下位标识符	[B]
Orange hazard placard upper part identifier	8158	橙色危险品上位标识符	[B]
Organisation classification code	3079	组织分类代码	[B]
Organisational class name	3082	组织类别名称	[B]
Organisational class name code	3083	组织类别名称代码	[B]
Originator type code	3457	发起方类型代码	[I]
[P]			
Package quantity	7224	包装数量	[B]
Package type description code	7065	包装类型描述代码	[B]
Packaging danger level code	8339	包装危险等级代码	[B]
Packaging level code	7075	包装等级代码	[B]
Packaging related description code	7233	与包装相关的描述代码	[B]
Packaging terms and conditions code	7073	包装条款和条件代码	[B]
Packing instruction type code	8255	包装说明类型代码	[B]
Party function code qualifier	3035	参与方功能代码限定符	[C]
Party identifier	3039	参与方标识符	[C]
Party name	3036	参与方名称	[C]
Party name format code	3045	参与方名称格式代码	[B]
Party tax identifier	3446	参与方税收标识符	[B]
Payer responsibility level code	9645	支付方责任等级代码	[I]
Payment arrangement code	4237	付款安排代码	[B]
Payment channel code	4435	付款途径代码	[B]
Payment conditions code	4439	付款条件代码	[C]
Payment guarantee means code	4431	付款担保工具代码	[B]
Payment means code	4461	支付工具代码	[B]
Payment method code	4467	支付方式代码	[I]
Payment purpose code	4469	支付用途代码	[I]
Payment terms description	4276	付款条款描述	[B]
Payment terms description identifier	4277	付款条款描述标识符	[B]
Payment terms type code qualifier	4279	付款条款类型代码限定符	[B]
Percentage	5482	百分比	[C]
Percentage basis identification code	5249	百分比基准标识代码	[B]

Percentage type code qualifier	5245	百分比类型代码限定符	[B]
Period count quantity	2152	期限数量	[C]
Period detail description	2118	期限细目描述	[B]
Period detail description code	2119	期限细目描述代码	[B]
Period type code	2151	期限类型代码	[B]
Period type code qualifier	2023	期限类型代码限定符	[B]
Person characteristic code qualifier	3289	个人特征代码限定符	[B]
Person job title	3480	个人职位	[B]
Physical or logical state description	7006	物理或逻辑状态描述	[B]
Physical or logical state description code	7007	物理或逻辑状态描述代码	[B]
Physical or logical state type code qualifier	7001	物理或逻辑状态类型代码限定符	[B]
Policy limitation identifier	9620	政策限制标识符	[I]
Postal identification code	3251	邮政标识代码	[C]
Premium calculation component identifier	4521	保费计算成分标识符	[B]
Premium calculation component value category identifier	4522	保费计算成分值种类标识符	[B]
Price amount	5118	价格	[B]
Price change type code	5377	价格变更类型代码	[C]
Price code qualifier	5125	价格代码限定符	[B]
Price multiplier rate	5394	价格乘数率	[B]
Price multiplier type code qualifier	5393	价格乘数类型代码限定符	[B]
Price type qualifier	5387	价格类型限定符	[B]
Price type code	5375	价格类型代码	[B]
Priority description	4036	优先级描述	[B]
Priority description code	4037	优先级描述代码	[B]
Priority type code qualifier	4035	优先级类型代码限定符	[B]
Procedure modification code	9629	程序修改代码	[I]
Process description	7190	过程描述	[B]
Process description code	7191	过程描述代码	[B]
Process stage code qualifier	9421	过程阶段代码限定符	[B]
Process stages actual quantity	6428	过程阶段实际量	[B]
Process stages quantity	6426	过程阶段量	[B]
Process type description	7186	过程类型描述	[B]
Process type description code	7187	过程类型描述代码	[B]
Processing indicator description	7364	处理指示符描述	[B]

Processing indicator description code	7365	处理指示符描述代码	[C]
Processing information code qualifier	9649	处理信息代码限定符	[B]
Product characteristic identification code	7139	产品特征标识代码	[I]
Product details type code qualifier	7133	产品细目类型代码限定符	[I]
Product group name	5388	产品组名称	[B]
Product group name code	5389	产品组名称代码	[B]
Product group type code	5379	产品组类型代码	[B]
Product identifier	7135	产品标识符	[I]
Product identifier code qualifier	4347	产品标识代码限定符	[B]
Product name	9608	产品名称	[I]
Proviso calculation description	4074	附加条款计算描述	[B]
Proviso calculation description code	4075	附加条款计算描述代码	[B]
Proviso code qualifier	4071	附加条款代码限定符	[B]
Proviso type description	4072	附加条款类型描述	[B]
Proviso type description code	4073	附加条款类型描述代码	[B]
[Q]			
Qualification application area code	9035	资格应用领域代码	[B]
Qualification classification description	9006	资格分类描述	[B]
Qualification classification description code	9007	资格分类描述代码	[B]
Qualification type code qualifier	9037	资格类型代码限定符	[B]
Quantity	6060	数量	[C]
Quantity type code qualifier	6063	数量类型代码限定符	[C]
Question description	4056	问题描述	[B]
Question description code	4057	问题描述代码	[B]
[R]			
Range maximum quantity	6152	最大数量范围	[C]
Range minimum quantity	6162	最小数量范围	[C]
Range type code qualifier	6167	范围类型代码限定符	[B]
Rate or tariff class description	5242	费率/价目等级描述	[B]
Rate or tariff class description code	5243	费率/价目等级描述代码	[C]
Rate plan code	5501	费率计划代码	[I]
Rate type code qualifier	5419	费率类型代码限定符	[B]
Rate type identifier	5263	费率类型标识符	[I]
Reference code qualifier	1153	参考代码限定符	[C]
Reference identifier	1154	参考标识符	[C]

Reference version identifier	4000	参考版本标识符	[B]
Related cause code	9625	相关原因代码	[I]
Related information description	4018	相关信息描述	[I]
Relation code	5479	关系代码	[C]
Relationship description	9142	关系描述	[B]
Relationship description code	9143	关系描述代码	[C]
Relationship type code qualifier	9141	关系类型代码限定符	[B]
Release identifier	1058	发布标识符	[B]
Religion name	3482	宗教信仰名称	[B]
Religion name code	3483	宗教信仰名称代码	[B]
Remuneration type name	5314	酬金类型名称	[B]
Remuneration type name code	5315	酬金类型名称代码	[B]
Requested information description	4510	请求信息描述	[C]
Requested information description code	4511	请求信息描述代码	[B]
Requirement designator code	7299	需求制定方代码	[B]
Requirement or condition description	7294	需求/条件描述	[B]
Requirement or condition description identifier	7295	需求/条件描述标识符	[B]
Reservation identifier	9040	预订标识符	[I]
Reservation identifier code qualifier	9043	预订标识符代码限定符	[I]
Response description	4344	应答描述	[B]
Response description code	4345	应答描述代码	[B]
Response type code	4343	应答类型代码	[C]
Result normalcy code	6079	结果正常代码	[B]
Result representation code	6077	结果表示代码	[B]
Result value type code qualifier	6087	结果值类型代码限定符	[B]
Returnable package freight payment responsibility code	8395	可退换包装运送付款责任代码	[B]
Returnable package load contents code	8393	可退换包装内装物代码	[B]
Revision identifier	1060	修订标识符	[B]
Risk object sub-type description	7176	风险对象子类描述	[B]
Risk object sub-type description identifier	7177	风险对象子类描述标识符	[B]
Risk object type identifier	7179	风险对象类型标识符	[B]
Rule part identifier	7175	规则部分标识符	[B]

[S]

Safety section name	4044	安全节名称	[B]
Safety section number	4046	安全节编号	[B]
Sales channel identifier	3496	销售渠道标识符	[B]

Sample direction code	7047	取样方位代码	[B]
Sample location description	3236	取样位置描述	[B]
Sample location description code	3237	取样位置描述代码	[B]
Sample process step code	4407	样品处理步骤代码	[B]
Sample selection method code	7039	取样方式代码	[B]
Sample state code	7045	样品状态代码	[B]
Seal condition code	4517	加封条件代码	[B]
Sealing party name	9302	封志方名称	[B]
Sealing party name code	9303	封志方名称代码	[B]
Second related location identifier	3233	第二相关地点标识符	[C]
Second related location name	3232	第二相关地点名称	[B]
Sector area identification code qualifier	7293	行业标识代码限定符	[B]
Segment tag identifier	9166	段标记标识符	[B]
Sequence identifier source code	1159	顺序标识符来源代码	[B]
Sequence position identifier	1050	顺序位置标识符	[C]
Service basis code qualifier	9641	服务基础代码限定符	[I]
Service layer code	9419	服务层代码	[B]
Service requirement code	7273	服务需求代码	[C]
Service type code	5267	服务类型代码	[I]
Set type code qualifier	7297	放置类型代码限定符	[B]
Settlement means code	4471	结算方式代码	[B]
Shipment flashpoint degree	7106	装运闪点	[B]
Shipping marks description	7102	运输标志描述	[B]
Significant digits quantity	6432	有效位数	[B]
Simple data element character representation code	9153	简单数据元字符表示代码	[B]
Simple data element maximum length measure	9156	简单数据元最大长度	[B]
Simple data element minimum length measure	9158	简单数据元最小长度	[B]
Simple data element tag identifier	9150	简单数据元标记标识符	[B]
Size measure	6174	尺寸测量	[B]
Size type code qualifier	6173	尺寸类型代码限定符	[B]
Special condition code	4183	特定条件代码	[C]
Special requirement description	4184	特殊需求描述	[I]
Special requirement type code	4187	特殊需求类型代码	[I]
Special service description	7160	特殊服务描述	[B]
Special service description code	7161	特殊服务描述代码	[C]

Statistic type code qualifier	6331	统计类型代码限定符	[B]
Statistical concept identifier	6434	统计概念标识符	[B]
Status category code	9015	状态种类代码	[B]
Status description	4404	状态描述	[B]
Status description code	4405	状态描述代码	[C]
Status reason description	9012	状态原因描述	[B]
Status reason description code	9013	状态原因描述代码	[B]
Street and number /P. O. Box identifier	3042	街道名称和门牌号码/邮政信箱标识符	[B]
Structure component function code qualifier	7497	结构成分功能代码限定符	[B]
Structure component identifier	7512	结构成分标识符	[B]
Structure type code	7515	结构类型代码	[B]
Sub-line indicator code	5495	分行指示符代码	[B]
Sub-line item price change operation code	5213	分行项价格变更操作代码	[B]
Substitution condition code	4457	替换条件代码	[B]
Supplementary rate or tariff code	5275	附加费率/价目代码	[B]
Supporting evidence type code qualifier	9643	支持证据类型代码限定符	[I]
Surface or layer code	7383	表面/内层代码	[B]
[T]			
Temperature degree	6246	温度	[B]
Temperature type code qualifier	6245	温度类型代码限定符	[B]
Terms time relation code	2009	条款时间关系代码	[B]
Test administration method code	4419	测试执行方式代码	[B]
Test description	4416	测试描述	[B]
Test medium code	3077	测试媒体代码	[B]
Test method identifier	4415	测试方式标识符	[B]
Test method revision identifier	7188	测试方式修订标识符	[B]
Test reason name	4424	测试原因名称	[B]
Test reason name code	4425	测试原因名称代码	[B]
Text subject code qualifier	4451	文本主题代码限定符	[C]
Time	2002	时间	[I]
Time variation quantity	2031	时间变化量	[I]
Time zone difference quantity	2116	时差	[I]
Time zone identifier	2029	时区标识符	[I]
Total monetary amount	5160	货币总金额	[I]

Trade class code	4043	贸易分类代码	[B]
Traffic restriction application code	8017	交通限制应用代码	[I]
Traffic restriction code	8015	交通限制代码	[I]
Traffic restriction type code qualifier	8035	交通限制类型代码限定符	[I]
Transit direction indicator code	8101	运送方向指示符代码	[B]
Transport charges payment method code	4215	运费支付方式代码	[B]
Transport emergency card identifier	8126	运输紧急卡标识符	[B]
Transport means change indicator code	8215	运输工具变更指示符代码	[I]
Transport means description	8178	运输工具描述	[B]
Transport means description code	8179	运输工具描述代码	[C]
Transport means identification name	8212	运输工具标识名称	[B]
Transport means identification name identifier	8213	运输工具标识名称标识符	[B]
Transport means nationality code	8453	运输工具国籍代码	[B]
Transport means ownership indicator code	8281	运输工具所有权指示符代码	[B]
Transport mode name	8066	运输方式名称	[B]
Transport mode name code	8067	运输方式名称代码	[B]
Transport movement code	8323	运输动态代码	[B]
Transport service priority code	4219	运输服务优先级代码	[B]
Transport stage code qualifier	8051	运输阶段代码限定符	[B]
Transport unit seal identifier	9308	运输单元封志标识符	[B]
Traveller accompanied by infant indicator code	8219	旅客携带婴儿指示符代码	[I]
Traveller reference identifier	1145	旅客参考标识符	[I]
Type of packages	7064	包装类型	[B]
[U]			
UNDG identifier	7124	联合国危险品(UNDG)标识符	[B]
Unit or component type description	7504	单元/部件类型描述	[B]
Unit or component type description code	7505	单元/部件类型描述代码	[B]
Unit price basis quantity	5284	单价基准量	[B]
Unit price basis rate	5420	单位基准费率	[B]
Unit type code qualifier	6353	单位类型代码限定符	[C]
Units quantity	6350	单位数量	[C]
[V]			
Validation criteria code	9285	验证规则代码	[B]
Validation key identifier	9282	验证密钥标识符	[B]
Validation result text	9280	验证结果文本	[B]

Value definition code qualifier	9029	值定义代码限定符	[B]
Value list identifier	1518	值表标识符	[B]
Value list name	1514	值表名称	[B]
Value list type code	1505	量值表类型代码	[B]
Value text	9422	文本值	[B]
Variance quantity	6064	数量差异	[B]
Version identifier	1056	版本标识符	[B]

[W]

Width measure	6140	宽度	[C]

[Y]

Yes or no indicator code	9607	是或否指示符代码	[I]

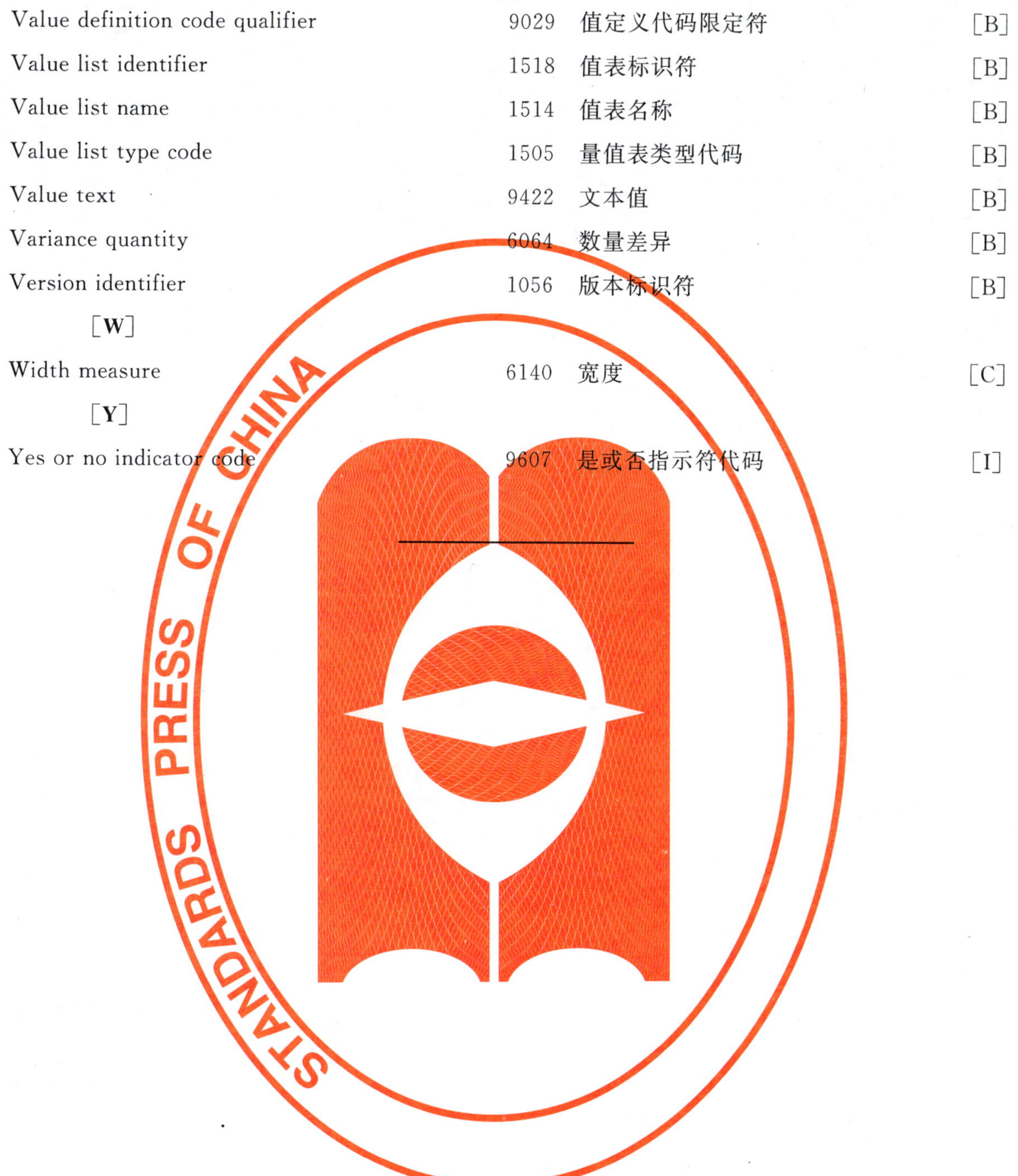

ICS 29.120.01
K 31

中华人民共和国国家标准

GB 17701—2008/IEC 60934:2007
代替 GB 17701—1999

设备用断路器

Circuit-breaker for equipment

(IEC 60934:2007,IDT)

2008-06-19 发布　　2009-06-01 实施

中华人民共和国国家质量监督检验检疫总局
中国国家标准化管理委员会　发布

前　言

GB 17701—2008 等同采用 IEC 60934:2007(第 3.1 版)《设备用断路器》(英文版)。

GB 17701—2008 在技术内容和编写格式上与 IEC 60934:2007 的内容完全一致,但作了一些编辑性修改,并对一些印刷错误进行了修正,具体变化如下:

——对小数点采用的符号按国家标准的编制要求作了修改;

——对 IEC 60934:2007 版本中的表 11 的错误及规范性引用文件的更新等问题作了修正(详见标准正文中相关部分的采标注)。

本标准代替 GB 17701—1999《设备用断路器》。

GB 17701—2008 与 GB 17701—1999 的主要差异如下:

——增加了无过电流脱扣器的 E 型设备用断路器,并在附录 K 中提出了具体的技术要求;

——按动作方式分类中,增加了自动分断和自动复位的设备用断路器(J 型);

——增加了按电气性能的分类,分为仅适用于阻性电路的和适用于多种电路(包括感性电路)两种型式的设备用断路器,并规定了不同的性能要求及试验方法;

——增加了额定冲击耐受电压的要求,规定了冲击耐受试验的电压及相应的试验方法;

——增加了按隔离功能分类,并在附录 L 中规定了适用于隔离的设备用断路器的技术要求;

——进一步完善了对电气间隙和爬电距离的规定,按基本绝缘、功能绝缘、附加绝缘和加强绝缘等,分别规定了电气间隙和爬电距离的要求,并对印刷线路材料的电气间隙和爬电距离也作了明确的规定;

——增加了无螺纹接线端子及其相应的性能、尺寸要求和试验方法;

——适应设备用断路器的使用环境条件,按 23 ℃、40 ℃和 55 ℃三种不同的基准周围空气温度规定了三种不同的温升值。

本标准的附录 A、附录 B、附录 C、附录 D、附录 E、附录 F、附录 G、附录 H、附录 J、附录 K、附录 L 均为规范性附录。

本标准由中国电器工业协会提出。

本标准由全国低压电器标准化技术委员会归口。

本标准负责起草单位:上海电器科学研究所(集团)有限公司。

本标准参加起草单位:中国质量认证中心、上海良信电器股份有限公司。

本标准主要起草人:周积刚、刘金琰、陈颖。

本标准参加起草人:郑士泉、雒海珊。

本标准所代替标准的历次版本发布情况为:

——GB 17701—1999。

设 备 用 断 路 器

1 适用范围

本标准适用于设计成能对电气设备内部的线路提供保护的“设备用断路器”(CBE)的这种型式的机械开关电器。

注1:术语“设备”包括了器具在内。

注2:被保护的元件一般为电动机、变压器以及内部接线等。

设备用断路器可具有比过载条件要求高的额定短路能力,此外还可具有一个与规定的短路保护电器(SCPD)相关的限制短路电流额定值。

本标准也适用于在欠电压和/或过电压情况下保护电气设备的开关电器。

本标准适用于额定电压不超过交流440 V和/或直流250 V、额定电流不超过125 A及额定短路能力不超过3 000 A的设备用断路器。

本标准包括的设备用断路器,预期用于:

——自动断开,和非自动或自动复位;

——自动断开,和非自动或自动复位和手动开闭操作。

本标准也包括了禁止自动断开方式的,或结构上没有自动断开的设备用断路器(见3.1.3)。

注3:对交流电压至630 V,本标准可作为指导性文件。

本标准包括了为保证符合型式试验对这些电器所要求的操作特性所必须的全部要求。

本标准还包括为保证试验结果的复验性所必须的与试验要求和试验方法相关的细节。

具有PC2性能类别(见5.2.5.2),并符合附录L的附加要求的M型(见4.4.2)和S型(见4.4.3)操作方式的设备用断路器适用于隔离。

2 规范性引用文件

下列规范性文件中的条款通过本标准的引用而成为本标准的条款。凡是注日期的引用文件,其随后所有的修改单(不包括勘误的内容)或修订版均不适用于本标准,然而,鼓励根据本标准达成协议的各方研究是否可使用这些文件的最新版本。凡是不注日期的引用文件,其最新版本适用于本标准。

GB/T 2424.17—1995 电工电子产品环境试验 锡焊试验导则(neq IEC 60068-2-20:1979)

GB 4208—2008 外壳防护等级(IP代码)(IEC 60529:2001,IDT)

GB 4943—2001 信息技术设备的安全(idt IEC 60950-1:1999)

GB/T 5023(所有部分) 额定电压450/750 V及以下的聚氯乙烯绝缘电缆(idt IEC 60227)

GB/T 5169.10—2006 电工电子产品着火危险试验 第10部分:灼热丝/热丝基本试验方法 灼热丝装置和通用试验方法(IEC 60695-2-10:2000,IDT)[1)]

GB/T 5465.2—2008 电气设备用图形符号(IEC 60417DB:2007,IDT)

GB 9254—1998 信息技术设备的无线电骚扰限值和测量方法(idt CISPR 22:1997)

GB 10963.1—2005 电气附件 家用及类似场所用过电流保护断路器 第1部分:用于交流的断路器(IEC 60898-1:2002,IDT)

GB 13539(所有部分) 低压熔断器(idt IEC 60269(所有部分))

GB 14048.1—2006 低压开关设备和控制设备 第1部分:总则(IEC 60947-1:2001,MOD)

1) 采标注:原文的IEC 60695-2-1中的灼热丝试验方法已被IEC 60695-2-10:2000代替。

GB/T 16927.1—1997 高压试验技术 第一部分:一般试验要求(eqv IEC 60060-1:1989)

GB/T 16935.1—2008 低压系统内设备的绝缘配合 第1部分:原理、要求和试验(IEC 60664-1:2007,IDT)

GB/T 16935.3—2005 低压系统内设备的绝缘配合 第3部分:利用涂层、罐封和模压进行防污保护(IEC 60664-3:2003,IDT)

GB/T 17626.2—2006 电磁兼容 试验和测量技术 静电放电抗扰度试验(IEC 61000-4-2:2001,IDT)

GB/T 17626.3—2006 电磁兼容 试验和测量技术 射频电磁场辐射抗扰度试验(IEC 61000-4-3:2002,IDT)

GB/T 17626.4—2008 电磁兼容 试验和测量技术 电快速瞬变脉冲群抗扰度试验(idt IEC 61000-4-4:2004,IDT)

GB/T 17626.5—2008 电磁兼容 试验和测量技术 浪涌(冲击)抗扰度试验(idt IEC 61000-4-5:2005,IDT)

IEC 60050(151):1978 国际电工词汇(IEV)第151章:电磁器件

IEC 60050(604):1987 国际电工词汇(IEV)第604章:电能的产生、传输和分配——运行

IEC 60050(826):1982 国际电工词汇(IEV)第826章:建筑物电气装置(修订件1(1990)、修订件2(1995)、修订件3(1999))

IEC 60099-1:1991 浪涌吸收器 第1部分:交流系统非线性电阻间隙型吸收器

IEC 60664(所有部分) 低压系统内设备的绝缘配合

3 术语和定义

对本标准而言,下列术语和定义适用。

3.1 关于保护和开关电器的定义

3.1.1

断路器 circuit breaker

能接通、承载以及分断正常电路条件下的电流,而且在规定的异常电路下,诸如短路电流,也能接通、承载一定时间和分断电流的机械开关电器。

[IEV 441-14-20]

3.1.2

设备用断路器(CBE) circuit-breaker for equipment(CBE)

专门用于保护设备的断路器。

3.1.3

E型设备用断路器 E-type CBE

无过电流脱扣器,而装有或不装其他脱扣器,例如用电压或机械方式脱扣的设备用断路器。

注:有关的特定要求见附录K。

3.1.4

熔断器 fuse

当电流超过给定值足够长时间后,通过熔化一个或几个特殊设计和相称的熔体,断开其所接入的电路并分断电流的装置。熔断器由形成完整装置的所有部件组成。

[IEV 441-81-01]

3.1.5

开关电器 switching device

用于接通或分断一个或几个电路电流的电器。

[IEV 441-14-01]

3.1.6

机械开关电器 mechanical switching device

依靠可分离的触头来闭合和断开一个或几个电路的开关电器。

[IEV 441-14-02]

3.1.7

(机械)开关 switch(mechanical)

在正常电路条件下(包括规定的过载工作条件),能够接通、承载和分断电流,并在规定的异常电路条件下(例如短路),能在规定时间内承载电流的机械开关电器。

[IEV 441-14-10]

3.1.8

隔离器 disconnector

在断开位置能符合对隔离功能规定的要求的机械开关电器。

注:修改 IEV 441-14-05。

3.1.9

断开 disconnection

一个极的电路的中断,以便在电源和需要与电源断开的那些部件之间提供绝缘。

3.1.10

全断开 full-disconnection

通过触头分离来提供等同于基本绝缘的断开。

3.1.11

微断开 micro-disconnection

通过触头分离来提供所要求性能的断开。

3.1.12

隔离(隔离功能) isolation(isolating function)

出于安全的原因,通过使其与所有电源分开的方法切断整个装置或其中一个独立部分的电源。

3.2 一般术语

3.2.1

周围空气温度 ambient air temperature

在规定条件下确定的整台设备用断路器周围的空气温度(例如,对于封闭式设备用断路器,是指外壳外部的空气温度)。

注:修改 IEV 441-11-13。

3.2.2

外施电压 applied voltage

在刚接通电流前,加在设备用断路器一极的两端子间的电压。对于交流,则指有效值。

注:修改 IEV 441-17-24。

3.2.3

(设备用断路器的)主电路 main circuit(of a CBE)

包括在其闭合和断开的电路里的设备用断路器的所有导电部分。

注:修改 IEV 441-15-02。

3.2.4

(设备用断路器的)控制电路　control circuit(of a CBE)

用于设备用断路器的闭合操作或断开操作或用于两者的电路(主电路的电流路径除外)。

注:修改 IEV 441-15-03。

3.2.5

(设备用断路器的)辅助电路　auxiliary circuit(of a CBE)

除主电路和控制电路外,包括在设备用断路器电路中的所有导电部分。

注:修改 IEV 441-15-04。

3.2.6

(设备用断路器的)极　pole(of a CBE)

仅与设备用断路器主电路的一个独立的导电路径连接并且带有用于接通和分断主电路的触头部分,它不包括把各极连接在一起和使各极一起动作的那些部分。

注:修改 IEV 441-15-01。

3.2.7

保护极　protected pole

带有过电流脱扣器(见 3.6.2)的极。

3.2.8

无保护极　unprotected pole

虽不带过电流脱扣器(见 3.6.2),但通常在其他方面与同台设备用断路器的保护极具有相同性能的极。

3.2.9

中性导线(符号 N)　neutral conductor(symbol N)

连接至系统的中性点,并能传输电能的导线。

[IEV 826-01-03]

3.2.10

闭合位置　closed position

保证设备用断路器主电路预定的连续性的位置。

注:修改 IEV 441-16-22。

3.2.11

断开位置　open position

保证设备用断路器主电路中断开的触头之间具有预定电气间隙的位置。

注:修改 IEV 441-16-23。

3.2.12

一体化安装　incorporated mounting

用户在其设备中提供一个固定设备用断路器的型腔的安装方式。

3.3 有关电流的定义

3.3.1

电流　current

电荷通过导体的流动。

3.3.2

额定电流　rated current

制造商对设备用断路器规定的操作条件规定的电流。

3.3.3

过电流　overcurrent

超过额定电流的任何电流。

[IEV 441-11-06]

3.3.4

过载电流　overload current

在电气上无损的电路中发生的过电流。

3.3.5

短路电流　short-circuit current

正常运行时，电位不同的部位之间阻抗可忽略不计的故障产生的过电流。

[IEV 441-11-07，经修改]

注：短路电流可能由故障引起，也可能由错误的连接引起。

3.3.6

约定脱扣电流 I_t　conventional tripping current

在规定的时间(约定时间)内引起设备用断路器脱扣的规定的电流值。

3.3.7

约定不脱扣电流 I_{nt}　conventional non-tripping current

设备用断路器能承载一个规定时间(约定时间)而不脱扣的规定电流值。

3.3.8

瞬时脱扣电流 I_i　instantaneous tripping current

使设备用断路器无故意延时在小于 0.1 s 的时间内自动动作的电流值。

3.3.9

瞬时不脱扣电流 I_{ni}　instantaneous non-tripping current

设备用断路器不会无故意延时在小于或等于 0.1 s 的时间内自动动作的电流值。

3.4　有关电压的定义

3.4.1

额定电压　rated voltage

制造商对设备用断路器或其元件指定的电压值，此值与设备用断路器的动作、性能特性有关。

注：设备用断路器可有几个额定电压值或有一个额定电压范围。

3.4.2

工作电压　working voltage

设备用断路器施加额定电压时，跨越任何特定绝缘两端可能发生的交流或直流电压的最大值。

注 1：忽略瞬态电压。

注 2：考虑开路及正常工作条件两种情况。

3.4.3

过电压　overvoltage

峰值超过正常工作条件下最大稳态电压相应峰值的任何电压。

3.4.4

暂时过电压　temporary overvoltage

持续时间相对较长的工频过电压。

3.4.5

瞬时过电压　transient overvoltage

振荡或非振荡的，通常是迅速衰减的几个毫秒或以下短时过电压。

[IEV 604-03-13]

3.4.6

暂时耐受电压　temporary withstand voltage

在规定条件下不引起绝缘击穿的暂时过电压的最大值。

3.5　有关设备用断路器的结构元件的定义

3.5.1

可接近部件　accessible part

正常情况下能触及的部分。

3.5.2

导电部分　conductive part

尽管其可能不必用来承载工作电流，但能导电的部分。

[IEV 441-11-09]

3.5.3

外露导电部件　exposed conductive part

容易被触及的并且在正常情况下不带电的，但在故障情况下可能变为带电的导电部件。

[IEV 441-11-10]

注：典型的外露导电部件如外壳壁、操作手柄等。

3.5.4

带电部分　live part

正常使用时带电的导体和导电部分，包括中性导体，但按惯例不包括保护中性导体(PEN)。

[IEV 826-03-01]

注：该定义不一定表示电击危险。

3.5.5

可分离部分　detachable part

不借助一般用途的工具能移动的部分。

3.5.6

主触头　main contact

包含在设备用断路器主电路中的，且在闭合位置时用以承载主电路电流的触头。

注：修改 IEV 441-15-07。

3.5.7

辅助触头　auxiliary contact

包含在设备用断路器辅助电路中的，并由设备用断路器以机械方式操作的触头。

注：修改 IEV 441-15-10。

3.5.8

控制触头　control contact

包含在设备用断路器控制电路中的，并由设备用断路器以机械方式操作的触头。

注：修改 IEV 441-15-09。

3.5.9

A 形触头(接通触头)　form A contact(make contact)

当设备用断路器的主触头闭合时闭合，主触头断开时断开的控制或辅助触头。

注：修改 IEV 441-15-12。

3.5.10

B 形触头(分断触头)　form B contact (break contact)

当设备用断路器的主触头闭合时断开，主触头断开时闭合的控制或辅助触头。

注：修改 IEV 441-15-13。

3.5.11

C形触头(接通-分断触头)　form C contact(make-break contact)

具有接通-分断三个端子转换元件的控制或辅助触头。

3.5.12

操动器　actuator

操作系统中施加外力的部分。

[IEC 441-15-22]

3.5.13

(设备用断路器的)操作系统　actuating system(of a CBE)

设备用断路器中将操动力传递到触头上的所有操作部件。

3.5.14

操动力(力矩)　actuating force(moment)

为完成预定操作而必须施加到操动器上的力(力矩)。

[IEV 441-16-17]

3.6　有关设备用断路器中使用的脱扣器的定义

3.6.1

脱扣器　release

与设备用断路器机械连接(或组成整体)的,用来释放保持机构,而使设备用断路器自动断开的装置。

注:修改 IEV 441-15-17。

3.6.2

过电流脱扣器　overcurrent release

当脱扣器电流超过预定值时,使设备用断路器有延时或无延时地断开的脱扣器。在某些情况下,此值可取决于电流的上升率。

注:修改 IEV 441-16-33。

3.6.3

反时限过电流脱扣器　inverse time-delay overcurrent release

使设备用断路器在与过电流值成反比的延时后断开的过电流脱扣器。这种脱扣器可设计成过电流很大时,延时接近一个确定的最小值。

3.6.4

直接过电流脱扣器　direct overcurrent release

直接由设备用断路器主电路电流激励的过电流脱扣器。

3.6.5

瞬时过电流脱扣器　instantaneous overcurrent release

无任何故意延时动作的过电流脱扣器。

3.6.6

过载脱扣器　overload release

用于过载保护的过电流脱扣器。

[IEV 441-16-38]

3.6.7

短路脱扣器　short-curcuit release

用于短路保护的过电流脱扣器。

3.6.8

分励脱扣器　shunt release

由电压源激励的脱扣器。

[IEV 441-16-41]

注1：电压源可与主电路电压无关。

注2：对设备用断路器，与主电路无关的分励脱扣器可称为“继电器脱扣器”。

3.6.9

欠电压脱扣器　undervoltage release

当脱扣器两端的电压降到预定值以下时，使设备用断路器有延时或无延时地断开的脱扣器。

注：修改IEV 441-16-42。

3.6.10

零电压脱扣器　zero-voltage release

由电压源激励的，当电源电压降到0.1倍额定电压以下时使设备用断路器断开的脱扣器。

3.6.11

过电压脱扣器　overvoltage release

当脱扣器两端的电压上升到预定值以上时，使设备用断路器有延时或无延时地断开的脱扣器。

3.6.12

热过载脱扣器　thermal overload release

其动作(包括其延时)取决于流过脱扣器电流的热效应的反时限过载脱扣器。

[IEV 441-16-39]

3.6.13

磁过载脱扣器　magnetic overload release

其动作取决于激励电磁铁线圈的主电路电流施加的力的过载脱扣器。

[IEV 441-16-40]

注：这种脱扣器通常具有反时限时间/电流特性。

3.7　有关设备用断路器的绝缘和电气间隙的定义

3.7.1

功能绝缘　functional insulation

导体部分之间仅适用于设备特定功能所需要的绝缘。

3.7.2

基本绝缘　basic insulation

设置在带电部分上用来提供基本电击保护的绝缘。

注：基本绝缘不必包括用作功能用途的绝缘。

3.7.3

附加绝缘　supplementary insulation

除基本绝缘外，另外再设置的独立绝缘用来在基本绝缘损坏时提供电击保护。

3.7.4

加强绝缘　reinforced insulation

设置在带电部分上的单独的绝缘结构，其提供的电击保护程度与双重绝缘等效。

注：单独的绝缘结构不意味着该绝缘必须是一同质的部件，它可由几层组成，每层不能按基本绝缘或附加绝缘或加强绝缘单独地进行试验。

3.7.5

双重绝缘　double insulation

由基本绝缘和附加绝缘两者组成的绝缘。

3.7.6

电气间隙　clearance

两导电部分之间在空气中的最短距离。

注：修改 IEV 441-17-31。

3.7.7

对地电气间隙　clearance to earth

任何导电部分与任何接地或预期接地的部分之间的电气间隙。

[IEV 441-17-33]

3.7.8

断开触头之间的电气间隙（开距）　clearance between open contacts(gap)

设备用断路器的一极的触头之间或任何连接至触头的导电部分之间，在断开位置时的总电气间隙。

[IEV 441-17-34]

3.7.9

（设备用断路器一极的）隔离距离　isolating distance(of a pole of a CBE)

满足对隔离用途规定的安全要求的触头之间的电气间隙。

注：修改 IEV 441-17-35。

3.7.10

爬电距离　creepage distance

两导电部分之间沿绝缘材料表面的最短距离。

[IEV 151-03-37]

3.7.11

绝缘配合　insulation coordination

考虑了预期微观环境及其他影响作用的情况下电气设备绝缘特性的相互关系。

3.7.12

冲击耐受电压　impulse withstand voltage

在规定的条件下，不造成击穿、具有一定形状和极性的冲击电压最高峰值。

3.7.13

工频耐受电压　power-frequency withstand voltage

在规定的条件下，不引起绝缘击穿的工频正弦波电压的有效值。

3.7.14

污染　pollution

任何可影响绝缘的介电强度和表面电阻率的外来物质（固体、液体或气体（例如：电离气体））的加入。

3.7.15

污染等级　pollution degree

用数字表征微观环境受预期污染程度。

注：采用污染等级 1、2、3 和 4（见 GB 16935.1—2008 的 1.3.13）。

3.7.16

过电压类别（安装类别）　overvoltage category

根据限定（或控制）电路中产生的预期过电压值和采用的限制过电压的方式而确定的分类。

3.7.17

均匀电场　homogeneous field

电极之间的电压梯度基本上恒定的电场（一致电场），例如两个球之间每一球的半径均大于二者间的距离的电场。

3.7.18

非均匀电场　inhomogeneous field

电极之间的电压梯度基本上不恒定的电场(非一致电场)。

3.7.19

宏观环境　macro-environment

设备安置或使用的房间或其他场所的环境。

3.7.20

微观环境　micro-environment

特别会影响确定爬电距离尺寸的最接近绝缘的环境。

3.8　有关设备用断路器操作的定义

3.8.1

操作　operation

动触头从断开位置到闭合位置的转换或相反的转换。如果必须加以区分,则电气含义上的操作(即接通和分断)称为通断操作,而机械含义上的操作(即闭合和断开)称为机械操作。

注:修改 IEV 441-16-01。

3.8.2

操作循环　operating cycle

从一个位置转换到另一个位置再返回至起始位置的连续操作。

注:修改 IEV 441-16-02。

3.8.3

操作顺序　operating sequence

具有规定时间间隔的规定的连续操作。

[IEV 441-16-03]

3.8.4

短时工作制　temporary duty

短时工作制是指设备的主触头保持闭合的时间不足以使其达到热平衡,有载时期被无载时期隔开,而无载时期足以恢复到与冷却介质相同的温度。

3.8.5

不间断工作制　uninterrupted duty

设备用断路器的主触头保持在闭合位置,不间断地长时期通以一稳定电流的工作制(通电时间可以是几星期、几个月甚至几年)。

3.8.6

断续工作制　intermittent duty

此工作制设备用断路器的主触头保持闭合的有载时间与无载时间有一确定的比例值,此两个时间都很短,不足以使设备用断路器达到热平衡。

3.8.7

闭合操作　closing operation

设备用断路器从断开位置转换到闭合位置的操作。

注:修改 IEV 441-16-08。

3.8.8

断开操作　opening operation

设备用断路器从闭合位置转换到断开位置的操作。

注:修改 IEV 441-16-09。

3.8.9

自由脱扣设备用断路器　trip-free CBE

闭合操作开始后，若进行自动断开操作时，即使保持闭合指令，其动触头能返回并保持在断开位置的设备用断路器。具有这种设计的设备用断路器可称为完全自由脱扣。

注：修改 IEV 441-16-31。

3.8.10

循环自由脱扣设备用断路器　cycling trip-free CBE

若在闭合操作开始后，再进行自动断开操作，其动触头能返回至断开位置，然而只要闭合命令仍维持着，会反复、瞬时地再闭合的设备用断路器。

3.8.11

无自由脱扣设备用断路器　non-trip-free CBE

闭合操作开始后，如果闭合指令保持时，若进行自动断开操作，其动触头不能断开的设备用断路器。

注：无自由脱扣设备用断路器的使用条件见 4.7.3。

3.9　有关设备用断路器的动作特性的定义

3.9.1

脱扣时间　tripping time

从相关的脱扣电流开始流过主电路的瞬间起到(所有极上的)电流被分断瞬间止的时间间隔。

3.9.2

脱扣特性　tripping characteristic

高于该特性时，设备用断路器必须脱扣的时间-电流特性。

注：修改 IEV 441-17-13。

3.9.3

不脱扣特性　non tripping characteristic

低于该特性时，设备用断路器不脱扣的时间-电流特性。

3.9.4

脱扣带　tripping zone

被 3.9.2 和 3.9.3 的特性限定的时间-电流带。

此脱扣带考虑了设备用断路器的制造公差和性能误差。

3.9.5

自复位时间　self-resetiing time

从主电路的触头断开瞬间至触头重新闭合瞬间的时间间隔。

3.10　有关特性量的定义

3.10.1

额定值　rated value

用来确定设备用断路器所设计和制造的工作条件的任何一种特性量的规定值。

注：修改 IEV 151-04-03。

3.10.2

极限值　limiting value

在一个规范中，一个量的最大或最小的允许值。

[IEV 151-04-02]

3.10.3

定额　rating

一组额定值和工作条件。

[IEV 151-04-04]

3.10.4

预期电流　prospective current

如果设备用断路器的每极用一个阻抗可忽略不计的导线代替时，在电路中流过的电流。

注：修改 IEV 441-17-01。

3.10.5

通断能力（接通和分断能力）　switching capacity(making and breaking capacity)

在规定的使用和工作条件下，设备用断路器在规定的电压下能接通和分断的电流值。

3.10.6

短路接通和分断能力　short-circuit making and breaking capacity

在规定条件下，用设备用断路器来接通，承载其断开时间和分断的用有效值表示的预期电流。

3.11　有关设备用断路器与连接在同一电路中的 SCPD 的配合的定义

3.11.1

短路保护电器（SCPD）　short-circuit protective device(SCPD)

用分断短路电流来保护电路或电路部件免受短路电流损坏的过电流保护电器。

3.11.2

后备保护　back-up protection

两个串联的过电流保护电器的过电流配合。在规定的条件下，SCPD 在有或无设备用断路器的帮助下确保过电流保护，防止设备用断路器承受过度的应力。

3.11.3

过电流判别（选择性）　overcurrent discrimination(selectivity)

设备用断路器与其 SCPD 的相关动作特性的配合，当过电流在规定的范围内时，设备用断路器断开电路，而 SCPD 不动作。

注：修改 IEV 441-17-15。

3.11.4

选择性极限电流 I_s　selectivity limit current

选择性极限电流（见图 F.1）是一个电流极限值：

——在此值以下，设备用断路器及时完成它的分断动作，防止 SCPD 开始动作（即保证选择性）；

——在此值以上，设备用断路器可以不及时完成分断动作来防止 SCPD 开始动作（即不保证选择性）。

3.11.5

限制短路电流　conditional short-circuit current

在规定的使用和性能条件下，由一个串联的 SCPD 保护的设备用断路器能承受的短路电流值。

3.11.6

电动触头分开　electrodynamic contact separation

当机构保持闭合时，使得触头分开的最低峰值电流。

3.11.7

设备用断路器的短时耐受电流　short-time withstand current of CBE

设备用断路器在规定时间内能够完满地承受而无任何妨碍其继续使用的损坏的电流值。

注：修改 IEV 441-17-17。

3.11.8

交接电流　take-over current

动作时间大于或等于 0.05 s 的两个串联的过电流保护电器的脱扣特性交点的电流坐标。

注 1：修改 IEV 441-17-16。

注 2：对于动作时间小于 0.05 s，认为串联的两个过电流装置是一个组合体（见附录 F）。

3.12 有关接线端子和接线端头的定义

3.12.1

端头 termination

只有采用特定的方法才能完成的两个或几个导线之间的连接。

注：特定的方法可以是焊接、锡焊或用特殊用途的工具制备的导线。

3.12.2

接线端子 terminal

电器中不采用特殊的加工能提供可重复使用的电气连接的导电部分。

3.12.2.1

用于非预制导线的接线端子 terminal for unprepared conductors

除了在导线插入接线端子前剥去导线的绝缘和重新整形，或为增强端部的强度而拧紧绞合导线外，不需要对导线进行特殊加工的接线端子。

3.12.2.2

用于预制导线的接线端子 terminal for prepared conductors

需要对导线进行特殊加工的接线端子，例如使用电缆接线片、弯成环形或类似的器具。

3.12.2.3

用于内部导线的接线端子（工厂布线的接线端子） terminal for internal conductors（factory-wiring terminal）

用于设备内部导线连接的接线端子。

注：设备用断路器一般具有用于内部导线的接线端子，但不是必须的。

3.12.3

螺纹型接线端子 screw-type terminal

用于连接一根导线并且随后可拆卸这根导线，或用于两根或几根能拆卸的导线的相互连接的接线端子，其连接直接地或间接地用各种螺钉或螺母来完成。

3.12.4

柱式接线端子 pillar terminal

导线插入一个孔内或型腔内，靠螺钉的端部来压紧导线的螺纹型接线端子，其紧固压力可直接由螺钉端部来施加或通过一个由螺钉端部施加压力的过渡元件来施加。

注：柱式接线端子的示例见附录 E。

3.12.5

螺钉接线端子 screw terminal

导线紧固在螺钉头下面的螺纹型接线端子。紧固压力可直接由螺钉头来施加或通过一个过渡零件，例如垫圈、夹板或一个防松装置来施加。

注：螺钉接线端子示例见附录 E。

3.12.6

螺栓接线端子 stud terminal

导线紧固在螺母下的螺纹型接线端子。紧固压力可直接由一个适当形状的螺母来施加或通过一个过渡零件，例如垫圈、夹板或一个防松装置来施加。

注：螺栓接线端子的示例见附录 E。

3.12.7

鞍形接线端子 saddle terminal

导线通过两个或几个螺钉或螺母紧固在鞍形板下的螺纹型接线端子。

注：鞍形接线端子的示例见附录 E。

3.12.8

接线片式接线端子　lug terminal

用一个螺钉或螺母来紧固电缆接线片或母线的螺钉接线端子或螺栓接线端子。

注：接线片式接线端子的示例见附录 E。

3.12.9

无螺纹接线端子　screwless terminal

用于连接一根或几根导线连接和/或相互连接，并随后能拆卸连接的接线端子。其连接直接地或间接地通过除了螺钉以外的方式完成。

注：下列情况不能认为是无螺纹接线端子：

——在将导线夹紧至接线端子前需要在导线上安装一个特殊器件的接线端子，例如扁平快速连接的接线端子。

——需要缠绕导线的接线端子，例如采用缠绕接头的接线端子。

——通过刀口或尖端穿刺绝缘的方法直接触及导线的接线端子。

无螺纹接线端子的示例见图 E.5 至图 E.14。

3.12.9.1

通用无螺纹接线端子　universal screwless terminal

用于连接各种型式导线的无螺纹接线端子。

3.12.9.2

非通用无螺纹接线端子　non-universal screwless terminal

仅用于连接某些型式导线的无螺纹接线端子。

注：例如：

——仅用于实心导线的导线插入式夹紧装置；

——仅用于硬性实心导线和硬性绞合导线的导线插入式夹紧装置。

3.12.10

扁平快速连接端头　flat quick-connect termination

由插入式连接片和插套连接器组成的电气连接，不用工具能把插套连接器推入和拔出。

3.12.11

插入式连接片　male tab

快速连接端头的一部分，能接纳插套连接器。

注：插入式连接片的示例见图 E.6。

3.12.12

插套连接器　female connector

快速连接端头的一部分，用来推入到插入式连接片中。

注：插套连接器的示例见图 E.14。

3.12.13

定位扣　detent

在插入式连接片上与插套连接器上凸起部分啮合的凹痕(凹陷)或孔，作为配合部分的锁扣。

3.12.14

锡焊端头　solder termination

设备用断路器提供的能采用锡焊的方式制作端头的导电部分。

3.12.15

外部导线(现场接线导线)　external conductor(field-wiring conductor)

任何电缆、电线、芯线或导线，其一部分是位于设备用断路器所安装的设备的外部。

3.12.16

整体式导线　integrated conductor

用作设备用断路器永久的相互连接部分的导线。

3.12.17

内部导线(工厂布线导线) internal conductor(factory-wiring conductor)

任何位于设备内部的电缆、电线、芯线或导线,但其不是外部导线也不是整体式导线。

3.12.18

自攻螺钉 tapping screw

用变形抗力较高的材料制成的旋入变形抗力比螺钉低的材料孔内的螺钉。螺钉制成锥形螺纹,其端部螺纹的内径呈圆锥形。由螺钉作用产生的螺纹,只有在螺钉旋转足够圈数超出锥体部分的螺纹后才能可靠成形。

3.12.19

螺纹挤压成形的自攻螺钉 thread-forming screw

具有连续螺纹的自攻螺钉,其螺纹没有从孔内切削材料的功能。

注:螺纹挤压成形的自攻螺钉的示例见图 1。

3.12.20

螺纹切削式自攻螺钉 thread-cutting screw

具有不连续螺纹的自攻螺钉,其螺纹具有从孔内切削材料的功能。

注:螺纹切削自攻螺钉的示例见图 2。

3.13 有关试验的定义

3.13.1

型式试验 type test

对按某一设计制造的一个或几个设备用断路器所进行的试验,以表明该设计符合一定的技术规范。
[IEV 151-04-15]

3.13.2

常规试验 routine tests

对每个正在制造的和/或制造完毕的设备用断路器进行的试验,以确定其是否符合某些标准。

注:修改 IEV 151-04-16。

3.13.3

特殊试验 special test

在型式试验和常规试验以外,由制造商确定的或根据制造商与用户的协议进行的试验。

4 分类

设备用断路器按下列方式分类。

4.1 按极数分

——极的数量;

——保护极的数量。

注:不是保护极的极可以是无保护极或开闭的中性极。

4.2 按安装方式分

——平面安装式;

——嵌入式;

——面板安装式;

——整体安装式。

注 1:面板安装式包括搭锁式和凸缘式。

注 2:整体安装式是通过固定装置保持在位置上的安装型式,而无需任何其他安装器具。

4.3 按接线方式分

——接线与机械安装无关的设备用断路器；

——一根或几根接线与机械安装有关的设备用断路器，例如：

- 插入式；
- 螺栓式；
- 螺钉式；
- 焊接式。

注：某些设备用断路器可能仅在电源端采用插入式或螺栓式接线方式，而在负载端通常适用于导电接线方式。

4.4 按操作方式分

4.4.1 自动分断和只能非自动(手动)复位的设备用断路器(R型)。

4.4.2 自动分断和非自动(手动)复位，并且有用来偶然进行手动开闭操作的手动操作装置，但是在正常负载情况下不用作常规手动开闭操作的设备用断路器(M型)。

4.4.3 自动分断和非自动(手动)复位，并且具有在正常负载情况下可用作常规手动开闭操作的手动操作器件的设备用断路器(S型)(见5.2.2的注)。

4.4.4 自动分断和自动复位的设备用断路器(J型)。

注：J型设备用断路器也可具有手动操作装置，此时，与其他型式有关的技术要求适用。

4.5 按脱扣模式分

4.5.1 由电流(过电流)脱扣的设备用断路器

脱扣模式	识别符号
——热脱扣	TO
——热-电磁脱扣	TM
——电磁脱扣	MO
——液压-电磁脱扣	HM
——电子-混合式脱扣	EH

注：电子-混合式脱扣是指与任何其他脱扣模式组合的电子控制装置。

4.5.2 由电压脱扣的设备用断路器[1)]

脱扣模式	识别符号
——过电压脱扣	OV
——欠电压脱扣	UV

4.5.3 E型设备用断路器

脱扣模式	识别符号
——无脱扣装置	X
——电压脱扣	Y
——机械方式脱扣	Z

注：有关的特殊要求见附录K。

4.6 按环境温度的影响分

4.6.1 动作与温度有关的设备用断路器。

4.6.2 动作与温度无关的设备用断路器。

4.7 按自由脱扣特性分

4.7.1 自由脱扣(完全自由脱扣)。

4.7.2 循环自由脱扣。

---

1) 采标注：原文为“由过电流和电压脱扣的设备用断路器”，因为下面的实际分类中没有过电流脱扣的分类，故采标时将过电流删除。

4.7.3 无自由脱扣。

无自由脱扣的设备用断路器预期不用于短路工作方式。

注：应注意，不用工具就能进入的场所不应使用无自由脱扣型式。

4.8 按安装位置的影响分

4.8.1 与安装位置无关。

4.8.2 与安装位置有关。

4.9 按电气性能分

4.9.1 一般用途，包括感性电路。

4.9.2 仅用于实际上的阻性电路。

4.10 按适用于隔离分

——不适用于隔离；

——适用于隔离(见附录L)。

5 设备用断路器的特性

5.1 特性概述

设备用断路器的特性应由下列术语来确定(适用时)：

——极数，保护极(见4.1)和中性线回路(如果有时)；

——安装方式(见4.2)；

——接线方式(见4.3)；

——操作方式(见4.4)；

——额定量(见5.2)；

——动作特性(见3.9)。

5.2 额定量

除非另有规定，所有的电流和电压值均为有效值。

5.2.1 额定电压

设备用断路器规定有下列额定电压。

5.2.1.1 设备用断路器的额定工作电压(U_e)

设备用断路器的额定工作电压(以下简称额定电压)系指与其性能有关的电压值。

注：同一台设备用断路器可规定几个额定电压和相应的额定通断能力(见5.2.4)。

5.2.1.2 额定绝缘电压(U_i)

设备用断路器的额定绝缘电压系指与介电试验，电气间隙以及爬电距离有关的电压值。

除非另有规定，额定绝缘电压是设备用断路器的最大额定电压值。在任何情况下，最大额定电压均不应超过额定绝缘电压。

5.2.1.3 额定冲击耐受电压(U_{imp})

在规定的试验条件下，设备用断路器应能承受而不引起损坏的规定波形和极性的冲击电压峰值，设备用断路器的电气间隙值与该电压有关。

设备的额定冲击耐受电压应等于或大于对设备安装的电路中发生的瞬时过电压规定的值。

电源系统的额定电压与额定冲击耐受电压之间的关系见附录H。

验证绝缘配合的冲击耐受试验电压由表21规定。

5.2.1.4 欠电压和零电压脱扣器的额定电压(U_n)

欠电压和/或零电压脱扣器的额定电压是与性能有关的电压值。

5.2.2 额定电流(I_n)

制造商规定的设备用断路器在规定的基准周围空气温度及不间断工作制(见3.8.5)下能够承载的

电流(按表11或表12,根据规定的性能)。

标准的基准周围空气温度是(23±2)℃。

如果基准周围空气温度不同于标准值,制造商有关文件中给出的降容系数适用(见7.1)。

注:对于S型设备用断路器,制造商可对感性负载规定一个与于表11不同的额定电流。

5.2.3 额定频率

电源频率是对设备用断路器规定的以及与其他特性相对应的频率。

5.2.4 额定通断能力(额定接通和分断能力)

制造商对设备用断路器规定的通断能力值(见3.10.5)。

注:额定通断能力用电流值表示(如果是交流,为有效值)。

5.2.5 额定限制短路电流(I_{nc})(可选)

制造商对设备用断路器所规定的限制短路电流值(见3.11.5)。

注:就本标准而言,规定了两种性能类别(见5.2.5.1和5.2.5.2)。

5.2.5.1 PC1性能类别额定限制短路电流(I_{nc1})(可选)(见9.12.4.2)

所规定的条件不包括设备用断路器适用于继续使用的额定限制短路电流值。

5.2.5.2 PC2性能类别额定限制短路电流(I_{nc2})(可选)(见9.12.4.3)

所规定的条件包括设备用断路器适用于继续使用的额定限制短路电流值。

5.2.6 额定短路能力 I_{cn}

设备用断路器的额定短路能力是制造商按3.10.6对设备用断路器规定的电流值。

额定短路能力应不小于:

——交流:6 I_n;

——直流:4 I_n。

5.3 标准值和优选值

5.3.1 额定电压优选值

额定电压优选值是:

——交流:60 V,120 V,240/120 V,220 V,230 V,240V,380/220 V,400/230 V,415/240 V,380 V,400 V,415 V,440 V;

注:在IEC 60038中,400/230 V的交流电网电压值已被标准化,该电压值将逐步取代380/220 V和415/240 V电压值。

——直流:12 V,24 V,48 V,60 V,120 V,240 V,250 V。

5.3.2 标准额定频率

标准额定频率是:50 Hz,60 Hz和400 Hz。

5.3.3 额定限制短路电流标准值

额定限制短路电流标准值为:

300 A,600 A,1 000 A,1 500 A,3 000 A。

6 标志和其他产品信息

每台设备用断路器应以耐久的方式标出下列内容:

a) 制造商名称或商标;

b) 型号或系列号;

c) 额定电压;

d) 额定电流(允许采用参考代码:例如,没有符号A的电流值,后面紧跟型号标志);

如果设备用断路器仅适用于阻性负载,应在制造商样本中规定。

e) 额定频率,如果设备用断路器的频率不是50 Hz和60 Hz时;

f) 设备用断路器在不同于标准值(见5.2.2)的基准空气温度下校正的基准周围空气温度(例如“T40”表示基准周围空气温度为40 ℃);

g) (电压敏感的设备用断路器的)工作电压极限值;

h) 触头开距小于规定的电气间隙的设备用断路器,则应标上符号“μ”;

i) 操作方式:R、M、S或J(见4.4);

j) 脱扣模式(见4.5);

k) 自由脱扣特性等级(见4.7);

l) 过电压类别(如果不是过电压类别Ⅱ时),以及污染等级(如果不是污染等级2时)(见8.1.3);

m) 额定限制短路电流,性能类别PC1(I_{nc1});

n) 额定限制短路电流,性能类别PC2(I_{nc2})(如果相关时);

o) 额定冲击耐受电压;

p) 额定短路能力I_{cn}(如果适用时)(见5.2.6);

q) 自复位时间;

r) 在设备用断路器上标志适用于隔离的符号—⁄⊢(适用时)。

对于小型设备用断路器,如果可利用的空间不足以标出上述所有内容,则至少应把a)和b)项以及g)、h)和r)项(如果适用时)内容标在设备用断路器上,如果可能的话,还应标志c)和d)项的内容,而其余内容应在制造商的样本中给出。

注1:从正面可见性,尽管是需要的,但对设备用断路器不是强制的,因为设备用断路器是由原始设备制造商根据设备用断路器制造商的信息对其设备规定的。由于在常用的小型设备用断路器上缺少空间,不可能标志在安装后可见的正面。如果设备用断路器不能在可见的位置标志,则制造商应通知原始设备制造商相应地标志在其设备上。

除用按钮操作的设备用断路器外,断开位置应用符号“○”表示,而闭合位置用符号“|”(一条竖直短直线)表示。

对于用两个按钮操作的设备用断路器,用作断开操作的按钮只能是红色和/或标志符号“○”。

注2:除符号○和|外,允许使用国家的符号。

红色不能用于任何其他按钮,但是可用于其他型式的操动器,例如:手柄,摇杆等,只要能清楚地识别ON和OFF位置。

如果必须区分电源端和负载端,则电源端应用指向设备用断路器的箭头标明,负载端用背向设备用断路器的箭头标明。

注3:允许使用其他国家或国际上的指示标志,例如1,3,5为电源端,2,4,6为负载端。

专用于中性极的接线端子应用字母“N”表明。

用于保护导体的接线端子(如有的话)应用符号⊜(GB/T 5465.2—2008)标明。

通过直观检查及9.3的试验来检验是否符合要求。

如果可能时,设备用断路器上应提供接线图,除非正确的接线方式是显而易见的。

在接线图上,接线端子应用符号—○标明。

标志应是耐久和容易识别的,并且不应位于螺钉,垫圈或其他可移动的部件上。

7 使用的标准工作条件

符合本标准的设备用断路器应能在下列标准条件下工作。

7.1 周围空气温度

7.1.1 校准的基准周围空气温度 *T*

基准周围空气温度的标准值是(23±2)℃。

然而,设备用断路器可在不同的基准周围空气温度 T ℃下校准,此时应按第6章的f)项进行标志。

7.1.2 使用时工作的周围空气温度极限值

对标准条件(基准周围空气温度 T 为23 ℃),周围空气温度不超过+40 ℃,并且在24 h内的平均温度不超过+35 ℃。周围空气温度的下限为-5 ℃。

对基准周围空气温度 T 超过23 ℃的设备用断路器,上限值采取(T+10)℃,下限值应从制造商提供的资料中得到。

7.2 海拔高度

安装地点的海拔高度不超过2 000 m(6 600 ft)。

对于安装于更高海拔的场合,必须考虑介电强度和空气冷却效果的降低,预期在此条件下使用的设备用断路器应采用特殊设计,或根据制造商与用户间的协议使用。

制造商样本中所给出的资料可代替制造商与用户的协议。

7.3 大气条件

空气是清洁的,并且在最高温度+40 ℃,其相对湿度不超过50%,在较低温度下可允许较大的相对湿度,例如在+20 ℃时为90%。

应该注意对由于温度变化可能偶尔产生的适度的凝露,采取适当的措施(例如排水孔)。

8 结构和操作要求

8.1 机械设计

8.1.1 一般要求

设备用断路器的设计和结构应使得在正常使用时,其性能可靠且对使用者或周围环境无危险。

通常,通过所有规定的相关试验来检验。

8.1.2 机构

多极设备用断路器的动触头在机械上应这样联结:无论是用手动操作还是自动操作,所有保护极和非保护极基本上同时接通和断开,即使只有一个极发生过载时也是如此。制造商应在其技术文件中指出,设备用断路器是自由脱扣,循环自由脱扣或非自由脱扣。

除了没有手动操作装置的J型设备用断路器以外,设备用断路器应具有指示其闭合位置和断开位置的装置,当盖上盖子或盖板(如有的话)时,应易于识别。当用操作件来指示触头位置时,操作件应具有与触头位置相对应的两个明显区别的静止位置,且在释放时,操作件应自动地占据与动触头位置相对应的位置;对于自动断开,操作件可以有第三个明显区别的位置。

机构的动作应不受外壳或盖的位置的影响,并且应与任何可拆卸的部件无关。

操作件应可靠固定在其枢轴上,并且不借助于工具应不可能把它卸下。允许把操作件直接固定在盖上。

通过直观检查和手动操作试验来检验其是否符合上述要求。

对适用于隔离的设备用断路器机构的补充要求见L.8.1.2。

8.1.3 电气间隙和爬电距离(见附录B)

考虑到设备用断路器的预期寿命期内可能发生的环境影响,设备用断路器的结构应使得其有足够的电气间隙和爬电距离,以承受电气、机械和热应力。

注1:技术要求和试验依据GB/T 16935.1—2008。

假定下列条件一般适用于设备用断路器：

——过电压类别Ⅱ；

——污染等级 2。

注 2：设备用断路器可设计成用于其他过电压类别和污染等级。

注 3：爬电距离不能小于相应的电气间隙，因此可能的最短的爬电距离等于所要求的电气间隙。

对适用于隔离的设备用断路器的电气间隙和爬电距离的补充要求见 L.8.1.3。

8.1.3.1 电气间隙

设备用断路器的电气间隙的尺寸应能承受制造商根据 5.2.1.3，并考虑附录 H 的表 H.1 所示额定电压和过电压类别所规定的额定冲击耐受电压。

表 1 的尺寸被认为可满足冲击耐受电压试验的要求。

注：用于确定额定冲击电压的电源系统的额定电压与相应的电源线对中性线间电压的关系在附录 H 中给出。

8.1.3.1.1 基本绝缘的电气间隙

基本绝缘的电气间隙不应小于表 1 所示的值。如果设备用断路器满足 9.7.6 的冲击耐受电压，可采用较小的电气间隙，但只有在部件是刚性的或用模压定位，或其结构不可能由于变形、部件移动或在安装、接线和正常使用维护中使电气间隙减小至使设备用断路器不再符合冲击耐受电压试验时，才可以减小电气间隙。

通过测量，或必要时采用 9.7.6 的试验来检验是否符合要求。

8.1.3.1.2 功能绝缘的电气间隙

功能绝缘的电气间隙不应小于表 1 所规定的值。在对基本绝缘规定的条件下，可采用较小的电气间隙。

通过测量，或必要时采用 9.7.6 的试验来检验是否符合要求。

8.1.3.1.3 附加绝缘的电气间隙

附加绝缘的电气间隙不应小于 8.1.3.1.1 中对基本绝缘规定的值，但不允许小于表 1 规定的电气间隙。

通过测量来检验是否符合要求。

注：附加绝缘用来与基本绝缘连接。

8.1.3.1.4 加强绝缘的电气间隙

加强绝缘的电气间隙不应小于表 1 规定的值。

通过测量来检验是否符合要求。

8.1.3.1.5 微断开两端的电气间隙

微断开两端电气间隙应耐受暂时过电压(见 3.4.4)。

通过 9.11.1.3 的试验来检验是否符合要求。

8.1.3.1.6 全断开两端的电气间隙

全断开两端的电气间隙应耐受瞬时过电压，不应小于表 1 对基本绝缘规定的电气间隙。如果在 9.9 和9.11 的试验后设备用断路器能耐受断开触头两端的冲击耐受电压试验的适当的试验电压，可采用较小的电气间隙。

通过测量或 9.7.6 的试验来检验是否符合要求。

8.1.3.2 爬电距离

设备用断路器的爬电距离不应小于与正常使用时预期发生的电压相应的值，并考虑材料组别及污染等级。

8.1.3.2.1 基本绝缘的爬电距离

基本绝缘的爬电距离不应小于表 2 规定的值。

注：爬电距离不能小于相应的电气间隙。

表 1 基本绝缘和加强绝缘的最小电气间隙

额定冲击耐受电压[a]/V	基本绝缘的最小电气间隙[d]/mm			加强绝缘的最小电气间隙[d]/mm		
	污染等级			污染等级		
	1	2（见 8.1.3）	3	1	2（见 8.1.3）	3
330	0.01	0.2[bc]	0.8[c]	0.04	0.2[bc]	0.8[c]
500	0.04	0.2[bc]	0.8[c]	0.10	0.2[bc]	0.8[c]
800	0.10	0.2[bc]	0.8[c]	0.5	0.5	0.8[c]
1 500	0.5	0.5	0.8[c]	1.5	1.5	1.5
2 500	1.5	1.5	1.5	3	3	3
4 000	3	3	3	5.5	5.5	5.5
6 000	5.5	5.5	5.5	8	8	8

a 该电压是：

——对功能绝缘：预期在电气间隙上发生的最大冲击电压；

——对直接暴露，或明显受到低压电源的瞬态电压影响的基本绝缘：设备用断路器的额定冲击耐受电压；

——对不直接暴露，或不明显受到低压电源的瞬态电压影响的基本绝缘：在电路中可能发生最高冲击电压。

b 对设备用断路器中的印刷线路材料，污染等级 1 的数值适用，但不应小于 0.04 mm。

c 最小电气间隙值基于经验数据，而不是基础数据。

d 允许设备用断路器的触头开距小于规定的最小电气间隙，但应标志符“μ”。

材料组别与耐电痕化指数（PTI）值之间的关系如下：

材料级别Ⅰ　　$600 \leqslant PTI$

材料级别Ⅱ　　$400 \leqslant PTI < 600$

材料级别Ⅲa　　$175 \leqslant PTI < 400$

材料级别Ⅲb　　$100 \leqslant PTI < 175$

对印刷电路材料，相比电痕化指数（CTI）值适用。

注：相比电痕化指数 CTI 值可按 GB/T 4207—2003 得到，使用溶液 A。

通过测量来检验是否符合要求。

8.1.3.2.2　功能绝缘的爬电距离

功能绝缘的爬电距离不应小于表 2 规定的值。

通过测量来检验是否符合要求。

注：对不会产生电痕的玻璃、陶瓷和其他无机材料，爬电距离不必大于其相应的电气间隙。

8.1.3.2.3　附加绝缘的爬电距离

附加绝缘的爬电距离不应小于对基本绝缘规定的值。

通过测量来检验是否符合要求。

8.1.3.2.4　加强绝缘的爬电距离

加强绝缘的爬电距离不应小于对基本绝缘规定值的二倍。

通过测量来检验是否符合要求。

8.1.4　螺钉、载流部件和连接

8.1.4.1　无论电气连接或机械连接应能承受正常使用时产生的机械应力。

通过 9.8、9.9、9.11、9.13 和 9.14 的试验，可认为已对螺纹连接进行了检验。

8.1.4.2　电气连接应这样设计，使得触头压力不是通过除了陶瓷、纯云母或其他性能相当的材料以外的绝缘材料来传递，除非在金属部件中具有足够的弹性以补偿绝缘材料任何可能的收缩或变形。

通过直观检查来检验是否符合要求。

表 2 最小爬电距离

单位为毫米

爬电距离两端的工作电压/V	印刷电路板[f]污染等级		基本绝缘的最小爬电距离 污染等级[e]						
	1[b]	2[c]	1[b]	2(见 8.1.3)			3		
				材料组别			材料组别		
				Ⅰ	Ⅱ	Ⅲ[d]	Ⅰ	Ⅱ	Ⅲ[d]
10	0.025	0.04	0.08	0.40[1)]	0.40[1)]	0.40[1)]	1.0	1.0	1.0
12.5	0.025	0.04	0.09	0.42	0.42	0.42	1.05	1.05	1.05
16	0.025	0.04	0.10	0.45	0.45	0.45	1.1	1.1	1.1
20	0.025	0.04	0.11	0.48	0.48	0.48	1.2	1.2	1.2
25	0.025	0.04	0.125	0.50	0.50	0.50	1.25	1.25	1.25
32	0.025	0.04	0.14	0.53	0.53	0.53	1.3	1.3	1.3
40	0.025	0.04	0.16	0.56	0.8	1.1	1.4	1.6	1.8
50	0.025	0.04	0.18	0.6	0.85	1.2	1.5	1.7	1.9
63	0.04	0.063	0.20	0.63	0.9	1.25	1.6	1.8	2.0
80	0.063	0.1	0.22	0.67	0.95	1.3	1.7	1.9	2.1
100	0.1	0.16	0.25	0.71[1)]	1.0	1.4	1.8	2.0	2.2
125	0.16	0.25	0.28	0.75	1.05	1.5	1.9	2.1	2.4
160	0.25	0.4	0.32	0.8	1.1	1.6	2.0	2.2	2.5
200[1)]	0.4	0.63	0.42	1.0	1.4	2.0	2.5	2.8	3.2
250	0.56	1.0	0.56	1.25	1.8	2.5	3.2	3.6	4.0
320	0.75	1.6	0.75	1.6	2.2	3.2	4.0	4.5	5.0
400	1.0	2.0	1.0	2.0	2.8	4.0	5.0	4.6	6.3
500[a]	1.3	2.5	1.3	2.5	3.6	5.0	6.3	7.1	8.0

a 对更高的工作电压,GB/T 16935.1—2008 中表 4 的值适用。

b 材料组别Ⅰ、Ⅱ、Ⅲa 和Ⅲb。

c 材料组别Ⅰ、Ⅱ、Ⅲa。

d 材料级别Ⅲ,包括Ⅲa 和Ⅲb。

e 在设备用断路器内部,认为微环境适用。

f 对具有符合 GB/T 16935.3—2005 涂层的印刷线路板,不需要采用这些值。

注:材料的适用性是就材料尺寸的稳定性来考虑的。

8.1.4.3 载流部件和连接包括用作保护导线的部件应是:

——铜;

——对冷加工部件,为含铜量至少为 58%的合金。对于其他部件,为含铜量至少为 50%的合金;

——耐腐蚀性能不低于铜并且具有适当机械性能的其他金属或适当的涂层的金属。

注:确定耐腐蚀性能的新的要求及适当的试验正在考虑,这些要求宜允许使用其他有适当涂层的材料。

1) 采标注:原文有误,本标准根据 GB/T 16935.1—2008(IEC 60664-1:2007,IDT)作了更正。

本要求不适用于触头、磁路、加热元件、双金属片、分流器、电子装置的元件,也不适用于螺钉、螺母、垫圈、夹紧板和接线端子的类似部件。

8.1.5 **螺纹型和无螺纹接线端子**

8.1.5.1 接线端子应保证其连接的导体具有必须的接触压力。

通过直观检查和9.5.1的试验来检验是否符合要求。

8.1.5.2 接线端子应这样固定,当连接导线和拆卸导线时接线端子不会松动。

通过直观检查、测量和9.4.1的试验来检验是否符合要求。

8.1.5.3 连接外部导线(见3.12.15)的接线端子应能连接表3所示的标称截面积的铜导线。

对内部导线(见3.12.17)和整体式导线(见3.12.16)等导线的接线端子,应能连接制造商规定的最大和最小直径的铜导线。如果没有规定,表3的尺寸适用。

接线端子可能的形式和尺寸的示例见附录E。

通过直观检查、以及连接规定型式和规定的最小和最大截面积的导线来检验是否符合要求。

表3 用于螺纹型和无螺纹接线端子的可连接的外部铜导体截面积

额定电流/ A	能被夹紧的标称截面积范围/ mm^2
≤6	0.5~1.0
>6~≤13	0.75~1.5
>13~≤20	1.0~2.5
>20~≤25	1.5~4
>25~≤32	2.5~6
>32~≤50	4~10
>50~≤63	6~16
>63~≤80	10~25
>80~≤100	16~35
>100~≤125	25~50
注:允许合适的较低和较高截面积。	

8.1.5.4 适合于连接(外部)软导线的非制备铜导线接线端子应这样定位和防护,当连接导线时,即使软导线的线丝从接线端子中滑出,也无带电部件和可接近的金属部件接触的危险,对Ⅱ类器具的设备用断路器,应无带电部件与金属部件接触的危险,该金属部件用附加绝缘与可接近的金属部件隔开。

通过直观检查和9.5.3的试验来检验是否符合要求。

8.1.5.5 接线端子中用于紧固导线的部件不应用作固定其他任何元件,尽管它们可用来使接线端子定位或防止其转动。

通过直观检查和9.5的试验来检验是否符合要求。

8.1.5.6 接线端子应这样设计,当继续插入导线可能减小爬电距离和/或电气间隙,或影响到设备用断路器的机构时,则由一个档块阻止导线的插入。

通过直观检查来检验是否符合要求。

8.1.5.7 接线端子的设计应使得其在紧固导线时不会过度损坏导线。

通过直观检查和9.5.2的试验来检验是否符合要求。

8.1.5.8 接线端子的设计应使其能可靠地把导线连接在金属表面之间而无过度损坏导线。

通过直观检查及9.4和9.5的试验来检验是否符合要求。

8.1.5.9 接线端子应将导线紧固在金属表面之间,除了预期在承载电流不超过0.2 A的电路中使用的接线端子，其中一个表面可以是非金属。

8.1.5.10 额定电流小于或等于32 A的，预期连接外部导线的接线端子应允许连接非制备铜导体。

通过直观检查来检验是否符合要求。

8.1.5.11 用于预制铜导线的接线端子，当按制造商技术文件中的规定接线时，应适合于其用途。

通过直观检查和9.5.3的试验来检验是否符合要求。

8.1.5.12 螺纹型接线端子应具有足够的机械强度。用于紧固导线的螺钉和螺母应具有公制ISO螺纹，或节距和机械强度相当的螺纹。

通过直观检查及9.4和9.5.1的试验来检验其是否符合要求。

注：目前，SI、BA和UN螺纹可以使用，因为这些螺纹在节距和机械强度方面实际上与公制ISO螺纹相当。

8.1.5.13 连接保护导线的接线端子的紧固螺钉或螺母应具有足够的可靠性以防止意外的松动。

通过直观检查和9.5的试验来检验其是否符合要求。

一般来说，符合图E.1～图E.4接线端子的结构都具有足够的弹性可符合本要求；对于其他结构，可能需要采取特殊措施，例如，使用一个不大可能因疏忽而丢失的具有足够弹性的部件。

8.1.5.14 用于连接外部导线的接线端子的螺钉和螺母应与金属螺纹啮合，并且这些螺钉不应是自攻螺钉。

8.1.5.15 对柱式接线端子，当完全插入时，夹紧螺钉与导线端部的距离至少应符合表4的规定。

夹紧螺钉与导线端部的最小距离仅适用于导线不能完全通过的柱式接线端子。

表4 紧固螺钉与完全插入的导线端部之间的最小距离

额定电流/A	最小值/mm	
	一个紧固螺钉	二个紧固螺钉
≤6	1.5	1.5
>6～≤13	1.5	1.5
>13～≤20	1.8	1.5
>20～≤25	1.8	1.5
>25～≤32	2.0	1.5
>32～≤50	2.5	2.0
>50～≤80	3.0	2.0
>80～≤100	4.0	3.0
>100～≤125	正在考虑中	正在考虑中

用制造商规定的最大截面积的实心导体完全插入接线端子并用表15所示的力矩紧固后，通过测量来检验是否符合要求。

8.1.5.16 除非制造商另有规定，无螺纹接线端子（见图E.5）应能容纳表3所示的导线，这种情况下不需要标志。

如果无螺纹接线端子只能容纳实心导线，这时应将“实心导线（或sol）”的字样清晰地标志在接线用的终端产品上，或在最小的包装单元上或在制造商的技术资料和/或样本中表示。

如果无螺纹接线端子只能容纳硬导线（实心导线或绞合导线），这时应将“硬导线（或r）”的字样清晰地标志在接线用的终端产品上，或在最小的包装单元上或在制造商的技术资料和/或样本中表示。

通过直观检查和9.4.1的试验来检验其是否符合要求。

8.1.5.17 无螺纹接线端子应能承受正常使用中产生的机械应力。应按下列方式连接和拆卸导线：

——对通用接线端子，使用一般用途的工具，或与接线端子一体的器件并在插入或拔出导线时是打开的；

——对导线插入式接线端子，采用简单的插入方式。拆卸导线时，除了拉导线外还必须有一个另外的动作。

容许使用一个一般用途的工具或与接线端子构成整体的合适器件来“打开”端子，并帮助导线插入或拔出。

通过直观检查和9.4的试验来检验其是否符合要求。

8.1.5.18 无螺纹接线端子应允许连接适当的导线。

注1：额定电流大于16 A时不宜采用这种形式的接线端子。

导线插入和拆卸的方式应是明确的，或由制造商提供说明。

注2：无螺纹接线端子的示例见图E.5。

想要拆卸导线时，除了拉导线外应需要一个另外的操作，例如，在正常使用时用手动方式(采用工具或不用工具)来实现。

用于帮助导线插入和拆卸的工具的开口应与用于导线的开口明显地区分。

通过直观检查、测量和插入表3所示截面积的合适软导线和/或硬导线来检验是否符合要求。

8.1.5.19 预期用于几根导线相互连接的无螺纹接线端子应这样设计，插入导线后，一根导线的夹紧装置的操作应与其他导线的夹紧装置的操作无关。在拆卸时，导线可同时拆卸也可分别拆卸。

通过直观检查及制造商规定的任何导线组合的试验来检验是否符合要求。

8.1.6 锡焊端头

8.1.6.1 锡焊端头应具有良好的可焊性。

通过9.4.2.1的试验来检验其是否符合要求。

8.1.6.2 邻近锡焊端头的材料应具有足够的耐焊接热量的能力。

通过9.4.2.2的试验来检验其是否符合要求。

8.1.6.3 锡焊端头应具有与锡焊无关的，用于导线机械定位的器件。

这些器件可以是：

——适合于导线弯钩的孔；

——端子边缘的形状允许在锡焊前将导线缠绕在端子上；

——邻近锡焊连接的夹紧装置。

注：本标准不考虑用于印刷线路板连接的锡焊端头。

通过直观检查来检验其是否符合要求。

8.1.7 扁平快速连接的插入式连接片(图E.6至E.13)

8.1.7.1 插入式连接片应符合表5、表6和表7的尺寸。

注：在10年的过渡期，允许符合现行有效的国家标准的其他尺寸。

表5 接线片尺寸——尺寸*A*、*B*、*C*、*D*、*E*、*F*、*J*、*M*、*N*、*P*和*Q*

单位为毫米

标称尺寸		*A*	*B* min	*C*	*D*	*E*	*F*	*J**	*M*	*N*	*P*	*Q* min
2.8×0.5	凹痕	0.6	7.0	0.54	2.90	1.8	1.3	12°	1.7	1.4	1.4	8.1
		0.3		0.47	2.70	1.3	1.1	8°	1.4	1.0	0.3	
	孔	0.6	7.0	0.54	2.90	1.8	1.3	12°			1.4	8.1
		0.3		0.47	2.70	1.3	1.1	8°			0.3	
2.8×0.8	凹痕	0.6	7.0	0.84	2.90	1.8	1.3	12°	1.7	1.4	1.4	8.1
		0.3		0.77	2.70	1.3	1.1	8°	1.4	1.0	0.3	
	孔	0.6	7.0	0.84	2.90	1.8	1.3	12°			1.4	8.1
		0.3		0.77	2.70	1.3	1.1	8°			0.3	

表 5（续） 单位为毫米

标称尺寸		A	B min	C	D	E	F	J*	M	N	P	Q min
4.8×0.8	凹痕	1.0	6.2	0.84	4.80	2.8	1.5	12°	1.7	1.5	1.8	7.3
		0.7		0.77	4.60	2.3	1.3	8°	1.4	1.2	0.7	
	孔	1.0	6.2	0.84	4.90	3.4	1.5	12°			1.8	7.3
		0.6		0.77	4.67	3.0	1.3	8°			0.7	
6.3×0.8	凹痕	1.0	7.8	0.84	6.40	4.1	2.0	12°	2.5	2.0	1.8	8.9
		0.7		0.77	6.20	3.6	1.6	8°	2.2	1.8	0.7	
	孔	1.0	7.8	0.84	6.40	4.7	2.0	12°			1.8	8.9
		0.5		0.77	6.20	4.3	1.6	8°			0.7	
9.5×1.2	孔	1.3	12.0	1.23	9.60	5.5	2.0	14°			2.0	13.1
		0.7		1.17	9.40	4.5	1.7	6°			1.0	
* 导线焊接到接线片上及相关的尺寸修改(如果必要时)正在考虑中。												

表 6 接线片尺寸——尺寸 H、I、T、K、R、G、L、S 和 U 单位为毫米

标称尺寸		H	I	T*	K	R	G	L	S	U
2.8×0.5	凹痕				最大 1.7	最大 7.0				
	孔	最大 1.7	最大 2.7							
2.8×0.8	凹痕				最大 1.7	最大 7.0				
	孔	最大 1.7	最大 2.7	最小 1						
4.8×0.8	凹痕				最大 1.7	最大 6.2	最大 1.6	0.7±0.1	1.0±0.2	0.5±0.2
	孔	最大 2.2	最大 4.2	最小 2			最大 1.6	0.7±0.1	1.0±0.2	
6.3×0.8	凹痕				最大 2.5	最大 7.8	最大 2.9	1.0±0.1	1.0±0.2	0.5±0.2
	孔	最大 3.5	最大 5.5	最小 2			最大 2.9	1.0±0.1	1.0±0.2	
9.5×1.2	凹痕				最大 4	最大 12.0	最大 2.9	1.5±0.1	1.4±0.2	0.7±0.2
	孔	最大 5	最大 7.5	2.5			最大 2.9	1.5±0.1	1.4±0.2	
* 如果图 E.10 和图 E.11 组合，尺寸 T 必须大于尺寸 G 的实际值加材料的厚度 C。										

如果表 7 中没有另外规定，尺寸 E1 和 F1 应与表 5 和表 6 中接线片的较大尺寸相同，而尺寸 B2、E2 和 F2 应与接线片的较小尺寸相同。

表 7 用于两个不同尺寸插套连接器的组合型插入式接线片的尺寸 单位为毫米

按图的型式					
标称尺寸	E1	F1	B2	E2	F2
2.8×0.8			6 最小	2.0～2.4	1.3～1.5
6.3×0.8	4.0～4.5	1.6～1.9			

扁平快速连接端头的结构和尺寸示例如图 E.6～图 E.13 所示。

8.1.7.2 插入式连接片可以有一个可选的用于闭锁的定位扣。圆形凹痕定位扣、矩形凹痕定位扣和孔

形定位扣应位于图 E.10 所示的插入式接线片的中心线的阴影线区域。

注：插入式连接片可以有一个较大的允许锡焊的孔。

8.1.7.3　用于不可逆转的限位措施应沿着插入式连接片的中心线，位于图 E.11 的“LG”区域和图 E.12的“KR”区域。

注 1：如果图 E.10 和图 E.11 组合，T 应大于 G 的实际值加材料的厚度 C。T、G 和 C 的值见表 5 和表 6。

注 2：图 E.12 的插入式连接片的设计没有按表 5 的 E 和 F 值的孔或凹痕。

8.1.7.4　插入式连接片应这样设计，使得其允许图 E.14 所示的一个插套式连接器正确地插入和拔出，而不会产生影响设备用断路器继续使用的损坏。

通过 9.4.3.1 的试验来检验其是否符合要求。

8.1.7.5　插入式连接片应可靠地保持。

通过 9.4.3.2 的机械过载试验来检验是否符合要求。

8.1.7.6　图 E.13 所示的插入式连接片的结构可允许连接两个不同尺寸的插套式连接器。

8.1.7.7　如果能与图 E.14 的插套式连接器通过一致性试验，类似尺寸和结构并且尺寸与表 5 和表 6 类似的插入式连接片应是允许的。

插套式连接器及可能的尺寸的示例见图 E.14。

通过 9.4.3 的机械过载试验来检验是否符合要求。

8.1.7.8　只要尺寸和形状的差异能阻止与图 E.14 所示的插套式连接器的任何结合，允许插入式连接片不符合 8.1.7.1 和 8.1.7.7 所示尺寸标准。

8.1.7.9　插入式连接片应有足够的空间，允许连接合适的无绝缘的插套式连接器。

通过下面的试验来检验是否符合要求，按制造商的说明将合适的插套式连接器在最不利的方向施加到各种不同结构和配置的插入式连接片上，在操作过程中任何插入式连接片或其相邻的部件不应发生损坏和变形，也不应使电气间隙和爬电距离减少到小于 8.1.3 规定的值。

注：可包括不可逆转的止动挡，使得插套式连接器只能一个方向施加，并使插套式连接器不能在相反的位置插入。

对于符合图 E.11 或图 E.12 的插入式连接片，合适的插套式连接器如图 E.14 所示。

8.2　电击保护

安装到设备中后，设备用断路器的可接近的部分应提供电击保护。

通过 9.6 的试验来验证是否符合要求。

设备用断路器安装后，符合电击保护的要求是设备制造商的责任。

8.3　温升

8.3.1　温升极限

在 9.8.2 规定的条件下测量的设备用断路器各部件的温升不应超过表 8 规定的温升值。

通过 9.8 的试验来验证是否符合要求。

8.3.2　周围空气温度

表 8 中给定的温升极限值仅适用于周围空气温度保持在 7.1.2 给定的极限范围内。

8.4　介电性能

8.4.1　工频介电强度

设备用断路器在工频条件下应具有足够的介电性能。

在新的样品条件下，通过 9.7.1、9.7.2 和 9.7.3 的试验来验证是否符合要求。

在 9.11 的电气操作能力试验后，设备用断路器应能承受 9.7.3 的试验，但在 9.7.5 规定值的 0.75 倍电压下进行试验，且试前不进行 9.7.1 的潮湿处理。

8.4.2　用于绝缘配合的电气间隙

设备用断路器的电气间隙应满足绝缘配合的要求。

通过测量 8.1.3 规定的电气间隙，或 9.7.6 规定的冲击耐受电压试验来检验是否符合要求。

表 8 设备用断路器在不同基准周围空气温度(*T*)时的温升值

部 件[a][b]	在 T 时的温升[a]/K		
	T=23 ℃[f] 标准值	T=40 ℃[f]	T=55 ℃[f]
接线端子[c]	60[d]	50[d]	35[d]
在手动操作时易触及的外部部件,包括绝缘材料的操作件	55	40	25
操作装置的外部金属部件	35	25	10
其他外部部件,包括设备用断路器与安装平面直接接触的表面	70	60	45

a 对触头不作温升规定,因为大部分设备用断路器的结构,在不改变或不移动部件的情况下是不可能直接测量触头温度,而这些部件的改变或移动往往会影响试验的复验性。

28 天试验(见 9.9)被认为已间接地对触头在使用过程中过度发热的工作性能作了充分考核。

b 除了表列部件外,对其他部件不作温升规定,但不应引起相邻绝缘材料部件的损坏,且不得妨碍设备用断路器的操作。

c 对于插入式设备用断路器,是指安装设备用断路器的基座的接线端子。

d 对预期安装设备用断路器的设备内部导线的接线端子,允许有较高的值。

e 其他 T 值,允许温升可通过表中所示值的和得到的($T+K$)值之间的内插法得到。

f 允许误差±2 ℃。

注:温升值取自于 GB 4943—2001 的表 4a)。

适用于隔离的设备用断路器的电气间隙和爬电距离的补充要求见附录 L.8.4.2。

8.5 自动动作条件

8.5.1 标准时间-电流带

制造商应在其样本提供的资料中(见附录 A)规定脱扣带(见 3.9.4),该脱扣带与 9.2 规定基准条件有关。

注 1:设备用断路器的脱扣特性是用来保证对设备有足够的保护,而无过早的动作。

应对一台无外壳,且安装在静止空气中的设备断路器规定其动作带。

注 2:温度和安装条件与规定的条件不同(例如外壳型式,在同一个外壳中组装多台设备用断路器等)可能影响设备用断路器的动作带。

制造商应提供规定的周围温度与标准的基准周围温度(23±2)℃不同时的特性,并且提供由于其他基准条件不同(例如平面安装,而不是垂直安装)的脱扣特性变化资料。

附录 A 的图 A.1~图 A.4 给出了典型的动作带。对具有热脱扣、热磁脱扣、磁脱扣或液压-电磁脱扣方式的设备用断路器,制造商应规定下列数值:

——表 9 中标明的试验电流,按额定电流的倍数规定(mI_n);

——表 9 中标明的时间(t_1,t_2,t_3,t_4,t_5 和 t_6)(适用时)。

表 9 时间-电流动作特性

试验电流	起始条件	时间/t	预期结果
I_{nt}	冷态[a]	1 h	不脱扣
I_t	紧接着不脱扣试验	≤1 h	脱扣
$2I_n$	冷态[a]	$t_1 \leq t \leq t_2$	脱扣
$6I_n$	冷态[a]	$t_3 \leq t \leq t_4$	脱扣
mI_n^b	冷态[a]	$t_5 \leq t \leq t_6$	脱扣
I_{ni}	冷态[a]	0.1 s	不脱扣
I_i	冷态[a]	<0.1 s	脱扣

a 术语“冷态”指试验前不带负载(见附录 A)。

b 可选试验。

注 3:对于电子-混合式脱扣方式的设备用断路器的特性值正在考虑中。

8.5.2 脱扣特性

设备用断路器的脱扣特性应包括在8.5.1规定的动作带内。

注：温度和安装条件与9.2规定的条件不同，可能会影响设备用断路器的脱扣特性。

8.5.2.1 多极设备用断路器的单极负载对脱扣特性的影响

当具有多个保护极的设备用断路器仅在一个保护极接负载，从冷态开始通以下列电流时，应在约定时间内脱扣：

——1.1倍约定脱扣电流(见3.3.6)(对带二个保护极的二极设备用断路器)；

——1.2倍约定脱扣电流(对三极和四极设备用断路器)，约定时间是1 h。

通过9.10.3试验来检验是否符合要求。

8.5.2.2 周围空气温度对脱扣特性的影响

如果设备用断路器是在不同于基准值(见5.2.2)的环境温度下运行时，则制造商应规定额定电流必须增加或降低的系数(适用时)。

8.5.3 过电压脱扣器在制造商指定的动作限值下试验

通过9.11.5的试验来检验是否符合要求。

8.5.4 欠电压和零电压脱扣器按表10的动作限值进行试验

表10 欠电压和零电压脱扣器的动作限值(交流和直流)[1)]

脱扣器型式	保持电压值	脱扣电压值	复位电压值[a]	耐受电压值
欠电压脱扣器	$U \geqslant 0.7U_n$	$U \leqslant 0.35U_n$	$U \geqslant 0.85U_n$	$U = 1.1U_n$
零电压脱扣器	$U \geqslant 0.7U_n$	$U \leqslant 0.1U_n$	$U \geqslant 0.85U_n$	$U = 1.1U_n$
[a] 对于电气方式复位的电器，是指临界动作值。				

注：其他动作值可由制造商与用户协商。

表10各栏表头的含义如下：

——保持电压值：指在等于或大于该电压时，脱扣器不应自动脱扣的电压。

——脱扣电压值：指在等于或小于该电压时，脱扣器应自动脱扣的电压。

——复位电压值：指在等于或大于该电压时，脱扣器被驱动后应能复位。

——耐受电压值：脱扣器在连续工作时能承受的电压。

通过9.11.6.1和9.11.6.3的试验来检验是否符合要求。

8.5.5 制造商应在其有关的技术文件中给出有关欠电压脱扣器的电气耐久性的信息

通过9.11.6.2的试验来检验是否符合要求。

8.6 电气性能

设备用断路器应能完成足够的循环操作次数。

通过9.11的试验来检验是否符合要求。

这要求设备用断路器能在额定频率下，并且在等于额定工作电压的105%(±5%)电压下以及在不低于表11或表12按性能规定的范围的合适的下限的功率因数下，接通和分断小于或等于相应于额定通断能力的任何电流值。

---

1) 采标注：原文表中的电压均为U_e，但5.2.1.4中欠电压脱扣器和零电压脱扣器的额定电压均用U_n表示，故采标时将表中的电压修改为U_n。

8.7 限制短路电流条件下的性能

当与规定的 SCPD 连接时，设备用断路器应能承受由于短路电流产生的应力，而不产生诸如火焰喷射、火花或热游离气体等可能对操作者或设备构成危险的现象。

通过 9.12 的试验来检验是否符合要求。

表 11　一般用途(包括感性电路)的设备用断路器电气性能的试验条件

<table>
<tr><th rowspan="3">分组</th><th rowspan="3">在下列条件下的性能试验</th><th rowspan="3">按操作方式分的断路器型式(见 4.4)</th><th colspan="3">试验条件</th><th colspan="4">试验要求</th></tr>
<tr><th rowspan="2">操作循环次数</th><th rowspan="2">断开位置的时间/s</th><th rowspan="2">试验电压</th><th colspan="2">交流</th><th colspan="2">直流</th></tr>
<tr><th>试验电流</th><th>功率因数</th><th>试验电流</th><th>时间常数/ms</th></tr>
<tr><td>1</td><td>额定电流
小过载</td><td>M
S
R、J</td><td>500
a
50</td><td>15
20
b</td><td>U_e</td><td>I_n
I_n
$2I_n$</td><td>0.55～0.65</td><td>I_n
I_n
$2I_n$</td><td>2～3</td></tr>
<tr><td>2</td><td>额定通断能力</td><td>M
S
R、J</td><td>40</td><td>60～80
b</td><td>$1.05U_e$</td><td>$6I_n$</td><td>0.55～0.65</td><td>$4I_n$</td><td>2～3</td></tr>
<tr><td rowspan="4">3</td><td rowspan="4">额定短路能力 I_{cn}(可选)[1)]</td><td>对于 $I_{cn}\leqslant 500$ A(交流)的 R、J、M、S 型断路器</td><td colspan="5">应在下列条件下，按 GB 10963.1 的规定进行试验：
——单极设备用断路器按 GB 10963.1—2005 的 9.12.11.2进行试验，试验电路调节至 I_{cn}，取代 GB 10963.1—2005 的 500 A；
——多极设备用断路器每极按上述要求进行试验，然后再按 9.12.11.3 进行多极试验，用 I_{cn} 取代 1 500 A</td><td></td><td></td></tr>
<tr><td>对于 500 A<$I_{cn}\leqslant$1 500 A(交流)的 R、J、M、S 型断路器</td><td colspan="5">应在下列条件下，按 GB 10963.1 的规定进行试验：
——单极设备用断路器按 GB 10963.1—2005 的 9.12.11.2(500 A)进行试验，然后再按 GB 10963.1—2005 的 9.12.11.3 进行试验，试验电路调节至 I_{cn}；
——多极设备用断路器每极按 GB 10963.1—2005 的 9.12.11.2 进行试验，然后按 9.12.11.3 进行试验，试验电路调节至 I_{cn}</td><td></td><td></td></tr>
<tr><td>对于 I_{cn}>1 500 A(交流)的 R、J、M、S 型断路器</td><td colspan="5">按 GB 10963.1—2005 的 9.12.11 进行试验</td><td></td><td></td></tr>
<tr><td>直流 R、J、M、S 型断路器</td><td>3</td><td>300～360</td><td>$1.05U_e$</td><td></td><td></td><td>$I_{cn}\leqslant$1 000 A
I_{cn}>1 000 A</td><td>2～3
4～6</td></tr>
<tr><td colspan="10">a 制造商应根据器具的分类，从优选值 3 000，10 000，30 000，50 000，100 000 中，规定操作循环次数。
b 按装置复位所需要的时间确定。</td></tr>
</table>

1) 在 IEC 60934:2007(第 3.1 版)的原文中，第 3 分组的最后二栏，第 2 行、第 3 行和第 4 行的内容有误。在采标时，按 IEC 60934 Amendment 1:2007 的内容及试验参数的合理性作了修正。删除了第 2 行和第 3 行的内容，对第 4 行的内容作了修改。

8.8 耐机械冲击和撞击

设备用断路器应具有足够的机械性能，以使其能承受安装和使用过程中遭受的机械应力。

通过 9.13 的试验(正在考虑中)来检验是否符合要求。

表 12 仅用于实际上阻性电路的设备用断路器电气性能的试验条件

分组	在下列条件下的性能试验	按操作方式分的断路器型式(见 4.4)	试验条件			试验要求			
						交流		直流	
			操作循环次数	断开位置的时间/s	试验电压	试验电流	功率因数	试验电流	时间常数/ms
1	额定电流 小过载	M S R、J	500 [a] 50	15 20 [b]	U_e	I_n I_n $2I_n$	0.95～1	I_n I_n $2I_n$	0～0.5
2	额定通断能力	M、S、R、J	40	60～80 [b]	$1.05U_e$	$6I_n$	0.95～1	$4I_n$	0～0.5
3	额定短路能力 I_{cn}(可选)	M、S、R、J	3	300～360	$1.05U_e$	I_{cu}	0.93～0.98	$I_{cn} \leqslant 1\,000$ A $I_{cn} > 1\,000$ A	1～2 2～3

[a] 制造商应根据器具的分类，从优选值 3 000，10 000，30 000，50 000，100 000 中，规定操作循环次数。

[b] 按装置复位所需要的时间确定。

8.9 耐热性

设备用断路器应具有足够的耐热性能。

通过 9.14 的试验来检验是否符合要求。

8.10 耐异常发热和耐燃性

如果邻近的载流部件在故障或过载情况下达到一个很高的温度时，设备用断路器中用绝缘材料制成的外部零件应不容易点燃和蔓延火焰。

通过直观检查和 9.15 试验来检验其是否符合要求。

8.11 耐电痕化

设备用断路器中用于将带电部件定位的绝缘材料部件应是耐电痕的材料制成。

通过直观检查和 9.16 的试验来检验是否符合要求。

8.12 防锈

铁制金属零件应具有足够的防锈保护。

通过 9.17 的试验来检验是否符合要求。

9 试验

9.1 型式试验和试验程序

9.1.1 通过型式试验来验证设备用断路器的特性。

本标准所要求的型式试验列于表 13。

表 13 型式试验列表

试验	条款号
标志的耐久性	9.3
接线端子、载流部件和连接的可靠性	9.4
连接外部导线的接线端子的可靠性	9.5
电击保护	9.6
介电性能	9.7
温升	9.8
28 天试验	9.9
脱扣特性	9.10
电气操作能力	9.11
限制短路电流能力	9.12
耐机械冲击和机械撞击	9.13
耐热	9.14
耐异常发热和耐燃	9.15
耐电痕化	9.16
防锈	9.17

适用于隔离的设备用断路器的补充试验见 L.9.7.7。

9.1.2 认证时，型式试验按试验程序进行。

试验程序和提交的样品数量在附录 C 中规定。

除非另有规定，每项型式试验（或型式试验程序）应在清洁的和新的设备用断路器上进行。

9.2 试验条件

除非另有规定，设备用断路器应独立地垂直安装在周围温度为（23±2）℃的大气中，并且应避免外界过度的加热或冷却。

除非另有规定，设备用断路器应用表 14 规定的适用的电缆接线，并且应完整地安装在一金属支架上，除非其预期只能在一个非金属外壳中使用。在这种情况下，设备用断路器应尽可能地按实际使用情况安装。

除非另有规定，试验应在额定频率±5 Hz 下进行。

在试验期间，不允许维修或拆卸样品。

对于 9.8、9.9 和 9.10 的试验，设备用断路器应按下列规定接线：

a) 连接导线为符合 GB/T 5023 的单芯聚氯乙烯绝缘铜导线；

b) 除 9.10.2 的试验外，应将各极串联起来通以单相电流进行试验；

c) 连接导线应处于大气中，并且相互间的距离不小于接线端子之间的距离；

d) 每根连接导线的最短长度是：

——导线截面积小于或等于 10 mm^2 的为 1 m；

——导线截面积大于 10 mm^2 的为 2 m。

施加在接线端子螺钉上的紧固力矩是表 15 规定值的三分之二。

表 14 与额定电流相应的铜导线的标准截面积

S/mm^2	1	1.5	2.5	4	6	10	16	25	35	50
额定电流值/A	6	>6～13	>13～20	>20～25	>25～32	>32～50	>50～63	>63～80	>80～100	>100～125

9.3 标志的耐久性试验

用手拿一块浸透水的棉花擦标志 15 s，接着再用一块浸透汽油的棉花擦 15 s 进行试验。

注 1：所用的汽油规定为己烷熔剂，其芳香剂的容积含量最大为 0.1%，贝壳松脂丁醇值为 29，初沸点约为 65 ℃，干点约为 69 ℃，密度约为 0.65 g/m^3。

对于用压印、模压，或雕刻方法制造的标志不进行本试验。

本试验后，标志应容易识别。在本标准所有试验后，标志仍应保持容易识别，标牌应不能轻易地移动，并且没有翘曲现象。

注2：本试验的修订正在考虑中。

9.4 接线端子、载流部件和连接的可靠性试验

9.4.1 螺纹型和无螺纹接线端子

通过插入剥去绝缘的并对硬性多股导线和软导线的端部经过整形的最大导线来检验是否符合8.1.5.3的要求。剥去绝缘的导线端部应不施加过度的力而能完全插入接线端子。

9.4.1.1 螺纹型接线端子

通过直观检查，对设备用断路器接线时使用的螺钉和螺母还要通过下列试验来检验是否符合8.1.4的要求：

拧紧和拧松螺钉及螺母：

——对与绝缘材料螺纹啮合的螺钉(见8.1.4.2)，10次；

——对所有其他情况，5次。

与绝缘材料螺纹啮合的螺钉或螺母，每次试验时应完全旋出然后再重新旋入。

试验时应采用合适的螺丝刀或扳手施加表15所示的扭矩。

拧紧螺钉和螺母时应无冲击。

每次拧松螺钉或螺母时，要移动导线。

表15 螺纹直径和施加的力矩

螺纹标称直径/mm	力矩/N·m		
	Ⅰ	Ⅱ	Ⅲ
≤2.8	0.2	0.4	0.4
>2.8～≤3.0	0.25	0.5	0.5
>3.0～≤3.2	0.4	0.6	0.6
>3.2～≤3.6	0.6	0.8	0.8
>3.6～≤4.1	0.7	1.2	1.2
>4.1～≤4.7	0.8	1.8	1.8
>4.7～≤5.3	0.8	2.0	2.0
>5.3～≤6.0	1.2	2.5	3.0
>6.0～≤8.0	2.25	3.5	6.0
>8.0～≤10.0	—	4.0	10.0

第Ⅰ栏数值适用于螺钉拧紧时不露出孔外的无头螺钉和其他不能用刀口宽于螺钉直径的螺丝刀拧紧的螺钉。

第Ⅱ栏数值适用于螺丝刀拧紧的其他螺钉。

第Ⅲ栏数值适用于除用螺丝刀之外的工具来拧紧的螺钉和螺母。

如果螺钉有一个可用螺丝刀拧紧的带槽六角头，而且第Ⅱ栏和第Ⅲ栏的数值又不一样，试验进行两次。第一次试验对六角头施加第Ⅲ栏规定的扭矩，然后在另一个试品上用螺丝刀施加第Ⅱ栏规定的扭矩。如果第Ⅱ栏和第Ⅲ栏数值相同，则仅用螺丝刀进行试验。

在试验过程中，螺钉连接件不应松动，并不应有妨碍设备用断路器继续使用的损坏，例如，螺钉断裂或螺钉头的槽、螺纹、垫圈或螺钉夹头损坏等。

此外，外壳和盖也不应损坏。

9.4.1.2 无螺纹接线端子

通过直观检查，对设备用断路器接线时使用的无螺纹接线端子还要通过下列试验来检验是否符合8.1.5.3的要求。

接线端子按其结构形式，连接每种型式的导线，即：

——仅实心导线；

——实心导线和硬性绞合导线；

——实心导线、硬性绞合导线和软导线。

将接线端子预期使用的每种型式的最大截面积导线插入并随后拆卸。

本试验进行5次。

除了第5次试验外，每次试验使用新的导线。第5次试验时，将第4次插入使用过的导线在同样位置夹紧。每次插入导线尽可能地插入至接线端子或这样插入使得其明显地具有足够的连接。每次插入后，导线扭曲90°，接着拆卸导线。在本试验后，接线端子不应有妨碍其继续使用的损坏。

9.4.2 锡焊端头

9.4.2.1 可焊性试验

按GB/T 2424.17—1995的试验Ta来检验是否符合8.1.6.1的要求。如果制造商没有另外规定，方法1(焊槽温度235 ℃)适用。

9.4.2.2 耐锡焊热

采用GB/T 2424.17—1995的试验Tb来检验是否符合8.1.6.2的要求。如果制造商没有另外规定，方法1B(焊槽温度350 ℃)适用。

锡焊端头应浸入锡槽的深度为距离设备用断路器的外壳2.0 mm～2.5 mm，并应保持浸入时间5 s±1 s。

试验后，锡焊端头不应松动或移位至妨碍其继续使用。

通过直观检查检验是否符合要求。

9.4.3 扁平快速连接的插入式连接片

9.4.3.1 插入和拔出试验

采用图E.14所示的插套式连接器来检验时否符合8.1.7的要求。插入式连接片应缓慢地并稳定地以约1 mm/s的速率插入和拔出6次。

插入和拔出的力应在表16规定的极限范围内。

应采用任何合适的试验装置来测量插入和拔出的力，只要该装置能精确地调整并能保持读数。

表16 插入和拔出力

标称尺寸/mm	最大插入力/N	最小拔出力/N
2.8	53	5
4.8	67	9
6.3	80	18
9.5	100	20

9.4.3.2 机械推入/拉出试验

采用一个合适的试验装置，仅平稳地施加一次表17所示的轴向力。插入式连接片或设备用断路器不应发生妨碍其继续使用的损坏。

通过直观检查检验是否符合要求。

表17 推入/拉出力

标称尺寸/mm	推入/拉出力/N
2.8	58
4.8	73
6.3	88
9.5	110

9.5 连接外部导线的接线端子的可靠性试验(见3.12.15)

通过直观检查和9.4及9.5.1、9.5.2和9.5.3的试验检验其是否符合8.1.5的要求。在进行9.4

试验时，接线端子应连接一根表3规定的最大截面积的硬性铜导线(对于标称截面积大于6 mm^2，应采用硬性多股绞合导线；对于其他标称截面积，采用实心导线)。

在进行这些试验时，采用合适的螺丝刀或扳手施加表15所示的力矩进行。

9.5.1 接线端子连接表3规定的最小和最大截面积的实心或多股胶合导线中较为不利的一种铜导线。

导线应插入接线端至规定的最短距离，或如果没有规定距离，则插入至刚好露出另一端止，并且处于最容易使导线的线丝松脱的位置。

然后用表15相应栏目中规定值的三分之二的力矩拧紧螺钉(如果有的话)。接着对每根导线施加表18所示的拉力。施加拉力时应无冲击，时间为1 min，方向为导线位置的轴向方向。

在试验过程中，导线应没有可以察觉的移动。

表18 拉力

接线端子能容纳的导线截面积/mm^2	≤1.5	≤4	≤6	≤10	≤16	≤50
拉力/N	40	50	60	80	90	100

9.5.2 接线端子连接表3规定的最小和最大截面积的实心或多股胶合导线中较为不利的一种铜导线。如果是螺纹型接线端子，用表15相应栏目中规定值的三分之二的力矩拧紧。接着拧松接线端子螺钉，然后对导线可能受到接线端子影响的部分进行检查。

在试验过程中，接线端子不应松动，也不能有妨碍接线端子继续使用的损坏，例如，螺钉断裂或螺钉头的槽、螺纹、垫圈或螺钉夹头损坏。

试验后，导线应没有过度的损坏或被切断的线丝。

注：如果导线有深的压痕或锐利的压痕，则认为是过度的损坏。

9.5.3 接线端子连接表19所示结构的硬性多股绞合铜导线。

表19 用于9.5.3试验的导线构成

能被夹紧的标称截面范围/mm^2	硬性多股绞合导线	
	导线根数	线丝直径/mm
0.5～1.5[a]	7	0.50
0.75～2.5[a]	7	0.67
1～4[a]	7	0.85
1.5～6[a]	7	1.04
2.5～10	7	1.35
4～16	7	1.70
10～25	7	2.14
16～35	19	1.53
25～50	正在考虑中	正在考虑中

a 如果接线端子仅用来夹紧实心导线(见表3注)，则不进行此试验。

在导线插入接线端子之前，应对其导线的线丝适当的整形。

导线插入至接线端子底部或刚好从接线端子另一边露出为止，并处于最容易使导线的线丝松脱的位置。然后用表15相应栏目中规定值的三分之二的扭矩拧紧紧固螺钉或螺母(如果有时)。

试验后，应没有任何导线的线丝松脱至夹持装置的外面，以至于减少所要求的爬电距离和电气间隙。

9.6 电击保护试验

设备用断路器预期与设备组合成整体使用(例如，一个器具)。因此，不能在一个单独的设备用断路器上进行本试验，除非按制造商的说明进行安装时被限制的能够触及的区域。

本试验应采用图7所示的标准试指，对安装后能触及的设备用断路器的部件进行试验。带螺纹型接线端子或无螺纹接线端子的设备用断路器连接表3规定的最小和最大截面积的导线。标准试指必须设计成每个关节部分只能相对于试指轴线在同一个方向转动 90°。试指应施加在人的手指可能弯曲触及到的每一个位置上，用一个电气接触指示器来显示其与带电部件的接触。

建议用一个灯泡作为接触指示，电压不低于 40 V。

9.7 介电性能试验

9.7.1 耐潮

9.7.1.1 设备用断路器的试验准备

本试验必须在不带任何外壳的设备用断路器本体上进行。

在特殊情况下，如果使用一个整体式的外壳，则进线孔(如果有的话)全部打开；如果有敲落孔，则打开其中一个孔。

注：术语“整体式外壳”指设备用断路器如果不带外壳就不能正常工作。

把不借助于工具就能拆卸的部件拆下并与主要部件一起进行潮湿处理，在潮湿处理过程中，弹簧盖保持打开。

9.7.1.2 试验条件

潮湿处理在空气相对湿度保持在 91%～95%之间的潮湿箱中进行。

放置样品处的空气温度保持在 20 ℃～30 ℃之间的任何合适温度(T±1)℃内。

样品在放入到潮湿箱前，预热到 T ℃～(T+4)℃的温度之间。

9.7.1.3 试验程序

试品应在箱中保持 48 h。

注 1：在潮湿箱中放置硫酸钠(Na_2SO_4)或硝酸钾(KNO_3)的饱和水溶液，并使其与箱内空气有一个足够大的接触面，就可获得 91%～95%之间的相对湿度。

注 2：为了使箱内达到规定的条件，建议确保箱内空气不断循环，并且通常要使用一个绝热的箱子。

9.7.1.4 试验后设备用断路器的条件

在潮湿处理后，样品应无本部分含义内的损坏，并应承受 9.7.2 和 9.7.3 的试验。

9.7.2 主电路的绝缘电阻

设备用断路器按 9.7.1 的规定进行潮湿试验后，施加约 500 V 的直流电压 5 s 后，并在该电压下依次测量下列部位的绝缘电阻：

a) 设备用断路器处于断开位置，依次对每极的每对接线端子或接线端头之间(当设备用断路器处于闭合位置时，这些接线端子或端头电气上是连接在一起的)；

注 1：本试验不适用于没有手动操作装置的 J 型设备用断路器。

b) 设备用断路器处于闭合位置，依次对每极与连接在一起的其他极之间；

c) 设备用断路器处于闭合位置，所有连接在一起的极与框架，包括覆盖在绝缘材料内壳(如果有的话)外表面的金属箔之间；

d) 机构的金属部件与框架之间；

e) 对具有采用绝缘材料内衬的金属外壳的设备用断路器，框架与覆盖在绝缘材料衬垫，包括套管和类似装置内表面的金属箔之间。

a)、b)和 c)项的测量在所有的辅助电路连接至框架后进行。

注 2：术语“框架”包括：

——所有易触及的金属部件和按正常使用安装后易触及的绝缘材料表面覆盖的金属箔；

——安装设备用断路器的基座的表面，必要时覆盖金属箔；

——把基座固定到支架上的螺钉和其他器件；

——安装设备用断路器时必须拆下的盖的固定螺钉，以及 8.1.2 所指的操作件的金属部件。

如果设备用断路器配有供保护导线互相连接用的接线端子，则这种接线端子应连接到框架上。

对于 a)项至 e)项的测量，金属箔应这样覆盖，使得密封用的化合物(如有的话)也应受到有效的试验。

绝缘电阻应不小于：

——2 MΩ，对 a)项和 b)项的测量；

——5 MΩ，对其他项的测量。

9.7.3 主电路的介电强度

设备用断路器通过 9.7.2 试验后，在 9.7.2 指定的部件之间施加 9.7.5 规定的试验电压 1 min。

试验开始时，施加的电压不大于规定值的一半，然后在 5 s 内将电压升至规定值。

试验过程中，不应发生闪络或击穿。

无电压降的辉光放电可忽略不计。

9.7.4 辅助电路的介电强度

对于这些试验，主电路应连接到框架上，在下列部位施加 9.7.5 规定的试验电压 1 min：

a) 通常不与主电路连接的所有辅助电路连接在一起与设备用断路器的框架之间；

b) 如适用的话，辅助电路中可能与其他辅助电路部件隔离的每一个部件与连接在一起的其他部件之间。

试验过程中，不应发生闪络或击穿。

9.7.5 试验电压值

试验电压应基本上是正弦波形，频率在 45 Hz～65 Hz 之间。

按 9.7.2 中的 a)、b)、c)、d)和 e)项指定的部位施加表 20 所示的电压。

试验电压的电源应能输出至少为 0.2 A 的短路电流。

当输出回路的电流小于 100 mA 时，变压器的过电流脱扣装置不应动作。

表 20 试验电压

额定电压或工作电压 U_N/V	$U_N \leqslant 50$	$50 < U_N \leqslant 125$	$125 < U_N \leqslant 250$	$250 < U_N \leqslant 440$
9.7.3 和 9.7.4a)的介电强度试验的试验电压/V	500	1 000	1 500	2 000
9.7.4b)的介电强度试验的试验电压/V	250	500	1 000	1 500

注：对附加绝缘和加强绝缘的试验电压正在考虑中。

9.7.6 用冲击耐受电压试验验证绝缘配合的试验

如果电气间隙小于表 1 的规定值(见 8.1.3.1.6)，用本试验来验证绝缘配合具有足够的电气间隙。

设备用断路器按正常使用安装和接线，用 GB/T 16927.1—1997 中图 6 的冲击电压进行试验。

冲击电压由一个冲击电压发生器产生，冲击电压发生器能产生正向和负向冲击电压，前沿时间为 1.2 μs；至半值时间为 50 μs，允许误差如下：

峰值：±5％；

前沿时间：±30％；

至半值时间：±5％。

调节冲击电压波形时，把被试设备用断路器连接到冲击电压发生器上。为此，应采用合适的分压器和电压传感器。

允许冲击电压波形有小的振荡，只要靠近冲击电压峰值处的振荡辐值小于峰值的 5％。

冲击电压前沿的前半部的振荡辐值允许达到峰值的 10％。

设备用断路器经过 9.7.2 的试验后，在 9.7.2 指定的部件之间施加表 21 规定的冲击耐受试验电压。

第一组试验，冲击耐受试验电压施加在设备用断路器中连接在一起的相线极和中性极(或电流回路)之间(适用时)。

第二组试验，冲击耐受试验电压施加在连接到保护导线接线端子(如果有的话)的金属支架与连接在一起的相线极和中性极(或电流回路)之间。

对每种极性应施加三次冲击电压,间隔时间至少为 1 s。

试验过程中,不应发生非故意的击穿放电。

然而,如果仅发生一次这样的击穿,可增加施加 6 次冲击电压,其极性和接线方式与发生击穿放电时的极性和接线方式相同。

不应再发生击穿放电。

注 1:试验装置的冲击阻抗宜为 500 Ω,该值的实质性的减少正在考虑中。

注 2:词句“非故意击穿放电”用来表示绝缘在电气应力下失效的现象,包括电压降落以及有电流流动等。

注 3:故意放电包括任何组合的浪涌抑制器的放电。

表 21 验证绝缘配合的冲击耐受试验电压

额定冲击耐受电压/V	根据试验地点的海拔高度适用的冲击电压(1.2/50 μs)[a]/V				
	海平面[b]	200 m	500 m	1 000 m	2 000 m
330	350	350	350	340	330
500	550	540	530	520	500
800	910	900	900	850	800
1 500	1 750	1 700	1 700	1 600	1 500
2 500	2 950	2 800	2 800	2 700	2 500
4 000	4 800	4 800	4 700	4 400	4 000
6 000	7 300	7 200	7 000	6 700	6 000

a 这些试验电压值取自 GB 14048.1—2006 的表 12。

b 对其他海拔高度,采用插入法确定试验电压。

9.8 温升试验

9.8.1 周围空气温度

在试验周期的最后四分之一时间内,用至少两只温度计或热电偶,均匀地分布在设备用断路器周围,高度约为设备用断路器高度的一半,距设备用断路器约 1 m 的地方测量周围空气温度。

温度计或热电偶应免受对流和热辐射的影响。

9.8.2 试验程序

试验应在 7.1.1 规定的基准周围空气温度下进行。

设备用断路器的各极应同时通以等于 I_n 的电流,通电时间应足以使温升达到稳定值或为约定时间,两者中取较长时间者(但不得超过 8 h)。

实际上,当温升变化每小时不超过 1 K,则已达到稳态条件。

对于带三个保护极的四极设备用断路器,首先仅对三个保护极通以规定电流进行试验。

然后对用来连接中性线的极和最近的保护极通以相同的电流重复试验。

在试验过程中,温升不应超过表 8 所示的值。

如果设备用断路器在达到稳态发热条件之前(约定时间之后)脱扣的话,则应记录脱扣前所达到的温度值。

9.8.3 部件的温度测量

表 8 所涉及的各部件的温度应用细热电偶线或用等效的器件在最可接近最热点的位置上进行测量。

应确保热电偶与被测部件表面之间有良好的热传导性。

9.8.4 部件的温升

部件的温升是该部件按 9.8.3 测得的该部件的温度与按 9.8.1 测得的周围空气温度之差。

9.9 28 天试验

在 9.2 的试验条件下,对设备用断路器进行 28 天试验,每一个试验周期由 21 h 至少在 30 V 的开路电压下通以额定电流和 3 h 不通电流组成。

设备用断路器处于闭合位置，用一个辅助开关接通和断开电流。在试验过程中，设备用断路器不应脱扣。

紧接着最后一个通电周期后，设备用断路器通以额定电电流负载。

设备用断路器在约定时间内不应脱扣，在约定时间过后，立刻测量接线端子的温升。

该温升不应超过温升试验测量值(见 9.8)15 K。

在该温升测量后，立刻在 5 s 内把电流稳定地升至约定脱扣电流。

设备用断路器应在约定时间内脱扣。

9.10 脱扣特性试验

本试验是验证设备用断路器是否符合 8.5.1 的要求。

除非制造商与用户间另有协议，本试验仅在表 9 规定的试验电流下进行。

对于不是在基准周围空气温度(23±2)℃下校正的设备用断路器，本试验应在标出的其他温度±2 ℃下进行。

9.10.1 时间-电流特性试验

9.10.1.1 从冷态开始(见表 9)，对所有极通以等于约定不脱扣电流至约定时间。

设备用断路器不应脱扣。

然后在 5 s 内把电流稳定地升至脱扣电流。

设备用断路器应在约定时间内脱扣。

9.10.1.2 从冷态开始，对所有极通以等于 $2I_n$ 的电流。

断开时间应在制造商规定的时间极限 t_1 和 t_2 内(见图 A.1、图 A.3 和图 A.4)。

9.10.2 (电磁脱扣器的)瞬时脱扣试验

从冷态开始，对所有极通以 I_{ni} 电流。

设备用断路器不应在小于或等于 0.1 s 时间内脱扣。

本试验后，从冷态开始，对所有极通以 I_i 电流。

设备用断路器应在小于 0.1 s 时间内脱扣。

9.10.3 多极设备用断路器单极负载对脱扣特性的影响试验

在 8.5.2.1 规定的条件下，通过对按 9.2 接线的设备用断路器进行试验来验证是否符合要求。

设备用断路器应在约定时间内脱扣。

9.10.4 周围温度对脱扣特性的影响试验

按 7.1.2 的最低和最高温度值，并在制造商对这些温度规定的降容或增容系数乘以 $2I_n$ 而获得的电流下对设备用断路器进行试验。

设备用断路器应在制造商按表 9 规定的时间极限 t_1 和 t_2 内脱扣。

注：对液压电磁式设备用断路器，降容系数不适用。在不是周围基准空气温度条件下的脱扣时间极限值应按制造商技术文件中给出的值进行试验。

9.11 验证电气操作能力

9.11.1 一般要求

有关验证电气性能的试验是用来验证设备用断路器能接通和分断相应于 8.6 所示的典型使用条件的电流。

9.11.1.1 试验条件

本试验应在表 11 或表 12 所示的试验电压和试验电流下进行。试验量的允许误差应为：

电流：$^{+5}_{\ 0}\%$；

电压：±5%；

频率：±5%。

在图3至图6规定的试验线路中进行试验。按所声明的性能，通过将电阻器和电抗器串联连接在负载端，可将试验电流调节至表11或表12规定的值。

如果使用空芯电抗器，每相电抗器应并联一个电阻器，流过电阻器电流约为电抗器电流的0.6%。

如果使用铁心电抗器，则这些电抗器的铁心功率损耗不应明显地影响恢复电压。

对于交流，电流应基本上为正弦波，功率因数应为表11或表12中按所声明性能的规定值。

对于直流，电流应基本上无纹波(实际纹波系数<5%)，时间常数应为表11或表12中按所声明性能的规定值。

设备用断路器连接表14规定尺寸的导线。

对于接线端子没有区分电源端和负载端的设备用断路器，其中一台试品应反向接线进行试验。

9.11.1.2 试验程序

设备用断路器应按所声明性能采用表11或表12中规定的电流值进行规定的循环操作次数。

应在预期的使用条件下操作设备用断路器。

注1：预期条件包括在与标准值不同的基准周围空气温度 T 下使用。

注2：为减少试验次数，经制造商同意，可在基准周围空气温度及额定电流(相应于标准基准周围空气温度)下进行试验。

每次操作循环应包括一次接通操作和紧接着的一次分断操作。

在每次操作循环期间，设备用断路器应保持断开至表11或表12规定的时间。除非制造商和用户之间另有协议，对于M型和S型设备用断路器，接通的时间不应超过1 s。

对于R型和J型设备用断路器，接通时间应为设备用断路器脱扣所需的时间。

每次操作循环结束后，图3～图6所示的熔断器F不应熔断。

9.11.1.3 试验后设备用断路器的状况

在9.11.2、9.11.3和9.11.4的试验后，样品不应有下列现象：

——过度磨损；

——动触头位置与指示装置相应位置之间的偏移；

——整体式外壳(如有的话)损坏至试指(见9.6)能触及带电部件；

——电气或机械连接件的松动；

——密封化合物(如果有的话)渗漏。

此外，设备用断路器应能承受9.7.3的介电强度试验，试验电压为9.7.5中规定值的0.75倍，试验前不进行9.7.1的潮湿处理。

9.11.1.4 试验后验证脱扣特性

9.11.1.4.1 对于热式，热磁式或液压-电磁式脱扣方式的设备用断路器，在9.11.1.2和9.11.1.3试验后：

——从冷态开始，设备用断路器所有极通以 $1.8I_n$ 的电流，通电时间为 t_1，不应脱扣；

——从冷态开始，设备用断路器所有极通以 $2.2I_n$ 的电流，应在 t_2 时间内脱扣。

9.11.1.4.2 对于仅带电磁脱扣方式的设备用断路器，在9.11.1.2和9.11.1.3试验后：

——设备用断路器通以 $0.9I_{ni}$ 电流时不应脱扣；通以 $1.1I_i$ 电流时应脱扣。

9.11.1.4.3 对于带电子-混合式脱扣方式的设备用断路器：

正在考虑中。

9.11.2 额定电流下的性能(或R型和J型设备用断路器，在低过载情况下的性能)

因为R型和J型设备用断路器不能手动脱扣，这类设备用断路器进行分断操作的试验应在低过载下进行。

试验条件应按声明的性能如表11或表12中第1组的规定。

9.11.3 额定通断能力下的性能

试验条件应按声明的性能如表 11 或表 12 中第 2 组的规定。

9.11.4 在额定短路能力下的性能

除了适用于隔离的设备用断路器，本试验是可选试验。

GB 10963.1—2005 的附录 H 规定的栅格距离应按制造商的技术文件中给出的信息。

试验条件应按声明的性能如表 11 或表 12 中第 3 组的规定，但在制造商对设备用断路器规定的额定短路电流下，用下列的操作程序进行试验。

设备用断路器应在制造商规定的电流下进行下列程序的操作：

a) 对于自由脱扣、循环自由脱扣的设备用断路器和 J 型设备用断路器：

$$O\text{-}t\text{-}CO\text{-}t\text{-}CO$$

对于循环自由脱扣的设备用断路器的试验，保持闭合指令直至完成三次断开操作。

b) 对无自由脱扣的设备用断路器(见注)：

$$O\text{-}t\text{-}O\text{-}t\text{-}O$$

其中：

O 表示一次断开的操作；

CO 表示一次闭合操作后紧接着一次断开操作；

t 表示两次相邻短路操作之间的时间间隔，并且规定如下：

——对自由脱扣设备用断路器，如表 11 或表 12 中第 3 组规定的时间；

——对循环自由脱扣和 J 型设备用断路器，为设备用断路器的自复位时间；

——对无自由脱扣设备用断路器，为足以使设备用断路器能复位的时间。

注：无自由脱扣的设备用断路器的试验是基于该类设备用断路器不是用来在短路条件下闭合的(见 4.7.3)。

对于每次操作，指示装置应能显示触头的断开位置。

9.11.5 过电压脱扣器动作极限试验

正在考虑中。

9.11.6 欠电压脱扣器和零电压脱扣器的工作状况

9.11.6.1 验证欠电压脱扣器和零电压脱扣器的动作极限值

本试验应在新的样品上进行。试验条件如表 10 的规定。

9.11.6.2 欠电压脱扣器和零电压脱扣器的电气寿命试验

带欠电压脱扣器或零电压脱扣器的设备用断路器应进行制造商技术文件中给出操作循环试验。每个操作循环包括一次欠电压脱扣器和零电压脱扣器施加额定电压的接通操作，以及接着用外部辅助开关切断欠电压脱扣器和零电压脱扣器电源的自动分断操作。

9.11.6.3 欠电压脱扣器和零电压脱扣器的耐受等级试验

正在考虑中。

9.12 限制短路电流试验

9.12.1 概述

验证限制短路电流条件下的性能试验应与设备用断路器制造商规定型式、额定值和特性的 SCPD 一起进行试验。

对于性能类别 PC1，SCPD 的额定值应至少为 15 A。

设备用断路器应按 9.2 的规定安装。

GB 10963.1—2005 中附录 H 所述的栅格与设备用断路器电弧喷出口的距离应按制造商说明书的规定。

试验电路应按图 10～图 13 布置(适用时)。

调整电路时，应用阻抗可忽略不计的连接取代设备用断路器和 SCPD(包括图 10～图 13 中的连接线)。

应按表22中规定的电流和功率因数或时间常数,将试验电路调整到制造商对设备用断路器规定的额定限制短路电流值。

表22 试验电路的功率因数和时间常数

	试验电流 I_{cc}/A	功率因数(范围)	时间常数/ms
交流	$300<I_{cc}\leqslant 1\,500$ $1\,500<I_{cc}\leqslant 3\,000$	0.93~0.98 0.85~0.90	
直流	$I_{cc}\leqslant 1\,000$ $I_{cc}>1\,000$		2.5±0.5 5.0±1
注:如果试验电流大于3 000 A,可参考GB 10963.1—2005的9.12.5。			

试验电路调整好后,用设备用断路器和SCPD(包括图10~图13中的连接线)取代阻抗可忽略不计的连接,设备用断路器连接如图10~图13所示的铜导线,铜导线的长度如图10~图13所示,截面积为表3中与设备用断路器额定电流相应的最大截面积。

9.12.2 试验量值

验证额定限制短路电流的所有试验应采用制造商按本标准相应的表格规定的电流值,电压值及功率因数进行试验。

外施电压值是产生规定的工频恢复电压所必须的电压值。每相的工频恢复电压值应等于相应于被试设备用断路器的额定工作电压的105%的值。

9.12.3 试验量的允差

如果试验报告中记录的有效值与规定值不同但是在下列允差范围内,则认为试验是有效的:

电流:$^{+5}_{\ 0}$%

电压:±5%(包括工频恢复电压)

频率:±5%

9.12.4 试验程序

9.12.4.1 概述

试验程序由一个操作序列组成。

确定操作顺序时,采用了下列的符号:

O 表示一次断开操作;

CO 表示一次闭合操作以及紧接着一次自动断开;

t 表示两次连续的短路操作之间的时间间隔,并规定如下:

——如果SCPD动作,3 min或重新闭合设备用断路器所需的更长的时间;

——如果SCPD不动作:

- 对自由脱扣和无自由脱扣的设备用断路器:3 min;
- 对J型和循环自由脱扣的设备用断路器:设备用断路器的自复位时间。

时间t的实际值应在试验报告中写明。

设备用断路器应进行下列操作序列的试验:

——对于自由脱扣、循环自由脱扣和J型设备用断路器

$$O\text{-}t\text{-}CO\text{-}t\text{-}CO$$

——对于无自由脱扣的断路器

$$O\text{-}t\text{-}O\text{-}t\text{-}O$$

在单相试验时,第一次"O"操作的短路电流接通瞬间应使SCPD产生最大的允通能量:

——对于熔断器，推荐优先参照 GB/T 13539 的要求；

——对于具有限流特性的断路器，制造商应提供有关能量限制特性的信息。

如果符合下列条件，应认为设备用断路器通过试验：

——检测对地泄漏的熔断器没有断开；然而 SCPD 可以动作；

——构成整体的外壳（如有的话）没有损坏，不允许用试指（见 9.6）触及带电部件；

——栅格电路（GB 10963.1—2005 的图 H.3）的熔断器没有熔断；

——对按 9.12.4.3 试验的性能类别 PC2 的设备用断路器，在每次操作后，指示装置应能显示触头的断开位置。

9.12.4.2 验证性能类别 PC1 的额定限制短路电流（I_{nc1}）

设备用断路器应进行 9.12.4.1 规定的试验程序，试验电流为相应于额定限制短路电流的电流。

短路试验后，设备用断路器的下列状况是可以接受的：

——第一次、或第二次或第三次操作后，不能再操作；

——不能复位；

——在规定的极限值内不能脱扣；

——不能指示触头位置（断开或闭合位置）；

——触头熔焊；

——设备用断路器的内部损坏。

9.12.4.3 验证性能类别 PC2 的额定限制短路电流（I_{cn2}）

用二组设备用断路器（见表 C.2 和表 C.3）进行 9.12.4.1 规定的试验程序，试验电流如下规定：

a) 一组样品的试验电流为相应于额定限制短路电流的电流；

b) 另一组样品的试验电流为相应于设备用断路器额定短路能力的 1.5 倍的电流（见 8.6）。

这些试验后，设备用断路器应符合 9.12.4.1 规定的条件。

此外，设备用断路器不应有下列情况：

——动触头的位置与指示装置的相应位置不一致；

——密封化合物渗出。

此外，设备用断路器应能承受 9.7.3 的介电强度试验，试验电压为 9.7.5 规定值的 0.75 倍，试前不进行潮湿处理。

如果试验后设备用断路器能符合 9.11.1.3 和 9.11.1.4 的要求，则认为该断路器通过了试验。

9.13 耐机械冲击和机械撞击试验

正在考虑中。

9.14 耐热试验

9.14.1 设备用断路器在温度为（100±2）℃的加热箱中保持 1 h。

在试验过程中，样品不应有任何妨碍其继续使用的变化，且密封化合物（如有的话）不应流落到使带电部件外露的程度。

本试验结束后以及在样品允许冷却到近于室温后，样品按正常使用条件安装后在正常情况下不易触及的带电部件应不能触及，即使用一个不超过 5 N 的力施加标准试指也是如此。

本试验后，标志仍应清晰易见。

密封化合物的变色，起泡或轻微移位，只要在本标准含义内的安全性不受影响，均可忽略不计。

9.14.2 除了把外壳内的保护导线的接线端子保持在位置上所必需的绝缘材料部件应按 9.14.3 规定试验外，设备用断路器中把载流部件和保护电路部件保持在其位置上所必需的，由绝缘材料制成的外部部件用图 8 所示的装置进行球压试验。

被试部件的表面放置在一个钢制支架上，处于水平位置，用一个 20 N 的力把一个直径为 5 mm 的钢球压在此表面上。

试验在一个温度为(125±2)℃的加热箱中进行。

1 h后，把球从样品上移开，然后把样品浸入冷水中使其在10 s内冷却至接近室温。

测量由钢球产生的压痕的直径，测量值不应超过2 mm。

9.14.3 设备用断路器中不是把载流部件和保护电路部件保持在位置上必需的由绝缘材料制成的外部部件，即使与上述部件相接触，也按9.14.2进行球压试验，但试验在(75±2)℃或在(40±2)℃的温度加上在9.8试验中对有关部件测定的最高温升下进行试验，两者中取较高的温度。

对不是在(23±2)℃的基准周围空气温度下调整的设备用断路器，应在7.1.2的周围空气温度的上限加上在9.8试验中对有关部件测定的最高温升，或在(75±2)℃的温度下进行试验，两者中取较高的温度。

注1：就9.14.2和9.14.3的试验而言，平面安装式设备用断路器的基座看作外部部件。

注2：对陶瓷材料部件不进行9.14.2和9.14.3的试验。

注3：如果9.14.2和9.14.3所述的两个或几个绝缘材料部件是用同一种绝缘材料制成，则仅对一个这样的部件分别按9.14.2或9.14.3进行试验。

注4：本试验的修订正在考虑中。

9.15 耐异常发热和耐燃试验

通过灼热丝试验来检验其是否符合8.10的要求，灼热丝试验应按GB/T 5169.10—2006中第4章～第10章的要求在下列条件下进行：

——对设备用断路器中把载流部件和保护电路部件保持在其位置上必需的，用绝缘材料制成的外部部件，在(960±10)℃的温度下进行试验；

——对所有其他由绝缘材料制成的外部部件，在(650±10)℃的温度下进行试验。

注1：就本试验而言，平面安装式设备用断路器的基座看作外部部件。

注2：对陶瓷材料部件不进行本试验。

注3：如果绝缘材料部件是用同一种绝缘材料制成，则仅对一个这样的部件按合适的灼热丝温度进行试验。

进行灼热丝试验是为了确保电加热的试验丝在规定的试验条件下不会引起绝缘部件着火，或确保在规定的条件下可能被加热试验丝引燃的绝缘材料部件在一个有限的时间内燃烧，而不会由于火焰或燃烧的部件或从试验部件上落下的微粒蔓延火灾。

本试验应在一台样品上进行。

在有疑问的情况下，应再用二台样品重复进行此项试验。

试验时，施加灼热丝一次。

试验时，样品应放置在其预期使用的最不利位置(被试表面处于垂直位置)。

考虑到加热元件或灼热元件可能与样品接触的预期使用条件，灼热丝顶端应施加到样品的规定表面上。

如果符合下列要求，可看作样品通过灼热丝试验：

——没有可见的火焰，也没有持续的辉光；

——在灼热丝移开后，样品上的火焰和辉光在30 s内自行熄灭。

此外，不应点燃薄纸或烧焦松木板。

注4：本试验的修订正在考虑中。

9.16 耐电痕化试验

对除陶瓷材料以外的材料通过下列试验来检验其是否符合8.11的要求。

把一个被试部件的平整表面(如果可能的话，至少为15 mm×15 mm)放置在水平位置。

把图9所示尺寸的两个铂电极按该图所示的方式放置在试样的表面上，使得倒圆角边缘的整个长度与试样接触。每个电极施加在试样表面上的力约为1 N。

两电极接至频率为 45 Hz～65 Hz，基本上为正弦波形的电源。试验电压相应于材料的 CTI 值(见表 2[1])，即 100 V，400 V 或 600 V。

当电极短路时，用可调电阻器来调节电路的总阻抗，使得在 0.9～1 的功率因数下电流为(1.0±0.1)A。电路中应包括一只过电流继电器，其脱扣时间至少为 0.5 s。

把蒸馏水配制的氧化铵溶液滴到两电极中间，使试样表面湿润。

溶液在 25 ℃温度下的电阻率为 400 Ω·cm，相应的浓度约为 0.1%。

液滴体积大小为 20^{+5}_{0} mm³，从 30 mm～40 mm 的高度滴落。

两次滴落之间的时间间隔为(30±5) s。

在滴落总数为 50 滴液滴之前，电极间不应发生闪络或击穿。

注：必须注意，在每次试验开始之前，电极应是清洁的，并且形状正确和定位正确。有疑问时，可重复进行试验。如有必要，可在一组新的试样上试验。

9.17 防锈试验

把被试零件浸入冷的化学去油剂，例如精炼汽油中浸 10 min，除去全部油脂。然后再把这些零件放入温度为(20±5)℃，10%的氯化铵水溶液中浸 10 min。

不经干燥，但甩干所有的水滴后，把这些零件放进温度为(20±5)℃含有饱和水汽的空气的箱子中 10 min。

把零件放在温度为(100±5)℃的烘箱中干燥 10 min 后，其表面不应有锈蚀的迹象。

锐利边缘上的锈迹以及任何可擦掉的黄色锈膜可忽略不计。

对于小弹簧和类似零件以及不易触及的易受到磨损的零件，涂一层油脂可提供足够的防锈保护。

只有在对油膜的有效性怀疑时，才对这些零件进行此项试验，在这情况下试验时，试前不去除油脂。

注：在使用试验规定的溶液时，应采取适当的措施以防止吸入蒸汽。

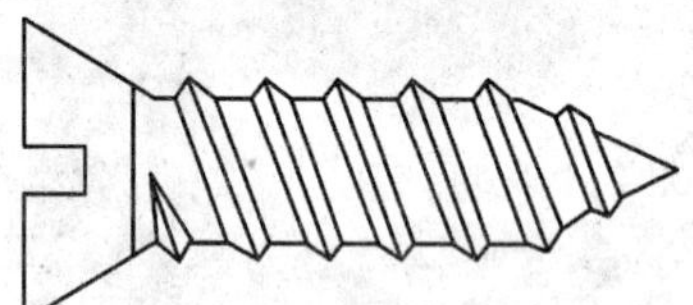

图 1 螺纹挤压成形自攻螺钉

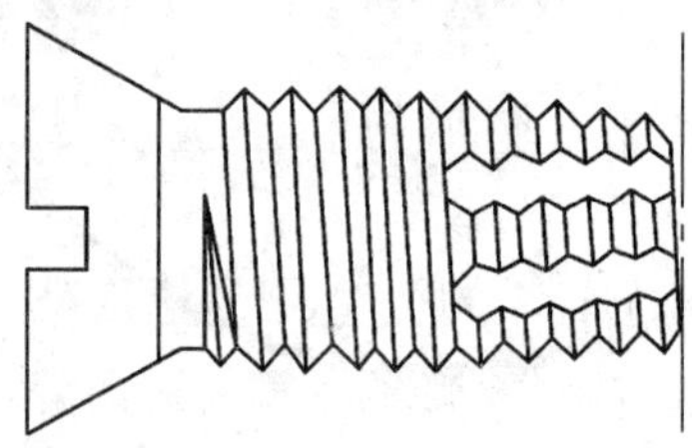

图 2 螺纹切削自攻螺钉

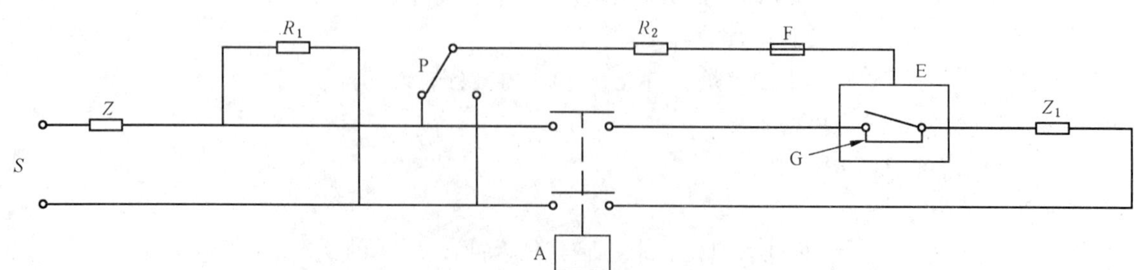

图 3 过电流试验的试验电路(单极设备用断路器)

1) 采标注：原文为表 1，本标准中与 CTI 值和材料组别有关的表格应为表 2。

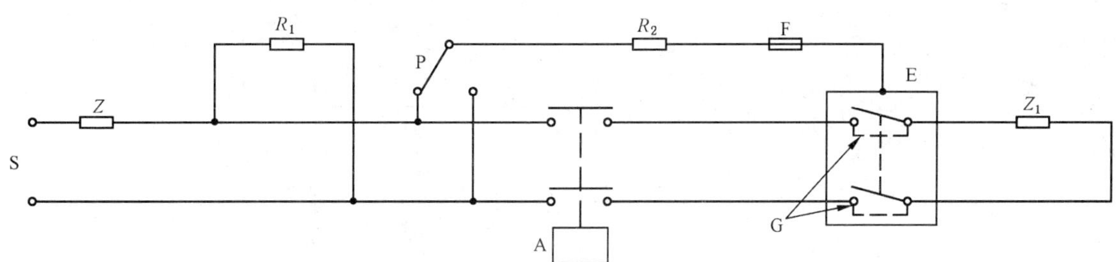

图 4　过电流试验的试验电路(二极设备用断路器)

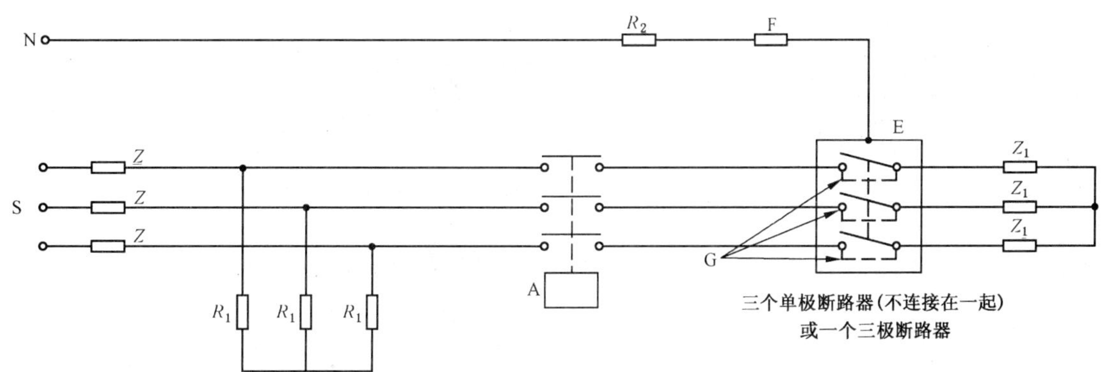

图 5　过电流试验的试验电路(三极或三个单极设备用断路器)

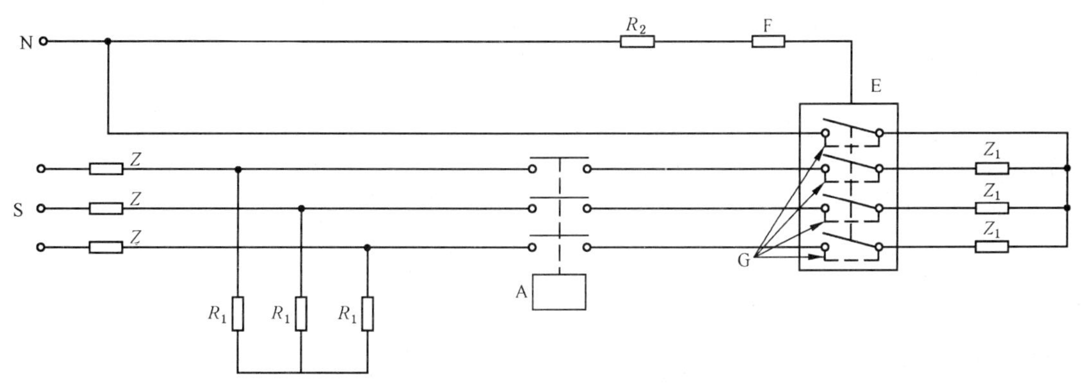

图 6　过电流试验的试验电路(四极设备用断路器)

S——电源；N——中性线；Z——调节预期电流至额定短路能力值的阻抗；R_1——电阻器，每相分流电流 10 A；Z_1——调节试验电流至低于额定短路能力值的阻抗；E——外壳或支架；A——与电压波形同步的辅助开关；G——调节试验电路用的阻抗可忽略不计的连接；R_2——0.5 Ω 电阻器；F——铜导线(直径 0.1 mm，长 50 mm)；P——选择开关。

图 3～图 6　过电流试验电路图的说明[1)]

1)　IEC 原文中没有图名，在本标准中加入图名。另外原文中 R_1，Z_1 为 R_t，Z_t 有误，故改正。

单位为毫米

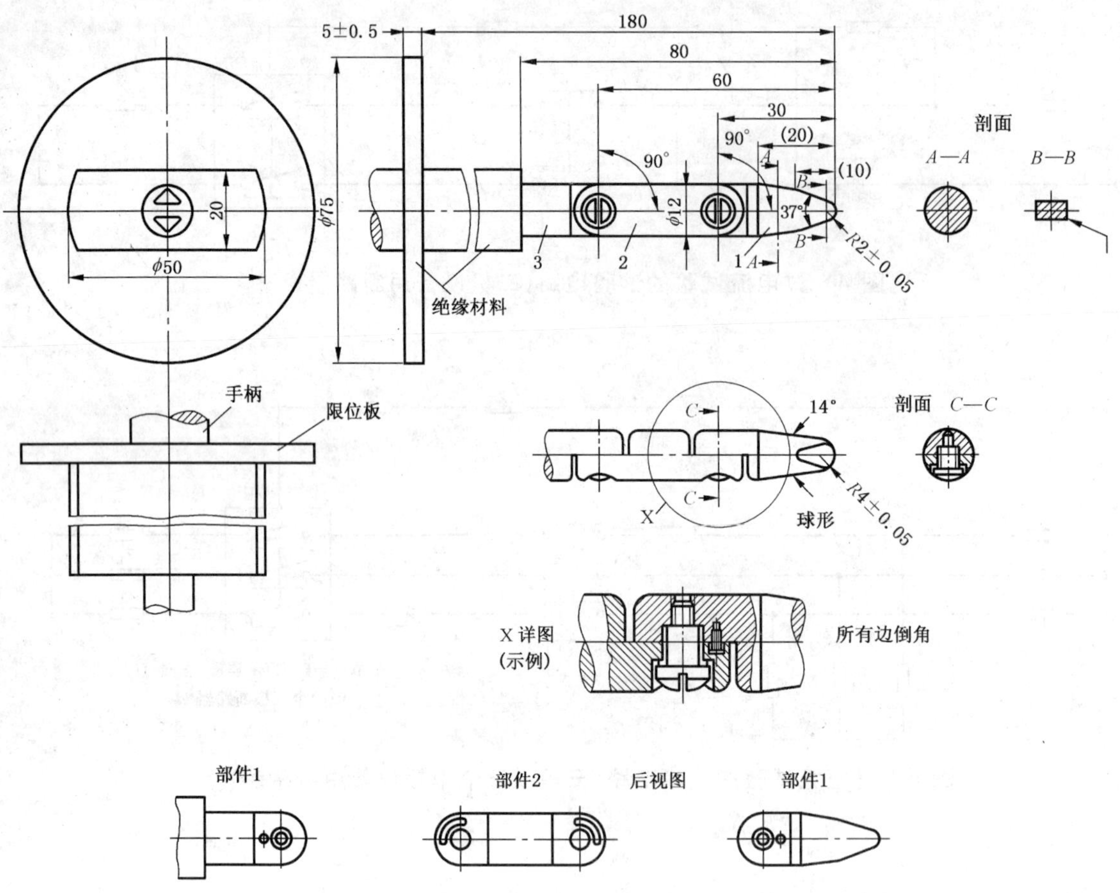

没有规定公差尺寸的公差：

角度：$^{0}_{-10'}$

线尺寸：

小于等于 25 mm：$^{0}_{-0.05}$ mm

大于 25 mm：±0.2 mm

试指材料：例如，热处理钢。

注 1：试指的两个关节可以在 $90^{\circ}{}^{+10^{\circ}}_{0}$ 范围内弯曲，但只能在同一平面和同一方向弯曲。

注 2：为了限制弯曲角度至 90°，采用定位销和槽的解决方案只一种可能的方式，因此在图中没有给出详细的尺寸和公差。实际设计时必须保证 90°的弯曲角度和 0°～+10°的公差。

图 7　标准试指（见 GB 4208）

图 8　球压试验装置

图 9　用于耐电痕化试验的电极的安置和尺寸

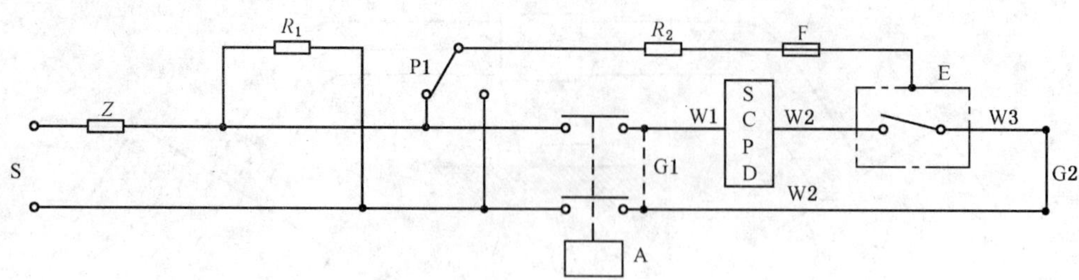

图 10　验证限制短路电流的试验电路(单极设备用断路器)

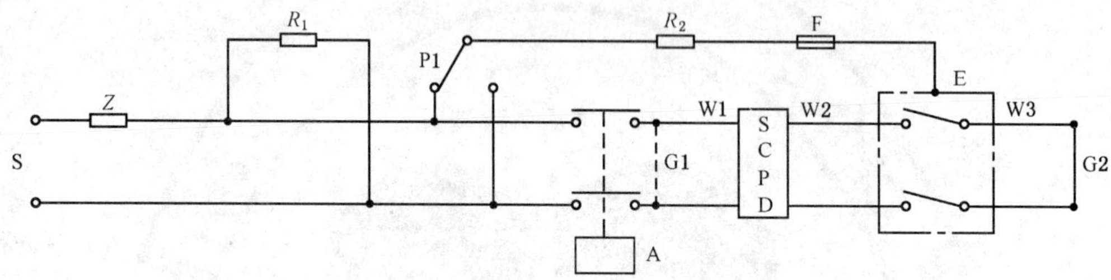

图 11　验证限制短路电流的试验电路(二极设备用断路器)

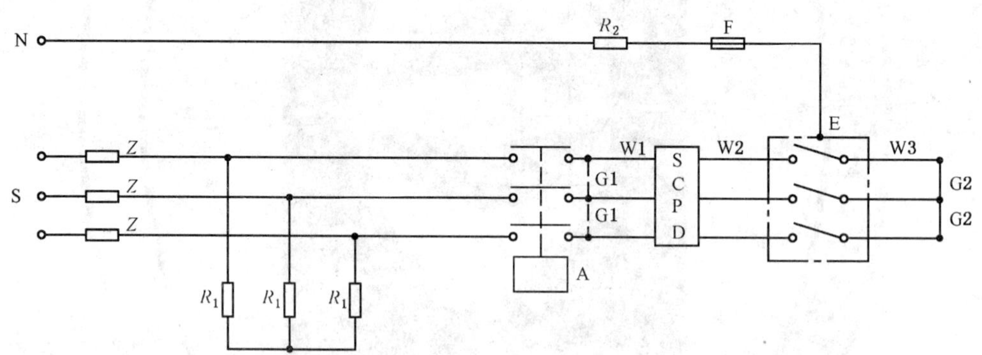

图 12　验证限制短路电流的试验电路(三极设备用断路器)

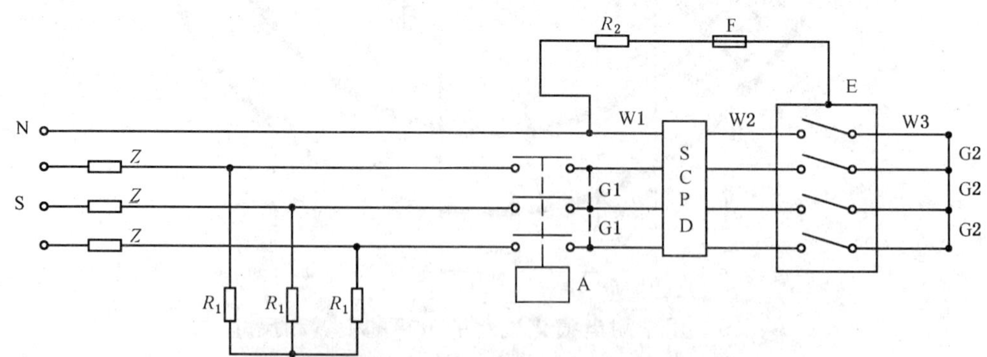

图 13　验证限制短路电流的试验电路(四极设备用断路器)

S——电源;Z——调节预期电流至额定限制短路电流的阻抗;R_1——电阻器,每相分流电流为 10 A;R_2——电阻器,0.5Ω;E——外壳支架;A——与电压波形同步的辅助开关;G_1——调节试验电路用的阻抗可忽略不计的连接;F——铜导体(直径:0.1 mm,长度:50 mm);W_1 和 W_2——每根导线长度为 0.75 mm,截面积基于 SCPD 的额定值;W_3——每根导线长度为 0.75 mm,截面积基于设备用断路器的额定值;P_1——选择开关;G_2——阻抗可忽略不计的连接。

图 10～图 13　验证限制短路电流试验电路的说明[1)]

1)　IEC 原文中图 10-13 没有图名,本标准加上。

附　录　A

（规范性附录）

时间-电流带（见 9.10 和表 9）

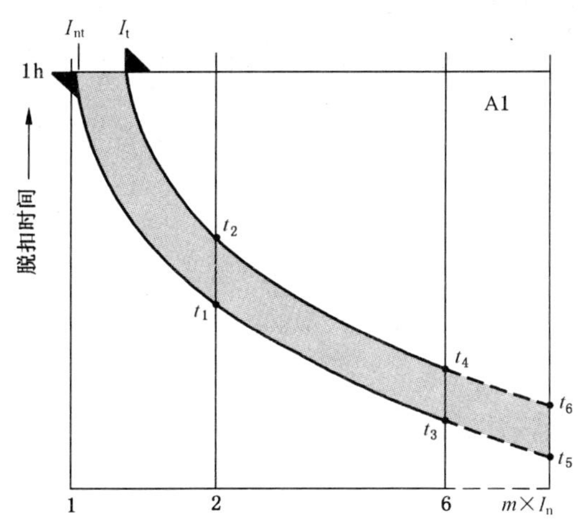

图 A.1　只有热脱扣

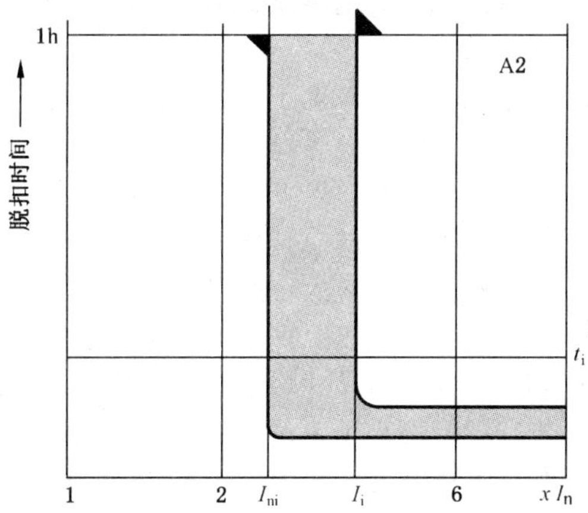

图 A.2　只有电磁脱扣

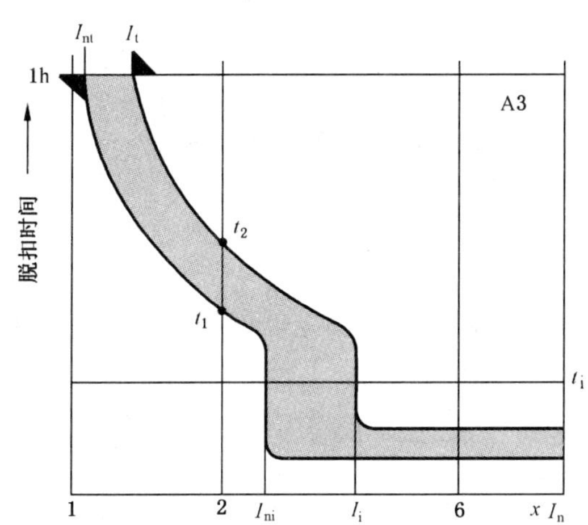

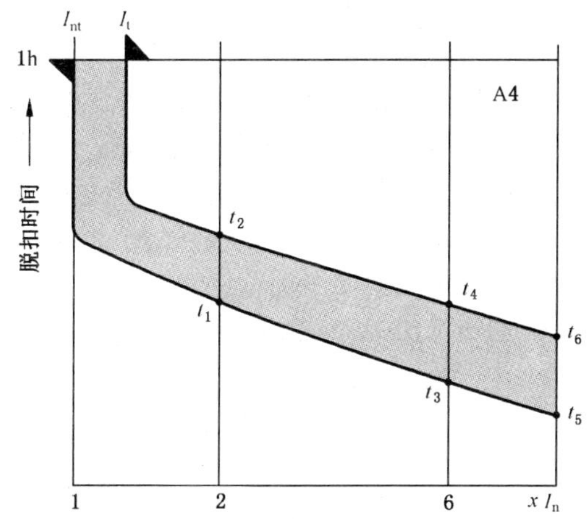

m——制造商规定的系数（见表 9）[1]；

$t_1 \sim t_6$——制造商规定的时间；

I_n——额定电流；

I_i——瞬时脱扣电流；

I_{ni}——瞬时不脱扣电流；

t_i——瞬时脱扣时间；

I_{nt}——约定不脱扣电流；

I_t——约定脱扣电流。

图 A.3　热-磁脱扣

图 A.4　液压-电磁脱扣

图 A.1～A.4

1）　采标注：IEC 原文是“见表 5”，表 5 与时间电流脱扣无关，故改正为表 9。

附 录 B
（规范性附录）
确定电气间隙和爬电距离

在确定电气间隙和爬电距离时，建议考虑下列几点：

如果电气间隙和爬电距离受到一个或几个金属部件的影响，则受影响的各部分的总和应至少是规定范围的最小值。

当几个单独的部分长度小于：

——0.2 mm(对污染等级 2)；

——0.8 mm(对污染等级 3)。

则不计入电气间隙的总长度。

确定爬电距离：

——当槽宽度和深度至少为 1 mm 时，应沿槽的轮廓线测量；

——如果槽的任何尺寸均小于上述尺寸时，应忽略不计，且仅测量直线距离；

——当筋的高度小于 1 mm 时，可忽略不计；

——如果筋的高度至少为 1 mm 时，按下列方法测量：

- 如果筋和绝缘材料部件是一体的(例如，用模压，焊接或胶合方式制成)，应沿其轮廓线测量；
- 如果筋和绝缘材料部件不是一体的，则沿下述较短的路径测量：即沿接缝或沿筋的轮廓测量。

用下列图例对上述推荐的应用进行说明：

——图 B.1，图 B.2 和图 B.3 表示在计算爬电距离时，包括槽或不包括槽在内的图例；

——图 B.4 和图 B.5 表示在计算爬电距离时，包括筋或不包括筋在内的图例；

——图 B.6 表示当筋是由插入的绝缘隔板形成，且其外部轮廓线比接缝长度长时，应考虑接缝部分爬电距离的图例；

——图 B.7，图 B.8，图 B.9 和图 B.10 对置于绝缘材料部件凹槽中的固定器件如何测量爬电距离作了说明。

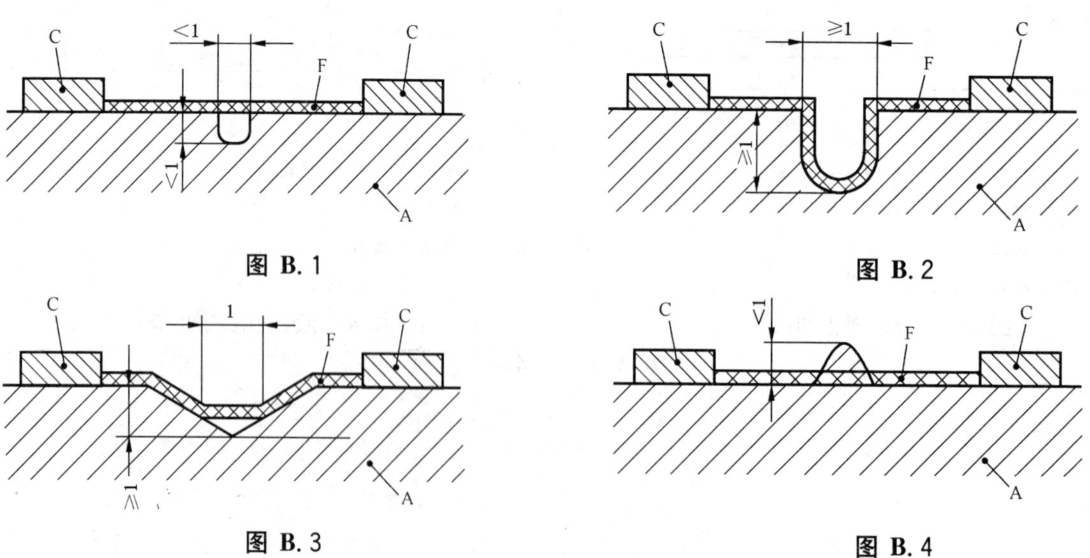

图 B.1

图 B.2

图 B.3

图 B.4

图 B.1～B.10

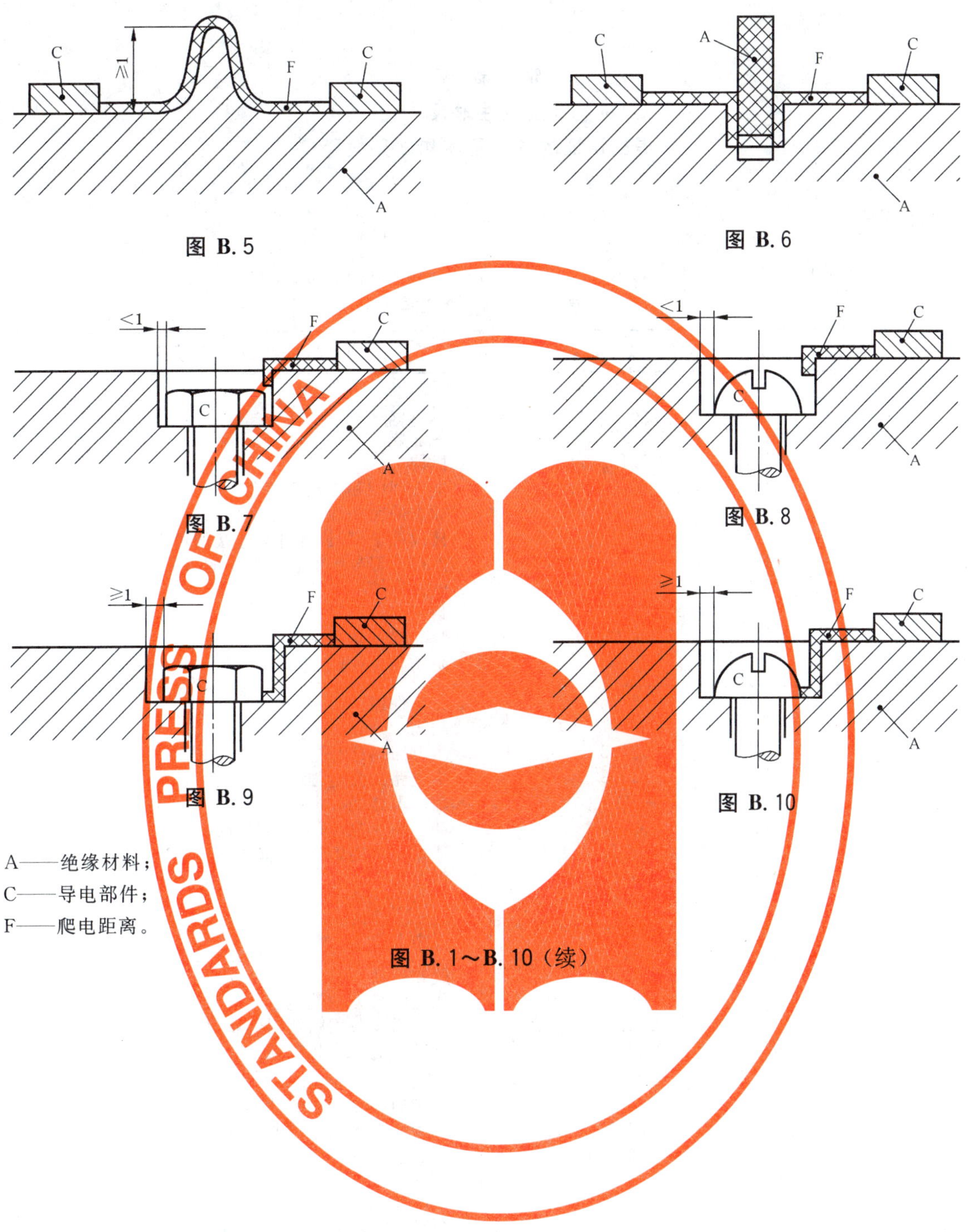

图 B.5

图 B.6

图 B.7

图 B.8

图 B.9

图 B.10

A——绝缘材料；
C——导电部件；
F——爬电距离。

图 B.1～B.10（续）

附 录 C
（规范性附录）
提交认证的试验程序和试品数量

C.1 试验程序

根据本附录表C.1的规定进行试验，表中每一程序的试验应按规定的次序进行。

表C.1 试验程序

试验程序	条款或分条款	试验（或直观检查）
A	6 8.1 8.1.1 8.1.2 8.1.3 9.3 9.4 9.5 9.6 9.14 9.15 9.17	标志 机械设计 一般要求 机构 电气间隙和爬电距离 标志的耐久性 接线端子、载流部件和连接的可靠性 连接外部导线的接线端子的可靠性 电击保护 耐热 耐异常发热和耐燃 防锈
B	9.7 9.7.1 9.7.2 9.7.3 9.7.4 9.7.6 L.9.7.7[a] 9.8 9.9 9.16	介电性能 耐潮 主电路的绝缘电阻 主电路的介电强度 辅助电路的介电强度 冲击耐受电压（如果需要时） 适用于隔离的试验（如果适用时） 温升 28天试验 耐电痕化
C	9.10 9.11.2 9.11.1.3 9.11.1.4	脱扣特性 额定电流下的性能 试验后设备用断路器的状况 试验后验证脱扣特性
D	9.10.1.2 9.11.3 9.11.1.3 9.11.1.4	时间-电流特性 额定通断能力下的性能 试验后设备用断路器的状况 试后验证脱扣特性
E （除了适用于隔离的设备用断路器之外，其他可选）	9.10.1.2 9.11.4 9.11.1.3[a] 9.11.1.4	时间-电流特性 在额定短路能力 I_{cn} 下的性能 试验后设备用断路器的状况 试后验证脱扣特性
F（可选的）	9.10.1.2 9.12.4.2	时间-电流特性 性能类别PC1的额定限制短路电流（I_{nc1}）
G （除了适用于隔离的设备用断路器之外，其他可选）	9.10.1.2 9.12.4.3 9.11.1.3[a] 9.11.1.4	时间-电流特性 性能类别PC2的额定限制短路电流（I_{nc2}） 试验后设备用断路器的状况 试后验证脱扣特性

[a] 在此验证后，适用于隔离的设备用断路器在进行9.11.1.4的试验之前需另外增加L.9.7.7.2的试验（验证断开触头之间的泄漏电流）。

C.2 全部试验程序所需提交的试品数量

如只有一种型式的设备用断路器提交试验，则提交不同试验系列的试品数量应按表C.2的规定，表中同时还列出了最小合格性能判别标准。

如果按表C.2第2栏提交的所有试品都通过了试验，则表明这些试品符合了本标准规定。如果只有第3栏给定的最少数量的试品通过了试验，则应按第4栏给定的试品数，对附加的试品进行试验，并且所有的试品均应完满地完成试验程序。

对具有一个以上额定电流的设备用断路器，每一试验系列应分别用二组相同的设备用断路器进行试验：一组整定在最大额定电流，另一组整定在最小额定电流。

表C.2 全部试验程序的试品数量

试验程序	试品数量	需通过试验的最少试品数量	重复试验的试品数量[a]
A	1	1	—
B	3	2	3
C	3	2	3
D	3	2	3
E	3	2	3
F	3	2	3
G	2×3	2×2	2×3

[a] 重复试验时，所有的试验结果均应合格。

C.3 基本结构相同的一组设备用断路器同时提交试验时，简化的试验程序所需提交的试品数

C.3.1 如果基本结构相同的一组设备用断路器提交试验时，试品数量可根据本附录的表C.3减少。如果符合下列条件，设备用断路器可被认为具有相同的基本结构：

a) 除了由于额定电流不同而必须不同的部件外，其他所有部件均相同。对大部分设计，这些不同的零件，例如是双金属片，线圈以及这些部件之间的连接；

b) 仅外壳形状不同；

c) 多极设备用断路器由单极设备用断路器组成，或由与单极设备用断路器相同的元件组装而成，每极具有相同的外形尺寸；

d) 省去的部件不会明显影响性能，例如属于辅助回路或控制回路的部件；

e) 仅接线端子不同，如果合适时，设备用断路器可进行温升试验（见9.8）。

表C.3 简化试验程序试品数量的减少

试验程序	与极数有关的试品数量[a]			
	单极[b]	二极[c]	三极	四极[d]
A[h]	1最大额定值 1最小额定值	1最大额定值	1最大额定值	1最大额定值
B	3最大额定值	3最大额定值[e]	3最大额定值[f]	3最大额定值
C	3最大额定值	3最大额定值[e]	3最大额定值[f]	3最大额定值
D	3最大额定值	3最大额定值	3最大额定值	3最大额定值

表 C.3（续）

试验程序	与极数有关的试品数量[a]			
	单极[b]	二极[c]	三极	四极[d]
E[g]	3 最大额定值 3 最小额定值	3 最大额定值 3 最小额定值	3 最大额定值 3 最小额定值	3 最大额定值 3 最小额定值
F[g]	3 最大额定值 3 最小额定值	3 最大额定值 3 最小额定值	3 最大额定值 3 最小额定值	3 最大额定值 3 最小额定值
G[g]	2×3 最大额定值 2×3 最小额定值	2×3 最大额定值 2×3 最小额定值	2×3 最大额定值 2×3 最小额定值	2×3 最大额定值 2×3 最小额定值

a 如果按 C.2 的最小合格标准重复进行试验时，对有关试验程序用一组新的试品。重复试验时，所有试验结果必须合格。

b 如果只有多极设备用断路器提交试验时，本栏也适用于一组极数最少的试品。

c 本栏也适用于带一个保护极和一个中性极的设备用断路器。

d 本栏也适用于带三个保护极和一个中性极的设备用断路器。

e 当三极或四极设备用断路器进行试验后，这项试验可以省略。

f 当四极设备用断路器进行试验后，这项试验可以省略。

g 考虑由于设备用断路器的内阻抗对短路电流的限制，如果认为合适时，可用中间额定值代替最小额定值进行试验。

h 当多极设备用断路器提交试验时，最多对四个连接外部导线的螺纹型接线端子进行 9.5 的试验。

附 录 D
（规范性附录）
ISO 和 AWG 铜导线对照

表 D.1 ISO 和 AWG 导线截面积对照

ISO 尺寸/ mm^2	AWG	
	尺寸	截面积/mm^2
1	18	0.82
1.5	16	1.3
2.5	14	2.1
4	12	3.3
6	10	5.3
10	8	8.4
16	6	13.3
25	3	26.7
35	2	33.6
50	0	53.5

注 1：一般采用 ISO 尺寸。

注 2：制造商要求时，可使用 AWG 尺寸。

附　录　E
（规范性附录）
接线端子示例

在本附录中给出一些接线端子的设计示例。安装导线的部位必须有适合于容纳实心硬导线的直径以及具有适合于容纳硬性多股绞合导线的截面积（见 8.1.5）。

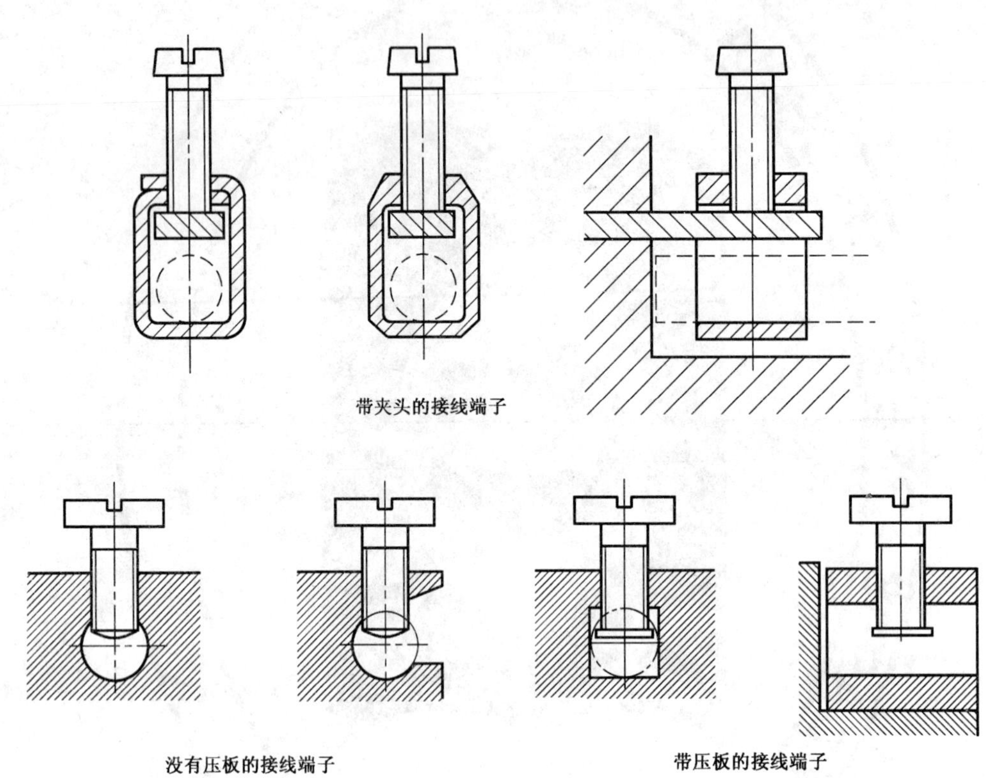

带有螺纹孔的接线端子部件和导线被螺钉夹紧的接线端子部件可以是两个分开的部件，例如带有夹头的接线端子。

图 E.1　柱式接线端子示例

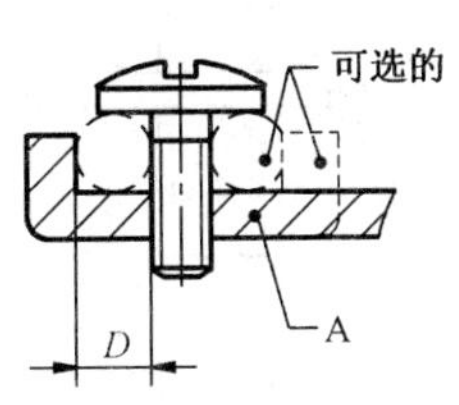

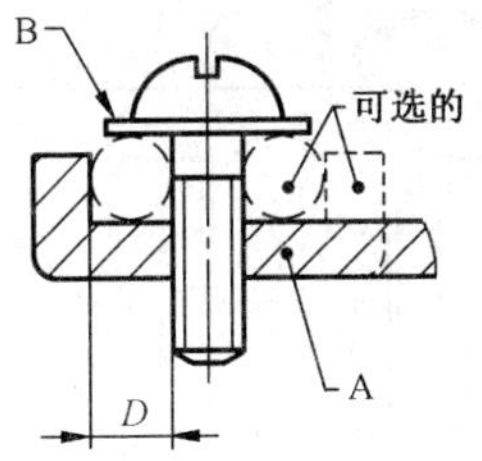

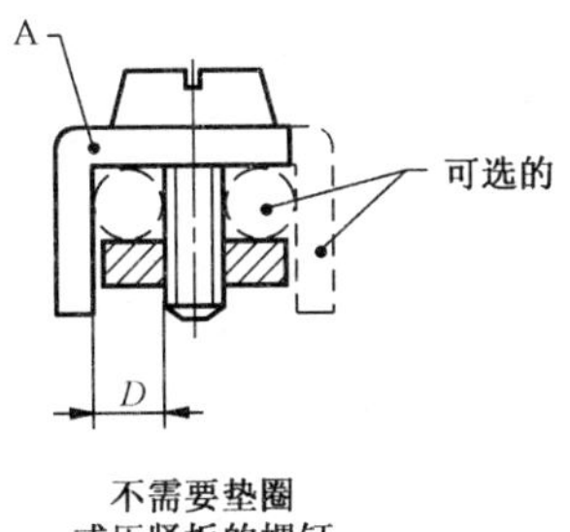

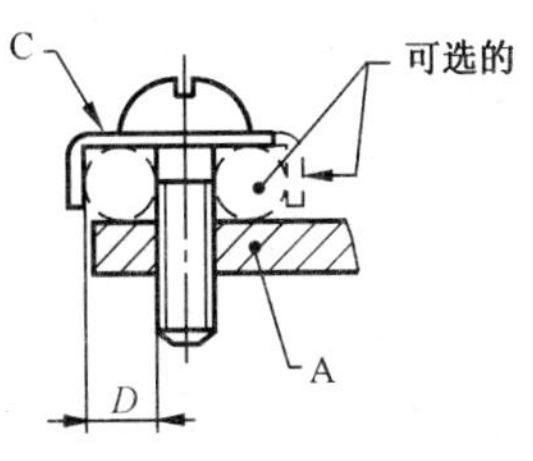

不需要垫圈
或压紧板的螺钉

需要垫圈、压紧板
或防松装置的螺钉

螺钉接线端子

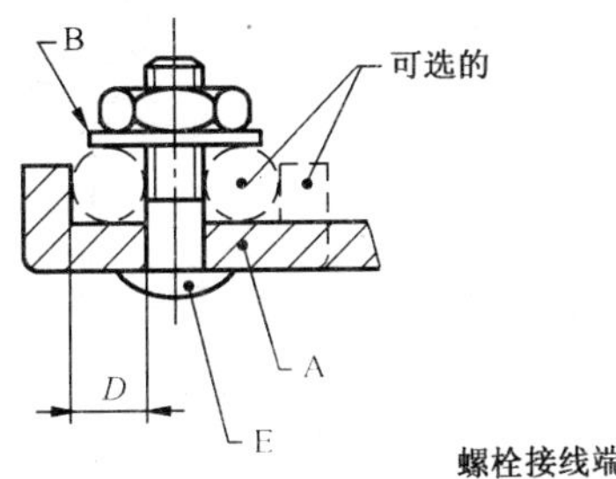

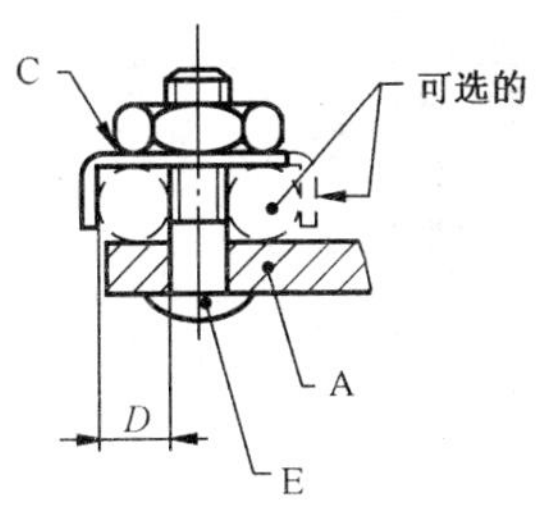

螺栓接线端子

A——固定零件；

B——垫圈或压紧板；

C——防松装置；

D——导体孔；

E——螺栓。

只要夹紧导线所必须的压力不是通过绝缘材料传递，使导线定位的部件可以由绝缘材料制成。

图 E.2　螺钉接线端子和螺栓接线端子示例

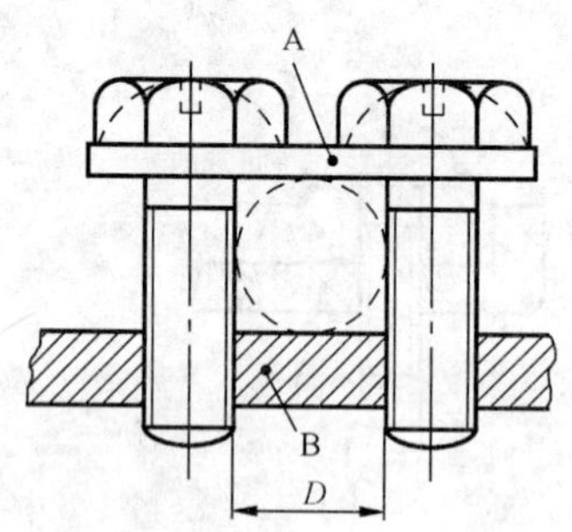

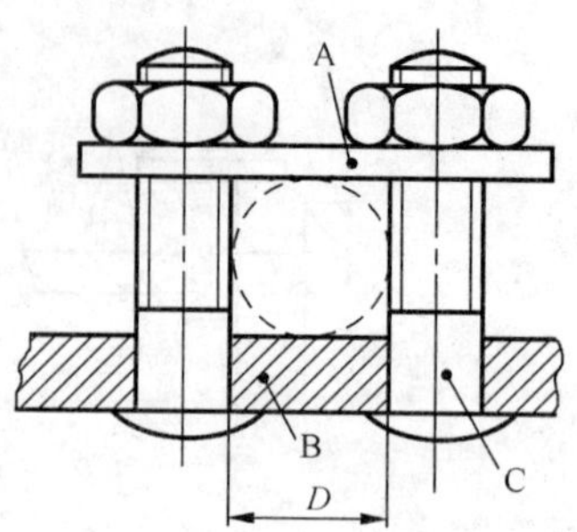

A——鞍形板；

B——固定部件；

C——螺栓；

D——导线孔。

鞍形板的两面可以是不同的形状，通过翻转鞍形板以适应截面积大小不同的导体。

接线端子可以有两个以上的夹紧螺钉或螺栓。

图 E.3 鞍形接线端子示例

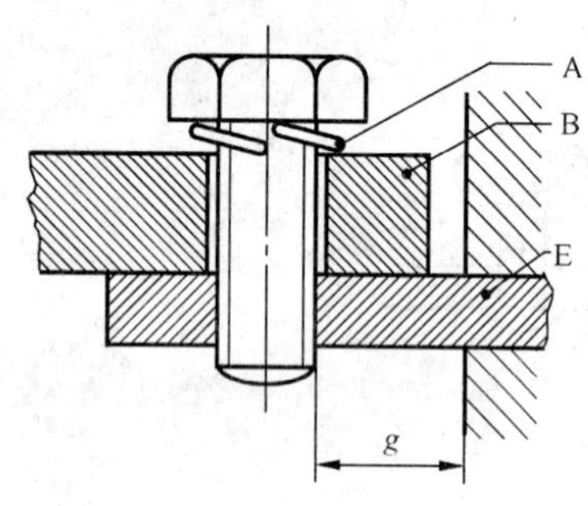

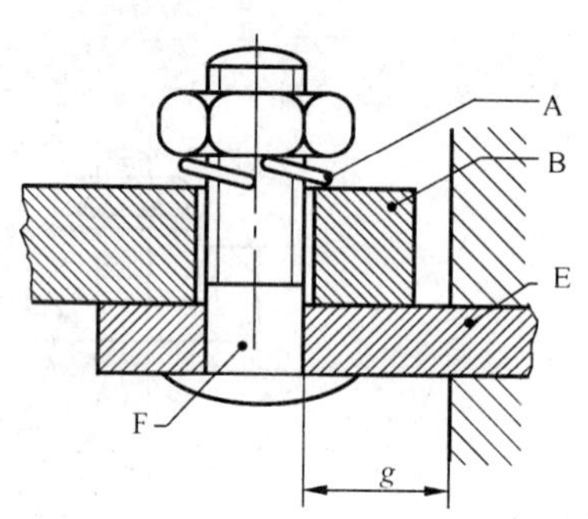

A——锁紧装置；

B——电缆接线片或母排；

E——固定部件；

F——螺栓；

g——距离。

对这种型式的接线端子，应提供一个弹簧垫圈或等效的锁紧装置，夹紧部位的表面应是光滑的。

对某些型式的电器，允许使用的接线片式接线端子比要求的尺寸小。

图 E.4 接线片式接线端子示例

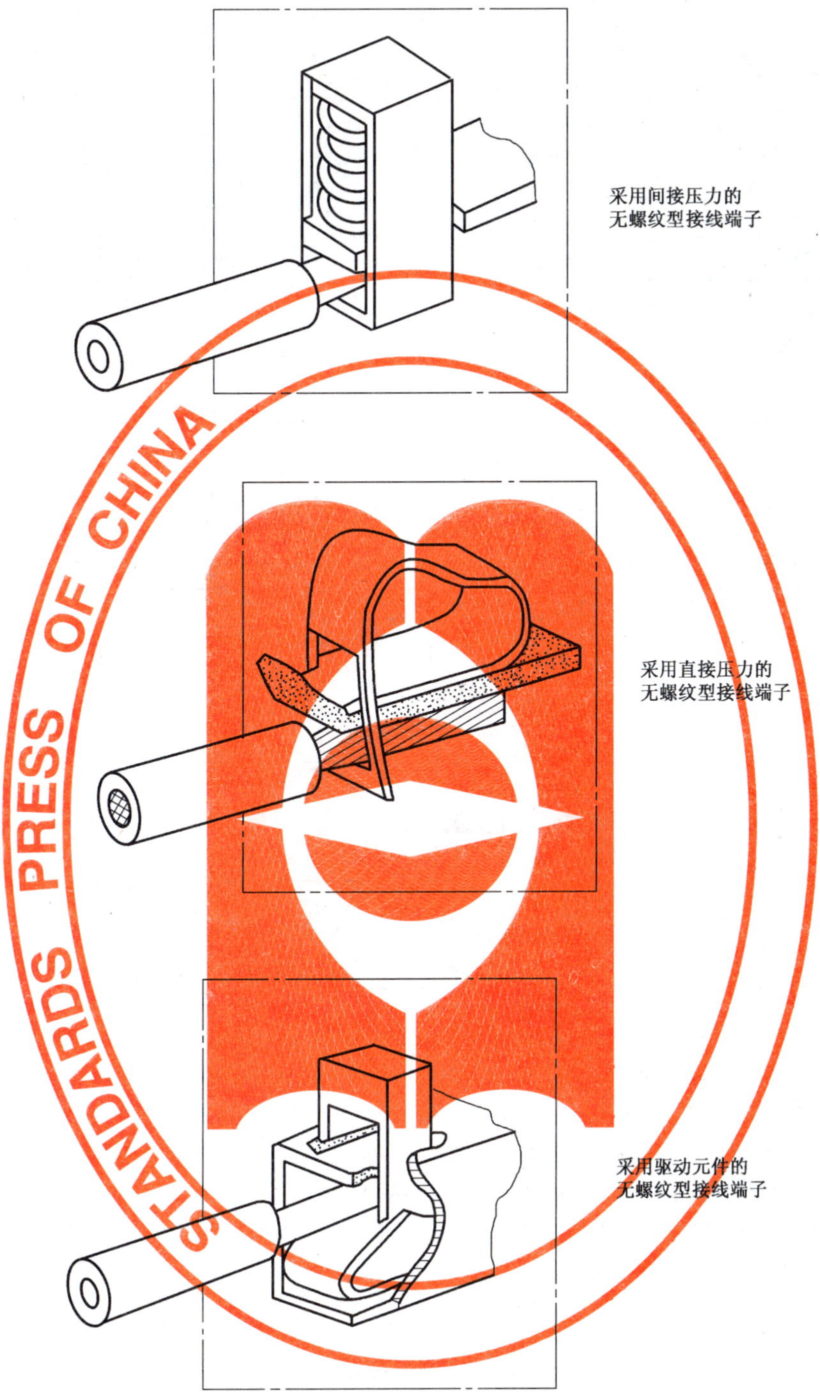

图 E.5 无螺纹接线端子示例

单位为毫米

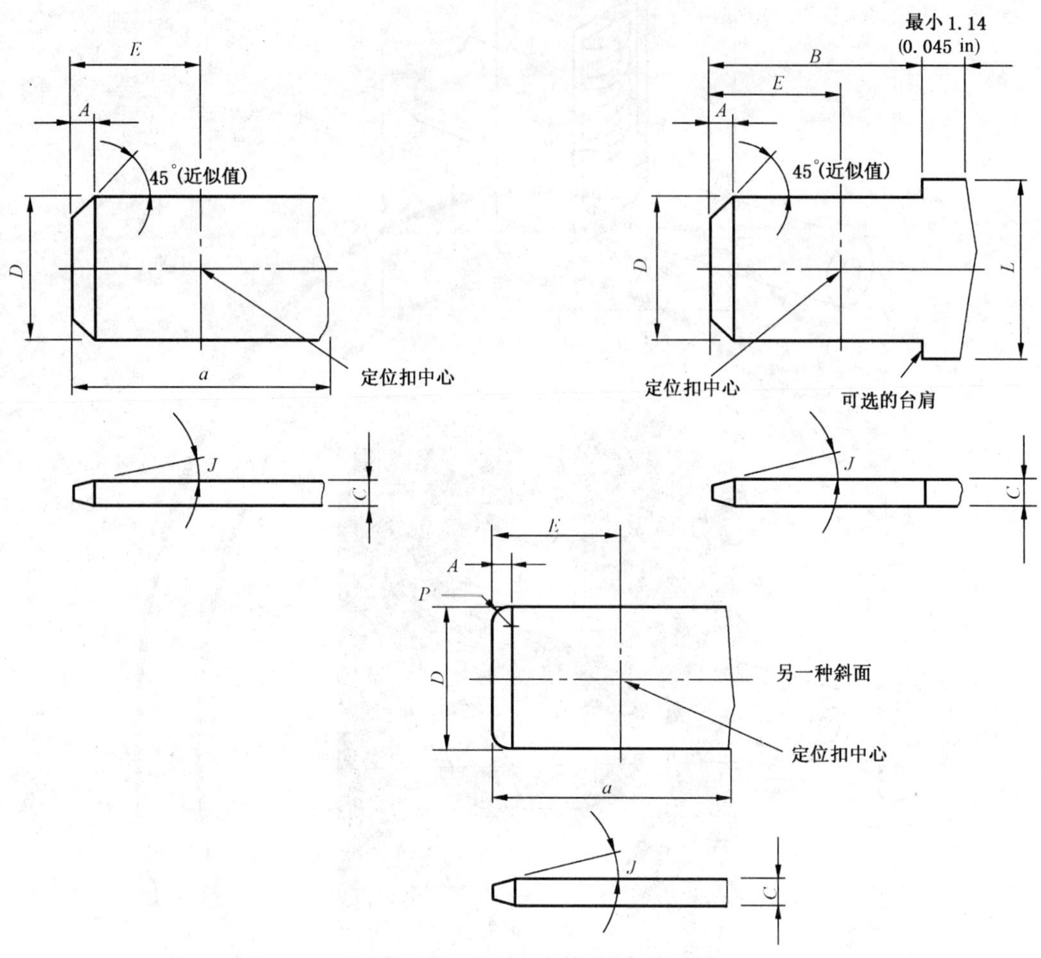

注 1：如果在所示的边界内，45°的倒角 A 不需要是直线。

注 2：尺寸 L 没有规定，可以随使用情况而变化(例如固定时)。

注 3：只要制成的连接片在各方面均符合本标准的要求，连接片的尺寸 C 可由几层材料组成。
允许连接片的纵向边缘呈圆弧形。

注 4：除了所示的有关尺寸以外，本草图不用来约束设计。

注 5：插入式连接片的厚度 C 在超过 Q 或超过(B+1.14 mm)的部分可以改变。

注 6：连接片的所有部分应平直并无毛刺或突起，除了定位扣周围并距离定位扣 1.3 mm 的界线限定的区域内每边可以有 0.025 mm 高的凸台。

图 E.6 插入式连接片的尺寸

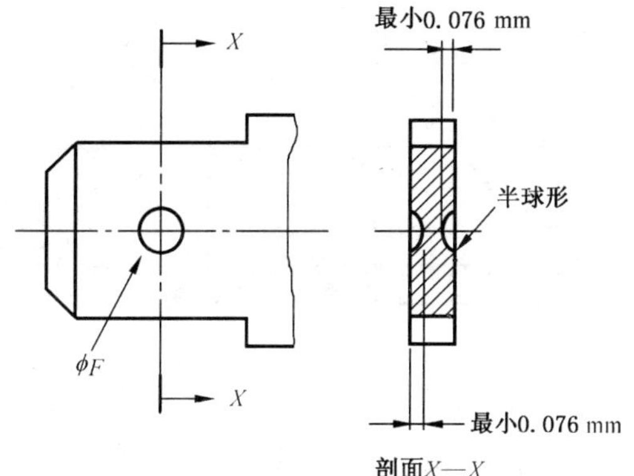

定位扣应位于连接片中心线 0.076 mm 范围内。

图 E.7 插入式连接片的圆形凹痕定位扣尺寸(见图 E.6)

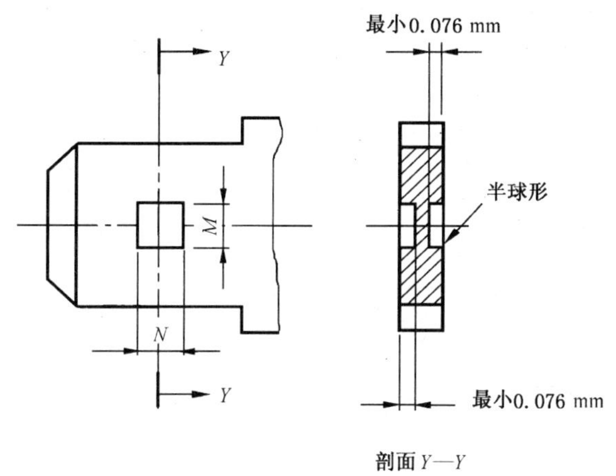

定位扣应位于连接片中心线 0.13 mm 范围内。

图 E.8 插入式连接片的矩形凹痕定位扣尺寸(见图 E.6)

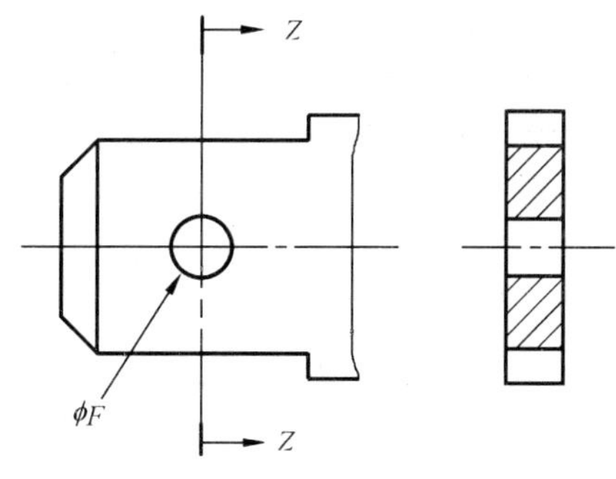

定位扣应位于连接片中心线 0.076 mm 范围内。

图 E.9 插入式连接片的孔定位扣尺寸(见图 E.6)

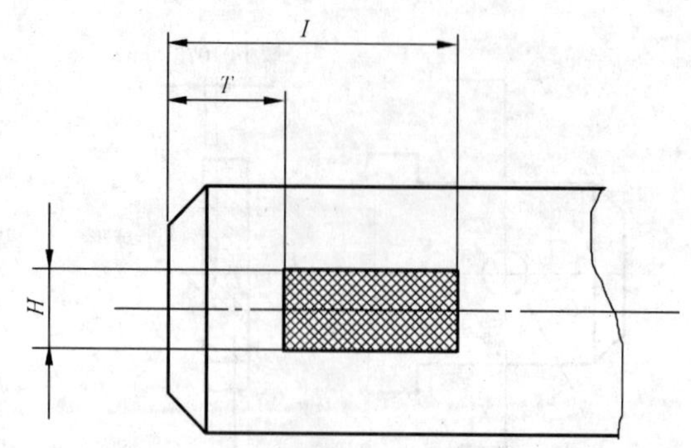

图 E.10 插入式连接片的尺寸

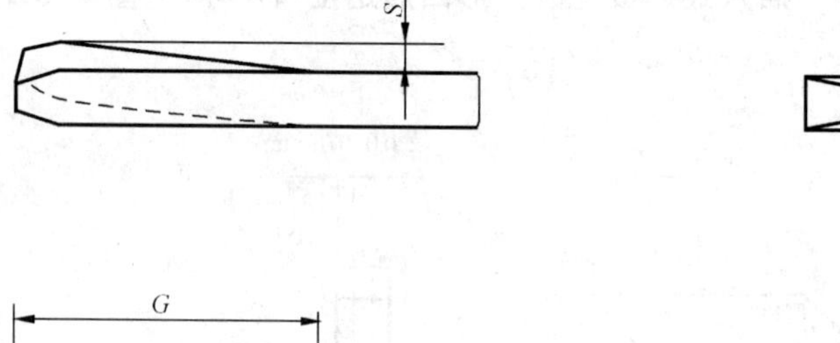

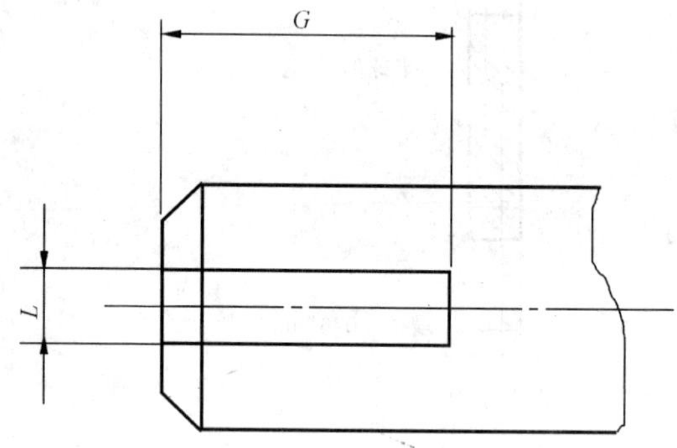

图 E.11 插入式连接片的尺寸

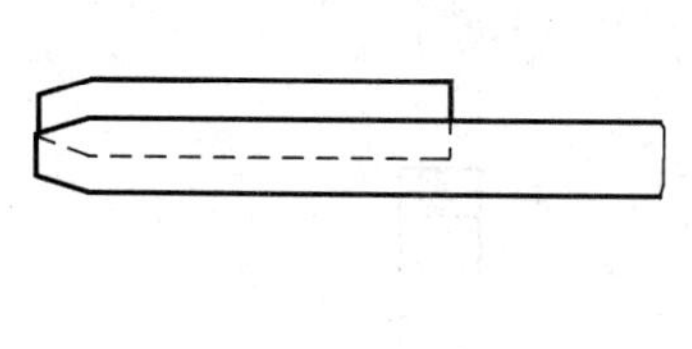

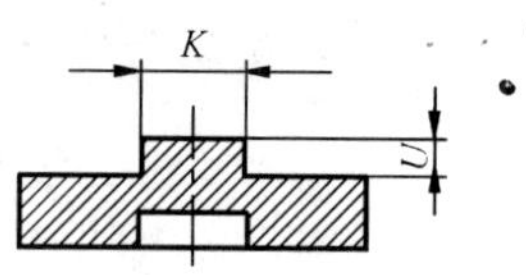

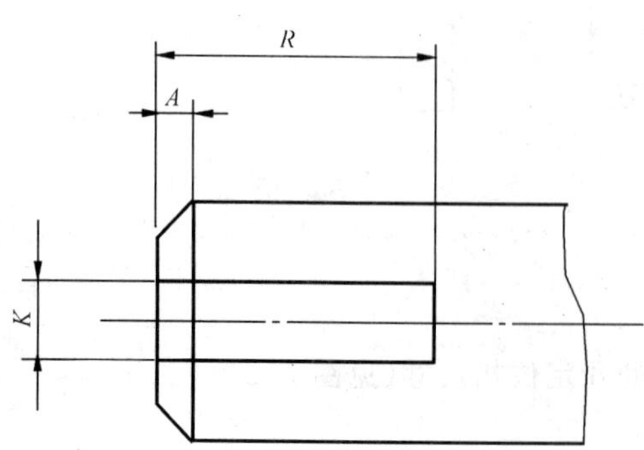

图 E.12 插入式连接片的尺寸

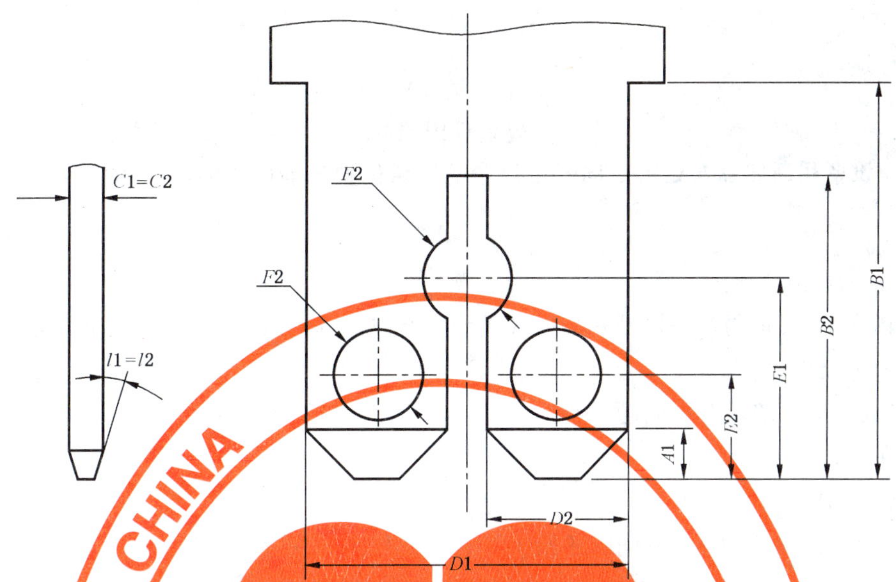

图 E.13 适用两个不同尺寸的插套连接器的插入式连接片的尺寸(见 8.1.7.1)

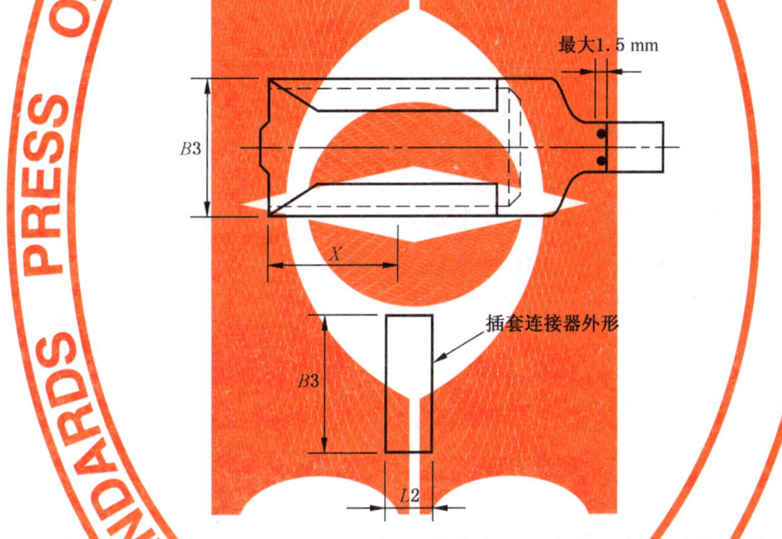

注 1：为了确定插套连接器与 B3 和 L2 不同的尺寸，必须参考连接片的尺寸，以确保在最不利的条件下连接片和插套连接器的插合(以及定位，如果有定位扣时)是正确的。

注 2：如果具有定位扣，尺寸 X 由制造商确定，以便满足性能条款的技术要求。

注 3：插套连接器应这样设计，使得导线过度插入到卷边区域是可见的或受到定位件限止，以避免导线与完全插入的连接片之间的冲突。

注 4：除了所示的有关尺寸以外，本草图不用来约束设计。

连接片尺寸/mm	插套连接器尺寸			
	mm		in	
	B3(最大)	L2(最大)	B3(最大)	L2(最大)
2.8×0.5	3.8	2.3	0.150	0.091
2.8×0.8	3.8	2.3	0.150	0.091
4.8×0.8	6.2	2.9	0.244	0.114
6.3×0.8	7.8	3.5	0.307	0.138
9.5×1.2	11.1	4.0	0.437	0.157

图 E.14 用于连接片的插套连接器尺寸

附　录　F
（规范性附录）
设备用断路器与连接在同一电路中的短路保护电器(SCPD)之间的配合

引言

在大多数场合下，设备用断路器是一个电气系统的组成部分，在该系统中有二个或多个过电流保护电器连接在同一电路中。

因此，有必要考虑系统配合的问题，例如：

a)　后备保护；

b)　选择性保护。

本附录主要涉及后备保护问题，同时还给出了有关选择性保护方面的指导。

当设备用断路器所处位置的预期短路电流超过了设备用断路器的额定短路分断能力时，后备保护就显得必要了。

如果制造商没有规定额定短路能力(见 5.2.6)，则需用额定通断能力(见 5.2.4)来取代额定短路能力。

在许多安装位置，预期短路电流很可能超过设备用断路器的额定短路能力(或额定通断能力，适用时)。

因此，除非设备用断路器能可靠地分断预期故障电流，否则要求提供合适的后备保护作为设备的整体部分，或应在制造商的产品说明书中规定合适的后备保护。

如果最大的故障电流超过设备用断路器的额定短路能力，只有验证了设备用断路器与 SCPD 之间正确的配合，才算满足此要求。

本附录在理论研究和/或试验的基础上，对如何达到配合给予了指导。

本附录同时还对如何向未来用户提供适用资料的形式提供了指导。

F.1　适用范围

本附录对设备用断路器与 SCPD(可以是熔断器也可以是断路器)之间的配合提供指导。

本附录规定了：

——设备用断路器与连接的 SCPD 配合的一般要求；

——以熔断器或断路器作为设备用断路器的后备保护的要求；

——在某些条件下，设备用断路器与 SCPD 连接时，可通过理论研究来验证选择性保护和/或后备保护；

——通过理论研究来验证配合所采用的方法；

——用于验证符合配合条件的试验。

F.2　设备用断路器与连接的 SCPD 配合的一般要求

F.2.1　一般条件

与一个 SCPD 串联的设备用断路器在不借助于 SCPD 的情况下能分断小于等于选择性极限电流 I_s 的短路电流。

对于大于 I_s 的电流，设备用断路器及与其连接的 SCPD 应能在小于等于限制短路电流 I_{nc} 的所有过电流值下可靠地动作。

对于后备保护，可采用下列条件：

a) 如果安装点的预期故障电流值小于设备用断路器的额定短路能力，可认为 SCPD 在此电路中仅作除后备保护以外的用途；

b) 如果安装点的预期故障电流值大于设备用断路器的额定短路能力，SCPD 应这样选择以使其确保符合 F.2.2 和 F.2 3 的要求。

F.2.2 有关后备保护的要求

F.2.2.1 一般性能

对大于 I_s 及小于或等于设备用断路器及与其连接的 SCPD 所规定的额定限制短路电流的所有过电流值，设备用断路器的接通操作以及组合电器的分断操作不应引起可能会危及操作者或构成火灾危险的外部现象。对于性能类别 2 的设备用断路器，组合电器应是这样，使设备用断路器仍适合继续使用。

可通过 9.12 的有关试验来验证其是否符合要求。

F.2.2.2 交接电流

交接电流 I_B 不应大于单独的设备用断路器的额定短路能力($I_B \leqslant I_{cn}$)。

F.2.3 有关选择性保护的要求

对于小于等于选择性极限电流 I_s 的所有过电流值，设备用断路器应能分断该电流而不引起后备保护断路器断开或有损于后备保护熔断器继续使用。

F.2.4 必需的数据

验证短路保护配合时需要提供有关设备用断路器以及 SCPD 性能方面的数据。

这些数据包括：

对于设备用断路器：

——型号和额定值；

——动作特性；

——I^2t 耐受能力；

——额定短路能力 I_{cn}；

——额定限制短路电流 I_{nc}(见 5.2.5)；

——能够引起触头因电动斥力斥开的电流；

——能够引起触头熔焊的电流。

如果 SCPD 是断路器：

——断路器的型号和额定值；

——能量限制等级(如果能得到并适用时)；

——断路器的动作特性；

注：此数据包括瞬时脱扣电流 I_i。

——断路器的时间/电流动作特性的不脱扣值；

——断路器的额定短路能力。

可参照有关的国家标准。

如果 SCPD 是熔断器：

——熔断器的型号和额定值；

——动作特性；

——弧前特性；

——熔断器的额定熔断能力。

可参照 GB 13539 系列标准。

F.3 验证配合

F.3.1 包括用理论研究来验证条件在内的一般条件

如果能得到 F.2.4 所要求的数据，对某些组合，只要设备用断路器仅具有过载保护功能，此外还满足下列两个条件，则可采用对比单独的特性的方法来确定配合：

a) 预期短路电流不超过 1 500 A；

b) 在小于等于额定限制短路电流 I_{nc} 的电流下，触头不会因电动斥力斥开和发生熔焊。

可通过理论研究来验证其配合的一种组合的示例，见图 F.1。

对于短路配合的验证(如适用时)，建议用 I^2t 特性，而不用时间/电流特性。

注：目前可能不能得到某些有关的特性，因为本标准没有规定如何进行评定。示例见 F.3.2.1。

对于某些组合，可获得各自的特性，但某些组合可能不允许预计组合的特性。两台瞬时脱扣倍数相近的电磁式断路器的串联连接可作为一个实例。这样一种组合允许通过理论研究来预计其选择性保护范围，但是不允许不经试验验证限制短路电流。

F.3.2 验证选择性保护

F.3.2.1 通过理论研究来验证的选择性保护

对于某些组合，可通过按同样比例绘制的有关特性曲线叠加的方法来验证选择性，具体示例如下：

——图 F.1 为由热磁式断路器作后备保护的热脱扣式设备用断路器；

——图 F.2 为由熔断器作后备保护的热脱扣式设备用断路器；

——图 F.3 为由热磁式断路器作后备保护的热磁式设备用断路器；

——图 F.4 为由热磁式断路器作后备保护的液压电磁式设备用断路器；

——图 F.5 为由液压电磁式断路器作后备保护的热脱扣式设备用断路器。

对于某些组合，目前不能用理论研究的方式来验证选择性保护，因为不能获得所要求的后备保护断路器的不动作特性(不脱扣特性)。这涉及到能量限制设备用断路器与传统的热磁式后备保护断路器的组合。

目前由制造商提供的脱扣特性曲线说明了直至电流分断前可能经过的实际时间极限值，这些曲线与预期短路电流有关。

所要求的曲线应能说明后备保护断路器对小于半波及非正弦波形的脉冲电流的响应，现在这类曲线还没有标准化。目前采用由后备保护断路器制造商提供的曲线会导致错误的结论。图 F.6 给出了示例。

F.3.2.2 通过试验来验证选择性保护

当 F.3.1 的条件不能满足时，必须通过试验来验证。这种方法适用于 F.3.2.1 提及的一些设备用断路器与后备保护断路器的组合，但不适用于设备用断路器与熔断器的组合(此时，可得到熔断器的弧前特性)。

F.3.2.3 验证 I_s

验证 I_s 的试验应按 9.12 进行，但每次试验电流的操作程序应为 O-t-O 以和功率因数应为 0.6±0.05。然后再用较大的试验电流重复本试验直至后备保护断路器脱扣。不引起后备保护断路器脱扣的最大试验电流值是选择性极限电流 I_s。

应在这个电流下对该组合重复进行一个试验程序。

F.3.3 验证配合的后备保护

F.3.3.1 通过理论研究来验证后备保护配合

a) 对于性能类别 1 的设备用断路器(PC1,见 5.2.5.1)

与符合 F.2.2.2 的要求无关,因为 I_B 的验证要求按 F.3.3.2 进行试验。

b) 对于性能类别 2 的设备用断路(PC2,见 5.2.5.2)

只要能满足 F.3.1 的条件并能获得以下列数据,可用理论研究的方法来检验其是否符合 F.2.2 的要求:

——设备用断路器的动作特性;

——SCPD 的动作特性;

——设备用断路器的额定短路能力或额定通断能力(如果有关时);

——设备用断路器能够承受的最大 I^2/t 值;

——峰值电流,小于等于该电流时触头不会熔焊;

——峰值电流,小于等于该电流时触头不会因电动力而斥开。

图例说明见 F.4。

F.3.3.2 通过试验来验证后备保护配合

可用 9.12 限制短路电流的试验来验证其是否符合 F.2.2 的要求。

注 1:9.12 中对性能类别 PC1 和 PC2 规定了不同的合格判别标准。

注 2:必须用理论研究的方式对是否符合 $I_B \leq I_{cn}$(见 F.2.2.2)进行最初的验证。

F.4 用理论研究的方式来验证配合的举例

本条款给出了一些图例来说明哪种设备用断路器和 SCPD 的组合可以用或不可以用,按同样比例绘制的可比较的特性曲线叠加的方法来验证。

对于某些示例,采用了时间-电流特性(适用于在一张图中对整个电流范围进行说明),而另一些示例,采用了 I^2/t 与电流的特性曲线,这些方法特别适用于涉及短路范围的电流。

在本条款中采用了下列符号:

———— 动作特性;

-------- 后备保护断路器时间-电流特性的不脱扣值
后备保护熔断器的弧前特性;

—·—·— "热脱扣"设备用断路器 I^2t 耐受能力;

[浅灰色方框] 设备用断路器的动作带;

[深灰色方框] SCPD的动作带。

I_{cn}——额定短路能力(设备用断路器);

I_B——交接电流;

I_{nc}——组合的额定限制短路电流;

I_s——选择性极限电流。

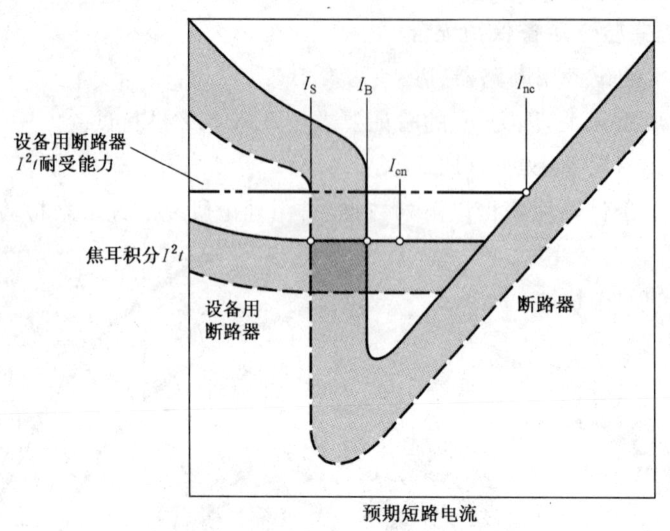

结论：

对于 PC1：

可用理论研究方式来确定 I_s 和 I_B。

只能用试验方式来确定 I_{cn}。

对于 PC2：

可用理论研究方式来确定 I_s 和 I_B。

只要小于 I_{nc}时触头不会发生熔焊，也可用该方法来确定 I_{nc}。

说明：

试验电流 I_T 的范围	设备用断路器和断路器的工作状况
$I_T < I_s$	设备用断路器分断，断路器保持闭合
$I_s < I_T < I_B$	设备用断路器或断路器可分断，但至少有一台电器分断
$I_B < I_T < I_{nc}$	设备用断路器不会受到热损坏

图 F.1　由热磁式断路器作后备保护的只有热脱扣的设备用断路器[1)]

1)　采标注：原图中“设备用断路器 I^2t 耐受能力”处用 CB 表示，通过参照 F.4 关于符号——---——的定义，故此处做了修正。

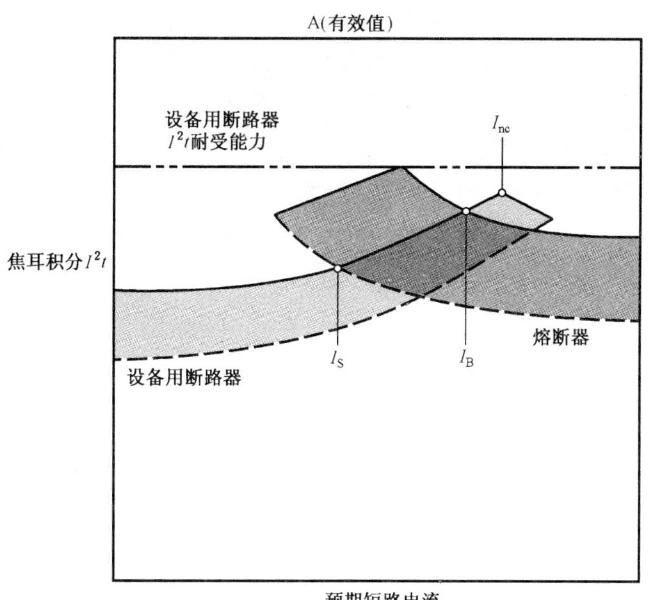

结论：

对于 PC1：

可用理论研究方式来确定 I_s 和 I_B。

对于 PC2：

可用理论研究方式来确定 I_s 和 I_B。

不能用耐热能力来确定 I_{nc}，但只能用触头熔焊来确定。

说明：

试验电流 I_T 的范围	设备用断路器和熔断器的工作状况
$I_T < I_s$	设备用断路器分断
$I_s < I_T < I_B$	设备用断路器或熔断器可分断，熔断器受损
$I_B < I_T < I_{nc}$	仅熔断器分断，设备用断路器保持闭合(或可能延时断开)

图 F.2 由熔断器作后备保护的只有热脱扣的设备用断路器[1)]

1) 采标注：原图中“设备用断路器 I^2t 耐受能力”处用 CBE 表示，通过参照 F.4 关于符号——-－-——的定义，故此处做了修正。

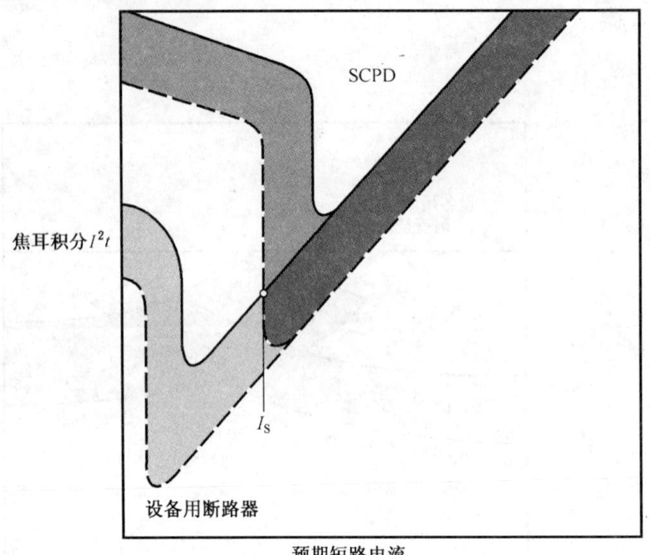

结论：

对于 PC1 和 PC2：

只有 I_s 能通过理论研究方式确定。

说明：

小于 I_s 时，仅设备用断路器分断。大于 I_s 时，设备用断路器和后备保护断路器均可能分断。

图 F.3 由热磁式断路器作后备保护的热磁式设备用断路器

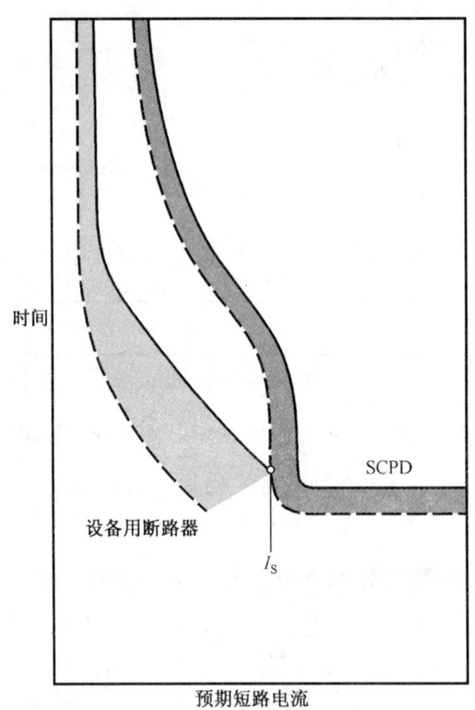

图 F.4 由热磁式断路器作后备保护的液压电磁式设备用断路器

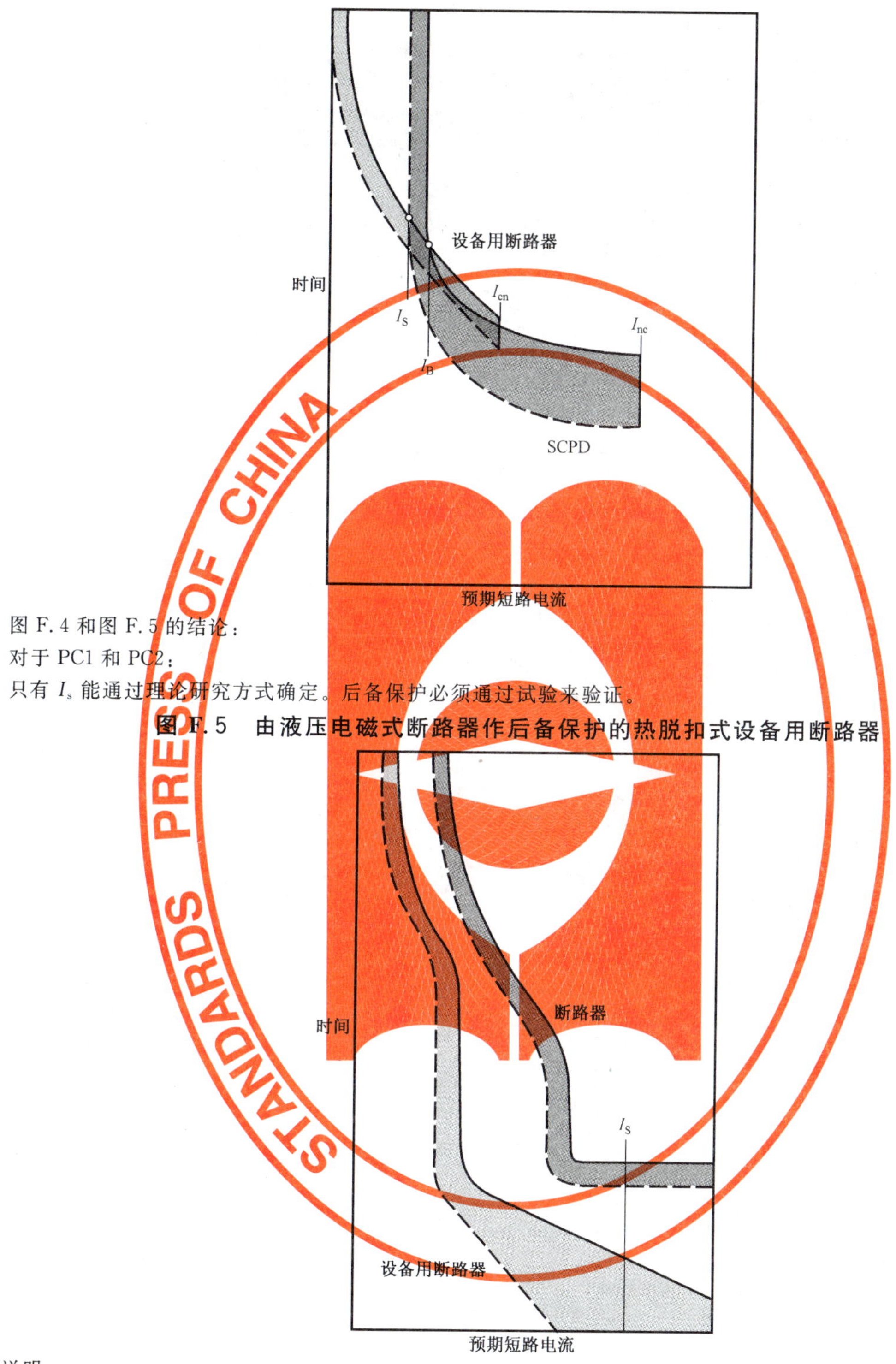

图 F.4 和图 F.5 的结论：

对于 PC1 和 PC2：

只有 I_s 能通过理论研究方式确定。后备保护必须通过试验来验证。

图 F.5　由液压电磁式断路器作后备保护的热脱扣式设备用断路器

说明：

本图展示的制造商现在提供的两个特性意指绝对选择性保护，因为两条曲线没有相交。

然而，试验表明本示例中的后备保护断路器在图示的电流 I_s 没有锁住(并断开)。

理由：

所提供的后备保护断路器的特性没有反映其对小于半波的脉冲电流的响应。

结论：

对于图 F.6 所示的组合，现有的断路器的特性不允许用理论研究的方式来确定 I_s。

图 F.6　由热磁式断路器作后备保护的限流式设备用断路器

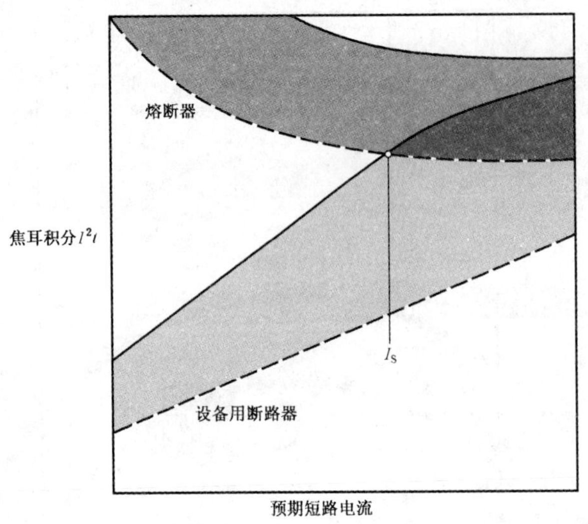

说明：

这种组合的现有特性是兼容的，这可通过熔断器的弧前特性与设备用断路器的允通 I^2t 特性交迭来说明。

结论：

I_s 可通过理论研究来确定。

图 F.7 由熔断器作后备保护的限流式设备用断路器

下面两个图例说明用同样的额定电流 20 A 的热磁式断路器作后备保护的两台额定电流为 7 A 的热脱扣动作不同的设备用断路器的 I^2t 与电流的特性。

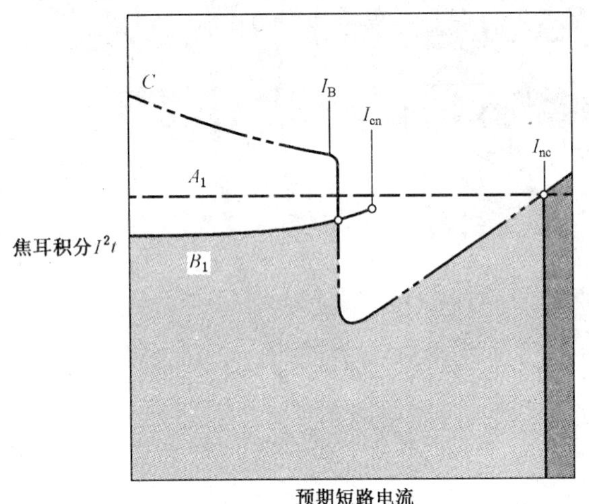

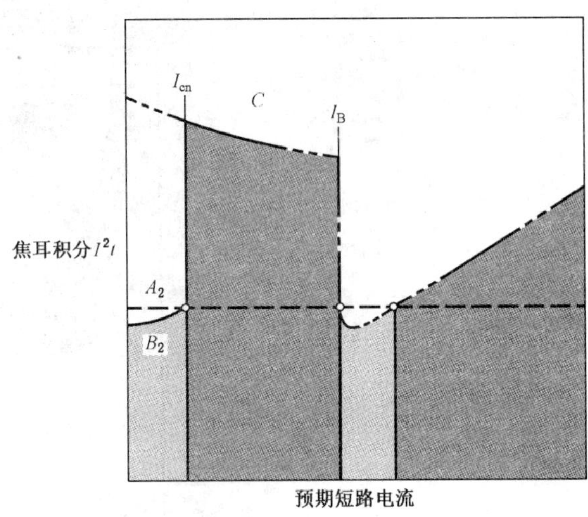

A_1A_2——两台设备用断路器的 I^2t 耐受能力；

B_1B_2——两台设备用断路器的 I^2t 动作特性；

C——后备保护断路器的 I^2t 动作特性；

下标 1 和下标 2——不同的设备用断路器。

安全的工作区域S*

不安全的工作区域*

*根据性能类别2(可以继续适用)

结论：

在小于 I_{nc}时，本组合能提供保护配合，能满足 $I_B < I_{nc}$ 的条件。

a) 合适配合

结论：

如本标准规定，这种组合不能提供保护配合。理论研究揭示了这种缺陷。

b) 不合适配合

图 F.8 合适配合和不合适配合的图例说明

附　录　G
（规范性附录）
设备用断路器的电磁特性

G.1　概述

设备用断路器是专门设计的组装在设备中的电器。各种设备的产品标准均根据设备预定的运行环境，规定了设备必满足的抗扰度要求和发射要求。设备制造商在设计和组装有关电器元件时要考虑适用于特定设备的电磁兼容(EMC)标准（如果有的话）或该设备将运行的环境的通用标准。所以根据在设备中组装的情况，电器元件（例如设备用断路器）需满足的 EMC 条件可能有所不同。因此对设备用断路器没有规定通用的 EMC 要求。

但不管怎样，还是应对设备制造商提供有关设备用断路器的电磁发射以及抗扰度性能方面的信息（有关时），以使设备制造商对被保护设备的组装作出合适的选择。

为此，本附录给出了设备用断路器与设计有关的 EMC 性能方面的信息，确定了设备用断路器所要求的最低的 EMC 性能，同时为帮助设备制造商选用合适的设备用断路器，规定了设备用断路器制造商应提供的有关 EMC 特性方面的附加信息。

G.2　抗扰性

G.2.1　不带电子线路的设备用断路器

不带电子线路的设备用断路器对电磁骚扰不敏感，因此不要求进行抗扰度试验[1)]。

带过电压脱扣器和欠电压脱扣器的设备用断路器在电压跌落、短时中断以及电压波动时的工作状况由本标准的 8.5.4 来验证。

G.2.2　带电子线路的设备用断路器

a)　仅具有简单整流器的设备用断路器对电磁骚扰不敏感，因此不必规定抗扰性要求[*]。

b)　对设备用断路器的脱扣器带有除了 G.2.2a)以外的电子线路时，制造商应标明在下列试验条件下的性能：

——GB/T 17626.4 规定的传导快速瞬变（脉冲群）；

——GB/T 17626.5 规定的浪涌(1.2/50us)抗扰度；

——GB/T 17626.2 规定的静电放电；

——GB/T 17626.3 规定高频辐射电磁场。

在任何情况下，设备用断路器的这些性能应通过下列的最低级别的试验。

试验期间，设备用断路器不可以脱扣。

在 G.2.2 试验后，设备用断路器应能满足 8.5.1 在 $2I_n$ 下的要求以及 8.5.4 的要求（适用时）。

G.3　发射

G.3.1　不带电子线路的设备用断路器

不带电子线路的设备用断路器不产生持续的电磁骚扰，并且仅在开闭过程中产生瞬时骚扰。这些瞬时骚扰的频率和影响被认为是低压装置正常电磁环境的一部分。对这类设备用断路器不必规定 EMC 要求。

1)　GB 18499—2008 的 T.1.1 所涉及的现象正在考虑中。

G.3.2 带电子线路的设备用断路器

a) 不装有连续工作振荡器的设备用断路器，除开闭过程外，一般不产生持续的或瞬时的骚扰。这种发射的频率，水平和影响被认为是低压装置正常电磁环境的一部分。

b) 对于装有连续工作振荡器的设备用断路器，制造商应标明在 GB 9254—1998 的试验条件(0.15 MHz～30 MHz 和 30 MHz～1 000 MHz)下的性能。

表 G.1 设备用断路器最低的 EMC 抗扰度性能

试验型式	符合 GB/T 17626 系列标准的严酷度级别	试 验 值
1.2/50 μs 浪涌 GB/T 17626.5—2008	3	2 kV(CM)[a] 1 kV(DM)[b]
快速瞬变(脉冲群) GB/T 17626.4—2008	3	2 kV
电磁场 GB/T 17626.3—2006	3	3 V/m
静电放电 GB/T 17626.2—2006	3	6 kV 空气放电[c]

[a] 共模方式。

[b] 差模方式。

[c] 施加于正面及操作件。

附 录 H
（规范性附录）
供电系统的标称电压和与确定额定冲击电压相关的相线—中性线电压之间的关系

表 H.1 给出的额定冲击电压是基于如下假设，即必须有保护措施，并且该保护措施是由箝位电压对标称电压的比率不小于 IEC 60099-1:1991 规定的浪涌吸收器所提供。

表 H.1 标称电压和相应的额定冲击电压

单位为伏

由交流或直流标称电压确定的相线—中性线电压（小于和等于）	目前国际上使用的标称电压				设备的额定冲击电压		
					过电压类别		
	中性线接地的三相四线系统	不接地的三相三线系统	交流或直流单相二线系统	交流或直流单相三线系统	Ⅰ	Ⅱ	Ⅲ
	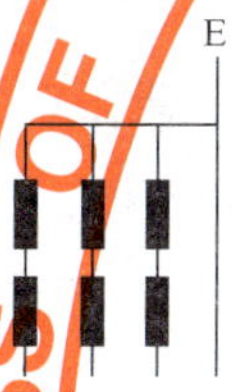 E						
50	不适用	不适用	12.5、24、25、30、42、48	30～60	330	500	800
100	66/115	66	60		500	800	1 500
150	120/208[b] 127/220	115 120 127	100[c] 110 120	100～200[c] 110～120 120～240	800	1 500	2 500
300	220/380 230/400 240/415 260/440 277/480	220、230、240、260、277、347、380、400[a]、415、440、480	220	220～440	1 500	2 500	4 000
600	347/600 380/660 400/690 417/720 480/830	500、577、600	480	480～960	2 500	4 000	6 000
1 000		660、690、720、830、1 000	1 000		4 000	6 000	8 000

[a] 用于中性点接地的三相四线电源引出的三相三线系统。

[b] 美国和加拿大的惯例。

[c] 日本的惯例。

附 录 J
（规范性附录）
常规试验或统计试验[1)]

本附录所规定的试验是用来揭示与安全有关的材料或制造方面不合格的缺陷。

根据制造商得到的经验，为确保每台断路器与通过本部分试验的样品一致，可能需要做更多的试验。

工程和统计分析可以说明并非必须对每台设备用断路器均进行常规试验，在这种情况下，可根据统计计算来进行试验。

J.1 脱扣特性验证

除非制造商和用户之间另有协议，否则应按 9.10 进行这些常规试验，但试验电流如下：

a) 对热脱扣模式（T0）的设备用断路器

——施加约 $2I_n$ 的电流，设备用断路器应在制造商规定的时间-电流带限定的时间内脱扣。

b) 对电磁脱扣模式（M0）的设备用断路器

——施加 $0.95I_{ni}$ 的电流 0.1 s，设备用断路器不应脱扣；

——施加 $1.05I_i$ 的电流，设备用断路器应在 0.15 s 内脱扣。

c) 对热-磁脱扣模式（TM）的设备用断路器

——施加 $0.95I_{ni}$ 的电流 0.1 s，设备用断路器不应脱扣；

——施加 $1.05I_i$ 的电流，设备用断路器应在 0.1 s 内脱扣；

——施加 $2I_n$ 的电流，设备用断路器应在制造商规定的时间-电流带限定的时间内脱扣。

d) 对液压-电磁脱扣模式（HM）的设备用断路器

——施加 $2I_n$ 和 $6I_n$ 的电流，设备用断路器应在制造商规定的时间-电流带限定的时间内脱扣。

e) 对电子-混合脱扣模式（EH）的设备用断路器

——施加制造商规定的两种电流，设备用断路器应在制造商规定的时间-电流带限定的时间内脱扣。

J.2 介电强度验证

在下述位置施加表 20 规定的频率为 50 Hz 或 60 Hz，基本上为正弦波的电压值 1 s：

a) 设备用断路器处于断开位置，当设备用断路器闭合时，电气上连接在一起的接线端子之间；

b) 设备用断路器处在闭合位置，依次在设备用断路器的每极与连接在一起的其他极之间。

不应发生闪络和击穿。

也可选用其他任何合适的验证触头之间电气间隙的方法（例如，用 X-射线验证）。

---

1) 采标注：统计试验也称为蒙特卡罗方法（Monte-Carlo 方法）或称统计模拟方法。其基本思想是：当所求解问题是某种随机事件出现的概率，或者是某个随机变量的期望值时，通过某种“实验”的方法，以这种事件出现的频率估计这一随机事件的概率。采用统计试验可减少试验的工作量。

附 录 K
（规范性附录）
E 型设备用断路器的电气性能的附加要求

K.1 除了没有过电流保护元件之外，其他方面 E 型设备用断路器应与其派生的设备用断路器相同。E 型设备用断路器的过电流保护依赖于后备保护电器。

K.2 E 型设备用断路器应满足表 11 或表 12 中分组 1 和分组 2 所规定的技术要求（适用时）。

K.3 如果其派生的设备用断路器已按本标准成功地进行了试验，可认为 E 型设备用断路器符合本标准。

附　录　L
（规范性附录）
适用于隔离的设备用断路器的附加要求

引言

具有 PC2 性能类别的 M 型和 S 型操作方式的设备用断路器，当其符合本标准正文的技术要求和试验同时也符合附录 L 的技术要求和试验时适用于隔离。

本附录 L 的技术要求补充、修改或者替代了正文中的某些一般技术要求。

本附录的条款编号采用正文的格式及相应的编号。

如果没有相应的条款或者分条款编号表示正文相应的技术要求适用。

L.6　标志和其他产品信息

制造商应该在其技术文件中给出下列声明："单极断路器不可以用于隔离"。

L.8　结构和操作要求

L.8.1.2　机构

适用于隔离的设备用断路器在其断开位置应提供一个符合隔离要求的隔离距离。

主触头的位置指示应由下列一个或几个方式提供：

——操作件的位置；

——一个独立的机械指示装置。

如果用一个独立的机械指示装置来指示主触头位置，在"闭合"位置应显示红色，在"断开"位置应显示绿色。

如果制造商提供或规定了一个将操作件锁定在断开位置的装置，那么只有当主触头处于断开位置时才有可能锁定在那个位置。

注：在美国，绿色表示"闭合"位置，而红色表示"脱扣"状态。

设备用断路器的结构应使其操作件、面板或者罩壳只有在确保触头位置指示正确和锁定正确（提供时）的条件下才能固定。

通过直观检查，并考虑制造商的说明来检验是否符合要求。

L.8.1.3　电气间隙和爬电距离

假定下列条件应用于适用隔离的装置：

——污染等级 2 或 3；

——过电压类别Ⅲ。

注：设备用断路器可适用于更高的过电压类别或者更高的污染等级。这种设备用断路器应按第 6 章的 1）项标注。

对不同极的带电部件之间以及带电部件与可触及的部件之间的电气间隙和爬电距离，表 1 和表 2 适用。

当设备用断路器的主触头处于断开位置，分开的部件之间以及由不同电源供电的电路之间的电气间隙和爬电距离，下列的技术要求适用。

表 L.1 的电气间隙的确定是基于表 L.3 所示的海拔 2 000 mm 及以下的验证隔离的试验电压，该试验电压与额定冲击耐受电压有关。

表 L.1 适用于隔离的设备用断路器当触头在断开位置时分开的带电部件之间的最小电气间隙与额定冲击耐受电压的关系

U_{imp}/kV	0.8	1.5	2.5	3.0	3.5	4.0	4.5	5.5
污染等级 2 的电气间隙/mm	0.5	1.0	2.0	3.0	3.5	4.0	5.5	7
污染等级 3 电气间隙/mm	0.8	1.0	2.0	3.0	3.5	4.0	5.5	7

表 L.2 适用于隔离的设备用断路器当触头在断开位置时分开的带电部件之间的最小爬电距离

材料组别	Ⅰ					Ⅱ					Ⅲ				
工作电压/V	63	125	250	400	500	63	125	250	400	500	63	125	250	400	500
污染等级 2 的爬电距离/mm	1.0	2.0	4.0	5.5	7.0	1.0	2.0	4.0	5.5	7.0	1.25	2.0	4.0	5.5	7.0
污染等级 3 爬电距离/mm	1.6	2.0	4.0	5.5	7.0	1.8	2.1	4.0	5.6	7.1	2.0	2.4	4.0	6.3	8.0
爬电距离不应小于相应的电气间隙。															

对于由不同电源供电的电路(其中有一个是 SELV 或 PELV 电路)之间的最小电气间隙,应采用表 1 所示的加强绝缘的电气间隙。

对于由不同电源供电的电路(其中有一个是 SELV 或 PELV 电路)之间的最小爬电距离,表 1 所示的加强绝缘的爬电距离也适用,因为爬电距离不应小于相应的电气间隙。

L.8.4.2 隔离功能

本附录所涉及的设备用断路器应适用于隔离。

用下列方式来检验是否符合要求:

——验证表 L.1 和 L.2 中所适用的最小电气间隙和爬电距离;

——L.9.7.7 的试验。

L.9.7.7 适用于隔离的试验

L.9.7.7.1 验证断开触头之间的冲击耐受电压

对固定在一个金属支架的设备用断路器上进行试验。

冲击电压由一个冲击电压发生器产生,冲击电压发生器能产生正向和负向冲击电压,前沿时间为 1.2 μs;至半值时间为 50 μs,允许误差如下:

——峰值:±5%;

——前沿时间:±30%;

——至半值时间:±20%。

试验装置冲击阻抗的标称值应为 500 Ω。

调节冲击电压波形时,把被试设备用断路器连接到冲击电压发生器上。为此,应采用合适的分压器利电压传感器。

允许冲击电压波形有小的振荡,只要靠近冲击电压峰值处的振荡幅值小于峰值的 5%。

冲击电压前沿的前半部的振荡幅值允许达到峰值的 10%。

触头在断开位置，对连接在一起的电源接线端子和连接在一起的负载接线端子之间施加符合GB/T 16927.1—1997中图6的1.2/50 μs的冲击电压。

施加三次正极性冲击和三次负极性的冲击，同一极性相邻冲击之间的时间间隔至少为1 s，相反极性冲击之间的时间间隔至少为10 s。

试验的冲击电压值应按表H.1给出的设备用断路器的额定冲击耐受电压在表L.3中选择。试验电压值应根据表L.3按试验地点的大气压力和/或海拔高度修正。

在试验过程中，不应发生非故障的击穿放电。

L.9.7.7.2 验证断开触头之间的泄漏电流

设备用断路器经过表11或表12分组3的试验后，处在断开位置，对其每极施加1.1倍的额定工作电压。

测量流过断开触头之间的泄漏电流并不应超过2 mA。

表L.3 与额定冲击耐受电压和试验地点海拔高度有关的验证断开触头隔离的试验电压

额定冲击耐受电压/kV	试验电压(1.2/50 μs冲击电压)及相应的海拔高度[a] /kV				
	海平面	200 m	500 m	1 000 m	2 000 m
小于等于0.8	1.8	1.7	1.7	1.6	1.5
1.5	2.3	2.3	2.2	2.2	2
2.5	3.5	3.5	3.4	3.2	3
3	4.4	4.3	4.2	4.1	4
3.5	5.3	5.2	5.0	4.8	4.5
4	6.2	6.0	5.8	5.6	5
4.5	7.1	6.9	6.6	6.5	6
5.5	8.9	8.7	8.5	8.2	7
6.0	9.8	9.6	9.3	9.0	8

[a] 对于其他海拔高度，试验电压可采用插值法确定。

参考文献

[1] GB 156—1993 标准电压(neq IEC 60038:1983)

[2] GB/T 4207—2003 固体绝缘材料在潮湿条件下相比电痕化指数和耐电痕化指数的测定方法(IEC 60112:1979,IDT)

[3] GB 18499—2008 家用和类似用途的剩余电流动作保护器(RCD) 电磁兼容性(IEC 61543:1995 and Amendment 1:2004 and Amendment 2:2005,IDT)

[4] GB/T 2900.18—2008 电工术语 低压电器

ICS 35.040
L 71

中华人民共和国国家标准

GB/T 17710—2008/ISO/IEC 7064:2003
代替 GB/T 17710—1999

信息技术　安全技术
校验字符系统

Information technology—Security technique—Check character systems

(ISO/IEC 7064:2003,IDT)

2008-07-16 发布　　2008-12-01 实施

中华人民共和国国家质量监督检验检疫总局
中国国家标准化管理委员会　发布

前言

本标准等同采用 ISO/IEC 7064:2003《信息技术 安全技术 校验字符系统》,仅有编辑性修改。

本标准代替 GB/T 17710—1999。本标准与 GB/T 17710—1999 的区别如下:

——标准的编排结构进行了调整;

——对 2.1、2.2、2.3、2.6 的术语定义进行了修改。

本标准中的附录 A 和附录 B 是资料性附录。

本标准由中华人民共和国工业和信息化部提出。

本标准由全国信息技术标准化技术委员会归口。

本标准起草单位:中国电子技术标准化研究所、中国标准化研究院。

本标准主要起草人:陈星、杨建军、黄家英、史立武、张明天。

本标准所代替标准的历次版本发布情况为:

——GB/T 17710—1999。

引　言

校验字符系统标准化的需求出于如下考虑：

a) 由于大量正在使用的系统中，许多系统具有相似的特征，而特征的许多的变化没有起到有效的作用；

b) 现有的系统几乎没有经过严格的数学验证，有些还存在严重的缺陷；

c) 系统的多样性削弱了校验字符系统的经济利益，而且经常妨碍对交换数据的校验。

因此，应选择一套小型兼容性系统，有效地满足各种应用的需要。该系统应经过验证，在各种应用的限制之内，高效地防止典型的复制和键入错误。

ISO 2180、ISO 2894(ISO 2894 已撤销)和 ISO 6166 也规定了校验字符系统，但它们只适用于特殊的领域，因此现有的系统无论如何不能获得本标准所规定的差错检测率。

附录 A 概述了为特定的应用而选用某一按本标准规定的校验字符系统时应考虑的准则。

附录 B 举例说明了在某些字母表数目超过 26 个字母的国家应用本标准的方法。

信息技术　安全技术
校验字符系统

1　范围

1.1　本标准规定了一组校验字符系统，它可以防止在复制或键入数据时产生的串的错误。串的长度可以是固定的或是可变的，包括以下字符集中的字符：

a)　数字(10个数字：0～9)；

b)　字母(26个字母：A～Z)；

c)　字母数字(字母和数字)。

串中嵌入的空格和特殊字符忽略不计。

1.2　本标准为生成校验字符和校验串产品规约了一致性要求，这些产品采用了本标准所给出的系统。

1.3　这些校验字符系统能检查出下列错误：

a)　所有的单一字符替换错误(即，单个字符被另一个字符所替换，如1234被错录为4234)；

b)　所有的或几乎所有的单一字符对换位置错误(即，相邻两个字符或隔一个字符的两个单一字符的位置互换，如12345被错录为12354或12543)；

c)　所有或几乎所有的循环移位错误(即，整个串被向左或向右循环移位)；

d)　大部分的双替换错误(即，在同一串中，分开的两处单一字符替换错误，如1234567被错录为7234587)；

e)　大部分的其他错误。

1.4　本标准不包括专门为下列目的而设计的系统：

a)　既允许差错检测，又允许自动校正；

b)　检测故意误用；

c)　仅校验在机器之间交换的串。

1.5　本标准用于各组织之间的信息交换，极力推荐用于内部信息系统。

2　术语和定义

下列术语和定义适用于本标准。

2.1

校验字符　check character

可通过该串的数学关系来验证串的正确性所使用的附加字符。

2.2

校验字符系统　check character system

产生校验字符的和校验包含校验字符的串的一组规则。

2.3

补充校验字符　supplementary check character

不属于被保护串的字符集的校验字符。

2.4

模数　modulus

一个整数，它用作整除计算的除数以得到一个整数余数。

2.5

同余 congruence

一组整数的特性，彼此之差是模数的倍数。同余用符号“≡”表示。例如 39≡6(mod 11)，表示 39 和 6 相对于模数 11 是同余的，即 39－6＝33，33 是 11 的倍数。

2.6

基数 radix

几何级数的底。

3 符号及其注释

在本标准中使用了下列符号及其注释

a_i	位置 i 中的字符数字值。
i	字符位置的索引。
M	模数。
n	串中的字符个数，包括校验字符。
P_j，S_j，V	在校验字符计算时，用来存储中间结果的几个整数。
r	基数。
w_j	多项式法的权。
X，*	补充校验字符。
$:=$	表示在校验字符的过程规范中所使用的计算“置为等于”的符号，该计算符号指示应使该符号左边的整数值等于该符号右边的表达式的值。
$\equiv$	表示“同余”(见 2.5)的符号。
$\|\|_M$	表示 1 和 M 之间唯一整数的符号，该符号表示除以 M 后的余数；如果该余数是零，则值 M 应被替换。
$\|_{M+1}$	表示 0 和 M 之间唯一整数的符号，该符号表示除以(M+1)后的余数；在该计算之后，此余数决不是零。
(mod M)	表示 0 和 M－1 之间唯一整数的符号，该符号表示除以 M 后的余数。

4 系统类型

本标准规定了两类系统：

a) 纯系统(见第 6 章、第 7 章和第 8 章)；

b) 混合系统(见第 9 章、第 10 章)。

4.1 纯系统

表 1 中列出了纯系统并且在第 6 章、第 7 章和第 8 章中作了规定，每个系统的所有计算阶段都使用单一模数。

表 1 纯系统

校验字符系统冠名[a]	应用	校验字符数目及类型[b]
ISO/IEC 7064，MOD 11-2	数字串	1 个数字或补充校验字符 X
ISO/IEC 7064，MOD 37-2	字母数字串	1 个数字或字母或补充校验字符*
ISO/IEC 7064，MOD 97-10	数字串	2 个数字

表 1（续）

校验字符系统冠名[a]	应用	校验字符数目及类型[b]
ISO/IEC 7064,MOD 661-26	字母串	2 个字母
ISO/IEC 7064,MOD 1271-36	字母数字串	2 个数字或字母

[a] 在名称中，紧跟“MOD”之后的第一个数字是模数，第二个数字是基数。

[b] 前两个系统可以产生一个补充校验字符，但被校验串的字符集除外。（即，ISO/IEC 7064，MOD 11-2 的校验字符是 0～9 加上 X，ISO/IEC 7064，MOD 37-2 的校验字符是 0～9 和 A～Z 加上*）。若补充校验字符不可用，则要求单个校验字符，就有可能避免发布产生补充校验字符的那些串；若既不能容忍补充校验字符，又不能避免产生校验字符的串，则应使用混合系统。

4.2 混合系统

表 2 和第 9 章、第 10 章中列出了混合系统。混合系统在计算中采用了两个模数，其中一个模数等于被保护的字符集中的字符数，另一个模数比它大 1，被保护串的字符集总是提供校验字符。

表 2 混合系统

校验字符系统冠名[a]	应用	校验字符数目及类型
ISO/IEC 7064,MOD 11,10	数字串	1 个数字
ISO/IEC 7064,MOD 27,26	字母串	1 个字母
ISO/IEC 7064,MOD 37,36	字母数字串	1 个数字或字母

[a] 在系统名称中，紧跟在 MOD 后面的两个数字是两个模数。

5 依从性及其冠名

5.1 串

在本标准中为相关应用而规定的系统之一所保护的串符合本标准。

5.2 生成校验字符的产品

5.2.1 依据本标准生成的校验字符产品（用软件或硬件实现）若没有其他限定，则应能生成本标准中的全部系统的校验字符。

5.2.2 不生成本标准中全部系统校验字符的产品，则应指明这些产品覆盖的那些系统。例如“按照 ISO/IEC 7064，MOD 11-2 生成校验字符”。

5.3 校验产品

5.3.1 按照本标准（无进一步限定），可校验本标准所生成的校验字符的产品（用软件或硬件实现），应能使用本标准的所有系统。

5.3.2 校验仅使用本标准中某些系统的串的产品描述，应说明该产品覆盖的那些系统。例如“校验使用 ISO/IEC 7064，MOD 11-2 的串”。

5.4 系统名称

5.4.1 通常应该使用表 1 和表 2 中给出的每一系统的全称，例如“ISO/IEC 7064 ，MOD 11-2”。

注：采用缩写形式“MOD 11”将会与使用模数 11 类似系统混淆。

5.4.2 当需要简化时，例如，数据元传输时往往需要同时标明用来保护该数据元的系统，可采用表 3 中的单一数字名称。

表 3 单一数字名称

校验字符系统	名 称
ISO/IEC 7064,MOD 11-2	1
ISO/IEC 7064,MOD 37-2	2
ISO/IEC 7064,MOD 97-10	3
ISO/IEC 7064,MOD 661-26	4
ISO/IEC 7064,MOD 1271-36	5
ISO/IEC 7064,MOD 11,10	6
ISO/IEC 7064,MOD 27,26	7
ISO/IEC 7064,MOD 37,36	8
无校验字符或非标准系统	0

6 纯系统的说明

6.1 公式

当下列公式成立时,串满足该校验:

$$\sum_{i=1}^{n} a^{i} \cdot r^{i-1} \equiv 1(\bmod M)$$

式中:

n——包括校验字符的串的字符个数;

i——表示从右边开始的字符所在位置索引(即,最右边的字符,$i=1$),空格与分割符不包括在内;

a_i——由表 4 规定的处于 i 位置上的字符值;

r——基数(即几何级数的底);

M——模数。

表 4 字符对应的值

字符	系统中数字串值	系统中字母串的值	系统中字母数字串的值
0	0		0
1	1		1
2	2		2
3	3		3
4	4		4
5	5		5
6	6		6
7	7		7
8	8		8
9	9		9
X[a]	10		
A		0	10
B		1	11
C		2	12
D		3	13
E		4	14

表 4（续）

字符	系统中数字串值	系统中字母串的值	系统中字母数字串的值
F		5	15
G		6	16
H		7	17
I		8	18
J		9	19
K		10	20
L		11	21
M		12	22
N		13	23
O		14	24
P		15	25
Q		16	26
R		17	27
S		18	28
T		19	29
U		20	30
V		21	31
W		22	32
X		23	33
Y		24	34
Z		25	35
*[b]			36

[a] 为 ISO/IEC 7064 MOD 11-2。

[b] 为 ISO/IEC 7064 MOD 37-2。

6.2 计算

任何计算均按公式进行。

6.3 校验字符的位置

校验字符应设置在串的最右端。

7 带一位校验字符的纯系统的计算方法

纯系统有两种基本的计算方法：纯系统递归法和纯系统多项式法，两种方法的结果一致，并要求相同的乘量和加量。多项式系统要求更多的存储空间用来存储系统的权。

7.1 纯系统递归法

7.1.1 计算

在递归法中，串的字符从左到右逐个处理。下面将介绍生成校验字符 a_1 的计算规则。用 $j=1,\cdots,(n-1)$ 来表示索引。n 为包括校验字符在内的串中字符的数目。当 $j=1$ 时，定义 $P_j=0$。计算：

$$S_j := P_j + a_{n-j+1}$$

$$P_{j+1} := S_j \cdot r$$

式中：

a_{n-j+1} 为字符值，r 为基数。

选择下一个 a_1 时，下列公式应成立：

$$P_n + a_1 \equiv 1 (\mathrm{mod}\ M)$$

或

$$a_1 := (1 - P_n)(\mathrm{mod}\ M)$$

验证校验字符 a_1 的算法可以描述如下：在索引 $j=1,\cdots,n$ 时，其中，n 是在串中的字符数，包括校验字符，并且在 $j=1$ 时，定义 $P_j=0$。计算：

$$S_j := P_j + a_{n-j+1}$$

$$P_{j+1} := S_j \cdot r$$

如果下列公式成立，则假定该串是正确的，

$$S_n \equiv 1 (\mathrm{mod}\ M)$$

另一种办法是，生成校验字符 a_1 的过程可以进行重复。如果生成的校验字符相当于现有字符 a_1 则假定该串是正确的。

7.1.2 举例

假设使用校验字符系统 ISO/IEC 7064，MOD 11-2 为串“0794”提供一个校验字符。此时 $M=11$，$r=2$，$n=5$(4 个字符加 1 个校验字符)。按表 5 列出的步骤进行计算：

表 5 纯递归法实例

步骤	乘积	+	下一个字符值	=	中间和	中间和	×	基数	=	作为下次计算值的乘积
			(见 7.1.2 的注 1)							(见 7.1.2 的注 1)
j	P_j	+	a_{n-j+1}	=	S_j	S_j	×	r	=	P_j+1
1	0	+	0	=	0	0	×	2	=	0
2	0	+	7	=	7	7	×	2	=	14
3	14	+	9	=	23	23	×	2	=	46
4	46	+	4	=	50	50	×	2	=	100
5	100＋校验字符值与 1(mod 11)是同余的。									

在这个例子中，P_n 的最终结果为 100，加上校验字符的值必须与 1(mod 11)同余，当 100 本身就与 1(mod 11)同余时，校验字符值必须为零，当校验字符加在串的最右边时，整个受保护的串是“0794 0”。

为了校验该串是否正确，如上所示，再按上述步骤 $j=1\sim5$ 进行计算，在计算中要包括校验字符值 0。如果该结果与 1(模 11)同余，则接受的串是有效的。

注 1：如果计算过程中任一步的结果 P_{j+1} 或者中间和 S_j 大于模数 M，则可减去模数的倍数，用其整余数继续计算。在表 5 中：

$P_3=14$ 可处理为 $14-11=3$

$S_3=23$ 可处理为 $23-22=1$

$P_4=46$ 可处理为 $46-44=2$

注 2：在 ISO/IEC 7064，MOD 11-2 系统中有效的校验字符值是 0～10。如果校验字符的值为 10，就由附加校验字符“X”表示。如果原串是“079”这样的短串，在第三步计算结束时计算值为 46：

$$46 \equiv 2 (模\ 11);$$

由于 $2+10\equiv1$(模 11)，因此完整串为“079 X”。

对该串进行校验时，第三步计算之后得到 $46+10=56$，与 1(模 11)同余，满足校验。

7.2 纯系统多项式法

7.2.1 计算

纯系统多项式法采用 r^{i-1} 或 r^{i-1}(模 M)的值乘以串中每一字符值来计算，用权 w_i 来表示。表 6 中列出了纯系统的 r^{i-1}(模 M)的前 15 个值。

将字符值与它们的权相乘，再将结果相加，如果这些结果之和与 1(模 M)同余，则包含校验字符在内的串是有效的。

表 6　纯系统的权

位置索引	15	14	13	12	11	10	9	8	7	6	5	4	3	2	1
ISO/IEC 7064,MOD 11-2	5	8	4	2	1	6	3	7	9	10	5	8	4	2	1
ISO/IEC 7064,MOD 37-2	30	15	26	13	25	31	34	17	27	32	16	8	4	2	1
ISO/IEC 7064,MOD 97-10	53	15	50	5	49	34	81	76	27	90	9	30	3	10	1
ISO/IEC 7064,MOD 661-26	129	488	273	341	547	199	389	498	70	562	255	390	15	26	1
ISO/IEC 7064,MOD 1271-36	769	904	590	87	532	156	428	718	373	893	625	900	25	36	1

注：此处仅列出前 15 个位置的权，其余的可用公式 $w_i = r^{i-1} \pmod{M}$ 无限扩展，w_i 为位置索引 i 的权。

7.2.2　举例

用多项式法产生校验字符的计算过程如下，仍以 7.1.2 中的串“0794”为例：

字符位置 i：	5	4	3	2	1
权 2^{i-1}(mod 11)：	5	8	4	2	1
字符数 a_i：	0	7	9	4	
乘积：	0	56	36	8	
乘积的和：	0 +	56 +	36 +	8	=100

总和 100 加上校验字符必须与 1(模 11)同余)，由于 100 本身与 1(模 11)同余，所以校验字符必定是零，这样整个串为“0794 0”。校验字符设置在串的右端。

用这种办法来校验串，需要与字符位置相关的权乘以字符值(包括校验字符在内)，结果相加，总和被 11 除，如果余数是 1，则通过验证。

校验整个串的计算如下：

字符位置 i：	5	4	3	2	1
权 2^{i-1}(mod 11)：	5	8	4	2	1
字符数 a_i：	0	7	9	4	0
乘积：	0	56	36	8	0
乘积的和：	0 +	56 +	36 +	8 +	0=100
					≡1(模 11)

满足验证要求。

注：最右边的位置，即 $r^0=1$ 的位置，是留给校验字符的位置，原串(不含校验字符)的最右端位置就是与 r 的权有关，此处为 2。

8　带两位校验字符的纯系统的计算方法

8.1　计算

这些系统与含一位校验字符的系统计算方法完全一致，只需再加一步，除了基数是 10 的系统求出两个字符值作为校验字符（对于校验字符系统 ISO/IEC 7064，MOD 97-10，见 8.4），用 V 表示最后一步的计算结果。两位校验字符值可以用基数 r 除计算结果 V，得到的整商数即为 $i=2$ 位置上的校验字符值，余数则是 $i=1$ 位置上的校验字符值，或：

$$a_1 := V \pmod{r}$$

$$a_2 := (V - a_1)/r$$

8.2　递归法应用举例

下面是用递归法，用 ISO/IEC 7064，MOD 1271-36 系统计算串“ISO 79”两个校验字符的例子，字母数字字符值在表4中给出，表7中给出了第1步～第6步。在1.1中已说明串中嵌入的空格忽略不计。

表7 带两位校验字符的纯递归法实例

步骤 j	乘积 P_j	+	下一个字符值 a_{n-j+1}	=	中间和 S_j	中间和 S_j	×	基数 r	=	计算结果 P_j+1	作为下次计算值的乘积(mod 1 271) P_j+1(mod M)
1	0	+	18	=	18	18	×	36	=	648	648
2	648	+	28	=	676	676	×	36	=	24 336	187
3	187	+	24	=	211	211	×	36	=	7 596	1 241
4	1 241	+	7	=	1 248	1 248	×	36	=	44 928	443
5	443	+	9	=	452	452	×	36	=	16 272	1 020
6	1 020	+	0[a]	=	1 020	1 020	×	36	=	36 720	1 132

[a] 被第一个校验字符占据的这一位置在这一步时仍是空的，所以其值为零。

最后一步(第7步)是计算校验字符值：用(M+1)减去最后的 P_{j+1}(mod M)，即：

$$1\ 271+1=1\ 272$$

然后 $$1\ 272-1\ 132=140$$

为得到单个的校验字符值，用 $V=140$ 除以基数36，得到商数为3，整余数为32。

这样，商数3即为位置 $i=2$ 处的校验字符值，整余数32为位置 $i=1$ 处的校验字符值。按照表4，3与32分别对应着字符3和字符W，因而带有校验字符的完整的串为："ISO 79 3W"。

需验证该串时，第1步～第5步如上所示，第6步，第7步如表8所示：

表8 带两个校验字符的纯递归系统的实例验证

6 7	1 020+3=1 023 1 240+32=1 272	1 023×36=36 828 (见注)	1 240(mod 1 271)

1 272≡1(mod 1 271)，满足校验。

注：最后这个字符是刚加上的，因而该总数不再乘以基数。

8.3 多项式应用举例

用多项式方法计算7.2中的串"ISO 79"的两个校验字符，其权采用表6中的值，字符值参照表4，如表9所示。然后按照8.2中的第7步计算，得到"ISO 79 3W"。

表9 带两位校验字符的多项式法实例

字符位置 i：	7		6		5		4		3	2	1
权 w_i：	373		893		625		900		25	36	1
字符值 a_i：	18		28		24		7		9		
乘积：	6 714		25 004		15 000		6 300		225		
乘积的和：	6 714	+	25 004	+	15 000	+	6 300	+	225	=53 243	
										=1 132(mod 1 271)	

8.4 ISO/IEC 7064，MOD 97-10的简化规程

对该系统可遵守8.2和8.3中所述的规程。

但是，由于通常在十进制计数法中，该数字已经用基数为10的幂进行加权。可采用简化过程如下：在串后面添写两个0，并除以97，再用98减去上述余数，所得结果中的两个数字就是校验字符。

例如，对于串"794"，计算过程如下：

第一步:在校验字符位置上加两个 0:794 00;

第二步:除以 97,得商 818,整余数为 54;

第三步:计算校验字符值,(97+1)−54=44,将 44 加到原串后面,得 794 44。

为了验证,用 97 除该串,如果余数为 1,则满足要求。

9 混合系统说明

9.1 公式

在混合系统中,字符 M 在字符集中的位数为偶数。一个包括按标准混合公式产生的校验字符的串须满足下式的验证:

$$(\Lambda((((M+a_n)\parallel_M \cdot 2)\mid_{(M+1)}+a_{(n-1)})_M \cdot 2)\mid_{(M+1)}+\Lambda+a_1)\parallel_M = 1$$

式中:

n——包括校验字符的串的字符数目;

i——从右侧计算的字符所在位置的符号(如最右端字符 $i=1$),空格和分割符不计;

a_i——表 4 中所列的 i 位置上的字符值;

M 和$(M+1)$——两个模数,M 的数值等于该字符集中的字符数目;

$\parallel_M$——除以 M 后的整余数,如果为 0,则 M 值应被替换;

$\mid_{M+1}$——除以$(M+1)$后的余数,在经过上述处理后余数绝对不会为 0。

9.2 校验字符的位置

校验字符设置在串的最右端。

10 混合系数的计算方法

这里仅给出了混合系统产生校验字符和验证含校验字符的串的基本方法,即混合系统递归法。

特别值得注意的是:与纯系统多项式法类似的计算方法在混合系统中不能得出相同的结果,因此不能采用。

10.1 混合系统递归法

10.1.1 计算

在递归法中,字符从左到右依次校验。

生成校验字符 a_1 的计算法则的描述为:用 $j=1\cdots(n-1)$,n 为包含校验字符在内的串中字符的数目。当 $j=1$ 时,定义 $P_j=M$,公式如下:

$$S_j := P_j \mid_{M+1} + a_{n-j+1}$$

$$P_{j-1} := S_j \parallel_M \cdot 2$$

式中:

$\parallel_M$——除以 M 后的整余数,如果为 0,则 M 值应被替换;

$\mid_{M+1}$——除以$(M+1)$后的整余数,在经过上述处理后该余数不会为 0;

a_{n-j+1}——字符值。

所以下一个 a_1:

$$P_n + a_1 \equiv 1(\mathrm{mod}\ M) \text{ 或 } a_1 :-(1-P_n)(\mathrm{mod}\ M)$$

验证校验字符 a_1 的算法则描述为:用 $j=1,\cdots\cdots,(n-1)$,n 为包含校验字符在内的串中字符的数目。当 $j=1$ 时,定义 $P_j=0$。公式如下:

$$S_j := P_j \mid_{M+1} + a_{n-j+1}$$

$$P_{j+1} := S_j \parallel_M \cdot 2$$

如果 $S_n \equiv 1(\mathrm{mod}\ M)$则串正确。

也就是说,生成校验字符 a_1 的过程可以重复。如果生成的校验字符和现有的字符 a_1 一致,则串正确。

10.1.2 举例

假定用系统 ISO/IEC 7064,MOD 11,10 为串 0794 设置校验字符,其中 $M=10$,$M+1=11$, $n=5$(4 位字符加一位校验字符)。

计算结果列于表 10。

因此,校验字符的值为 5,完整的串为 0794 5,校验字符附加到原串的右端。

校验串的计算如表 10 第一步至第五步所示,且校验字符值 5 的计算也包括在内。最后结果必须与 1(mod 10)同余。

表 10 混合系统递归法实例

步骤 j	乘积	+	下一字符值	=	中间和	调整中间和	×	2	=	结果	调整后下次计算值的乘积
	P_j	+	a_{n-j+1}	=	S_j	$S_i \|\|_{10}$	×	2	=	P_{j+1}	$P_{j+1}\|_{11}$
1	10	+	0	=	10	10	×	2	=	20	9
2	9	+	7	=	16	6	×	2	=	12	1
3	1	+	9	=	10	10	×	2	=	20	9
4	9	+	4	=	13	3	×	2	=	6	6
5	6	+校验字符值应与 1(mod 10)同余									

附 录 A
(资料性附录)
对各种应用选择校验字符系统的准则

系统的选择准则如表 11 所示,它包括:

a) 受保护的串的字符集(见第 2 列);

b) 校验字符的字符集(第 3 列)。除了 ISO 7964,MOD 11-2,ISO 7064,MOD 37-2 以外,所有其他系统的校验字符集均与受保护的串的字符集是一样的。而这两个系统或者需要一个补充校验字符,或者需要不宜使用产生的补充校验字符的校验字符的串;

c) 校验字符位数(第 4 列)。除了两位校验字符的可接受性(根据费用和其他约束条件)必须与系统需要的校验字符所提供的有力保护所协调出的益处相权衡;

d) 未被检出的错误百分比(第 5 列),即可能检查不出来的各种类型错误的百分比。这些错误有下述几种类型:

1. 单替换错误——一个单一字符被另一个单一字符替换;
2. 单一对换错误——单个字符的对换,相邻的($d=1$)两个字符或相隔一个字符的($d=2$)两个字符之间的互换错误;
3. 双替换错误——在同一个串中,两个分隔的单一字符的替换错误;
4. 循环位移——串向左或向右的循环位移(表中所列的错误率仅指中等距离($d<10$)的循环位移错误);
5. 其他错误——所有上述未指出的错误;
6. 残余差错(第 6 列)。

残余差错给出了每 100 000 个差错中未被检测到的各种差错类型的典型范围。

表 A.1 中较低数字是指有利的混合差错类型的典型最佳情况,较高数字是指不利的混合差错类型的典型最差情况(例如,上述差错类型平均出现率并不总能被检测到)。这些数字仅当严格的统计不可用时,用作指导。实践中应考虑可能出现偏差。其数值是基于下面错误出现率的范围给出的:

单替换	60% ~ 85%
单对换,$d=1$	5% ~ 15%
单对换,$d=2$	1% ~ 2%
双替换	5% ~ 15%
位移	0% ~ 5%
其他	1% ~ 10%

未被检出的错误百分比反应了校验字符系统孤立使用的情况。如果把这些系统与其他校验结合起来使用,效果会更好。其他校验包含一致性校验、字符类型与串长度校验等等,例如,一个串长度校验就会检查出字符的所有删改或插入错误。

表 A.1 系统的选择准则

1	2	3	4	5						6
校验字符系统 ISO 7064 MOD	受保护串的字符集	校验字符的字符集	校验字符的位数	未被检测到的差错的百分比						剩余差错 (每 100 000 个错误中)
				单替换	单换位		双替换	位移 $d<10$	其他	
					$d=1$	$d=2$				
11-2	数字	数字加上“X”[a]	1	0.0	0.0	0.0	10.0	0.0	9.1	600~2 400

表 A.1（续）

1	2	3	4	5						6
校验字符系统 ISO 7064 MOD	受保护串的字符集	校验字符的字符集	校验字符的位数	未被检测到的差错的百分比						剩余差错（每 100 000 个错误中）
				单替换	单换位		双替换	位移 $d<10$	其他	
					$d=1$	$d=2$				
11,10	数字	数字	1	0.0	2.2	9.3	11.0	0.0	10.0	760～3 100
97-10	数字	数字	2	0.0	0.0	0.0	1.0	0.0	1.0	20～250
27,26	字母	字母	1	0.0	0.31	2.4	4.0	0.0	3.8	250～1 100
661-26	字母	字母	2	0.0	0.0	0.0	0.1	0.0	0.15	6～30
37-2	字母数字	字母数字加上“*”[b]	1	0.0	0.0	0.0	2.7	0.0	2.7	160～700
37,36	字母数字	字母数字	1	0.0	0.16	1.7	2.8	0.0	2.8	180～740
1 271-36	字母数字	字母数字	2	0.0	0.0	0.0	0.04	0.0	0.08	3～15

[a] 可通过不使用产生 10 作为校验字符值的串来避免补充校验字符。

[b] 可通过不使用产生 36 作为校验字符值的串来避免补充校验字符。

附　录　B
（资料性附录）
非拉丁字母的校验字符系统

本附录将举例说明如何将此系统扩展而满足那些不仅使用 26 个拉丁字母的国家的需求。

下面以丹麦的 29 个字母为例(A～Z、Å Æ Ø)。

由于 29 是个质数，并由于 2 具有 $2^a \equiv 1 \pmod{29}$ 就是 28（$=29-1$）的最小正整数的特性，所以，当 29 作为模数、2 作为基数时，可以使用纯系统。仅在下列元素方面，这可能不同于 ISO 系统。

名称：(Danish) MOD 29-2

表 4：增加了字母系统的字符值：

Æ：26

Ø：27

Å：28

表 6：增加了表 B.1 中的 MOD 29-2 的权。

表 B.1 （Danish）MOD 29-2 的纯系统权

位置下标	15	14	13	12	11	10	9	8	7	6	5	4	3	2	1
(Danish) MOD 29-2	28	14	7	18	9	19	24	12	6	3	16	8	4	2	1

参 考 文 献

[1] GB/T 5795—2006 中国标准书号(ISO 2108:2005,MOD).

[2] GB/T 21076—2007 证券及相关金融工具 国际证券识别编字符体系(ISO 6166:2001,MOD).

[3] ISO 2894:1980 凸印式信用卡 规范 编号系统和注册规程.

ICS 47.020.30
U 55

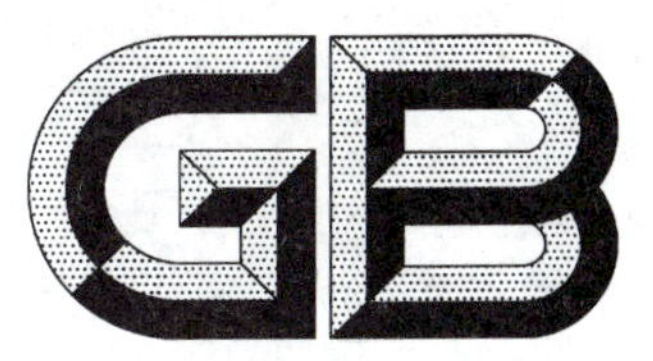

中华人民共和国国家标准

GB/T 17727—2008
代替 GB/T 2502—1989,GB/T 17727—1999

船用法兰非金属垫片

Nonmetal material gaskets for marine flange

2008-02-14 发布　　　　2008-09-01 实施

中华人民共和国国家质量监督检验检疫总局
中国国家标准化管理委员会　发布

前　言

本标准代替 GB/T 2502—1989《船用法兰软垫圈(四进位)》、GB/T 17727—1999《船用法兰非石棉材料垫片》。

本标准与 GB/T 2502—1989、GB/T 17727—1999 相比,主要有下列变化:

——标准名称改为《船用法兰非金属垫片》;

——本标准中 A 型垫片的法兰连接尺寸和密封面符合 GB/T 569,AS 型垫片的法兰连接尺寸和密封面符合 GB/T 2501,AJ 型垫片的法兰连接尺寸和密封面符合 JIS B 2220;

——公称压力由原来的 0.6 MPa～4.0 MPa 改为 0.2 MPa～6.4 MPa;

——AS 型的公称通径由原来的 10 mm～1 000 mm 扩大到 10 mm～2 000 mm;

——增加了法兰连接尺寸符合 JIS B 2220 的垫片尺寸;

——增加了符合输送饮用水介质的卫生要求。

本标准的附录 A 和附录 B 为资料性附录。

本标准由中国船舶工业集团公司提出。

本标准由全国船用机械标准化技术委员会管系附件分技术委员会归口。

本标准起草单位:扬中市斌扬特种垫片填料厂、江南造船(集团)有限责任公司、中国船舶工业综合技术经济研究院。

本标准主要起草人:罗梅珍、彭晓斌、彭国强、罗发元、王云。

本标准所代替标准的历次版本发布情况为:

——GB/T 2502—1981、GB/T 2502—1989;

——GB/T 17727—1999。

船用法兰非金属垫片

1 范围

本标准规定了法兰连接尺寸按 GB/T 569、GB/T 2501、JIS B 2220 的船用法兰非金属垫片(以下简称垫片)的分类和标记、要求、试验方法、检验规则、标志、包装、运输和贮存。

本标准适用于燃油、滑油、海水、饮用水、空气、惰性气体和温度不高于 250 ℃的热油及温度不高于 260 ℃的蒸汽用船舶管路系统及其附件法兰连接垫片的设计、制造和验收。

2 规范性引用文件

下列文件中的条款通过本标准的引用而成为本标准的条款。凡是注日期的引用文件,其随后所有的修改单(不包括勘误的内容)或修订版均不适用于本标准,然而,鼓励根据本标准达成协议的各方研究是否可使用这些文件的最新版本。凡是不注日期的引用文件,其最新版本适用于本标准。

GB/T 540 耐油石棉橡胶板试验方法

GB/T 541 石棉橡胶板 试验方法

GB/T 569 船用法兰 连接尺寸和密封面

GB/T 2501 船用法兰连接尺寸和密封面(四进位)(GB/T 2501—1989,neq ISO 2084:1974)

GB/T 3985—1995 石棉橡胶板

GB/T 5721 橡胶密封制品标志、包装、运输、贮存的一般规定

GB/T 9129 管法兰用非金属平垫片 技术条件(GB/T 9129—2003,ISO 7483:1991,NEQ)

GB/T 12385 管法兰用垫片密封性能试验方法

GB/T 17219 生活饮用水输配水设备及防护材料的安全性评价标准

GJB 228 硅橡胶制品

QB/T 3652—1999 聚四氟乙烯板材

JIS B 2220 钢制管法兰

3 分类和标记

3.1 型式

垫片的型式分为下列四种类型:

a) A 型——法兰连接尺寸和密封面按 GB/T 569 的垫片;

b) AS 型——法兰连接尺寸和密封面按 GB/T 2501 的垫片;

c) JA 型——法兰连接尺寸和密封面按 JIS B 2220 的全平面垫片;

d) JB 型——法兰连接尺寸和密封面按 JIS B 2220 的大平面垫片。

3.2 基本参数

垫片的基本参数见表 1。

表 1 垫片的基本参数

型 式	公称压力 PN/MPa	公称通径 DN/mm	型 式	公称压力 PN/MPa	公称通径 DN/mm
A	0.6	15～500	JA	0.2	450～1 500
	1.0、1.6	20～500		0.5、1.0	10～1 500
	2.5	20～400		1.6	10～600
	4.0、6.4	20～350		—	—
AS	0.25～1.6	10～2 000	JB	1.6	10～1 500
	2.5	10～1 000		2.0	10～900
	4.0、6.4	10～500		3.0～6.3	10～400

3.3 结构和尺寸

3.3.1 A 型垫片的结构和基本尺寸见图 1 和表 2。

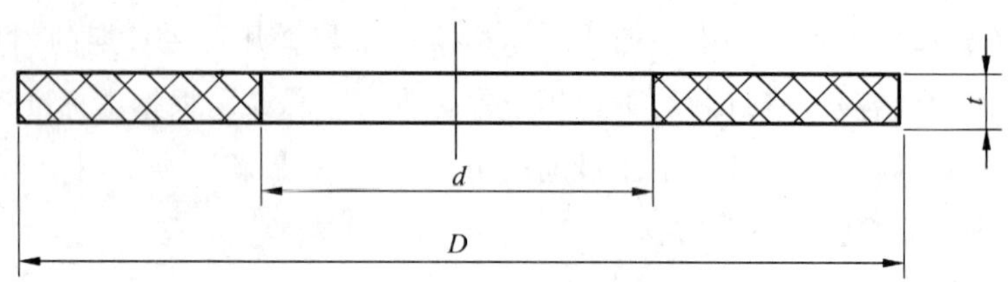

图 1 A 型、AS 型、JB 型垫片

表 2 A 型垫片的基本尺寸

单位为毫米

公称通径 DN	公称压力 PN/MPa						
	0.6	1.0	1.6	2.5	0.6、1.0、1.6、2.5	4.0、6.4	
	外径 D				内径 d	外径 D	内径 d
15	42	—			20	—	—
20	52				26	51	35
25	60				34	58	42
32	68				42	66	50
40	78				50	76	60
50	88				62	88	72
65	108		115		78	110	94
80	123		130		94	121	105
100	143		150		114	150	128
125	168		170	174	140	176	154
150	193		200	205	165	204	182
175	223	231	235	240	196	234	212
200	249	256	259	265	222	260	238
225	279	284	285	290	248	287	265
250	309	314	315	320	276	313	291
300	364	369	370	375	328	364	342
350	414	419	421	431	380	422	394
400	464	470	476	481	431	—	—
450	514	525	526	—	483		
500	569	575	581		535		
注：垫片的厚度 *t*：DN10～DN100 为 2 mm；DN125～DN500 为 3 mm。							

3.3.2 AS 型垫片的结构和基本尺寸见图 1 和表 3。

表 3 AS 型垫片的基本尺寸

单位为毫米

公称通径 DN	公称压力 PN/MPa							
	0.25～2.5	0.25	0.6	1.0	1.6	2.5	4.0、6.4	
	内径 d	外径 D					内径 d	外径 D
10	18	39		46			24	34
15	22	44		51			29	39
20	27	54		61			36	50
25	34	64		71			43	57
32	43	76		82			51	65
40	49	86		92			61	75
50	61	96		107			73	87
65	77	116		127			95	109
80	89	132		142			106	120
100	115	152		162		168	129	149
125	141	182		192		194	155	175
150	169	207		208		224	183	203
175	194	237		248		254	213	233
200	220	262		273		284	239	259
225	245	287		303		310	266	286
250	273	317		328	329	340	292	312
300	324	373		378	384	400	343	363
350	361	423		438	444	457	395	421
400	410	473		489	495	514	447	473
450	464	528		539	555	564	497	523
500	514	578		594	617	624	549	575
600	614	679		695	734	731	—	
700	712	784		810	804	833		
800	813	890		917	911	942		
900	915	990		1 017	1 011	1 042		
1 000	1 016	1 090		1 124	1 128	1 114		
1 200	1 220	1 290	1 307	1 341	1 342	—		
1 400	1 420	1 490	1 504	1 540	1 542			
1 600	1 620	1 700	1 724	1 772	1 764			
1 800	1 820	1 900	1 931	1 972	1 964			
2 000	2 020	2 100	2 138	2 182	2 168			

注：垫片的厚度 t：DN10～DN100 为 2 mm；DN125～DN2 000 为 3 mm。

3.3.3 JA 型垫片的结构和基本尺寸见图 2 和表 4。

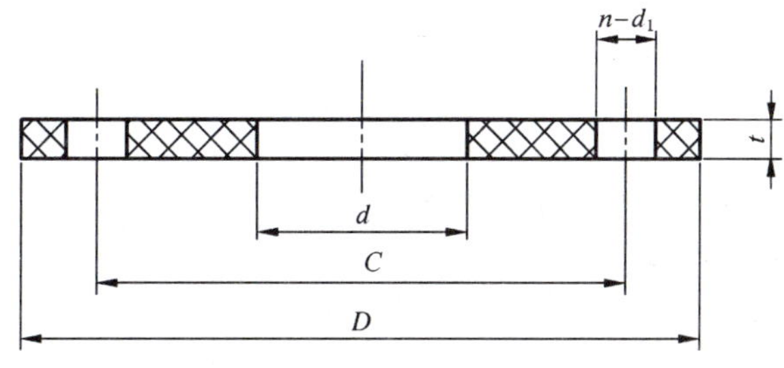

图 2 JA 型垫片

表 4 JA 型垫片的基本尺寸 单位为毫米

<table>
<tr><th rowspan="3">公称通径 DN</th><th rowspan="3">内径 d</th><th colspan="12">公称压力 PN/MPa</th></tr>
<tr><th colspan="3">0.2</th><th colspan="3">0.5</th><th colspan="3">1.0</th><th colspan="3">1.6</th></tr>
<tr><th>D</th><th>C</th><th>n—d₁</th><th>D</th><th>C</th><th>n—d₁</th><th>D</th><th>C</th><th>n—d₁</th><th>D</th><th>C</th><th>n—d₁</th></tr>
<tr><td>10</td><td>18</td><td rowspan="20" colspan="3">—</td><td>75</td><td>55</td><td rowspan="4">4—12</td><td>90</td><td>65</td><td rowspan="3">4—15</td><td>90</td><td>65</td><td rowspan="3">4—15</td></tr>
<tr><td>15</td><td>22</td><td>80</td><td>60</td><td>95</td><td>70</td><td>95</td><td>70</td></tr>
<tr><td>20</td><td>28</td><td>85</td><td>65</td><td>100</td><td>75</td><td>100</td><td>75</td></tr>
<tr><td>25</td><td>35</td><td>95</td><td>75</td><td>125</td><td>90</td><td rowspan="5">4—19</td><td>125</td><td>90</td><td rowspan="3">4—19</td></tr>
<tr><td>32</td><td>43</td><td>115</td><td>90</td><td rowspan="4">4—15</td><td>135</td><td>100</td><td>135</td><td>100</td></tr>
<tr><td>40</td><td>49</td><td>120</td><td>95</td><td>140</td><td>105</td><td>140</td><td>105</td></tr>
<tr><td>50</td><td>61</td><td>130</td><td>105</td><td>155</td><td>120</td><td>155</td><td>120</td><td rowspan="2">8—19</td></tr>
<tr><td>65</td><td>77</td><td>155</td><td>130</td><td>175</td><td>140</td><td>175</td><td>140</td></tr>
<tr><td>80</td><td>90</td><td>180</td><td>145</td><td rowspan="2">4—19</td><td>185</td><td>150</td><td rowspan="3">8—19</td><td>200</td><td>160</td><td rowspan="3">8—23</td></tr>
<tr><td>90</td><td>102</td><td>190</td><td>155</td><td>195</td><td>160</td><td>210</td><td>170</td></tr>
<tr><td>100</td><td>115</td><td>200</td><td>165</td><td rowspan="3">8—19</td><td>210</td><td>175</td><td>225</td><td>185</td></tr>
<tr><td>125</td><td>141</td><td>235</td><td>200</td><td>250</td><td>210</td><td rowspan="2">8—23</td><td>270</td><td>225</td><td>8—25</td></tr>
<tr><td>150</td><td>167</td><td>265</td><td>230</td><td>280</td><td>240</td><td>305</td><td>260</td><td>12—25</td></tr>
<tr><td>175</td><td>192</td><td>300</td><td>260</td><td rowspan="2">8—23</td><td>305</td><td>265</td><td rowspan="3">12—23</td><td colspan="3">—</td></tr>
<tr><td>200</td><td>218</td><td>320</td><td>280</td><td>330</td><td>290</td><td>350</td><td>305</td><td>12—25</td></tr>
<tr><td>225</td><td>244</td><td>345</td><td>305</td><td rowspan="3">12—23</td><td>350</td><td>310</td><td colspan="3">—</td></tr>
<tr><td>250</td><td>270</td><td>385</td><td>345</td><td>400</td><td>355</td><td>12—25</td><td>430</td><td>380</td><td>12—27</td></tr>
<tr><td>300</td><td>321</td><td>430</td><td>390</td><td>445</td><td>400</td><td rowspan="2">16—25</td><td>480</td><td>430</td><td>16—27</td></tr>
<tr><td>350</td><td>359</td><td>480</td><td>435</td><td>12—25</td><td>490</td><td>445</td><td>540</td><td>480</td><td rowspan="2">16—33</td></tr>
<tr><td>400</td><td>410</td><td>540</td><td>495</td><td rowspan="2">16—25</td><td>560</td><td>510</td><td>16—27</td><td>605</td><td>540</td></tr>
<tr><td>450</td><td>460</td><td>605</td><td>555</td><td>16—23</td><td>605</td><td>555</td><td>620</td><td>565</td><td rowspan="2">20—27</td><td>675</td><td>605</td><td rowspan="2">20—33</td></tr>
<tr><td>500</td><td>513</td><td>655</td><td>605</td><td>20—23</td><td>655</td><td>605</td><td>20—25</td><td>675</td><td>620</td><td>730</td><td>660</td></tr>
<tr><td>550</td><td>564</td><td>720</td><td>665</td><td rowspan="2">20—25</td><td>720</td><td>665</td><td rowspan="2">20—27</td><td>745</td><td>680</td><td>20—33</td><td>795</td><td>720</td><td>20—39</td></tr>
<tr><td>600</td><td>615</td><td>770</td><td>715</td><td>770</td><td>715</td><td>795</td><td>730</td><td rowspan="4">24—33</td><td>845</td><td>770</td><td>24—39</td></tr>
<tr><td>650</td><td>667</td><td>825</td><td>770</td><td rowspan="2">24—25</td><td>825</td><td>770</td><td rowspan="2">24—27</td><td>845</td><td>780</td><td rowspan="10" colspan="3">—</td></tr>
<tr><td>700</td><td>718</td><td>875</td><td>820</td><td>875</td><td>820</td><td>905</td><td>840</td></tr>
<tr><td>750</td><td>770</td><td>945</td><td>880</td><td rowspan="4">24—27</td><td>945</td><td>880</td><td rowspan="4">24—33</td><td>970</td><td>900</td></tr>
<tr><td>800</td><td>820</td><td>995</td><td>930</td><td>995</td><td>930</td><td>1 020</td><td>950</td><td rowspan="3">28—33</td></tr>
<tr><td>850</td><td>870</td><td>1 045</td><td>980</td><td>1 045</td><td>980</td><td>1 070</td><td>1 000</td></tr>
<tr><td>900</td><td>923</td><td>1 095</td><td>1 030</td><td>1 195</td><td>1 030</td><td>1 120</td><td>1 050</td></tr>
<tr><td>1 000</td><td>1 025</td><td>1 195</td><td>1 130</td><td rowspan="2">28—27</td><td>1 195</td><td>1 130</td><td rowspan="2">28—33</td><td>1 235</td><td>1 160</td><td rowspan="2">28—39</td></tr>
<tr><td>1 100</td><td>1 130</td><td>1 305</td><td>1 240</td><td>1 305</td><td>1 240</td><td>1 345</td><td>1 270</td></tr>
<tr><td>1 200</td><td>1 230</td><td>1 420</td><td>1 350</td><td rowspan="2">32—27</td><td>1 420</td><td>1 350</td><td rowspan="2">32—33</td><td>1 465</td><td>1 380</td><td>32—39</td></tr>
<tr><td>1 350</td><td>1385</td><td>1 575</td><td>1 505</td><td>1 575</td><td>1 505</td><td>1 630</td><td>1 540</td><td>36—45</td></tr>
<tr><td>1 500</td><td>1 540</td><td>1 730</td><td>1 660</td><td>36—27</td><td>1 730</td><td>1 660</td><td>36—33</td><td>1 795</td><td>1 700</td><td>40—45</td></tr>
<tr><td colspan="14">注：垫片的厚度 t:DN10～DN100 为 2 mm;DN125～DN2 000 为 3 mm。</td></tr>
</table>

3.3.4 JB型垫片的结构和基本尺寸按图1和表5。

表5 JB型垫片的基本尺寸

单位为毫米

<table>
<tr><th rowspan="3">公称通径 DN</th><th rowspan="3">内径 d</th><th colspan="8">公称压力 PN/MPa</th></tr>
<tr><th>0.2</th><th>0.5</th><th>1.0</th><th>1.6</th><th>2.0</th><th>3.0</th><th>4.0</th><th>6.3</th></tr>
<tr><th colspan="8">外径 D</th></tr>
<tr><td>10</td><td>18</td><td rowspan="20">—</td><td>45</td><td colspan="3">53</td><td colspan="2">59</td><td>64</td></tr>
<tr><td>15</td><td>22</td><td>50</td><td colspan="3">58</td><td colspan="2">64</td><td>69</td></tr>
<tr><td>20</td><td>28</td><td>55</td><td colspan="3">63</td><td colspan="2">69</td><td>75</td></tr>
<tr><td>25</td><td>35</td><td>65</td><td colspan="3">74</td><td colspan="2">79</td><td>80</td></tr>
<tr><td>32</td><td>43</td><td>78</td><td colspan="3">84</td><td colspan="2">89</td><td>90</td></tr>
<tr><td>40</td><td>49</td><td>83</td><td colspan="3">89</td><td colspan="2">100</td><td>108</td></tr>
<tr><td>50</td><td>61</td><td>93</td><td colspan="3">104</td><td colspan="2">114</td><td>125</td></tr>
<tr><td>65</td><td>77</td><td>118</td><td colspan="3">124</td><td colspan="2">140</td><td>153</td></tr>
<tr><td>80</td><td>90</td><td>129</td><td>134</td><td colspan="2">140</td><td colspan="2">150</td><td>163</td></tr>
<tr><td>90</td><td>102</td><td>139</td><td>144</td><td colspan="2">150</td><td colspan="2">163</td><td>181</td></tr>
<tr><td>100</td><td>115</td><td>149</td><td>159</td><td colspan="2">165</td><td>173</td><td>183</td><td>196</td></tr>
<tr><td>125</td><td>141</td><td>184</td><td>190</td><td colspan="2">203</td><td>208</td><td>226</td><td>235</td></tr>
<tr><td>150</td><td>167</td><td>214</td><td>220</td><td colspan="2">238</td><td>251</td><td>265</td><td>275</td></tr>
<tr><td>175</td><td>192</td><td>240</td><td>245</td><td colspan="5">—</td></tr>
<tr><td>200</td><td>218</td><td>260</td><td>270</td><td colspan="2">283</td><td>296</td><td>315</td><td>330</td></tr>
<tr><td>225</td><td>244</td><td>285</td><td>290</td><td colspan="2">—</td><td>—</td><td>—</td><td>—</td></tr>
<tr><td>250</td><td>270</td><td>325</td><td>333</td><td colspan="2">356</td><td>360</td><td>380</td><td>394</td></tr>
<tr><td>300</td><td>321</td><td>370</td><td>378</td><td colspan="2">406</td><td>420</td><td>434</td><td>449</td></tr>
<tr><td>350</td><td>359</td><td>413</td><td>423</td><td colspan="2">450</td><td>465</td><td>479</td><td>488</td></tr>
<tr><td>400</td><td>410</td><td>473</td><td>486</td><td colspan="2">510</td><td>524</td><td>534</td><td>548</td></tr>
<tr><td>450</td><td>460</td><td>535</td><td>533</td><td>541</td><td colspan="2">575</td><td colspan="3" rowspan="17">—</td></tr>
<tr><td>500</td><td>513</td><td>585</td><td>583</td><td>596</td><td colspan="2">630</td></tr>
<tr><td>550</td><td>564</td><td>643</td><td>641</td><td>650</td><td colspan="2">684</td></tr>
<tr><td>600</td><td>615</td><td>693</td><td>691</td><td>700</td><td colspan="2">734</td></tr>
<tr><td>650</td><td>667</td><td>748</td><td>746</td><td>750</td><td>784</td><td>805</td></tr>
<tr><td>700</td><td>718</td><td>798</td><td>796</td><td>810</td><td>836</td><td>855</td></tr>
<tr><td>750</td><td>770</td><td>856</td><td>850</td><td>870</td><td>896</td><td>918</td></tr>
<tr><td>800</td><td>820</td><td>906</td><td>900</td><td>920</td><td>945</td><td>978</td></tr>
<tr><td>850</td><td>872</td><td>956</td><td>950</td><td>970</td><td>995</td><td>1 038</td></tr>
<tr><td>900</td><td>923</td><td>1 006</td><td>1 000</td><td>1 020</td><td>1 045</td><td>1 088</td></tr>
<tr><td>1 000</td><td>1 025</td><td>1 106</td><td>1 100</td><td>1 124</td><td>1 158</td><td rowspan="7">—</td></tr>
<tr><td>1 100</td><td>1 130</td><td>1 216</td><td>1 210</td><td>1 234</td><td>1 258</td></tr>
<tr><td>1 200</td><td>1 230</td><td>1 326</td><td>1 320</td><td>1 344</td><td>1 368</td></tr>
<tr><td>1 300</td><td>1 335</td><td colspan="3">—</td><td>1 474</td></tr>
<tr><td>1 350</td><td>1 385</td><td>1 481</td><td>1 475</td><td>1 498</td><td>1 534</td></tr>
<tr><td>1 400</td><td>1 435</td><td colspan="3">—</td><td>1 584</td></tr>
<tr><td>1 500</td><td>1 540</td><td>1 636</td><td>1 630</td><td>1 658</td><td>1 694</td></tr>
<tr><td colspan="10">注：垫片的厚度 t：DN10～DN100 为 2mm；DN125～DN1 500 为 3mm。</td></tr>
</table>

3.3.5 法兰连接尺寸符合 JIS B 2220 的密封型式为凹凸面和榫槽面垫片的连接尺寸参见附录A。

3.4 产品标记

3.4.1 垫片型号表示方法如下：

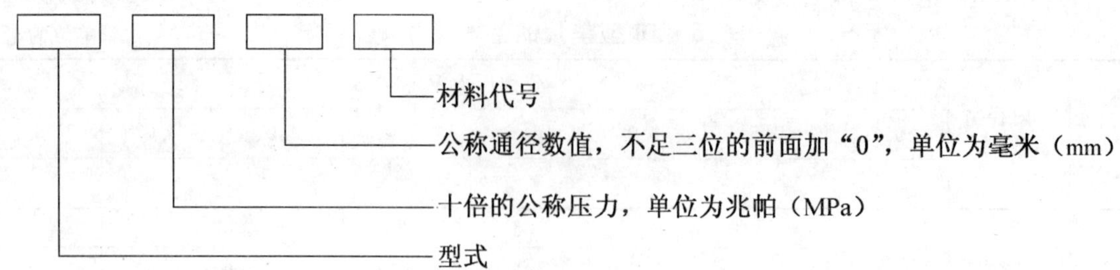

3.4.2 垫片标记示例如下：

公称压力为0.6 MPa，公称通径为25 mm，材料为芳纶耐油橡胶，法兰连接尺寸按GB/T 569的垫片标记为：

垫片 GB/T 17727—2008 A6025FL

4 技术要求

4.1 材料

4.1.1 垫片的材料见表6。在生产和使用石棉材料垫片时，应采取措施，以确保不会对健康造成损害。垫片材料及其适用范围参见附录B。

表6 垫片的材料

名称	代号	牌号	标准号
芳纶耐油橡胶	FL	KQG-001	—
硅橡胶	GXJ	—	GJB 228
石棉橡胶板	SM	XB350、XB450	GB/T 3985—1995
聚四氟乙烯板	SFB	SFB-2	QB/T 3652—1999

4.1.2 芳纶耐油橡胶垫片的理化性能见表7。

表7 芳纶耐油橡胶垫片的物理性能

材料		抗张强度/(N/cm^2)	压缩率/%	回弹率/%	密度/(g/cm^3)	烧失量/%	老化系数	吸油率(75号航空汽油)/%	腐蚀性	密封性能/(mL/sec)
名称	牌号									
芳纶耐油橡胶	KQG-001	≥600	9～30	≥50	1.62～2.0	≤38	≥0.9	≤0.9	无腐蚀	0.05

4.2 强度

公称压力不大于1.6 MPa的垫片，应能承受2.2 PN的压力而不产生渗漏；公称压力大于1.6 MPa的垫片，应能承受1.5 PN的压力而不产生渗漏。

4.3 密封性

垫片在1.1 PN的液压下应无渗漏。

4.4 外观

垫片的表面不应有裂缝、气泡、杂质等缺陷，边缘切割应整齐。

4.5 极限偏差

垫片内外径尺寸的允许极限偏差按GB/T 9129的规定。

4.6 卫生

用于饮用水介质的垫片，卫生要求应符合GB/T 17219的要求。

5 试验方法

5.1 材料

5.1.1 垫片的材料用检查材料牌号和质量证明书的方法进行检验。结果应符合 4.1.1 的要求。

5.1.2 芳纶耐油橡胶垫片的压缩率、回弹率、抗张强度、密度、烧失量、老化系数按 GB/T 541 规定的试验方法进行检验,吸油率、腐蚀性按 GB/T 540 规定的试验方法进行检验。结果应符合 4.1.2 的要求。

5.2 强度

垫片与法兰连接后,进行耐压强度试验,公称压力不大于 1.6 MPa 的,试验压力为 2.2 PN,公称压力大于 1.6 MPa 的,试验压力为 1.5 PN,持压 24 h。结果应符合 4.2 的要求。

5.3 密封性

垫片与法兰连接后,按 GB/T 12385 规定的试验方法进行密封性试验。结果应符合 4.3 的要求。

5.4 外观

垫片的外观检查采用目测法。结果应符合 4.4 的要求。

5.5 极限偏差

垫片的允许极限偏差按 GB/T 9129 规定的要求进行检测。结果应符合 4.5 的要求。

5.6 卫生

用于饮用水介质的垫片,按 GB/T 17219 规定的方法进行检测。结果应符合 4.6 的要求。

6 检验规则

6.1 检验分类

垫片的检验分为型式检验和出厂检验。

6.2 型式检验

6.2.1 检验时机

垫片有下列情况之一时,应进行型式检验:

a) 该产品试制定型或转产生产的试验鉴定;
b) 正式生产后,工艺有较大改变,可能影响产品性能;
c) 正常生产时,定期或累积一定产量后,应周期性进行一次检验;
d) 国家质量监督机构提出要求。

6.2.2 检验项目和顺序

垫片的型式检验项目和顺序见表 8。

表 8 垫片的检验项目和顺序

序号	检验项目号	要求的章、条号	试验方法的章、条号	型式检验	出厂检验
1	材料	4.1	5.1	●	●
2	强度	4.2	5.2	●	●
3	密封性	4.3	5.3	●	●
4	外观	4.4	5.4	●	●
5	极限偏差	4.5	5.5	●	—
6	卫生	4.6	5.6	●	—
注:●为必检项目;—为不检项目。					

6.2.3 检验样品数量

垫片型式检验的样品数量为 5 片。

6.2.4 判定规则

垫片所有样品全部检验项目符合要求，判定为型式检验合格；若材料检验不符合要求，则判定垫片的型式检验不合格。其他项目的检验，若有不符合要求的项目，允许加倍复验。若复验符合要求，仍判定垫片的型式检验合格；若仍有不符合要求的项目，则判定垫片的型式检验不合格。

6.3 出厂检验

6.3.1 检验项目和顺序

垫片的出厂检验项目和顺序见表8。

6.3.2 检验样品数量

垫片材料同一厂家生产的为一批，按批次检验。其他检验项目应按每种规格垫片的10%进行抽查，但不应少于10片。

6.3.3 判定规则

全部检验项目符合要求的垫片判定出厂检验合格；材料检验不符合要求，则判该批垫片出厂检验不合格。其他项目的检验，若有不符合要求的项目，则判该垫片出厂检验不合格。

7 标志、包装、运输和贮存

垫片的标志、包装、运输和贮存应按GB/T 5721的规定。

附 录 A
（资料性附录）
凹凸面和榫槽面法兰密封，连接尺寸符合 JIS B 2220:2004 垫片的基本尺寸

法兰密封型式为凹凸面和榫槽面，连接尺寸符合 JIS B 2220:2004，其基本尺寸参见图 1 和表 A.1。

表 A.1 凹凸面和榫槽面法兰密封，连接尺寸符合 JIS B 2220:2004 垫片的基本尺寸

单位为毫米

公称通径 DN	凹凸面法兰密封		榫槽面法兰密封	
	d	*D*	*d*	*D*
10	18	38	28	38
15	22	42	32	42
20	28	50	38	50
25	35	60	45	60
32	43	70	55	70
40	49	75	60	75
50	61	90	70	90
65	77	110	90	110
80	90	120	100	120
90	102	130	110	130
100	115	145	125	145
125	141	175	150	175
150	167	215	190	215
200	218	260	230	260
250	270	325	295	325
300	321	375	340	375
350	359	415	380	415
400	410	475	440	475
450	460	523	483	523
500	513	575	535	575
550	564	625	585	625
600	615	675	635	675
650	667	727	682	727
700	718	777	732	777
750	770	832	787	832
800	820	882	837	882
850	872	934	889	934
900	923	987	937	987
1 000	1 025	1 092	1 042	1 092
1 100	1 130	1 192	1 142	1 192
1 200	1 230	1 292	1 237	1 292
1 300	1 335	1 392	1 337	1 392
1 350	1 385	1 442	1 387	1 442
1 400	1 435	1 492	1 437	1 492
1 500	1 540	1 592	1 537	1 592

附　录　B
（资料性附录）
垫片材料及其适用范围

垫片材料及其适用范围参见表 B.1。

表 B.1　垫片材料及其适用范围

垫片材料	适用介质	公称压力/MPa	使用温度/℃
芳纶耐油橡胶	燃油、滑油、海水、淡水、压缩空气、空气、烟气和惰性气体	≤4.0	≤200
硅橡胶	饮用水	0.26～1.6	−50～120
石棉橡胶板	压缩空气、空气、惰性气体	0.25～6.0	≤300
聚四氟乙烯板	燃油、滑油、饱和蒸汽	0.25～4.0	≤260

ICS 81.080
Q 49

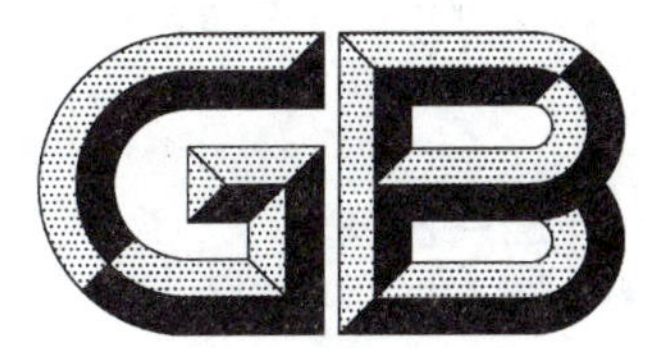

中华人民共和国国家标准

GB/T 17732—2008
代替 GB/T 17732—1999,GB/T 13244—1991

致密定形含碳耐火制品试验方法

Dense, shaped refractory products—Test methods for products containing carbon

(ISO 10060:1993, MOD)

2008-06-03 发布　　2008-12-01 实施

中华人民共和国国家质量监督检验检疫总局
中国国家标准化管理委员会　发布

前　言

本标准修改采用ISO 10060:1993《致密定形耐火制品——含碳制品试验方法》(英文)。

本标准修改采用ISO 10060:1993时作了一些改变,在附录A中给出了本标准章条编号与ISO标准章条编号的对照一览表,在附录B中给出了本标准与ISO标准的技术性差异及其原因一览表。有关技术性差异已在标准所涉及的条款的页边空白处用垂直单线标识。本标准与ISO 10060:1993的主要差异如下:

——删除了范围中对含碳耐火制品的限制词,扩展了适用范围;

——引用标准改为与ISO标准相应的我国标准;

——定义增加了"抗氧化性"词条;

——规定残碳量直接测定法(化学分析法)为仲裁试验法;

——在8.1.6增加了公式(4);

——增加了"抗氧化性试验"一章;

——对ISO标准条文的注,按照GB/T 1.1—2000的要求作了编辑性修改,删去了原来的编号,有的还直接写入了条文。

本标准代替GB/T 17732—1999《致密定形含炭耐火制品试验方法》和GB/T 13244—1991《含碳耐火材料抗氧化性试验方法》。

本标准与GB/T 17732—1999相比主要差异如下:

——定义中增加"抗氧化性"词条;

——残碳量的化学分析方法改用GB/T 16555;

——将GB/T 13244—1991的抗氧化性试验内容纳入。

本标准附录A和附录B是资料性附录。

本标准由全国耐火材料标准化技术委员会提出并归口。

本标准起草单位:中钢集团洛阳耐火材料研究院有限公司。

本标准主要起草人:杜文忠、彭西高、王玉霞。

本标准所代替标准版本的历次发布情况:

——GB/T 17732—1999;

——GB/T 13244—1991。

致密定形含碳耐火制品试验方法

1 范围

本标准规定了含碳耐火制品的试验方法。

2 规范性引用文件

下列文件中的条款通过本标准的引用而成为本标准的条款。凡是注日期的引用文件，其随后所有的修改单(不包括勘误的内容)或修订版均不适用于本标准，然而，鼓励根据本标准达成协议的各方研究是否可使用这些文件的最新版本。凡是不注日期的引用文件，其最新版本适用于本标准。

GB/T 2997 致密定形耐火制品体积密度、显气孔率和真气孔率试验方法(GB/T 2997—2000，eqv ISO 5017:1998)

GB/T 3000 耐火制品透气度试验方法(GB/T 3000—1999，eqv ISO 8841:1991)

GB/T 3001 耐火制品常温抗折强度试验方法(GB/T 3001—2007，ISO 5014:1997，MOD)

GB/T 5072 耐火材料 常温耐压强度试验方法(GB/T 5072—2008，ISO 8895:2004、ISO 10059-1:1992 & ISO 10059-2:2003，MOD)

GB/T 16555 含碳、碳化硅、氮化物耐火材料化学分析方法

3 术语和定义

下列术语和定义适用于本标准。

3.1

沥青结合耐火制品 pitch-bonded refractory

一种用颗粒级配料和沥青的混合物压制的不烧耐火制品。

注：可用“焦油”代替“沥青”。

3.2

沥青结合热处理耐火制品 pitch-bonded tempered refractory

一种沥青结合的、不超过800℃热处理的耐火制品。

3.3

树脂结合耐火制品 resin-bonded refractory

一种用颗粒级配料和树脂的混合物压制的不烧耐火制品。

3.4

树脂结合热处理耐火制品 resin-bonded tempered refractory

一种树脂结合的、不超过800℃热处理的耐火制品。

3.5

沥青浸渍耐火制品 pitch impregnated refractory

成型后用液态沥青浸渍的一种耐火制品。这种制品可以是烧成制品，也可以是3.1～3.4定义的含碳制品。

3.6

碳化 carbonization

从沥青(焦油)、树脂等含碳材料结合或浸渍制成的耐火材料试样中，除去挥发分并获得残存碳的过程。

3.7

抗氧化剂 anti-oxidant

向 3.1～3.4 定义的含碳制品中所加入的金属元素或其他物质，以提高制品的抗氧化能力。

3.8

抗氧化性 anti-oxidability

规定尺寸的试样在高温和氧化气氛中抵抗氧化的能力。

4 原理

含碳制品用碳化的方法除去挥发分，测定碳化前、后的物理性能。

5 试样

5.1 尺寸

试样尺寸应按每一单项试验方法的规定。

注：试验异型制品时，可能无法制取尺寸合适的试样。在此种情况下，试样尺寸的任何变化，均应使其体积或几何形状与规定的类似，并在试验报告中注明。

5.2 试样的制备

试样应从试验砖上平行其压制方向切取或钻取。

注 1：含石墨和碳的材料可呈现明显的各向异性。为充分表征其特性，也可在直角处分别切取能表示三个轴向性能的试样。

用湿法切取或钻取的试样，应立即用吹风机或鼓风干燥箱，干燥至恒量。

注 2：对有可能软化或含有挥发分的耐火材料．例如沥青结合耐火材料，其干燥温度不应高于 40℃。

在常温下试验的水敏性材料，只有在与水接触 30 min 内不出现水化的情况下，才可用湿法制样。如果不满足这些条件，应干法制样或使用不与材料反应的液体。

6 除去挥发分

6.1 说明

某些含碳耐火制品，包括第 3 章所定义的各类耐火材料，含有挥发分，要测定其碳化性能（见第 7 章）和某些碳化后的物理性能（见 8.2），需要进行碳化。

6.2 设备

6.2.1 试验炉，电炉或燃气炉，能容纳碳化盒（6.2.3），并且在 1 000℃保温时，其热容量可使碳化盒中心的温度在 3 h 内由室温升至 980℃。保证试验炉通风顺畅。

6.2.2 天平，分度值 0.2 g。

6.2.3 碳化盒和盖，用 3 mm 厚并适于在 1 000℃使用的耐热钢制成。其形状及最小尺寸如图 1 所示。在盖上或在盒的一端应有一个中心孔，以插入带保护管的热电偶（6.2.4）。在盖上还应有一个直径 3 mm 的出烟孔，且仅开一个出烟孔以避免产生气流引起氧化。

注：当盒和盖变形或在氧化气氛下使用时，盒里的炭粒和试样可能发生氧化反应。在这种情况下，建议密封盒子，如用气硬性火泥密封或将盒盖连续砂封。当采用密封时，不再需要出烟孔。

6.2.4 带保护管的热电偶，适于测量到 1 000℃。

6.2.5 干燥器，装有硅胶或五氧化二磷。

6.2.6 冶金焦炭，粒度 0.5 mm～2 mm。使用前在碳化盒中于 1 000℃±10℃预烧 2 h，然后在干燥条件下贮存备用。

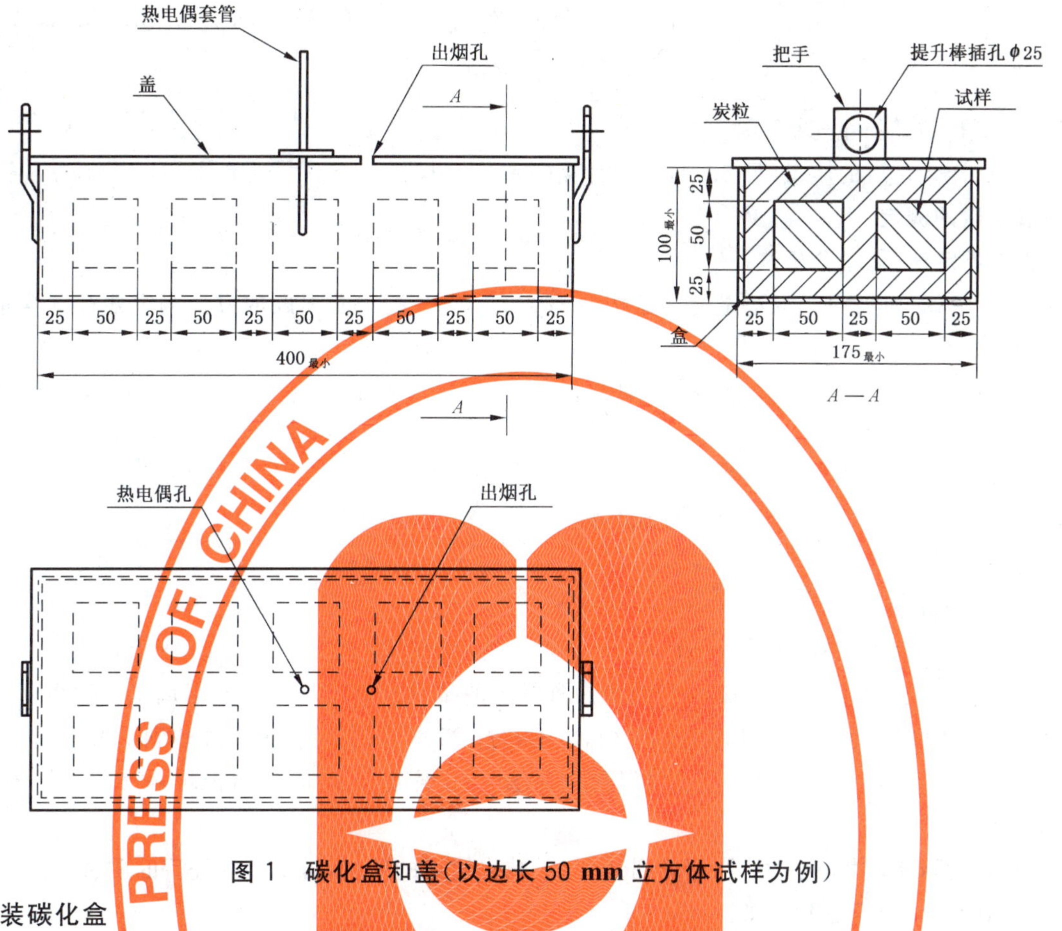

图 1　碳化盒和盖(以边长 50 mm 立方体试样为例)

6.3　装碳化盒

在碳化盒(6.2.3)的底部,铺一层 25 mm 厚的冶金焦炭(6.2.6)。

测定碳化性能时(见第 7 章),称量每一试样,精确到 0.2 g,试样质量为 m_1。

将试样放在焦炭层上,试样之间和试样与盒壁之间的距离应相等,至少 25 mm(见图 1)。需要时,可用与试样尺寸相同、化学成分类似的其他样块填充空位,以使试样间距相等。向盒内倒入冶金焦炭(6.2.6),使试样上表面埋入的深度至少为 25 mm。

将盖子盖在盒上,如图 1 所示。插入热电偶(6.2.4),使其热端位于盒的中心。如热电偶孔在盒的一端,则横向插入;如在盖上,则在碳化盒入炉(见 6.4)后自炉顶孔竖向插入。

6.4　碳化程序

将试验炉(6.2.1)加热到 1 000℃±10℃,并保温,同时将装好试样及冶金焦炭粒的碳化盒(6.2.3)放进试验炉内。然后,记录盒中热电偶显示的温度达到 980℃(见 6.2.1)的时间,从这时起在 1 000℃±10℃保温 2 h。

从高温炉内取出碳化盒,自然冷却到约 100℃。将试样移入干燥器(6.2.5),冷却到室温,除去粘在试样表面的炭粒。如需要,称量每一试样,精确到 0.2 g(见 6.3),碳化后的试样质量记为 m_2。

7　碳化性能的测定

7.1　试样

测定 7.2～7.4 所列碳化性能用的试样,应是边长为 50 mm±2 mm 的立方体或直径和高均为 50 mm±2 mm 的圆柱体。

7.2　碳化质量损失

碳化质量损失(CML),是试样碳化损失的质量与其原始质量之比,按式(1)计算,以百分数表示:

$$\mathrm{CML} = \frac{m_1 - m_2}{m_1} \times 100 \qquad \cdots\cdots(1)$$

式中：

m_1——试样原始质量(见 6.3)，单位为克(g)；

m_2——试样碳化后的质量(见 6.4)，单位为克(g)。

7.3 残碳含量的测定

7.3.1 直接测定法(化学分析法)

将碳化后的试样磨细后，取适量的样品按照 GB/T 16555 测定游离碳的方法测定残存碳含量。本方法为仲裁试验法。

注：通常的分析方法是库仑滴定法和红外法测定在氧气流中燃烧生成的二氧化碳量。也可用其他适宜的化学分析方法测定残碳含量。

7.3.2 烧失法

本方法仅适用于不含下列任一项成分的制品：

a) 抗氧化剂；

b) 氧化铁含量大于 1.5%；

c) 与大气反应的材料(如游离氧化钙)。

再次称量碳化后的试样质量(m_2)，将其放在称量过的干燥的瓷坩埚或粘土坩埚里。把坩埚放进试验炉(见 6.2.1)内或其他合适尺寸的加热炉内，以不超过 250℃/h 的升温速率加热到 1 000℃。

向炉内通入空气，以保持氧化气氛，保温至少 12 h。坩埚随炉冷却，然后把坩埚移入干燥器中，冷却至室温。

从干燥器内取出坩埚再次称量，精确到 0.2 g。减去坩埚的质量，得试样灼烧后的质量 m_3。

重复上述程序，直至达到恒量。

注：通常在 12 h 后达到恒量。

用烧失法测定的残碳含量(RC)，是碳化后试样灼烧前后质量差与其灼烧前质量之比，按式(2)计算，以百分数表示：

$$\mathrm{RC} = \frac{m_2 - m_3}{m_2} \times 100 \qquad \cdots\cdots(2)$$

式中：

m_2——试样碳化后的质量(见 6.4)，单位为克(g)；

m_3——试样灼烧后的质量，单位为克(g)。

7.3.3 报告

试验报告(第 10 章)应指明所采用的方法(7.3.1 或 7.3.2)。

7.4 碳回收率

碳回收率(CY)，是试样碳化后灼烧前、后的质量差与试样原始质量和灼烧后质量之差的比值，按式(3)计算，数值以%表示：

$$\mathrm{CY} = \frac{m_2 - m_3}{m_1 - m_3} \times 100 \qquad \cdots\cdots(3)$$

式中：

m_1——试样原始质量(见 6.3)，单位为克(g)；

m_2——试样碳化后的质量(见 6.4)，单位为克(g)；

m_3——试样灼烧后的质量(见 7.3.2)，单位为克(g)。

注：本方法不适用于含有抗氧化剂或氧化铁大于 1.5% 的材料。

8 物理试验

8.1 原始试样的试验

8.1.1 试样的制备

进行 8.1.2～8.1.8 试验，所需尺寸的试样制备见 5.2。

8.1.2 体积密度和显气孔率的测定

体积密度和显气孔率的试验按 GB/T 2997 进行。

如试样含有游离石灰，可使用不溶解沥青的、合适的有机液体。如使用水试验应在 30 min 内完成。

注：当用水测定体积密度和显气孔率时，若试样中含有抗氧化剂，并且这些抗氧化剂能反应生成易水化的碳化物，则这些试样不可用来做进一步的试验(例如强度试验)。

8.1.3 几何体积密度的测定

可用测量试样质量和尺寸的方法代替 8.1.2 体积密度的测定。

称量定形制品的质量，精确到 0.2%，其中至少一维尺寸大于 100 mm。

大于 250 mm 的尺寸，用一个直角尺靠在试样的边上，使用钢卷尺测量；小于 250 mm 的尺寸，使用卡尺测量。对长度、宽度和厚度各测量 2 次。对宽度和厚度，在砖的两侧分别测量，测量时卡尺的卡脚距棱边不应大于 10 mm，以免锥度引起测量误差。为避免因砖不规整可能得到不准确的测量结果，在其长度范围内扭曲大于 2 mm 的砖，不可用于测定体积密度。

8.1.4 常温耐压强度的测定

常温耐压强度试验按 GB/T 5072 进行。对沥青结合试样，应在 22℃±2℃存放，并尽可能在接近这个温度下试验，试验温度还应在报告中注明。

8.1.5 常温抗折强度的测定

常温抗折强度试验按 GB/T 3001 进行，试样尺寸为 150 mm×25 mm×25 mm。

对沥青结合试样，按 8.1.4 要求的温度进行。

8.1.6 灼烧质量变化的测定

按 8.3 将试样中的碳全部除去。根据试样灼烧前、后的质量差与原始质量(8.1.3 测定)之比计算灼烧质量变化(CMI)，按式(4)计算，以百分数表示：

$$\mathrm{CMI}=\frac{m_1-m_3}{m_1}\times 100 \qquad \cdots\cdots(4)$$

式中：

m_1——试样原始质量(见 8.1.3)，单位为克(g)；

m_3——试样灼烧后的质量，单位为克(g)。

注：该项试验对含有抗氧化剂的制品意义不大。

8.2 碳化后试样的试验

这些试验在碳化程序(6.4)完成后进行。

8.2.1 试样的制备

进行 8.2.2 的试验，所需尺寸的试样制备见第 5 章，并按第 6 章规定的程序碳化。

8.2.2 常温性能

体积密度、显气孔率、常温耐压强度和常温抗折强度的试验按 8.1 的规定进行。透气度的试验按 GB/T 3000 进行。

如试验材料含有抗氧化剂，应在试样碳化后立即进行试验。以免与空气中的水分反应。

注 1：当用水测定体积密度和显气孔率时，若试样中含有抗氧化剂，并且这些抗氧化剂能反应生成易水化的碳化物，则这些试样不可用来做进一步的试验(例如强度试验)。

注 2：对含有能反应生成易水化的碳化物的抗氧化剂的试样，可能需要用非水液体测定其体积密度和显气孔率。

8.3 除碳后试样的试验

沥青浸渍的烧成耐火制品(3.5),应除去全部的碳后再进行试验。

将试样(见第5章)以250℃/h的最高升温速率在氧化气氛中加热至1 000℃±10℃,保温至少12 h或至恒量进行除碳。

注:对较大的试样,合适的最高升温速率为60℃/h。

除碳后的试样,随即可用致密定形耐火制品试验方法进行试验。

9 抗氧化性试验

9.1 原理

将试样置于炉内,在氧化气氛中按规定的加热速率加热至试验温度,并在该温度下保持一定时间,冷却至室温后将试样切成两半,测量其脱碳层的厚度。

9.2 设备

9.2.1 试验炉,应能以规定的加热速率(见9.4.4)将规定尺寸的试样(见9.3.2)加热至试验温度(见9.4.3),并保持一定的时间,其均温区的最大温度偏差不应大于10℃。

9.2.2 鼓风装置,应满足9.4.2的规定。

9.2.3 转子流量计,介质为空气,量程1 L/min~10 L/min。

9.2.4 氧化铝管,其长度应满足9.4.2的规定。

9.2.5 游标卡尺,分度值0.05 mm。

9.3 试样

9.3.1 数量

每组试样应为2个。

9.3.2 形状和尺寸

试样为边长50 mm±2 mm的立方体或直径与高度均为50 mm±2 mm的圆柱体。对厚度小于50 mm的制品,以其厚度作为立方体试样的一维尺寸或圆柱体试样的高,并应在试验报告中注明。

9.3.3 制备

每组试样应在同一块制品上制取。

如果已知制品的成型压制方向,则应在制取的试样上作出标记。

试样如湿切,应在40℃以下的鼓风干燥箱内干燥至恒量,试样在潮湿状态下存放不应超过30 min。

9.4 试验程序

9.4.1 将试样放在约30 mm厚的镁质垫片上,压制面向上(如果已知),置于炉内均温区。试样不得叠放。试样之间、试样与炉壁之间的距离均不应小于50 mm。热电偶的端点应位于两试样之间。

9.4.2 将鼓风装置、流量计、氧化铝管依次相连。将氧化铝管从炉门上的预留孔水平插入炉内距炉壁约5 mm处。从供电开始,以4 L/min的流量向炉内通空气。

9.4.3 试验温度应由有关方面商定,推荐1 400℃。

9.4.4 按表1所列的升温速率将试样加热至试验温度。

表1 升温速率

温度范围	升温速率
室温~1 000℃	8℃/min~10℃/min
1 000℃~试验温度(1 400℃)	4℃/min

9.4.5 保温时间应由有关方面商定,推荐2 h。保温时温度波动不应超过±5℃。

9.4.6 保温结束,停止供电并停止通空气。试样随炉冷却至约100℃取出,置于干燥器中冷却。

9.4.7 沿立方体(或圆柱体)试样轴线方向将试样切成两半,然后用游标卡尺,分别于试样切面每边的中点，测量脱碳层(包括变色层)厚度。

9.5 结果计算

9.5.1 按式(5)计算每个试样的脱碳层厚度 L，保留1位小数。

$$L=\frac{(l_1+l_2+l_3+l_4)+(l'_1+l'_2+l'_3+l'_4)}{8} \quad \cdots\cdots\cdots(5)$$

式中：

l_1、l_2、l_3、l_4——半个试样切面四边测量的脱碳层厚度，单位为毫米(mm)；

l'_1、l'_2、l'_3、l'_4——另一半试样切面四边测量的脱碳层厚度，单位为毫米(mm)。

9.5.2 试验制品的抗氧化性，以两块试样脱碳层厚度的平均值表示。

10 试验报告

试验报告应包括下列内容：

a) 试验单位；

b) 试验日期；

c) 试验人员；

d) 所采用的本标准编号；

e) 所采用的试验程序；

f) 试验砖的名称、标记(送样单位、类别、形状等)；

g) 试验砖的数量；

h) 制样和试验中，除水以外所用的液体；

i) 试样尺寸的变化(见5.1)；

j) 试验温度(℃)；

k) 保温时间(h)；

l) 所进行的每项试验结果的单值和平均值。

附　录　A
（资料性附录）
本标准章条编号与 ISO 10060:1993 章条编号对照

表 A.1 给出了本标准章条编号与 ISO 10060:1993 章条编号对照一览表。

表 A.1　本标准章条编号与 ISO 10060:1993 章条编号对照

本标准章条编号	ISO 10060:1993 章条编号
1	1
2	2
3	3
4	4
5	5
6	6
7	7
8	8
9	—
10	9
图 1	图 1
附录 A	—
附录 B	—

附　录　B
（资料性附录）
本标准与 ISO 10060:1993 技术性差异及其原因

表 B.1 给出了本标准与 ISO 10060:1993 的技术性差异及其原因一览表。

表 B.1　本标准与 ISO 10060:1993 技术性差异及其原因

本标准章条编号	技术性差异	原　因
1	删除含碳耐火制品的限制词	扩大标准适用范围
2	将引用标准改为与 ISO 对应的我国标准	方便标准使用
3.8	增加术语"抗氧化性"	增加了标准的检验项目"抗氧化性"
7.3.1	增加对直接测定法(化学分析法)为仲裁法的说明性规定	方便标准使用
8.1.6	增加"灼烧质量变化计算公式"	方便标准使用
9	增加"抗氧化性试验"	使标准更加实用

ICS 01.040.03
P 50

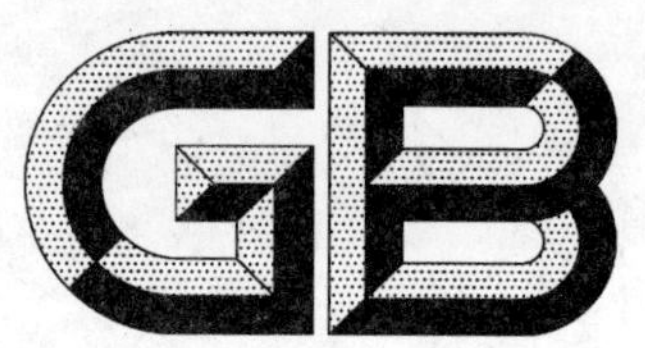

中华人民共和国国家标准

GB 17733—2008
代替 GB 17733.1—1999

地名　标志

Geographical names—Signs

2008-04-23 发布　　2008-08-01 实施

中华人民共和国国家质量监督检验检疫总局
中国国家标准化管理委员会　发布

前　言

本标准中5.2.1.1、5.2.1.2、5.2.1.3、5.2.1.4、5.7.7、5.8.3.3六项内容为强制性条款。其余条款为推荐性条款。

本标准代替GB 17733.1—1999《地名标牌　城乡》。

本标准与GB 17733.1—1999《地名标牌　城乡》相比，主要变化如下：

——本标准的名称更改为《地名　标志》；

——在术语和定义一章中，删除了地名标牌、街牌、巷牌、楼牌、门牌五条术语，增加了地名、地名标志两条术语（本版的第3章；1999版的第3章）；

——在术语和定义一章中，删除了代号部分（1999版的第3章）；

——在分类一章中，删除了型号部分（1999版的第4章）；

——在分类一章中，GB 17733.1—1999只包括居民地地名标志中的街、巷、楼、门地名标志，本标准中地名标志的类型增加为人文地理实体地名标志和自然地理实体地名标志，其中人文地理实体地名标志包括：居民地地名标志、行政区域地名标志、专业区地名标志、设施地名标志，以及纪念地和旅游地地名标志，自然地理实体地名标志包括：海域地名标志、水系地名标志、地形地名标志（本版的第4章；1999版的第4章）；

——在要求一章中，修改了地名标志的颜色、尺寸规格和外观的要求（本版的5.4、5.5、5.6；1999版的5.2、5.4、5.5）；

——在要求一章中，删除了版面、书写的要求（1999版的5.1、5.3）；增加了地名标志的设置、版面内容、版面布局的要求（本版的5.1、5.2、5.3）；

——在要求一章中，修改了地名标志的基本性能要求（本版的5.7；1999版的5.6.1、5.6.2、5.6.3、5.6.4、5.6.5），修改了反光地名标志和长余辉蓄光地名标志的特殊性能要求（本版的5.8.1、5.8.2；1999版的5.6.6、5.6.7），删除了电致地名标志的特殊性能要求（1999版的5.6.8），增加了LED地名标志、金属腐蚀地名标志以及碑碣式地名标志的特殊性能要求（本版的5.8.3、5.8.4、5.8.5）；

——在要求一章中，增加了地名标志的支撑装置、地名导向标志、外置照明器材的要求（本版的5.9、5.10、5.11）；

——在试验方法一章中，修改了外观检查试验方法（本版的6.2；1999版的6.1）、耐盐雾腐蚀性能试验方法（本版的6.3；1999版的6.3.4）、耐湿热性能试验方法（本版的6.4；1999版的6.3.5）、耐候性能试验方法（本版的6.7；1999版的6.3.2）、辐射性能试验方法（本版的6.8；1999版的6.2）、抗冲击性能试验方法（本版的6.9；1999版的6.4）、长余辉蓄光地名标志亮度测试方法（本版的6.10；1999版的6.2），增加了试样制备（本版的6.1）、耐高温性能试验方法（本版的6.5）、耐低温性能试验方法（本版的6.6）、LED地名标志的亮度和电气安全性能试验方法（本版的6.11）、试验报告（本版的6.12）；

——增加了规范性附录“汉语拼音字母字样和阿拉伯数字字样”（见附录A）；

——增加了资料性附录“地名标志版面示例”（见附录B）；

——增加了规范性附录“地名标志长余辉蓄光粉的要求”（见附录C）；

——增加了规范性附录“地名标志长余辉蓄光膜的要求”（见附录D）。

本标准的附录A、附录C、附录D为规范性附录，附录B为资料性附录。

本标准由中华人民共和国民政部提出。

本标准由全国地名标准化技术委员会归口。

本标准由民政部区划地名司、民政部地名研究所负责起草。

本标准主要起草单位:常州华日升反光材料有限公司、河北格林光电技术有限公司、大连路明发光科技股份有限公司、四川新力实业集团有限公司。

本标准参加起草单位:温州市宝兴印业有限公司、清华大学新型陶瓷与精细工艺国家重点实验室、河北大学物理科学与技术学院、衡水立车企业集团有限公司、大连新兴喷涂技术开发公司、艾利(中国)有限公司。

本标准主要起草人:戴均良、刘保全、孙秀东、陈德彧、宋久成、庞森权、汪太明、王晓伏、陆亚建。

本标准于1999年首次发布,本次为第一次修订。

地名　标志

1　范围

本标准规定了地名标志的术语定义、分类、要求、试验方法、检验规则和包装等。

本标准适用于地名标志的生产、流通、使用和监督检验。

2　规范性引用文件

下列文件中的条款通过本标准的引用而成为本标准的条款。凡是注日期的引用文件，其随后所有的修改单(不包括勘误的内容)或修订版均不适用于本标准，然而，鼓励根据本标准达成协议的各方研究是否可使用这些文件的最新版本。凡是不注日期的引用文件，其最新版本适用于本标准。

GB/T 191　包装储运图示标志(GB/T 191—2000,eqv ISO 780:1997)

GB/T 1720　漆膜附着力测定法

GB/T 1732　漆膜耐冲击性测定法

GB/T 1733　漆膜耐水性测定法

GB/T 2423.10　电工电子产品环境试验　第2部分:试验方法　试验Fc和导则:振动(正弦)(GB/T 2423.10—1995,idt IEC 60068-2-6:1982)

GB 2893　安全色(GB 2893—2001,neq ISO 3864:1984)

GB/T 3979　物体色的测量方法

GB/T 6543　瓦楞纸箱

GB 7000.1　灯具一般安全要求与试验(GB 7000.1—2002,idt IEC 60598-1:1999)

GB/T 7284　框架木箱

GB/T 9174　一般货物运输包装通用技术条件

GB/T 10001(所有部分)　标志用公共信息图形符号

GB/T 11185　漆膜弯曲试验(锥形轴)(GB/T 11185—1989,eqv ISO 6860:1984)

GB/T 12464　普通木箱(GB/T 12464—2002,neq JIS Z 1402:1999)

GB/T 17136　土壤质量　总汞的测定　冷原子吸收分光光度法

GB/T 17137　土壤质量　总铬的测定　火焰原子吸收分光光度法

GB/T 17141　土壤质量　铅、镉的测定　石墨炉原子吸收分光光度法

GB/T 17693.1—1999　外语地名汉字译写导则　英语

GB/T 18833—2002　公路交通标志反光膜

少数民族语地名汉语拼音字母音译转写法　1976-06 国家测绘总局、中国文字改革委员会

中国地名汉语拼音字母拼写规则(汉语地名部分)1984-12-25 中国地名委员会、中国文字改革委员会、国家测绘局

3　术语和定义

下列术语和定义适用于本标准。

3.1

地名　geographical names

人们对各个地理实体赋予的专有名称。

[GB/T 17693.1—1999,定义2.1]

3.2

地名标志 signs of geographical names

标示地理实体专有名称及相关信息的设施。

4 分类

4.1 自然地理实体地名标志

4.1.1 海域地名标志，包括海洋、海湾、海峡、海滩、海岛、群岛、岬角、半岛等的地名标志。

4.1.2 水系地名标志，包括河流、河源、河口、湖泊、陆地岛屿(包括河岛、湖岛等)、冰川(包括冰斗、冰川谷等)、瀑布、泉等的地名标志。

4.1.3 地形地名标志，包括平原、盆地、高原、丘陵、山脉、山口、山谷、山峰、火山、草原、森林、沙漠、戈壁、绿洲等的地名标志。

4.2 人文地理实体地名标志

4.2.1 居民地地名标志，包括街、巷、区片、小区、门、楼、楼单元、楼层和村等的地名标志。

4.2.2 行政区域地名标志，包括省级(省、自治区、直辖市和特别行政区)地名标志、地级(地级市、自治州、地区行政公署和盟等)地名标志、县级(县、县级市、市辖区、自治县和旗等)地名标志、乡级(乡、镇、民族乡和苏木等)地名标志。

4.2.3 专业区地名标志，包括矿区、农业区、林区、牧区、渔区、工业区、边贸区、开发区、自然保护区等的地名标志。

4.2.4 设施地名标志，包括火车站、汽车站、地(城)铁站、海港、河港、渡口、飞机场、桥梁(例如公路桥梁、铁路桥梁、城镇内的立交桥和过街桥等)、隧道(例如公路隧道、铁路隧道、城镇内的地下通道等)、环岛等具有地名意义的交通设施的地名标志，池塘、海塘、水库、蓄洪区、灌溉渠、堤坝、运河等具有地名意义的水利设施的地名标志，发电站、输变电站等具有地名意义的电力设施的地名标志。

4.2.5 纪念地和旅游地地名标志，包括风景区、公园、人物纪念地(例如陵园，人物纪念馆、纪念堂等)、事件纪念地(例如古战场等)、宗教纪念地(例如寺、庙、教堂等)等的地名标志。

5 要求

5.1 设置

5.1.1 安全要求

设置的地名标志不应存在：

a) 对人身造成任何伤害的潜在危险；

b) 对环境造成任何污染的潜在危险。

5.1.2 设置方式

地名标志一般可采用：立柱式(安装在一根或一根以上的立柱上)、悬臂式、附着式(如钉挂、粘贴、镶嵌等)、碑碣式，以及其他方式设置。

5.1.3 设置高度

一般情况下，立柱式、悬臂式和附着式地名标志的下边缘距地面的高度不宜小于 2 m。小于 2 m 时，地名标志的边角应为圆弧型。

5.1.4 设置密度

5.1.4.1 应因地制宜地确定地名标志的设置密度，以确保能够充分发挥其指位导向功能。

5.1.4.2 一般情况下，街、巷的交叉口均应设置街、巷地名标志。当两交叉口间隔大于 300 m 时，可适当增加街、巷地名标志的数量。

5.2 版面内容

5.2.1 文字

5.2.1.1 地名标志上的汉字应使用规范汉字书写。

5.2.1.2 少数民族自治地区的地名标志应标示当地政府规定的一种少数民族文字，其使用的字体按照国家有关规定执行。

5.2.1.3 汉语拼音拼写方法按照《中国地名汉语拼音字母拼写规则(汉语地名部分)》的规定执行。

5.2.1.4 少数民族语地名汉语拼音拼写按照《少数民族语地名汉语拼音字母音译转写法》拼写。

5.2.1.5 地名标志的文字应使用黑体字。汉语拼音字母字样和阿拉伯数字字样见附录 A。

5.2.1.6 地名标志的文字端正，笔画清楚，排列整齐，间隔均匀，整体位置适中。

5.2.2 图形符号

5.2.2.1 下列地名标志可增加图形符号：

a) 专业区地名标志；

b) 设施地名标志；

c) 纪念地和旅游地地名标志。

5.2.2.2 图形符号及其绘制等应符合 GB/T 10001 中的相关规定。

5.2.3 指示方向信息

街、巷地名标志可增加标明街、巷走向的指示方向信息。

5.2.4 邮政编码

大门地名标志可增加所在区域的邮政编码。

5.3 版面布局

5.3.1 文字

5.3.1.1 海域、水系、地形、行政区域、专业区、设施、纪念地和旅游地地名标志，以及街、巷、区片、小区、村等居民地名标志，上部五分之三的区域标示地理实体的汉字名称，下部五分之二的区域标示地理实体名称的汉语拼音。版面示例分别见图 B.1～图 B.15。

5.3.1.2 楼地名标志左边五分之三的区域标示所在街区、村的汉字名称和汉语拼音，其中汉字名称标示在上部五分之三的区域，汉语拼音标示在下部五分之二的区域。右边五分之二的区域标示楼宇编号，编号用阿拉伯数字书写，高度不小于 350 mm。版面示例见图 B.16。

5.3.1.3 门地名标志上部五分之二的区域标示院落、独立门户所在街区、村的汉字名称，下部五分之三的区域标示该门的编号，编号用阿拉伯数字书写。版面示例见图 B.17。

5.3.1.4 楼单元地名标志宽度的中部五分之三区域标示楼单元名称。第一单元用“一单元”表示，依次类推。版面示例见图 B.18。

5.3.1.5 楼层地名标志直径的中部五分之三区域标示楼层编号。地上第一层用“1”表示，依次类推；地下第一层用“B1”表示，依次类推。版面示例见图 B.19。

5.3.1.6 碑碣式地名标志竖置时，上部五分之四的区域标示地理实体的汉字名称，下部五分之一的区域标示地理实体名称的汉语拼音，汉字名称竖写，汉语拼音横写。版面示例见图 B.20。标示少数民族文字时，少数民族文字标示在汉字名称之下，其中上部五分之三的区域标示地理实体的汉字名称，中部五分之一的区域标示少数民族文字，下部五分之一的区域标示汉语拼音，少数民族文字横写。

碑碣式地名标志横置时，上部五分之三的区域标示地理实体的汉字名称，下部五分之二的区域标示地理实体名称的汉语拼音，汉字名称和汉语拼音横写。版面示例见图 B.21。

5.3.1.7 除竖置的碑碣式地名标志外，一般情况下，标示少数民族文字时，少数民族文字标示在汉字名称之上，原汉字名称书写区域的上部三分之一的区域标示少数民族文字，下部三分之二区域标示汉字名称，其他部分比例不变。

5.3.2 图形符号

设置图形符号时，地名标志左边五分之二的区域标示图形符号，右边五分之三的区域标示地理实体的汉字名称和汉语拼音，其中汉字名称标示在上部五分之三的区域，汉语拼音标示在下部五分之二的区域。版面示例见图 B.22。

5.3.3 指示方向信息

指示方向信息标示在汉语拼音两侧，并与汉语拼音保持一定间距。指示方向信息的汉字高度与汉语拼音的高度相同。版面示例见图 B.23。

5.3.4 邮政编码

大门地名标志标示邮政编码时，上部五分之一的区域标示院落、独立门户所在街区、村的汉字名称。中部五分之三的区域标示该门的编号，编号用阿拉伯数字书写。下部五分之一的区域标示该门所在区域的邮政编码，在“邮政编码”四个字后空一格标示编码，编码用阿拉伯数字书写。版面示例见图 B.24。

5.4 颜色

地名标志的颜色要求见表 1。表中的白色，采用长余辉蓄光材料制作时可为黄绿色或蓝绿色。

除以基板颜色和棕色作为背景颜色外，地名标志应采用 GB 2893 规定的安全色。

碑碣式地名标志的背景颜色可采用基板颜色，文字颜色应采用黑色或红色。

地名标志上图形符号的颜色应符合 GB/T 10001 中的相关规定，并与标志材质、背景颜色以及标志上文字的颜色保持相互协调。

表 1 颜色要求

<table>
<tr><th colspan="2">类　型</th><th>背景颜色</th><th>文字颜色</th></tr>
<tr><td rowspan="5">居民地
地名标志</td><td>街、巷地名标志</td><td>蓝色(东西走向，包括东西向的斜街)、绿色(南北走向，包括南北向的斜街)</td><td>白色</td></tr>
<tr><td rowspan="2">区片、小区、门、楼单元、楼层、村地名标志</td><td>蓝色</td><td>白色</td></tr>
<tr><td>基板颜色(金属腐蚀地名标志)</td><td>黑色或红色</td></tr>
<tr><td rowspan="2">楼地名标志</td><td>左边书写名称区域为蓝色、右边书写楼号区域为白色</td><td>左边书写的文字为白色、右边书写的楼号为红色</td></tr>
<tr><td>基板颜色(金属腐蚀地名标志)</td><td>黑色或红色</td></tr>
<tr><td colspan="2">行政区域、设施地名标志</td><td>蓝色</td><td rowspan="3">白色</td></tr>
<tr><td colspan="2">专业区、海域、水系、地形地名标志</td><td>绿色</td></tr>
<tr><td colspan="2">纪念地和旅游地地名标志</td><td>棕色</td></tr>
</table>

5.5 尺寸规格

5.5.1 地名标志图文书写平面的尺寸规格要求见表 2。

表 2 尺寸规格要求

单位为毫米

<table>
<tr><th colspan="3" rowspan="2">类　型</th><th colspan="2">图文书写平面尺寸</th><th rowspan="2">外沿宽度</th></tr>
<tr><th>长</th><th>宽</th></tr>
<tr><td rowspan="9">居民地
地名标志</td><td colspan="2">街地名标志</td><td>1 200～1 700</td><td>300～700</td><td>≤25</td></tr>
<tr><td colspan="2">巷地名标志</td><td>460</td><td>160</td><td>≤20</td></tr>
<tr><td colspan="2">区片、小区、村地名标志</td><td>800～1 700</td><td>300～700</td><td>≤25</td></tr>
<tr><td rowspan="3">门地名标志</td><td>大</td><td>570</td><td>370</td><td>≤15</td></tr>
<tr><td>中</td><td>270</td><td>170</td><td>≤15</td></tr>
<tr><td>小</td><td>150</td><td>90</td><td>≤12</td></tr>
<tr><td colspan="2">楼地名标志</td><td>900</td><td>500</td><td>≤25</td></tr>
<tr><td colspan="2">楼单元地名标志</td><td>300～400</td><td>150～200</td><td>≤15</td></tr>
<tr><td colspan="2">楼层地名标志</td><td colspan="2">直径：200～400</td><td>≤15</td></tr>
</table>

表 2（续） 单位为毫米

类　　型	图文书写平面尺寸		外沿宽度
	长	宽	
行政区域地名标志	2 000～7 000	900～2 500	≤25
专业区地名标志	1 500～3 000	600～1 200	≤25
设施、纪念地和旅游地地名标志	1 500～3 000	800～1 500	≤25
海域、水系、地形地名标志	1 500～5 700	600～1 800	≤25

5.5.2　碑碣式地名标志竖置时，图文书写平面的宽为(300～1 000)mm，高为(600～2 000)mm；碑碣式地名标志横置时，图文书写平面的宽为(1 000～2 000)mm，高为(600～1 200)mm。

5.6　外观[1)]

5.6.1　地名标志的外观应平滑、整齐。

5.6.2　按照 6.2 规定的方法试验后，地名标志不应存在以下缺陷：

a）　明显的毛刺、裂纹；

b）　明显的划痕、损伤和颜色不均匀；

c）　面积大于 20 mm^2 的气泡；

d）　发光、反光性能明显不均匀。

5.7　基本性能

5.7.1　基板

5.7.1.1　基板可采用下列材料：

a）　金属材料；

b）　无机非金属材料；

c）　高分子材料。

5.7.1.2　基板应具有一定的硬度、抗冲击性能、耐弯曲性能和抗拉伸性能。

5.7.1.3　基板表面应光滑、平整，没有伤痕、裂纹、污垢。

5.7.1.4　必要时，金属材料应做好表面防锈处理。

5.7.2　耐盐雾腐蚀性能

按照 6.3 规定的方法试验 120 h 后，试样表面不应出现变色、起泡和侵蚀等现象。

5.7.3　耐湿热性能

按照 6.4 规定的方法试验 48 h 后，试样表面不应出现起泡、生锈和脱落等现象。

5.7.4　耐高温性能

按照 6.5 规定的方法试验 24 h 后，试样表面不应出现裂缝、软化、剥离、皱纹、起泡、翘曲和外观不均匀等现象。

5.7.5　耐低温性能

按照 6.6 规定的方法试验 72 h 后，试样表面不应出现裂缝、软化、剥离、皱纹、起泡、翘曲和外观不均匀等现象。

5.7.6　耐候性能

按照 6.7 规定的方法试验 1 200 h 后，试样表面不应出现变色、裂缝、长霉、生锈、凹陷、起泡、侵蚀、剥离、粉化、变形和脱落等现象。

1）　如无特殊说明，本标准中 5.6 和 5.7 所提出的要求，只适用于立柱式、悬臂式、附着式地名标志，不适用于碑碣式地名标志。

5.7.7 辐射性能

按照6.8规定的方法试验，α、β、γ辐射值不应高于本底读数两倍。

5.7.8 抗冲击性能

使用漆膜作底面的地名标志，其抗冲击性能应符合5.8.2.3中b)列项的要求；其他地名标志按照6.9规定的方法试验后，试样不应破损。

5.8 特殊性能

5.8.1 反光地名标志

5.8.1.1 色度性能按照GB/T 18833—2002中7.3规定的方法试验，试样表面的各种颜色的色品坐标和亮度因数应在GB/T 18833—2002中的表1的范围内，各种颜色色品图见GB/T 18833—2002中的图3。

5.8.1.2 逆反射性能按照GB/T 18833—2002中7.4规定的方法试验，试样表面的逆反射系数值不应低于GB/T 18833—2002中规定的四级反光膜的要求。

5.8.2 长余辉蓄光地名标志

5.8.2.1 按照6.10规定的方法试验，试样初始亮度应高于10 000 mcd/m^2，激发结束10 h的亮度不应低于3 mcd/m^2。

5.8.2.2 使用的长余辉蓄光粉的性能要求应符合附录C的相应规定。

5.8.2.3 使用漆膜作底面时，漆膜的性能应符合：

a) 耐水性能：除试样可按照6.1制备外，按照GB/T 1733规定的方法试验5 min后，不应出现失光、变色、起泡、起皱、脱落、生锈等现象；

b) 抗冲击性能：除试样可按照6.1制备外，按照GB/T 1732规定的方法试验后，不应出现裂纹、皱纹及剥落等现象；

c) 耐弯曲性能：除试样可按照6.1制备外，按照GB/T 11185规定的方法试验后，不应出现裂纹、剥落等现象；

d) 附着力性能：除试样可按照6.1制备外，按照GB/T 1720规定的方法试验，附着力的级别不应低于二级。

5.8.2.4 使用长余辉蓄光膜制作地名标志时，长余辉蓄光膜的性能要求应符合附录D的相应规定。

5.8.3 LED(发光二极管)地名标志

5.8.3.1 亮度性能按照6.11.1规定的方法试验后，发光部分的亮度不应低于15 000 mcd/m^2。

5.8.3.2 耐机械振动性能应符合：标志正常通电情况下，在振动频率1 Hz～150 Hz的范围内按照GB/T 2423.10规定的方法进行试验。在1 Hz～9 Hz时按位移控制，位移3.5 mm；在9 Hz～150 Hz时按加速度控制，加速度为10 m/s^2。1 Hz→9 Hz→150 Hz→9 Hz→1 Hz为一个循环，共试验20个循环后，产品功能正常，结构不受影响，零部件无松动。

5.8.3.3 电气安全性能应符合：

a) 保护接地端子：按照6.11.2规定的方法试验，标志应有保护接地端子及其标记；

b) 绝缘电阻性能：按照6.11.3规定的方法试验，测得标志两个电极与表面之间的绝缘电阻不应低于20 MΩ；

c) 安全耐压性能：按照6.11.4规定的方法试验后，不应出现击穿的现象。

5.8.3.4 使用太阳能电池供电时，太阳能电池应符合国家相关标准的规定。使用的其他电源也应符合国家相关标准的规定。

5.8.4 金属腐蚀地名标志

表面、接缝应平整光滑。使用的漆膜应符合5.8.2.3中的要求。

5.8.5 碑碣式地名标志

其建构筑物应牢固可靠，且具有一定的刚性。

5.9 地名标志的支撑装置

5.9.1 立柱式和悬臂式地名标志，立柱和悬臂应采用耐腐蚀、抗冲击性能好的金属材料和其他新型材料。材料表面光滑，没有污垢、伤痕、裂纹、折叠、轧折、离层和结疤。立柱管顶端应加柱帽。

立柱和悬臂的尺寸，标志与立柱、悬臂的连接方式，立柱的基础大小等，应根据设置地点的风力、标志尺寸规格等因素确定。

必要时，立柱和悬臂等制作完成后，应进行防腐和防锈处理。

5.9.2 附着式地名标志的固定应牢固可靠，其附着的建构筑物应具有一定的刚性。

5.9.3 碑碣式地名标志的固定应牢固可靠。

5.10 地名导向标志

5.10.1 地名导向标志标示地名标志所示地理实体周围的平面图、单位指向等指示信息，用于引导人们方便地到达目的地，通常附着在地名标志的支撑装置上。

5.10.2 区片、小区、街、村、行政区域等地名标志宜附设该区片、小区、街、村、行政区域周围的平面图、单位指向牌等地名导向标志。必要时，其他地名标志可附设地名标志所示地理实体周围的平面图、单位指向牌等地名导向标志。

5.10.3 地名导向标志的安装应牢固可靠。

5.11 外置照明器材

外置照明器材应符合 GB 7000.1 中的相关规定。

6 试验方法

6.1 试样制备

根据不同情况，按下列办法之一制备试样：

a) 以完整的标志产品作为试样；

b) 从标志产品中划出相应尺寸作为试样；

c) 从标志产品中截取相应尺寸作为试样。

6.2 外观检查试验方法

6.2.1 裂纹和气泡

在明亮的环境中(光照度不小于 150 lx)，面对反光地名标志和长余辉蓄光膜制作的地名标志的图文书写平面目测，然后在表面滴墨水，3 min 后将墨水擦掉，检查是否有残留的墨水渗透其中。用四倍放大镜检查气泡，并测量气泡的面积。

6.2.2 损伤和颜色

在明亮的环境中(光照度不小于 150 lx)，面对地名标志图文书写平面目测，检查是否存在损伤和颜色不均匀等现象。按照 GB 2893 和 GB/T 3979 测量颜色是否符合相关要求。

6.2.3 发光性能

在黑暗环境中，距离标志 5 m 处目测正常发光的 LED 地名标志和激发后的长余辉蓄光地名标志图文书写平面，检查是否存在明显发光不均匀现象。

6.3 耐盐雾腐蚀性能试验方法

6.3.1 试验溶液

试验溶液应按照如下步骤配制：

a) 将化学纯的氯化钠溶解于蒸馏水或去离子水中，配制成质量分数为 5%±0.1%的溶液；

b) 采用化学纯的盐酸或氢氧化钠调节溶液的 pH 值，使其在 6.5～7.2 之间，但浓度仍须符合本条 a)中的规定，pH 值的测量采用精度为 0.3 的精密 pH 值试纸；

c) 溶液在使用之前应过滤。

6.3.2 试验设备

采用盐雾试验箱进行试验。

6.3.3 试验条件

试验条件应符合下列要求：

a) 试验时，盐雾箱内的温度为35℃±2℃；
b) 试验采用连续雾化；
c) 盐雾不得直接喷射到试样上；
d) 试验箱工作空间内顶部、内壁以及其他部位的冷凝液不得滴落到试样上；
e) 试验设备内外气压应平衡；
f) 雾化时，应防止油污、尘埃等杂质和喷射空气的温湿度影响试验箱内的试验条件。

6.3.4 试验步骤

试验按照如下步骤进行：

a) 把尺寸为(150～450)mm×150 mm 的试样放入盐雾箱内，其受试表面与竖直方向成30°角；
b) 相邻两试样保持一定的间隙，行间距不少于75 mm；
c) 试样放置后，按照6.3.3规定的试验条件进行规定时间的试验；
d) 试验结束后，用流动水轻轻洗去试样表面盐沉积物，再在蒸馏水中漂洗，洗涤水温不得超过35℃，然后恢复2 h；
e) 用四倍放大镜检查试样表面。

6.4 耐湿热性能试验方法

6.4.1 试验设备

采用调温调湿箱进行试验。

6.4.2 试验条件

试验条件应符合下列要求：

a) 试样的特性不应明显地影响调温调湿箱内的温湿度条件；
b) 调温调湿箱内壁和顶部的凝结水不应滴落到试样上。

6.4.3 试验步骤

试验按照如下步骤进行：

a) 把尺寸为(150～600)mm×(90～400)mm 的试样放入调温调湿箱内，相邻两试样正面不相接触；
b) 把箱内温度逐渐升至47℃±2℃，相对湿度升至96%±2%，达到规定温湿度时，开始计时；
c) 使试样在规定温湿度条件下进行规定时间的试验；
d) 关闭电源，使试验箱自然降至室温；
e) 取出试样，放置2 h，用四倍放大镜检查试样表面。

6.5 耐高温性能试验方法

6.5.1 试验设备和试验条件

试验设备应符合6.4.1的要求。试验条件应符合6.4.2的要求。

6.5.2 试验步骤

试验按照如下步骤进行：

a) 把尺寸为(150～600)mm×(90～400)mm 的试样放入调温调湿箱内，相邻两试样正面不相接触；
b) 把箱内温度逐渐升至70℃±2℃，达到规定温度时，开始计时；
c) 使试样在规定温度条件下进行规定时间的试验；
d) 关闭电源，使试验箱自然降至室温；

e) 取出试样,放置 2 h,用四倍放大镜检查试样表面。

6.6 耐低温性能试验方法

6.6.1 试验设备和试验条件

试验设备应符合 6.4.1 的要求。试验条件应符合 6.4.2 的要求。

6.6.2 试验步骤

试验按照如下步骤进行:

a) 把尺寸为(150～600)mm×(90～400)mm 的试样放入调温调湿箱内,相邻两试样正面不相接触;

b) 把箱内温度逐渐降至－40℃±2℃,达到规定温度时,开始计时;

c) 使试样在规定温度条件下进行规定时间的试验;

d) 关闭电源,使试验箱自然升至室温;

e) 取出试样,放置 2 h,用四倍放大镜检查试样表面。

6.7 耐候性能试验方法

6.7.1 试验设备

对试验设备要求如下:

a) 采用氙灯耐气候试验机进行试验;

b) 试验机应配备辐照计对累积辐射能量进行监测;

c) 试验机内应配备黑板测温计,测量试样表面的温度。

6.7.2 试验条件

试验条件应符合下列要求:

a) 试验过程中,采用连续光照;

b) 黑板温度为:63℃±3℃;

c) 喷水周期为:每 120 min 为一个周期,其中 18 min 连续喷水,102 min 不喷水。

6.7.3 试验步骤

试验按照如下步骤进行:

a) 将尺寸为 150 mm×90 mm 的试样固定于试样架上;

b) 按 6.7.2 规定的试验条件进行规定时间的试验;

c) 达到规定时间后,若试样所受累积辐射能量小于 4.32×10^6 kJ/m^2,则应延长试验时间,以保证试样所受累积辐射能量值;

d) 经过规定时间试验后,试样用质量分数为 5%±0.5%的盐酸溶液浸泡 45 s,然后用水彻底冲洗,最后用干净软布擦干,用四倍放大镜检查试样表面。

6.8 辐射性能试验方法

6.8.1 试验设备

采用 α、β、γ 辐射仪测量试样辐射值,试验设备要求如下:

a) α 探测效率≥35%($2\pi\phi35$ ^{239}Pu 面源),本底读数小于 3 个/min;

b) β 探测效率≥30%($2\pi\phi30$ $^{90}Sr+^{90}Y$ 面源),本底读数小于 120 个/min;

c) γ 探头灵敏度:对 ^{226}Ra≥6 个/min。

6.8.2 试验条件

一般情况下,试验宜在温度为 23℃±2℃,相对湿度为 50%±10%的环境中进行。环境中不应有明显的辐射干扰。

6.8.3 试验步骤

试验按照如下步骤进行:

a) 将 α 测试探头与操作台连接起来,测量周围环境中 α 射线的本底值;

b） 测量试样 α 射线的辐射值；

c） 更换 β、γ 测试探头，测量周围环境中 β、γ 射线的本底值；

d） 测量试样 β、γ 射线的辐射值；

e） 将测得的试样辐射值与本底值对比。

6.9 抗冲击性能试验方法

6.9.1 试验设备

对试验设备要求如下：

a） 采用落球冲击试验机进行试验；

b） 钢球为实心，质量为 0.1 kg±0.005 kg。

6.9.2 试验条件

一般情况下，试验宜在温度为 23℃±2℃，相对湿度为 50%±10%的环境中进行。

6.9.3 试验步骤

试验按照如下步骤进行：

a） 把试样受试面朝上水平放置在试验机的冲击平板上；

b） 在试样上方 1 m 处，用 6.9.1 规定的钢球自由落下，冲击试样；

c） 重新选取 2 个冲击点，重复本条 b)中的过程；

d） 冲击后，用四倍放大镜检查试样。

注：本试验方法不适用于使用漆膜作底面的试样。

6.10 长余辉蓄光地名标志亮度测试方法

6.10.1 试验设备

试验设备使用：

a） D65 标准光源；

b） 微光亮度仪：精度≤0.1 mcd/m^2。

6.10.2 试验条件

一般情况下，试验宜在温度为 23℃±2℃，相对湿度为 50%±10%的环境中进行。

6.10.3 试验步骤

试验按照如下步骤进行：

a） 试验前，试样应避光存放不得少于 12 h；

b） 采用 D65 标准光源对试样进行激发，激发时间为 15 min，激发照度为 4 500 lx；

c） 激发结束，关掉 D65 标准光源；

d） 打开微光亮度仪的电源开关，校准设备；

e） 用微光亮度仪测量试样的初始亮度；

f） 将试样避光存放 10 h，用微光亮度仪测量试样的亮度。

6.11 LED 地名标志的亮度和电气安全性能试验方法

6.11.1 亮度性能试验方法

试样正常通电情况下，用 6.10.1 规定的微光亮度仪测量试样的亮度。

6.11.2 安全标记检查方法

采用目测的方法检查保护接地端子及其标记。

6.11.3 绝缘电阻性能试验方法

6.11.3.1 试验设备

对试验设备要求如下：

a） 采用能提供 500 V 直流测试电压的绝缘电阻测试仪进行试验；

b） 仪器接地应妥善可靠。

6.11.3.2 试验条件

试验条件应符合下列要求：

a) 操作应在绝缘垫子上进行，操作人员应带上绝缘手套；

b) 一般情况下，试验宜在温度为23℃±2℃，相对湿度为50%±10%的环境中进行。

6.11.3.3 试验步骤

试验按照如下步骤进行：

a) 接通电源，校准设备；

b) 用500 V测试电压测量试样某一电极与试样表面之间的绝缘电阻；

c) 测量试样另一电极与试样表面之间的绝缘电阻；

d) 测量结束，关闭设备电源。

6.11.4 安全耐压性能试验方法

6.11.4.1 试验设备

对试验设备要求如下：

a) 采用安全耐压测试仪进行试验；

b) 仪器能提供1 500 V交流有效值的测试电压；

c) 仪器接地应妥善可靠。

6.11.4.2 试验条件

试验条件应符合6.11.3.2的要求。

6.11.4.3 试验步骤

试验按照如下步骤进行：

a) 接通电源，校准设备；

b) 在试样的电源接线端子与金属外框或可触及的金属构件间施加1 500 V的试验电压，试验1 min；

c) 测量结束，关闭设备电源。

6.12 试验报告

试验报告应包括下列内容：

a) 受试产品的名称；

b) 试验条件；

c) 试验设备；

d) 说明采用本国家标准中的哪些条款；

e) 与本国家标准所规定内容的任何不同之处；

f) 试验结果（试验数据及评定结果）；

g) 试验日期。

7 检验规则

7.1 型式检验

7.1.1 型式检验的条件

型式检验的条件应符合下列规定：

a) 新生产地名标志或转移地址生产地名标志时；

b) 地名标志的结构、材料、工艺有较大改变，可能影响产品性能时；

c) 停产六个月，恢复生产时；

d) 正常批量生产，超过一年时；

e) 出厂检验结果与上一次型式检验有较大差异时；

f） 国家质量监督检验机构提出型式检验的要求时。

7.1.2 型式检验的项目

型式检验的项目包括本标准第5章和第8章规定的全部要求。

7.1.3 型式检验的组批、抽样、判定

7.1.3.1 用相同材料和工艺生产的地名标志，累计生产1 500件，作为一个检验批。

7.1.3.2 一个检验批，共抽取3件，每生产500件随机抽取1件。

7.1.3.3 型式检验时，标准中的全部强制条款有1件的一项不合格时，该型式检验批产品判为不合格；若其他条款出现不合格，应在该批产品中每500件抽取2件，对不合格项进行检验，若仍有1件检验不合格时，则该型式检验批产品判为不合格。

7.2 出厂检验

7.2.1 出厂检验的条件

向用户交货前，应由生产企业的质量检验部门进行出厂检验。

7.2.2 出厂检验的项目

出厂检验项目应包括下列内容：

a） 版面内容、版面布局；

b） 文字和背景的颜色及色差；

c） 尺寸规格；

d） 外观；

e） 其他性能。

7.2.3 出厂检验的组批、抽样、判定

7.2.3.1 交给每一个用户的产品，作为一个检验批（超过1 500件时，应增加检验批）。

7.2.3.2 一个检验批，共抽取3件，每生产500件随机抽取1件，少于1 500件时，也要抽取3件。

7.2.3.3 出厂检验时，若出现一项不合格，应进行返工；返工后重新对不合格项进行检验，若仍不合格，则该出厂检验批产品判为不合格。

8 包装

8.1 产品包装

地名标志的包装应符合GB/T 9174的规定，可采用瓦楞纸箱或木箱等包装，包装箱应符合GB/T 6543、GB/T 7284和GB/T 12464的规定。地名标志之间要加衬垫，不满的箱内要加填充材料。

8.2 包装标志

8.2.1 按照GB/T 191的规定，在瓦楞纸箱或木箱上标示“小心轻放”、“禁止滚翻”、“怕湿”等的图示标志。

8.2.2 包装箱上应有明显标签，标签上应包括下列内容：

a） 地名标志的名称和数量；

b） 地名标志产品标准代号；

c） 地名标志生产厂的名称、地址、邮政编码和电话号码；

d） 质量（净重和毛重）；

e） 出厂日期。

8.2.3 包装箱内应附有下述文件：

a） 型式检验报告；

b） 出厂检验合格证；

c） 使用说明书；

d） 装箱单。

8.3 包装件运输

地名标志可用各种交通工具运输。运输时,要避免碰撞、摩擦、雨淋、化学腐蚀性药品及有害气体的侵蚀。

8.4 包装件贮存

地名标志应贮存在清洁、通风的场所,能避免雨、雪、水和腐蚀性物质的侵蚀。

附 录 A
（规范性附录）
汉语拼音字母字样和阿拉伯数字字样

A.1 汉语拼音字母字样

A B C D E F G H

I J K L M N O P

Q R S T U V W X

Y Z

A.2 阿拉伯数字字样

1 2 3 4 5 6 7 8

9 0

附 录 B
（资料性附录）
地名标志版面示例

图 B.1 海域地名标志版面示例

图 B.2 水系地名标志版面示例

图 B.3 地形地名标志版面示例

图 B.4 省级地名标志版面示例

石家庄市
SHIJIAZHUANG SHI
3/5

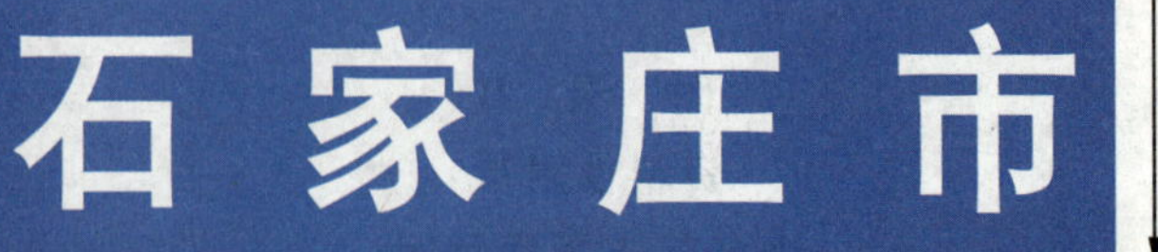

图 B.5 地级地名标志版面示例

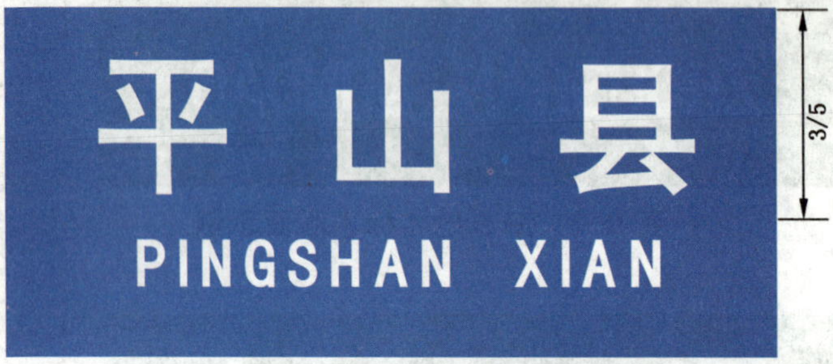

平山县
PINGSHAN XIAN
3/5

图 B.6 县级地名标志版面示例

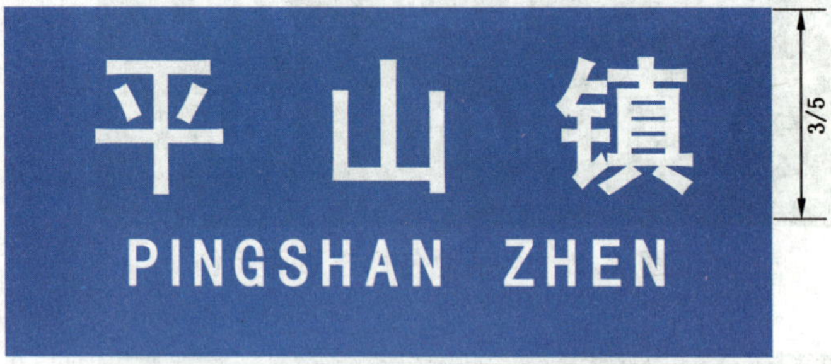

平山镇
PINGSHAN ZHEN
3/5

图 B.7 乡级地名标志版面示例

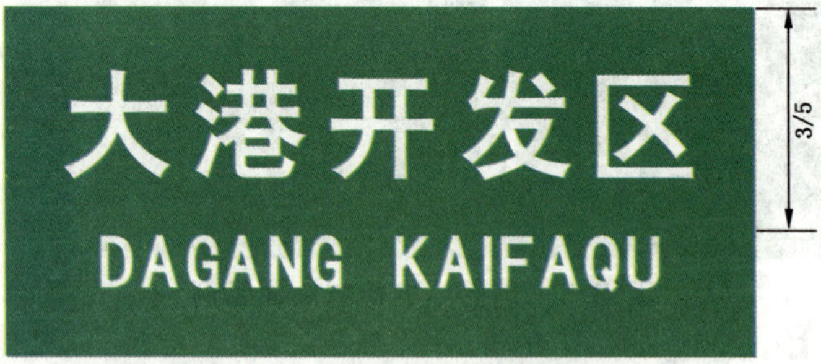

大港开发区
DAGANG KAIFAQU
3/5

图 B.8 专业区地名标志版面示例

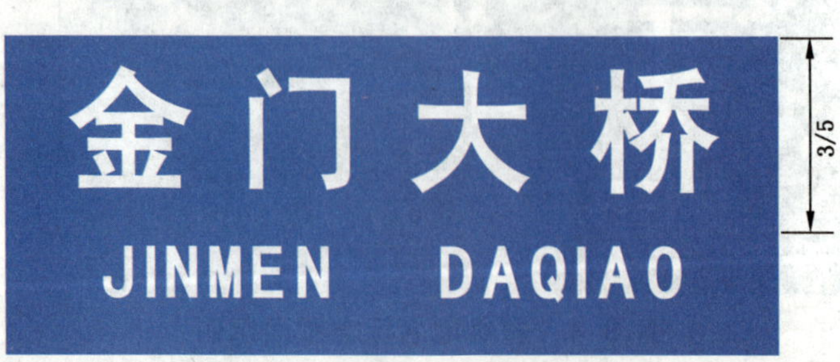

金门大桥
JINMEN DAQIAO
3/5

图 B.9 设施地名标志版面示例

图 B.10 纪念地和旅游地地名标志版面示例

图 B.11 街地名标志版面示例

图 B.12 巷地名标志版面示例

图 B.13 区片地名标志版面示例

图 B.14 小区地名标志版面示例

王 家 庄
WANGJIAZHUANG
3/5

图 B.15 村地名标志版面示例

图 B.16 楼地名标志版面示例

图 B.17 门地名标志版面示例

图 B.18 楼单元地名标志版面示例

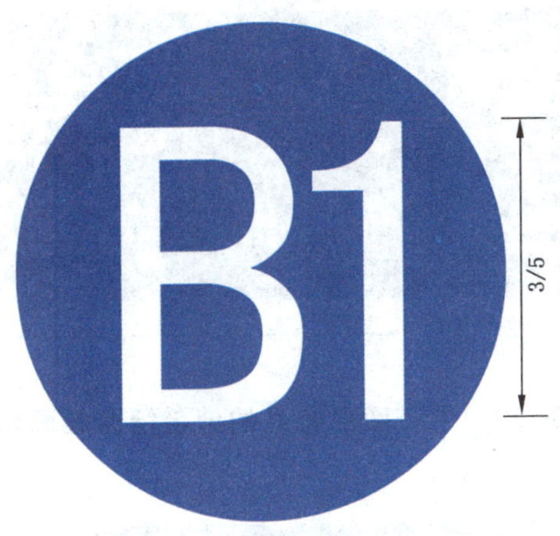

图 B.19 楼层地名标志版面示例

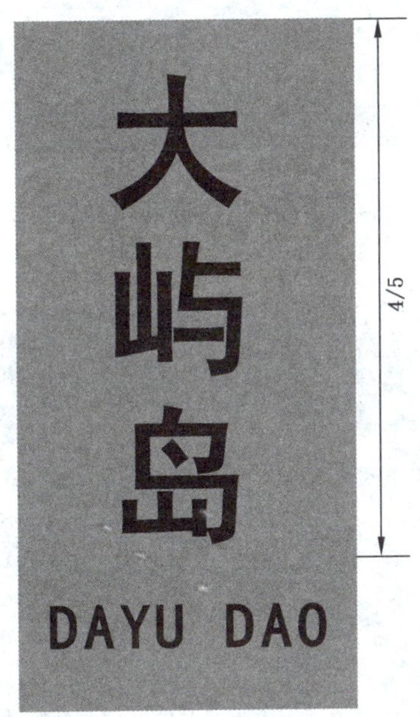

图 B.20 竖置的碑碣式地名标志版面示例

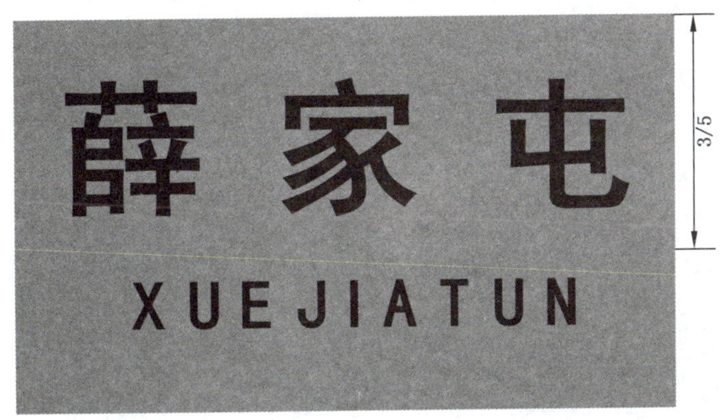

图 B.21 横置的碑碣式地名标志版面示例

图 B.22 带有图形符号的地名标志版面示例

图 B.23 带有指示方向信息的地名标志版面示例

图 B.24 带有邮政编码的地名标志版面示例

附 录 C
（规范性附录）
地名标志长余辉蓄光粉的要求

C.1 外观形态

长余辉蓄光粉的外观形态为固体粉末状。

C.2 亮度性能

把长余辉蓄光粉放置在透明容器中，按照6.10规定的方法试验，测得初始亮度应高于10 000 mcd/m^2，激发结束10 h的亮度不应低于10 mcd/m^2。

C.3 粒度分布

采用激光粒度分析仪测得，粒径在（40 μm～180 μm）范围内的长余辉蓄光粉的质量百分含量不应小于90%。

C.4 辐射性能

按照6.8规定的方法试验，α、β、γ辐射值不应高于本底读数两倍。

C.5 重金属含量

长余辉蓄光粉的重金属含量应符合下列要求：

a) 铅：准确称取0.5 g（精确至0.000 1 g）长余辉蓄光粉，按照GB/T 17141中第6章规定的方法测量铅的含量应符合表C.1中的相应规定；
b) 镉：准确称取0.5 g（精确至0.000 1 g）长余辉蓄光粉，按照GB/T 17141中第6章规定的方法测量镉的含量应符合表C.1中的相应规定；
c) 铬：准确称取0.5 g（精确至0.000 1 g）长余辉蓄光粉，按照GB/T 17137中第6章规定的方法测量铬的含量应符合表C.1中的相应规定；
d) 汞：准确称取0.5 g（精确至0.000 1 g）长余辉蓄光粉，按照GB/T 17136中第6章规定的方法测量汞的含量应符合表C.1中的相应规定。

表C.1 重金属含量要求

重金属类型	限量值 mg/kg
铅	≤90
镉	≤75
铬	≤60
汞	≤60

附 录 D
（规范性附录）
地名标志长余辉蓄光膜的要求

D.1 外观

D.1.1 长余辉蓄光膜应有平滑、光洁的外表面。在白天明亮的环境中（光照度不小于 150 lx），把长余辉蓄光膜自由平放在一平台上，面对长余辉蓄光膜或其防沾纸目测，不应观察到划痕、条纹、气泡和颜色不均匀等缺陷和损伤。其防沾纸也应平滑、干净、无气泡、无污点或其他杂物。

D.1.2 长余辉蓄光膜发光效果应均匀，在暗室中检查激发后长余辉蓄光膜的发光效果，应无明显的暗道、条纹、盲区，允许有轻微的因杂质等引起的盲区存在，单个盲区的面积不应大于 1 mm^2。

D.1.3 长余辉蓄光膜通常应以成卷的形式供货。成卷包装的长余辉蓄光膜应均匀、平整、紧密地被缠绕在一刚性的圆芯上，不应有任何参差不齐的边缘、变形、缺损或夹杂无关的材料等缺陷。每卷长余辉蓄光膜长度不应少于 45.72 m，并应给出至少 0.3 m 的富余量。整卷长余辉蓄光膜应尽可能减少断头，在不可避免出现拼接时，宽度方向不能拼接，长度方向的接头不应超过三处，在成卷膜的边缘应可看到拼接处。每拼接一处应留出 0.5 m 长余辉蓄光膜的富余量，每段长余辉蓄光膜的连续长度不应小于 10 m。

D.2 颜色可印刷性能

长余辉蓄光膜应具有颜色的可印刷性能。按照长余辉蓄光膜生产商推荐的彩色的、与长余辉蓄光膜相匹配的油墨及印刷条件、印刷方式等，可对长余辉蓄光膜进行各种颜色的印刷。

D.3 耐候性能

按照 6.7 规定的方法试验 1 200 h 后：

a) 长余辉蓄光膜应无明显的裂缝、凹陷、起泡、侵蚀、剥离、粉化或变形；
b) 从任何一边均不应出现超过 0.8 mm 的收缩，也不应出现长余辉蓄光膜从基板边缘翘曲或脱离的痕迹；
c) 按照 6.10 规定的方法试验，测得长余辉蓄光膜的初始亮度应高于 5 000 mcd/m^2，激发结束 10 h 的亮度不应低于 1.5 mcd/m^2。

D.4 耐盐雾腐蚀性能

按照 6.3 规定的方法试验 120 h 后，长余辉蓄光膜表面不应出现变色、起泡或侵蚀等现象。

D.5 耐溶剂性能

按照 GB/T 18833—2002 中 7.7 规定的方法试验后，长余辉蓄光膜表面不应出现软化、皱纹、渗漏、起泡、开裂或表面边缘被溶解等现象。

D.6 抗冲击性能

按照 6.9 规定的方法试验后，长余辉蓄光膜在受到冲击的表面以外，不应出现裂缝、层间脱离或其他损坏。

D.7 耐弯曲性能

按照 GB/T 18833—2002 中 7.9 规定的方法试验后，长余辉蓄光膜表面不应出现裂缝、剥落或层间分离等现象。

D.8 耐高温性能

按照 6.5 规定的方法试验 24 h 后，长余辉蓄光膜表面不应出现裂缝、软化、剥离、皱纹、起泡、翘曲和外观不均匀等现象。

D.9 耐低温性能

按照 6.6 规定的方法试验 72 h 后，长余辉蓄光膜表面不应出现裂缝、软化、剥离、皱纹、起泡、翘曲和外观不均匀等现象。

D.10 收缩性能

按照 GB/T 18833—2002 中 7.11 规定的方法试验后，长余辉蓄光膜试样任何一边的尺寸在 10 min 内，其收缩不应超过 0.8 mm；在 24 h 内，其收缩不应超过 3.2 mm。

D.11 附着性能

按照 GB/T 18833—2002 中 7.12 规定的方法试验后，长余辉蓄光膜在 5 min 后的剥离长度不应大于 20 mm。

D.12 防沾纸的可剥离性能

按照 GB/T 18833—2002 中 7.13 规定的方法试验后，长余辉蓄光膜无需用水或其他溶剂浸湿，即可方便地手工剥下防沾纸。防沾纸也不应有破损、撕裂或从长余辉蓄光膜上沾下粘合剂的现象。

D.13 抗拉荷载

按照 GB/T 18833—2002 中 7.14 规定的方法试验后，每 25 mm 宽度长余辉蓄光膜的抗拉荷载值(F)不应小于 24 N。

D.14 辐射性能

按照 6.8 规定的方法试验，α、β、γ 辐射值不应高于本底读数两倍。

D.15 亮度性能

按照 6.10 规定的方法试验，测得初始亮度应高于 10 000 mcd/m^2，激发结束 10 h 的亮度不应低于 3 mcd/m^2。

ICS 37.080
A 14

中华人民共和国国家标准

GB/T 17739.1—2008/ISO 3272-1:2003
代替 GB/T 15021—1994

技术图样与技术文件的缩微摄影 第1部分:操作程序

Microfilming of technical drawings and other drawing office documents—Part 1: Operating procedures

(ISO 3272-1:2003, IDT)

2008-07-16 发布　　2009-01-01 实施

中华人民共和国国家质量监督检验检疫总局
中国国家标准化管理委员会　发布

前言

GB/T 17739《技术图样与技术文件的缩微摄影》分为六个部分：

——第1部分：操作程序；

——第2部分：35 mm银-明胶型缩微品的质量标准与检测；

——第3部分：35 mm缩微胶片开窗卡；

——第4部分：特殊和超大尺寸图样的拍摄；

——第5部分：开窗卡中缩微影像重氮复制的检验程序；

——第6部分：35 mm缩微胶片放大系统的质量准则和控制。

本部分为GB/T 17739的第1部分，等同采用ISO 3272-1:2003《技术图样和其他绘图室文件的缩微摄影　第1部分：操作程序》(英文版)。

本部分与ISO 3272-1:2003相比，主要做了以下编辑性修改：

——图1中t的标注位置改动(ISO 3272-1:2003标注有误)；

——部分规范性引用文件改为对应的国家标准；

——"国际标准本部分"改为"本部分"；

——删除国际标准前言；

——用小数点"."代替作为小数点的逗号","。

本部分代替GB/T 15021—1994《缩微摄影技术　用35 mm卷片拍摄技术图样和技术文件的规定》。

本部分与GB/T 15021—1994相比主要变化如下：

——将标准号改为GB/T 17739.1，标准名称也做了相应修改，并按照分部分的标准文本的表述方法对文本内容的表述进行统一，保持GB/T 17739标准的整体性；

——增加"4 生片"一章；

——将原"7 质量要求"删除，增加"7 放大"。

本部分的附录A为规范性附录。

本部分由全国文献影像技术标准化技术委员会(SAC/TC 86)提出并归口。

本部分起草单位：全国文献影像技术标准化技术委员会六分会、国家档案局档案科学技术研究所。

本部分主要起草人：聂曼影、吴筑清、魏伶俐、晏杰。

本部分所代替标准的历次版本发布情况为：

——GB/T 15021—1994。

技术图样与技术文件的缩微摄影 第1部分:操作程序

1 范围

GB/T 17739的本部分规定了在35 mm无孔胶片上拍摄技术图样和诸如建筑设计图、计算记录、技术要求、符号集和零件单等其他技术文件的缩小比率、放大倍率、放大尺寸和由此而生成的影像尺寸。

本部分适用于缩微拍摄浅色背景上有深色线条和字符、尺寸不超过A0的文件,原件宜符合ISO 5457:1999和GB/T 10609.4的要求。本部分还适用于ISO 5457:1999规定以外的,只要幅面不超过912 mm×1 230 mm,并且按本部分规定能够容纳在35 mm缩微胶片单一画幅中的其他尺寸文件的缩微拍摄。

本部分不适用于COM设备产生的影像。

2 规范性引用文件

下列文件中的条款通过GB/T 17739的本部分引用而成为本部分的条款。凡是注日期的引用文件,其随后所有的修改单(不包括勘误的内容)和修订版均不适用于本部分,然而,鼓励根据本部分达成协议的各方研究是否可使用这些文本的最新版本。凡是不注日期的引用文件,其最新版本适用于本部分。

GB/T 6159.1—2003 缩微摄影技术 词汇 第1部分:一般术语(ISO 6196-1:1993,MOD)

GB/T 6159.3—2003 缩微摄影技术 词汇 第3部分:胶片处理(ISO 6196-3:1997,MOD)

GB/T 6159.7—2000 缩微摄影技术 词汇 第七部分:计算机缩微摄影技术(eqv ISO 6196-7:1992)

GB/T 6159.22—2000 缩微摄影技术 词汇 第二部分:影像的布局和记录方法(eqv ISO 6196-2:1993)

GB/T 10609.4 技术制图 对缩微复制原件的要求(GB/T 10609.4—1989,neq ISO 6428:1982)

ISO 5457:1999 技术产品文献 图纸的尺寸和布局

ISO 6148:2001 摄影术 缩微摄影胶片、防光片盘和盘芯 尺寸

3 术语和定义

GB/T 6159.1—2003、GB/T 6159.3—2003和GB/T 6159.22—2000中给出的术语和定义适用于本部分。

4 生片

生片应为符合ISO 6148:2001规定的35 mm无孔胶片。

5 原件

5.1 尺寸

建议使用ISO 5457:1999规定的A系列尺寸的原件。

注:本部分不包括尺寸大于912 mm×1 230 mm的各种文件;大于上述尺寸的文件属于GB/T 17739.4—2008的范围。

5.2 制备

原件通常是经绘制、打印或采用自动化设备绘制，及上述方法组合产生的。原件宜符合GB/T 10609.4的要求。

5.3 中心标记

原件的四边应有中心标记，中心标记应自图框线起至纸的边缘，并与图框线垂直。标记的位置精度为ISO 5457:1999中规定的±0.5 mm。

5.4 方向标记

每张图样上应设置两个方向标记，按照ISO 5457:1999的规定，一个在短边，另一个在长边。

5.5 边框

原件的边框应足够宽，以适应缩微复制所要求的各种公差。A系列原件四边边框的最小宽度应满足表1和ISO 5457:1999的规定。

表1 边框宽度

单位为毫米

纸型	边框宽度
A0	20
A1	20
A2	10
A3	10
A4	10

5.6 米制标尺

每张图样的边框应设置一条长100 mm的米制标尺，作为缩小和放大时的参考。

5.7 文件在平台式摄影机稿台上的位置

原件的中心标记应和摄影机稿台的中心标记对齐，误差在±3 mm以内。

6 拍摄程序

6.1 画幅区、影像区和进片距

画幅区、影像区和进片距如图1和表2所示。

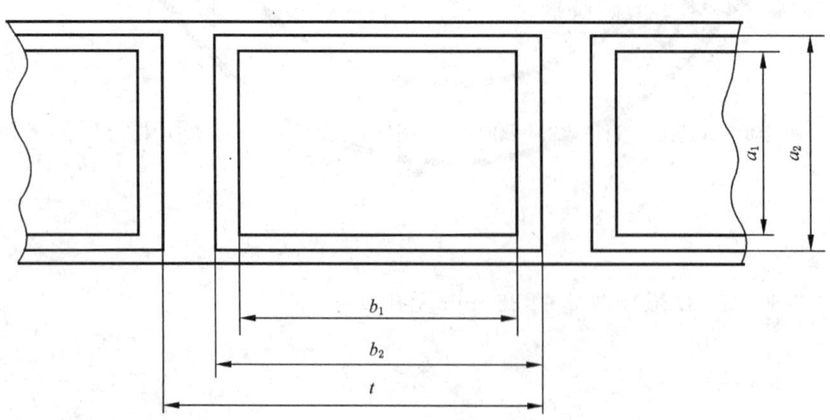

图1 画幅区($a_2 \times b_2$)，影像区($a_1 \times b_1$)，进片距(t)

表 2 画幅区、影像区和进片距尺寸

单位为毫米

35 mm 缩微胶片	尺寸
画幅区 ($a_2 \times b_2$)	$32_{-0.5}^{\ 0} \times 45_{-0.5}^{\ 0}$
影像区 ($a_1 \times b_1$)	30.4×41.0(最大)
进片距 (t)	$52_{-1.2}^{\ 0}$

6.2 缩小比率

拍摄 ISO 5457:1999 和表 3 规定的 A 系列文件时,建议使用 1/30、1/21.2 和 1/15 的名义缩小比率。1/30、1/24 和 1/16 的名义缩小比率适合于表 4 给出的所有尺寸文件。名义缩小比率的公差应为 $^{+4}_{\ 0}$%(指比率中分母的公差,见表 3)。

表 3 推荐用于 A 系列文件的缩小比率

单位为毫米

文件尺寸	缩小比率	影像尺寸
A0:841×1 189	$1/(30^{+1.2}_{\ 0})$	28.0×39.6
A1:594×841	$1/(30^{+1.2}_{\ 0})$ $1/(21.2^{+0.85}_{\ 0})$	19.8×28.0 28.0×39.6
A2:420×594	$1/(21.2^{+0.85}_{\ 0})$ $1/(15^{+0.6}_{\ 0})$	19.8×28.0 28.0×39.6
A3:297×420	$1/(21.2^{+0.85}_{\ 0})$ $1/(15^{+0.6}_{\ 0})$	14.0×19.8 19.8×28.0
A4:210×297	$1/(15^{+0.6}_{\ 0})$	14.0×19.8

表 4 适用于各种尺寸原件的缩小比率

单位为毫米

文件尺寸[a]	名义缩小比率	影像尺寸
宽:不大于 457 长:不大于 609	1/16	不大于 28.6×38.1
宽:从 457 至 609 长:从 609 至 912	1/24	不大于 25.4×38.0
宽:从 609 至 912 长:从 912 至 1 230	1/30	不大于 30.4×41.0

[a] 如果文件有一项尺寸超出了极限,就应使用下一档缩小比率。

6.3 按比例还原图样

如需按比例还原图样,应按照附录 A 的规定,拍摄对应的标尺,使每一规格的文件对应特定的比率。

6.4 片头和片尾

每盘或每一整段已曝光 35 mm 缩微胶片的开头和结尾应有 $500^{+200}_{\ 0}$ mm 未曝光的胶片。

6.5 多页文件的排列方式

如需在一个画幅中拍摄不止一页文件,原件的排列方式(文本处于正常位置)和阅读顺序宜如图 2 所示。如果单页上的信息随时可能修改,不建议用此方法。

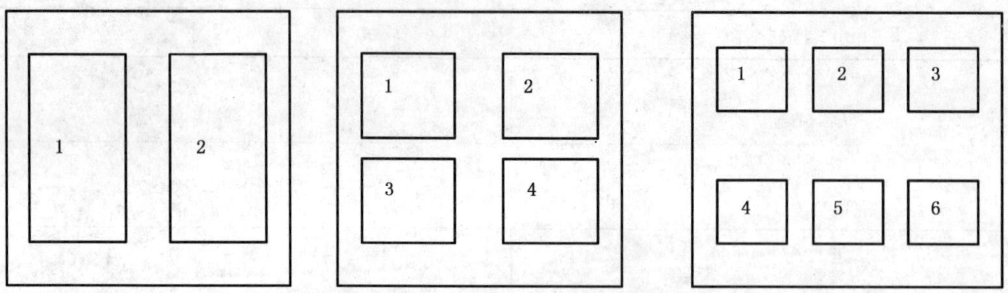

图 2 单一画幅中拍摄多页文件的排列示例

7 放大

A 系列文件名义放大倍率应为：

——$\times 14.9_{-0.6}^{0}$

——$\times 21.0_{-0.8}^{0}$

——$\times 29.9_{-1.2}^{0}$

附录 A 的表 A.1 给出了推荐的放大倍率和还原尺寸。

附　录　A
（规范性附录）
A 系列文件的放大倍率和还原尺寸

表 A.1　A 系列文件的放大倍率和还原尺寸示例

原件规格	名义缩小比率	名义放大倍率	还原尺寸
A0	1/30	×14.9 ×21.0 ×29.9	A2 A1 A0
A1	1/30 1/21.2	×14.9 ×14.9 ×21.0	A3 A2 A1
A2	1/21.2 1/15	×14.9 ×14.9	A3 A2
A3	1/21.2 1/15	×14.9 ×14.9	A4 A3
A4	1/15	×14.9	A4

参 考 文 献

[1] GB/T 17739.2—2006《技术图样与技术文件的缩微摄影　第2部分:35 mm银-明胶型缩微品的质量准则与检验》(ISO 3272-2:1994,MOD)

[2] GB/T 17739.3—2004《技术图样与技术文件的缩微摄影　第3部分:35 mm缩微胶片开窗卡》(ISO 3272-3:2001,MOD)

[3] GB/T 17739.4—2008《技术图样与技术文件的缩微摄影　第4部分:特殊和超大尺寸图样的拍摄》(ISO 3272-4:1994,MOD)

[4] ISO 18906:2000《成像材料　摄影胶片　安全胶片的特性》

ICS 37.080
A 14

中华人民共和国国家标准

GB/T 17739.4—2008/ISO 3272-4:1994
代替 GB/T 17739—1999

技术图样与技术文件的缩微摄影 第4部分:特殊和超大尺寸图样的拍摄

Microfilming of technical drawings and other drawing office documents—Part 4:Microfilming of drawing of special and exceptional elongated sizes

(ISO 3272-4:1994,IDT)

2008-07-16 发布 2009-01-01 实施

中华人民共和国国家质量监督检验检疫总局
中国国家标准化管理委员会 发布

前言

GB/T 17739《技术图样与技术文件的缩微摄影》分为六个部分：

——第1部分:操作程序；

——第2部分:35 mm 银-明胶型缩微品的质量准则与检验；

——第3部分:35 mm 缩微胶片开窗卡；

——第4部分:特殊和超大尺寸图样的拍摄；

——第5部分:开窗卡中缩微影像重氮复制的检验程序；

——第6部分:35 mm 缩微胶片放大系统的质量准则和控制。

本部分为 GB/T 17739 的第4部分，等同采用 ISO 3272-4:1994《技术图样和其他绘图室文件的缩微摄影　第4部分:特殊和超大尺寸图样的缩微拍摄》(英文版)。

本部分与 ISO 3272-4:1994 相比，主要做了以下编辑性修改：

——规范性引用文件改为对应的国家标准；

——"国际标准本部分"改为"本部分"；

——删除国际标准前言；

——用小数点"."代替作为小数点的逗号","；

——增加了附录 A。

本部分代替 GB/T 17739—1999《缩微摄影技术　特殊和超大尺寸图样的拍摄》。

本部分与 GB/T 17739—1999 相比主要变化如下：

——将标准号改为 GB/T 17739.4，标准名称也做了相应修改，并按照分部分的标准文本的表述方法对文本内容的表述进行统一，保持 GB/T 17739 标准的整体性；

——规范性引用文件增加了 GB/T 6159.3—2003、GB/T 6159.4—2003、GB/T 6159.5—2000、GB/T 6159.6—2003、GB/T 6159.22—2000、GB/T 14689—1993、GB/T 17739.2—2006；

——规范性引用文件使用了相关国家标准的最新版本；

——"术语和定义"一章增加了 GB/T 6159.3—2003、GB/T 6159.4—2003、GB/T 6159.5—2000、GB/T 6159.6—2003、GB/T 6159.22—2000。

本部分的附录 A 是资料性附录。

本部分由全国文献影像技术标准化技术委员会(SAC/TC 86)提出并归口。

本部分起草单位:全国文献影像技术标准化技术委员会六分会、国家档案局档案科学技术研究所。

本部分主要起草人:聂曼影、魏伶俐、晏杰。

本部分所代替标准的历次版本发布情况为：

——GB/T 17739—1999。

技术图样与技术文件的缩微摄影 第4部分:特殊和超大尺寸图样的拍摄

1 范围

GB/T 17739的本部分规定了分幅拍摄图样的顺序、缩小比率和画幅重叠等要求。

本部分适用于GB/T 14689中给出的特殊和超大尺寸图样(参见附录A)的拍摄。

2 规范性引用文件

下列文件中的条款通过GB/T 17739的本部分引用而成为本部分的条款。凡是注日期的引用文件,其随后所有的修改单(不包括勘误的内容)或修订版均不适用于本部分,然而,鼓励根据本部分达成协议的各方研究是否可使用这些文件的最新版本。凡是不注日期的引用文件,其最新版本适用于本部分。

GB/T 6159.1—2003 缩微摄影技术 词汇 第1部分:一般术语(ISO 6196-1:1993,MOD)

GB/T 6159.3—2003 缩微摄影技术 词汇 第3部分:胶片处理(ISO 6196-3:1997,MOD)

GB/T 6159.4—2003 缩微摄影技术 词汇 第4部分:材料和包装物(ISO 6196-4:1998,MOD)

GB/T 6159.5—2000 缩微摄影技术 词汇 第五部分:影像质量、可读性和检查(eqv ISO 6196-5:1987)

GB/T 6159.6—2003 缩微摄影技术 词汇 第6部分:设备(ISO 6196-6:1992,MOD)

GB/T 6159.22—2000 缩微摄影技术 词汇 第二部分:影像的布局和记录方法(eqv ISO 6196-2:1993)

GB/T 14689—1993 技术制图 图纸幅面和格式(ISO 5457:1980,IDT)

GB/T 17739.1—2008 技术图样与技术文件的缩微摄影 第1部分:操作程序(ISO 3272-1:2003,MOD)

GB/T 17739.2—2006 技术图样与技术文件的缩微摄影 第2部分:35 mm银-明胶型缩微品的质量准则与检验(ISO 3272-2:1994,MOD)

3 术语和定义

GB/T 6159.1—2003、GB/T 6159.3—2003、GB/T 6159.4—2003、GB/T 6159.5—2000、GB/T 6159.6—2003、GB/T 6159.22—2000中确立的术语和定义适用于GB/T 17739的本部分。

4 用一个画幅拍摄

当在一个画幅中拍摄一张小于890 mm×1 210 mm的图样时,应将图样定位,使其影像的中心位于画幅的中心,并应使用能够将全部影像容纳进一个画幅的最低缩小比率拍摄图样。

5 分幅拍摄

5.1 对中标记

当需分幅拍摄超大图样时,应在每一分幅长边的中点标出对中标记,分幅相接部分至少应重叠100 mm(图1)。如果原图在重叠部分中有重要信息,重叠部分应大于100 mm。应选择GB/T 17739.1—2008中规定的缩小比率,最大限度利用画幅面积。

5.2 原件在拍摄稿台上的定位

分幅拍摄时如果需要旋转原件,应按逆时针方向旋转90°。

5.3 缩小比率 1:30

5.3.1 图样或多页图样中的单页图样，其宽度不大于 890 mm，但长度大于 1 210 mm 时，应选用图 2 所示形式分幅拍摄。

5.3.2 图样或多页图样中的单页图样，其宽度大于 890 mm，但不大于 1 210 mm，长度大于 1 210 mm 时，应选用图 3 所示形式分幅拍摄。

5.3.3 图样或多页图样中的单页图样，其宽度大于 1 210 mm，而且长度大于 1 210 mm 时，应选用图 4 所示形式分幅拍摄。

5.3.4 将图样或多页图样中的单页图样分幅拍摄在多个画幅上(见图 2～图 4)时，每个分幅的尺寸都不应超过 890 mm×1 210 mm，并且相邻分幅之间至少应有 100 mm 的重叠。为使最后一个分幅满幅，可加大重叠部分。

单位为毫米

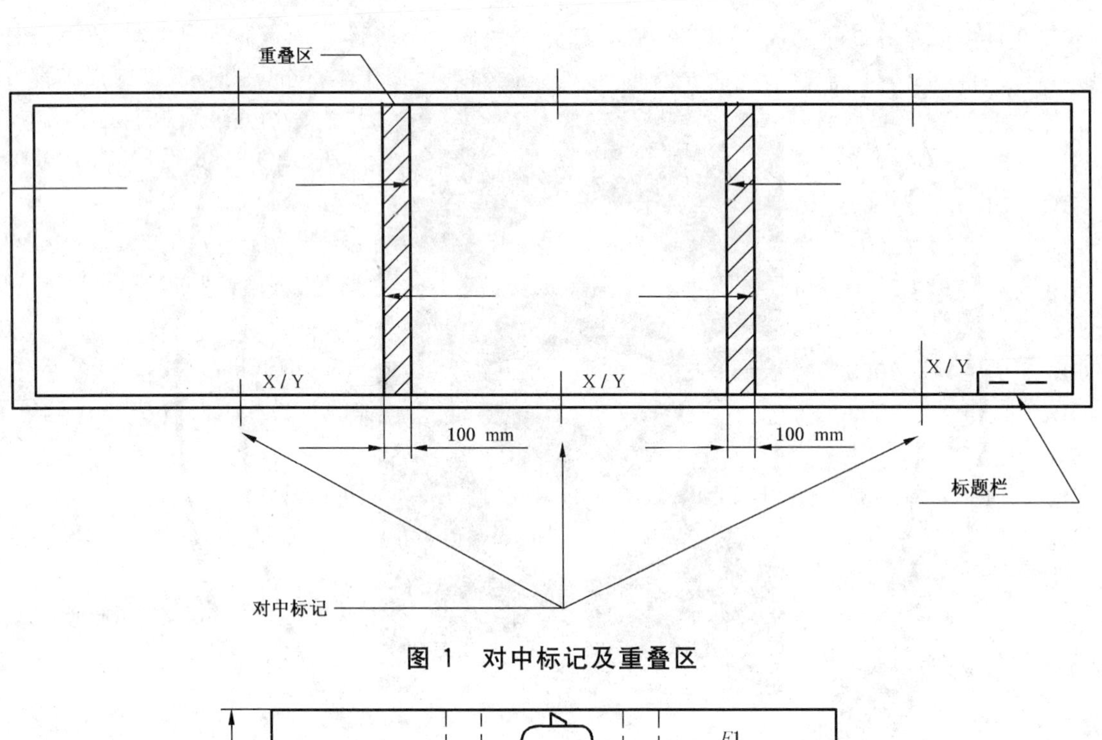

图 1 对中标记及重叠区

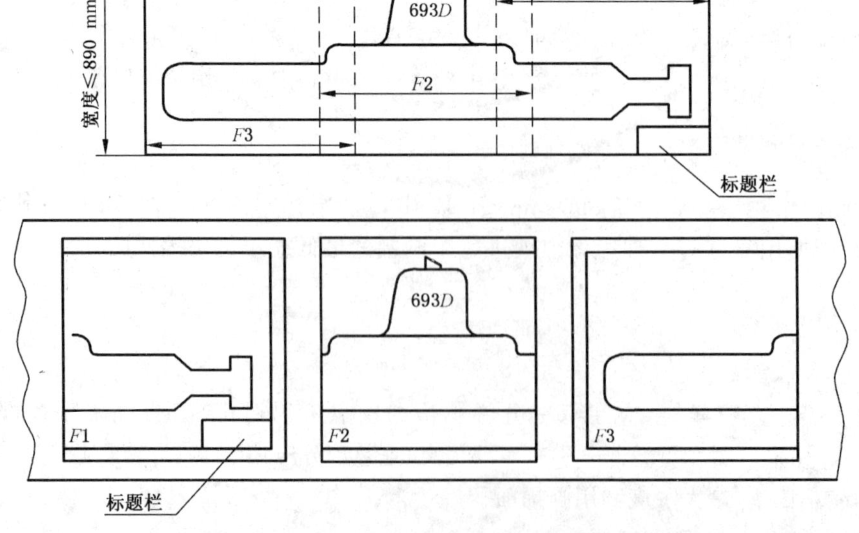

图 2 宽度不大于 890 mm;长度大于 1 210 mm 图样的分幅拍摄

5.4 缩小比率 1:15

5.4.1 图样或多页图样中的单页图样，其宽度不大于 440 mm，但长度大于 600 mm 时，应选用图 2 所示的形式分幅拍摄。

5.4.2 图样或多页图样中的单页图样，其宽度大于 440 mm，但不大于 600 mm，长度不大于 600 mm 时，应选用图 3 所示的形式分幅拍摄。

5.4.3 图样或多页图样中的单页图样，其宽度大于 600 mm，而且长度大于 600 mm 时，应选用图 4 所示形式分幅拍摄。

5.4.4 将图样或多页图样中的单页图样分幅拍摄在多个画幅上(见图 2～图 4)时，每个分幅的尺寸都不应超过 440 mm×600 mm，并且相邻分幅之间至少应有 100 mm 的重叠。为使最后一个分幅满幅，可加大重叠部分。

5.5 分幅标识

分幅拍摄的每一幅都应标注连续的分幅数字，如图 2～图 4 所示。第一幅应包含标题栏并记作 F1，接下去的各幅记作 F2、F3 等等。拍摄时使用的标识字符高度至少应为 25 mm，且应是黑底白字，并应置于画幅中较下位置的原件空白处。

6 非标准尺寸图样

其他尺寸图样应按能容纳下全部图样的最小标准尺寸处理。

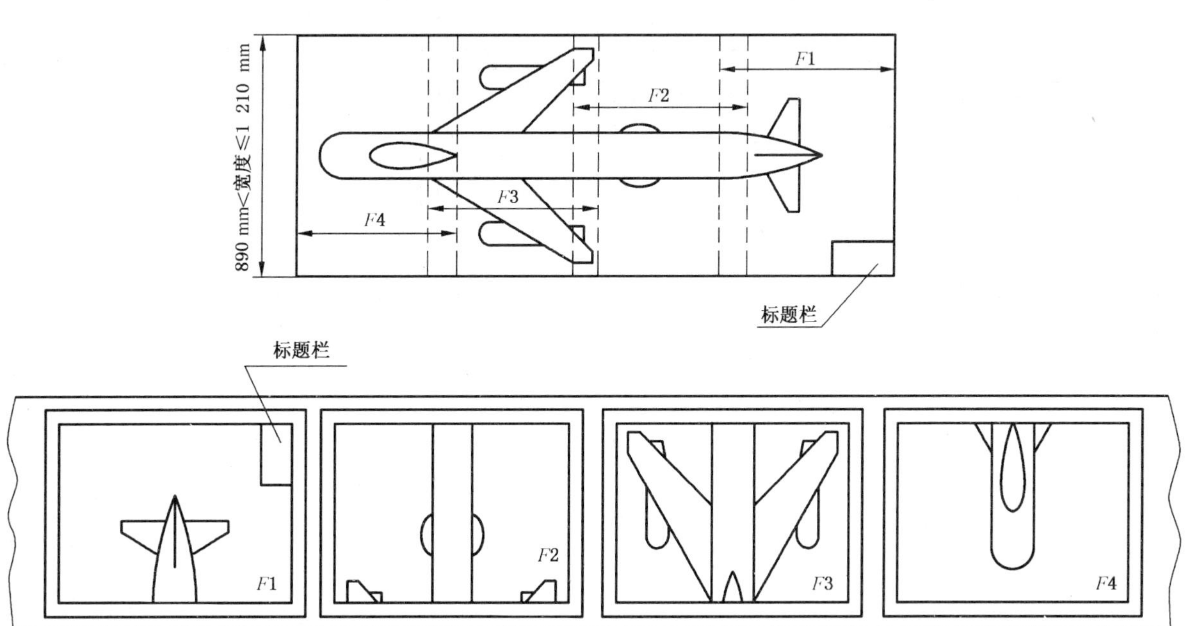

图 3 宽度大于 890 mm，不大于 1 210 mm；长度大于 1 210 mm 图样的分幅拍摄

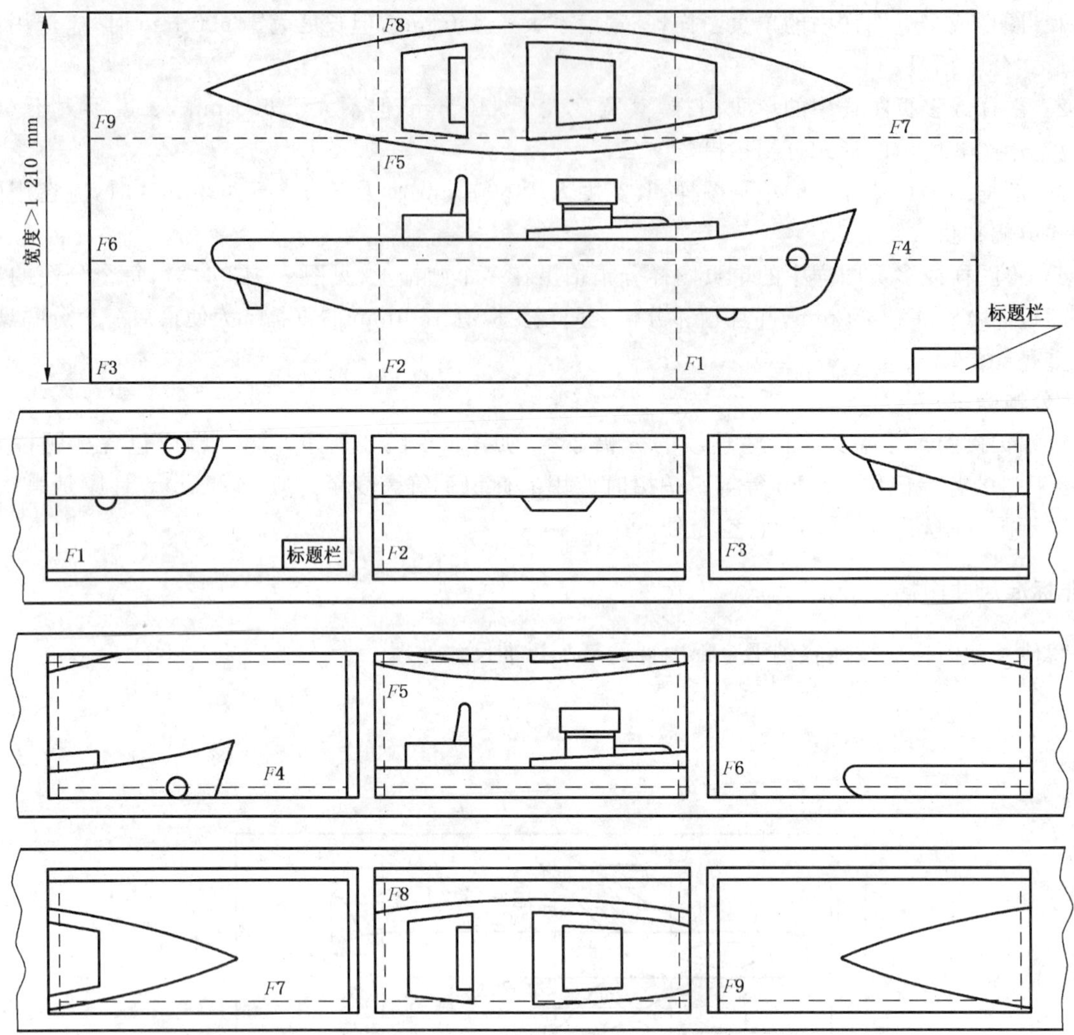

图 4　宽度大于 1 210 mm 且长度大于 1 210 mm 图样的分幅拍摄

附 录 A
（资料性附录）
超大图纸尺寸系列

表 A.1 给出了超大图纸的尺寸。

表 A.1 超大图纸尺寸 单位为毫米

图纸幅面	尺　寸
A0×2	1 189×1 682
A0×3	1 189×2 523
A1×3	841×1 783
A1×4	841×2 378
A2×3	594×1 261
A2×4	594×1 682
A2×5	594×2 102
A3×5	420×1 486
A3×6	420×1 783
A3×7	420×2 080
A4×6	297×1 261
A4×7	297×1 471
A4×8	297×1 682
A4×9	297×1 892

ICS 91.120.25
P 15

中华人民共和国国家标准

GB/T 17742—2008
代替 GB/T 17742—1999

中国地震烈度表

The Chinese seismic intensity scale

2008-11-13 发布 2009-03-01 实施

中华人民共和国国家质量监督检验检疫总局
中国国家标准化管理委员会 发布

前　言

本标准代替 GB/T 17742—1999《中国地震烈度表》。

本标准与 GB/T 17742—1999 相比，主要修订内容如下：

——将评判烈度的房屋类型由原标准的一类扩展为三类，增加旧式房屋和按照Ⅶ度抗震设防的砖砌体房屋；

——在Ⅵ度～Ⅻ度房屋震害程度描述中，具体给出各类房屋主要破坏等级数量；

——明确了原标准中平均震害指数值的适用范围，并使相邻烈度的平均震害指数值相互搭接，给出按照Ⅶ度抗震设防的砖砌体房屋平均震害指数值；

——在器物反应中增加家具和物品倾倒现象，并将器物反应评定烈度延伸到Ⅶ度，用液化现象评定烈度延伸到Ⅷ度；

——删除树梢折断、人畜伤亡相关内容；

——调整数量词对应的百分比范围，分档范围相互搭接；

——新增破坏等级和对应的震害指数条款以及平均震害指数计算公式；

——对原标准的结构、部分条款进行了修改。

本标准由中国地震局提出。

本标准由全国地震标准化技术委员会(SAC/TC 225)归口。

本标准起草单位：中国地震局工程力学研究所、中国地震局地球物理研究所。

本标准主要起草人：孙景江、袁一凡、温增平、李小军、杜玮、林均岐、李山有、张令心、刘爱文、赵凤新、孟庆利、吕红山。

本标准于 1999 年 4 月 26 日首次发布，本次修订为第 1 次修订。

引　言

GB/T 17742—1999《中国地震烈度表》自发布实施以来，在地震烈度评定中发挥了重要作用。由于国家经济发展，城乡房屋结构发生很大变化，抗震设防的建筑比例增加，同时旧式民房仍然存在，这些都需要在地震烈度评定中考虑。

本次修订充分利用了大量的已有震害资料和地震烈度评定经验，借鉴参考了国外地震烈度表，利用了汶川地震部分震害资料。修订中保持了与原地震烈度表的一致性和继承性，增加了评定地震烈度的房屋类型，修改了在地震现场不便操作或不常出现的评定指标。

中国地震烈度表

1 范围

本标准规定了地震烈度的评定指标,包括人的感觉、房屋震害程度、其他震害现象、水平向地震动参数。

本标准适用于地震烈度评定。

2 术语和定义

下列术语和定义适用于本标准。

2.1

地震烈度 seismic intensity

地震引起的地面震动及其影响的强弱程度。

2.2

震害指数 damage index

房屋震害程度的定量指标,以 0.00 到 1.00 之间的数字表示由轻到重的震害程度。

2.3

平均震害指数 mean damage index

同类房屋震害指数的加权平均值,即各级震害的房屋所占比率与其相应的震害指数的乘积之和。

3 等级和类别划分

3.1 地震烈度等级划分

地震烈度划分为 12 等级,分别用罗马数字Ⅰ、Ⅱ、Ⅲ、Ⅳ、Ⅴ、Ⅵ、Ⅶ、Ⅷ、Ⅸ、Ⅹ、Ⅺ和Ⅻ表示。

3.2 数量词的界定

数量词采用个别、少数、多数、大多数和绝大多数,其范围界定如下:

a) "个别"为 10%以下;

b) "少数"为 10%~45%;

c) "多数"为 40%~70%;

d) "大多数"为 60%~90%;

e) "绝大多数"为 80%以上。

3.3 评定烈度的房屋类型

用于评定烈度的房屋,包括以下三种类型:

a) A 类:木构架和土、石、砖墙建造的旧式房屋;

b) B 类:未经抗震设防的单层或多层砖砌体房屋;

c) C 类:按照Ⅶ度抗震设防的单层或多层砖砌体房屋。

3.4 房屋破坏等级及其对应的震害指数

房屋破坏等级分为基本完好、轻微破坏、中等破坏、严重破坏和毁坏五类,其定义和对应的震害指数 d 如下:

a) 基本完好:承重和非承重构件完好,或个别非承重构件轻微损坏,不加修理可继续使用。对应的震害指数范围为 $0.00 \leq d < 0.10$;

b) 轻微破坏:个别承重构件出现可见裂缝,非承重构件有明显裂缝,不需要修理或稍加修理即可继续使用。对应的震害指数范围为 0.10≤d<0.30；

c) 中等破坏：多数承重构件出现轻微裂缝，部分有明显裂缝，个别非承重构件破坏严重，需要一般修理后可使用。对应的震害指数范围为 0.30≤d<0.55；

d) 严重破坏：多数承重构件破坏较严重，非承重构件局部倒塌，房屋修复困难。对应的震害指数范围为 0.55≤d<0.85；

e) 毁坏：多数承重构件严重破坏，房屋结构濒于崩溃或已倒毁，已无修复可能。对应的震害指数范围为 0.85≤d≤1.00。

4 地震烈度评定

4.1 按表 1 划分地震烈度等级。

表 1 中国地震烈度表

<table>
<tr><th rowspan="2">地震烈度</th><th rowspan="2">人的感觉</th><th colspan="3">房屋震害</th><th rowspan="2">其他震害现象</th><th colspan="2">水平向地震动参数</th></tr>
<tr><th>类型</th><th>震害程度</th><th>平均震害指数</th><th>峰值加速度 m/s²</th><th>峰值速度 m/s</th></tr>
<tr><td>Ⅰ</td><td>无感</td><td>—</td><td>—</td><td>—</td><td>—</td><td>—</td><td>—</td></tr>
<tr><td>Ⅱ</td><td>室内个别静止中的人有感觉</td><td>—</td><td>—</td><td>—</td><td>—</td><td>—</td><td>—</td></tr>
<tr><td>Ⅲ</td><td>室内少数静止中的人有感觉</td><td>—</td><td>门、窗轻微作响</td><td>—</td><td>悬挂物微动</td><td>—</td><td>—</td></tr>
<tr><td>Ⅳ</td><td>室内多数人、室外少数人有感觉，少数人梦中惊醒</td><td>—</td><td>门、窗作响</td><td>—</td><td>悬挂物明显摆动，器皿作响</td><td>—</td><td>—</td></tr>
<tr><td>Ⅴ</td><td>室内绝大多数、室外多数人有感觉，多数人梦中惊醒</td><td>—</td><td>门窗、屋顶、屋架颤动作响，灰土掉落，个别房屋墙体抹灰出现细微裂缝，个别屋顶烟囱掉砖</td><td>—</td><td>悬挂物大幅度晃动，不稳定器物摇动或翻倒</td><td>0.31
(0.22～0.44)</td><td>0.03
(0.02～0.04)</td></tr>
<tr><td rowspan="3">Ⅵ</td><td rowspan="3">多数人站立不稳，少数人惊逃户外</td><td>A</td><td>少数中等破坏，多数轻微破坏和/或基本完好</td><td rowspan="2">0.00～0.11</td><td rowspan="3">家具和物品移动；河岸和松软土出现裂缝，饱和砂层出现喷砂冒水；个别独立砖烟囱轻度裂缝</td><td rowspan="3">0.63
(0.45～0.89)</td><td rowspan="3">0.06
(0.05～0.09)</td></tr>
<tr><td>B</td><td>个别中等破坏，少数轻微破坏，多数基本完好</td></tr>
<tr><td>C</td><td>个别轻微破坏，大多数基本完好</td><td>0.00～0.08</td></tr>
</table>

表 1（续）

地震烈度	人的感觉	房屋震害			其他震害现象	水平向地震动参数	
		类型	震害程度	平均震害指数		峰值加速度 m/s^2	峰值速度 m/s
Ⅶ	大多数人惊逃户外，骑自行车的人有感觉，行驶中的汽车驾乘人员有感觉	A	少数毁坏和/或严重破坏，多数中等和/或轻微破坏	0.09～0.31	物体从架子上掉落；河岸出现塌方，饱和砂层常见喷水冒砂，松软土地上地裂缝较多；大多数独立砖烟囱中等破坏	1.25 (0.90～1.77)	0.13 (0.10～0.18)
		B	少数中等破坏，多数轻微破坏和/或基本完好				
		C	少数中等和/或轻微破坏，多数基本完好	0.07～0.22			
Ⅷ	多数人摇晃颠簸，行走困难	A	少数毁坏，多数严重和/或中等破坏	0.29～0.51	干硬土上出现裂缝，饱和砂层绝大多数喷砂冒水；大多数独立砖烟囱严重破坏	2.50 (1.78～3.53)	0.25 (0.19～0.35)
		B	个别毁坏，少数严重破坏，多数中等和/或轻微破坏				
		C	少数严重和/或中等破坏，多数轻微破坏	0.20～0.40			
Ⅸ	行动的人摔倒	A	多数严重破坏或/和毁坏	0.49～0.71	干硬土上多处出现裂缝，可见基岩裂缝、错动，滑坡、塌方常见；独立砖烟囱多数倒塌	5.00 (3.54～7.07)	0.50 (0.36～0.71)
		B	少数毁坏，多数严重和/或中等破坏				
		C	少数毁坏和/或严重破坏，多数中等和/或轻微破坏	0.38～0.60			
Ⅹ	骑自行车的人会摔倒，处不稳状态的人会摔离原地，有抛起感	A	绝大多数毁坏	0.69～0.91	山崩和地震断裂出现，基岩上拱桥破坏；大多数独立砖烟囱从根部破坏或倒毁	10.00 (7.08～14.14)	1.00 (0.72～1.41)
		B	大多数毁坏				
		C	多数毁坏和/或严重破坏	0.58～0.80			
Ⅺ	—	A	绝大多数毁坏	0.89～1.00	地震断裂延续很大，大量山崩滑坡	—	—
		B					
		C		0.78～1.00			

表 1（续）

地震烈度	人的感觉	房屋震害			其他震害现象	水平向地震动参数	
		类型	震害程度	平均震害指数		峰值加速度 m/s^2	峰值速度 m/s
Ⅻ	—	A	几乎全部毁坏	1.00	地面剧烈变化，山河改观	—	—
		B					
		C					
注：表中给出的“峰值加速度”和“峰值速度”是参考值，括弧内给出的是变动范围。							

4.2 评定地震烈度时，Ⅰ度～Ⅴ度应以地面上以及底层房屋中的人的感觉和其他震害现象为主；Ⅵ度～Ⅹ度应以房屋震害为主，参照其他震害现象，当用房屋震害程度与平均震害指数评定结果不同时，应以震害程度评定结果为主，并综合考虑不同类型房屋的平均震害指数；Ⅺ度和Ⅻ度应综合房屋震害和地表震害现象。

4.3 以下三种情况的地震烈度评定结果，应作适当调整：

a） 当采用高楼上人的感觉和器物反应评定地震烈度时，适当降低评定值；

b） 当采用低于或高于Ⅶ度抗震设计房屋的震害程度和平均震害指数评定地震烈度时，适当降低或提高评定值；

c） 当采用建筑质量特别差或特别好房屋的震害程度和平均震害指数评定地震烈度时，适当降低或提高评定值。

4.4 当计算的平均震害指数值位于表1中地震烈度对应的平均震害指数重叠搭接区间时，可参照其他判别指标和震害现象综合判定地震烈度。

4.5 各类房屋平均震害指数 D 可按式(1)计算：

$$D = \sum_{i=1}^{5} d_i \lambda_i \qquad \cdots\cdots(1)$$

式中：

d_i——房屋破坏等级为 i 的震害指数；

λ_i——破坏等级为 i 的房屋破坏比，用破坏面积与总面积之比或破坏栋数与总栋数之比表示。

4.6 农村可按自然村，城镇可按街区为单位进行地震烈度评定，面积以 $1\ km^2$ 为宜。

4.7 当有自由场地强震动记录时，水平向地震动峰值加速度和峰值速度可作为综合评定地震烈度的参考指标。

ICS 75.180.10
E 92

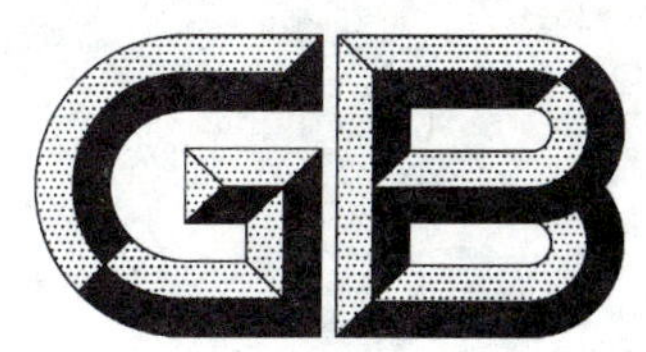

中华人民共和国国家标准

GB/T 17744—2008
代替 GB/T 17744—1999

石油天然气工业　钻井和修井设备

Petroleum and natural gas industries—Drilling and well servicing equipment

(ISO 14693:2003,MOD)

2008-08-28 发布　　　　2009-03-01 实施

中华人民共和国国家质量监督检验检疫总局
中国国家标准化管理委员会　发布

前　言

本标准修改采用 ISO 14693:2003(在 API Spec 7K 第三版的基础上制定)《石油天然气工业——钻井和修井设备》(第一版,英文版)。

本标准根据 ISO 14693:2003 重新起草。在附录 A 中列出了本标准章条编号与 ISO 14693:2003 章条编号的对照一览表。

考虑到我国国情,在采用 ISO 14693:2003 时,本标准做了一些修改,并将 API Spec 7K:2005 的增补 1 和增补 2 的内容纳入到本标准中。有关技术性差异已编入正文中并在它们所涉及的页边空白处用垂直单线标志。在附录 B 中给出了这些技术性差异及其原因的一览表以供参考。

对于 ISO 14693:2003 引用的其他国际标准中有被修改采用为我国标准的,本标准引用我国的国家标准和行业标准代替对应的国际标准。

为便于使用,本标准还做了下列编辑性修改:

——“本国际标准”一词改为“本标准”;

——用小数点“.”代替作为小数点的逗号“,”;

——将 ISO 14693:2003 附录 C 中“美国惯用单位表”合并到正文的相应表格中;

——删除了 ISO 14693:2003 的前言和引言;

——增加了资料性附录 A“本标准章条编号与 ISO 14693:2003 章条编号的对照”;

——增加了资料性附录 B“本标准与 ISO 14693:2003 技术性差异及其原因”;

——增加了规范性附录 F“工作量规的保管和使用推荐作法”;

——对附录目次作了相应的调整。

本标准代替 GB/T 17744—1999《钻井设备规范》,本标准与 GB/T 17744—1999 相比变化如下:

——GB/T 17744—1999 修改采用 API Spec 7K 第三版,本次修改采用 ISO 14693:2003;

——增加 API Spec 7K:2005 增补 1 和增补 2 中的术语和定义(见 3.1.22～3.1.44);

——增加缩略语 MODU、BOP(见 3.2);

——9.10 内容用 API Spec 7K:2005 增补 2 代替;

——删除有关双缸双作用泵的内容(包括图、表);

——增加 API Spec 7K:2005 增补 1 内容(见 9.13)。

本标准的附录 C、附录 F 为规范性附录,附录 A、附录 B、附录 D、附录 E 为资料性附录。

本标准由全国石油钻采设备和工具标准化技术委员会(SAC/TC 96)提出并归口。

本标准负责起草单位:宝鸡石油机械有限责任公司。

本标准参加起草单位:中国石油集团科学技术研究院江汉机械研究所、石油工业井控装置质量监督检验中心、南阳二机石油装备(集团)有限公司、江汉石油管理局第四机械厂。

本标准主要起草人:郝玉英、范亚民、杨玉刚、熊革、张斌、刘俭、徐军、贺新华。

本标准所代替标准的历次版本发布情况为:

——GB/T 17744—1999。

石油天然气工业　钻井和修井设备

1　范围

本标准是为新的钻井和修井设备及本标准发布后制造的主承载替换件设计、制造和试验提供通则和要求。

本标准适用于以下设备：

a）　转盘；

b）　转盘补心；

c）　转盘卡瓦；

d）　高压泥浆和水泥软管；

e）　活塞钻井泵零部件；

f）　绞车零部件；

g）　不用于提升的卡盘；

h）　吊钳；

i）　不用于提升的安全卡瓦；

j）　动力大钳，包括旋转搬手；

k）　防喷器(BOP)安装系统。

附加要求仅适用于特别指明者，见附录 C。

2　规范性引用文件

下列文件中的条款通过本标准的引用而成为本标准的条款。凡是注日期的引用文件，其随后所有的修改单(不包括勘误的内容)或修订版均不适用于本标准，然而，鼓励根据本标准达成协议的各方研究是否可使用这些文件的最新版本。凡是不注日期的引用文件，其最新版本适用于本标准。

GB/T 222　钢的成品化学成分允许偏差

GB/T 223(所有部分)　钢铁及合金化学分析方法

GB/T 228　金属材料　室温拉伸试验方法(GB/T 228—2002,eqv ISO 6892:1998)

GB/T 229　金属材料　夏比摆锤冲击试验方法(GB/T 229—2007,ISO 148-1:2006,MOD)

GB/T 5677　铸钢件射线照相检测(GB/T 5677—2007,ISO 4993:1987,IDT)

GB/T 9253.2　石油天然气工业　套管、油管和管线管螺纹的加工、测量和检验

GB/T 9445　无损检测　人员资格鉴定与认证(GB/T 9445—2008,ISO 9712:2005,IDT)

GB/T 11259　超声波检验用钢对比试块的制作与校验方法

GB/T 16825.1　静力单轴试验机的检验　第 1 部分:拉力和(或)压力试验机测力系统的检验和校准(GB/T 16825.1—2002,ISO 7500-1:1999,IDT)

JB/T 7927(所有部分)　阀门铸钢件　外观质量要求(JB/T 7927—1999,MSS SP-55:1996,EQV)

SY/T 5323　节流和压井系统

SY/T 6666　石油天然气工业用钢丝绳的使用和维护推荐做法

AISC　结构钢建筑物许用应力设计和塑性设计规范

ANSI/AGMA[1) 2004-B89 齿轮材料和热处理指南

ANSI[2)/ASME[3) B1.1 统一螺纹

ANSI/ASME B1.2 统一螺纹用量规和测量

ANSI/ASME B47.1 量规毛坯(或美国量规设计委员会 CS8)

ANSI/AWS[4) D1.1 钢结构焊接规程

API RP 17B 软管的推荐作法

API RP 7L 钻井设备的检验、维护、修理和修复程序

ASME B16.34 法兰、螺纹和焊接端连接的阀门

ASME B30.9 吊索安全标准

ASME B31.3 工艺管道规范

ASME Ⅴ 无损检测

ASME Ⅷ 压力容器标准

ASME Ⅸ 焊接和钎焊规范

ASNT[5) TC-1A 无损检测人员资格鉴定推荐作法

ASTM[6) A 370 钢制品力学性能试验方法和定义

ASTM A 388 重型钢锻件超声波检验推荐作法

ASTM A 488 铸钢件焊接工艺评定和人员资格鉴定的标准做法

ASTM A 751 钢制品化学分析试验方法、惯例和术语

ASTM A 770 专用钢板通过厚度测量进行的抗拉强度试验标准规范

ASTM E 4 测试仪器的负荷检定方法

ASTM E 125 铸铁件缺陷磁痕的标准参考底片

ASTM E 165 液体渗透检测标准试验方法

ASTM E 709 磁粉检测实施方法

AWS QC1 焊接检验员资格鉴定标准

MSS[7) SP-53 铸钢件干磁粉探伤方法的质量标准

EN 287(所有部分) 熔焊焊工鉴定测试

NFPA[8) T2.12.10 R1 液压传动系统和产品 试验的一般测量原理和公差的推荐作法

3 术语、定义和缩略语

下列术语和定义适用于本标准。

3.1 术语和定义

3.1.1

临界区域 critical area

主承载件上的高应力区域。

---

1) 美国齿轮制造厂商协会

2) 美国国家标准学会

3) 美国机械工程师协会

4) 美国焊接协会

5) 美国无损检测协会

6) 美国材料和试验协会

7) 阀门和接头行业标准化协会

8) 美国国家防火协会

3.1.2

设计载荷 design load

设备产生最大许用应力的静载荷与动载荷之和。

3.1.3

设计安全系数 design safety factor

在所用材料最大许用应力与规定的最小屈服强度之间考虑一定安全余量的系数。

3.1.4

设计验证试验 design verification test

用来确认所采用的设计计算的完善性而进行的试验。

3.1.5

动载荷 dynamic load

由于加速效应而施加给设备的载荷。

3.1.6

等效圆 equivalent round

确定热处理低合金钢或马氏体不锈钢硬度特性时，把各种形状的截面用等效的圆截面表示。

3.1.7

相同设计原理 identical design concept

一类设备的所有设备在主承载区域均具有相似的几何形状。

3.1.8

线性指示 linear indication

在无损检测中，长度大于三倍宽度的一种指示。

3.1.9

最大许用应力 maximum allowable stress

规定的最小屈服强度除以设计安全系数。

3.1.10

主要载荷 primary load

设备执行其主要的设计功能时产生的载荷。

3.1.11

主承载件 primary load carrying components

设备中承受主要载荷的零部件。

3.1.12

验证载荷试验 proof load test

为证实设备额定载荷所进行的产品载荷试验。

3.1.13

额定载荷 rated load

施加于设备的最大操作载荷，包括静载荷和动载荷。在数值上等于设计载荷。

3.1.14

额定速度 rated speed

制造厂商确定的旋转、移动速度或速率。

3.1.15

修补 repair

制造过程中，通过焊接的方法清除构件或部件的铸造或焊接缺陷并进行整修。

注：本标准述及的修补仅适用于新设备的制造。

3.1.16

圆形指示　rounded indication

在无损检测中，长度小于三倍宽度的接近圆形或椭圆形的任何指示。

3.1.17

安全工作载荷　safe working load

安全工作载荷等于设计载荷减去动载荷。

3.1.18

尺寸级别　size class

代表设备的尺寸互换性。

3.1.19

尺寸范围　size range

一个总成所包含的管径范围。

3.1.20

特殊工艺　special process

可以改变或影响设备所用材料力学性能，包括韧性在内的工艺方法。

3.1.21

试验样机　test unit

进行设计验证试验的样机。

3.1.22

防喷器组　BOP stack

多个防喷器组装成一整体，包含所有附件。

3.1.23

防喷器安装系统和设备　BOP handling systems and equipment

设计用来贮存、提升、下放和输送钻井和(或)开采设备或钻机上所用防喷器组的设备。

3.1.24

危险场所　hazardous area or zone

因易燃性气体或蒸气、易燃液体、可燃粉尘、可燃纤维或飘浮物而可能存在火灾或爆炸危险的场所。

3.1.25

单件装置　loose gear

总成内所用的悬挂、固定或提升载荷的现成设备，包括但并不限于钩环、链、吊钩、连接杆、螺旋扣、结合件、滑轮和旋转接头。

3.1.26

月池导向系统　moonpool guidance system

在配置和收回防喷器组过程中，防止防喷器组和浮移式海洋钻井装置结构物之间接触所设置的装置。

3.1.27

多载荷路径　multiple load paths

防喷器安装系统内安装的同时共同地支承静载荷和动载荷的两个或两个以上独立的主承载机械或结构零部件。

3.1.28

吊索　sling

当在载荷和提升机构之间连接时，典型地用钢丝绳、链或合成材料制造的用来提升的总成。

3.1.29

静载荷　static load

防喷器组静重量施加在防喷器安装系统上的载荷。

3.1.30

钢丝绳设计系数 wire rope design factor

在形成文件的最低断裂强度和钢丝绳和吊索施加的极限工作载荷之间的比率，不应与3.1.3规定的设计安全系数混淆。

3.1.31

极限工作载荷 working load limit

制造厂商分配给单件装置的载荷值，是断裂载荷值的若干分之一，在使用防喷器安装系统和设备（设计用来贮存、提升、下放和运输钻井和或生产设备或钻机上所用防喷器组的设备）期间，不宜超过。

3.1.32

钻井液 drilling liquids

在高压下通过高压泥浆管路系统、泥浆立管、钻井水龙带、旋转水龙头中心管、钻柱和钻头输送的调节钻井过程的液体溶液（称为泥浆）。

注：在本标准中，钻井液不包括含有各种压缩空气或气体的流体。

3.1.33

高压 high pressure

9.10中表9规定的工作压力值，范围从10.3 MPa～103.4 MPa（1 500 psi ～15 000 psi）。

3.1.34

高压水泥软管 high pressure cement hose

严格地用来在高压下输送水泥的软管。

3.1.35

高压泥浆软管 high pressure mud hose

包括钻井水龙带、减振软管或跨接软管。

3.1.36

跨接软管 jumper hose

用于输送高压钻井液的柔性软管总成。位于泥浆泵排出口和钻台上地面高压泥浆管汇之间的高压泥浆管路系统中的任何位置，以适应其之间的相对运动。

3.1.37

水龙带总成 hose assembly

包括水龙带体和水龙带接头，见图11。

3.1.38

水龙带体 hose body

不带水龙带接头或端部连接装置的平端软管。

3.1.39

水龙带接头 hose coupling

连接在水龙带体两端的附件。

3.1.40

水龙带设计系列 hose design family

各种内径和工作压力的水龙带总成，但加强层数量相同，水龙带接头连接采用的方法相同，并按相同设计方法和最大许用应力准则设计。

3.1.41

水龙带端部连接装置 hose end connector

位于水龙带总成端部的允许水龙带总成连接在管路系统上的附件（见9.10中图11），特点是具有符合GB/T 9253.2规定的管线管螺纹，或例如API Spec 6A中规定的法兰或毂，或对焊的、或与水龙带接头材料整体制造的锤击式由壬。

3.1.42

最大工作温度　maximum working temperature

9.10.3 规定的温度范围上限。

3.1.43

最小弯曲半径　minimum bend radius(MBR)

9.10 中表 9 规定的从水龙带中心线测量的水龙带最小弯曲半径尺寸(见 9.10 中图 11)。

3.1.44

钻井水龙带　rotary hose

在泥浆立管顶部和旋转水龙头之间用来输送高压钻井液的柔性软管总成。

3.1.45

减振软管　vibrator hose

在两个管路系统之间或在泥浆泵排出口和高压泥浆管路系统之间用来输送高压钻井液的柔性软管总成,目的是吸收噪声和(或)减振,或补偿不对准和或热膨胀。

3.2　缩略语

HAZ　热影响区

NDE　无损检测

PWHT　焊后热处理

TIR　总跳动

MODU　移动式海洋钻井装置

BOP　防喷器

4　设计

4.1　设计条件

钻井设备的设计、制造和试验应在各方面满足其预定的用途。设备应能安全地传递规定的载荷。设备的设计应能保证安全运行。

应采用下面的设计条件:

a)　设计载荷和安全工作载荷的定义见第 3 章。设备操作人员应负责确定具体操作的安全工作载荷;

b)　除非有附加要求(见附录 C 中 SR2 和 SR2A),转盘、转盘卡瓦、动力大钳和绞车的设计最低工作温度为 0 ℃(32 ℉)。除非有附加要求,安全卡瓦、卡盘和吊钳的设计及最低工作温度为 −20 ℃(−4 ℉)。

注:所涉及的设备除非使用了较低设计温度所要求的具有高韧性的材料(见附录 C SR2 和 SR2A),否则不推荐在上文规定的设计温度以下及超出额定载荷下使用。

4.2　强度分析

4.2.1　总则

设备的设计分析应着重考虑屈服、疲劳或扭曲等失效形式。

强度分析应以弹性理论为基础。另一方面,在设计文件认为合理的地方,可以用极限强度(塑性)分析。

与设计有关的力都应纳入计算。针对于所要考虑的每个横截面,应采用最不利的力的组合、位置和方向。

4.2.2　简化假设

可以采用有关应力分布和应力集中的简化假设,其假设符合通常可接受的作法、经验或试验。

4.2.3　经验公式

只要检验零件内应力的应变仪测试文件记录结果能证明经验关系,那么,就可用经验关系替代分析。当设备或零件不允许使用应变仪验证其设计时,应按5.6试验法来鉴定。

4.2.4 当量应力

强度分析应以弹性理论为基础。根据冯·米塞斯-亨克(the Von Mises-Hencky)理论,由设计载荷引起的名义等效应力不应超过按公式(1)计算的最大允许应力 σ_{allow}。

$$\sigma_{allow}=\frac{R_{eL}}{n_s} \qquad \cdots\cdots(1)$$

式中:

R_{eL}——最小屈服强度;

n_s——设计安全系数。

注:原ISO 14693:2000中最小屈服强度为"S_{Ymin}",设计安全系数为"F_{DS}"。

4.2.5 极限强度(塑性)分析

极限强度(塑性)可以在下列任何一种条件下分析:

a) 接触区域;

b) 零件的几何形状所引起的局部高应力集中区域及断面平均应力小于或等于4.2.4所定义的最大允许应力的其他高应力梯度区域。

在这些区域,平均应力以下的所有应力值应采用弹性分析法。

弹性分析时,按照冯·米塞斯-亨克(the Von Mises-Hencky)理论,名义等效应力不应超过按公式(2)计算的最大允许应力 σ_{allow}。

$$\sigma_{allow}=\frac{R_m}{n_s} \qquad \cdots\cdots(2)$$

式中:

R_m——最小极限抗拉强度;

n_s——设计安全系数。

注:原ISO 14693:2000中最小极限抗拉强度为"S_{ULTmin}",设计安全系数为"F_{DS}"。

4.2.6 稳定性分析

稳定性分析应按照公认的弯曲理论进行。

4.2.7 疲劳分析

疲劳寿命分析应以不少于20年的时间为基础。除非其他方面认可,应按照公认的理论进行疲劳分析。参考文献[3]中给出了可以采用的方法。

4.3 尺寸规格的命名

设备尺寸级别代号表示的尺寸互换性,应符合第9章的要求。

4.4 额定值

4.4.1 转盘、卡盘、吊钳和动力大钳如按本标准供货,应按本标准的要求进行计算。

4.4.2 主载荷路径内所有轴承的额定静载值,应满足或超过设备的额定载荷。

4.4.3 制造厂商应注明动力大钳和吊钳的额定扭矩值。

4.5 额定载荷计算依据

额定载荷计算依据如下:

a) 4.6规定的设计安全系数;

b) 主承载件所用材料的最小屈服强度;

c) 设计计算确定的应力分布和(或)5.6所规定的设计验证载荷试验得出的数据。

4.6 设计安全系数

4.6.1 卡盘的设计安全系数应按表1确定。

设计安全系数只是作为设计要求,不应在任何情况下解释为允许设备上的载荷超过额定载荷。

表 1 卡盘的设计安全系数

额定载荷 p_{max}[a]/kN(短吨)	设计安全系数 n_s
<1 334(150)	3.00
1 334～4 448(150～500)	$3.00-0.75(P_{max}-1\ 334)/3\ 114$[b] $3.00-[0.75(P_{max}-150)/350]$[c]
>4 448(500)	2.25

[a] 原 ISO 14693:2000 中额定载荷为"R"。

[b] 式中 P_{max}单位为 kN。

[c] 式中 P_{max}单位为短吨,1 短吨(short tons)=8.896 kN。

4.6.2 转盘主载荷路径内构件的最小设计安全系数应为 1.67。

4.6.3 吊钳、动力大钳的颚板、大钳尾绳附件的最小设计安全系数应按表 2 确定。

表 2 吊钳、动力大钳的颚板、大钳尾绳附件设计安全系数

额定扭矩 M[a]/[kN·m(ft·lbf)]	设计安全系数 n_s
≤41(30×10³)	3.00
41～136(30×10³～100×10³)	$3.00-0.75(M-41)/95$[b] $3.00-0.75(M-30)/(70\times103)$[c]
≥136(100×10³)	2.25

[a] 原 ISO 14693:2000 中额定扭矩为"R"。

[b] 式中 M 单位为 kN·m。

[c] 式中 M 单位为 ft·lbf。

4.7 剪切强度

设计计算时应考虑剪切强度,剪切屈服强度与抗拉屈服强度的比值应取 0.58。

4.8 特定设备

特定设备设计要求见第 9 章。

4.9 设计文件

设计文件应包括方法、假设、计算和设计要求。设计要求包括但并不局限于尺寸、试验、工作压力、材料、环境和规范的要求以及其他有关的设计要求。

这些要求也适用于设计更改文件。

5 设计验证

5.1 总则

为了确保设计和有关计算的准确性,应对第 9 章中有要求的设备进行设计验证试验。

设计验证试验应根据程序文件来进行。

设计验证试验应由对产品的设计和制造没有直接责任且具有进行该工作资格的人员执行或验证。

设计验证试验可由本标准要求的试验项目组成:

a) 功能试验;

b) 压力试验;

c) 载荷试验。

5.2 设计验证功能试验

5.2.1 试验取样

当设备通过其部件的连续运转传递力、运动或能量时，每一种型号的设备应抽取一台(套)样机进行功能试验。

5.2.2 试验程序

制造厂商应制定试验时间、试验载荷和试验速度的程序文件。连续运转的设备，试验样机应在额定速度下最少试运转 2 h；间断运转或周期运转的设备，除第 9 章规定外，应在额定速度下最少运转 2 h 或 10 个工作周期(取时间长者)。

5.2.3 合格评定

设备运行时应没有额外的动力损耗，轴承和润滑油的温度应在设计文件规定的范围内。

5.3 设计验证压力试验

5.3.1 试验取样

每一个承压设计项目，或第 9 章规定的主承压件应进行设计验证静水压试验，但不包括传递液压动力的零部件。

5.3.2 试验程序

试验压力应为额定工作压力的 1.5 倍，试验液体应为实际工作中的液体或冷水及加入添加剂的水，并应在油漆作业前对已完工的零件或组件进行试验。

静水压试验应进行两次，每次均应由以下四步组成：

a) 初始保压期；

b) 降压至零；

c) 试验件外表面应完全干燥；

d) 二次保压期。

保压期应从达到试验压力，且设备和压力测试仪表同压力源切断时开始计时，保压期不应少于 3 min。

5.3.3 合格评定

在每次试验循环后，不应出现渗漏或永久性变形。不满足要求或过早失效，应重新试验，重新进行评价。

5.3.4 单个零件

若试验装置的加载情况适用于组件中的单个零件，这些零件可单独进行试验。

5.4 设计验证载荷试验

5.4.1 设计验证载荷试验

当第 9 章所列设备有要求时，设备应进行设计验证载荷试验。

5.4.2 试验取样

具有相同设计原理、不同规格和额定值的同系列设备的设计应力计算值的验证，应采用下列方法：

a) 最少选三台样机进行设计验证载荷试验，额定载荷的取值范围应从低端、中端和高端选取；

b) 另一种方法是，试验样机的数量以每台样机可验证高于和低于它的一种额定载荷为原则来确定(这种方法通常用于有限的产品额定值范围)。

5.4.3 试验程序

试验程序如下：

a) 对安装好的试验样机应加载到额定载荷。在卸载后，检查设计功能，所有部件的功能都不应被削弱；

b) 试验样机上应力较高且可采用应变仪测量的地方应使用应变片(应变仪),在应变片适合使用的位置也推荐使用有限元分析、模拟、涂脆性膜等方法。在临界区域处推荐采用体积应变仪以确定应力大小和方向;

c) 施加在设计验证试验样机上的载荷应按以下方法确定:

$$P_t = 0.8 \times P_{max}(M) \times n_s \qquad (3)$$

式中:

P_t——设计验证试验载荷(但不小于 $2P_{max}$);

$P_{max}(M)$——额定载荷(额定扭矩),单位为千牛(kN)(短吨)或千牛·米(kN·m)(ft·lbf);

n_s——3.1.3 和 4.6 所定义的设计安全系数;

d) 试验载荷应逐渐增加,直至达到设计验证试验载荷,同时记录应变仪显示读数并观察变形情况。加载次数以取得足够的数据来确定;

e) 根据应变仪读数计算出的应力值不应超过依据设计验证试验载荷计算得出的应力值。试验仪器的不确定度不超过 5.7 中的规定。样机不能满足要求或过早失效,应按原要求以相同数目的试验样机(与失效样机具有相同的额定值)再次试验,重新进行评价;

f) 设计验证载荷试验完成后,拆开试验样机,检查主承载件的尺寸是否有变化;

g) 如果试验装置的加载情况适用于组件中的零件,这些零件可单独进行载荷试验。

5.5 额定载荷的确定

额定载荷应按第 4 章设计验证试验结果和(或)应力分布计算值来确定。应力分布计算值不应超过最大许用应力。样机试验后,除接触区域外,采用应变仪或其他方法测得的永久变形不应超过 0.2%。允许接触区域有局部变形。如果应力分布计算值超过最大许用应力,受影响的零部件应重新设计,直至达到所需额定值。如果用分析法确定的应力值不小于试验期间观测到的应力值,应力分布计算值可用于设备额定载荷的计算。

5.6 另一种设计验证试验程序和计算

破坏性试验可用于提供设备所用材料的屈服强度和抗拉强度,试验可采用与所代表零件经相同热处理并属同一热处理批次的拉伸试样进行,且应满足 GB/T 228 或 ASTM A 370 要求。

总成的每一个零件应在承载最不利的情况下进行鉴定。使用下列任一种方法,可进行零件的鉴定:

a) 应计算总成的每一个零件的比值 T_R。公式中应采用这些比值的最小值;

b) 若试验装置的载荷条件适用于每个零部件,则每个零件可分别进行载荷试验。在这种情况下,每次试验所用的比值 T_R 应为具体试验的零件的计算值。

$$P_{max} = L_b \times \frac{T_R}{n_s} \qquad (4)$$

$$T_R = \frac{R_{eL}}{R_m} \qquad (5)$$

式中:

L_b——破坏载荷,单位为千牛(kN);

R_{eL}——最小屈服强度,单位为牛每平方毫米(N/mm²);

R_m——实际极限抗拉强度,单位为牛每平方毫米(N/mm²);

n_s——设计安全系数;

P_{max}——额定载荷,单位为千牛(kN)。

注:原 ISO 14693:2000 中额定载荷为"R",最小屈服强度为"S_{Ymin}",实际极限抗拉强度为"S_{ULTa}",设计安全系数为"F_{DS}"。

由于这种方法并不依据于应力计算,因此仅限于试验的特定型号、尺寸、尺寸范围和额定值。

5.7 设计验证试验装置

模拟工作载荷所用的试验装置应按 GB/T 16825.1 或 ASTM E 4 校准，以确保试验载荷的准确性。超过 3 560 kN(400 短吨)的试验装置由 A 级校准仪器检验，不确定度应小于 2.5%。

试验装置应采用与实际工作相同的方式，在与实际工况相同的承载表面加载。所有加载设备的试验能力应予以确认。

5.8 设计更改

当因设计或制造的改变而更改设计额定载荷时，应根据第 5 章要求进行设计验证试验。制造厂商应评价所有设计或制造方面的改变，以确定是否影响额定载荷，这种评价应形成文件。

5.9 记录

设计验证记录和数据应按第 11 章的规定加以控制。

6 材料要求

6.1 总则

本章规定了主承载件和承压件所用材料的验收准则、性能和加工要求(除非另有规定)。

6.2 书面规定

用于制造本标准涉及产品的主承载件所用材料应满足或超过设计要求的书面规定。

6.3 力学性能

6.3.1 冲击韧性

冲击试验应按 GB/T 229 或 ASTM A 370 的要求进行。

当一定要使用非标准冲击试样时，验收准则应乘以表 3 所列的校正系数。非标准冲击试样宽度不小于 5 mm。

表 3 非标准冲击试样修正系数

试样尺寸/(mm×mm)	修 正 系 数
10.0×7.5	0.833
10.0×5.0	0.677

设计温度低于 4.1 所述时，可采用附加冲击韧性要求。见附录 C 的附加要求 SR2 和 SR2A。

6.3.2 厚度方向的性能试验

当材料要求厚度方向上的性能时，材料应按照 ASTM A 770 沿厚度方向进行断面收缩率试验。其最小断面收缩率应为 25%。

6.4 材料验证

本标准所要求的力学性能试验，应在与所代表零件经相同热处理且属同一批次的试棒上进行。试验应按 GB/T 228、GB/T 229 或 ASTM A 370，在材料最终热处理状态下进行。为了达到材料验证试验的目的，焊后消除应力不看作是热处理。材料试验可在不改变热处理状态的消除应力处理之前进行。

零件验证试验用试棒的尺寸用等效圆(ER)法来确定。确定简单形状实体和空心零件等效圆的基本模型如图 1 和图 2 所示。所示形状均可用于试验试棒。确定复杂截面形状等效圆的步骤如图 4 所述。根据热处理条件下零件的实际尺寸来确定其等效圆的尺寸。验证试棒的等效圆应不小于零件的等效圆尺寸，要求等效圆不超过 125 mm(5 in)的验证试棒除外。图 3 和图 5 为 ASTM A 370 基尔试块要求尺寸的确定程序。

试棒可以与其代表的零部件是一体或分体，也可是解剖零件的一部分。在所有情况下，试棒应与所代表的零部件出自同一炉，经过相同的工序，并且应与所代表的零部件一起进行热处理。

试样切取部位，对于实体试棒，在距表面四分之一厚度以内切取；对于空心试棒，在距试棒表面 3 mm(1/8 in)处的最厚截面处切取。拉伸试样的计量长度和冲击试样的切口应距试棒端面至少四分之一个试棒厚度。

解剖产品零件取样应在距零件表面四分之一厚度内的最厚截面处切取。

6.5 制造

制造过程应确保零部件重复生产时符合本标准的要求。

锻造材料应保证零部件内部组织结构的同一性。

热处理应在制造厂商或工艺人员认可的设备内进行。热处理炉内任一零件应不影响同批次中其他零件的热处理特性。热处理的温度和时间应符合制造厂商或工艺人员的书面规范。实际热处理温度和时间应有记录，记录应对零件具有追溯性。

注：本标准的附录 D 提供了热处理设备验收准则的推荐作法。

6.6 化学成分

对每一炉的材料成分均应按照 GB/T 222(所有部分)和 GB/T 223(所有部分)或 ASTM A 751 的要求，对制造厂商在材料规范中规定的所有各元素进行分析。

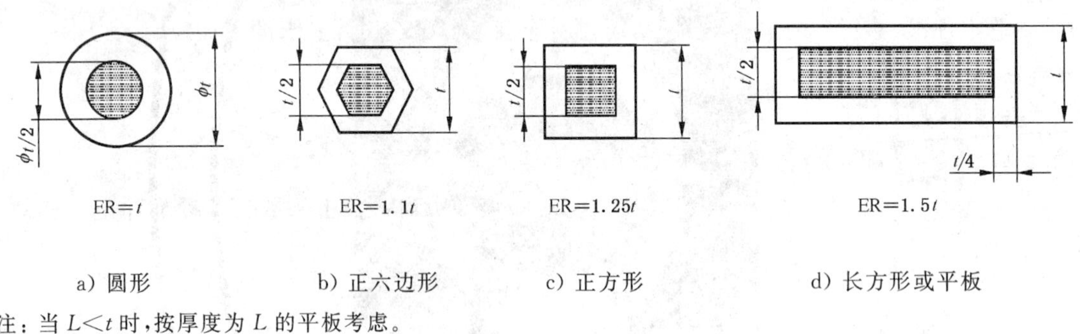

a) 圆形　　b) 正六边形　　c) 正方形　　d) 长方形或平板

注：当 $L<t$ 时，按厚度为 L 的平板考虑。

图 1　等效圆模型-实体长度 L

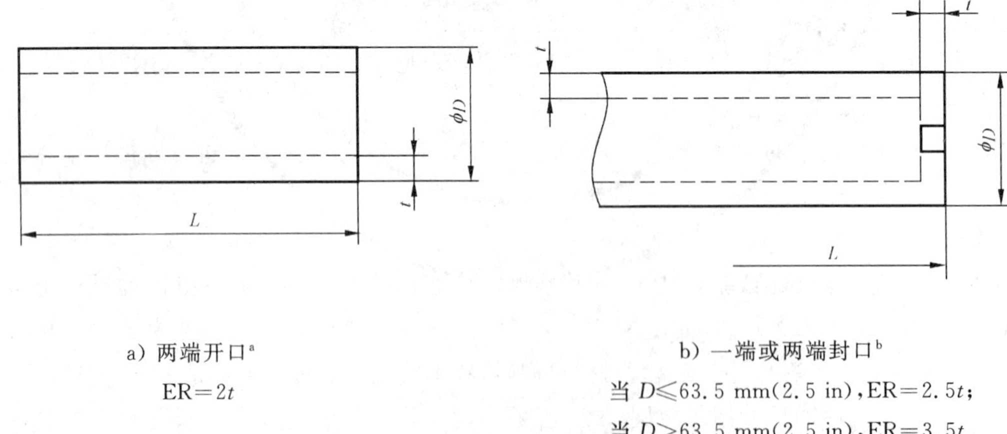

a) 两端开口[a]

ER＝$2t$

b) 一端或两端封口[b]

当 $D \leqslant 63.5$ mm(2.5 in)，ER＝$2.5t$；

当 $D>63.5$ mm(2.5 in)，ER＝$3.5t$。

[a] 当 $L<D$ 时，按厚度为 t 的平板考虑；当 $L<t$ 时，按厚度为 L 的平板考虑。

[b] t 用最大厚度计算。

图 2　等效圆模型-直管(任何截面)

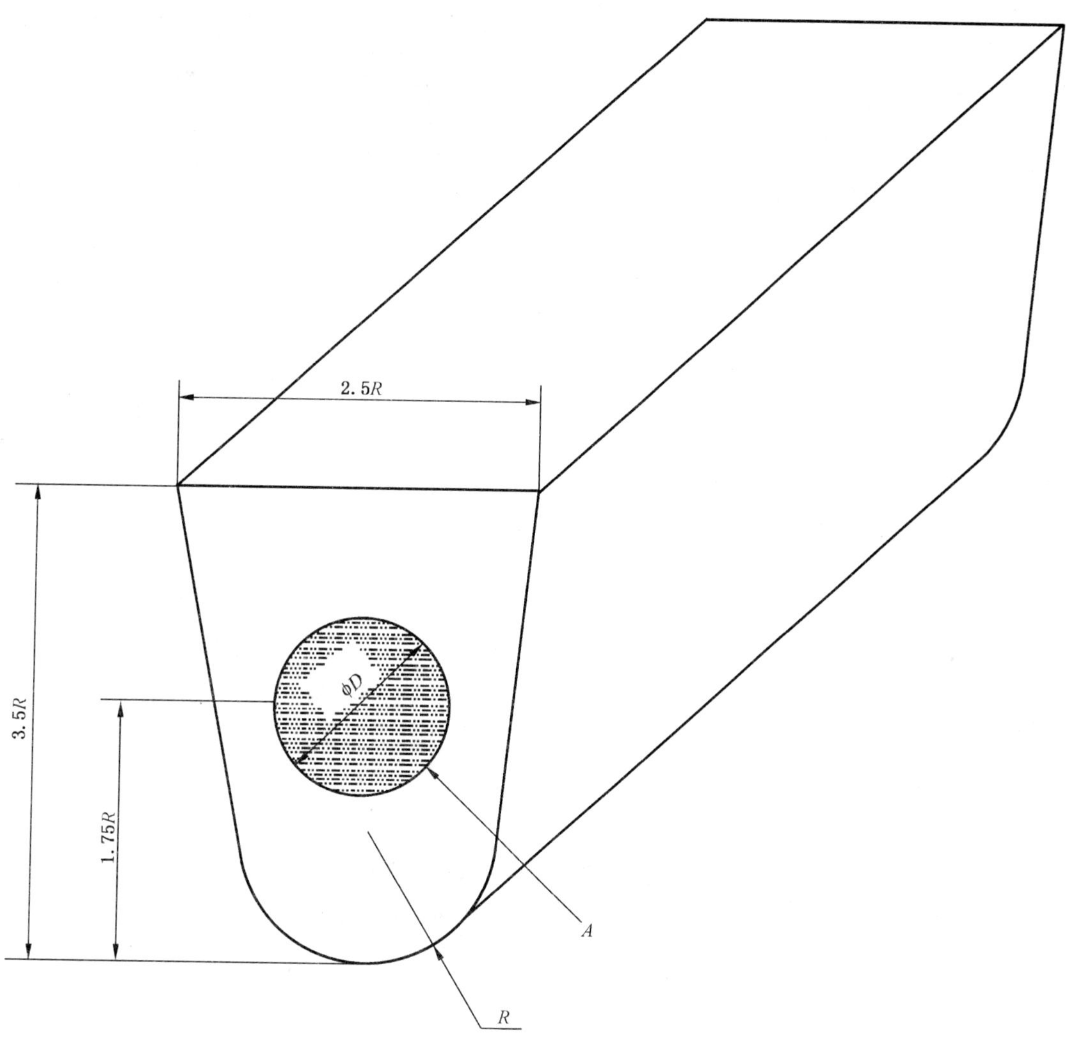

R=ER/2.3

D=1.1R

注：阴影 A 为半径 1/4t 的取样区。

图 3　等效圆模型-基尔试块

单位为毫米

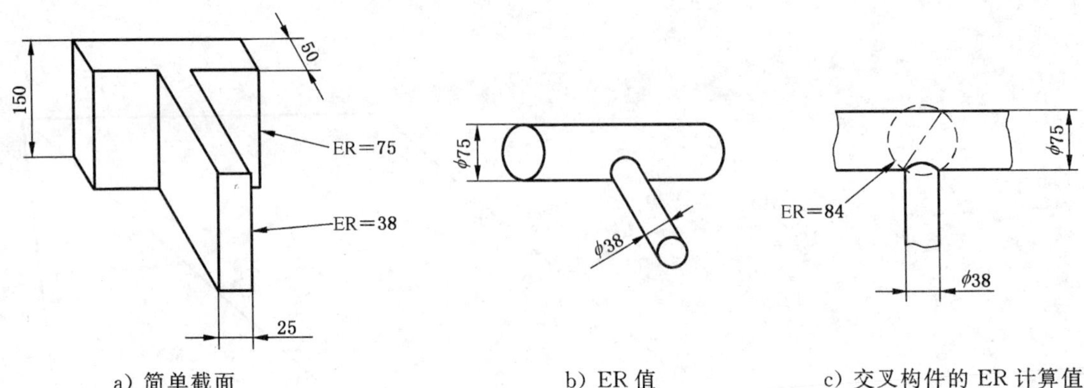

a) 简单截面　　　　b) ER 值　　　　c) 交叉构件的 ER 计算值

确定复杂截面的等效圆采用下列步骤：

——简化零部件为简单截面 a)；

——将所有简单截面转化为如 b)所示等效圆；

——图 c)交叉点处等效圆的值应为虚线圆的对角线。

最大等效圆的值，不管是一个简单部件或交叉构件，都按复杂截面处理。

图 4　等效圆模型-复杂形状

单位为毫米(英寸)

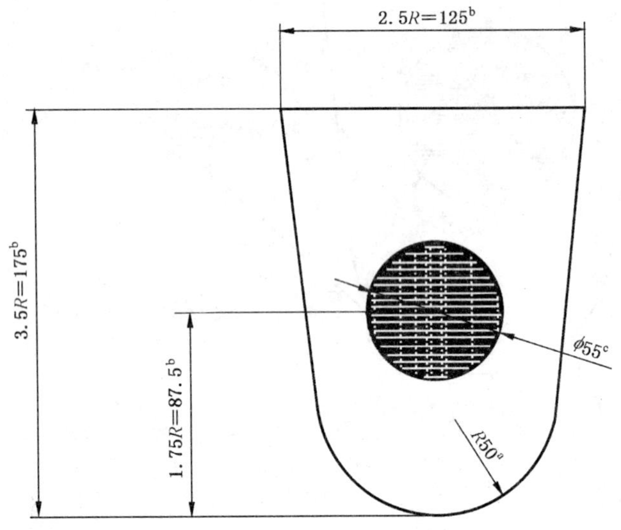

展开后的基尔试块 ER=115 mm：

a)　由图 3，$R={}^{ER}/_{2.3}=50$ mm，则 $D=1.1R$；

b)　基尔试块的构成如图 3 所示。

[a] $R={}^{ER}/_{2.3}=50$ mm。

[b] 基尔试块尺寸。

[c] 直径 D。

图 5　基尔试块尺寸展开图

7　焊接要求

7.1　总则

本章规定了主承载件和承压件焊接和补焊要求，包括对辅助焊接的要求。

7.2　焊接验证

所有零部件的焊接应按 ASME Ⅸ、AWS D1.1 和(或)ASTM A 488 的焊接工艺进行。只有按照上述标准或 EN 287 鉴定合格的焊工和焊机操作者才能进行焊接操作。

非上述标准所列母材的焊接工艺应以可焊性、拉伸性能或成分为基础单独或作为一组进行评定。如果母材延展性不能满足 ASME Ⅸ 中的弯曲试验，弯曲试验应按下列方式进行：相应标准中热处理后有延展性和强度要求的弯曲试棒，应进行弯曲直至破坏。侧弯曲试样的弯曲误差应在规定角度的 5°之内。

7.3 书面文件

焊接应按书面焊接工艺规程进行，并按有关标准进行评定，焊接工艺规程应包括相关标准所列的基本因素、次要因素和补充因素(如要求时)。也可使用经预先评定按照相应标准编制的焊接工艺。

如要求工艺评定记录，应记录评定试验焊接工艺的基本因素和补充因素。焊接工艺规程和工艺评定记录应按第 11 章的要求保存。

7.4 焊料控制

焊料应符合美国焊接协会或焊料制造厂商的规定。

制造厂商应具有贮存和检验焊料的书面规程。低氢型材料应按焊料制造厂商的建议贮存和使用，以保持其原有的低氢性能。

7.5 焊接性能

工艺评定试验确定的焊缝力学性能应满足设计规定的最低力学性能。要求母材做冲击试验时，也应作为工艺评定的要求。焊缝和母材热影响区(HAZ)的试验结果应符合对母材的最低要求。辅助焊缝仅要求材料的热影响区所做的冲击试验满足上述要求。

焊接试验应在相应的焊后热处理(PWHT)状态下进行。

7.6 焊后热处理

零部件的焊后热处理(PWHT)应按焊接工艺规程进行。

7.7 质量控制要求

焊接质量控制应符合本标准第 8 章的要求。

7.8 特殊要求 组焊

焊接型式和焊缝尺寸应满足制造厂商的设计要求，并应在制造厂商焊接工艺规程中作出书面规定。

7.9 特殊要求 补焊

7.9.1 方法

应有适当的方法评定、消除和检验补焊后的不合格品。

7.9.2 熔合

选定的焊接工艺规程和补焊方法，应能保证焊缝和母材完全熔合。

7.9.3 锻件和铸件

所有补焊应按制造厂商的书面焊接工艺进行。焊接工艺应按用户的要求形成文件。制造厂商应有下列允许补焊的文件：

a) 缺陷类型；

b) 缺陷尺寸限制；

c) 主修补或次修补的定义。

焊前坡口和随后的补焊应符合本标准第 8 章的质量控制要求。

7.9.4 热处理

补焊工艺规程应确定补焊的实际顺序和焊后热处理。

8 质量控制

8.1 总则

本章规定了设备和材料的质量控制要求。所有质量控制工作应按制造厂商制定的规程加以管理，规程应包括相应的方法、定量和定性的验收准则。

无损检测指导书应符合本标准及相关标准的要求。无损检测指导书应由 GB/T 9445 或 ASNT TC 1A Ⅲ级人员批准。

设备、零件和材料的验收状态应在设备、零件和材料中予以表明,或在追溯文件中予以记录。

8.2 质量控制人员资格

无损检测(NDE)人员应按 GB/T 9445 或 ASNT TC 1A,取得资格和(或)证书。

对焊接操作和完工焊缝进行目检的人员应按照下列方式之一进行资格鉴定:

——AWS QC1 或等效标准;

——制造厂商制定的培训计划(如可等效上述标准)。

所有进行直接影响材料和产品质量的其他质量控制工作的人员均应按照制造厂商制定的程序进行资格鉴定。

8.3 测试设备

用于检查、测试或检验材料的设备和其他设备,应按制造厂商制定的程序文件和认可的工业标准(如:ISO 10012-1[2],MIL STD120[10])进行鉴定、控制、校准和定期调试,保证其所需准确度。

8.4 特定设备和零部件的质量控制

8.4.1 总则

质量控制要求应适用于所有主承载件和(或)承压件,另有规定的除外。

制造厂商应建立并保存临界区域图,标明高应力区域,连同本章一起使用。

本章中,临界区域定义为零件中应力超过下列数值的所有区域:

$$\sigma_H \geqslant \frac{0.75R_{eL}}{n_s} \qquad \cdots\cdots(6)$$

式中:

σ_H——高应力;

R_{eL}——最小屈服强度;

n_s——设计安全系数。

注:原 ISO 14693:2000 中最小屈服强度为"S_{Ymin}",设计安全系数为"F_{DS}"。

如果临界区域在临界区域图上没有标志,则应认为零件所有表面均为临界区域。

零件中存在压应力和(或)应力小于下列数值的区域不应在 8.4.7.4 所定义的验收准则范围内。低应力区域的定义可以在临界区域图上标志。

$$\sigma_L \leqslant \frac{0.1R_{eL}}{n_s} \qquad \cdots\cdots(7)$$

式中:

σ_L——低应力;

R_{eL}——最小屈服强度;

n_s——设计安全系数。

注:原 ISO 14693:2000 中最小屈服强度为"S_{Ymin}",设计安全系数为"F_{DS}"。

8.4.2 化学分析

应按 6.6 的方法和准则验收。

8.4.3 拉伸试验

应按 6.3 和 6.4 的方法和准则验收。

8.4.4 冲击试验

应按 6.3 和 6.4 的方法和准则验收。

8.4.5 追溯性

热加工或热处理批次的标志应使零部件具有可追溯性,材料或零部件上的标志应在其制造的全过程中保持完好。制造厂商的追溯性文件中应包括标志的维护、替代和控制记录方法。紧固件和管接头不要求追溯性,但应按认可的工业标准作出标记。

8.4.6 目检

零部件应进行目检。铸件的目检应符合 JB/T 7927(所有部分)的要求。锻件材料的目检应符合制造厂商的程序文件。

8.4.7 表面无损检测

8.4.7.1 总则

每一完工零部件的所有可接触表面均应按本章要求,在最终热处理和最终机加工后按照 8.4.7 进行检测。

若设备需进行载荷试验,则应在载荷试验之后进行无损检测。对于制造厂商认为延迟断裂敏感的材料,应在载荷试验 24 h 后进行检测。设备应解体进行该项检验,检查前应除去表面导电涂层。如果在涂层的最厚处,已经证明可检测到 8.4.7.3 中定义的相关指示,则在检查之前,应除去表面非导电涂层。

8.4.7.2 方法

铁磁性材料应按 ASME Ⅴ A 分卷的第 7 章和 B 分卷的第 25 章,或按 ASTM E 709 磁粉(MP)法检测。机加工表面应用湿式荧光法检测。其他表面也应用湿粉法或干粉法进行检验。

非铁磁性材料应按 ASME Ⅴ A 分卷的第 6 章和 B 分卷的第 24 章,或按 ASTM E 165 检测。

如不得不采用磁化电极时,所有磁化电极的烧痕应予以磨除,影响区域用液体渗透法重新检验。

8.4.7.3 指示的评定

只有主要尺寸大于 2 mm(1/16 in)且与表面裂纹(或缺陷)有关的指示才应认为是相关指示。与表面裂纹(或缺陷)无关的固有指示(例如磁渗透率变化,非金属夹杂物等)应认为是非相关指示。如果大于 2 mm(1/16 in)的磁粉指示被认为是非相关指示,则这些指示应使用液体渗透法进行检验,以验证其非相关性,或予以清除,重新进行磁粉检验以验证其非相关性。

相关指示的判定应按照 8.4.7.4 验收准则的规定进行。

8.4.7.4 验收准则

8.4.7.4.1 铸件

ASTM E 125 适用于作为评定铸件磁粉显示用参考标准。验收准则应按表 4 的规定。

表 4 铸件表面验收准则

类　型	最大允许程度		
	缺陷类型	临界区域	非临界区域
Ⅰ	热裂、裂纹	无	1 级
Ⅱ	缩孔	2 级	2 级
Ⅲ	夹杂物	2 级	2 级
Ⅳ	内冷铁、型芯撑	1 级	1 级
Ⅴ	气孔	1 级	2 级

8.4.7.4.2 锻件

锻造材料的表面无损检测,应使用下列验收准则:

——主要尺寸没有大于或等于 5 mm(3/16 in)的相关指示;

——在任何一个连续的 40 cm^2(6 in^2)面积上,相关指示不超过 10 个;

——在一条线上,边距小于 2 mm(1/16 in)的相关指示不超过三个;

——在螺纹式接头的压力密封区域、旋转螺纹根部区域和应力消除区应无相关指示。

8.4.8 铸件体积无损检测

8.4.8.1 方法

铸件的射线检测应按照 ASME Ⅴ A 分卷的第 3 章和 B 分卷的第 22 章进行，不应采用荧光增光屏。

超声波检测应按照 ASME Ⅴ A 分卷的第 5 章和 B 分卷的第 23 章进行。根据第 23 章中 SA-609 采用直射束法进行检验时，若不能保持背反射的部位或在零件的两个表面夹角大于 15°的部位，按第 5 章的 T-510、T-520、T-541.4.1、T-541.4.2 和 T-542.4.3 角射束法检验。

8.4.8.2 取样

主承载铸件应采用以下取样范围进行体积无损检测：

a) 首批铸件的所有区域都应用超声波或射线法检测，直到检测结果表明已达到既定的生产技术要求；

b) 在批量生产中，每 10 件抽取一件，若不足 10 件也应抽取一件，按临界区域图上标明的临界区域进行体积检测；

c) 若铸件不符合 8.4.8.3 的验收准则，从该批次铸件中再取两件进行检测。如果还有不合格品，应对该批次的所有铸件进行检测。如果两件都合格，该批铸件可通过验收，而对原来不合格铸件进行修补。

8.4.8.3 体积检测验收准则

如果构件的某个部位存在压应力，应力值低于低应力值，如公式(7)的计算结果，那么可不作体积检验。

a) 射线检测：

射线检测的验收准则，按验收件的壁厚不同，以 GB/T 5677 中的标准对比射线照片为根据。

在所有情况下，不允许有任何裂纹、热裂和夹渣(缺陷类型分别为 D、E 和 F)。

铸件临界区域射线检测结果应符合质量 2 级，非临界区域应符合质量 3 级。如果没有在图中标明临界区域，铸件所有的表面均视为临界区域。

b) 超声波检测：

直射束法和角射束法检测铸件，按 ASME Ⅴ B 分卷，第 23 章中的 SA-609 质量 3 级验收。

8.4.9 焊缝的无损检测

8.4.9.1 总则

如有检验要求时，在焊接过程中应对基本焊接参数和施焊设备进行监测；对完工的焊件[至少包括母材周围 13 mm(½ in)的范围]和可接近焊缝，应按本章检测和验收。

本章要求的无损检测应在最终热处理之后进行。

8.4.9.2 组焊

8.4.9.2.1 目检

所有焊缝应按 ASME Ⅴ A 分卷的第 9 章进行目检。咬边不应减少影响区内的厚度至低于设计厚度，并应打磨到与周围材料光滑地融为一体。

密封表面或距密封表面 3 mm(⅛ in)内不允许有表面孔隙和裸露熔渣。

8.4.9.2.2 表面无损检测

主承载及承压焊缝和连接主承载及承压件的辅助焊缝应按 8.4.7.2 检测。采用以下验收准则：

a) 无相关线性指示(见 3.1.8)；

b) 焊缝厚度不大于 17 mm(⅝ in)，无大于 4 mm(⅛ in)的圆形指示；

c) 焊缝厚度大于 17 mm(⅝ in)，无大于 5 mm(³⁄₁₆ in)的圆形指示；

d) 在同一直线上，边距小于 2 mm(¹⁄₁₆ in)的相关指示不超过三个。

8.4.9.2.3 体积无损检测

主承载件和承压件焊缝应分别按 ASME Ⅴ A 分卷的第 5 章和第 2 章进行超声波或射线无损检测。此条仅适用于熔透的焊缝。

验收准则应符合 ASME Ⅷ,第Ⅰ部分,UW-51 和附录 12 的要求。

8.4.9.3 补焊

8.4.9.3.1 焊接坡口

补焊前坡口均应用磁粉法和 8.4.7 规定的验收准则进行检验。

8.4.9.3.2 铸件的补焊

铸件的所有补焊焊缝均应按照 8.4.7.2 所述进行检验。检验准则和制造焊缝一致(见 8.4.9.2)。

8.4.9.3.3 焊缝的修补

对焊缝缺陷进行补焊的无损检测要求同对原焊缝的要求一致(见 8.4.9.2)。

8.5 尺寸验证

尺寸验证应在制造厂商文件规定的样品上进行。

所有重要承载和密封螺纹应按相应的螺纹规范要求进行测量。

8.6 验证载荷试验

第 9 章所述设备要求验证载荷试验时,应按以下要求进行试验:

a) 产品样机和主承载件应按本章要求进行验证载荷试验;

b) 被测设备应安装在试验台架上,以与实际使用情况相同的方式在承载表面加载;

c) 试验载荷应为额定载荷的 1.5 倍,承载时间不低于 5 min;

d) 载荷试验后,应进行设备的设计功能检查,不应有功能削弱情况;

e) 总装设备允许拆卸到所有主承载件(轴承除外)都能进行表面无损检测;

f) 主承载件的临界区域应根据 8.4.7 进行磁粉检测。

没有载荷试验的正常设备如定单中规定有 SR1 补充要求则应进行载荷验证试验(见附录 C)。

8.7 静水压试验

8.7.1 总则

第 9 章所述有关设备要求静水压试验时,应按 8.7 的要求进行。

8.7.2 试验顺序

静水压试验应分三个步骤进行:

a) 初始保压期;

b) 降压至零;

c) 二次保压期。

两次保压期均不应低于 3 min。保压期应从已达到试验压力,且设备和压力测试仪表同压力源切断、试验零件外表面完全干燥时开始计时。

特殊的水压试验要求在第 9 章中有关设备的各条中叙述。

8.7.3 压力表的校准

试验期间应使用经过校准的压力表和记录装置。在记录图表上应签字、标明日期,使试验设备具有可追溯性。

8.8 功能试验

特殊的功能试验要求在第 9 章中有关设备的各条中叙述。

9 设备

9.1 总则

除另有说明外,第 4 章至第 8 章的所有要求均适用于本标准所涉及设备的主承载件。设计者负责确定该设备的主载荷传递路径及主承载件。

卡瓦牙和大钳牙板无 6.3、6.4、6.5、8.4 和 8.6 中的试验、NDE 和追溯性要求。

9.2 转盘

9.2.1 总则

不应采用 4.2.7,5.4,6.3.1,8.4.4,8.4.5,8.4.7 和 8.4.8 中的要求,滚动轴承的设计和制造见 9.12。

9.2.2 主要载荷

主要载荷是通过转盘中心的轴向载荷。转盘扭矩不作为主要载荷。

9.2.3 设计验证功能试验

设计验证功能试验见 5.2。

9.2.4 静载额定值

转盘静载额定值或主要载荷额定值,不应大于主轴承的静载荷。

9.2.5 转盘输入轴轴头

转盘输入轴圆柱形轴头应符合表 5 所示的规格,并符合表 5 和图 6 所示的尺寸和公差。也可采用圆锥形轴头或其他圆柱形轴头。也可采用另一种驱动输入方式(如其他圆柱形轴头或圆锥形轴头及水力驱动等)。

表 5 转盘输入轴轴头(见图 6)

规格代号	轴头直径		键槽			
			宽度		深度	
	mm	in	mm	in	mm	in
	$A_{-0.025}^{0}$	$A_{-0.001}^{0}$	$B_{0}^{+0.025}$	$B_{0}^{+0.001}$	$C_{0}^{+1.52}$	$C_{0}^{+0.060}$
1	82.55	3.250	19.05	0.750	6.35	1/4
2	100.03	3.938	25.40	1.000	9.52	3/8
3	107.95	4.250	25.40	1.000	9.52	3/8
4	114.30	4.500	25.40	1.000	9.52	3/8
5	125.43	4.938	31.75	1.250	11.11	7/16

单位为毫米(英寸)

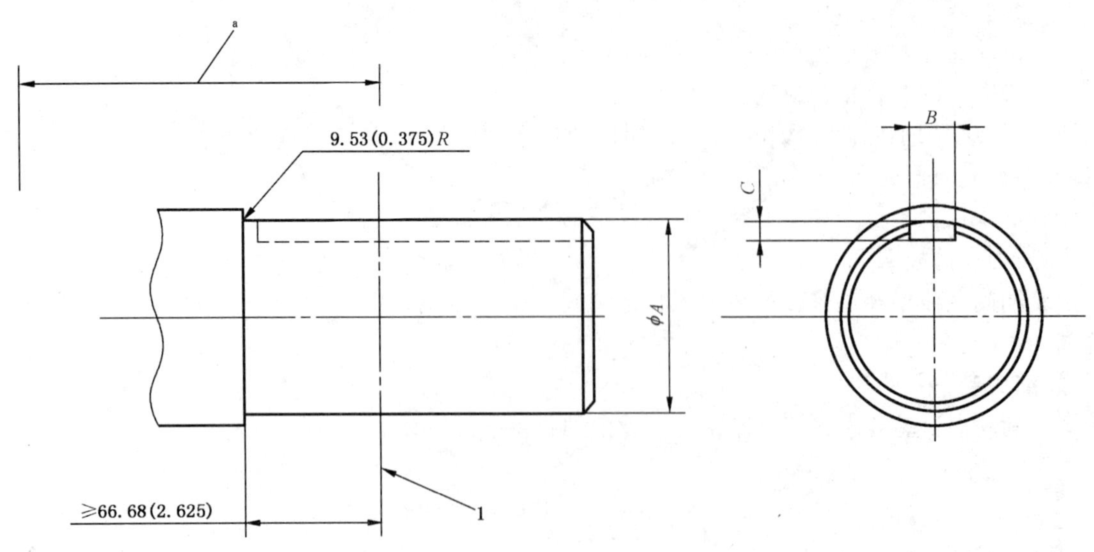

1——第 1 排链轮中心线(见图 7)。

[a] 见图 7 中的 L 和 9.2.6。

图 6 转盘输入轴轴头(尺寸见表 5)

9.2.6 传动链轮

转盘中心和第一排链轮齿中心(见图7)之间的距离 L,对于通过大于或等于 510 mm(20 in)钻头的装置应为 1 353 mm(53¼ in);对于通过小于 510 mm(20 in)钻头的装置应为 1 118 mm(44 in);根据制造厂商家和用户之间的协议,对于通过小于 510 mm(20 in)钻头的装置可采用 1 353 mm(53¼ in)的距离。转盘公称尺寸为 1 257 mm(49½ in),距离 L 应为 1 353 mm(53¼ in)或 1 651 mm(65 in)。转盘公称尺寸为 1 537 mm(60½ in),距离 L 应为 1 840 mm(72 in)。这些距离值可打印在固定于转盘的铭牌上。

单位为毫米(英寸)

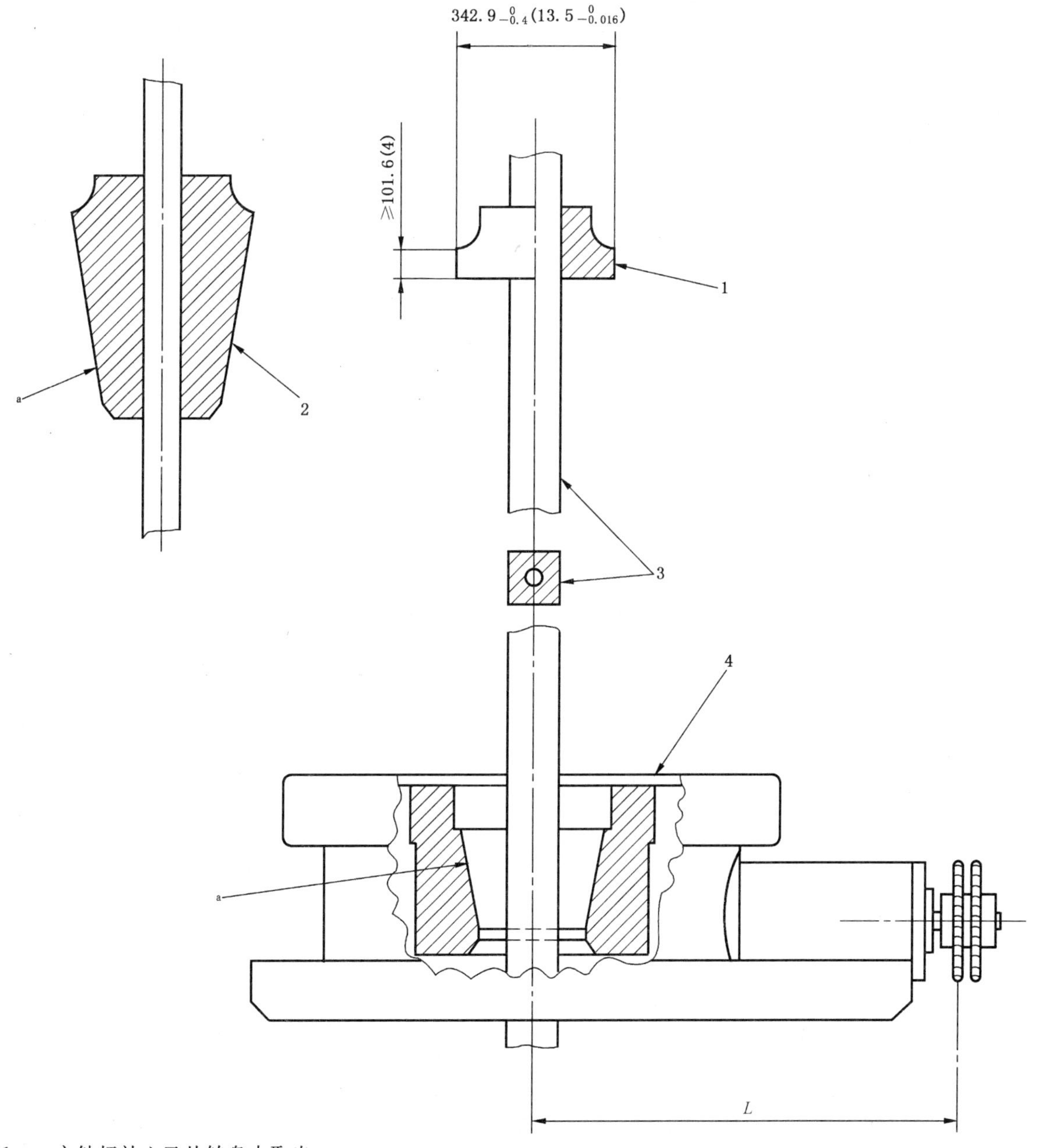

1——方钻杆补心已从转盘中取出;

2——转盘卡瓦;

3——方钻杆;

4——转盘大方瓦补心。

[a] 锥度 1:3(333.33±1.5) mm/m,(4±0.018) in/ft。

图7 转盘

9.2.7 转盘开口

方瓦驱动大方补心的转盘应符合表 6 和图 8 的要求。四销传动大方补心的转盘应符合表 7 和图 9 的要求。

表 6 转盘开口和大方补心(见图 7 和图 8) 单位为毫米(英寸)

转盘公称尺寸	转盘开口			
	$A^{+0.38}_{0}(A^{+0.015}_{-0.000})$	$B^{+0.76}_{0}(B^{+0.030}_{-0.000})$	C	D_{max}
444.50(17½)	444.50(17½)	461.96(18³⁄₁₆)	133.3(5¼)	44.45(1¾)
520.70(20½)	520.70(20½)	538.16(21³⁄₁₆)	133.3(5¼)	44.45(1¾)
698.50(27½)	698.50(27½)	715.96(28³⁄₁₆)	133.3(5¼)	44.45(1¾)
952.50(37½)	952.50(37½)	—	—	—
1 257.30(49½)	1 257.30(49½)	—	—	—
1 536.70(60½)	1 536.70(60½)	—	—	—

转盘公称尺寸	大方补心				
	$A_{1\ -0.38}^{\ \ 0}(A_{1\ -0.015}^{\ +0.000})$	$B_{1\ -0.76}^{\ \ 0}(B_{1\ -0.030}^{\ +0.000})$	C_1	$D_{1\ \ 0}^{\ +6.35}(D_{1\ -0.000}^{\ +0.250})$	同轴度
444.50(17½)	442.91(17⁷⁄₁₆)	460.38(18⅛)	133.35(5¼)	44.45(1¾)	0.79(1/32)
520.70(20½)	519.11(20⁷⁄₁₆)	536.58(21⅛)	133.35(5¼)	44.45(1¾)	0.79(1/32)
698.50(27½)	696.91(27⁷⁄₁₆)	712.79(28¹⁄₁₆)	133.35(5¼)	44.45(1¾)	0.79(1/32)
952.50(37½)	950.91(37⁷⁄₁₆)	—	—	—	—
1 257.30(49½)	—	—	—	—	—
1 536.70(60½)	—	—	—	—	—

表 7 四销传动的大方补心和方钻杆补心(见图 9) 单位为毫米(英寸)

转盘公称尺寸	$F\pm1.59(F\pm\frac{1}{16})$	$G\pm0.13(G\pm0.005)$	H
444.50(17½)	482.60(19)	65.15(2.565)	107.95(4¼)
520.70(20½)	584.20(23)	65.15(2.565)	107.95(4¼)
698.50(27½)	654.05(25¾)	86.23(2.565)	107.95(4¼)
952.50(37½)	654.05(25¾)	86.23(2.565)	107.95(4¼)
1 257.30(49½)	—	—	—
1 536.70(60½)	—	—	—

转盘公称尺寸	$I\pm0.13(I\pm0.005)$	$J^{+1.59}_{0}(J^{+1/16}_{0})$	$K^{+1.59}_{0}(K^{+1/16}_{0})$
444.50(17½)	62.79(2.472)	365.13(14⅜)	257.18(10⅛)
520.70(20½)	62.79(2.472)	365.13(14⅜)	257.18(10⅛)
698.50(27½)	82.93(3.265)	365.13(14⅜)	257.18(10⅛)
952.50(37½)	82.93(3.265)	365.13(14⅜)	257.18(10⅛)
1 257.30(49½)	—	365.13(14⅜)	257.18(10⅛)
1 536.70(60½)	—	365.13(14⅜)	257.18(10⅛)

单位为毫米(英寸)

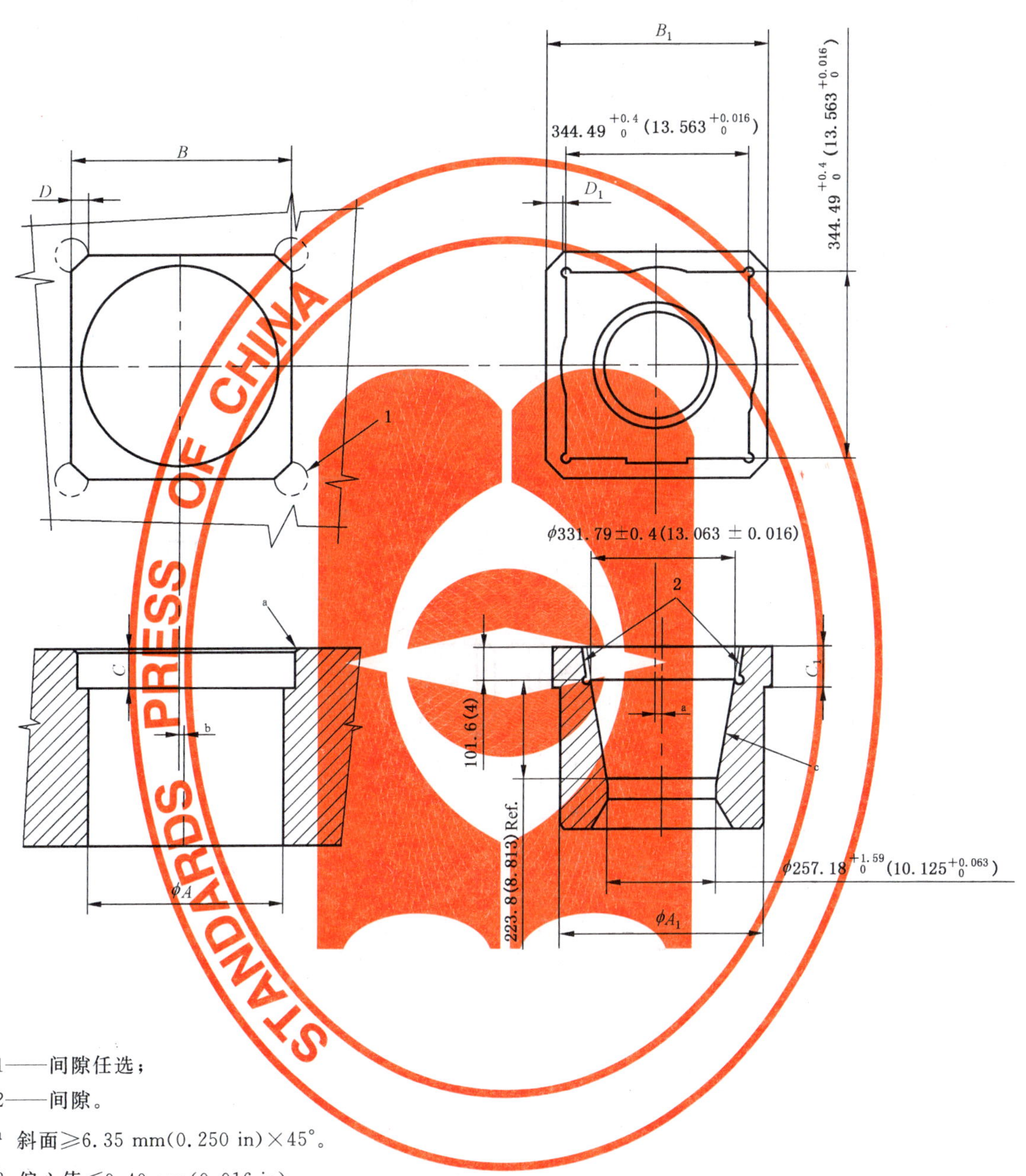

1——间隙任选;

2——间隙。

[a] 斜面≥6.35 mm(0.250 in)×45°。

[b] 偏心值≤0.40 mm(0.016 in)。

[c] 锥度1∶3(333.33±1.5) mm/m,(4±0.018) in/ft。每边锥度9°27′45″。

图8 转盘开口和大方补心

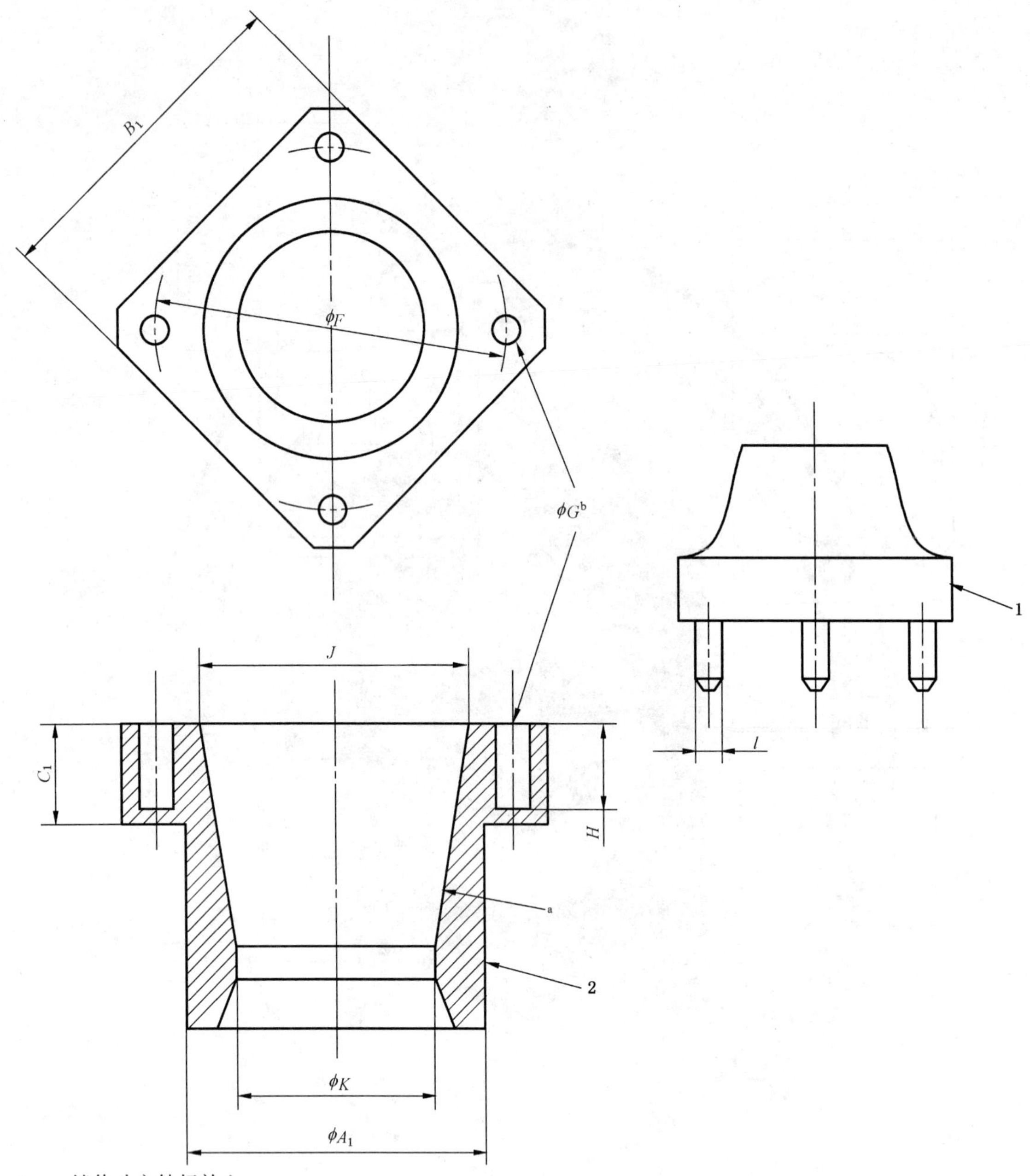

1——销传动方钻杆补心；

2——销传动大方补心。

a 锥度 1∶3(333.33±1.5) mm/m,(4±0.018) in/ft(每边锥度 9°27′45″)。

b 传动孔。

图 9 四销传动的大方补心和方钻杆补心

9.2.8 可拆卸的转盘链轮

可拆卸的转盘链轮如表 8 和图 10 所示。单排和双排链轮的螺栓分布相同。

表 8 可拆卸的转盘链轮数据

节距 P/mm(in)	结构型式	最少链轮齿数	链轮槽最大直径 ϕA		链轮槽最小厚度 B	
			mm	in	mm	in
44.45($1\frac{3}{4}$)	单 排	23	—	—	—	—
50.80(2)	单 排	21	—	—	—	—
63.50($2\frac{1}{2}$)	单 排	17	—	—	—	—
44.45($1\frac{3}{4}$)	双 排	25	306.39	$12\frac{1}{16}$	10.32	13/32
50.80(2)	双 排	22	301.63	$11\frac{7}{8}$	7.94	5/16
63.50($2\frac{1}{2}$)	双 排	19	315.91	$12\frac{7}{16}$	15.08	19/32

单位为毫米(英寸)

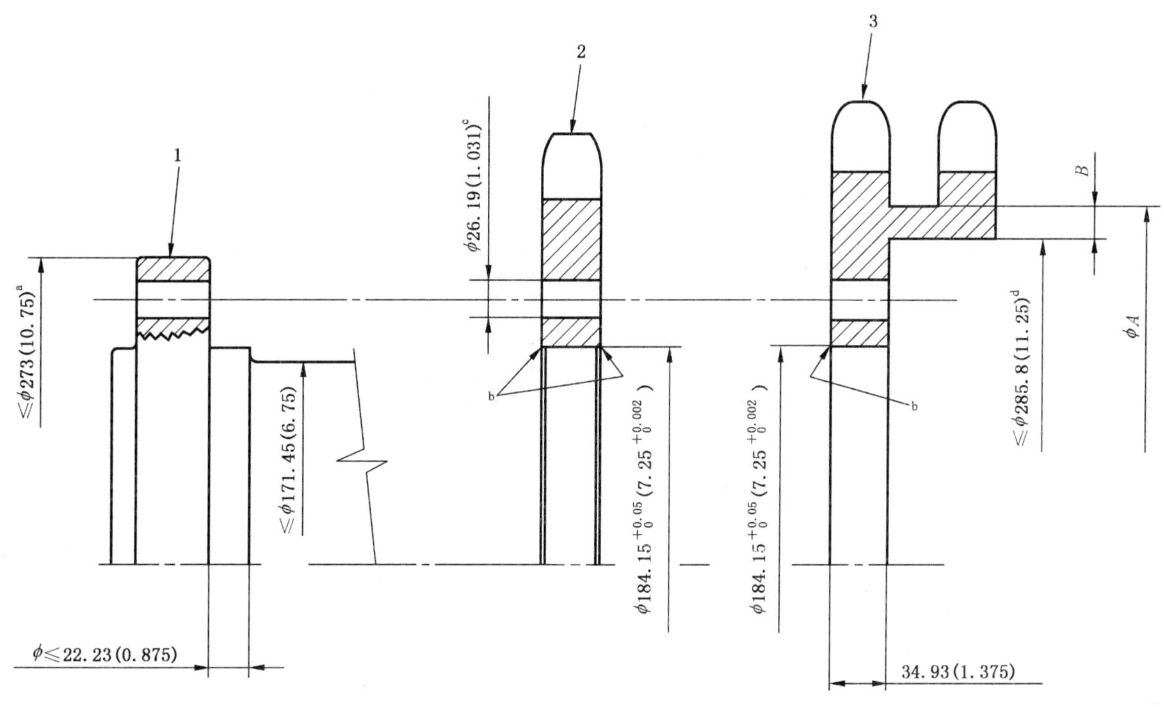

1——轮毂;

2——单排链轮;

3——双排链轮。

[a] 考虑链条间隙的最大轮毂直径。

[b] 倒角 1.6×45(0.063×45)。

[c] 8-φ26.19 在 φ228.6(φ9)的螺栓分布圆上均布。

[d] 最少齿数链轮的加工尺寸为 φ285.8(φ$11\frac{1}{4}$);齿数大于最少齿数的链轮,此尺寸可增大至 A 减 $2B$。

图 10 可拆卸的转盘链轮

9.3 转盘补心

9.3.1 总则

转盘补心和补心衬套只有尺寸互换性要求,无额定载荷要求。6.3.1、8.4.5、8.4.7、8.4.8 和 8.4.9 的要求不适用。

9.3.2 方钻杆补心

四方驱动方钻杆补心尺寸如图 7 所示。

销钉传动的方钻杆补心尺寸见如图9和表7。

9.3.3 **大方补心**

四方驱动大方补心和转盘开口应符合表6和图8的要求。四销传动的大方补心应符合表7和图9的要求。

9.3.4 **补心衬套**

补心衬套用于缩小转盘开口，以便使用小尺寸的大方补心。

9.4 **转盘卡瓦**

9.4.1 转盘卡瓦在轴向上应具有1∶3(333.33 mm/m,4 in/ft)的锥度和与标准大方补心的配合尺寸，见9.2.7和图7。

9.4.2 转盘卡瓦无额定载荷要求。

9.4.3 8.4.4,8.4.5,8.4.8和8.4.9的要求不适用于卡瓦。

9.4.4 转盘卡瓦应符合8.4.7要求，MSS SP-53方法和验收准则除外。

9.5 **不用于提升的卡盘**

9.5.1 **总则**

符合本标准的卡盘体应标记制造厂商的名称、商标和额定载荷。

9.5.2 **零部件追溯性**

主承载件应按8.4.5标记。

9.5.3 **生产顺序号**

设备的每道工序均应有生产顺序号，生产顺序号应能追溯其制造过程。

9.5.4 **冲击韧性**

卡盘体采用以下冲击韧性值：

a) 最小屈服强度不小于310 N/mm^2(45 000 psi)的零部件，其材料在−20 ℃(−4 ℉)时的最小冲击韧性值应为33 J(25 ft·lbf)。最小冲击韧性值应为三次试验的平均值，单个值不应小于26 J(19 ft·lbf)；

b) 屈服强度小于310 N/mm^2(45 000 psi)的零部件，其材料在−20 ℃(−4 ℉)时的最小冲击韧性值应为27 J(20 ft·lbf)，且单个值不得小于20 J(15 ft·lbf)。

9.5.5 **设计验证载荷试验**

设计验证载荷试验应按第5章进行。

9.5.6 **验证载荷试验**

验证载荷试验应按8.6进行。

9.6 **不用于提升的安全卡瓦**

9.6.1 安全卡瓦不作额定载荷要求。

9.6.2 6.3.1、8.4.4、8.4.5、8.4.8和8.4.9的要求不适用。

9.6.3 安全卡瓦应采用8.4.7的要求，MSS SP-53方法和验收准则的使用除外。

9.6.4 卡瓦牙板不作力学性能试验，无追溯性要求。

9.7 **吊钳**

9.7.1 **产品标志**

吊钳应标记制造厂商的名称、商标和额定载荷。

9.7.2 **尺寸规格的命名**

吊钳的尺寸规格的命名应表明所设计吊钳的适用管径和臂长。

9.7.3 **冲击韧性**

9.7.3.1 传递主载荷的零部件采用以下冲击韧性值(铰链销除外)：

a) 最小屈服强度不小于310 N/mm^2(45 000 psi)的零部件，其材料在−20 ℃(−4 ℉)时的冲击韧性值应为 42 J(31 ft·lbf)。最小冲击韧性值应取三次试验的平均值,单个值不得小于 32 J (24 ft·lbf);

b) 屈服强度小于 310 N/mm^2(45 000 psi)的零部件,其材料在—20 ℃(—4 ℉)时的冲击韧性值应为 27 J(20 ft·lbf),且单个值不得小于 20 J(15 ft·lbf)。

9.7.3.2 铰链销在—20 ℃(—4 ℉)时的冲击韧性值不得小于 15 J(11 ft·lbf)。额定最小冲击韧性值应取三次试验的平均值,且单个值不得小于 12 J(8.5 ft·lbf)。

9.7.4 零部件的可追溯性

主承载件应按 8.4.5 标记。

9.7.5 设计验证载荷试验

设计验证载荷试验应按第 5 章进行。

9.7.6 满负荷试验

满负荷试验按 8.6 进行。锻造的铰链销叉头不在本要求内。

9.8 动力大钳

9.8.1 产品标志

动力大钳应标记制造厂商的名称、商标和尺寸规格。

9.8.2 尺寸规格的命名

动力大钳尺寸规格的命名应表明所设计动力大钳的适用管径和最大扭矩。

9.8.3 要求

4.2.7、5.3、5.4、5.5、5.6、6.3 和第 8 章的要求不适用。

9.8.4 主载荷传递路径

主载荷传递路径应考虑施加或承受扭矩的机械零件,不包括传递液压动力的零部件。

9.9 绞车零部件

9.9.1 主载荷传递路径

绞车主载荷零部件传递路径仅限于主刹车工作时承受快绳载荷的零部件。除使用本标准的规范外,制造厂商或设计者还可采用公认的设计惯例来确定安全系数。

9.9.2 要求

4.2.7、5.4、5.5、5.6、6.3.1、8.4.4、8.4.5、8.4.7 和 8.4.8 的要求不适用于滚动轴承,滚动轴承的设计和制造要求见 9.12。

9.9.3 猫头轴轴头

猫头轴轴头应根据用户订单规定,整体猫头的绞车除外。

9.9.4 主滚筒刹车带

9.9.4.1 总则

主滚筒一般有带式刹车或盘式刹车。本标准不排除使用其他形式的刹车方式。

9.9.4.2 设计安全系数

依据滚筒工作半径中值(但大于或等于第二层工作绳半径)的绞车设计额定快绳拉力,主滚筒刹车带最小设计安全系数应为 3.0。

9.9.4.3 焊件

9.9.4.3.1 焊件的设计载荷能力不应小于刹带的最小设计承载能力。

9.9.4.3.2 焊件应避免有影响疲劳寿命的焊接应力集中。

9.9.4.4 质量控制

9.9.4.4.1 所有铸件及焊缝应按 8.4.7 检验。

9.9.4.4.2 机加工各工序完成之后,应目检刹车带所有可目检的表面。只要锻件材料最大指示的尺寸小于 4 mm(1/8 in),且指示符合 8.4.7.4 的其他验收准则,长度不到宽度三倍的指示应验收合格。长度等于或大于宽度三倍的指示应拒收。刹车带边缘及孔边缘，不应有影响强度的缺陷存在。

9.9.4.4.3 刹车带切点间内半径与设计半径偏差不大于±0.5%。刹车带圆周任一点上，刹车带边缘所测内径的偏差不大于此点刹车带宽度的±0.5%。

9.9.4.4.4 横向焊缝的最大允许焊接咬边按 AWS D1.1 的规定。

9.10 高压泥浆软管和水泥软管

本条适用于 9.10.1 中规定的和表 9 中所列的高压泥浆和水泥挠性软管总成。本条不适用于 SY/T 5323 中涵盖的节流和压井柔性管线。此外，本条也不适用于在气体作业、空气钻井和完井或修井作业中预期或可能会暴露于井筒流体的柔性软管。该软管涵盖在 API RP 17B 中。API RP 7L 附录 A 中规定了本标准涵盖的水泥软管、钻井泥浆减振软管和跨接软管及钻井水龙带的工作极限、检验、维护及使用的推荐作法。

表 9 钻井水龙带和减振软管、水泥软管、泥浆输送软管的尺寸和压力(见图 11)

内径/mm(in)	等级	工作压力/MPa(psi)	试验压力/MPa(psi)	安全系数	最小爆破压力/MPa(psi)	MBR 工作/m(in)	备注
50.8 (2)	A	10.3(1 500)	20.7(3 000)	2.5	25.8(3 750)	0.9(36)	
	B	13.8(2 000)	27.6(4 000)	2.5	34.5(5 000)	0.9(36)	
	C	27.6(4 000)	55.2(8 000)	2.5	69.0(10 000)	0.9(36)	
	D	34.5(5 000)	69.0(10 000)	2.5	86.3(12 500)	0.9(36)	
		69.0(10 000)	103.4(15 000)	2.25	155.3(22 500)	1.2(48)	水泥
		103.4(15 000)	155.1(22 500)	2.25	232.7(33 750)	1.4(55)	水泥
63.5 (2.5)	A	10.3(1 500)	20.7(3 000)	2.5	25.8(3 750)	0.9(36)	
	B	13.8(2 000)	27.6(4 000)	2.5	34.5(5 000)	0.9(36)	
	C	27.6(4 000)	55.2(8 000)	2.5	69.0(10 000)	0.9(36)	
	D	34.5(5 000)	69.0(10 000)	2.5	86.3(12 500)	0.9(36)	
	E	51.7(7 500)	103.4(15 000)	2.5	129.3(18 750)	1.2(48)	
		69.0(10 000)	103.4(15 000)	2.25	155.3(22 500)	1.2(48)	水泥
		103.4(15 000)	155.1(22 500)	2.25	232.7(33 750)	1.5(60)	水泥
76.2 (3)	C	27.6(4 000)	55.2(8 000)	2.5	69.0(10 000)	1.2(48)	
	D	34.5(5 000)	69.0(10 000)	2.5	86.3(12 500)	1.2(48)	
	E	51.7(7 500)	103.4(15 000)	2.5	129.3(18 750)	1.2(48)	
		69.0(10 000)	103.4(15 000)	2.25	155.3(22 500)	1.5(60)	水泥
		103.4(15 000)	155.1(22 500)	2.25	232.7(33 750)	1.6(64)	水泥
88.9 (3.5)	C	27.6(4 000)	55.2(8 000)	2.5	69.0(10 000)	1.4(54)	
	D	34.5(5 000)	69.0(10 000)	2.5	86.3(12 500)	1.4(54)	
	E	51.7(7 500)	103.4(15 000)	2.5	129.3(18 750)	1.4(54)	
101.6 (4)	C	27.6(4 000)	55.2(8 000)	2.5	69.0(10 000)	1.4(54)	
	D	34.5(5 000)	69.0(10 000)	2.5	86.3(12 500)	1.4(54)	
	E	51.7(7 500)	103.4(15 000)	2.5	129.3(18 750)	1.5(60)	
		69.0(10 000)	103.4(15 000)	2.25	155.3(22 500)	1.8(72)	水泥

表 9(续)

内径/mm(in)	等级	工作压力/MPa(psi)	试验压力/MPa(psi)	安全系数	最小爆破压力/MPa(psi)	MBR 工作/m(in)	备注
127.0(5)	C	27.6(4 000)	55.2(8 000)	2.5	69.0(10 000)	1.5(60)	
	D	34.5(5 000)	69.0(10 000)	2.5	86.3(12 500)	1.5(60)	
	E	51.7(7 500)	103.4(15 000)	2.5	129.3(18 750)	1.8(72)	
152.4(6)	D	34.5(5 000)	69.0(10 000)	2.5	86.3(12 500)	1.8(72)	
	E	51.7(7 500)	103.4(15 000)	2.5	129.3(18 750)	1.8(72)	
注：MBR 按每一个水龙带的中线测量。							

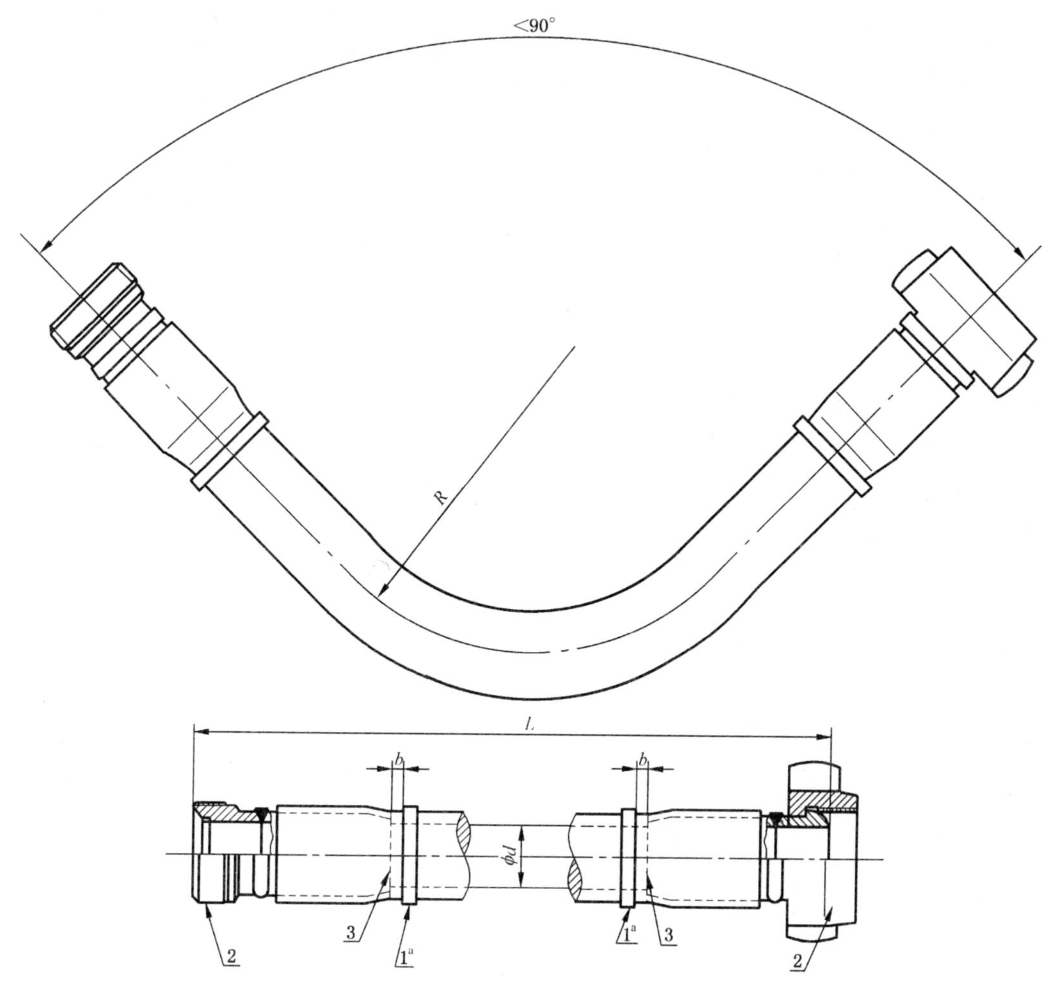

1——安全卡箍；

2——端部连接装置；

3——接头的内侧端部；

L——公称长度；

R——弯曲半径；

b——对于钻井水龙带，b 尺寸应为 150 mm～460 mm(6 in～18 in)；对于减振软管，b 尺寸应为 150 mm～250 mm (6 in～10 in)；

d——内径。

[a] 水龙带制造厂商应在水龙带上标出“此处加上安全卡箍”。

图 11　钻井水龙带和减振软管的尺寸

9.10.1 第1章至第8章的要求除外

9.10.1.1 定义

与第3章规定的下列术语的定义相一致，当这些术语适用于本条涵盖的水龙带总成时，下面提供以下方面的说明：

——主要载荷应为内部压力。

——主载荷承载件应为加强缆、钢丝、金属铠装和水龙带接头。

——设计载荷应与表9中规定的水龙带总成的工作压力相同。

——动载荷应由在水龙带总成上施加的附加载荷组成，其不同于静压产生的载荷，例如压力脉冲、和动态弯曲或挠曲。

9.10.1.2 设计条件

除4.1外，下列条款适用：

——本条所涉及的水龙带总成的最低工作温度是−4 °F(−20 ℃)。

——关于4.1中的警告注释，在任何情况下，不推荐在低于规定的最低温度以下的温度使用本规范涵盖的水龙带总成。若购买合同要求规定的最低工作温度低于上述规定，则除了确定9.10.2中规定的温度范围和FSL级别所要求的其他那些试验之外，还应在购买合同中规定的温度，进行低温弯曲试验，鉴定水龙带总成。此外，当购买合同中规定附加要求SR2和SR2A时，它们仅应适用于水龙带接头。

9.10.1.3 强度分析

4.2.7的要求不适用。

9.10.1.4 规格等级标识

规格等级应按照表9中规定的水龙带总成的直径和相应的工作压力进行标识。

9.10.1.5 额定值

本标准涵盖的水龙带总成额定值应根据表9中的工作压力和9.10.2中规定的温度范围和FSL级别确定。

9.10.1.6 额定载荷值依据

本标准涵盖的水龙带总成的额定载荷值依据，应基于加强钢丝、水龙带接头的临界区域和在其之间使用的界面材料(如果在设计中采用)的最大许用应力。

9.10.1.7 设计安全系数

本标准涵盖的水龙带总成的设计安全系数(DSF)，应是9.10.6.2中规定的最低要求爆破压力和表9中规定的水龙带总成的工作压力的比值。

9.10.1.8 设计验证

设计验证要求见9.10.9，第5章的要求不适用。

9.10.1.9 表面无损检测(NDE)

8.4.7中规定的表面NDE应局限于水龙带接头。如果水龙带接头和端部连接装置之间的连接通过焊接而获得，则8.4.9中规定的焊缝表面NDE应适用于其之间的焊缝和热影响区(HAZ)。

9.10.1.10 验证载荷试验

8.6的验证载荷试验要求不适用。

9.10.1.11 静水压试验

8.7.2要求的静水压试验不适用。静水压试验见9.10.6。

9.10.2 温度范围和挠性规范级别(FSL)

如果在签订购买合同时已知，则买方应规定在高压泥浆软管总成中预期输送的钻井液的性能。

9.10.2.1 温度范围

制造厂商应将每个水龙带总成额定在符合下列任一要求工作温度范围内：

温度范围Ⅰ：−20 ℃～+82 ℃（−4 ℉～ +180 ℉）

温度范围Ⅱ：−20 ℃～+100 ℃（−4℉～ +212 ℉）

温度范围Ⅲ：−20 ℃～+121 ℃（−4 ℉～ +250 ℉）

9.10.2.2 挠性规范级别(FSL)

本标准对所涵盖的水龙带规定了三种挠性规范级别(FSL)的要求。以下规定的FSL标识规定了9.10.9中规定的各种级别的设计验证要求。

FSL 0：买方应在合同中说明，其仅用于水泥软管使用。这个级别除了9.10.9.3和9.10.9.4的脉冲压力试验以外，要进行9.10.9要求的所有设计验证。

FSL 1：买方应在合同中说明，其仅用于正常作业条件下的钻井水龙带、减振软管和跨接软管。这个级别除了9.10.9.4的高频脉冲压力试验以外，要进行9.10.9要求的所有设计验证。

FSL 2：买方应在合同中说明，其用于在工作期间可能产生振幅超过6.9 MPa(1 000 psi)的高频压力脉冲的钻井水龙带、减振软管和跨接软管。这个级别除了9.10.9.3的低频脉冲压力试验以外，要进行9.10.9要求的所有设计验证。

9.10.3 规格和长度

所有水龙带总成应符合表9的尺寸规范。每一个水龙带总成的长度应符合购买合同中规定的尺寸，尺寸公差要求见9.10.4。对于钻井水龙带，买方应参考API RP 7L附录A中A.1.1关于水龙带的计算，确定最合适的长度。避免任何用途的水龙带在使用中出现过度弯曲、过高的轴向载荷或压缩现象。当购买合同规定了水龙带总成的总长度，对于减振软管或跨接软管，按9.10.4计算时，买方应考虑水龙带在受压状态下使用时的长度变化。

9.10.4 尺寸和公差

水龙带总成的尺寸应符合表9和图11的要求。

如果水龙带总成的长度不超过6 m(20 ft)，则成品不加压水龙带长度公差应为±65 mm(2½ in)。如果水龙带总成的长度不超过6 m(20 ft)，则在水龙带总成按其规定的工作压力加压之后，其长度的变化不应超过65 mm(2½ in) + 0.01 *L*(*L*为水龙带总成的长度，见图11)。

如果水龙带总成的长度超过6 m(20 ft)，则成品不加压水龙带长度公差不应超过±1%。如果水龙带总成的长度超过6 m(20 ft)，则在水龙带总成按其规定的工作压力加压之后，其长度的变化不应超过±2%。

如果最小弯曲半径(MBR)值小于表9的值，制造厂商应规定MBR值。

9.10.5 水龙带接头和端部连接装置

9.10.5.1 水龙带接头

水龙带接头的设计和制造，应能使其与该接头连接的水龙带总成配合。若水龙带总成制造厂商选择用不同结构材料或不同物理性能的水龙带接头代替或更换水龙带接头。水龙带总成制造厂商应进行下列一个或多个适用的措施：

a) 再次进行设计验证试验，鉴定新水龙带接头，或

b) 安排有资格的第三方评价新水龙带接头材料和物理性能，并确定新水龙带接头是否适合与以前鉴定合格的水龙带总成配合。

此外，如果水龙带总成制造厂商选择改变水龙带接头与以前鉴定合格的水龙带总成连接的性质，则制造厂商应再次进行设计验证试验，重新鉴定水龙带总成。

9.10.5.2 端部连接装置

高压泥浆和水泥软管总成，应按购买合同的规定，配备端部连接装置。虽然本标准未涵盖端部连接装置的设计和制造，但水龙带总成制造厂商应选择端部连接装置，该端部连接装置适合于其连接的水龙带总成。通过具有符合GB/T 9253.2规定的管线管螺纹与水龙带接头相联接的端部连接装置，不应使用在工作压力超过34.5 MPa(5 000 psi)的水龙带总成上。如果水龙带总成的工作压力超过34.5 MPa

(5 000 psi),则端部连接装置应对焊在水龙带接头上,或可以用相同材料与水龙带接头加工成一体。

9.10.6 试验压力和爆破压力

9.10.6.1 试验压力

每一个高压泥浆软管总成,应按 2 倍的工作压力进行静水压试验(见表 9)。

每一个工作压力小于 69 MPa(10 000 psi)水泥软管总成,应按 2 倍的工作压力进行静水压试验。对于工作压力等于或高于 69 MPa(10 000 psi)的水泥软管总成,应按 1.5 倍的工作压力进行静水压试验。试验压力最少应保持 15 min。

制造厂商应将试验压力记录包括图表和曲线图最少保持 10 年以上。

9.10.6.2 爆破压力

高压泥浆软管总成应设计具有 2.5 倍工作压力的最小爆破压力(见表 9)。

工作压力小于 69 MPa(10 000 psi)水泥软管总成,额定最小爆破压力为工作压力的 2.5 倍。对于工作压力不小于 69 MPa(10 000 psi)的水泥软管,额定最小爆破压力为工作压力的 2.25 倍(见表 9)。

9.10.7 工作压力

表 9 中规定了水龙带总成的最大工作压力。工作压力中应包括水龙带内遇到的最大冲击压力。

9.10.8 标志

按本标准制造的水龙带总成应标记标准号(GB/T 17744—2008)、生产年月、工作压力、试验压力、工作温度范围、FSL 级别和制造厂商标。另外,如果制造厂商未安装安全卡箍时,应在水龙带每一端标记"此处加上安全卡箍"(见图 11 规定位置)。每根水龙带应有不同于其外表层颜色的纵向定位线。若采用压印或以有区别的颜色印制,应经硫化或类似方法将标志固定在水龙带的外表层。

制造厂商根据情况或根据买方要求可将附加信息标记在水龙带总成上。

水龙带接头上可用一定数量的圆环来区别水龙带总成的不同级别。如果使用,应与水龙带表层颜色不同。每种级别的圆环数量按照表 9 的规定如下:A 级:1 个,B 级:2 个,C 级:3 个,D 级:4 个,E 级:5 个。

9.10.9 设计验证试验

应根据 9.10.2.2 中规定,对不同 FSL 级别的水龙带,进行设计验证试验,证明每一水龙带设计系列的完整性。水泥软管不要求 9.10.9.3 和 9.10.9.4 中规定的高温脉冲压力试验。设计验证试验应由独立实验室或第三方进行。

对于给定的设计系列,所有试验应在最大内径规格的水龙带上进行。

成功地完成了验证试验,应能鉴定在试验所使用的 9.10.2 中规定的整个温度范围内的相同或较低工作压力下,相同规格和较小规格的设计系列合格。

水龙带总成的最小长度为 3.05 m(10 ft),试验介质应为水。

下列试验应按照 9.10.2.2 中 FSL 要求在相同的水龙带总成上进行。

试验程序应按下列要求进行。

当水龙带设计系列经鉴定符合 FSL 1,则可以在同一设计系列的某一个不同的水龙带总成上,通过进行 9.10.9.4、9.10.9.5 和 9.10.9.6 中规定的试验,进行 FSL 2 的鉴定。

9.10.2.1 规定了三个温度范围。所有三个温度范围的最低温度极限均为－20 ℃(－4 °F),符合 9.10.9.2.2 规定的低温弯曲试验的要求。而每个温度范围的最高温度极限是不同的,范围Ⅰ为＋82 ℃(＋180 °F)、范围Ⅱ为＋100 ℃(＋212 °F)、范围Ⅲ为＋121 ℃(＋250 °F)。如果在温度范围Ⅲ的上限,进行 9.10.9.3 中规定的低频脉冲试验,作为水龙带设计系列 FSL 1 鉴定的一部分,那么,水龙带应额定在该温度。上述额定值应自动地鉴定水龙带满足较低温度范围Ⅰ和Ⅱ。这也适用于按温度范围Ⅱ上限试验的水龙带,即这自动地鉴定水龙带满足温度范围Ⅰ。当鉴定水龙带设计系列满足 PSL 2 时,上述方法同样地适用于 9.10.9.4 中规定的高频脉冲试验。因此,满足 FSL 1 或 FSL 2 要求的高压泥浆软管,可具有不同的额定温度范围值。

如果制造厂商规定的最低工作温度低于－20 ℃(－4 ℉)，那么应在制造厂商规定的最低工作温度下，进行9.10.9.2.2的低温弯曲试验。

9.10.9.1 压力下的变形试验

试验包括下列步骤(环境温度下)：

a) 加压前应测量水龙带总成的长度；

b) 试验压力应符合或超过表9规定，最少保压15 min；

c) 降压至表9规定的工作压力之下；

d) 再次测量受压水龙带总成的长度。

验收准则：水龙带接头两端内侧自由水龙带体的长度变化值不应超过±2%。

9.10.9.2 弯曲试验

9.10.9.2.1 环境温度下的弯曲试验

在工作压力和环境温度下，在水龙带总成的最小弯曲半径(MBR)下弯曲100次。水龙带两端在弯曲位置的角度应小于90°，如图11所示。

验收准则：无泄漏、无明显损伤、无挤扁或扭结。

9.10.9.2.2 低温弯曲试验

除非另有规定，否则，在低于－20 ℃(－4 ℉)或最低工作温度下，应排空水龙带总成，并保持24 h，然后，应在－20 ℃(－4 ℉)或在规定的最低工作温度下，在水龙带总成的(MBR)下弯曲100次。水龙带两端在弯曲位置的角度应小于90°，如图11所示。

验收准则：无明显损伤、无挤扁或扭结。

9.10.9.3 低频脉冲试验

脉冲压力试验的频次为1 000次。水龙带总成内的液体温度不应低于9.10.2.1规定的温度范围中的最大工作温度。脉冲压力试验的上限压力应不小于工作压力，脉冲压力的振幅至少为工作压力的90%。压力升降的一个压力循环，持续的时间不应超过5 min。

验收准则：无泄漏。

9.10.9.4 高频脉冲试验

脉冲压力试验的频次为10 000次。水龙带总成内的流体温度不应低于9.10.2.1规定的温度范围中的最大工作温度。脉冲压力试验的压力上限不应小于工作压力，压力脉冲的振幅至少为工作压力的90%。压力升降的一个压力循环，持续的时间不应超过10 s。

验收准则：无明显泄漏。

9.10.9.5 静水压力试验

静水试验应在环境温度下进行，试验压力不小于表9所规定的值。保压时间不小于4 h。

验收准则：无明显泄漏，排除所有外部温度变化无压力损失，在保压期内的4 h压力损失不超过2%。

9.10.9.6 爆破压力试验

上述试验完成后，应在环境温度下进行爆破压力试验。

验收准则：试验的水龙带总成，爆破压力试验值不应小于表9的规定。

9.11 活塞钻井泵零部件

9.11.1 总则

9.11.1.1 钻井泵主承载件是指除易损件和密封件外的液力端零部件，易损件包括缸套、活塞、活塞杆、填料、填料压盖、阀、阀座、阀盖、缸盖、卡箍、导向套、缸盖堵头和紧固件等。

9.11.1.2 4.2.7、5.3、5.4、5.5、5.6、6.3.1、8.4.4、8.4.5、8.4.7和8.4.8的要求不适用。滚动轴承的设计和制造要求见9.12。

9.11.1.3 9.11.1.1所列主要承载件应以1.5倍的工作压力进行压力试验。静水压试验按8.7进行。

9.11.1.4 钻井泵吸入端铸件的静水压试验压力应为制造厂商确定的额定吸入压力的两倍，其试验程序应与9.11.1.2所述主要承载件相同。

9.11.2 钻井泵液力端活塞杆和活塞芯孔(参见附录E)

9.11.2.1 规格和尺寸

单作用钻井泵液力端的活塞杆和活塞芯孔应符合表10和图12的规定。

9.11.2.2 螺纹

活塞杆端部和锁紧螺母的螺纹应符合表10所列尺寸，按ANSI B1.2规定的X级量规检测。

表10 单作用钻井泵液力端活塞杆和活塞芯孔(见图12) 单位为毫米(英寸)

活塞和活塞杆连接号	标称连接直径	活塞杆					活塞芯孔
		活塞杆直径 *A*	端部长度 *B*±1.6 (*B*±1/16)	台肩至螺纹起始处最大距离 *C*	台肩直径 *D*±0.4 (*D*±1/64)	螺纹代号	
SA-2	25.4(1)	25.32～25.38 (0.997～0.999)	106.4(4 3/16)	38.1(1 1/2)	50.8(2)	1-8UNC-2A	25.40～25.48 (1.000～1.003)
SA-4	38.1(1 1/2)	38.02～38.07 (1.497～1.499)	138.1(5 7/16)	47.6(1 7/8)	82.6(3 1/4)	1 1/2-8UN-2A	38.10～38.18 (1.500～1.503)
	42.0	41.92～41.97	145.0	65.0	82.6	M39×3-6g	42.0～42.08

单位为毫米(英寸)

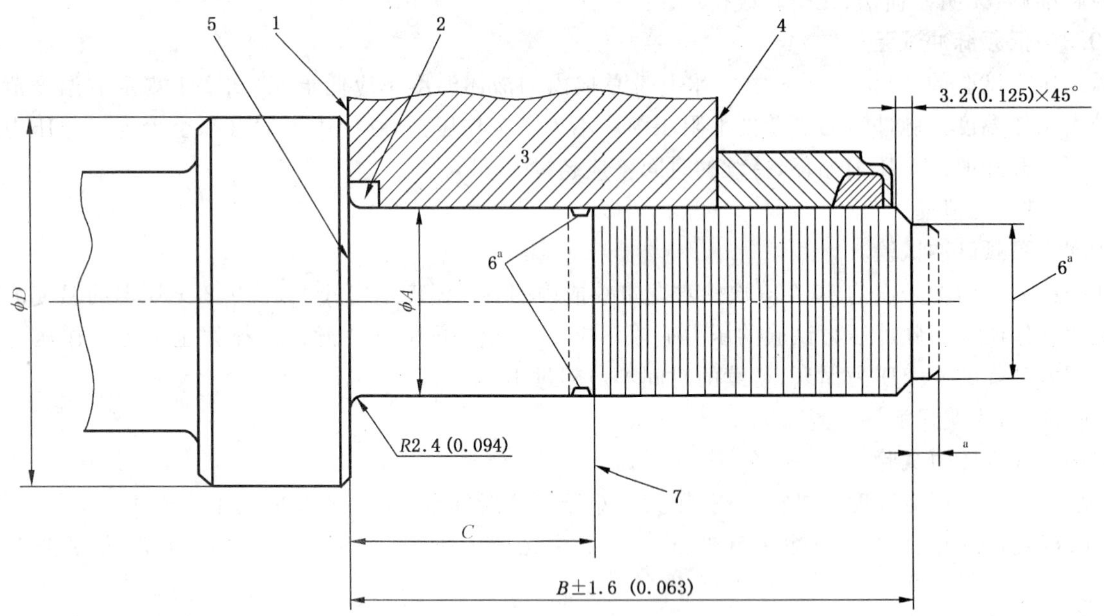

1——台肩N，活塞台肩，活塞杆端部；

2——密封尺寸任选；

3——活塞；

4——台肩P，活塞台肩，螺纹根部；

5——台肩M，活塞杆台肩；

6——螺纹形式，制造厂商选择；

7——完整螺纹终点。

[a] 任选。

图12 单作用钻井泵液力端活塞杆和活塞芯孔

9.11.2.3 **活塞和活塞杆台肩**

单作用泵活塞台肩面 N 和活塞杆的台肩面 M 应垂直其轴线，垂直度在 0.03 mm(0.001 in)范围内。活塞台肩面 P 应垂直其轴线，垂直度在 0.13 mm(0.005 in)范围内。

9.11.2.4 **标志**

应按如下进行标记：

a) 单作用泵活塞

符合本标准的圆柱孔活塞，应标记制造厂商名称、商标、标准号(GB/T 17744—2008)和连接号；

b) 单作用泵活塞杆

符合本标准的液力端活塞杆，应标记制造厂商名称、商标、标准号(GB/T 17744—2008)和连接号。若活塞杆与介杆连接端部符合 9.11.3.1 或 9.11.3.2，应标记标准号(GB/T 17744—2008)或表 11、表 12 中所列圆锥螺纹代号或圆柱螺纹代号。

表 11 十字头、介杆和活塞杆的锥柱螺纹连接(见图 13)

圆锥螺纹号	公称尺寸 A[a]		圆锥螺纹长度 B		圆柱螺纹长度 C		锁紧螺母厚度 D	
	mm	in	mm	in	mm	in	mm	in
T1	25.4	1	31.8	1¼	25.4	1	19.1	¾
T2	28.6	1⅛	35.7	1 13/32	25.4	1	19.1	¾
T3	31.8	1¼	39.7	1 9/16	25.4	1	22.2	⅞
T4	34.9	1⅜	43.7	1 23/32	25.4	1	22.2	⅞
T5	38.1	1½	47.6	1⅞	31.8	1¼	25.4	1
T6	41.3	1⅝	51.6	2 1/32	31.8	1¼	25.4	1
T7	44.5	1¾	55.6	2 3/16	31.8	1¼	28.6	1⅛
T8	47.6	1⅞	59.5	2 11/32	31.8	1¼	28.6	1⅛
T9	50.8	2	63.5	2½	38.1	1½	31.8	1¼
T10	57.2	2¼	71.4	2 13/16	38.1	1½	34.9	1⅜
T11	63.5	2½	79.4	3⅛	44.5	1¾	38.1	1½
T12	69.9	2¾	87.3	3 7/16	44.5	1¾	41.3	1⅝
T13	76.2	3	95.3	3¾	50.8	2	44.5	1¾
T14	82.6	3¼	103.2	4 1/16	50.8	2	47.6	1⅞
T15	88.9	3½	111.1	4⅜	57.2	2¼	50.8	2
T16	101.6	4	127.0	5	57.2	2¼	50.8	2
T17	114.3	4½	142.9	5⅝	57.2	2¼	50.8	2
T18	127.0	5	158.8	6¼	57.2	2¼	50.8	2
T19	139.7	5½	174.6	6⅞	57.2	2¼	50.8	2
T20	152.4	6	190.5	7½	57.2	2¼	50.8	2

a 所有螺纹为 8 牙/25.4 mm(8 牙/in)，UN 系列，修正的 2A/2B 级。

单位为毫米(英寸)

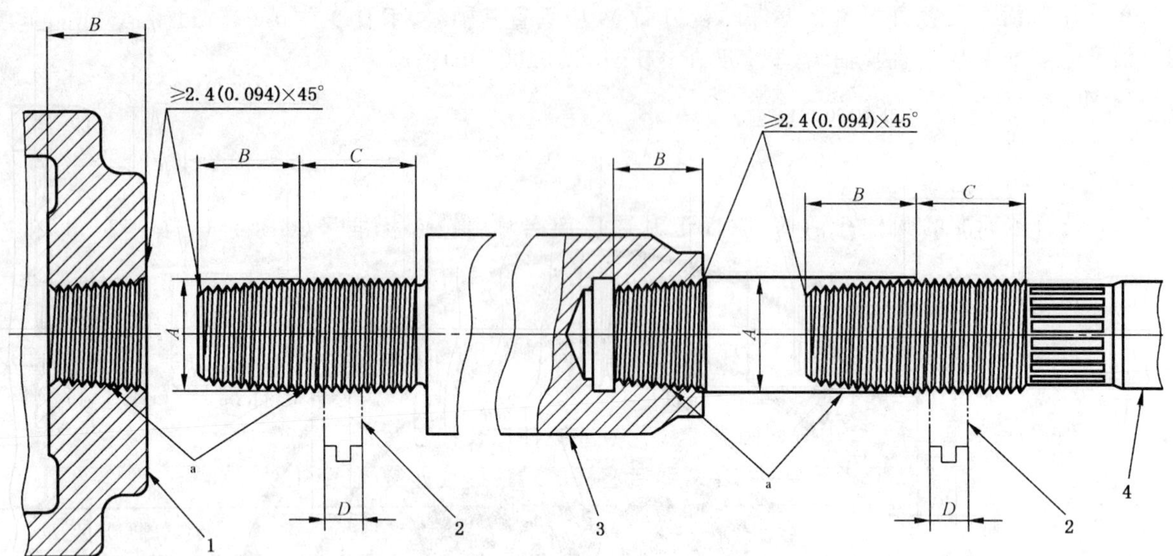

1——十字头；

2——锁紧螺母；

3——介杆；

4——活塞杆。

[a] 螺距 3.175 mm(每英寸 8 牙),锥度 1∶6(166.67 mm/m,2 in/ft)。

图 13 十字头、介杆和活塞杆的锥柱螺纹连接

表 12 十字头、介杆和活塞杆的圆柱螺纹连接(图 17)

圆柱螺纹号	公称尺寸 A[a]		内螺纹长度 B		外螺纹长度 C		锁紧螺母厚度 D	
	mm	in	mm	in	mm	in	mm	in
S1	25.4	1	31.8	1¼	57.2	2¼	19.1	3/4
S2	28.6	1⅛	35.7	1 13/32	61.1	2 13/32	19.1	3/4
S3	31.8	1¼	39.7	1 9/16	65.1	2 9/16	22.2	7/8
S4	34.9	1⅜	43.7	1 23/32	69.1	2 23/32	22.2	7/8
S5	38.1	1½	47.6	1⅞	79.4	3⅛	25.4	1
S6	41.3	1⅝	51.6	2 1/32	83.3	3 9/32	25.4	1
S7	44.5	1¾	55.6	2 3/16	87.3	3 7/16	28.6	1⅛
S8	47.6	1⅞	59.5	2 11/32	91.3	3 19/32	28.6	1⅛
S9	50.8	2	63.5	2½	101.6	4	31.8	1¼
S10	57.2	2¼	71.4	2 13/16	109.5	4 5/16	34.9	1⅜
S11	63.5	2½	79.4	3⅛	123.8	4⅞	38.1	1½
S12	69.9	2¾	87.3	3 7/16	131.8	5 3/16	41.3	1⅝
S13	76.2	3	95.3	3¾	146.1	5¾	44.5	1¾
S14	82.6	3¼	103.2	4 1/16	154.0	6 1/16	47.6	1⅞
S15	88.9	3½	111.1	4⅜	168.3	6⅝	50.8	2
S16	101.6	4	127.0	5	184.2	7¼	50.8	2

表 12(续)

圆柱螺纹号	公称尺寸 A[a]		内螺纹长度 B		外螺纹长度 C		锁紧螺母厚度 D	
	mm	in	mm	in	mm	in	mm	in
S17	114.3	4½	142.9	5⅝	200.0	7⅞	50.8	2
S18	127.0	5	158.8	6¼	215.9	8½	50.8	2
S19	139.7	5½	174.6	6⅞	231.8	9⅛	50.8	2
S20	152.4	6	190.5	7½	247.7	9¾	50.8	2
[a] 所有螺纹为 8 牙/25.4 mm(8 牙/in),UN 系列,修正的 2A/2B 级。								

9.11.3 双缸钻井泵十字头、介杆和活塞杆的锥柱螺纹连接

9.11.3.1 规格

十字头、介杆和活塞杆之间的锥柱螺纹连接均应为每 25.4 mm(1 in)8 牙(TPI)、UN 系列、修正的 2A-2B 级,其规格列于表 11。9.11.3 和 9.11.4 给出了量规和测量要求。

9.11.3.2 螺纹尺寸和公差

锥柱螺纹连接应符合表 11、图 13 和图 14 所列尺寸及下列公差:

a) 锥度

圆锥螺纹的锥度应为 1:6(166.67 mm/m,2 in/ft),其极限偏差对于内螺纹为(0,−0.51 mm)/304.8 mm;对于外螺纹为(+0.51 mm,0)/304.8 mm。

b) 同轴度

螺纹轴线应与活塞杆设计轴线同轴。螺纹轴线与活塞杆设计轴线同轴度公差不应超过 0.05 mm/100 mm。

c) 长度

$$L_{ET} = B + C \quad (8)$$

$$B = 1.25A \quad (9)$$

注:L_{ET} 为外螺纹的总长度(见图 13 中的 A、B、C)。

d) 垂直度

内螺纹端面应垂直于螺纹轴线,端面垂直度公差(按直径计)不超过 0.1 mm/100 mm。

e) 螺距

螺距极限偏差为±0.056 mm/25.4 mm。螺距累积极限偏差为±0.112 mm。

f) 牙侧角

螺纹牙侧角偏差应为±1°。

g) 削平高度

内、外螺纹牙顶应切成宽 0.76 mm(0.030 in)、平行于螺纹圆锥母线的平顶。内、外螺纹牙底应切成宽 0.38 mm(0.015 in)、平行于螺纹轴线的平底。内螺纹牙底也可切成平行于螺纹圆锥母线的牙底。圆柱螺纹的削平高度与圆锥螺纹相同。

h) 中径

圆柱螺纹的中径和中径公差应按 ANSI B1.1 中表 4.1 规定。

i) 紧密距

测量圆锥螺纹时,光规和螺纹量规与工件螺纹的紧密距极限偏差在±1.6 mm(±1/16 in)以内。(见图 20)

注:螺纹不能受损,因为损伤将引起轴线不对中和失效。

单位为毫米(英寸)

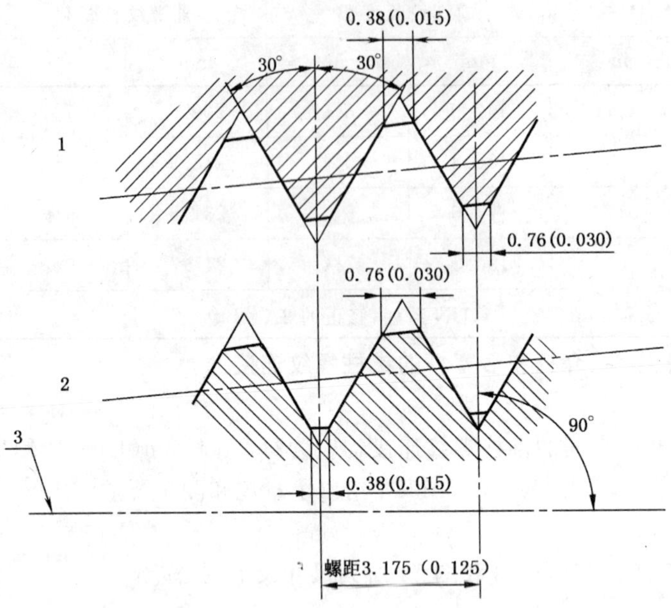

1——内螺纹；

2——外螺纹；

3——螺纹轴线。

图 14 锥柱螺纹牙型

9.11.3.3 锁紧螺母

介杆和活塞杆的锁紧螺母应符合 9.11.3.2 和图 15 的要求。

单位为毫米(英寸)

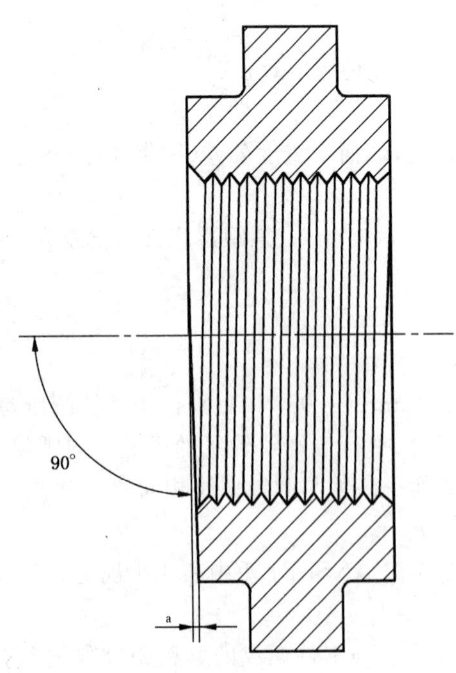

[a] 接触面应垂直螺纹轴线端面，垂直度公差为±0.001 mm/mm(in/in)。

图 15 介杆和活塞杆的锁紧螺母

9.11.4 双缸钻井泵十字头、介杆和活塞杆的圆柱螺纹连接

9.11.4.1 规格

十字头、介杆和活塞杆间的圆柱螺纹连接应为 8 牙/25.4 mm(8 牙/in),UN 系列,修正后的 2A/2B 级,其规格列于表 12 中。

9.11.4.2 螺纹尺寸和公差

圆柱螺纹连接应符合表 12,图 16、图 17 和 ANSI B1.1 中规定的尺寸和公差,并应按 ANSI B1.2 进行测量。同时应满足下列要求:

a) 同轴度

螺纹应与活塞杆设计轴线同轴。螺纹轴线与活塞杆设计轴线的同轴度公差不应超过 0.05 mm/100 mm(0.000 5 in/in)。

b) 长度(见表 12)

$$内螺纹\ B = 1.25 \times A \qquad (10)$$

$$外螺纹\ C = B + D + 6.4\ \text{mm} \qquad (11)$$

c) 垂直度

内螺纹端面应垂直于螺纹轴线,在端面垂直度公差(按直径计)不超过 0.1 mm/100 mm(0.001 in/in)。

单位为毫米(英寸)

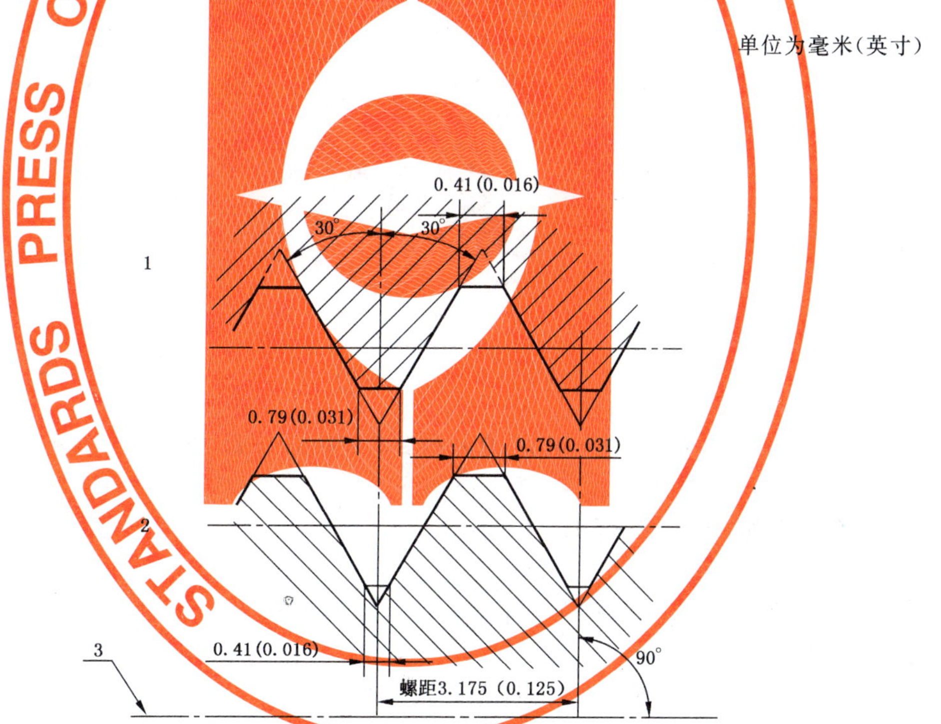

1——内螺纹;
2——外螺纹;
3——螺纹轴线。

图 16 圆柱螺纹牙型

单位为毫米(英寸)

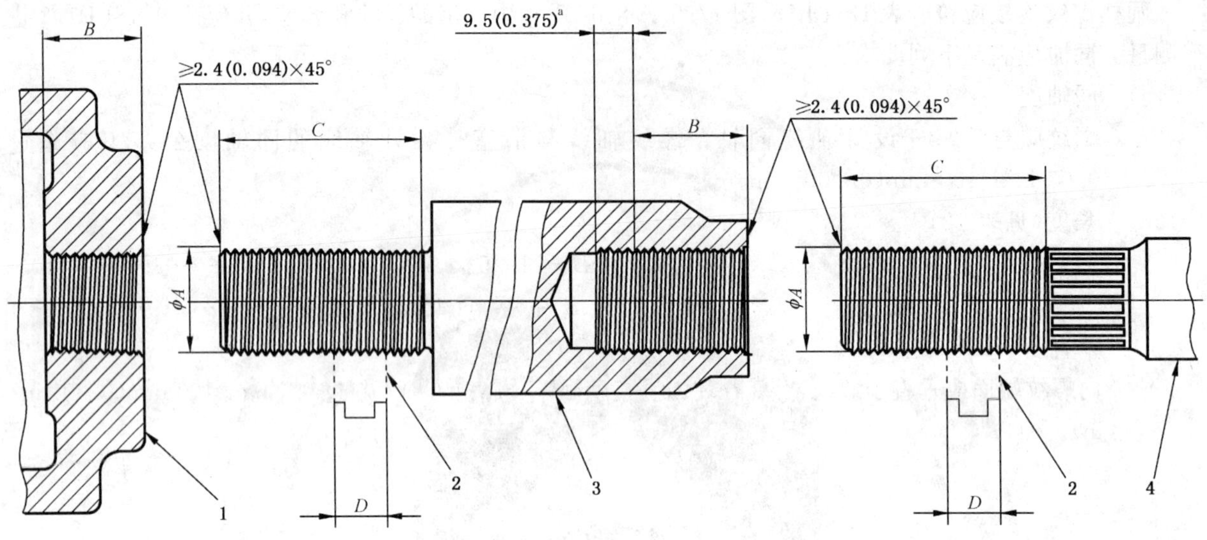

1——十字头；

2——锁紧螺母；

3——介杆；

4——活塞杆。

a 不完整螺纹。

图 17 十字头、介杆和活塞杆的圆柱螺纹连接

9.11.4.3 锁紧螺母

介杆和活塞杆的锁紧螺母应符合图 17 的要求。

9.11.4.4 锥柱螺纹

锥柱螺纹连接所用锁紧螺母的螺纹应符合 9.11.3.2 的要求。

9.11.4.5 圆柱螺纹

圆柱螺纹连接所用锁紧螺母的螺纹应符合 9.11.4.2 的要求。

9.11.5 钻井泵阀腔

9.11.5.1 规格和尺寸

钻井泵阀腔应按表 13 和图 18 所列规格、尺寸或订单的规定。导向阀的阀腔应具有最小尺寸 G(导向间隙见表 13)。

表 13　钻井泵阀腔(见图 18)

单位为毫米(英寸)

阀腔规格	阀腔尺寸								弹簧安装尺寸		
	A	B	C_{min}	D	E	F	G	J_{min}	L	M	N
25.4(1)	73.0(2 7/8)	1∶6	25.4(1)	82.6(3 1/4)	实心	44.5(1 3/4)	实心	57.2(2 1/4)	25.4(1)	63.5(2 1/2)	63.5(2 1/2)
50.8(2)	85.7(3 3/8)	1∶6	28.6(1 1/8)	95.3(3 3/4)	20.6(13/16)	57.2(2 1/4)	85.7(3 3/8)	63.5(2 1/2)	44.5(1 3/4)	76.2(3)	86.2(3 1/4)
76.2(3)	98.4(3 7/8)	1∶6	31.8(1 1/4)	108.0(4 1/4)	20.6(13/16)	63.5(2 1/2)	95.3(3 3/4)	66.7(2 5/8)	44.5(1 3/4)	76.2(3)	88.9(3 1/2)
101.6(4)	111.1(4 3/8)	1∶6	34.9(1 3/8)	120.7(4 3/4)	20.6(13/16)	69.9(2 3/4)	104.8(4 1/8)	69.9(2 3/4)	50.8(2)	76.2(3)	95.3(3 3/4)
127.0(5)	127.0(5)	1∶6	38.1(1 1/2)	136.5(5 3/8)	33.3(1 5/16)	76.2(3)	123.8(4 7/8)	79.4(3 1/8)	69.9(2 3/4)	95.3(3 3/4)	108.0(4 1/4)
139.7(5.5)	136.5(5 3/8)	1∶6	41.3(1 5/8)	146.1(5 3/4)	33.3(1 5/16)	82.6(3 1/4)	133.4(5 1/4)	85.7(3 3/8)	69.9(2 3/4)	95.3(3 3/4)	114.3(4 1/2)
152.4(6)	142.9(5 5/8)	1∶6	44.5(1 3/4)	152.4(6)	33.3(1 5/16)	82.6(3 1/4)	133.4(5 1/4)	85.7(3 3/8)	69.9(2 3/4)	95.3(3 3/4)	114.3(4 1/2)
177.8(7)	158.8(6 1/4)	1∶6	50.8(2)	168.3(6 5/8)	33.3(1 5/16)	88.9(3 1/2)	142.9(5 5/8)	95.3(3 3/4)	69.9(2 3/4)	95.3(3 3/4)	120.7(4 3/4)
203.2(8)	177.8(7)	1∶6	57.2(2 1/4)	187.3(7 3/8)	33.3(1 5/16)	95.3(3 3/4)	152.4(6)	98.4(3 7/8)	69.9(2 3/4)	95.3(3 3/4)	127.0(5)
228.6(9)	196.9(7 3/4)	1∶6	63.5(2 1/2)	206.4(8 1/8)	33.3(1 5/16)	101.6(4)	161.9(6 3/8)	104.8(4 1/8)	69.9(2 3/4)	95.3(3 3/4)	133.4(5 1/4)
254.0(10)	215.9(8 1/2)	1∶6	73.0(2 7/8)	225.4(8 7/8)	33.3(1 5/16)	108.0(4 1/4)	171.5(6 3/4)	123.8(4 7/8)	69.9(2 3/4)	95.3(3 3/4)	139.7(5 1/2)
279.4(11)	241.3(9 1/2)	1∶6	82.6(3 1/4)	250.8(9 7/8)	33.3(1 5/16)	114.3(4 1/2)	181.0(7 1/8)	136.5(5 3/8)	69.9(2 3/4)	95.3(3 3/4)	146.1(5 3/4)

单位为毫米(英寸)

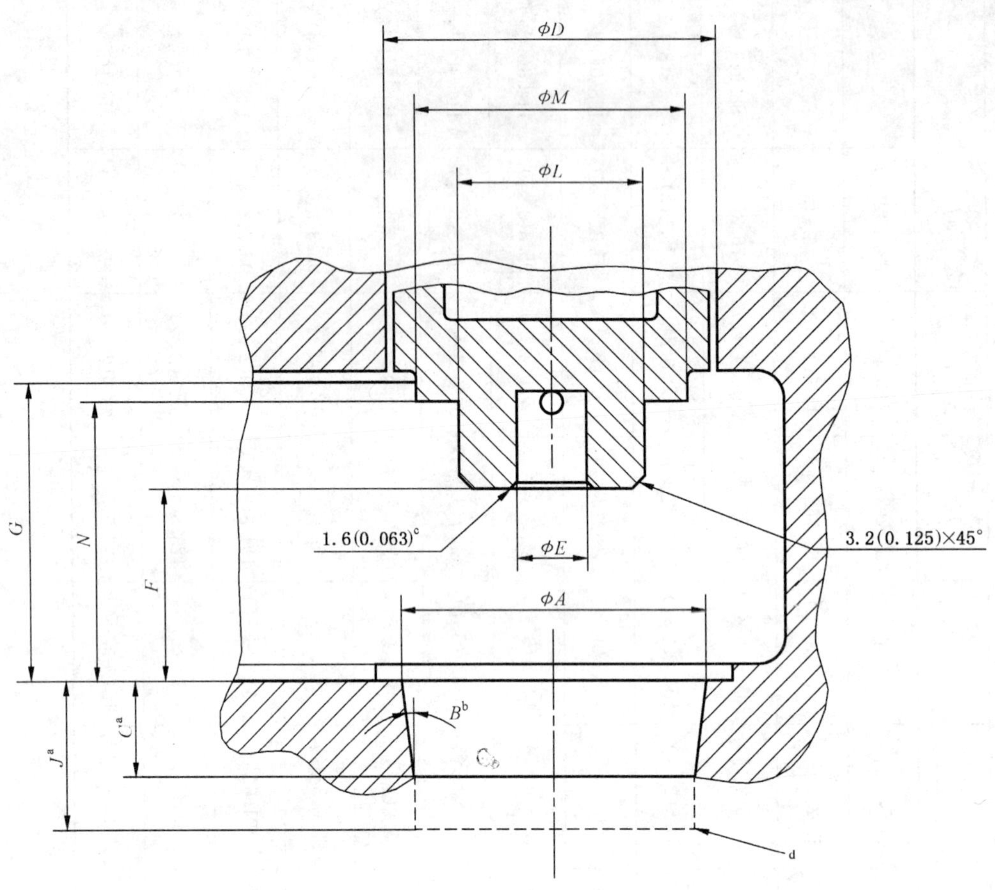

a 最小尺寸。

b 锥度，mm/m(in/ft)。

c 最大倒角。

d 最小间隙。

图 18 钻井泵阀腔

9.11.5.2 弹簧安装尺寸

阀腔内的弹簧安装尺寸应符合图 18 和表 13 所示尺寸 L,M 和 N。

9.11.5.3 标志

钻井泵阀腔应标记制造厂商名称或商标、标准号(GB/T 17744—2008)和规格号,标志应铸在或打印在液缸上,或使用标牌固定在液缸上。液缸安装后,标志应处于醒目的位置,可标记在任一阀腔上。若液力端由几个液缸组成,每一个液缸上均应作标记。

9.11.6 钻井泵活塞

9.11.6.1 规格和尺寸

钻井泵活塞孔见表 10。活塞外径应适用于按图 19 和 9.11.7.1 所列内径级差变化的缸套。

9.11.6.2 标志

活塞应标记制造厂商家名称或商标,标准号(GB/T 17744—2008)、活塞杆号和标准孔径。标志应以 3.5 mm(1/8 in)高的钢字打印在活塞芯端面上。

9.11.7 钻井泵缸套

9.11.7.1 缸套内径

孔径大于或等于 152.4 mm(6 in)的缸套应以 6.4 mm(1/4 in)级差增加,孔径小于 152.4 mm(6 in)

的缸套应以 12.7 mm(1/2 in)的级差增加。孔径公差应按图 19 所示或订单要求的规定。

单位为毫米(英寸)

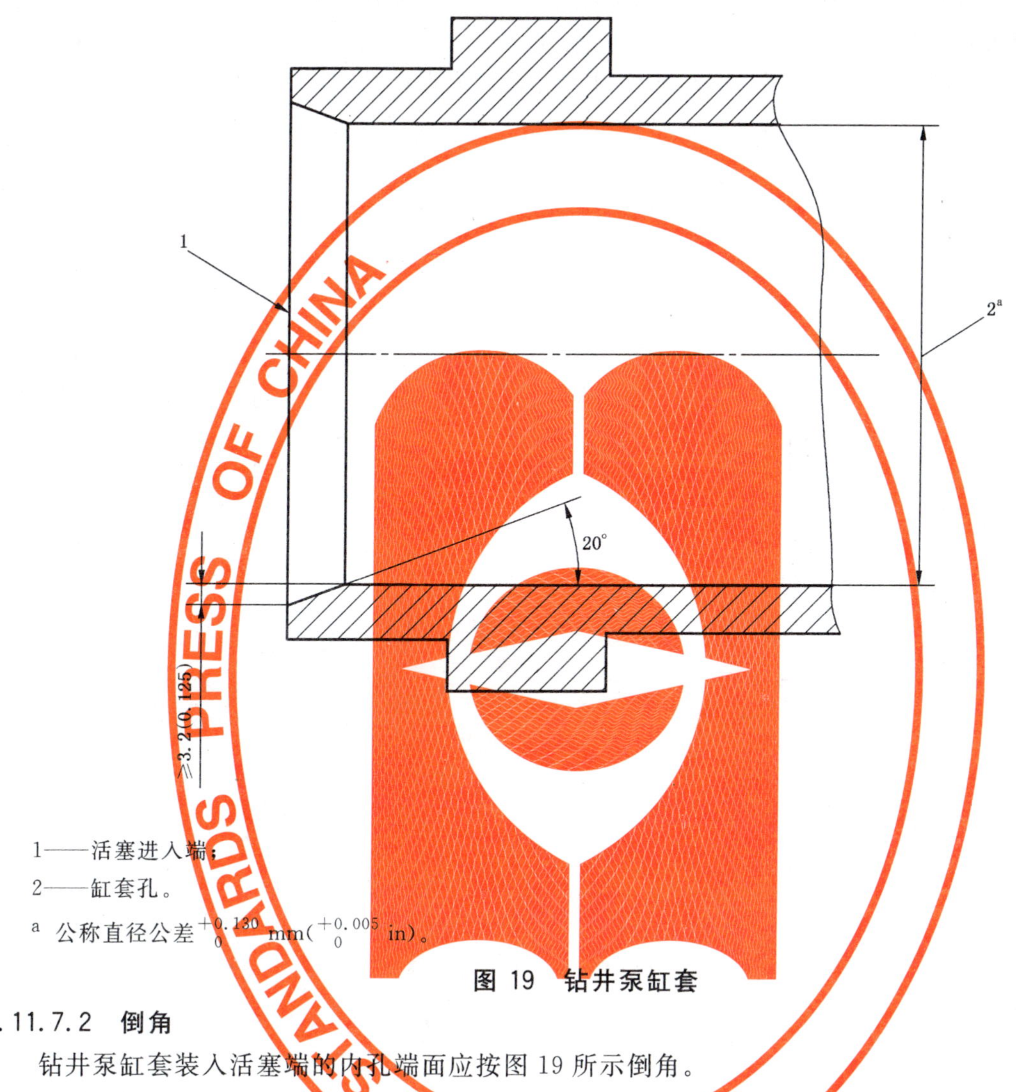

1——活塞进入端；

2——缸套孔。

a 公称直径公差 $^{+0.130}_{0}$ mm($^{+0.005}_{0}$ in)。

图 19 钻井泵缸套

9.11.7.2 倒角

钻井泵缸套装入活塞端的内孔端面应按图 19 所示倒角。

9.11.7.3 标志

钻井泵缸套应标记制造厂商名称或商标、标准号(GB/T 17744—2008)和缸套规格(标准孔径)。标志应以 3.5 mm(⅛ in)高的钢字打印在缸套的外端。

9.11.8 钻井泵齿轮额定值

9.11.8.1 规定

额定值依据齿面接触强度(与节距无关)确定,但齿轮制造厂商应负责选择合适的模数以确保齿部有足够的强度。

9.11.8.2 设计

齿轮应采用单级减速的斜齿或人字型齿轮。齿轮材料应符合 ANSI/AGMA 2004-B89。齿轮强度和耐久性的确定应与国家标准和代号一致。可采用齿高、压力角或螺旋角的适当组合。本标准推荐采用美国齿轮制造厂商协会标准。钻井泵制造厂商应确保轴系和支承系统负载时保持正确对中。

9.11.8.3 铭牌额定值

钻井泵的铭牌额定值不应超过齿轮的计算额定值。

9.11.9 量规和测量方法

9.11.9.1 总则

测量十字头、介杆和活塞杆锥柱螺纹连接的圆柱螺纹部分的量规，不用于测量十字头、介杆和活塞杆的圆柱螺纹连接，因为两者的旋入长度不同。对于圆柱螺纹连接要求使用较长的量规。

9.11.9.2 工作量规

制造厂商应配备测量产品螺纹用的工作量规，工作量规应确保产品螺纹按本标准测量验收。工作量规保管和使用推荐作法见本标准的附录 F。工作量规应具有能保证产品螺纹符合本标准要求的精度和结构。工作量规和产品螺纹之间的关系如图 20 所示。

以塞规尺寸为基准，光滑锥度环规及圆锥螺纹环规与塞规之间的配对紧密距 S，主要是用于确定量规的磨损或缓慢变形的依据。

单位为毫米(英寸)

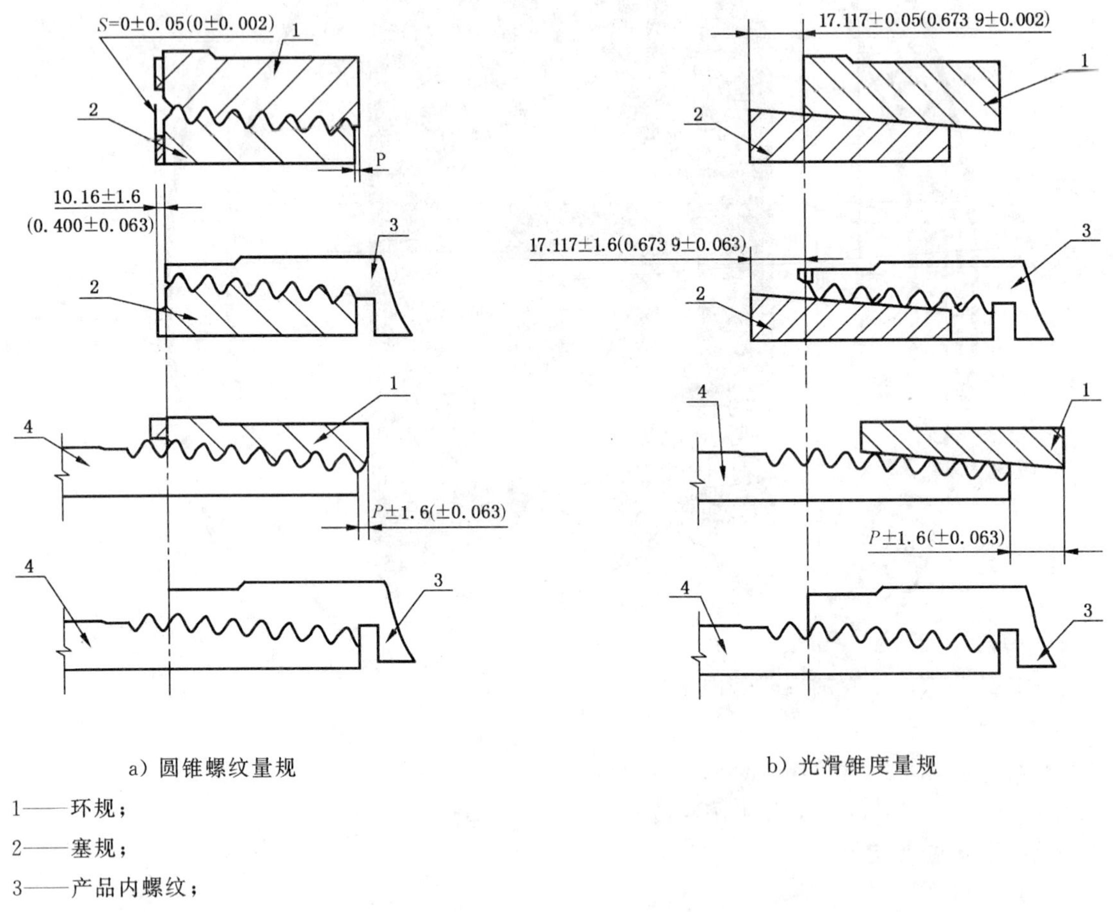

a) 圆锥螺纹量规　　b) 光滑锥度量规

1——环规；

2——塞规；

3——产品内螺纹；

4——产品外螺纹。

图 20　十字头、介杆和活塞杆的圆锥螺纹连接的测量方法

9.11.9.3 螺距

螺纹塞规和环规的螺距应在螺纹两端除去一个整牙的长度上，沿中径线平行于螺纹轴线测量(校对塞规公差仅适用于螺纹长度等于配对环规的那段长度)。任意两牙之间的螺距误差不应超过表 14 所规定的公差。

9.11.9.4 锥度

圆锥螺纹量规的锥度应在螺纹两端各除去约一个整牙的长度上，沿中径线在直径上测量。按上述方法确定并折算成长度 L_{RT}(表 15)的锥度偏差应符合表 14。光滑锥度塞规和环规的锥度，在两端各除去约 1.6 mm(1/16 in)，在全长上测量其直径。按上述方法确定并折算成长度 L_{Rp}(表 15)的锥度偏差应符合表 14。圆柱螺纹校对塞规的圆柱度偏差在长度 L_{TS}(表 16 和图 22)范围内不应超过 0.003 8 mm (0.000 15 in)。圆柱度偏差应使旋入端直径最大，且应在中径极限偏差之内。

表 14　量规的尺寸公差

单位为毫米(英寸)

<table>
<tr><td colspan="8">圆锥螺纹量规和光滑锥度量规</td></tr>
<tr><td colspan="4">塞　规</td><td colspan="4">环　规</td></tr>
<tr><td colspan="3">基面中径</td><td>±0.010
(±0.000 4)</td><td colspan="3">基面小径</td><td>±0.051
(±0.002)</td></tr>
<tr><td colspan="3">基面大径</td><td>±0.051
(±0.002)</td><td colspan="3">外径 D_R</td><td>±0.381
(±0.015)</td></tr>
<tr><td colspan="3">光滑锥度塞规大端直径 D_{EP}</td><td>±0.010
(±0.000 4)</td><td colspan="3">镗孔直径 Q</td><td>±0.381
(±0.015)</td></tr>
<tr><td colspan="3">调整盘直径 D_P</td><td>±0.381
(±0.015)</td><td colspan="3">调整盘直径 D_P</td><td>±0.381
(±0.015)</td></tr>
<tr><td rowspan="2">圆锥型螺纹号</td><td colspan="2">圆锥[a]</td><td rowspan="2">螺距</td><td rowspan="2">圆锥型螺纹号</td><td colspan="2">圆锥[a]</td><td rowspan="2">螺距</td></tr>
<tr><td>圆锥螺纹塞规</td><td>光滑锥度塞规</td><td>圆锥螺纹环规</td><td>光滑锥度环规</td></tr>
<tr><td>T1～T15</td><td>$^{+0.010}_{0}$
($^{+0.000\ 4}_{0}$)</td><td>±0.005
(±0.000 2)</td><td>±0.010
(±0.000 4)</td><td>T1～T15</td><td>$^{-0.010}_{-0.030}$
($^{-0.000\ 4}_{-0.001\ 2}$)</td><td>±0.005
(±0.000 2)</td><td>±0.015
(±0.000 6)</td></tr>
<tr><td>T16～T18</td><td>$^{+0.013}_{0}$
($^{+0.000\ 5}_{0}$)</td><td>±0.008
(±0.000 3)</td><td>±0.013
(±0.000 5)</td><td>T16～T18</td><td>$^{-0.013}_{-0.038}$
($^{-0.000\ 5}_{-0.001\ 5}$)</td><td>±0.008
(±0.000 3)</td><td>±0.020
(±0.000 8)</td></tr>
<tr><td>T19～T20</td><td>$^{+0.018}_{0}$
($^{+0.000\ 7}_{0}$)</td><td>±0.010
(±0.000 4)</td><td>±0.018
(±0.000 7)</td><td>T19～T20</td><td>$^{-0.018}_{-0.053}$
($^{-0.000\ 7}_{-0.002\ 1}$)</td><td>±0.010
(±0.000 4)</td><td>±0.025
(±0.001 0)</td></tr>
<tr><td colspan="3">牙侧角</td><td>±7 min</td><td colspan="3">牙侧角</td><td>±15 min</td></tr>
<tr><td colspan="3">长度，L_{PT} 和 L_{PP}</td><td>±0.051
(±0.002)</td><td colspan="3">长度，L_{RT} 和 L_{RP}</td><td>±0.051
(±0.002)</td></tr>
<tr><td colspan="3"></td><td></td><td colspan="3">配合紧密距</td><td>±0.051
(±0.002)</td></tr>
<tr><td colspan="8">圆柱螺纹量规</td></tr>
<tr><td colspan="8">锥柱螺纹连接的圆柱螺纹部分的圆柱螺纹塞规和环规公差，应按 ANSI B1.2 的规定，校对塞规按 W 级执行，工作规按 X 级执行。
对未提供足够旋合长度的量规设计应按商业标准 B47.1 和 CS8 中的规定。</td></tr>
<tr><td colspan="8">圆锥螺纹量规和光滑锥度量规的塞规和环规的测量端面对其轴线的垂直公差为 0.025 mm(0.001 in)。</td></tr>
<tr><td colspan="8">[a] 圆锥偏差仅适用于整个量规长度。</td></tr>
</table>

表 15 圆锥螺纹和光滑锥度量规(见图 21)

圆锥螺纹号	标称尺寸	环规外径 D_R/mm(in)	圆锥螺纹量规/mm(in)			
			基面中径	基面大径	基面小径	调整盘直径 D_P
T1	1	60.3($2^{2}/_{8}$)	21.930(0.863 40)	23.357(0.919 56)	20.504(0.807 24)	17.27(0.680)
T2	1⅛	63.5(2½)	25.102(0.988 25)	26.528(1.044 41)	23.675(0.932 09)	20.45(0.805)
T3	1¼	66.7(2⅝)	28.275(1.113 20)	29.702(1.169 36)	26.849(1.057 04)	23.62(0.930)
T4	1⅜	69.9(2¾)	31.445(1.238 00)	32.872(1.294 16)	30.018(1.181 84)	26.80(1.055)
T5	1½	73.0(2⅞)	34.619(1.362 95)	36.045(1.419 11)	33.192(1.306 79)	29.97(1.180)
T6	1⅝	76.2(3)	37.793(1.487 90)	39.219(1.544 06)	36.366(1.431 47)	33.15(1.305)
T7	1¾	79.4(3⅛)	40.964(1.612 75)	42.390(1.668 91)	39.537(1.556 59)	36.32(1.430)
T8	1⅞	82.6(3¼)	44.136(1.737 65)	45.563(1.793 81)	42.710(1.681 49)	39.50(1.555)
T9	2	85.7(3⅜)	47.310(1.862 60)	48.737(1.918 76)	45.884(1.806 44)	42.67(1.680)
T10	2¼	92.1(3⅝)	53.655(2.112 40)	55.081(2.168 56)	52.228(2.056 24)	49.00(1.929)
T11	2½	98.4(3⅞)	60.002(2.362 30)	61.429(2.362 30)	58.576(2.306 14)	55.35(2.179)
T12	2¾	117.5(4⅝)	66.349(2.612 15)	67.775(2.668 31)	64.922(2.555 99)	61.70(2.429)
T13	3	123.8(4⅞)	72.694(2.861 95)	74.120(2.918 11)	71.267(2.805 79)	68.05(2.679)
T14	3¼	130.2(5⅛)	79.041(3.111 85)	80.467(3.168 01)	77.615(3.055 69)	74.40(2.929)
T15	3½	136.5(5⅜)	85.390(3.361 80)	86.816(3.417 96)	83.963(3.305 64)	80.75(3.179)
T16	4	149.2(5⅞)	98.083(3.861 55)	99.495(3.917 71)	96.657(3.805 39)	93.45(3.679)
T17	4½	161.9(6⅜)	110.777(4.361 30)	112.203(4.417 46)	109.351(4.305 14)	106.12(4.178)
T18	5	174.6(6⅞)	123.471(4.861 05)	124.897(4.917 21)	122.044(4.804 89)	118.82(4.678)
T19	5½	187.3(7⅜)	136.166(5.360 85)	137.592(5.417 01)	134.739(5.304 69)	131.52(5.178)
T20	6	200.0(7⅞)	148.862(5.860 70)	150.288(5.916 89)	147.435(5.804 54)	144.22(5.678)

圆锥螺纹号	标称尺寸	环规外径 D_R/mm(in)	圆锥螺纹量规/mm(in)		光滑锥度量规/mm(in)		
			塞规和环规长度 L_{PT}和L_{RT}	镗孔直径 D_C	塞规大端直径 D_{EP}	环规大端直径 D_{ER}	塞规和环规长度 L_{PP}和L_{RP}
T1	1	60.32(2⅜)	41.910(1.650 0)	29.11(1.146)	24.627(0.969 56)	21.774(0.857 24)	31.750(1.250 0)
T2	1⅛	63.50(2½)	45.877(1.806 2)	32.28(1.271)	27.798(1.094 41)	24.945(0.982 09)	35.718(1.406 2)
T3	1¼	66.68(2⅝)	49.848(1.962 5)	35.46(1.396)	30.972(1.219 36)	28.119(1.107 04)	39.688(1.562 5)
T4	1⅜	69.85(2¾)	53.818(2.118 8)	38.63(1.521)	34.142(1.344 16)	31.289(1.231 84)	43.658(1.718 8)
T5	1½	73.02(2⅞)	57.785(2.275 0)	41.81(1.646)	37.315(1.469 11)	34.463(1.356 79)	47.625(1.875 0)
T6	1⅝	76.20(3)	61.752(2.431 2)	44.98(1.771)	40.489(1.594 06)	37.636(1.481 74)	51.593(2.031 2)
T7	1¾	79.38(3⅛)	65.722(2.587 5)	48.16(1.896)	43.660(1.718 91)	40.807(1.606 59)	55.563(2.187 5)
T8	1⅞	82.55(3¼)	69.693(2.743 8)	51.33(2.021)	46.833(1.843 81)	43.980(1.731 49)	59.533(2.343 8)
T9	2	85.72(3⅜)	73.660(2.900 0)	54.51(2.146)	50.007(1.968 76)	47.154(1.856 44)	63.500(2.500 0)
T10	2¼	92.07(3⅝)	81.598(3.212 5)	60.83(2.395)	56.351(2.218 56)	53.499(2.106 24)	71.438(2.812 5)
T11	2½	98.42(3⅞)	89.535(3.525 0)	67.18(2.645)	62.699(2.468 46)	59.846(2.356 14)	79.375(3.125 0)
T12	2¾	117.47(4⅝)	97.473(3.837 5)	73.53(2.895)	69.045(2.718 31)	66.192(2.605 99)	87.313(3.437 5)
T13	3	123.82(4⅞)	105.410(4.150 0)	79.88(3.145)	75.390(2.968 11)	72.537(2.855 79)	92.250(3.750 0)
T14	3¼	130.17(5⅛)	113.348(4.462 5)	86.23(3.395)	81.737(3.218 01)	78.885(3.105 69)	103.188(4.062 5)
T15	3½	136.52(5⅜)	121.285(4.775 0)	92.58(3.645)	88.086(3.467 96)	85.233(3.355 64)	111.125(4.375 0)
T16	4	149.22(5⅞)	137.160(5.400 0)	105.28(4.145)	100.780(3.967 11)	97.927(3.855 39)	127.000(5.000 0)
T17	4½	161.92(6⅜)	153.035(6.025 0)	117.96(4.644)	113.473(4.467 46)	110.621(4.355 14)	142.875(5.625 0)
T18	5	174.62(6⅞)	168.910(6.650 0)	130.65(5.144)	126.167(4.967 21)	123.314(4.854 89)	152.750(6.250 0)
T19	5½	187.32(7⅜)	184.785(7.275 0)	143.36(5.644)	138.862(5.467 01)	136.009(5.354 69)	179.625(6.875 0)
T20	6	200.02(7⅞)	200.660(7.900 0)	156.06(6.144)	151.558(5.966 86)	143.705(5.854 54)	190.500(7.500 0)

各种尺寸螺纹的锥度均为 1∶6 即按直径计 166.67 mm/m(2.000 in/ft)。

所有螺纹螺距为 3.175 mm(8 牙/in,螺距为 0.125 in)。

T20 按表 16 推算的基面中径为 148.860 mm(5.860 60 in)。

单位为毫米(英寸)

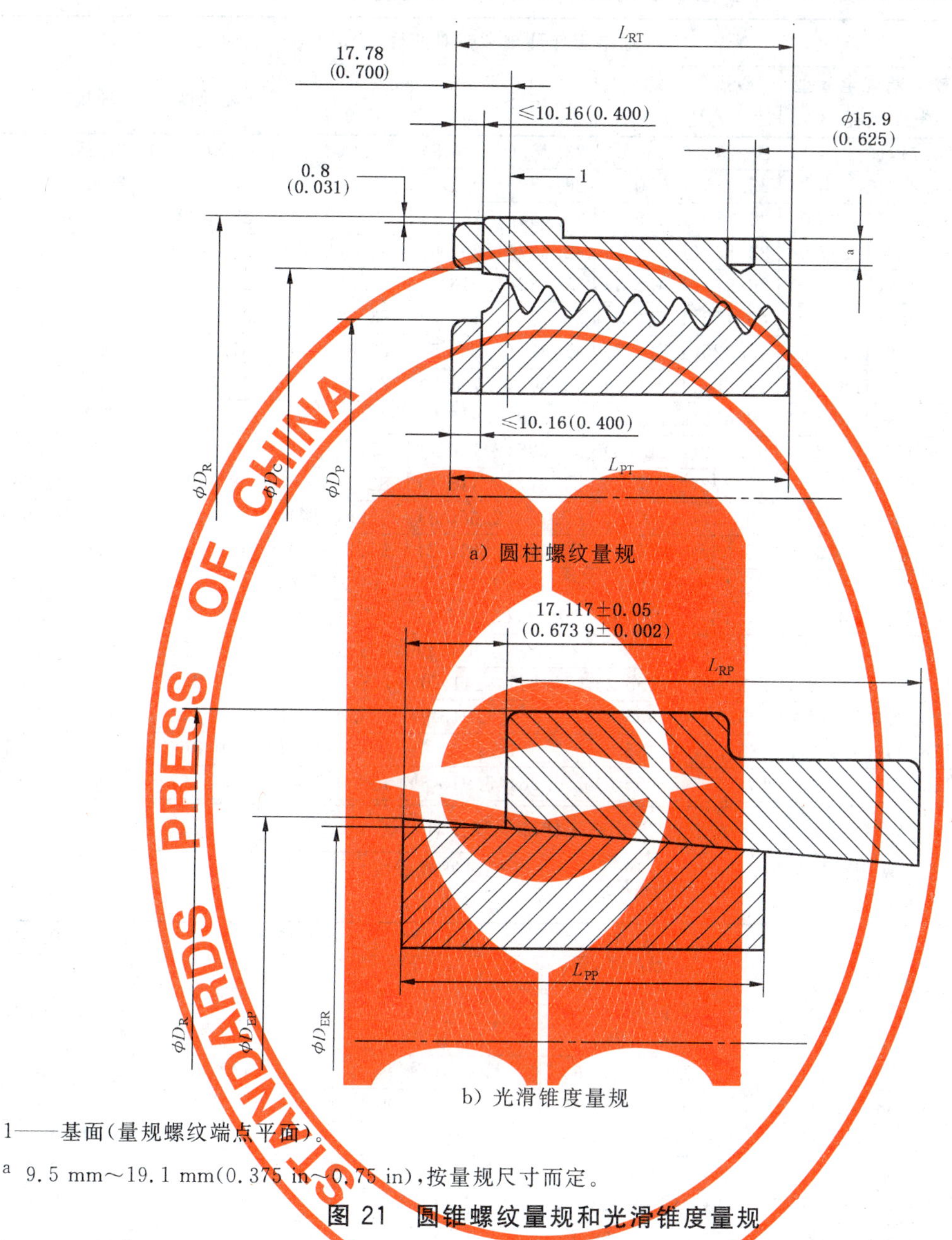

a) 圆柱螺纹量规

b) 光滑锥度量规

1——基面(量规螺纹端点平面)。

a 9.5 mm～19.1 mm(0.375 in～0.75 in),按量规尺寸而定。

图 21 圆锥螺纹量规和光滑锥度量规

9.11.9.5 配合

可调式通端和止端圆柱螺纹环规,应在与塞规完全旋合的情况下调整适宜的配合(接近无间隙)。一个可调式环规的初始状态可按校对塞规的全牙型部分调整,也可按其截短牙型部分调整。当旋合在校对塞规上的不同部位时,其配合如有变化,则仅应很小。如果出现了在较松配合中遇到的那种可察觉的摇晃现象,应对环规,必要时也可对塞规进行检修。

9.11.9.6 牙底型式

圆锥螺纹量规的牙底形状由制造厂商自行决定。但牙底半径不应超过 0.25 mm(0.010 in),或切成最大宽度相当于表 18 所列基本截底宽度的下切槽。下切槽应当大体对称于相邻的螺纹牙侧,切槽深应超越尖牙底。

9.11.9.7 螺纹牙底

螺纹塞规和环规的通端、测量圆柱外螺纹环规的校对塞规和测量锁紧螺母螺纹的校对塞规的螺纹牙底,应按 ANSI B1.2 的规定,尺寸公差见表 16、表 17 和表 18 及图 22、图 23 和图 24。

表 16 外圆柱螺纹用工作环规和校对塞规(见图 24)

锥柱螺纹代号	标称尺寸	通端工作环规和校对塞规/mm(in)					
		校对塞规全牙型螺纹大径 B_S	截短牙型螺纹大径 B_{ST}	中径 E_S	校对塞规螺纹长度 L_{TS}	环规长度 L_N	环规小径 K_N
T1	1	24.717(0.973 1)	24.282(0.956 0)	23.287(0.916 8)	54.0(2⅛)	23.8(15/16)	21.857(0.860 5)
T2	1⅛	27.889(1.098 0)	27.455(1.080 9)	26.459(1.041 7)	54.0(2⅛)	23.8(15/16)	25.029(0.985 4)
T3	1¼	31.064(1.223 0)	30.630(1.205 9)	29.634(1.166 7)	60.3(2⅜)	28.6(1⅛)	28.024(1.110 4)
T4	1⅜	34.237(1.347 9)	33.802(1.330 8)	32.807(1.291 6)	60.3(2⅜)	28.6(1⅛)	31.377(1.235 3)
T5	1½	37.411(1.472 9)	36.977(1.455 8)	35.982(1.416 6)	60.3(2⅜)	28.6(1⅛)	34.552(1.360 3)
T6	1⅝	40.587(1.597 9)	40.152(1.580 8)	39.157(1.541 6)	73.0(2⅞)	31.8(1⅞)	37.727(1.485 3)
T7	1¾	43.759(1.722 8)	43.325(1.705 7)	42.329(1.666 5)	73.0(2⅞)	31.8(1¼)	40.900(1.610 2)
T8	1⅞	46.934(1.847 8)	46.500(1.830 7)	45.504(1.791 5)	73.0(2⅞)	31.8(1¼)	44.074(1.735 2)
T9	2	50.109(1.972 8)	49.675(1.955 7)	48.679(1.916 5)	73.0(2⅞)	31.8(1¼)	47.249(1.860 2)
T10	2¼	56.457(2.222 7)	56.022(2.205 6)	55.027(2.166 4)	76.2(3)	34.9(1⅜)	53.597(2.110 1)
T11	2½	62.807(2.472 7)	62.372(2.455 6)	61.377(2.416 4)	82.6(3¼)	38.1(1½)	59.947(2.360 1)
T12	2¾	69.154(2.722 6)	68.720(2.705 5)	67.724(2.666 3)	88.9(3½)	41.3(1⅝)	66.294(2.610 0)
T13	3	75.502(2.972 5)	75.067(2.955 4)	74.071(2.916 2)	95.2(3¾)	44.5(1¾)	72.641(2.859 9)
T14	3¼	81.852(3.222 5)	81.417(3.205 4)	80.421(3.166 2)	101.6(4)	47.6(1⅞)	78.991(3.109 9)
T15	3½	88.202(3.472 5)	87.767(3.455 4)	86.771(3.416 2)	108.0(4¼)	50.8(2)	85.841(3.359 9)
T16	4	100.899(3.972 4)	100.465(3.955 3)	99.469(3.916 1)	108.0(4¼)	50.8(2)	95.039(3.859 8)
T17	4½	113.596(4.472 3)	113.162(4.455 2)	112.166(4.416 0)	108.0(4¼)	50.8(2)	110.736(4.359 7)
T18	5	126.294(4.972 2)	125.860(4.955 1)	124.864(4.915 9)	108.0(4¼)	50.8(2)	123.434(4.859 6)
T19	5½	138.991(5.472 1)	138.557(5.455 0)	137.561(5.415 8)	108.0(4¼)	50.8(2)	136.131(5.359 5)
T20[a]	6	151.691(5.972 1)	151.257(5.955 0)	150.261(5.915 8)	108.0(4¼)	50.8(2)	148.831(5.899 5)

圆锥螺纹代号	标称尺寸	止端工作环规和校对塞规/mm(in)				
		校对塞规截短牙型螺纹大径 B_{ST}	中径 E_S	校对塞规螺纹长度 L_{TS}	环规长度 L_N	环规小径 K_N
T1	1	23.828(0.938 1)	23.114(0.910 0)	38.1(1½)	17.5(11/16)	22.400(0.881 9)
T2	1⅛	26.998(1.062 9)	26.284(1.034 8)	38.1(1½)	17.5(11/16)	25.570(1.006 7)
T3	1¼	30.170(1.187 8)	29.456(1.159 7)	41.3(1⅝)	19.1(¾)	28.743(1.131 6)
T4	1⅜	33.338(1.312 5)	32.624(1.284 4)	41.3(1⅝)	19.1(¾)	31.910(1.256 3)
T5	1½	36.510(1.437 4)	35.769(1.409 3)	41.3(1⅝)	19.1(¾)	35.082(1.381 2)
T6	1⅝	39.682(1.562 3)	38.969(1.534 2)	47.6(1⅞)	20.6(13/16)	38.225(1.506 1)
T7	1¾	42.852(1.687 1)	42.139(1.659 0)	47.6(1⅞)	20.6(13/16)	41.425(1.630 9)
T8	1⅞	46.022(1.811 9)	45.309(1.783 8)	47.6(1⅞)	20.6(13/16)	44.595(1.755 7)
T9	2	49.195(1.936 8)	48.481(1.908 7)	47.6(1⅞)	20.6(13/16)	47.767(1.880 6)
T10	2¼	55.537(2.186 5)	54.823(2.158 4)	50.8(2)	22.2(⅞)	54.110(2.130 3)
T11	2½	61.882(2.436 3)	61.168(2.408 2)	50.8(2)	22.2(⅞)	60.455(2.380 1)
T12	2¾	68.227(2.686 1)	67.513(2.658 0)	50.8(2)	22.2(⅞)	66.799(2.629 9)
T13	3	74.569(2.935 8)	73.856(2.907 7)	50.8(2)	22.2(⅞)	73.142(2.879 6)
T14	3¼	80.914(3.185 6)	80.201(3.157 5)	50.8(2)	23.8(15/16)	79.487(3.129 4)
T15	3½	87.262(3.435 5)	86.548(3.407 4)	50.8(2)	23.8(15/16)	85.834(3.379 3)
T16	4	99.952(3.935 1)	99.238(3.907 0)	50.8(2)	23.8(15/16)	98.524(3.878 9)
T17	4½	112.641(4.434 7)	111.928(4.406 6)	54.0(2⅛)	25.4(1)	111.214(4.378 5)
T18	5	125.331(4.934 3)	124.617(4.906 2)	54.0(2⅛)	25.4(1)	123.904(4.878 1)
T19	5½	138.024(5.434 0)	137.310(5.405 9)	54.0(2⅛)	25.4(1)	136.596(3.377 8)
T20[a]	6	150.716(5.933 7)	150.002(5.905 6)	54.0(2⅛)	25.4(1)	149.228(5.877 5)

所有螺纹螺距为 3.175 mm(8 牙/in,螺距为 0.125 0 in)。

[a] 按 ASME B1.1 1989(ANSI B1.1-1982 的修订版)《统一螺纹》和 ANSI B1.2-1983 计算,通端规中径为 150.259 mm(5.915 7 in),止端中径为 150.000 mm(5.905 5 in)。

表 17　内圆柱螺纹用工作塞规(见图 23)

圆锥螺纹代号	公称尺寸	通端螺纹塞规/mm(in)			止端螺纹塞规/mm(in)		
		螺纹大径 B_S	中径 E_S	螺纹长度 L_T	螺纹大径 B_S	中径 E_S	螺纹长度 L_T
T1	1	24.768(0.975 1)	23.338(0.918 8)	25.4(1)	24.275(0.955 7)	23.561(0.927 6)	15.9(5/8)
T2	1 1/8	27.943(1.100 1)	26.513(1.043 8)	25.4(1)	27.455(1.080 9)	26.741(1.052 8)	15.9(5/8)
T3	1 1/4	31.118(1.225 1)	29.688(1.168 8)	31.8(1 1/4)	30.635(1.206 1)	29.921(1.178 0)	19.1(3/4)
T4	1 3/8	34.293(1.350 1)	32.863(1.293 8)	31.8(1 1/4)	33.813(1.331 2)	33.099(1.303 1)	19.1(3/4)
T5	1 1/2	37.468(1.475 1)	36.038(1.413 8)	31.8(1 1/4)	36.993(1.456 4)	36.279(1.428 3)	19.1(3/4)
T6	1 5/8	40.643(1.600 1)	39.213(1.543 8)	31.8(1 1/4)	40.173(1.581 6)	39.459(1.553 5)	22.2(7/8)
T7	1 3/4	43.818(1.725 1)	42.388(1.668 8)	31.8(1 1/4)	43.350(1.706 7)	42.636(1.678 6)	22.2(7/8)
T8	1 7/8	46.993(1.850 1)	46.563(1.793 8)	31.8(1 1/4)	46.530(1.831 9)	45.817(1.803 8)	22.2(7/8)
T9	2	50.168(1.975 1)	48.738(1.918 8)	31.8(1 1/4)	49.708(1.957 0)	48.994(1.928 9)	22.2(7/8)
T10	2 1/4	56.518(1.225 1)	55.088(2.168 8)	34.9(1 3/8)	56.065(2.207 3)	55.352(2.179 2)	22.2(7/8)
T11	2 1/2	62.868(2.475 1)	61.438(2.418 8)	50.8(2)	62.421(2.457 5)	61.707(2.429 4)	22.2(7/8)
T12	2 3/4	69.218(2.725 1)	67.788(2.668 8)	54.0(2 1/8)	68.776(2.707 7)	68.062(2.679 6)	25.4(1)
T13	3	75.568(2.975 1)	74.138(2.918 8)	54.0(2 1/8)	75.133(2.958 0)	74.420(2.929 9)	25.4(1)
T14	3 1/4	81.918(3.225 1)	80.488(3.168 8)	57.2(2 1/4)	81.488(3.208 2)	80.775(3.180 1)	25.4(1)
T15	3 1/2	88.268(3.475 1)	86.838(3.418 8)	57.2(2 1/4)	87.483(3.458 4)	87.130(3.430 3)	25.4(1)
T16	4	100.968(3.975 1)	99.538(3.918 8)	57.2(2 1/4)	100.554(3.958 8)	99.840(3.930 7)	25.4(1)
T17	4 1/2	113.668(4.475 1)	112.238(4.418 8)	57.2(2 1/4)	113.261(4.459 1)	112.547(4.431 0)	25.4(1)
T18	5	126.368(4.975 1)	124.938(4.918 8)	57.2(2 1/4)	125.971(4.959 5)	125.258(4.931 4)	25.4(1)
T19	5 1/2	139.068(5.475 1)	137.638(5.418 8)	57.2(2 1/4)	138.679(5.459 8)	137.965(5.431 7)	25.4(1)
T20[a]	6	151.768(5.975 1)	150.338(5.918 8)	57.2(2 1/4)	151.387(5.960 1)	150.637(5.932 0)	25.4(1)

所有螺距均为 3.175 mm(0.125 in,8 牙/英寸)。

a 按 ASME B1.1 1989(ANSI B1.1-1982 的修订版)《统一螺纹》和 ANSI B1.2-1983 计算,止端中径为 150.000 mm (5.905 5 in)。

表 18　量规螺纹牙型尺寸(见图 24)

螺　纹　要　素	圆锥螺纹量规[a,b]	圆柱螺纹量规[c]
$f_{rn}, f_{cn}, f_{rs}, f_{cs}$	0.658 4(0.025 92)	0.660 9(0.025 98)
h_g	1.427 5(0.056 16)	1.430 8(0.056 29)
H	2.743 2(0.108 00)	2.750 6(0.108 25)

a 计算螺纹牙型尺寸时,已经考虑了锥度的影响。

b 圆锥螺纹的锥度均为 1∶6,即按直径计 166.67 mm/m(2.000 in/ft)。

c 圆柱螺纹的螺距为 3.175 mm(0.125 0 in)。

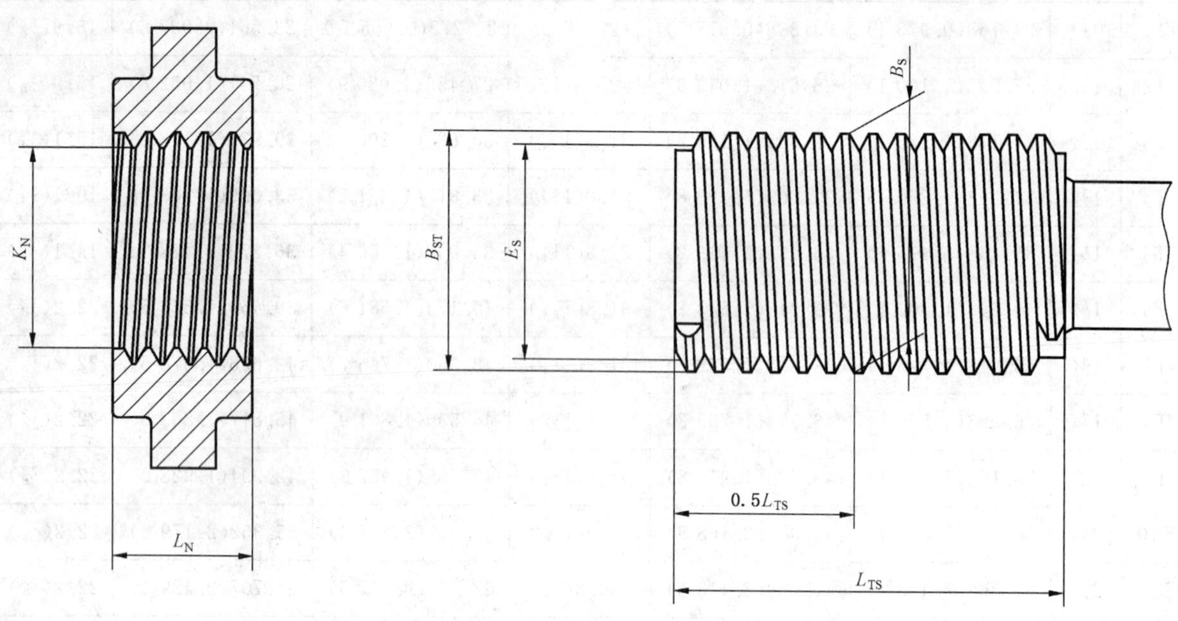

图 22 通端和止端圆柱螺纹量规(用于圆锥螺纹连接的圆柱螺纹部分)

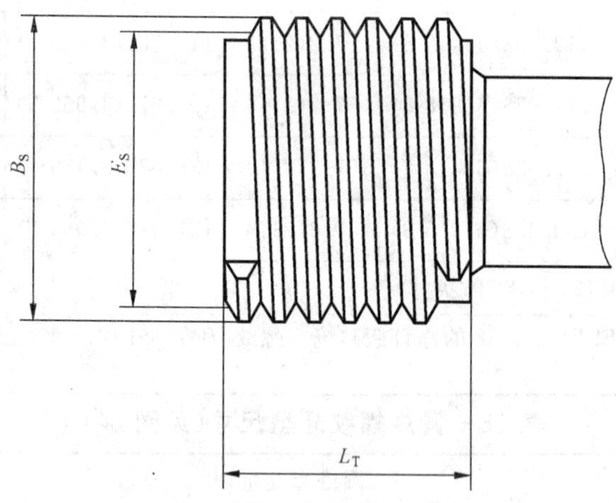

图 23 通端和止端圆柱螺纹工作塞规

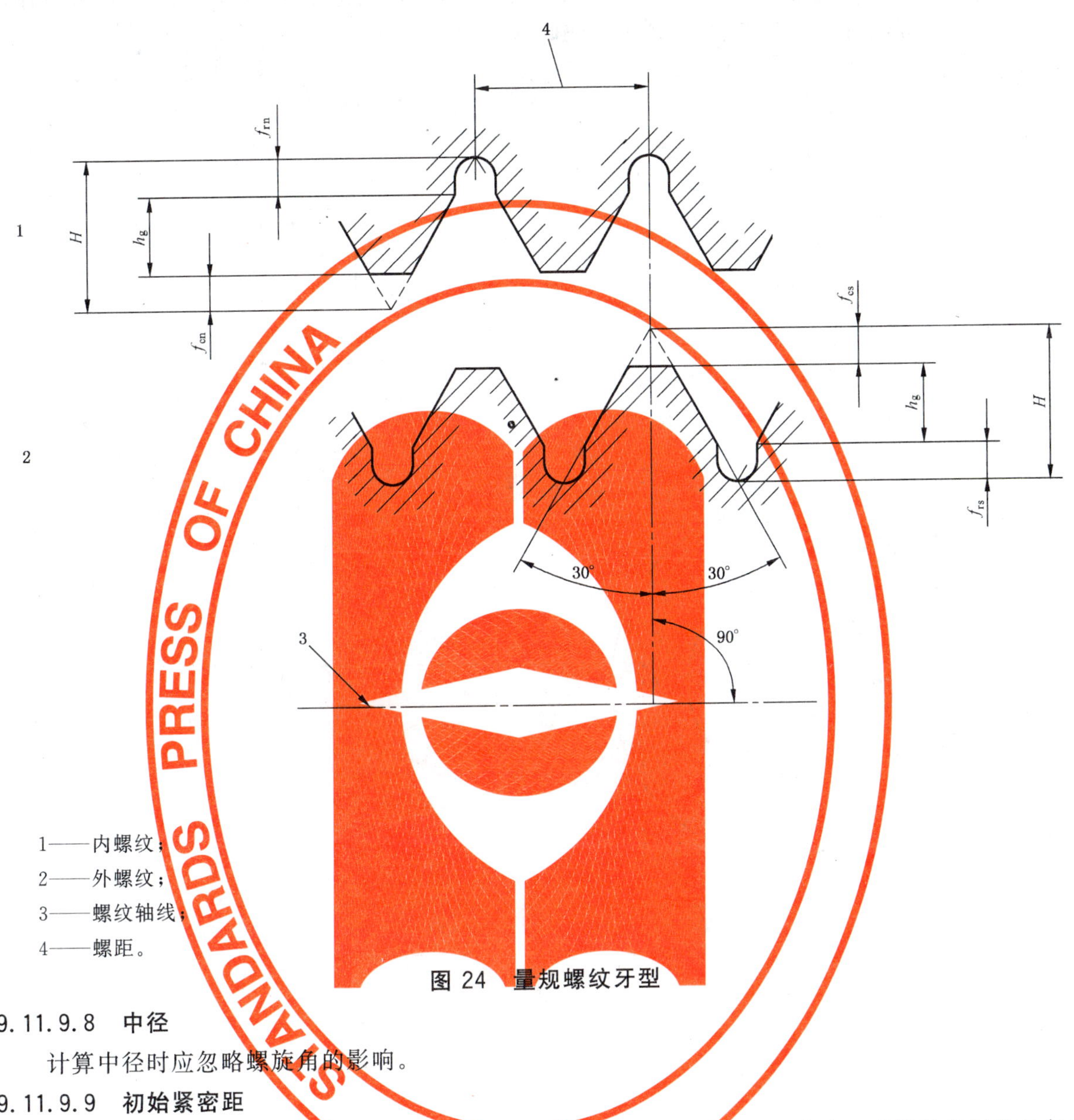

1——内螺纹；
2——外螺纹；
3——螺纹轴线；
4——螺距。

图 24 量规螺纹牙型

9.11.9.8 中径

计算中径时应忽略螺旋角的影响。

9.11.9.9 初始紧密距

一对新的圆锥螺纹量规的大端应齐平，偏差在±0.05 mm(±0.002 in)之内。光滑锥度量规的紧密距应为 17.117 mm±0.05 mm(0.673 9 in±0.002 in)。

9.11.9.10 紧密距的测定

配对紧密距(见图 22 和图 23)应如下测定：

a) 检验时，温度应为 20 ℃(68 ℉)；

b) 量规配对前用苯清洗，用干净的鹿皮或毛刷在螺纹上涂一层药用矿物油后旋合，油的级别和黏度等于液体凡士林；

c) 量规用手旋紧，不必旋到最后位置，应使用下列力矩锤达到正确的相对位置，见图 25：

——T1-T9 量规　　使用 0.45 kg(1 lb)力矩锤；

——T10-T13 量规　　使用 0.91 kg(2 lb)力矩锤；

——T14-T17 量规　　使用 1.36 kg(3 lb)力矩锤；

——T18-T20 量规　　使用 1.82 kg(4 lb)力矩锤。

d) 打击次数应以环规和塞规不再相对移动为准。检验时塞规应牢固夹持,宜将塞规夹持在刚性工作台台钳上。一般锤击 12 次即可达到正确的相对位置。

单位为毫米(英寸)

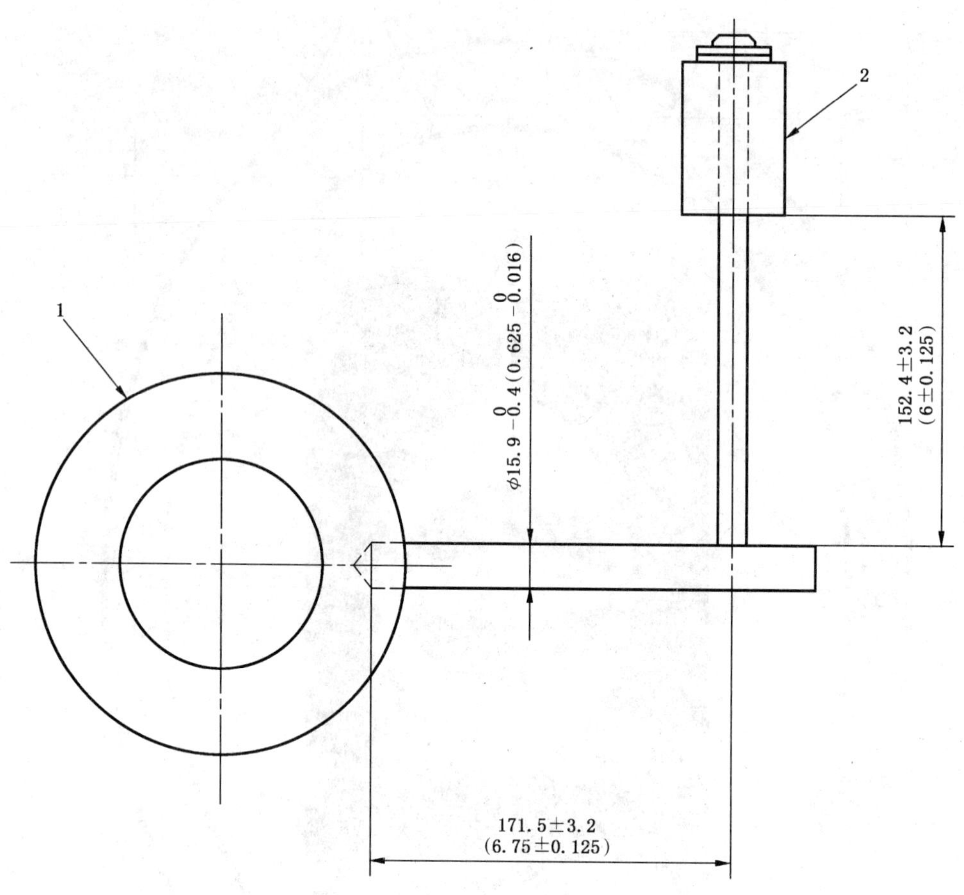

1——量规;

2——力矩锤。

图 25　扭矩锤

9.11.9.11　量规的维护

量规使用者的责任是保持量规在规定的极限范围内使用。圆锥螺纹量规应按此程序检验其紧密距,两次校对的时间间隔视使用情况而定。一对圆锥螺纹量规的配对紧密距与初始紧密距之差不超过 0.13 mm(0.005 in),可继续使用。

9.11.10　三缸钻井泵十字头、介杆和活塞杆连接的接触平面和定位直径

三缸钻井泵十字头接头和活塞接头之间,影响介杆和活塞杆定位的所有介杆和活塞杆连接的公差不应超过图 26 给出的数值。

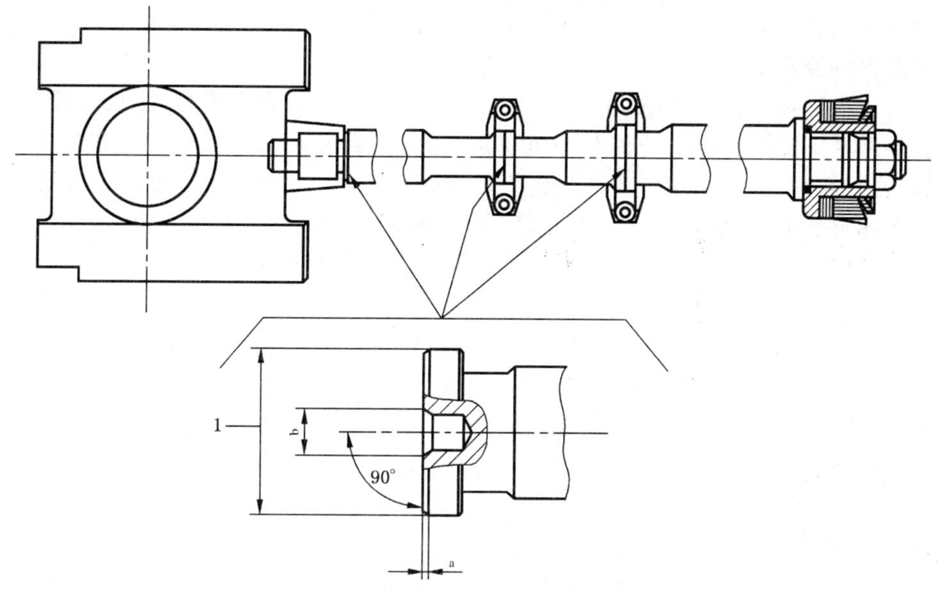

1——接触面直径。

[a] 介杆及配对的介杆和活塞杆连接的接触平面垂直于介杆和活塞杆中心线。垂直偏差为 0.05 mm/100 mm (0.000 5 in/in)。

[b] 介杆和活塞杆理论中心线和定位中心线之间的同轴度公差不超过 0.13 mm(0.005 in)。

图 26 钻井泵介杆接头到活塞接头间配对连接的接触平面和定位直径

9.12 滚动轴承

滚动轴承作为主承载件,设计和制造应符合公认的轴承工业标准,第 4 章至第 8 章的要求不适用于滚动轴承。

9.13 防喷器(BOP)安装系统和设备

9.13.1 第 1 章到第 8 章要求的适用性

9.13.1.1 4.1、4.5 和 4.6 所涵盖的设计要求和设计安全系数不适用于本设备。本设备的上述要求应按照 9.13.3、9.13.4 和 9.13.5 执行。

9.13.1.2 4.2.7 有关疲劳寿命的规定适用于本设备,或按照 9.13.8 由制造厂商规定。

9.13.1.3 4.4.1 涵盖转盘、卡盘、手动大钳和动力大钳的要求不适用于本设备。

9.13.1.4 4.4.3 涵盖手动大钳和动力大钳扭矩额定值的要求不适用于本设备。

9.13.1.5 除非买方在购买合同中放弃,否则,应按照 8.6 的要求及 9.13.6 的详细规定对本设备提出生产验证载荷试验要求。

9.13.2 在防喷器(BOP)安装系统的购买合同中由买方确定信息和规范的要求

在与本标准涵盖的防喷器安装系统有关的购买合同中,要求买方规定下列信息。

9.13.2.1 控制系统特征

买方应规定控制系统特征(例如载荷的监控和记录(规定国际单位制或英制)、声音或可视报警器、操作显示器和人机工程、任何自动防故障停机装置或在本标准中没有规定的其他安全装置)和控制系统功能(例如缺省值、联锁装置、制动器、冗余特征、手动超控装置、故障查找装置、备用动力供给和软件等)。控制系统的设计应能防止在动力(例如电、气、液)中断时和之后的恢复时安装系统的意外移动。无论是一个动力源还是多个动力源的中断和之后的恢复,控制装置的设计都应能防止安装系统的意外移动。

9.13.2.2 环境条件

买方应根据最高和最低温度、湿度级别、大气的腐蚀性(例如安装系统将用于海上还是陆上)和预期会影响安装系统设计或制造的其他任何环境条件，来规定安装系统预期运行的环境。

9.13.2.3 其他系统接合要求

9.13.2.3.1 买方应识别与防喷器(BOP)安装系统既有实物接合又有功能对接的其他系统。这种接合的型式可以包括但并不限于钻机系统控制和监视系统(包括软件兼容性)、BOP组的贮存装置结构、月形导向系统和(或)为分布和支承安装系统主载荷对结构上接合的要求。后一要求应包括向所需的安装系统制造厂商传递有关的钻机结构图，以便合理设计与钻机结构接合的安装系统结构。

9.13.2.3.2 当预期系统安装之后从钻机得到动力供应时，买方应规定可以给系统提供动力的电源、液压源和(或)气源。

9.13.2.3.3 买方应规定用于电气设备、零部件、附件、敷设电缆及其安装的适用规范、标准和控制要求，包括防喷器安装系统所要安装的临界区域或区域分类的适用要求。

9.13.2.3.4 作为选择，买方应规定系统所要求的第三方检定的型式。

9.13.2.3.5 买方应规定是否应由制造厂商在交付之前按8.6和9.13.6进行生产验证载荷试验。

9.13.2.4 载荷条件

9.13.2.4.1 买方应规定安装系统将要装卸的最大静载荷，包括整个防喷器组及其所有附件，包括但并不限于钟形短节总成、工作平台、导管张紧系统零部件、钻井四通、高压立管、套管头四通、节流和压井阀及管路系统等。

9.13.2.4.2 买方应规定系统将受到的动载因素，包括但并不限于最大风速、运输期间引起的加速度(若系统可移动)、海上船只运动引起的加速度、角度偏离正常载荷路径时引起的侧面载荷和(或)操作要求以及安装系统操作期间会预计到的其他动态作用力。

9.13.3 子系统设计要求

以下规定了子系统和(或)系统零部件的设计要求和规范。

9.13.3.1 管路系统

阀的设计安全系数应满足或超过ASME B16.34和NFPA T2.12.10 R1的要求。管路系统的安全系数应满足或超过ASME B31.3的要求。液压回路设计应涵盖零部件隔离装置(例如卸压、调压和反向平衡阀)，以便更换和维修时不必排泄系统液压流体。应使用功能冗余和旁通回路以提高可靠性。只有在对引导中心线不重合、零部件之间相对运动、热膨胀和收缩及振动有要求时，才应使用柔性软管。否则，应使用刚性管路。

9.13.3.2 钢丝绳

除9.13.3.3所述的吊索外，钢丝绳组件的极限工作载荷应按照钢丝绳设计系数5确定。若钢丝绳端部终端装置(100%效率)与钢丝绳强度一致，则极限工作载荷是钢丝绳标明的最低破断力除以5。若钢丝绳端部终端装置的强度效率低于100%，则极限工作载荷是钢丝绳标明的最低破断力乘以终端装置效率除以5。同样，按照SY/T 6666或公开的其他制造厂商数据，钢丝绳标明的最低破断强度应因滑轮或滚筒的弯曲度而降低。针对于任何型式终端装置，确定极限工作载荷的等式是：

$$\mathrm{WLL}=\frac{\mathrm{MBF}\times\mathrm{Eff}}{\mathrm{DF}} \qquad (12)$$

式中：

WLL——极限工作载荷；

MBF——钢丝绳最低破断力；

Eff——终端装置效率；

DF——设计系数。

注：正确设计、使用和维护的钢丝绳端部终端装置的典型效率是：

开式或闭式钎料绳帽	100%
开式或闭式模锻绳帽	100%
钢丝绳卡	80%
楔形帽	75%～80%

9.13.3.3 **吊索**

由钢丝绳、链条或合成材料制成的吊索应按照 ASME B30.9 或等效规范制造和鉴定。钢丝绳吊索的额定载荷包括端部终端装置效率和钢丝绳设计系数 5。每个吊索所系的标签上应标明该吊索的额定载荷。

9.13.3.4 **成品单件装置**

防喷器安装系统所选择使用的成品单件装置(例如钩环、吊钩、链条、结合件、旋转接头、张紧器、滑轮和连接杆)应具有制造厂商标明的极限工作载荷,该载荷极限不应小于其所用处的载荷路径的设计载荷。

9.13.3.5 **单滑轮**

单滑轮上的合成载荷(如图 27 所示)和它的支承结构附件不应超过制造厂商规定的滑轮极限工作载荷。

图 27 单滑轮上的合成载荷

9.13.3.6 **柔性软管**

——应尽可能地减少为补偿振动、热膨胀和收缩、偏心率或软管终端装置之间的相对运动偏差的柔性软管使用。

——柔性软管的工作压力应不小于其接入的管路系统的工作压力。柔性软管的最低爆破压力至少应为制造厂商规定的软管工作压力的四倍。

——只能使用扣压式软管端部接头。在软管的每一端,推荐安装广泛使用的旋转型端部接头,以防止在安装和拆卸过程中软管扭曲。不应使用镀锌端部接头,在任何螺纹式压力密封连接上不应使用聚四氟乙烯密封带,例如 NPT(美国管线管螺纹)螺纹。

——制造软管总成所用的软管体材料从制造日期起不应超过五年,且应适应和兼容所输送的介质;

——所有软管总成的软管体外表面不应油漆。

——在压力试验之后,所有软管总成的内部应清洗,以确保软管总成内部的任何污染不会对系统操作产生影响。压力试验和清洗后,软管总成应覆盖和密封。

——在安装软管总成时,软管总成的路径和固定方式应避免因软管体弯曲半径小于允许的最小弯曲半径而缠结或弯曲。软管外表面因与振动面接触而应提供额外保护。

——清洗之前,每个软管总成应进行至少 1.5 倍软管工作压力的压力试验。用水作为压力试验的介质。

——在系统零部件手册的附件内,应提供系统所有软管总成的清单,其中至少应包括软管制造厂商名称、总成零件号、型式、规格、端部接头的零件号、总长和软管总成的工作压力。

9.13.3.7 机械零部件

机械零部件的设计包括但不限于轴系、U 形连接装置、各种型式的齿轮装置、键槽、花键等,应按照 9.13.4 的要求确定设计载荷,设计安全系数应按照 9.13.5 的要求确定。

9.13.3.8 钻机结构附件

钻机制造厂商应提供每个钻机结构附件的最大载荷值、载荷或力的向量、载荷集中点,这对买方设计支承结构,以便在钻机上安装和(或)建造安装系统是必要的。

9.13.3.9 电力和控制系统零部件

电力和控制系统零部件(例如 AC 或 DC 电动机、变频驱动装置、电气外壳、开关、继电器、断路器、其他零部件以及电缆等)规范和这些零部件安装在临界区域的适用性,应满足购买合同中规定的所有适用的要求。

9.13.3.10 防喷器组(BOP)的存储结构

防喷器组存储结构的设计应基于以下方面:

——在移动式海洋钻井装置安装系统的操作手册内规定的安全条件;

——对于固定装置,除了按照 9.13.4 要求确定额定载荷外,还应考虑与井架设计所用的相同的最大风速以及按照 9.13.5 的要求设计安全系数的应用。

9.13.3.11 防喷器(BOP)组吊装位置

防喷器和(或)防喷器组的吊装位置及限制要求,应由设备原始制造厂商规定。若因各种原因而不能获得上述信息时,如果设计和制造是按照持证工程师或通过教育、培训和经验可以证明具有所要求的知识和技能的人员提供的规范和说明〔书〕,则可以使用其他方法(如吊索缠绕)来吊装没有特定吊装位置的防喷器或防喷器组。

9.13.3.12 控制系统特性

提升、下放和运输载荷的控制装置的设计应能在操作者释放控制时返回空挡,还能自动地调整制动器和(或)载荷保持装置。在系统操作者启动制动器和(或)载荷保持装置接合的功能之前,制动器和(或)载荷保持装置的控制装置应设计成始终保持接合。如果载荷保持装置启动而动力损失,控制系统应设计成确保动力恢复时其应保持接合。

9.13.3.13 滑轮和绞车滚筒直径与钢丝绳直径之比

钢丝绳滑轮直径与滑轮所用的钢丝绳直径之比至少应为 18∶1。滚筒中径与防喷器安装系统组成部分的滚筒上缠绕的钢丝绳直径之比至少应为 18∶1。当空间限制和其他情况要求比率更小时,对这些要求可以除外。在这些情况下,滑轮和(或)滚筒提供的比率宜为可供安装、操作和维护空间的最大比率。对于提供的滑轮和(或)滚筒比率小于 18∶1 的系统,制造厂商应在系统操作和维护手册内声明,以便买方会意识到采用上述滑轮和(或)滚筒时会降低钢丝绳的疲劳寿命。

9.13.3.14 钢丝绳绞车特点

钢丝绳绞车应包括 9.13.3.20 内规定的制动器和(或)载荷保持装置。当快绳倾角超过 DNV 规则最新版规定时,应考虑匀衡缠绕装置。

9.13.3.15 梁最大弯曲度

横梁或梁上因设计载荷产生的最大垂直弯曲度不应超过跨度的 1/888。在确定弯曲度时,不应考虑动力所引起的惯性力。

9.13.3.16 磨损和腐蚀允许限度

如果在 9.13.8 中制造厂商规定的系统预期寿命内,主承载件在所使用的环境条件下,磨损和腐蚀很可能起主要作用且使装置应力增加而超过最大许用极限，则在确定主承载件最大许用应力时，应考虑磨损和腐蚀允许限度。在这方面，制造厂商应规定因磨损和(或)腐蚀而引起的可测量的材料最大损失，以便为用户提供方法在例行检查期间通过测量决定接收或拒收上述零部件的进一步使用。做为提供腐蚀裕度的一种替代，制造厂商可以选择使用耐腐蚀材料，或以涂层系统或阴极保护(如适当)的形式提供其他形式的腐蚀防护。制造厂商应按照交货时与防喷器安装系统一起提供给买方的操作和维护手册内注明的推荐维护要求，规定上述涂层系统和(或)阴极保护系统的维护要求。

9.13.3.17　**侧向载荷**

载荷路径设计应涉及某一给定装置系统操作期间设计人员确定的或买方规定的(无论哪种情况更为严重)可能出现的任何次要载荷。侧向载荷的形式可以是与主载荷结合的一个或多个载荷力向量，会引起一种力矩，导致扭转力施加在主载荷路径内的零部件上。这些组合载荷不应导致零部件内的应力超过最大许用应力。

9.13.3.18　**系统操作引起的加速**

系统的设计应能够将因停止和启动提升、下放和运输引起的加速度产生的力降到最小，以确保不超过载荷路径内任何零部件的最大许用应力。这可以通过限制防喷器组提升、下放或运输速度的装置、和(或)用降压变压器缓解加速和减速、倾斜变率软件控制装置、流体缓冲器、波动蓄能器、弹簧、合成橡胶缓冲器、阻尼阀等来实现。如果制动闸的设计满足动力损失时载荷下降延迟的附加要求，则可以使用鼠笼式电动机固有的再生可控制动装置。

9.13.3.19　**一个载荷路径与另一个载荷路径之间的载荷传递**

对于载荷从一个载荷路径传递到另一个载荷路径的系统，设计功能应确保在完全控制下连续和可靠地传递。

9.13.3.20　**自动防故障载荷保持装置**

能够中止和保持系统最大额定载荷的制动器和(或)机械装置在设计时至少有一个应具有自动防故障功能，以便当动力损失时或当操作人员释放载荷提升、下放或运输的控制装置且其返回至空档时或当9.13.3.21规定的自动防故障载荷限制装置启动时，制动器和(或)机械装置应能自动地接合。该装置位于载荷路径的方式应为当制动器或装置启动时，载荷与传递及原动机分离。松开制动器的液压或压缩空气管路、阀和附件的结构方式不应封存液压或气压而防止或阻止制动器的调整。如果在防喷器安装系统内使用链式提升机，则其应装有本标准规定的自动防故障载荷保持装置。以下型式的系统设计和(或)装置无自动防故障载荷保持装置要求，下面予以详细说明：

——主载荷路径内安装的液力缸的最大许用工作压力至少应超过系统满额定载荷时产生的压力的10%。如果提供液压的液压泵失效或动力损失，则应设计保持载荷的装置(例如平衡阀、液压锁等)能自动终止液缸的运动。为了解决系统载荷超过额定载荷而引起液缸压力增加超过最大许用工作压力，在液压回路中，应设置安全溢流的压力释放装置。压力释放装置应设定在液缸最大许用工作压力以下不超过5%的某一点释放压力。该压力释放装置放出的流体，应采用管路返回至系统流体储蓄器。

——当在主载荷路径安装齿条和小齿轮传动装置，如果一个小齿轮传动装置失效而不提供多个齿条和小齿轮传动装置形式的足够备用装置来支承载荷时，则应提供具有单独载荷路径的机械装置，自动地启动以系统额定载荷终止和保持载荷。

9.13.3.21　**自动防故障载荷限制装置**

应提供载荷限制、自动防故障装置，例如断路器、安全阀、调压阀等，以便系统上的载荷不应超过系统设计载荷的110%。应使用防摆动装置减轻该载荷限制和自动防故障装置的手动滞留，但以载荷试验为目的时除外，此时主载荷路径预期施加的载荷超过系统设计载荷的110%。

9.13.3.22　**载荷监视装置**

制造厂商应将载荷指示系统作为一种选择装置。当购买合同规定时，该载荷指示系统至少应显示系统搬运的载荷量。除本标准要求的之外,附加选项还可以包括数据记录器以记录操作和(或)载荷信息、声音或目视报警器,以指示载荷何时达到了某一百分比,或当达到某一载荷值时载荷监视系统启动自动关断装置防止系统过载。

9.13.4 确定设计或额定载荷

9.13.4.1 第3章规定的设计载荷或额定载荷,应由静载荷乘以由买方提供信息而确定的动载系数来确定。如果不能从买方获得上述信息,应使用表19内规定的默认动载系数。

9.13.4.2 如果制造厂商没有9.13.2.4.2规定的买方提供的信息而通过推测选择设计和制造一个或多个系统,则应使用表19规定的默认动载系数。当买方提供的特定应用信息不适用于确定相应合适的动载系数时,也应采用这一要求。

表19 默认动载系数

防喷器安装系统安装位置	默认动载系数
固定结构	1.33
张力腿平台(TLP)或深吃水立柱式平台(Spar)	$1.33+0.003\times H_{sig}\geqslant 1.4$($H_{sig}$以英尺为单位) $1.33+0.00984\times H_{sig}\geqslant 1.4$($H_{sig}$以米为单位)
半潜式MODU	$1.33+0.007\times H_{sig}\geqslant 1.4$($H_{sig}$以英尺为单位) $1.33+0.02297\times H_{sig}\geqslant 1.4$($H_{sig}$以米为单位)
钻井船或浮式生产储卸油装置(FPSO)	$1.33+0.012\times H_{sig}\geqslant 1.4$($H_{sig}$以英尺为单位) $1.33+0.03937\times H_{sig}\geqslant 1.4$($H_{sig}$以米为单位)
H_{sig}是上述提供的以英尺或米表示的有效波高。 设计应基于最低风速60 m/h或更大,取决于预期的极限工作条件或按照购买合同的规定。	

9.13.4.3 根据特定应用,除上面规定的动载系数之外,9.13.3.17规定的侧向载荷还可以采用附加设计系数。

9.13.4.4 根据特定应用,除上面规定的动载系数之外,9.13.3.18规定的系统操作引起的动力还可以采用附加设计系数。

9.13.4.5 使用附加设计系数以适应9.13.3.16规定的因磨损或腐蚀而引起的材料损失。

9.13.4.6 使用附加设计系数以适应上述因素并未涵盖的、买方规定的或可以合理地预期的、会使防喷器安装系统任何零件内的应力增加超过最大许用应力的其他环境或操作条件。

9.13.5 要求的最低设计安全系数

使用的最低设计安全系数应为2.5,但以下方面除外:

a) 对于具有多个载荷路径的系统,如果任何一个主载荷路径失效而系统以额定载荷运行,则任何剩余主载荷路径中最薄弱的零部件内的应力不应超过材料屈服强度的80%;

b) 对于构件,上面规定的最低设计安全系数应源自设计载荷和AISC内规定的许用应力施加1.5倍的比例系数。

9.13.6 生产试验要求

9.13.6.1 生产验证载荷试验的试验载荷应符合8.6的要求,对于额定在490 kN(50 tf)以下的系统,试验载荷应为系统额定载荷的1.25倍,对于额定在490 kN(50 tf)及其以上的系统,试验载荷应为系统额定载荷的1.10倍。

9.13.6.2 系统交付之前,在生产试验期间,应以满额定载荷进行9.13.3.20内规定的自动防故障载荷保持装置的特定试验。

9.13.6.3 系统交付之前,应进行9.13.3.21内规定的自动防故障载荷限制装置的功能试验。

9.13.7 故障模式与影响分析(FMEA)以及危险与可操作性研究(HAZOP)分析的要求

制造厂商应对每个系统设计族进行故障模式与影响分析(FMEA)、危险与可操作性研究(HAZOP)、或其他公认的技术分析,以确定单点失效模式,包括严重及疲劳失效模式。该分析也应用来确定控制系统功能性、显示、制动器、联锁、默认值、超控、自动防故障关断触发器和其他类似型式的特性。

9.13.8 疲劳寿命

系统预期寿命应符合4.2.7的要求，或按照制造厂商的规定确定，基于正常和预期的作业条件，尽管非预期过载条件超过设计载荷的110%。然而，疲劳分析应包括超过设计载荷110%的现场验证载荷试验载荷，该载荷由制造厂商在执行购买合同时规定或合理地予以预期，以满足买方规定的适用要求。

9.13.9 防喷器安装系统标志

防喷器安装系统应在该系统的一个或多个显著位置上予以标记，该标志应符合第10章的要求。以美国惯用单位或国际单位(SI)表示的系统额定载荷，也应按照10.2的要求标记。

9.13.10 第三方认证

当买方在购买合同内规定时，制造厂商应确保第三方提供第三方认证、确保按购买合同提供的系统符合本标准的要求以及买方在购买合同内规定的其他适用的法律法规或分类规则。

9.13.11 防喷器安装系统手册

防喷器安装系统制造厂商应在交货时，按照11.3给买方提供系统手册。除其中所含的要求之外，还应包含9.13.2内规定的买方规定的所有要求，以及本标准内规定的其他所有信息。

10 标志

10.1 产品标记

每项设备都应标记标准号(GB/T 17744—2008)和制造厂商名称或商标。有附加要求所用设备应按第9章要求标记相关的"SR"代码。

10.2 标记方法

标志应采用低应力钢模打印或铸在零部件上，字迹应清晰可见，字高至少10 mm(3/8 in)。

11 文件

11.1 记录保存

本标准所涉及记录文件，由制造厂商自设备生产和销售后保存10年。文件应干净、字迹清楚、可复印、可回收，并且应防止损坏、变质或丢失。

本标准要求的质量控制记录应签字并注明日期，计算机软件记录应保存原始的个人代码。

当设备用户、权威机构或认证代理机构要求时，制造厂商应提供所有按本标准检验的记录文件。

11.2 制造厂商保存的文件

下列文件应由制造厂商保存：

a) 设计文件(见4.9)。

b) 设计验证文件(见第5章)。

c) 书面规范(见第6章至第8章)。

d) 资格认证记录：

  1) 焊接工艺评定记录；

  2) 焊接操作者资格鉴定记录；

  3) 无损检测人员资格鉴定记录；

  4) 测试设备校准记录。

e) 检测记录：

  1) 材料试验报告包括下列试验：化学分析、拉伸试验、冲击试验和硬度试验；

  2) 无损检测记录包括第8章中的表面和(或)体积无损检测要求；

  3) 试验记录包括验证载荷试验记录、静水压试验记录和功能试验记录；

  4) 特殊工艺记录。

特殊工艺记录包括第7章中的实际热处理时间或温度卡片和补焊记录。这些记录应可追溯相应的零部件，并应由制造厂商或特殊工艺的执行者(若工作被转包)保存。11.1的要求也适用于分包商。

11.3 设备携带的随机文件

设备应携带下列文件：

a) 制造厂商用于证明符合本标准要求和订单要求的报告书，报告书应标明所有与规定要求不同之处。

b) 验证载荷试验记录(适用时)。

c) 使用或维护说明书，其中应包括但不限于：

   1) 总装图；

   2) 零部件清单；

   3) 公称能力和额定值；

   4) 操作规程；

   5) 磨损极限；

   6) 现场检查周期和预防性维护的推荐方法和验收准则；

   7) 备件明细表(不适用于单件设备)和推荐的库存量。

用户可依据订单中的附加要求SR3，规定综合资料手册。

附　录　A
（资料性附录）
本标准章条编号与 ISO 14693:2003 章条编号对照

表 A.1 给出了本标准章条编号与 ISO 14693:2003 章条编号对照的一览表。

表 A.1　本标准章条编号与 ISO 14693:2003 章条编号的对照

本标准章条编号	对应的 ISO 14693:2003 标准章条编号
3.1.22～3.1.45	—
4.6.1　表 1	4.6.1　表(无表题序号)
4.6.3　表 2	4.6.3　表(无表题序号)
6.3.1　表 3	6.3.1　表 1
8.4.7.4.1　表 4	8.4.7.4.1　表 2
9.2.5　表 5	9.2.5　表 3
9.2.7　表 6、表 7	9.2.7　表 4、表 5
9.2.8　表 8	9.2.8　表 6
9.10.3.3　表 9	9.10.5　表 7
9.11.2.1　表 10	9.11.2.1　表 9
9.11.2.4　表 11、表 12	9.11.2.4　表 10、表 11
9.11.5.1　表 13	9.11.5.1　表 12
9.11.9.3　表 14	9.11.9.3　表 13
9.11.9.4　表 15、表 16	9.11.9.4　表 14、表 15
9.11.9.7　表 17、表 18	9.11.9.7　表 16、表 17
9.13	—
9.13.3.5　图 27	—
9.13.4.2　表 19	—
附录 A	—
附录 B	—
附录 C	附录 A
附录 D	附录 B
附录 E	附录 D
附录 F	—
附录 G	—
注：表中的章条编号以外的本标准其他章条编号与 ISO 14693:2003 其他章条编号均相同且内容相对应。	

附 录 B
（资料性附录）
本标准与 ISO 14693:2003 技术性差异及其原因

表 B.1 给出了本标准与 API ISO 14693:2003 技术性差异及其原因的一览表。

表 B.1 本标准与 ISO 14693:2003 技术性差异及其原因

本标准的章条编号	技术性差异	原 因
1	适用设备中的 d)“水龙带”用“高压泥浆和水泥软管”代替。 适用设备增加 K)防喷器(BOP)搬运系统	API 7K:2005 增补 2 的内容
2	增加引用标准 AISC、API RP 9B、API RP 17B、API RP 7L ASME B16.34、ASME B30.9、ASME B31.3、NFPA T2.12.10 R1。 增加引用标准 GB/T 222、GB/T 223 和 GB/T 9445	API 7K:2005 增补 1 和增补 2 的内容。 增加标准的可操作性
3	增加了术语和定义 3.1.22～3.1.44	API 7K:2005 增补 1 和增补 2 的内容
3.2	增加缩略语“MODU”和“BOP”	API 7K:2005 增补 1 的内容
4.6.1 4.6.3	增加表 1、表 2 标题	与 GB/T 1.1—2000 要求保持一致
6.6	将“按照 ASTM A 751 或等效的国家标准”改为“按照 GB/T 222 和 GB/T 223 或 ASTM A 751 的”。并将这两项标准加入到第 2 章引用文件一览表内	增加标准的可操作性
8.1	将“由 ASNT TC 1A Ⅲ级人员”改为“由 GB/T 9445—1999 或 ASNT TC 1A Ⅲ级人员”。并将 GB/T 9445—1999 这项标准加入到第 2 章引用文件一览表内	增加标准的可操作性
8.2	将“应按 ASNT TC 1A,”改为“应按 GB/T 9445 或 ASNT TC 1A”。增加标准的可操作性	增加标准的可操作性
9.10	本条用“高压泥浆和水泥软管”代替“水龙带”。 API 7K:2005 增补 2 的内容	API 7K:2005 增补 2 的内容
9.11.2.1	删除“对于双作用泵应符合表 8 和图 12 与图 13 的规定”	目前国内外均通用三缸单作用泵，双作用泵已淘汰
9.11.2.2	删除“表 8 规定”。 在表 10 单作用泵液力端活塞杆和活塞芯孔中增加一组配合尺寸	表 8 为双作用泵内容。 增加可供选择的余地，以适合国内实际情况
9.11.2.3	删除“5HP、6HP 和单作用泵活塞和活塞杆的台肩面 M 和 N 应垂直其中心线”中的 5HP、6HP	属于双作用泵的内容
9.11.2.4	删除有关双作用泵的标记方法	9.11.2.1 已删除了双作用泵的内容，有关双作用泵的标记方法已无存在的意义
9.11.3.2 b)	用“0.05 mm/100 mm”代替“0.000 5 mm/mm”	使标准具有可操作性
9.11.3.2 d)	用“0.1 mm/100 mm”代替“0.001 mm/mm”	使标准具有可操作性
9.11.3.2 e)	用“±0.112 mm”代替“螺距极限偏差为±0.056 mm/25.4 mm。螺距累积极限偏差为±0.056 mm”中的“±0.056 mm”	根据 API Spec 7 和 GB/T 9253.2—1999 中的同类螺纹累积偏差均取螺距偏差 2 倍的原则修订
9.11.4.2 a)	用“0.05 mm/100 mm”代替“0.000 5 mm/mm”	使标准具有可操作性
9.11.4.2 c)	用“0.1 mm/100 mm”代替“0.001 mm/mm”	使标准具有可操作性

表 B.1(续)

本标准的章条编号	技术性差异	原　因
9.11.6.1	用"泥浆泵活塞孔见表 10"代替"泥浆泵活塞孔应加工成与图 12、图 13 和表 8 所示标准活塞杆锥度配合的锥孔"	后者针对的是双作用泵,本标准已将有关双作用泵的内容删除
9.11.6.2	用"3.5 mm"代替"3.2 mm"。 用"……打印在活塞芯孔的端面上"代替"……打印在活塞芯锥孔的大端面上"	钢字字头没有 3.2 mm 这一规格,修改后,使标准具有可操作性。 后者针对的是双作用泵,本标准已将有关双作用泵的内容删除
9.11.7.3	用"3.5 mm"代替"3.2 mm"	钢字字头没有 3.2 mm 这一规格,修改后,使标准具有可操作性
9.11.9.2	用"工作量规保管和使用推荐作法见附录 F"代替"工作量规保管和使用推荐作法见 API Spec 7 的附录 C"。 删除 9.11.9.1 注中的"在建立工作量规的紧密距值时,应考虑其初始紧密距 S 的偏差值"	直接将 API Spec 7 的相关内容以附录形式引入标准。并将 API Spec 7 列入参考文献中。 由于本标准的圆锥螺纹量规无校对规,对初始紧密距 S 值的要求在条文 9.11.9.9 中有明确的规定
9.11.9.4	在表 15 的注 2 中,用"锥柱螺纹连接的圆柱螺纹部分的圆柱螺纹塞规和环规公差,应按 ANSI B1.2 的规定,校对塞规按 W 级执行,工作量规按 X 级执行"代替"锥柱螺纹连接的圆柱螺纹部分的圆柱螺纹塞规和环规公差,应按 ANSI B1.2 的 W 级规定"	原文中对圆柱螺纹量规的公差要求,统一为一个级别,显然不符合 ANSI B1.2 的规定。ANSI B1.2 中,工作规均为 X 级,且环规根本就没有 W 级,只有校对塞规有 W 级,因此,根据 ANSI B1.2 的规定,本标准中校对塞规按 W 级执行,工作规按 X 级执行
9.13	增加新条"防喷器(BOP)安装系统和设备"	API 7K:2005 增补 1 的内容
附录 E	删除 E.4 中有关双作用泵的图和表	本标准已将有关双作用泵的内容删除

附 录 C
（规范性附录）
附加要求

C.1 说明

用户和制造厂商协商后可在订单中规定下列附加要求。

C.2 验证载荷试验(SR1)

应按8.6中要求对设备进行载荷试验和检查。

用低应力钢模在设备额定载荷值标志附近打印“SR1”。

C.3 低温试验(SR2)

在4.1规定的最低工作温度以下，用户应规定有关设备主承载件用材料的极限冲击试验温度。

冲击试验应按6.3的要求进行。除锻造吊钳绞链销外，三个标准试样的最小平均夏比冲击功应为27 J(20 ft·lbf)，单个值不低于20 J(15 ft·lbf)。对于吊钳锻造绞链销，三个标准夏比冲击试样的最小平均冲击功应为15 J(11 ft·lbf)，单个值不小于12 J(8.5 ft·lbf)。

做过低温试验的每个主承载件应标记“SR2”以表明进行过低温试验。并用摄氏温度标记，表明实际设计和试验温度。

C.4 附加低温试验(SR2A)

正常情况下不做冲击试验的设备主承载件所用材料，也应按附加要求做冲击试验。做冲击试验的零件应由用户和制造厂商共同协商确定。

冲击试验应符合6.3的要求。用户和制造厂商应协商确定极限冲击试验温度和最小平均值及最小单个值。

做过附加低温试验的每个主承载件，应标记“SR2A”以表明进行过附加低温试验，并用摄氏温度标记，表明实际设计和试验温度。

C.5 资料手册(SR3)

若用户要求，制造厂商应在资料手册中对记录加以准备、收集和进行合理的分类。资料手册至少应包括以下各项：

——合格证明；

——设备牌号/系列号；

——总装图和临界区域图；

——公称能力和额定值；

——零部件清单；

——追溯代码和追溯系统(标记在零件上或记录在文件中)；

——钢的级别；

——热处理记录；

——材料试验记录；

——无损检测记录；

——试验记录，包括其他功能、静水压和载荷试验证明(若适用)；

——附加要求证明(若要求);
——焊接工艺规程和工艺评定记录。

C.6 铸件附加体积检测(SR4)

应对主要承载铸件的危险区进行检查,SR4 的要求与 8.4.7 相同。

C.7 锻件材料的体积检测(SR5)

采用超声波对主要承载锻件的整体进行检测。由于诸如截面变化处的圆角半径等几何形状方面的因素不能进行“整体”检测时,应按最大可检测体积进行检查。

超声波检测应按 ASTM A 388(也可用液浸法)和 GB/T 11259 要求进行。直射束法应以直径为 3.2 mm 或更小的平底孔的距离一波幅曲线作为判别依据。

超声波检测的锻件应满足下列验收准则:

a) 对于直射束法和角射束法检验,凡是超过标定参考线的任一不连续性指示是不允许的。凡解释为裂纹或热裂的任一指示也是不允许的;
b) 不允许存在多个指示(即两个或两个以上的指示,每个指示都超过 50%参考距离-波幅曲线且两个指示之间的彼此距离在 13 mm 以内)。

附　录　D
（资料性附录）
热处理设备

D.1　温度公差

当炉子工作区已升温至设定温度以后，在工作区内任一点的温度变化不应超过炉子设定点温度的±14 ℃(±25 ℉)。用于退火、时效和(或)消除应力的炉子，当炉子工作区升温至设定点温度以后，温度的变化不应超过炉子设定点温度的±14 ℃(±25 ℉)。

D.2　炉的校验

D.2.1　总则

应使用已校验和鉴定过的热处理设备对产品零件进行热处理。

D.2.2　记录

炉子的校验和鉴定记录应至少保存两年。

D.2.3　间歇式热处理炉校验方法

a) 炉子工作区的测温，应在每台炉子工作的最高和最低温度区进行；
b) 对于工作区大于 0.29 m^3 的炉子，应最少布 9 个热电偶测温点；
c) 对于所测炉子工作区，每 3.54 m^3 应至少布 1 个热电偶测温点，最多可布 60 个热电偶。热电偶布位见图 D.1；
d) 对于工作区小于 0.29 m^3 的炉子，应至少用 3 个热电偶分别布于炉子工作区的前、中、后或上、中、下各部位；
e) 当插入温度传感器后，应至少每 3 min 取一次读数，以确定炉子工作区的温度接近被测温度范围最低点的时间；
f) 当炉温达到设定温度后，应至少每 2 min 记录一次所有测温点的温度，至少记录 10 min。然后，至少每 5 min 取一次读数，以确定炉子工作区至少 30 min 的温度周期图谱；
g) 炉温达到设定温度之前，任一点温度读数不得超过设定温度的 14 ℃(25 ℉)；
h) 炉温达到设定的控制温度后，任一点温度读数不得超过规定的极限。每台炉子在进行热处理前一年内应经过校验；
i) 经修理或重建的热处理炉，在热处理之前，应重新校验。

D.2.4　连续式热处理炉校验方法

连续热处理炉应按 MIL-STD-6875F 第 3 章规定的程序校验。

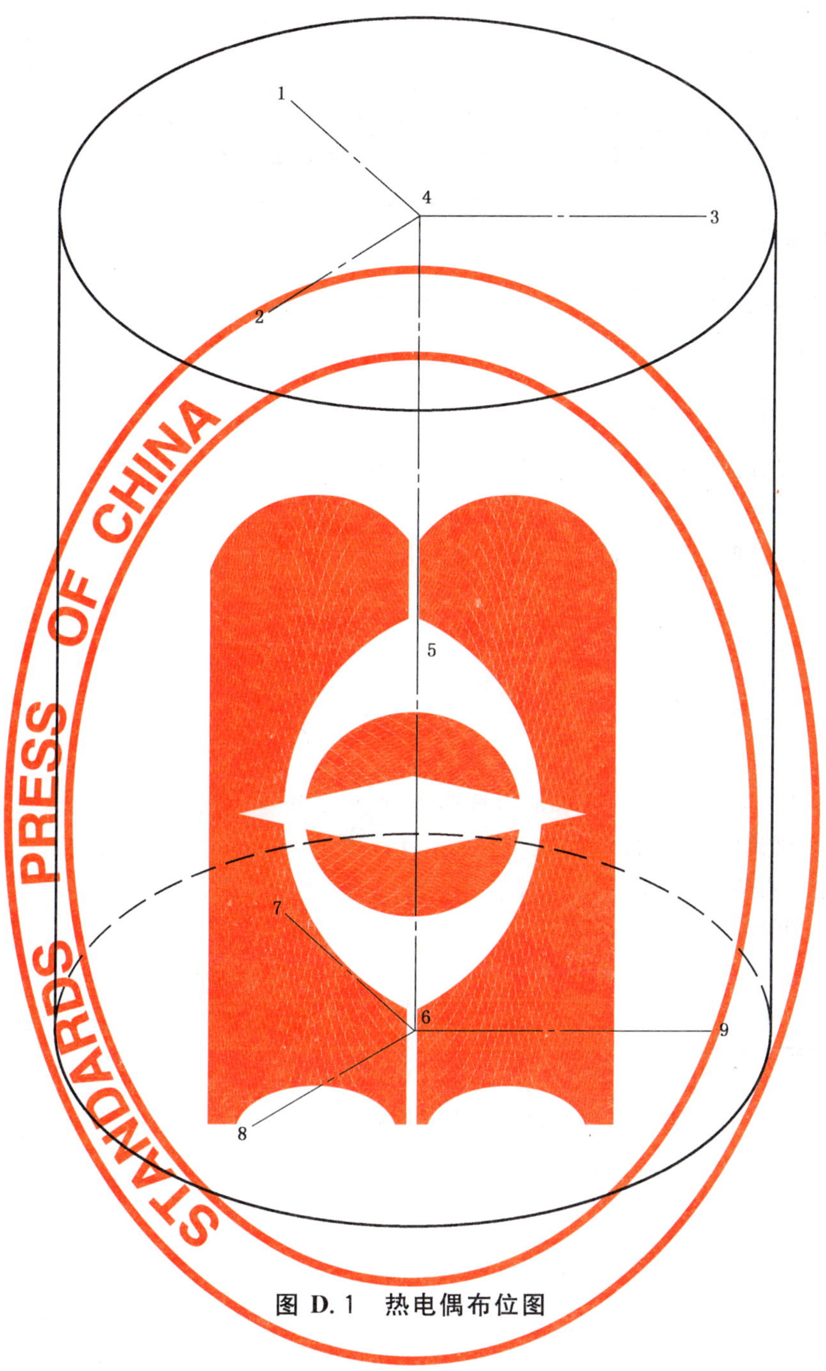

图 D.1 热电偶布位图

D.3 仪表

D.3.1 总则

应使用自动控制记录仪表。热电偶应位于炉工作区并以适当的装置加以防护。

D.3.2 精度

用于热处理工艺控制和记录的仪表应具有其满量程±1%的精确度。

D.3.3 校准

a) 温度控制和记录仪表至少每三个月校准一次;

b) 校准生产设备的仪器应具有其满量程±0.25%的精确度。

附 录 E
（资料性附录）
活塞钻井泵零件的命名和维护推荐作法

E.1 活塞钻井泵命名

本附录的目的是统一钻井泵主要零件名称，但未包含数量较少的辅助零件。这将使本行业统一术语，有利于技术交流。

E.2 原有泵的设计

制造厂商以前设计的泵也许与本标准不一致，但术语除适用于新设计的泵外，也适用于过去设计的泵。对新设计的泵，制造厂商应遵守本标准。对过去设计的泵，当其文件要修改时，应按本标准进行。在用户和制造厂商交流时，如果零件名称不一致，零件号宜作为明确标识。

E.3 型式

本术语适用于双缸和三缸动力活塞钻井泵。

E.4 规定的名称

动力端（表 E.1 及图 E.1 和 E.3）和液力端零件（表 E.2 和图 E.4）要按类编组。对各组，右侧和左侧零件应按同一规则确定。即站在泵的动力端向液力端看，在中心线右侧的零件，如有必要与其他相同零件区别，则称之为右侧零件；同样，中心线左侧的零件称之为左侧零件。对于三缸泵，那些位于中心线上的零件称之为中间零件。

表 E.1 双缸和三缸泵动力端零件

零 件 号	名 称
101	机架
102	曲轴
103	大齿轮
104	小齿轮
105	小齿轮轴
106	连杆[a]
107	十字头[a]
108	十字头销[a]
109	连杆轴承[a]
110	曲轴轴承（主轴承）[a]
111	曲轴轴承套[a]
112	小齿轮轴轴承[a]
113	十字头销轴承[a]
114	介杆（小型的）[a]
115	介杆刮油环[a]

[a] 对于三缸泵，按右、左和中间注明零件的确切位置。

表 E.2 三缸泵液力端零件

零件号	说明
	液力端——当液力端分为三部分时,应注明左、右或中间
302[a]	阀盖
303[a]	阀杆导向器
304[a]	阀弹簧
305[a]	阀座
306[b]	缸套
307[b]	缸套盘根
308[b]	活塞
309[b]	活塞杆
310[b]	缸套喷淋器
注:更详尽的命名,见 IADC《钻井手册》[12]。	
a 按右和左注明这些零件的确切位置。 b 按右和左注明这些零件的确切位置,或在较方便的场合,可使用 IADC《钻井手册》规定的零件号。	

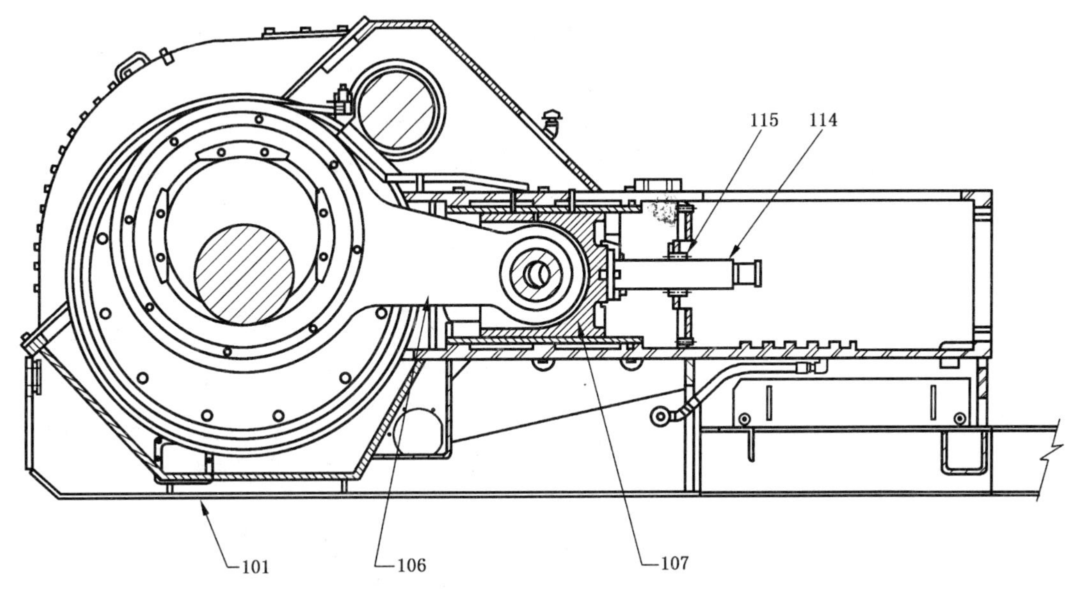

图 E.1 动力端剖面图(见表 E.1)

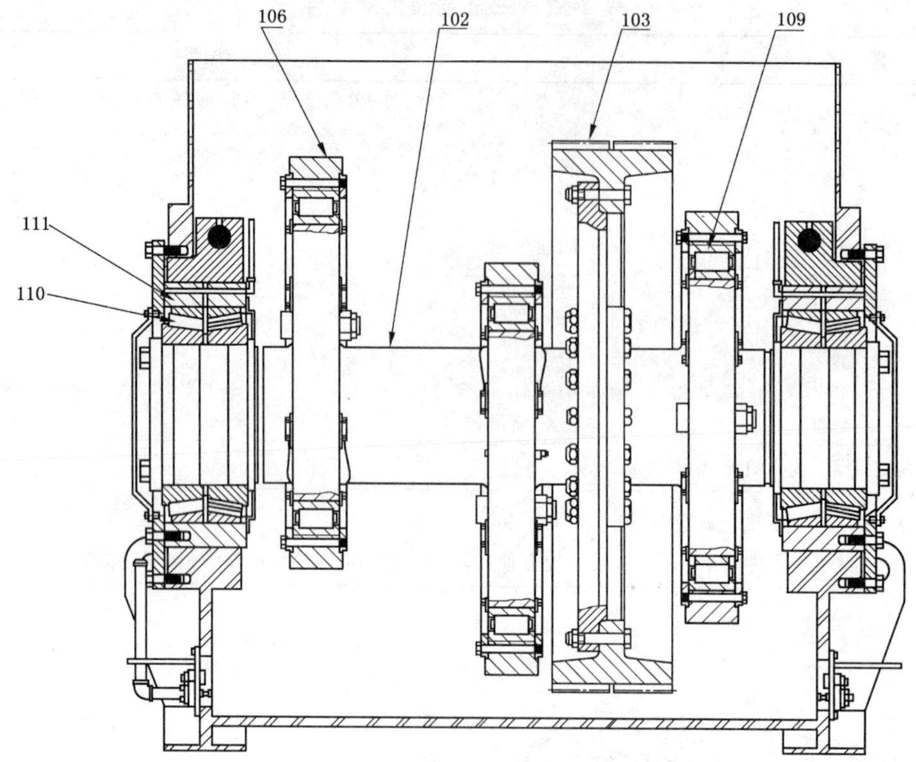

图 E.2 曲轴剖面图(见表 E.1)

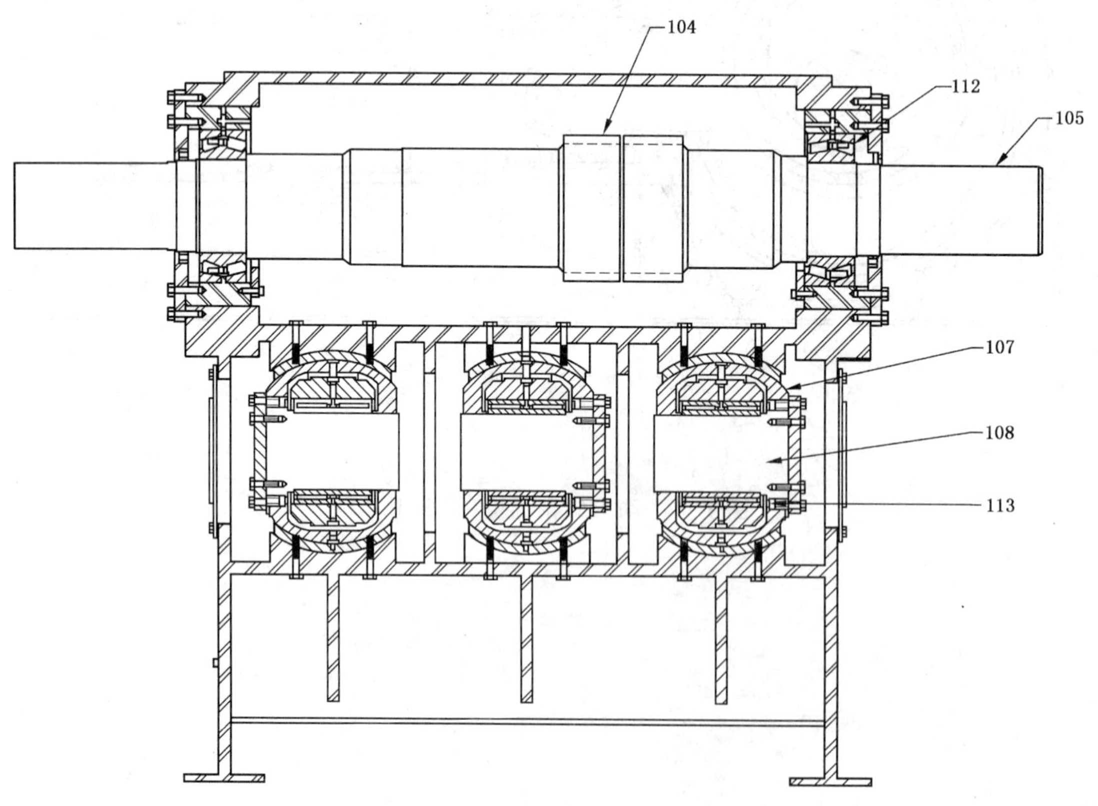

图 E.3 小齿轮轴和十字头剖面图(见表 E.1)

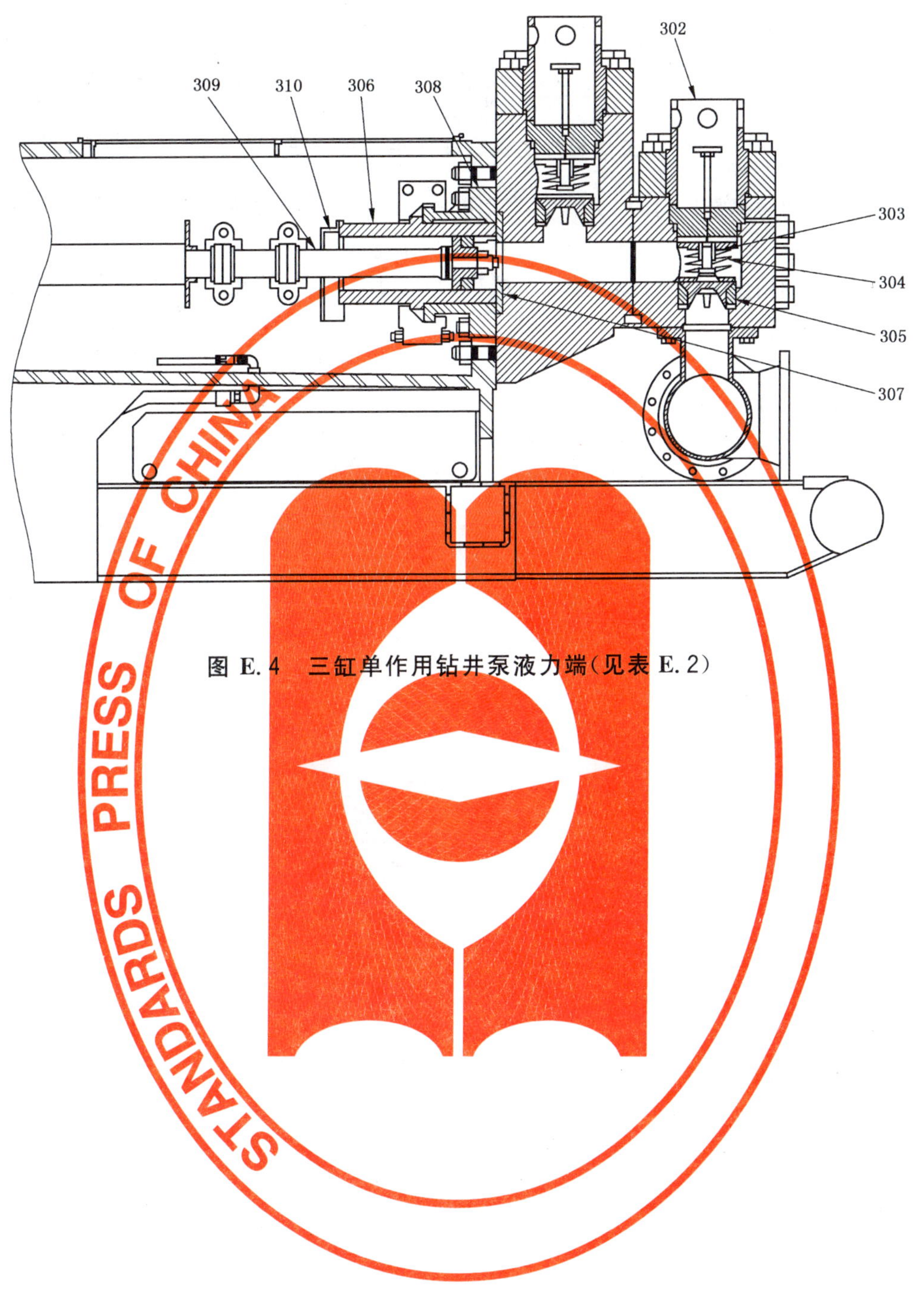

图 E.4　三缸单作用钻井泵液力端(见表 E.2)

附 录 F
（规范性附录）
工作量规的保管和使用推荐作法

F.1 如螺纹各要素的磨损是均匀的，使用后的工作量规配对紧密距的减小不严重，只需用该工作量规检验产品螺纹时加上一个与校对量规比较的检测紧密距的修正值即可。

F.2 量规具有极高的精度，代表一笔相当大的投资，故应小心对待，滥用或任其变质，量规将迅速丧失作为检验工具的价值。

F.3 量规应保持不受灰尘和砂子等的污染，提供适当的存放处是重要的。塞规和环规分开存放，不成对旋合是合理的作法，量规不用时应涂上一层高级抗蚀润滑油。

F.4 在使用前，应检查量规螺纹上有无毛刺。应用中细油石或细锉把毛刺或其他起毛的斑点除去。宜定期目检量规以检出碎片，那些看到的东西宜用油石或细锉去除。

F.5 用量规检查产品螺纹时要小心。旋合前要把量规和产品彻底清理干净。当使用中和要延长量规寿命时，一层薄稀油将会保护量规。用力旋合干的螺纹表面，会使之互相咬住和擦伤接触面。不除去这些斑痕，会使检查结果不正确。量规宜牢固地旋合于产品螺纹上。为了做到这一点，可用一根长约153 mm的棒。不精确的计量会带来不精确的连接。

参 考 文 献

[1] ISO/TR 9769 Steel and iron-Review of available methods of analysis

[2] ISO 10012-1 Quality assurance requirements for measuring equipment—Part 1:Metrological

[3] ANSI/AGMA 6010-f97,Spur,Helical,Herringbone,and Bevel Enclosed Drives

[4] SY/T 6407—1999 旋转钻井钻柱构件规范(idt API Spec 7:1997,Rotary Drilling Equipment)

[5] API SPEC 7K Drilling and Well Servicing Equipment

[6] ASTM A 688,Standard Specification for Steel Forgings,Carbon and Alloy,for General Industrial Use

[7] ASTM A 781 Standard Specification for Castings,Steel and Alloy,Common Requirements for General Industrial Use

[8] ASTM A 788 Standard Specification for Steel Forgings,General Requirements

[9] DOD MIL STD 120 Gauge Inspection

[10] FEM Rules for the design of hoisting appliances

[11] 钻井手册(甲方)编写组钻井手册(甲方)北京:石油工业出版社,1990

[12] MIL-H-6875F Heat-treatment of Steels,Aircraft Practice Process

[13] SAE AS 1260 Equivalent Sections of Certain Shapes to Round Bars

[14] ABMA Std. 11 Load Ratings and Fatigue Life for Roller Bearings

[15] ABMA Std. 9 Load Ratings and Fatigue Life for Ball Bearings

[16] AGMA 908-B89 Information Sheet-Geometry Factors for Determining the Pitting Resistance and Bending Strength of Spur,Helical and Herringbone Gear Teeth

[17] ANSI A14. 3 Safety Requirements for Fixed Ladders

[18] ANSI A1264. 1 Safety Requirements for Workplace Floor and Wall Openings,Stairs,and Railing Systems

[19] ANSI B18. 2. 1 Square and Hex Bolts and Screws(Inch Series)

[20] ANSI/AGMA 2001-C95 Fundamental Rating Factors and Calculation Methods for Involute Spur and Helical Gear Teeth

[21] ANSI/AGMA 6010-F97 Standard for Spur, Helical, Herringbone and Bevel Enclosed Drives

[22] ANSI/ASME B30. 2 Overhead & Gantry Cranes

[23] ANSI/ASME B30. 7 Hoists

[24] ANSI/ASME B30. 9 Slings

[25] ANSI/NFPA National Electric Code

[26] SY/T 10003—1996 海上平台起重机规范(idt API Spec 2C:1988)

[27] SY/T 10004—1996 海上平台管节点用碳锰钢板规范(idt API Spec 2H:1990,Carbon manganese steel plate for offshore structures)

[28] SY/T 5170—1998 石油天然气工业用—钢丝绳规范(eqv API Spec 9A:1995,Specification for wire rope)

[29] API RP 2D Recommended Practice for Operation and Maintenance of Offshore Cranes

[30] SY/T 10031—2000 寒冷条件下结构和管线规划、设计及建造的推荐作法(idt API RP 2N:1995)

［31］ SY/T 10005—1996 海上结构建造的超声检验推荐作法和超声技师资格的考试指南(idt API RP 2X:1988,Ultrasonic and magnetic examination of offshore structural fabrication and guidelines for qualification of technicians

［32］ SY/T 10033—2000 海上生产平台基本上部设施安全系统的分析、设计、安装和测试的推荐作法(idt API RP 14C:1994,Analysis,design,installation and testing of basic surface safety systems on offshore production platforms

［33］ API RP 14F Recommended Design and Installation for Unclassified and Class I,Division 1 and Division 2 Locations

［34］ ASME-ANSI B30.7 Base-mounted Drum Hoists

［35］ ASME-B30.26 Rigging Hardware

［36］ ASME International-HST-4 Performance Standard for Overhead Electric Wire Rope Hoists

［37］ ASTM A 295 Standard Specification for High-Carbon Anti-Friction Bearing Steel

［38］ ASTM A 320/A 320M Standard Specification for Alloy/Steel Bolting Materials for Low-Temperature Service

［39］ ASTM A 578/A 578M Standard Specification for Straight-Beam Ultrasonic Examination of Plain and Clad Steel Plates for Special Applications

［40］ ASTM A 770/A 770M Standard Specification for Through-Thickness Tension Testing of Steel Plates for Special Applications

［41］ ASTM E 45 Standard Method for Determining the Inclusion Content of Steel American Welding Society

［42］ ASTM-E 23 Standard Test Methods for Notched Bar Impact Testing of Metallic Materials

［43］ AWS D14.3/D 14.3M Specification for Welding Earthmoving and Construction Equipment

［44］ CMAA-Specification #70 Specifications for Top Running Bridge & Gantry Type Multiple Girder Electric Overhead Travelling Cranes,and Specification #74,Specifications for Top Running and Under Running Single Girder Electric Overhead Cranes Utilizing Under Running Trolley Hoist,(J. Shepard and R. Urbanowski)

［45］ DNV Rules for Lifting Appliances

［46］ DIN EN 853 Rubber hose and hose assemblies wire braid reinforced

［47］ DIN EN 856 Rubber hose and hose assemblies-Rubber covered spiral wire reinforced hydraulic type specification

［48］ ISO-281 Roller Bearings-Dynamic Load Ratings and Rating Life

［49］ SAE-J223 Symbols and Color Codes for Maintenance Instructions,Container,and Filler Identification

［50］ SAE-J48 Guidelines for Fluid Level Indicators

［51］ SAE-J517 Hydraulic Hose

［52］ SAE-J919 Sound Measurement-Off-Road Work Machines-Operator-Singular Type

［53］ United States Government-CFR-Code of Federal Regulatio